Mechanik

TECHNISCHE
UNIVERSITÄT
DARMSTADT

Richard Markert

Strukturdynamik – Aufgaben

Übungs- und Prüfungsaufgaben mit Lösungen zur Strukturdynamik

Inhalt:

Shaker Verlag GmbH
ISBN 978-3-8440-2309-1

sdy

Bibliografische Information der Deutschen Nationalbibliothek

Die Deutsche Nationalbibliothek verzeichnet diese Publikation in der Deutschen Nationalbibliografie; detaillierte bibliografische Daten sind im Internet über http://dnb.d-nb.de abrufbar.

Printed in Germany.

ISBN 978-3-8440-2309-1
ISSN 1616-0126

Shaker Verlag GmbH • Postfach 101818 • 52018 Aachen
Telefon: 02407 / 95 96 - 0 • Telefax: 02407 / 95 96 - 9
Internet: www.shaker.de • E-Mail: info@shaker.de

Der Autor:

Richard Markert ist Professor für Strukturdynamik an der Technischen Universität Darmstadt. Seit mehreren Jahrzehnten hält er Vorlesungen über Technische Mechanik, Schwingungen, Strukturdynamik und Rotordynamik an verschiedenen Universitäten für Hörer unterschiedlicher Fachrichtungen.

Kontakt:

Markert@sdy.tu-darmstadt.de

Vorwort

Das Buch enthält Aufgaben mit Lösungen zum Band STRUKTURDYNAMIK meiner Buchreihe zur Technischen Mechanik, wie sie als Übungen und Klausuren für Ingenieure an allen Technischen Universitäten für unterschiedlichste Fachrichtungen angeboten werden. Aufbau und Niveau des Buches orientieren sich an den Kenntnissen von Studierenden ab dem 5. Semester.

Die Mehrzahl der Aufgaben habe ich als Prüfungs- oder Übungsaufgaben zu meinen Lehrveranstaltungen Maschinendynamik und Strukturdynamik entwickelt. Etliche davon basieren auf Ideen meiner Vorgänger und Lehrer. Diesen, und hier im besonderen den Professoren H. P. WÖLFEL, E. KRÄMER† und H. WITFELD, danke ich herzlich dafür.

Idealerweise lösen die Studierenden die Aufgaben selbständig in häuslicher Nachbereitung alleine oder in Gruppen zur Vertiefung und Festigung des Vorlesungsstoffes. Die Musterlösungen sind zur Kontrolle und zur Hilfe bei Problemen auf dem Lösungsweg gedacht.

Aufbau und Niveau der Aufgaben orientieren sich an den Fähigkeiten von Studierenden ab dem 5. Semester. Besonderer Wert wurde auf eine kurze und prägnante Darstellung der Zusammenhänge gelegt, rein algebraische Zwischenrechnungen, bei denen keine besonderen Kniffe notwendig sind, wurden unterdrückt.

Mein Dank gilt meinen ehemaligen und jetzigen wissenschaftlichen und studentischen Mitarbeitern und den Sekretärinnen, ohne deren Hilfe das Buch nicht entstanden wäre und auch nicht die vorliegende Form hätte. Insbesondere muß ich hier den Damen und Herren ALBER, BAUER, BAUMANN, DORNBUSCH, FELSCHER, KÖHL, NORRICK, PFAU und WIELAND danken, die wertvolle inhaltliche Beiträge lieferten. Ganz besonderer Dank gebührt meinem wissenschaftlichen Mitarbeiter B. SIEGL, der das Manuskript sorgfältig durchgesehen hat. Viele kleine und große Verbesserungen gehen auf seine Anmerkungen zurück. Frau XIAO und etlichen Helfern danke ich für den unermüdlichen Einsatz bei der Erstellung der Bilder und der Formatierung des Textes. Dem Shaker-Verlag – speziell Frau Heike Jansen – danke ich für die bewährte gute Zusammenarbeit.

Darmstadt im April 2014 RICHARD MARKERT

Kontakt:

Markert@sdy.tu-darmstadt.de

Meiner Familie gewidmet,
insbesondere Ines und Paul

Inhaltsverzeichnis

Kapitel 1

Grundbegriffe

Aufgabe 1.1:

Welche Charakterisierungen der Systeme a) bis e) sind zutreffend und welche sind falsch? Bitte antworten Sie mit J (Ja) oder N (Nein).

a) Bewegungsgleichungen Doppelpendel, Zustandsvariablen φ und ψ, Erregung $u(t)$:

$$\ddot{\varphi} + \frac{3}{8}\ddot{\psi}\cos(\varphi-\psi) + \frac{3}{8}\dot{\psi}^2\sin(\varphi-\psi) + \\ + \frac{3b}{4m}(\dot{\varphi}\cos^2\varphi + \dot{\psi}\cos\varphi\cos\psi) + \\ + \frac{9}{8}\frac{g}{l}\sin\varphi - \frac{3b}{4ml}\cos\varphi\, u(t) = 0$$

$$\ddot{\psi} + \frac{3}{2}\ddot{\varphi}\cos(\varphi-\psi) - \frac{3}{2}\dot{\varphi}^2\sin(\varphi-\psi) + \\ + \frac{3b}{4m}(\dot{\varphi}\cos\varphi\cos\psi + \dot{\psi}\cos^2\psi) + \\ + \frac{3}{2}\frac{g}{l}\sin\psi - \frac{3b}{ml}\cos\psi\, u(t) = 0$$

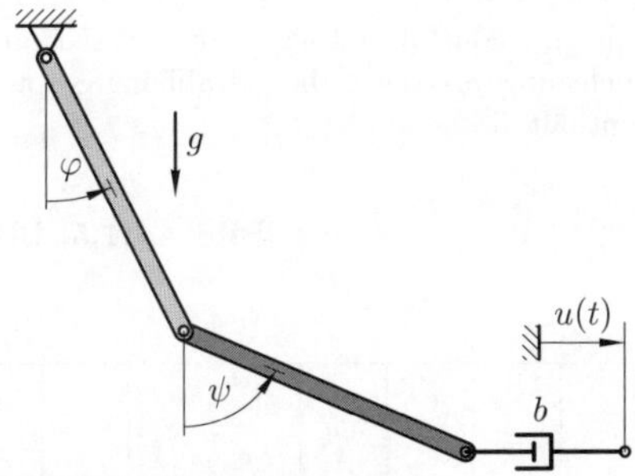

Bild A1.1.1: Doppelpendel

b) Zahnradschwingungen, Zustandsvariable q, Erregerfunktionen $u(t)$ und $\mu\sin\Omega t$, μ, $\Omega = \text{const.}$, $q = \varphi_1 - \varphi_2$:

$$\ddot{q} + 2D\omega_0\,\dot{q} + \omega_0^2[1-\mu\sin\Omega t]\,q = \omega_0^2\,u(t)$$

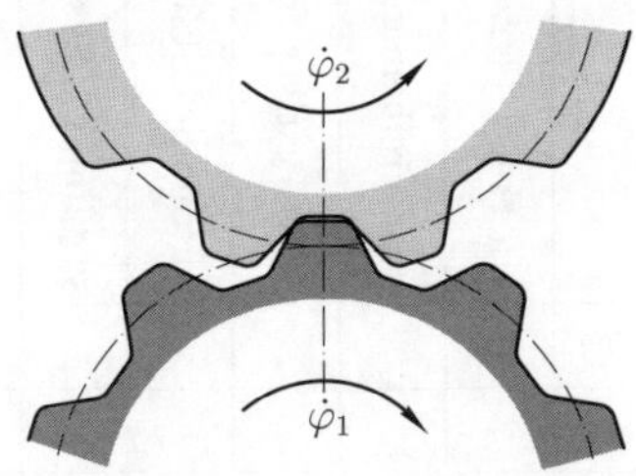

Bild A1.1.2: Zahnräder

c) Motorgetriebenes Pendel an federnd abgestütztem Wagen:

Der Motor gibt eine Drehbewegung $\varphi(t)$ des Pendels vor. Die Bewegungsgleichung für die Verschiebung q des Klotzes lautet

$$(m+m_p)\,\ddot{q} + k\,q = m_p\,e\,(\dot{\varphi}^2\sin\varphi - \ddot{\varphi}\cos\varphi)\,.$$

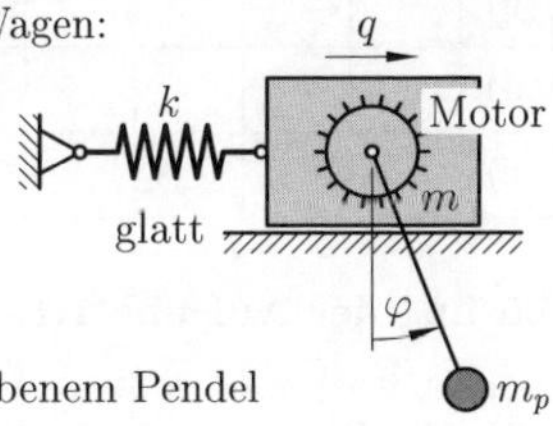

Bild A1.1.3: Klotz mit angetriebenem Pendel

d) Schwinger mit Trockenreibung:

Ein Körper wird durch eine Kraft $f(t)$ zu horizontalen Schwingungen $q(t)$ angeregt. Zwischen Klotz und Boden herrscht Trockenreibung. Die Bewegungsgleichung hat die Form

$$m\,\ddot{q} + mg\,\mu\,\text{sgn}\,\dot{q} + k\,q = f(t)\,.$$

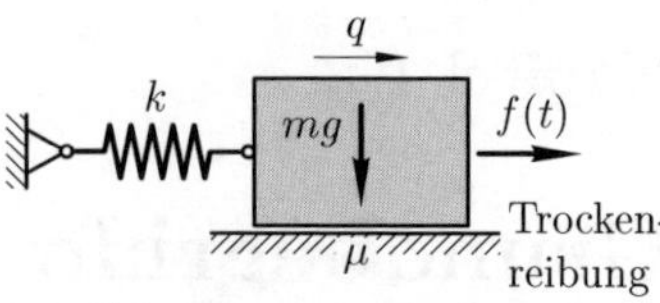

Bild A1.1.4: Schwinger mit Trockenreibung

e) Massebehafteter Biegebalken unter pulsierender Axialkraft $P(t)$:

Die Balkenausbiegung $w(x,t)$ in z-Richtung (Zustandsvariable) ist orts- und zeitabhängig. Diese Querschwingungen $w(x,t)$ werden durch eine partielle Bewegungsgleichung beschrieben,

$$EI\,w''''(x,t) + \rho A\,\ddot{w}(x,t) + P(t)\,w''(x,t) = 0\,,$$

die die konstante Biegesteifigkeit EI und die konstante Massebelegung ϱA sowie die zeitabhängige pulsierende Axialkraft $P(t)$ enthält.

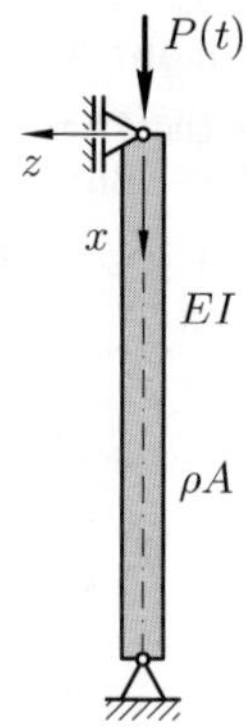

Bild A1.1.5: Biegebalken unter Axiallast

	ein Freiheitsgrad	zwei Freiheitsgrade	konservatives System	autonomes System	gedämpftes System	dissipatives System	selbsterregtes System	heteronomes System	fremderregtes System	zwangserregtes System	parametererregtes System	rheonomes System	lineares System	nichtlineares System
a)														
b)														
c)														
d)														
e)														

Lösung der Aufgabe 1.1:

a)	N	J	N	N	J	J	N	J	J	N	J	J	N	J
b)	J	N	N	N	J	J	N	J	J	J	J	J	J	N
c)	J	N	N	N	N	N	N	J	J	J	N	N	J	N
d)	J	N	N	N	J	J	N	J	J	J	N	N	N	J
e)	N	N	N	N	N	N	N	J	J	N	J	J	J	N

Kapitel 2

Elemente schwingungsfähiger Strukturen

Aufgabe 2.1:

Eine elastische Struktur besteht aus einem Balken (Länge $6a$, Biegesteifigkeit EI), einem starren Hebel (Länge $3a$) und drei gleiche Federn (Steifigkeit k). An der Stelle A greift eine Kraft F an und erzeugt dort die Verschiebung q. Die Verschiebungen sind klein, so daß Linearität vorausgesetzt werden darf.

Ermitteln Sie die Steifigkeit k_{ges} der elastischen Struktur bezüglich der Verschiebung q und der Belastung F des Punktes A.

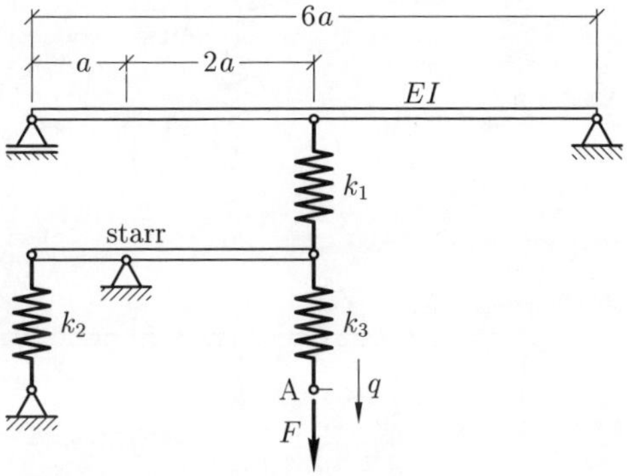

Bild A2.1: Elastische Struktur

Gegeben: a, EI, $k_1 = k_2 = k_3 = k$

Lösung der Aufgabe 2.1:

A) Lösung mit der elementaren Elastomechanik:

Verformungsfigur:

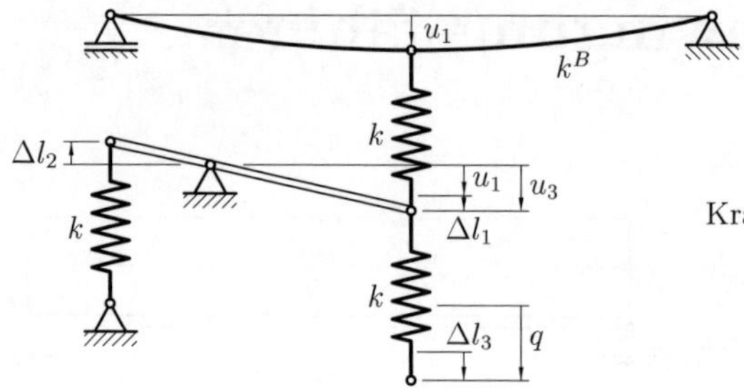

Kinematik (Geometrie):

$$q = u_3 + \Delta l_3 \quad (1)$$

$$u_3 = u_1 + \Delta l_1 \quad (2)$$

$$u_3 = 2\,\Delta l_2 \quad (3)$$

Kraft-Verformungs-Beziehungen:

$$f^{k1} = k\,\Delta l_1 \quad (5)$$

$$f^{k2} = k\,\Delta l_2 \quad (6)$$

$$f^{k3} = k\,\Delta l_3 \quad (7)$$

$$f^{k1} = \frac{3\,EI\,(6a)}{(3a)^2\,(3a)^2}\,u_1 = \frac{2\,EI}{9a^3}\,u_1 = k^B\,u_1 \quad (4)$$

Freikörperbilder:

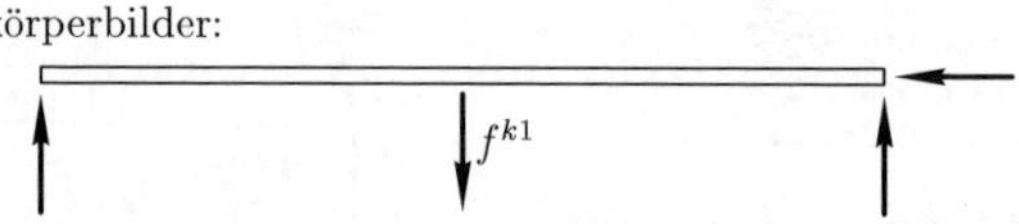

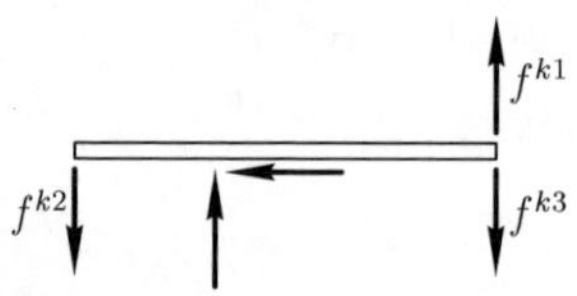

Gleichgewicht in der unverformten Lage:

$$\textstyle\sum F: \quad f^{k3} - F = 0 \quad (8)$$

$$\textstyle\sum M^B: \quad f^{k1}\,2a + f^{k2}\,a - f^{k3}\,2a = 0 \quad (9)$$

Ausrechnung: Elimination der Federverlängerungen aus (1) bis (3):

$$q = 2\,\frac{f^{k2}}{k} + \frac{f^{k3}}{k} \quad (1')$$

$$u_3 = u_1 + \frac{f^{k1}}{k} \quad (2')$$

$$u_3 = 2\,\frac{f^{k2}}{k} \quad (3')$$

Elimination von u_1 und u_3 aus (2′), (3′) und (4):

$$f^{k1}\Big(\frac{1}{k^B} + \frac{1}{k}\Big) = 2\,f^{k2}\frac{1}{k} \quad (2'')$$

Federkräfte aus (2″), (8) und (9):

$$f^{k1} = \frac{4k^B}{5k^B+k}\,F, \qquad f^{k2} = \frac{2(k^B+k)}{5k^B+k}\,F, \qquad f^{k3} = F$$

Einsetzen in (1′):

$$q = \frac{9k^B+5k}{k\,(5k^B+k)}\,F$$

Gesamtsteifigkeit:

$$k_{ges} = \frac{k\,(5k^B+k)}{9k^B+5k}$$

B) Lösung durch Reihen- und Parallelschaltung von Federn:

Reihenschaltung von Balken und oberer Feder:

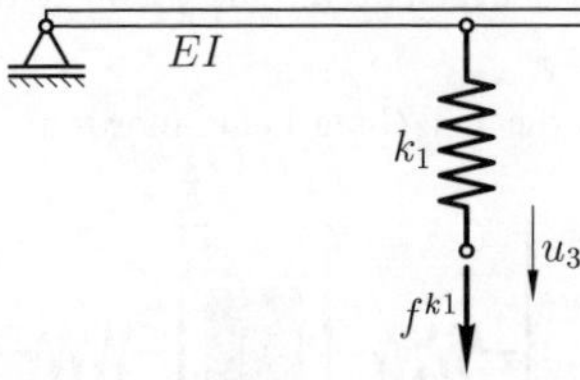

Kraftgesetz:

$f^{k1} = k_{B1}\, u_3$

mit der Steifigkeit

$$k_{B1} = \frac{k^B\, k}{k^B + k}$$

Parallelschaltung von Hebel und oberem Teilsystem:

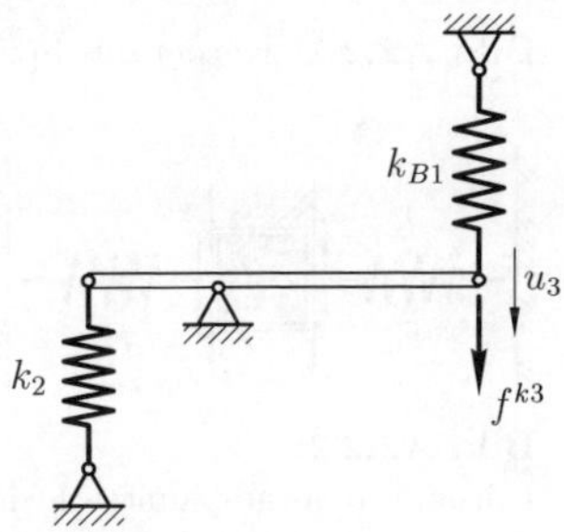

Gleichgewicht (wie unter A):

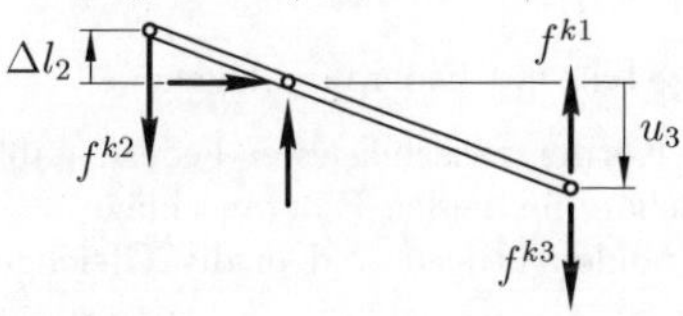

$$\sum M^B:\; f^{k1}\, 2a + f^{k2}\, a - f^{k3}\, 2a = 0 \quad (9)$$

$$\sum F:\quad f^{k3} - F = 0 \quad (8)$$

Kinematik (wie unter A):

$\Delta l_2 = u_3/2$

Stoffgesetze:

$f^{k1} = k_{B1}\, u_3$

$f^{k2} = k\, \Delta l_2$

Einsetzen in (9) und Ausrechnen:

$$F = f^{k3} = f^{k1} + \frac{1}{2} f^{k2} = \Big(k_{B1} + \frac{k}{4}\Big)\, u_3 = \frac{k\,(5k^B + k)}{4\,(k^B + k)}\, u_3 = k_{B3}\, u_3$$

mit der Steifigkeit

$$k_{B3} = \frac{k\,(5k^B + k)}{4(k^B + k)}$$

Reihenschaltung von Feder 3 mit restlichem Teilsystem:

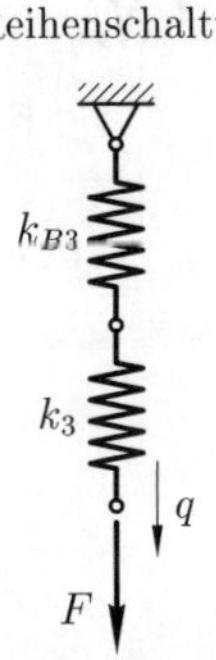

Gesamtsteifigkeit:

$$k_{ges} = \frac{k\, k_{B3}}{k + k_{B3}} = \frac{k\,(5k^B + k)}{9k^B + 5k}$$

Aufgabe 2.2:

Ein Körper (Masse m) kann sich horizontal reibungsfrei mit der Koordinate q bewegen. Er wird durch verschiedene Federkonstruktionen gehalten. Die Steifigkeiten k aller Federn seien gleich.

Skizzieren Sie die Kraft-Verschiebungs-Kennlinien der einzelnen Federanordnungen.

a) System mit Spiel:

Beim System von Bild A2.2.1 hat der Körper in der gezeichneten Gleichgewichtslage gegenüber den beiden Federn ein Spiel der Größe δ. Die beiden Federn können nur gedrückt werden, nehmen aber keine Zugkräfte auf.

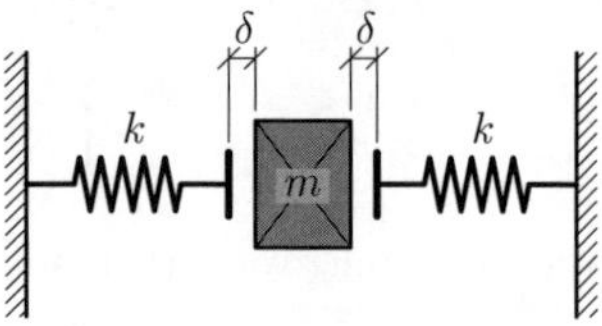

Bild A2.2.1: Körper mit Spiel

b) System mit Federanschlägen:

Der Körper zwischen zwei Federn paßt genau zwischen die beiden Federanschläge.
Die beiden Federn sind in der Gleichgewichtslage mit der Druckkraft F_0 vorgespannt. Sie können weiter zusammengedrückt, aufgrund ihres Anschlages jedoch nicht länger als in der gezeichneten Gleichgewichtslage werden.

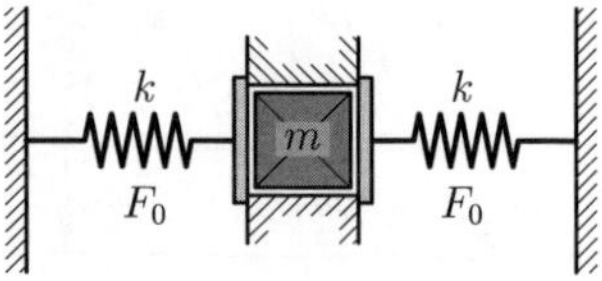

Bild A2.2.2:
Körper mit vorgespannten Federn

c) System mit Spiel:

Der Körper wird durch zwei Federn gehalten, zusätzlich sind vier weitere Federn mit einem Abstand δ angebracht, die nur bei Druckbelastung reagieren.

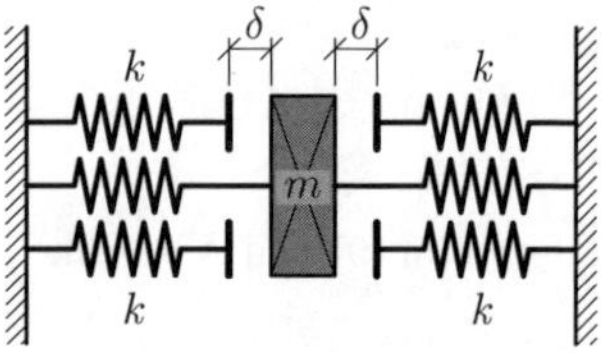

Bild A2.2.3: Körper mit spielbehafteten Zusatzfedern

d) System mit vorgespannten Zugfedern:

Die beiden äußeren Federn in Bild A2.2.4 sind in der gezeichneten Gleichgewichtslage mit der Zugkraft F_0 vorgespannt. Bei großen Auslenkungen werden sie allerdings keine Druckkräfte aufnehmen, statt dessen werden die Federanschläge vom Körper abheben.

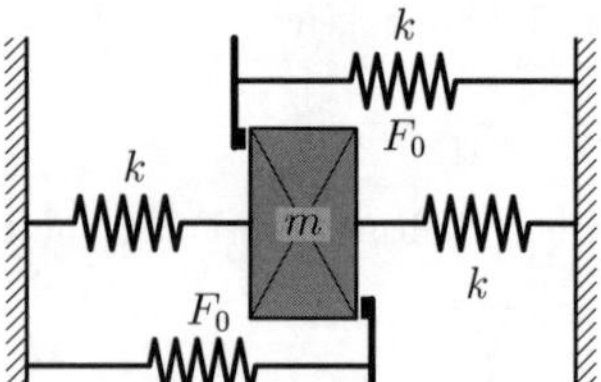

Bild A2.2.4: Körper mit vorgespannten Zugfedern

Gegeben: k, m, F_0, δ

Lösung der Aufgabe 2.2:

a) System mit Spiel:

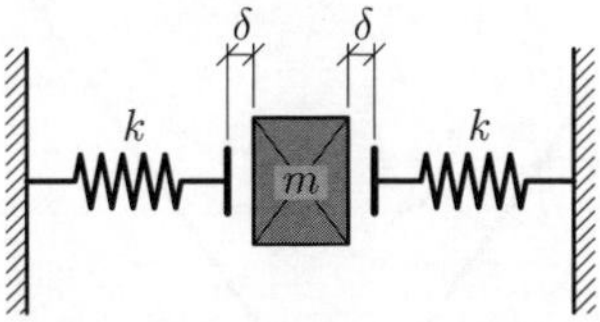

Bild A2.2.1: Körper mit Spiel

Kraft-Verschiebungs-Kennlinie:

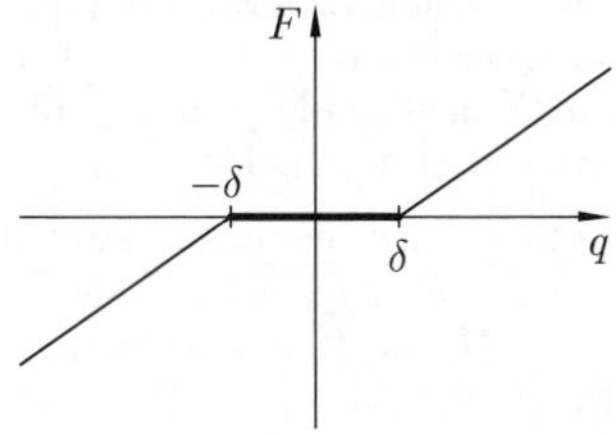

b) System mit Federanschlägen:

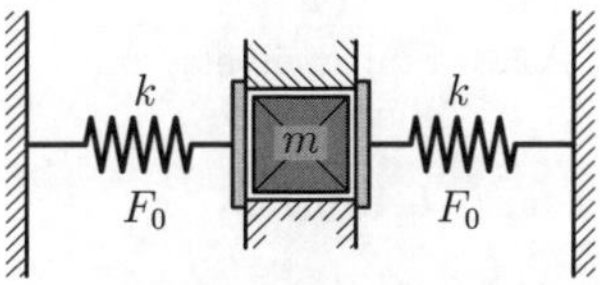

Bild A2.2.2: Körper mit vorgespannten Federn

Kraft-Verschiebungs-Kennlinie:

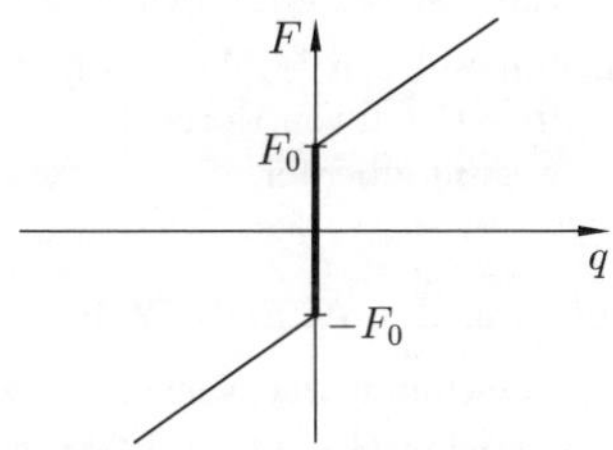

c) System mit Spiel:

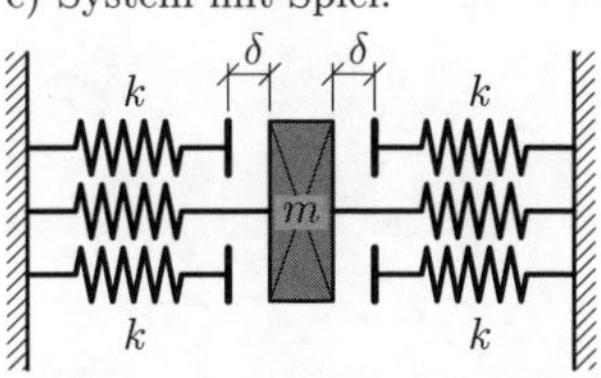

Bild A2.2.3: Körper mit spielbehafteten Zusatzfedern

Kraft-Verschiebungs-Kennlinie:

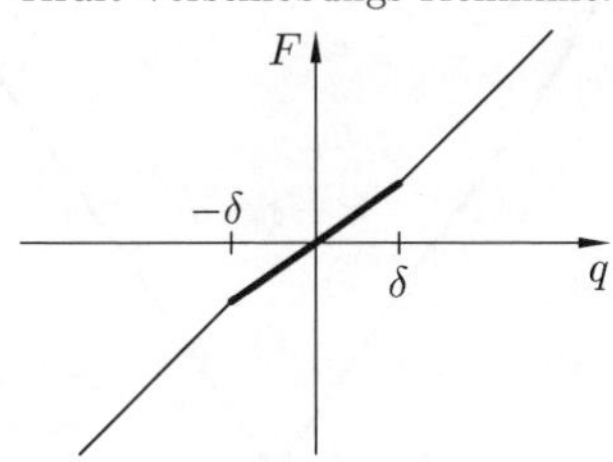

d) System mit vorgespannten Zugfedern:

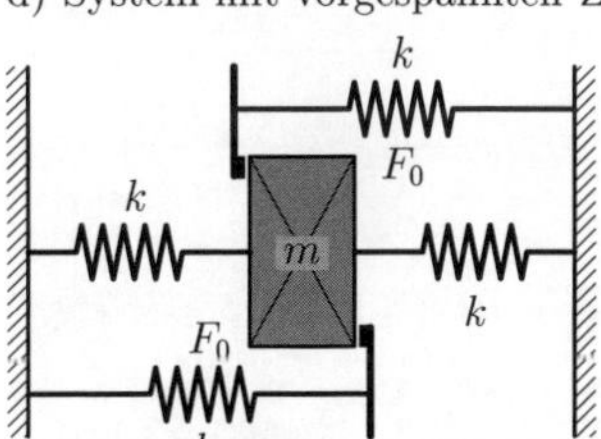

Bild A2.2.4: Körper mit vorgespannten Zugfedern

Kraft-Verschiebungs-Kennlinie:

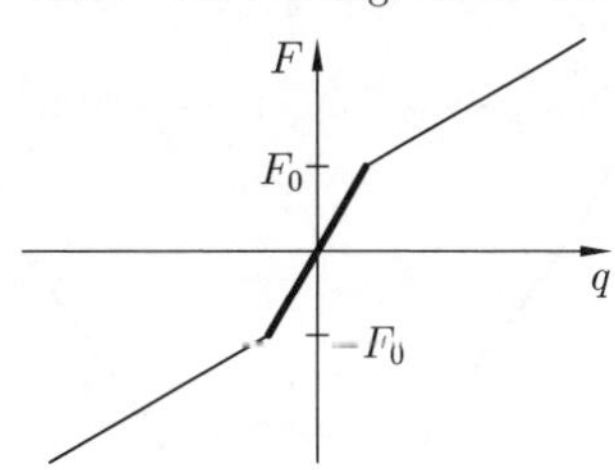

Aufgabe 2.3:

Ein Körper (Masse m) ist an zwei gleichen, masselosen Stäben (Elastizitätsmodul E, Querschnitt A, Länge l) befestigt. Er hat die Freiheitsgrade q_1 und q_2, die aufgrund der Symmetrie entkoppelt sind.

a) Berechnen Sie unter Verwendung von Einheitsbelastungen die Nachgiebigkeitsmatrix $\boldsymbol{H}$ und daraus die Steifigkeitsmatrix $\boldsymbol{K}$.

b) Welche Kennkreisfrequenzen ω_1 und ω_2 haben die Schwingungen q_1 und q_2 der beiden Hauptschwingungsrichtungen?

c) Für welchen Winkel α stimmen die Eigenfrequenzen von Horizontal- und Vertikalbewegung überein?

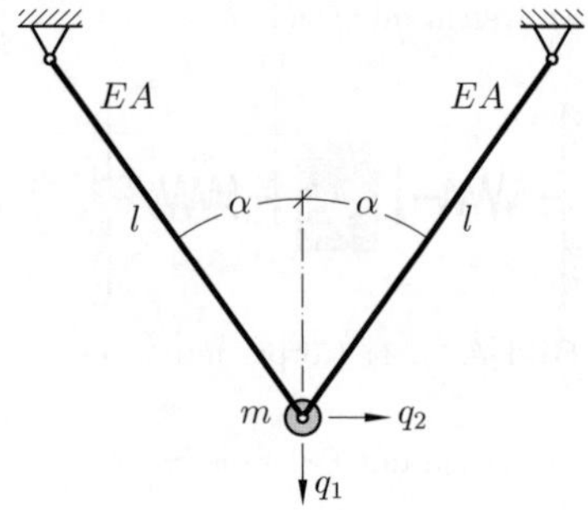

Bild A2.3: Stabzweischlag mit Punktmasse

Gegeben: l, EA, m, α

Lösung der Aufgabe 2.3:

a) Berechnung der Nachgiebigkeits- und der Steifigkeitsmatrix:

Einheitsbelastung in q_1-Richtung:

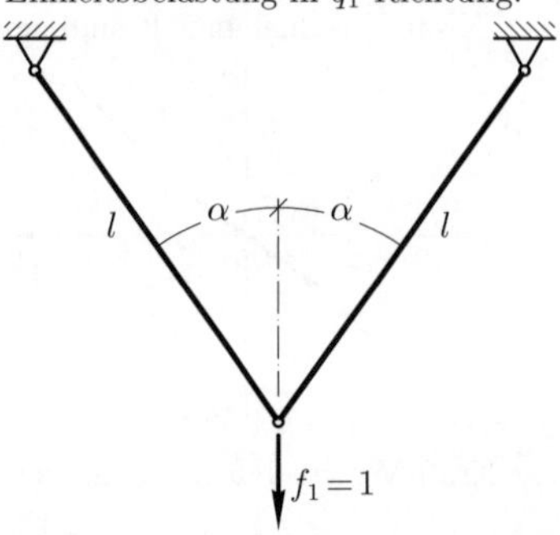

Normalkräfte N_1:

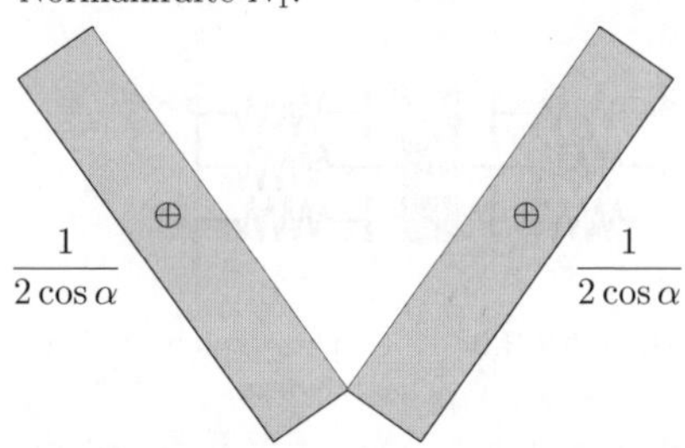

Einheitsbelastung in q_2-Richtung:

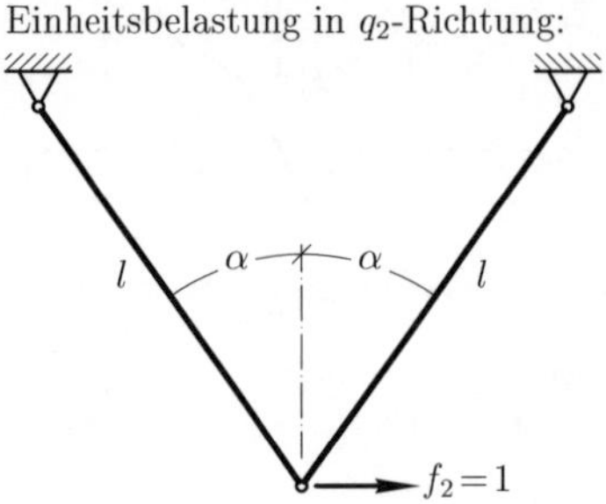

Normalkräfte N_2:

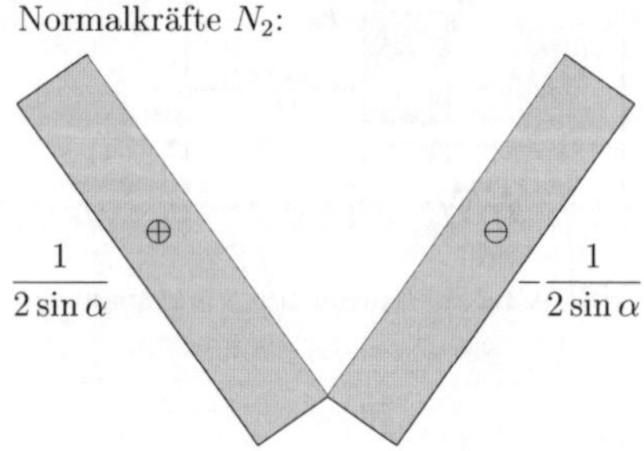

Nachgiebigkeiten durch Koppeln der Belastungszustände:

$$h_{ik} = \sum \int\limits_{(l)} \frac{\overline{N}_i \, \overline{N}_k}{EA} \, dx$$

$$h_{11} = \sum \frac{\overline{N}_1^2}{EA} \, l = \left\{ \frac{1}{(2\cos\alpha)^2} + \frac{1}{(2\cos\alpha)^2} \right\} \frac{l}{EA} = \frac{1}{2\cos^2\alpha} \, \frac{l}{EA}$$

$$h_{12} = h_{21} = \sum \frac{\overline{N}_1 \overline{N}_2}{EA} \, l = \left\{ \frac{1}{2\cos\alpha} \, \frac{1}{2\sin\alpha} + \frac{1}{2\cos\alpha} \Big(-\frac{1}{2\sin\alpha} \Big) \right\} \frac{l}{EA} = 0$$

$$h_{22} = \sum \frac{\overline{N}_2^2}{EA} \, l = \left\{ \frac{1}{(2\sin\alpha)^2} + \frac{1}{(-2\sin\alpha)^2} \right\} \frac{l}{EA} = \frac{1}{2\sin^2\alpha} \, \frac{l}{EA}$$

Nachgiebigkeitsmatrix und Steifigkeitsmatrix als Inverse der Nachgiebigkeitsmatrix:

$$\boldsymbol{H} = \frac{l}{EA} \begin{bmatrix} \dfrac{1}{2\cos^2\alpha} & 0 \\ 0 & \dfrac{1}{2\sin^2\alpha} \end{bmatrix} \qquad \boldsymbol{K} = \frac{EA}{l} \begin{bmatrix} 2\cos^2\alpha & 0 \\ 0 & 2\sin^2\alpha \end{bmatrix}$$

Die beiden Koordinaten sind entkoppelt und daher Hauptkoordinaten.

b) Kennkreisfrequenzen:

Kennkreisfrequenz der q_1-Schwingung:

$$\omega_1^2 = \frac{k_{11}}{m} = 2\cos^2\alpha \, \frac{EA}{m\,l}$$

Kennkreisfrequenz der q_2-Schwingung:

$$\omega_2^2 = \frac{k_{22}}{m} = 2\sin^2\alpha \, \frac{EA}{m\,l}$$

c) Gleiche Eigenfrequenzen in den Hauptrichtungen:

$$\omega_1 = \omega_2 \quad \Longrightarrow \quad \sin\alpha = \cos\alpha \quad \Longrightarrow \quad \alpha = 45° \quad \Longrightarrow \quad \omega_1 = \omega_2 = \sqrt{\frac{EA}{m\,l}}$$

Aufgabe 2.4:

An einem ebenen elastischen homogenen Rahmen (Biegesteifigkeit EI, Längs- und Schubverformung vernachlässigbar, Schenkellängen l) werden in den Punkten B und D Punktmassen angebracht. Dadurch entsteht ein Schwingungssystem mit den beiden Freiheitsgraden q_1 und q_2, das bei kleinen Verschiebungen linear ist.

a) Ermitteln Sie aus Einheitsbelastungen die Nachgiebigkeitsmatrix $\boldsymbol{H}$. Benutzen Sie dazu das Prinzip der virtuellen Kräfte.

b) Berechnen Sie die Steifigkeitsmatrix $\boldsymbol{K}$.

Gegeben: l, EI

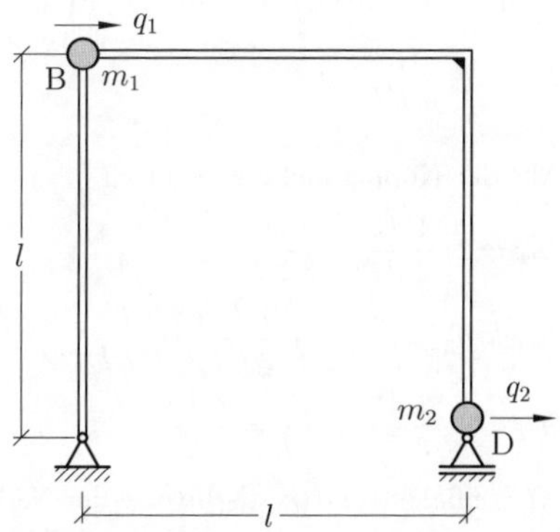

Bild A2.4: Balkenstruktur mit Einzelmassen

Lösung der Aufgabe 2.4:

a) Berechnung der Nachgiebigkeitsmatrix mit Einheitsbelastungen:

Einheitsbelastung in q_1-Richtung:

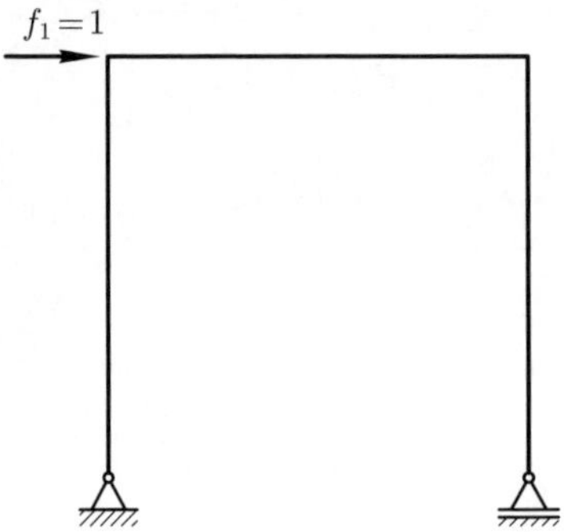

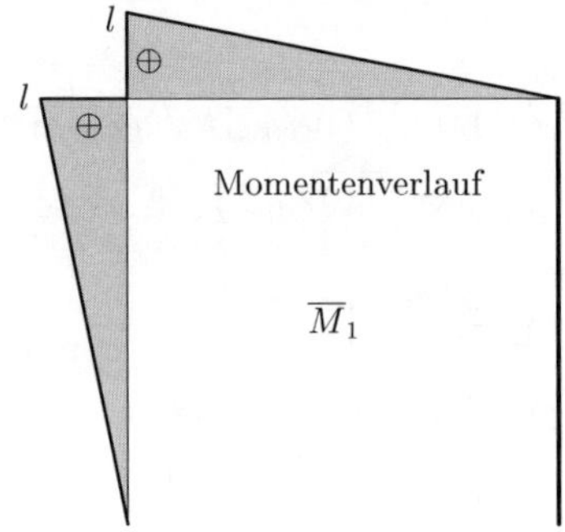

Einheitsbelastung in q_2-Richtung:

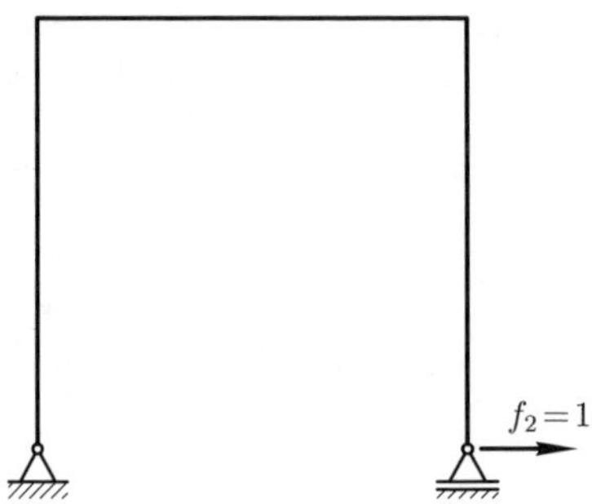

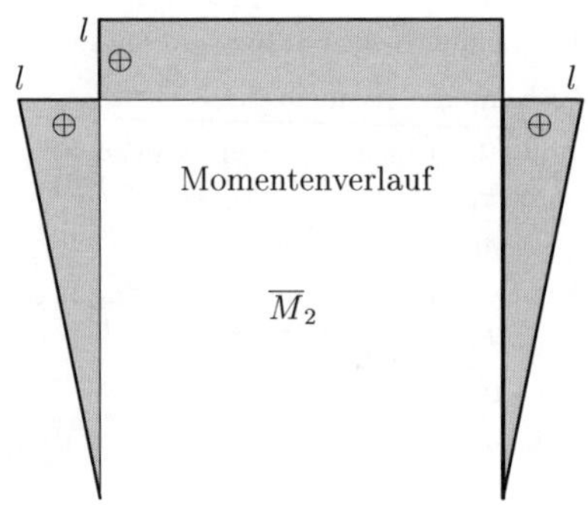

Prinzip der virtuellen Kräfte bei Einheitsbelastungen:

$$h_{ik} = \int_{(l)} \frac{\overline{M}_i \, \overline{M}_k}{EI} \, dx$$

Mit der Koppeltafel ergeben sich die Elemente der Nachgiebigkeitsmatrix:

$$h_{11} = 2 \cdot \frac{1}{3} \frac{l^3}{EI} = \frac{2}{3} \frac{l^3}{EI}$$

$$h_{12} = h_{21} = \frac{1}{3} \frac{l^3}{EI} + \frac{1}{2} \frac{l^3}{EI} = \frac{5}{6} \frac{l^3}{EI}$$

$$h_{22} = 2 \cdot \frac{1}{3} \frac{l^3}{EI} + \frac{l^3}{EI} = \frac{5}{3} \frac{l^3}{EI}$$

Nachgiebigkeitsmatrix:

$$\boldsymbol{H} = \frac{l^3}{6\,EI} \begin{bmatrix} 4 & 5 \\ 5 & 10 \end{bmatrix}$$

b) Steifigkeitsmatrix als Inverse der Nachgiebigkeitsmatrix:

$$\boldsymbol{K} = \boldsymbol{H}^{-1} = \frac{6\,EI}{l^3} \frac{1}{4 \cdot 10 - 5 \cdot 5} \begin{bmatrix} 10 & -5 \\ -5 & 4 \end{bmatrix} = \frac{2\,EI}{5\,l^3} \begin{bmatrix} 10 & -5 \\ -5 & 4 \end{bmatrix}$$

Aufgabe 2.5:

Der biegeelastische aber längsstarre Mast (Länge $2\,l$, Biegesteifigkeiten EI_1 und EI_2) einer starren Arbeitsplattform wird von zwei gleichen Federn (Steifigkeit k) und einem elastischen Stab (Länge $l/2$, Längssteifigkeit EA) gehalten. Als Freiheitsgrade werden die vertikale und die horizontale Verschiebungen (q_1 und q_2) des Plattformmittelpunktes gewählt.

Ermitteln sie die Elemente der Nachgiebigkeitsmatrix $\boldsymbol{H}$ mittels Einheitsbelastungen.

Gegeben:

l, $\alpha = 30°$, k, EI_1, EI_2, EA

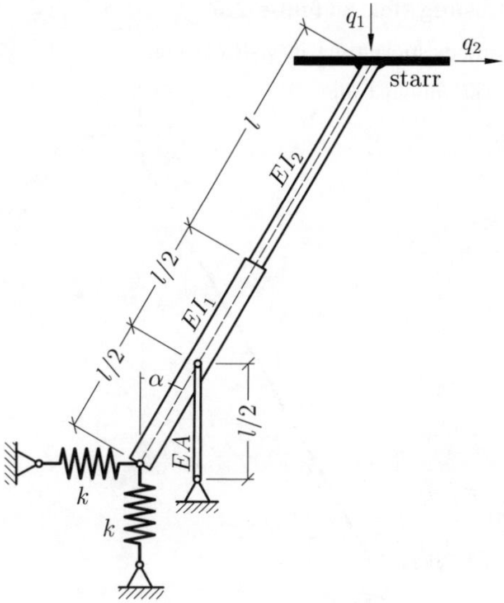

Bild A2.5: Arbeitsplattform

Lösung der Aufgabe 2.5:

Einheitsbelastung in q_1-Richtung:

Systembelastung:

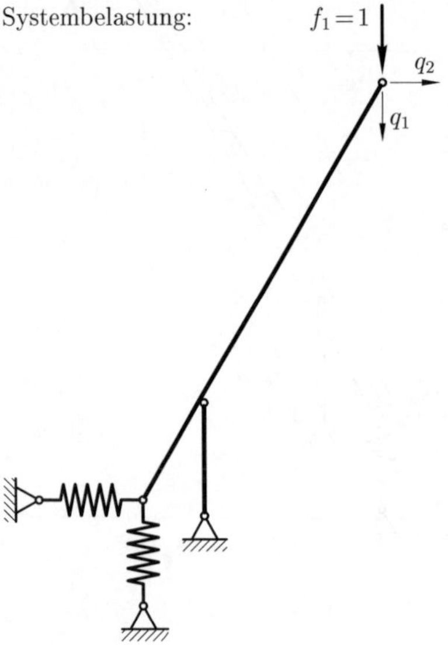

Freikörperbild:

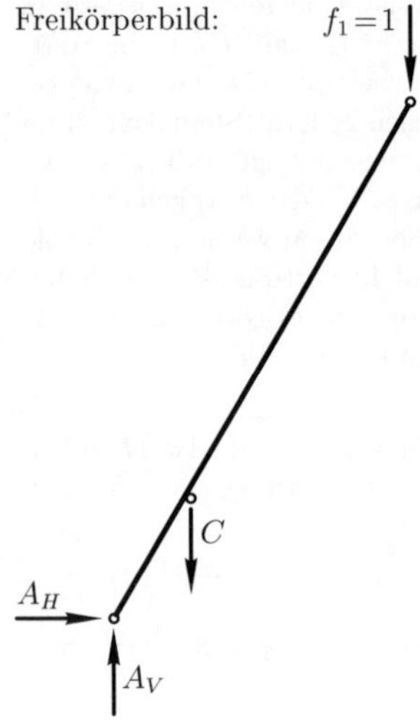

Gleichgewicht:

$\uparrow$: $A_V - C - f_1 = 0$

$\rightarrow$: $A_H = 0$

M^A: $C\,\dfrac{l}{2}\cos 60^\circ + f_1\,2\,l\cos 60^\circ = 0$

Lagerreaktionen:

$A_H = 0$

$A_V = -3\,f_1$

$C = -4\,f_1$

Schnittlasten:

Normalkräfte $\overline{N}_1$:

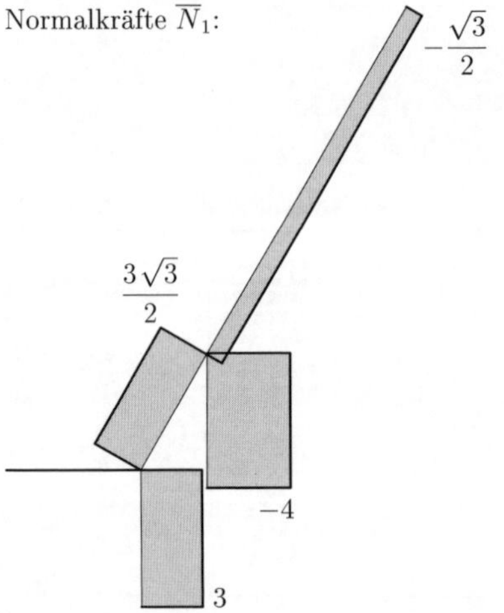

Biegemomente $\overline{M}_1$:

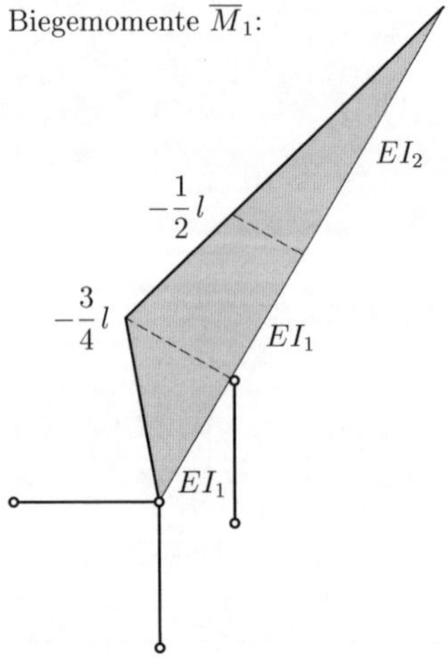

Einheitsbelastung in q_2-Richtung:

Systembelastung:

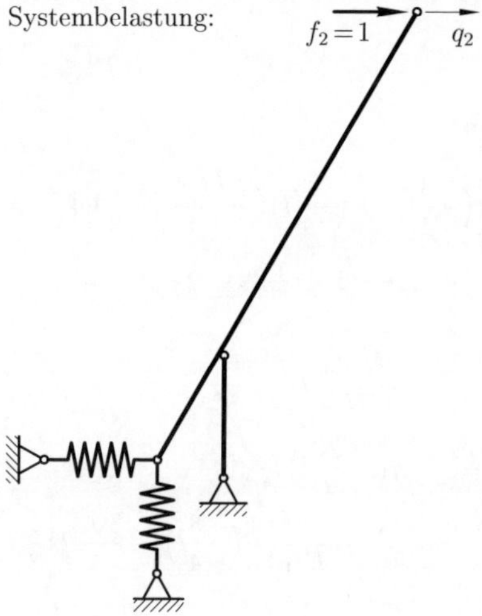

Freikörperbild:

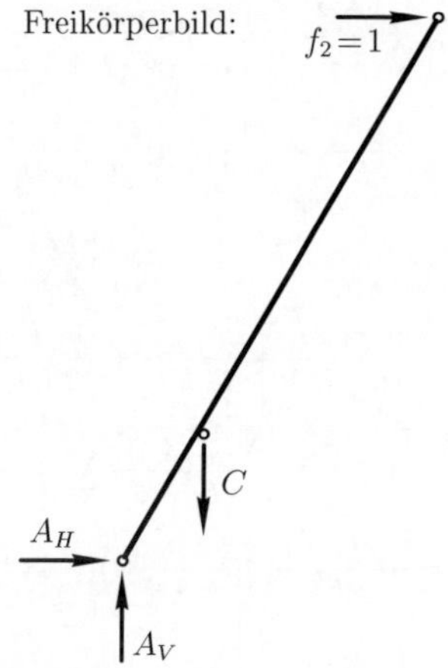

Gleichgewicht:

$\uparrow$: $\quad A_V - C = 0$

$\rightarrow$: $\quad A_H + f_2 = 0$

M^A: $\quad C\,\dfrac{l}{2}\cos 60^\circ + f_2\,2l\sin 60^\circ = 0$

Lagerreaktionen:

$A_H = -f_2$

$A_V = -4\sqrt{3}\,f_2$

$C = -4\sqrt{3}\,f_2$

Schnittlasten:

Normalkräfte $\overline{N}_2$:

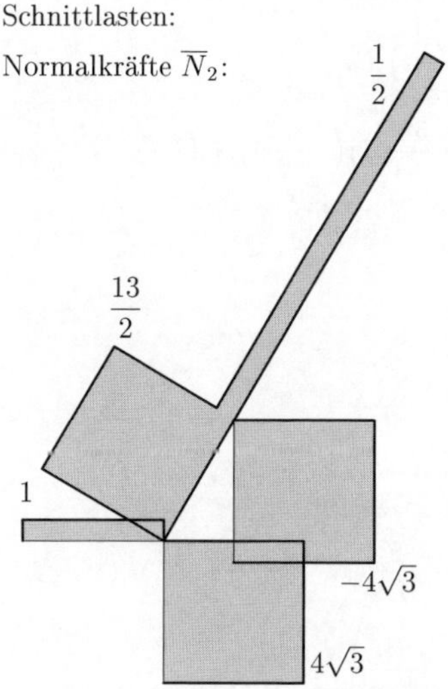

Biegemomente $\overline{M}_2$:

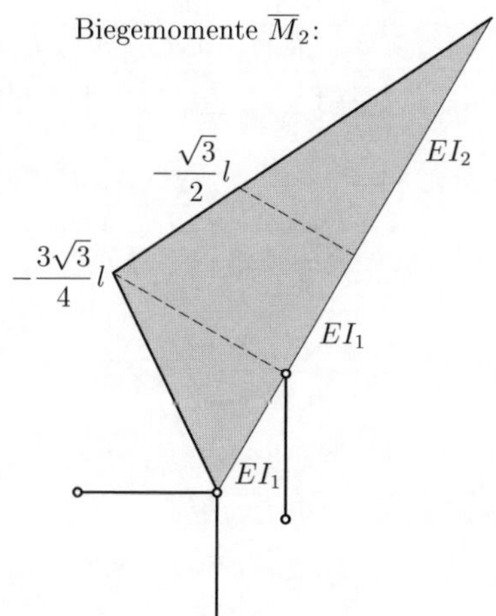

Berechnung der Nachgiebigkeiten:

$$h_{11} = \sum \frac{\overline{N}_{1,j}^2}{k_j} + \sum \int \frac{\overline{N}_1^2}{EA}\, dx + \sum \int \frac{\overline{M}_1^2}{EI}\, dx =$$

$$= \frac{(-3)^2}{k} + \frac{1}{EA}(-4)^2 \frac{l}{2} + \frac{1}{EI_2}\frac{1}{3}\Big(-\frac{l}{2}\Big)^2 l +$$

$$+ \frac{1}{EI_1}\Big\{\frac{1}{3}\Big(-\frac{3}{4}l\Big)^2 \frac{l}{2} + \frac{1}{3}\Big[\Big(-\frac{3}{4}l\Big)^2 + \Big(-\frac{3}{4}l\Big)\Big(-\frac{l}{2}\Big) + \Big(-\frac{l}{2}\Big)^2\Big]\frac{l}{2}\Big\} =$$

$$= \frac{9}{k} + \frac{8l}{EA} + \frac{7}{24}\frac{l^3}{EI_1} + \frac{1}{12}\frac{l^3}{EI_2}$$

$$h_{12} = h_{21} = \sum \frac{\overline{N}_{1,j}\overline{N}_{2,j}}{k_j} + \sum \int \frac{\overline{N}_1 \overline{N}_2}{EA}\, dx + \sum \int \frac{\overline{M}_1 \overline{M}_2}{EI}\, dx =$$

$$= \frac{-3(4\sqrt{3})}{k} + \frac{1}{EA}(-4)(-4\sqrt{3})\frac{l}{2} + \frac{1}{EI_2}\frac{1}{3}\Big(-\frac{l}{2}\Big)\Big(-\frac{\sqrt{3}}{2}l\Big) l +$$

$$+ \frac{1}{EI_1}\Big\{\frac{1}{3}\Big(-\frac{3}{4}l\Big)\Big(-\frac{3\sqrt{3}}{4}l\Big)\frac{l}{2} +$$

$$+ \frac{1}{6}\Big[\Big(-\frac{3}{4}l\Big)\Big[2\Big(-\frac{3\sqrt{3}}{4}l\Big) + \Big(-\frac{\sqrt{3}}{2}l\Big)\Big] + \Big(-\frac{l}{2}\Big)\Big[\Big(-\frac{3\sqrt{3}}{4}l\Big) + 2\Big(-\frac{\sqrt{3}}{2}l\Big)\Big]\Big]\frac{l}{2}\Big\} =$$

$$= \frac{12\sqrt{3}}{k} + 8\sqrt{3}\frac{l}{EA} + \frac{7\sqrt{3}}{24}\frac{l^3}{EI_1} + \frac{\sqrt{3}}{12}\frac{l^3}{EI_2}$$

$$h_{22} = \sum \frac{\overline{N}_{2j}^2}{k_j} + \sum \int \frac{\overline{N}_2^2}{EA}\, dx + \sum \int \frac{\overline{M}_2^2}{EI}\, dx =$$

$$= \frac{1^2}{k} + \frac{(4\sqrt{3})^2}{k} + \frac{1}{EA}(-4\sqrt{3})^2\frac{l}{2} + \frac{1}{EI_2}\frac{1}{3}\Big(-\frac{\sqrt{3}}{2}l\Big)^2 l +$$

$$+ \frac{1}{EI_1}\Big\{\frac{1}{3}\Big(-\frac{3\sqrt{3}}{4}l\Big)^2\frac{l}{2} + \frac{1}{3}\Big[\Big(-\frac{3\sqrt{3}}{4}l\Big)^2 + \Big(-\frac{3\sqrt{3}}{4}l\Big)\Big(-\frac{\sqrt{3}}{2}l\Big) + \Big(-\frac{\sqrt{3}}{2}l\Big)^2\Big]\frac{l}{2}\Big\} =$$

$$= \frac{49}{k} + 24\frac{l}{EA} + \frac{7}{8}\frac{l^3}{EI_1} + \frac{1}{4}\frac{l^3}{EI_2}$$

Aufgabe 2.6:

Ein Arbeiter (Masse m) sitzt in 2/3 der Höhe auf einer masselosen biegeelastischen Leiter (Länge $3\,a$, Steigungswinkel 60°, Biegesteifigkeit EI), die sich horizontal an zwei starren glatten Wänden abstützt. Unter dem Leiterfuß liegt eine elastische Matte (Steifigkeit k). Zur überschlägigen Ermittlung der Eigenfrequenzen des Systems sind die Nachgiebigkeitsmatrix $\boldsymbol{H}$ und die Steifigkeitsmatrix $\boldsymbol{K}$ bezüglich der Koordinaten q_1 und q_2 gesucht.

Gegeben: $a,\ EI,\ k = 9EI/a^3$

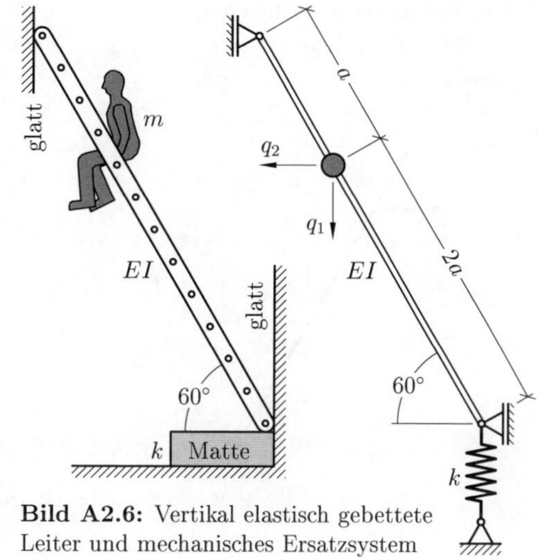

Bild A2.6: Vertikal elastisch gebettete Leiter und mechanisches Ersatzsystem

Lösung der Aufgabe 2.6:

Ermittlung der Nachgiebigkeitsmatrix $\boldsymbol{H}$ aus Einheitsbelastungen:

Einheitsbelastung in q_1-Richtung:

Freikörperbild bei Einheitslast:

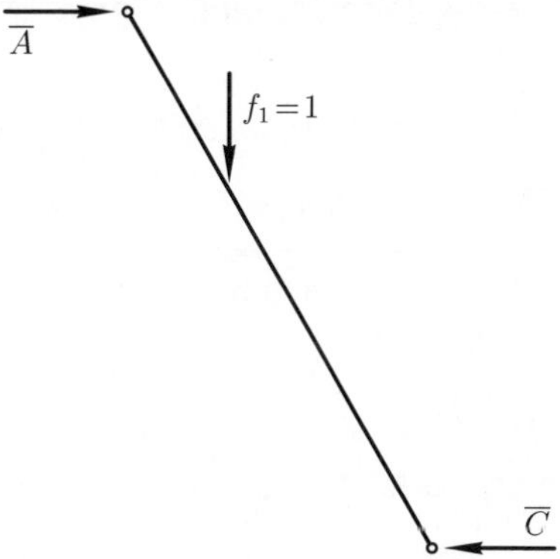

Momentenbelastung der Leiter:

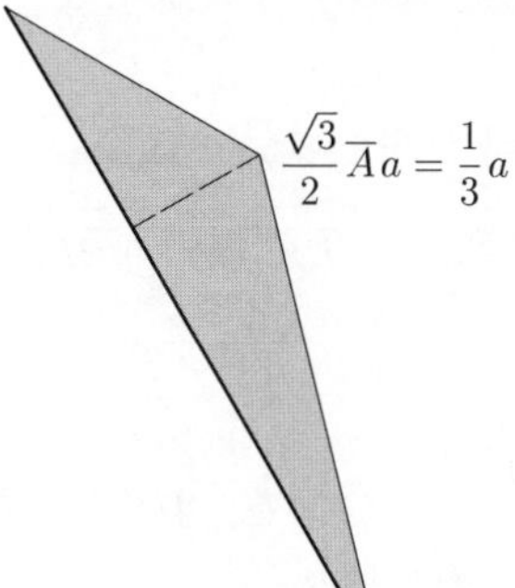

Gleichgewicht:

$$\overline{A}\,\frac{\sqrt{3}}{2}\,(3a) - f_1\,\frac{1}{2}\,(2a) = 0$$

Lagerreaktionen und Federkraft:

$$\overline{A} = \frac{2}{3\sqrt{3}}\,f_1 = \frac{2}{3\sqrt{3}}, \qquad \overline{F}_F = f_1 = 1$$

Einheitsbelastung in q_2-Richtung:

Freikörperbild bei Einheitslast:

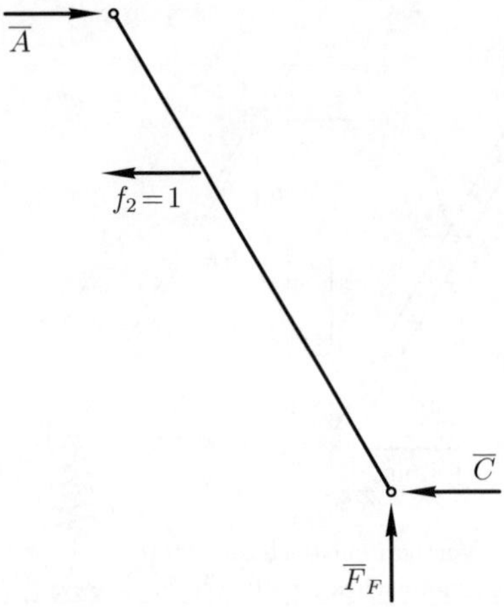

Momentenbelastung der Leiter:

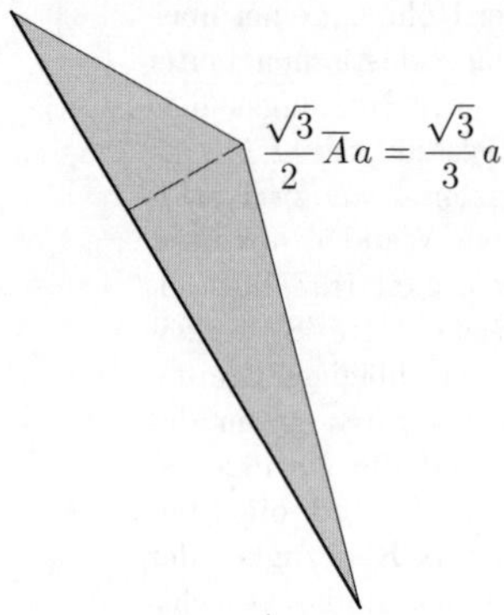

Gleichgewicht:

$$f_2\frac{\sqrt{3}}{2}(2a) - \overline{A}\frac{\sqrt{3}}{2}(3a) = 0$$

Lagerreaktionen:

$$\overline{A} = \frac{2}{3}f_2 = \frac{2}{3}, \qquad \overline{F}_F = 0$$

Nachgiebigkeiten durch Koppeln der Belastungszustände:

$$h_{ik} = \int\limits_{(l)} \frac{\overline{M}_i\,\overline{M}_k}{EI}\,dx + \int\limits_{(l)} \frac{\overline{N}_j\,\overline{N}_k}{EA}\,dx = \int\limits_{(l)} \frac{\overline{M}_i\,\overline{M}_k}{EI}\,dx + \frac{1}{k}$$

Nachgiebigkeiten:

$$h_{11} = \left[\frac{1}{3}\left(\frac{1}{3}a\right)^2 3a\right]\frac{1}{EI} + \frac{1}{k} = \frac{1}{9}\frac{a^3}{EI} + \frac{1}{k} = \frac{2}{9}\frac{a^3}{EI}$$

$$h_{12} = h_{21} = \left[\frac{1}{3}\cdot\frac{1}{3}a\cdot\frac{\sqrt{3}}{3}a\cdot 3a\right]\frac{1}{EI} = \frac{\sqrt{3}}{9}\frac{a^3}{EI}$$

$$h_{22} = \left[\frac{1}{3}\left(\frac{\sqrt{3}}{3}a\right)^2 3a\right]\frac{1}{EI} = \frac{3a^3}{9EI}$$

Nachgiebigkeitsmatrix:

$$\boldsymbol{H} = \frac{1}{9}\begin{bmatrix} 2 & \sqrt{3} \\ \sqrt{3} & 3 \end{bmatrix}\frac{a^3}{EI}$$

Steifigkeitsmatrix als Inverse der Nachgiebigkeitsmatrix:

$$\boldsymbol{K} = \boldsymbol{H}^{-1} = \frac{9}{(6-3)}\begin{bmatrix} 3 & -\sqrt{3} \\ -\sqrt{3} & 2 \end{bmatrix}\frac{EI}{a^3} = 3\begin{bmatrix} 3 & -\sqrt{3} \\ -\sqrt{3} & 2 \end{bmatrix}\frac{EI}{a^3}$$

Aufgabe 2.7:

Ein Transportbandsegment wird im Vorentwurf durch ein einfaches mechanisches Modell abgebildet, das aus einem biegeelastischen Balken (Biegesteifigkeit EI, Länge $4l$), einer Zugfeder (Steifigkeit k), einer Drehfeder (Steifigkeit k_φ) und einem elastischen Hebel (Biegesteifigkeit EI, Länge l) besteht. Die Verformungen bleiben klein, so daß lineare Theorie benutzt werden darf.

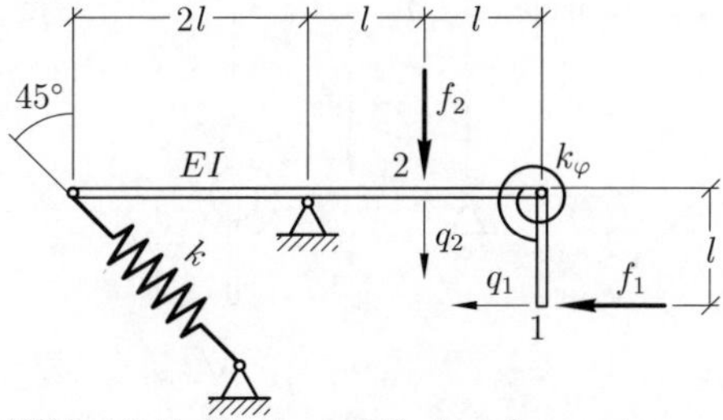

Bild A2.7: Ersatzmodell eines Segmentes

a) Ermitteln Sie die Elemente der Nachgiebigkeitsmatrix $\boldsymbol{H}$ bezüglich der Koordinaten q_1 und q_2.

b) Berechnen sie aus der Nachgiebigkeitsmatrix $\boldsymbol{H}$ die Steifigkeitsmatrix $\boldsymbol{K}$.

c) Am Punkt 1 greift eine Kraft f_1 an, am Punkt 2 eine Kraft f_2. Ermitteln Sie die statische Verschiebung q_1^{st} infolge dieser beiden Kräfte.

Gegeben: $l,\ k,\ EI/l^3 = k,\ k_\varphi = k\,l^2$

Lösung der Aufgabe 2.7:

a) Nachgiebigkeitsmatrix aus Einheitsbelastungszuständen:

Einheitsbelastungen und Schnittlasten:

Lastfall $f_1 = 1,\ f_2 = 0$:

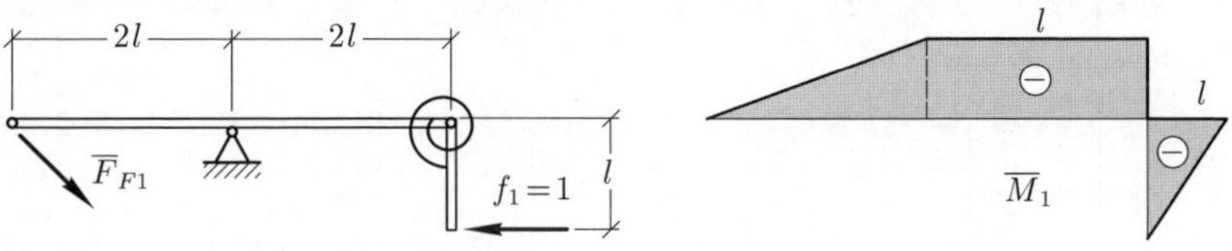

$\sum M^A$: $\quad \overline{F}_{F1}\dfrac{\sqrt{2}}{2}2l - 1\cdot l = 0 \quad \Longrightarrow$

Kraft in Zugfeder: $\quad \overline{F}_{F1} = \dfrac{\sqrt{2}}{2}$

Moment in Drehfeder: $\quad \overline{M}_{\varphi 1} = l$

Lastfall $f_1 = 0,\ f_2 = 1$:

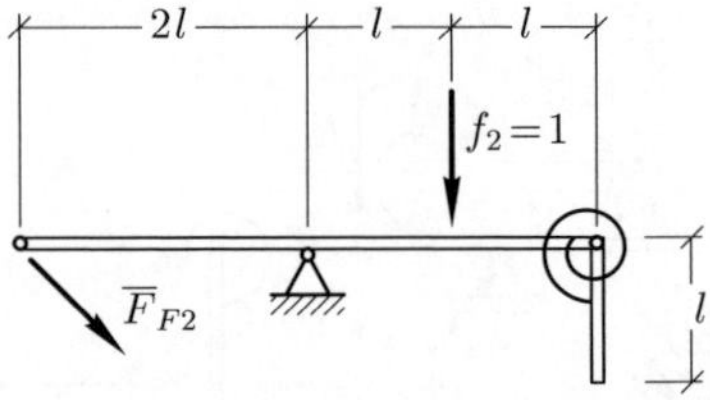

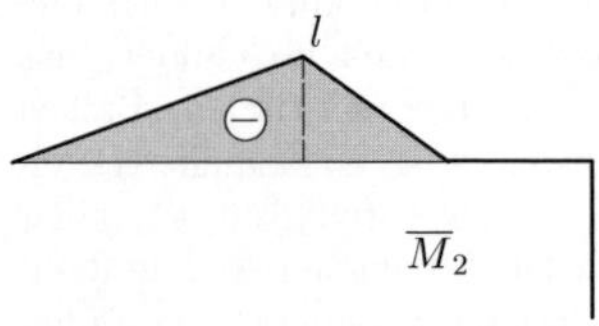

$\sum M^A$: $\overline{F}_{F2}\frac{\sqrt{2}}{2}2l - 1 \cdot l = 0 \implies$

Kraft in Zugfeder: $\overline{F}_{F2} = \frac{\sqrt{2}}{2}$

Moment in Drehfeder: $\overline{M}_{\varphi 2} = 0$

Prinzip der virtuellen Kräfte:

$$h_{ik} = \sum \int_{(l)} \frac{\overline{M}_i \overline{M}_k}{EI} dx + \frac{\overline{F}_{Fi}\overline{F}_{Fk}}{k} + \frac{\overline{M}_{\varphi i}\overline{M}_{\varphi k}}{k_\varphi}$$

$$h_{11} = \frac{1}{EI}\left[\frac{2}{3}l^3 + 2l^3 + \frac{1}{3}l^3\right] + \frac{1}{2k} + \frac{l^2}{k_\varphi} = \frac{9}{2k}$$

$$h_{12} = \frac{1}{EI}\left[\frac{2}{3}l^3 + \frac{1}{2}l^3\right] + \frac{1}{2k} = \frac{5}{3k}$$

$$h_{22} = \frac{1}{EI}\left[\frac{2}{3}l^3 + \frac{1}{3}l^3\right] + \frac{1}{2k} = \frac{3}{2k}$$

Nachgiebigkeitsmatrix:

$$\boldsymbol{H} = \frac{1}{k}\begin{bmatrix} \frac{9}{2} & \frac{5}{3} \\ \frac{5}{3} & \frac{3}{2} \end{bmatrix}$$

b) Steifigkeitsmatrix:

$\boldsymbol{K} = \boldsymbol{H}^{-1}$

$$\det \boldsymbol{H} = \frac{1}{k^2}\left[\frac{9}{2}\cdot\frac{3}{2} - \left(\frac{5}{3}\right)^2\right] = \frac{143}{36k^2}$$

$$\boldsymbol{K} = \boldsymbol{H}^{-1} = \frac{1}{\det \boldsymbol{H}}\frac{1}{k}\begin{bmatrix} \frac{3}{2} & -\frac{5}{3} \\ -\frac{5}{3} & \frac{9}{2} \end{bmatrix} = \frac{6}{143}k\begin{bmatrix} 9 & -10 \\ -10 & 27 \end{bmatrix}$$

c) Verschiebung an der Koordinate q_1 durch die Kräfte f_1 und f_2:

$$q_1 = h_{11}f_1 + h_{12}f_2 = \frac{9}{2k}f_1 + \frac{5}{3k}f_2$$

Aufgabe 2.8:

Die Radaufhängung eines Fahrzeuges besteht aus zwei schrägen masselosen Querlenkern (Länge l), die den Wagenkasten über vertikale Federn (Steifigkeit k_1) tragen. Zur Stabilisierung sind die beiden Querlenker durch eine horizontale Feder (Steifigkeit k_2) miteinander verbunden. Die Dämpfer (Dämpfungskonstante b_1) sind auf halber Lenkerlänge angebracht. Die Kippbewegungen der Räder können vernachlässigt werden, so daß die Räder selbst als Punktmassen (Masse m) idealisiert werden dürfen. Darüber hinaus darf der Fahrzeugaufbau im höheren Frequenzbereich wegen seiner großen Masse als unbeweglich (Festlager) angesehen werden. In der Gleichgewichtslage beträgt die Lenkerschrägstellung 30°.

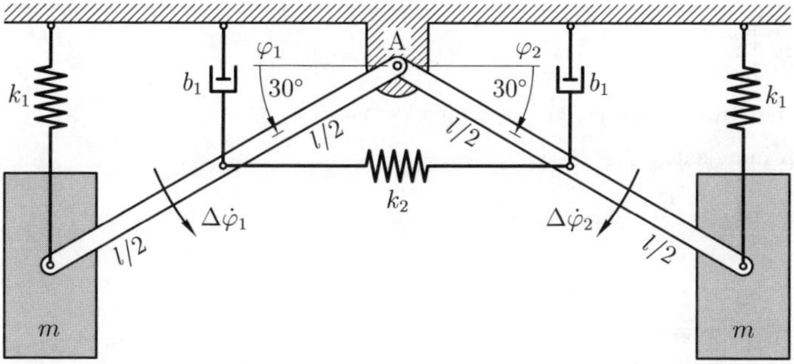

Bild A2.8: Pendelachse Gegeben: l, m, $k_1 = 4k$, $k_2 = 16k$, $b_1 = 16b$

Gesucht sind die Steifigkeitsmatrix $\boldsymbol{K}$, die Dämpfungsmatrix $\boldsymbol{B}$ und die Massenmatrix $\boldsymbol{M}$ zu den Koordinaten $\Delta\varphi_1$ und $\Delta\varphi_2$.

Lösung der Aufgabe 2.8:

Achsgeometrie bei Einheitsverdrehung $\Delta\varphi_1$ und Kräfte am Querlenker:

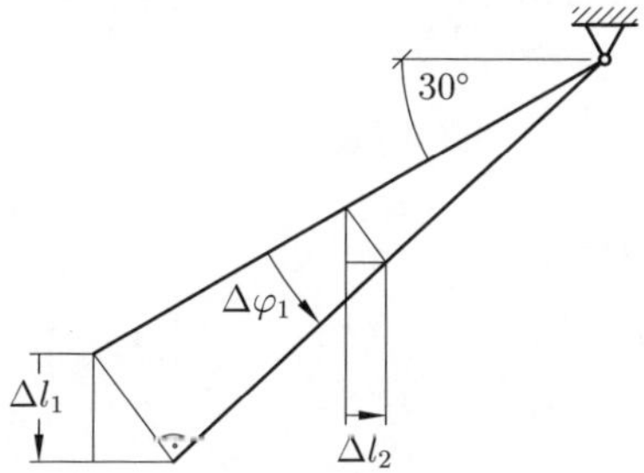

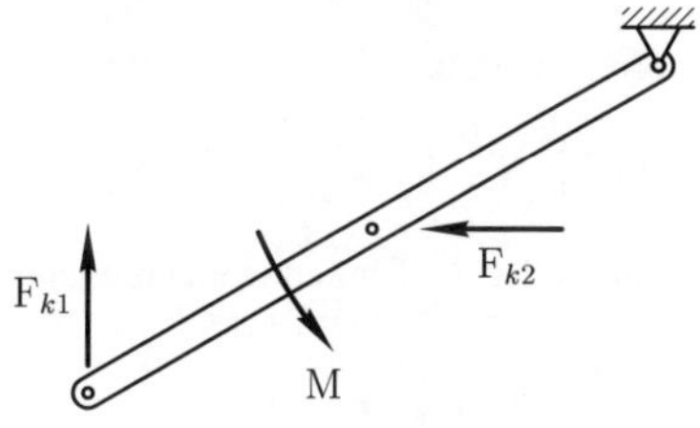

Federlängenänderungen:

$$\Delta l_1 = l\cos 30°\,\Delta\varphi_1 = \frac{\sqrt{3}}{2}\,l\,\Delta\varphi_1$$

$$\Delta l_2 = \frac{l}{2}\sin 30°\,\Delta\varphi_1 = \frac{1}{4}\,l\,\Delta\varphi_1$$

Federkräfte:

$$F_{k1} = k_1\,\Delta l_1 = k_1\,\frac{\sqrt{3}}{2}\,l\,\Delta\varphi_1$$

$$F_{k2} = k_2\,\Delta l_2 = k_2\,\frac{1}{4}\,l\,\Delta\varphi_1$$

Momentengleichgewicht:

$$k_{11}\,\Delta\varphi_1 = F_{k1}\,l\cos 30° + F_{k2}\,\frac{l}{2}\sin 30° = \Big(\frac{3}{4}k_1\,l^2 + \frac{1}{16}k_2\,l^2\Big)\,\Delta\varphi_1 = 4\,k\,l^2\,\Delta\varphi_1$$

$$k_{21}\,\Delta\varphi_1 = F_{k2}\,\frac{l}{2}\sin 30° = \frac{1}{16}k_2\,l^2\,\Delta\varphi_1 = k\,l^2\,\Delta\varphi_1$$

Koeffizienten der Steifigkeitsmatrix:

$k_{11} = 4\,k\,l^2$

$k_{12} = k_{21} = k\,l^2$

Wegen Fahrzeugsymmetrie:

$k_{22} = k_{11}$

Steifigkeitsmatrix:

$$\boldsymbol{K} = k\,l^2\begin{bmatrix} 4 & 1 \\ 1 & 4 \end{bmatrix}$$

Koeffizienten der Dämpfungsmatrix aus Einheitswinkelgeschwindigkeiten:

Dämpfergeschwindigkeit:

$$\Delta\dot{l}_D = \frac{l}{2}\cos 30°\,\Delta\dot{\varphi}_1 = \frac{\sqrt{3}}{4}\,l\,\Delta\dot{\varphi}_1$$

Dämpferkraft:

$$F_D = b_1\,\Delta\dot{l}_D = \frac{\sqrt{3}}{4}\,b_1\,l^2\,\Delta\dot{\varphi}_1$$

Momentengleichgewicht:

$$b_{11}\,\Delta\dot{\varphi}_1 = F_D\,\frac{l}{2}\cos 30° = \frac{3}{16}\,b_1\,l^2\,\Delta\dot{\varphi}_1 = 3\,b\,l^2\,\Delta\dot{\varphi}_1$$

$$b_{12}\,\Delta\dot{\varphi}_1 = 0$$

Koeffizienten der Dämpfungsmatrix:

$b_{11} = 3\,b\,l^2;\qquad b_{12} = b_{21} = 0;\qquad b_{22} = 3\,b\,l^2$

Dämpfungsmatrix:

$$\boldsymbol{B} = 3\,b\,l^2\begin{bmatrix} 1 & 0 \\ 0 & 1 \end{bmatrix}$$

Massenmatrix aus Einheitswinkelbeschleunigungen:

$$\boldsymbol{M} = m\,l^2\begin{bmatrix} 1 & 0 \\ 0 & 1 \end{bmatrix}$$

Aufgabe 2.9:

Das Modell der Hinterradaufhängung eines Fahrzeuges besteht aus dem drehelastisch gelagerten starren Längslenker, dem Federbein (Feder und Dämpfer) und der Reifenfeder. Für kleine Verformungen genügt die lineare Betrachtungsweise.

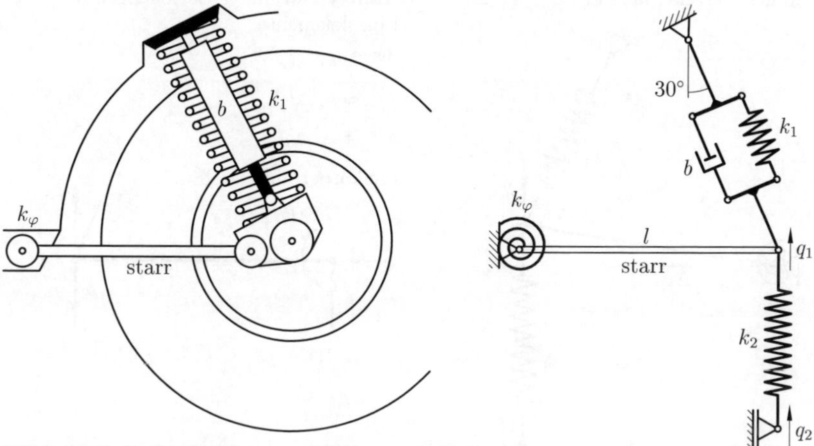

Bild A2.9: Radaufhängung und Ersatzsystem

a) Zunächst soll die freie Achse mit den Freiheitsgraden $\boldsymbol{q}_{ges} = [q_1,\, q_2]^T$ betrachtet werden. Ermitteln Sie die Steifigkeitsmatrix $\boldsymbol{K}_{ges}$ und die Dämpfungsmatrix $\boldsymbol{B}_{ges}$.

b) Im Fahrbetrieb ist die Koordinate q_2 kein Freiheitsgrad, sondern wird durch die Straßenunebenheit $q_2^0 = u(t)$ vorgegeben. Es verbleibt nur der Freiheitsgrad $q = q_1$. Ermitteln Sie die Kraft-Verformungs-Beziehung zwischen der Fußpunkterregung $u(t)$ und der Bewegung $q(t)$ des verbliebenen Freiheitsgrades sowie die Bodenkraft f_2^0 in Abhängigkeit von q und u.

Gegeben: $l,\ k_1,\ k_2,\ k_\varphi,\ b$

Lösung der Aufgabe 2.9:

a) Ermittlung der Gesamt-Steifigkeits- und Gesamt-Dämpfungsmatrix:

Ermittlung der ersten Spalte der Gesamt-Steifigkeitsmatrix:

Einheitsverschiebung $q_1 = 1$:

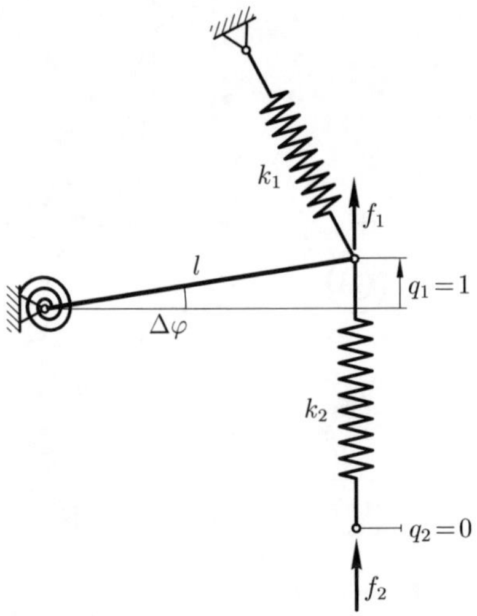

Kraft-Verformungs-Beziehungen der Einzelelemente:

$f^{k1} = k_1 \, \Delta l_1$

$f^{k2} = k_2 \, \Delta l_2$

$M^k = k_\varphi \, \Delta\varphi$

Freikörperbild:

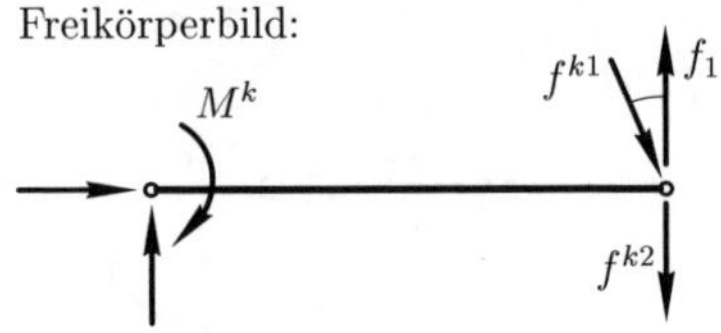

Gleichgewicht:

$\sum M^B$: $\quad l \, f_1 - l \, f^{k1} \cos 30° - l \, f^{k2} - M^k = 0$

Lineare Kinematik:

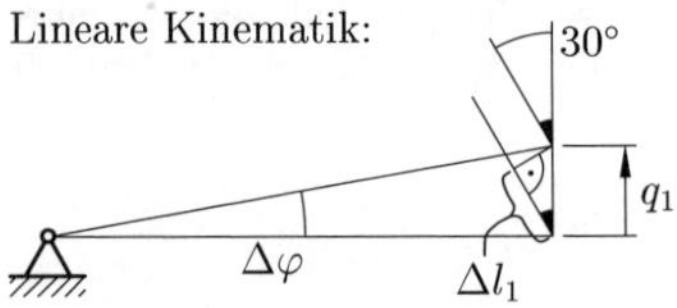

$\Delta\varphi = \dfrac{q_1}{l}$

$\Delta l_1 = q_1 \cos 30°$

$\Delta l_2 = q_1$

Ausrechnung:

$$f_1 = f^{k1} \cos 30° + f^{k2} + \frac{M^k}{l} = \left(k_1 \cos^2 30° + k_2 + \frac{k_\varphi}{l^2}\right) q_1$$

$$f_2 = -f^{k2} = -k_2 \, q_1$$

Steifigkeiten aus der Einheitsverschiebung $q_1 = 1$:

$$k_{11} = k_1 \cos^2 30° + k_2 + \frac{k_\varphi}{l^2} = \frac{3}{4} k_1 + k_2 + \frac{k_\varphi}{l^2}$$

$$k_{21} = -k_2$$

Ermittlung der zweiten Spalte der der Gesamt-Steifigkeitsmatrix:

Einheitsverschiebung $q_2=1$:

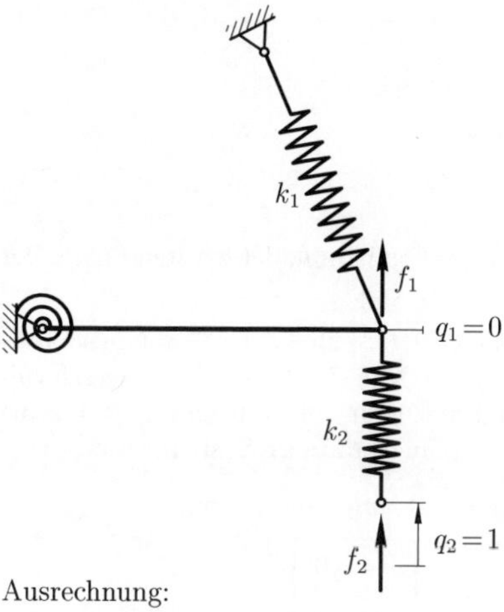

Kraft-Verformungs-Beziehungen der Einzelelemente:

$f^{k2} = k_2 \, \Delta l_2$

Lineare Kinematik:

$\Delta l_2 = q_2$

Freikörperbild:

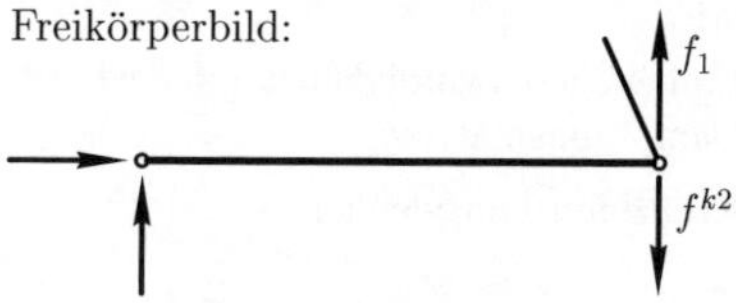

Gleichgewicht:

$\sum M^B$: $\quad l\, f_1 + l\, f^{k2} = 0$

Ausrechnung:

$$f_1 = -f^{k2} \quad = -k_2 \, \Delta l_2 \quad = -k_2 \, q_2$$
$$f_2 = \quad f^{k2} \quad = \quad k_2 \, \Delta l_2 \quad = \quad k_2 \, q_2$$

Steifigkeiten aus der Einheitsverschiebung $q_2=1$:

$k_{12} = -k_2$

$k_{22} = \quad k_2$

Gesamt-Steifigkeitsmatrix:

$$\boldsymbol{K}_{ges} = \begin{bmatrix} \frac{3}{4} k_1 + k_2 + \frac{k_\varphi}{l^2} & -k_2 \\ -k_2 & k_2 \end{bmatrix}$$

Ermittlung der Gesamt-Dämpfungsmatrix:

Einheitsgeschwindigkeit an der Koordinate q_1 zur Ermittlung der ersten Spalte der Dämpfungsmatrix (nur die Dämpfer werden berücksichtigt):

Kräfte am Längslenker:

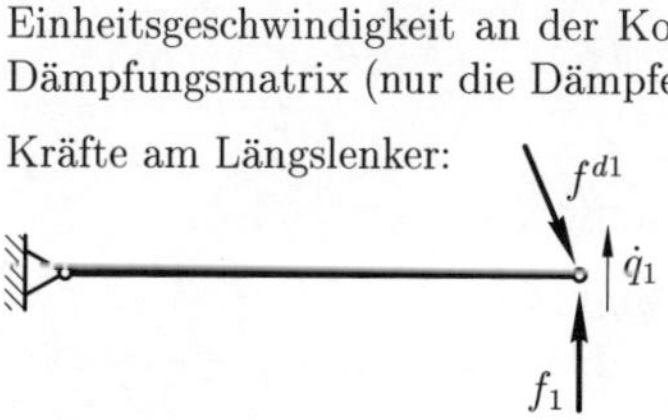

Gleichgewicht:

$l\, f_1 - l\, f^{d1} \cos 30° = 0$

Kraft-Geschwindigkeits-Gesetz:

$f^{d1} = b\,(\Delta l_1)^{\cdot}$

Lineare Kinematik:

$(\Delta l_1)^{\cdot} = \dot{q}_1 \cos 30°$

Ausrechnung:

$f_1 = f^{d1} \cos 30° = b \cos^2 30° \, \dot{q}_1$

$f_2 = 0$

Die Einheitsgeschwindigkeit $\dot{q}_1 = 1$ liefert Dämpfungselemente:

$b_{11} = b \cos^2 30° = \frac{3}{4} b$

$b_{12} = 0$

Einheitsgeschwindigkeit an der Koordinate q_2 zur Ermittlung der zweiten Spalte der Dämpfungsmatrix:

Kräfte am Längslenker:

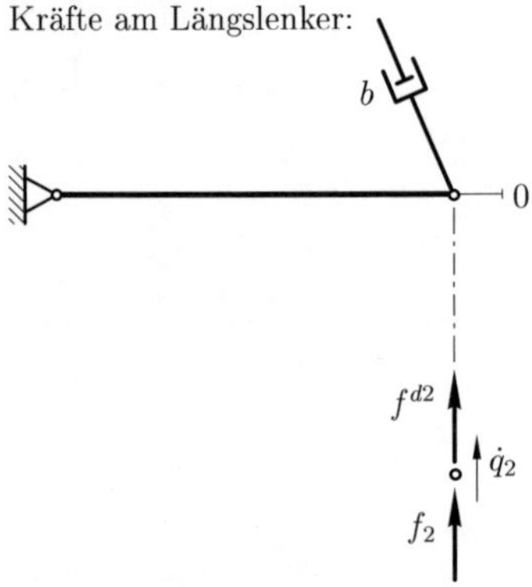

Die zweite Spalte der Dämpfungsmatrix $\boldsymbol{B}_{ges}$ ist Null, weil der Einheitsgeschwindigkeitszustand $\dot{q}_1 = 0$ und $\dot{q}_2 = 1$ keine Dämpfungskräfte im System weckt.

Gesamt-Dämpfungsmatrix:

$$\boldsymbol{B}_{ges} = \begin{bmatrix} \frac{3}{4} b & 0 \\ 0 & 0 \end{bmatrix}$$

b) Ermittlung der Bewegungsgleichung bei vorgegebener Bewegung q_2:

Kräfte aus den Federn und dem Dämpfer:

$$\boldsymbol{f} = \begin{bmatrix} f_1 \\ f_2^0 \end{bmatrix} = \begin{bmatrix} \frac{3}{4} k_1 + k_2 + \frac{k_\varphi}{l^2} & -k_2 \\ -k_2 & k_2 \end{bmatrix} \begin{bmatrix} q_1 \\ q_2^0 \end{bmatrix} + \begin{bmatrix} \frac{3}{4} b & 0 \\ 0 & 0 \end{bmatrix} \begin{bmatrix} \dot{q}_1 \\ \dot{q}_2^0 \end{bmatrix}$$

Kraft-Verformungsbeziehung für $f_1 = 0$:

$k_{11}\, q_1 + b_{11}\, \dot{q}_1 = -k_{12}\, q_2^0 = -k_{12}\, u(t)$

$\left(\frac{3}{4} k_1 + k_2 + \frac{k_\varphi}{l^2}\right) q_1 + \frac{3}{4} b \, \dot{q}_1 = k_2\, u(t)$

Bodenkontaktkraft:

$f_2^0 = k_{21}\, q_1 + k_{22}\, u(t) = -k_2\, q_1 + k_2\, u(t) = k_2 \left[u(t) - q_1\right]$

Aufgabe 2.10:

Das Modell einer Windkraftanlage besteht aus dem am Boden eingespannten homogenen biegeelastischen Mast (Höhe l, Biegesteifigkeit EI), an dem die Gondel (Masse m_G, Massenträgheitsmoment Θ_G um die Drehachse) fest eingespannt ist. Die Gondelhöhe kann gegenüber der Masthöhe vernachlässigt werden. Der dreiblättrige Rotor (Masse m_R, Massenträgkeitsmoment Θ_R um die Drehachse) ist über die drehelastische Welle (Drehsteifigkeit k_φ) mit dem Generator verbunden. Beim Kurzschluß blockiert der Generator in der Gondel und darf im Modell als mit der Gondel starr verbunden angesehen werden.

In dieser Situation hat das Minimalmodell die drei Freiheitsgrade: Drehung des Rotors $\varphi_R = q_1$, Schiefstellung der Gondel $\varphi_G = q_2$ und Ausbiegung q_3 der Gondel inklusive Rotor.

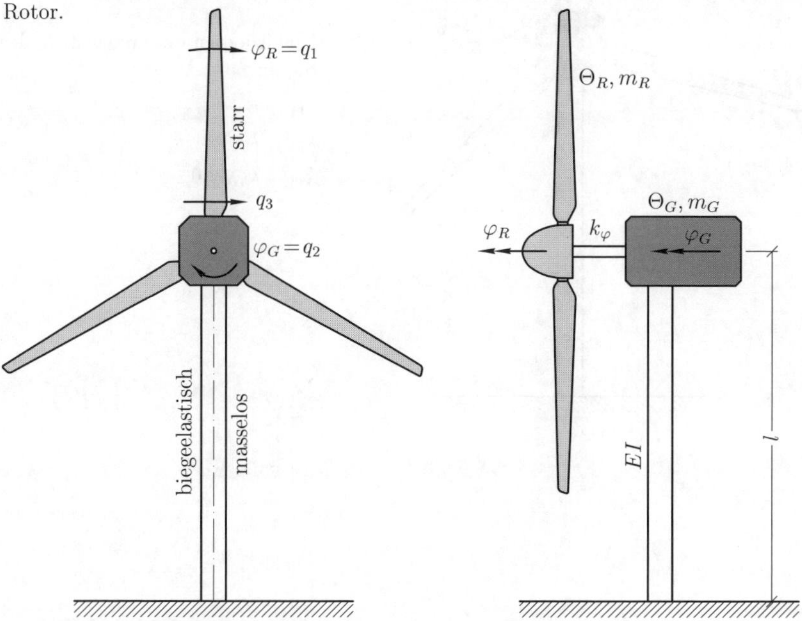

Bild A2.10: Einfaches Modell einer Windkraftanlage

a) Ermitteln Sie durch Aufprägen von Einheitsverschiebungen die Steifigkeitsmatrix $\boldsymbol{K}$ zum Zustandsvektor $\boldsymbol{q} = [\varphi_R,\ \varphi_G,\ q_3]^T$.

b) Geben Sie die zum Zustandsvektor $\boldsymbol{q}$ gehörige Massenmatrix $\boldsymbol{M}$ an.

Gegeben: l, EI, m_G, Θ_G, k_φ, m_R, Θ_R

Lösung der Aufgabe 2.10:

a) Ermittlung der Steifigkeitsmatrix aus Einheitsverschiebungen:

Einheitsverschiebung q_1, Drehung des Rotors, $\boldsymbol{q}=[1,\ 0,\ 0]^T$:

Systemskizze und Lasten:

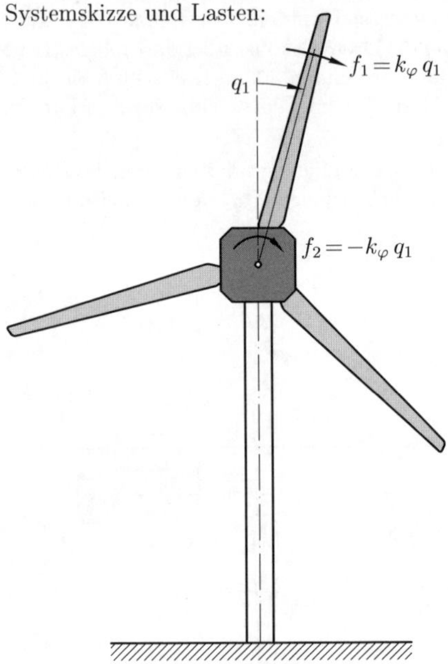

Drehmoment in der Rotorwelle:

$M_T = k_\varphi\,(\varphi_R - \varphi_G) = k_\varphi\,(q_1 - q_2)$

Notwendige Lasten:

$f_1 = k_\varphi\, q_1 = k_\varphi \cdot 1$

$f_2 = -k_\varphi\, q_1 = -k_\varphi \cdot 1$

$f_3 = 0$

Koeffizienten der ersten Zeile der Steifigkeitsmatrix:

$k_{11} = k_\varphi$

$k_{12} = k_{21} = -k_\varphi$

$k_{13} = k_{31} = 0$

Einheitsverschiebung q_2, Drehung der Gondel, $\boldsymbol{q}=[0,\ 1,\ 0]^T$:
Verformungsfigur und Freikörperbilder:

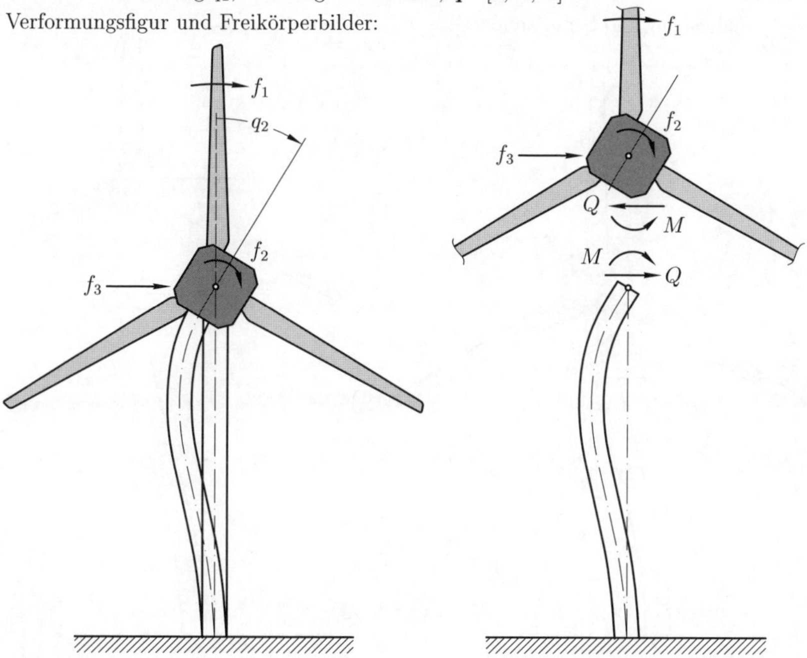

Schnittlasten am Mastende und in der Rotorwelle:

$$Q = -\frac{6EI}{l^2}\varphi_G, \qquad M = \frac{4EI}{l}\varphi_G \qquad \text{(Tabelle 15.8, Fall 3)}$$

$$M_T = k_\varphi(\varphi_R - \varphi_G) = k_\varphi(q_1 - q_2)$$

Notwendige Lasten:

$$f_1 = M_T = k_\varphi(q_1 - q_2) = -k_\varphi \cdot 1$$

$$f_2 = -M_T + M = k_\varphi q_2 + \frac{4EI}{l} q_2 = \left[k_\varphi + \frac{4EI}{l}\right] \cdot 1$$

$$f_3 = Q = -\frac{6EI}{l^2} \cdot 1$$

Koeffizienten der zweiten Zeile der Steifigkeitsmatrix:

$$k_{21} = k_{12} = -k_\varphi \qquad \text{(auch wegen Symmetrie)}$$

$$k_{22} = k_\varphi + \frac{4EI}{l}$$

$$k_{23} = -\frac{6EI}{l}$$

Einheitsverschiebung q_3, Horizontalverschiebung von Rotor mit Gondel, $\boldsymbol{q} = [0,\ 0,\ 1]^T$:
Verformungsfigur und Schnittbilder:

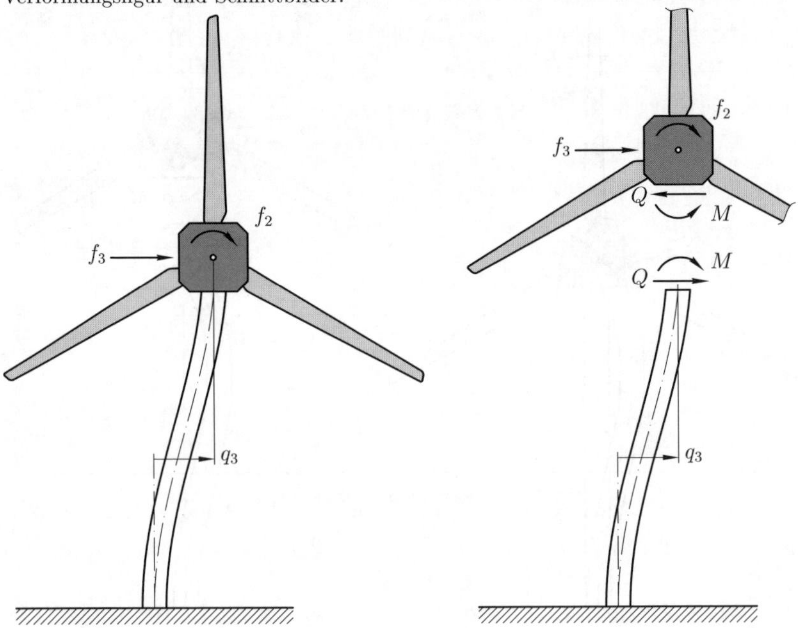

Schnittlasten am Mastende:

$$Q = \frac{12\,EI}{l^3}\,q_3, \qquad M = -\frac{6\,EI}{l^2}\,q_3 \qquad \text{(Tabelle 15.8, Fall 2)}$$

Notwendige Lasten:

$$f_1 = 0$$

$$f_2 = M = -\frac{6\,EI}{l^2}\,q_3 = -\frac{6\,EI}{l^2}\cdot 1$$

$$f_3 = Q = \frac{12\,EI}{l^3}\,q_3 = \frac{12\,EI}{l^3}\cdot 1$$

Elemente der dritten Zeile der Steifigkeitsmatrix:

$$k_{31} = k_{13} = 0 \qquad \text{(auch wegen Symmetrie)}$$

$$k_{32} = k_{23} = -\frac{6\,EI}{l^2} \qquad \text{(auch wegen Symmetrie)}$$

$$k_{33} = \frac{12\,EI}{l^3}$$

Steifigkeitsmatrix:

$$\boldsymbol{K} = \begin{bmatrix} k_\varphi & -k_\varphi & 0 \\ -k_\varphi & k_\varphi + \dfrac{4\,EI}{l} & -\dfrac{6\,EI}{l^2} \\ 0 & -\dfrac{6\,EI}{l^2} & \dfrac{12\,EI}{l^3} \end{bmatrix}$$

b) Ermittlung der Massenmatrix:

Die Massenmatrix hat Diagonalgestalt: $m_{jk} = 0 \quad \text{für} \quad j \neq k$

Momentensatz für Freiheitsgrad $q_1 = \varphi_R$, Rotation des Rotors:

$\Theta_R \, \ddot{\varphi}_R = \Theta_R \, \ddot{q}_1 = M_1$

Erstes Diagonalelement der Massenmatrix:

$m_{11} = \Theta_R$

Momentensatz für Freiheitsgrad $q_2 = \varphi_G$, Kippen der Gondel:

$\Theta_G \, \ddot{\varphi}_G = \Theta_G \, \ddot{q}_2 = M_2$

Zweites Diagonalelement der Massenmatrix:

$m_{22} = \Theta_G$

Kräftesatz für Freiheitsgrad q_3, Translation der Gondel inklusive Rotor:

$(m_R + m_G) \, \ddot{q}_3 = F_3$

Drittes Diagonalelement der Massenmatrix:

$m_{33} = m_R + m_G$

Massenmatrix:

$$\boldsymbol{M} = \begin{bmatrix} \Theta_R & 0 & 0 \\ 0 & \Theta_G & 0 \\ 0 & 0 & m_R + m_G \end{bmatrix}$$

Aufgabe 2.11:

In einem Schnellzug sind störende Längsschwingungen zu spüren, deren Ursache im Getriebe vermutet wird. Der schwere Getriebeblock (Masse m_2) ist an vier Federn (Steifigkeiten k_1) aufgehängt, die unter einem Winkel von 45° gegenüber der Bewegungsrichtung angeordnet sind. Mit einem Modell mit drei Freiheitsgraden (Zugmaschine m_1, Getriebeblock m_2, Waggon m_3) soll die Übertragung von Störkräften des Getriebes auf den Zugverband untersucht werden.

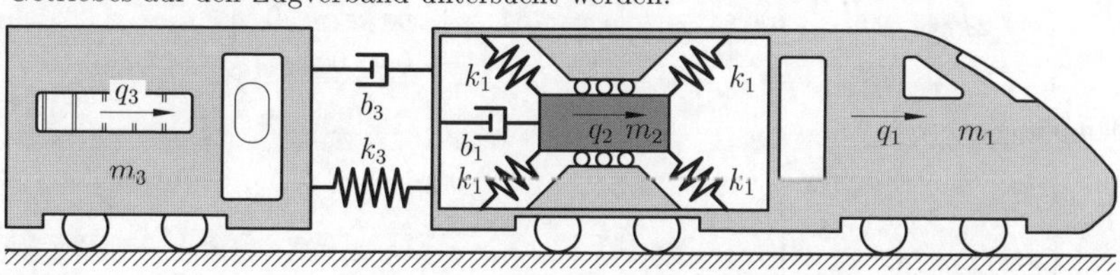

Bild A2.11: Schnellzugmodell mit elastisch aufgehängtem Getriebe

Ermitteln Sie die Steifigkeits-, die Dämpfungs- und die Massenmatrix für das Modell mit den drei Horizontalfreiheitsgraden.

Gegeben: $k_1, \; k_3, \; b_1, \; b_3, \; m_1, \; m_2, \; m_3$

Lösung der Aufgabe 2.11:

Ermittlung der Steifigkeitsmatrix mit Einheitsverschiebungen:

Geometrie der Federverlängerung:

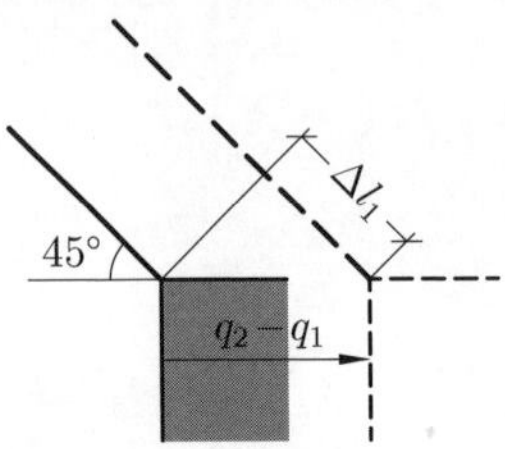

$$\Delta l_1 = \left(q_2 - q_1\right)\frac{\sqrt{2}}{2}$$

Einheitsverschiebung $q_1 = 1$
des Triebwagens m_1:

$\boldsymbol{q} = [1,\ 0,\ 0]^T$

Elemente der Steifigkeitsmatrix:

$$k_{11} = 4\cdot\frac{1}{2}k_1 + k_3 = 2k_1 + k_3$$

$$k_{21} = -4\cdot\frac{1}{2}k_1 = -2\,k_1$$

$$k_{31} = -k_3$$

Kräftegeometrie der schrägen Federn:

$F_F = k_1\,\Delta l_1$

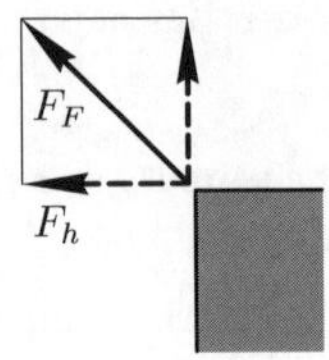

$$F_h = \frac{\sqrt{2}}{2}k_1\,\Delta l_1 = \frac{1}{2}k_1\left(q_2 - q_1\right)$$

Einheitsverschiebung $q_3 = 1$
des Waggons m_3:

$\boldsymbol{q} = [0,\ 0,\ 1]^T$

Elemente der Steifigkeitsmatrix:

$$k_{13} = -k_3$$

$$k_{23} = 0$$

$$k_{33} = k_3$$

Einheitsverschiebung $q_2 = 1$ des Getriebeblocks m_2:

$\boldsymbol{q} = [0,\ 1,\ 0]^T$

Elemente der Steifigkeitsmatrix:

$$k_{12} = -4\cdot\frac{1}{2}k_1 = -2\,k_1\,, \qquad k_{22} = 4\cdot\frac{1}{2}k_1 = 2\,k_1\,, \qquad k_{32} = 0$$

Steifigkeitsmatrix:

$$\boldsymbol{K} = \begin{bmatrix} 2\,k_1 + k_3 & -2\,k_1 & -k_3 \\ -2\,k_1 & 2\,k_1 & 0 \\ -k_3 & 0 & k_3 \end{bmatrix}$$

Massenmatrix:

$$\boldsymbol{M} = \begin{bmatrix} m_1 & 0 & 0 \\ 0 & m_2 & 0 \\ 0 & 0 & m_3 \end{bmatrix}$$

Dämpfungsmatrix:

$$\boldsymbol{B} = \begin{bmatrix} b_3 + b_1 & -b_1 & -b_3 \\ -b_1 & b_1 & 0 \\ -b_3 & 0 & b_3 \end{bmatrix}$$

Aufgabe 2.12:

Das Modell des Gegenhalters einer Stickmaschine besteht aus einem elastischen Balken (Länge l, Biegesteifigkeit EI) mit einem ausgedehnten Körper (Masse m_2, Trägheitsmoment Θ_3) und einem Zusatzschwinger (Steifigkeit k, Dämpfung b, Masse m_1). Die Ausdehnung des Schlittens kann gegenüber der Balkenlänge vernachlässigt werden. Die Masse m_1 wird durch eine horizontale äußere Kraft $F(t)$ harmonisch erregt.

a) Ermitteln Sie mit Einheitsverschiebungen die Elemente der Steifigkeitsmatrix $\boldsymbol{K}$ zum Zustandsvektor $\boldsymbol{q} = [\,q_1,\ q_2,\ q_3\,]^T$.

b) Geben Sie die Massenmatrix $\boldsymbol{M}$, die Dämpfungsmatrix $\boldsymbol{B}$ sowie den Erregerkraftvektor $\boldsymbol{f}$ an.

c) Berechnen Sie die Nachgiebigkeitsmatrix $\boldsymbol{H}$ für den Spezialfall $\alpha = 0.5$.

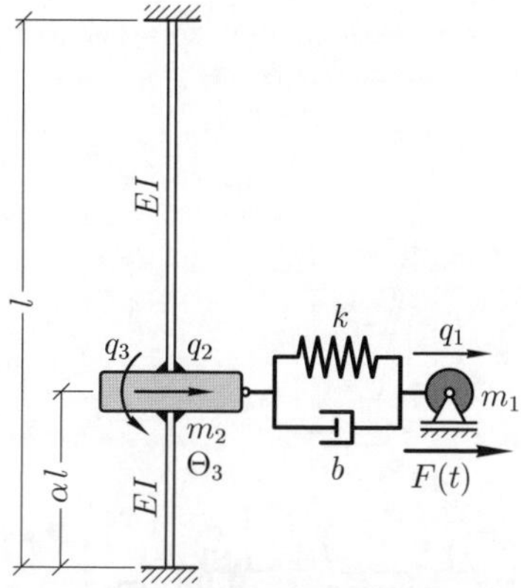

Bild A2.12: Gegenhalter einer Stickmaschine

Gegeben: EI, l, α, m_1, m_2, Θ_3, k, b

Lösung der Aufgabe 2.12:

a) Ermittlung der Steifigkeitsmatrix aus Einheitsverschiebungen:

Einheitsverschiebung q_1, Verschiebung der Masse m_1; $\boldsymbol{q} = [1,\ 0,\ 0]^T$:

Systemskizze und Lasten:

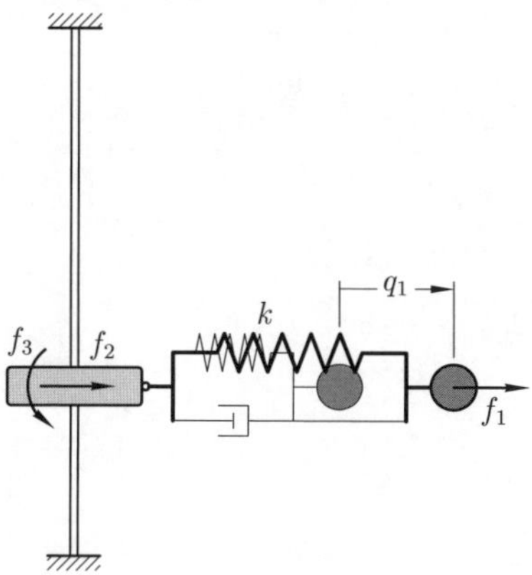

Notwendige Haltelasten:

$$f_1 = k\,q_1 = k\cdot 1$$

$$f_2 = -k\,q_1 = -k\cdot 1$$

$$f_3 = 0$$

Koeffizienten der ersten Spalte der Steifigkeitsmatrix:

$$k_{11} = k$$

$$k_{21} = -k$$

$$k_{31} = 0$$

Einheitsverschiebung q_2, Verschiebung der Masse m_2; $\boldsymbol{q}=[0,\ 1,\ 0]^T$:

Systemskizze und Freikörperbilder:

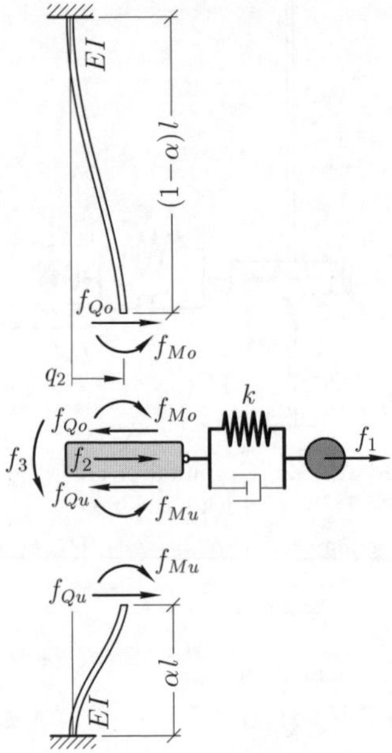

Schnittlasten:

$$f_{Qo} = \frac{12\,EI}{l^3\,(1-\alpha)^3}\cdot 1$$

$$f_{Qu} = \frac{12\,EI}{(\alpha\, l)^3}\cdot 1$$

$$f_{Mo} = -\frac{6\,EI}{l^2\,(1-\alpha)^2}\cdot 1$$

$$f_{Mu} = -\frac{6\,EI}{(\alpha\, l)^2}\cdot 1$$

Notwendige Haltelasten:

$$f_1 = -k\,q_2 = -k\cdot 1$$

$$f_2 = -f_1 + f_{Qo} + f_{Qu} =$$

$$= \left[k + \frac{12\,EI}{l^3\,(1-\alpha)^3} + \frac{12\,EI}{(\alpha\, l)^3}\right]\cdot q_2 =$$

$$= \left[k + \frac{12\,EI}{l^3\,(1-\alpha)^3} + \frac{12\,EI}{(\alpha\, l)^3}\right]\cdot 1$$

$$f_3 = f_{Mo} - f_{Mu} =$$

$$= -\frac{6\,EI}{l^2\,(1-\alpha)^2} + \frac{6\,EI}{(\alpha\, l)^2}$$

Koeffizienten der zweiten Spalte der Steifigkeitsmatrix:

$k_{12} = -k$ (auch wegen Symmetrie)

$$k_{22} = k + \frac{12\,EI}{l^3}\left[\frac{1}{(1-\alpha)^3} + \frac{1}{\alpha^3}\right] \qquad k_{32} = \frac{6\,EI}{l^2}\left[\frac{1}{\alpha^2} - \frac{1}{(1-\alpha)^2}\right]$$

Einheitsverschiebung q_3, Drehung der Masse m_2; $\boldsymbol{q} = [0,\ 0,\ 1]^T$:

Systemverformung und Freikörperbild:

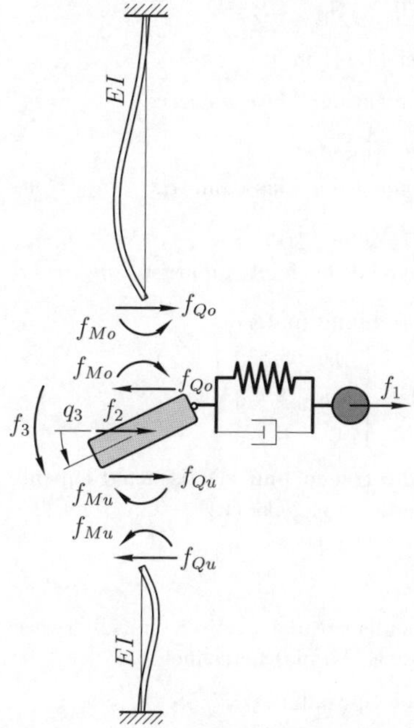

Schnittlasten:

$$f_{Qo} = -\frac{6EI}{l^2(1-\alpha)^2}q_3 = -\frac{6EI}{l^2(1-\alpha)^2}$$

$$f_{Qu} = \frac{6EI}{(\alpha l)^2}q_3 = -\frac{6EI}{(\alpha l)^2}$$

$$f_{Mo} = \frac{4EI}{l(1-\alpha)}q_3 = \frac{4EI}{l(1-\alpha)}$$

$$f_{Mu} = \frac{4EI}{\alpha l}q_3 = \frac{4EI}{\alpha l}$$

Notwendige Lasten:

$$f_1 = 0$$

$$f_2 = -f_1 + f_{Qo} - f_{Qu} =$$

$$= -\frac{6EI}{l^2(1-\alpha)^2} + \frac{6EI}{(\alpha l)^2}$$

$$f_3 = f_{Mo} + f_{Mu} = \frac{4EI}{l(1-\alpha)} + \frac{4EI}{\alpha l}$$

Elemente der dritten Spalte der Steifigkeitsmatrix:

$k_{13} = 0$ (auch wegen Symmetrie)

$k_{23} = k_{32} = \frac{6EI}{l^2}\left[\frac{1}{\alpha^2} - \frac{1}{(1-\alpha)^2}\right]$ (auch wegen Symmetrie)

$$k_{33} = \frac{4EI}{l}\left[\frac{1}{1-\alpha} + \frac{1}{\alpha}\right]$$

Steifigkeitsmatrix:

$$\boldsymbol{K} = \begin{bmatrix} k & -k & 0 \\ -k & k+\frac{12EI}{l^3}\left[\frac{1}{(1-\alpha)^3}+\frac{1}{\alpha^3}\right] & \frac{6EI}{l^2}\left[\frac{1}{\alpha^2}-\frac{1}{(1-\alpha)^2}\right] \\ 0 & \frac{6EI}{l^2}\left[\frac{1}{\alpha^2}-\frac{1}{(1-\alpha)^2}\right] & \frac{4EI}{l}\left[\frac{1}{(1-\alpha)}+\frac{1}{\alpha}\right] \end{bmatrix}$$

b) Ermittlung der anderen Matrizen:

Massenmatrix (alle dämpfende und elastische Elemente werden weggelassen):

Die Massenmatrix hat Diagonalgestalt: $m_{jk} = 0$ für $j \neq k$

Kräftesatz für Freiheitsgrad q_1 (Verschiebung der Masse m_1):

$m_1 \ddot{q}_1 = f_1$ Erstes Diagonalelement der Massenmatrix: $m_{11} = m_1$

Kräftesatz für Freiheitsgrad q_2 (Verschiebung der Masse m_2):

$m_2 \ddot{q}_2 = f_2$ Zweites Diagonalelement der Massenmatrix: $m_{22} = m_2$

Momentensatz für Freiheitsgrad q_3 (Drehung der Masse Θ_3):

$\Theta_3 \ddot{q}_3 = f_3$ Drittes Diagonalelement der Massenmatrix: $m_{33} = \Theta_3$

Massenmatrix:

$$\boldsymbol{M} = \begin{bmatrix} m_1 & 0 & 0 \\ 0 & m_2 & 0 \\ 0 & 0 & \Theta_3 \end{bmatrix}$$

Erregerkraftvektor:

$$\boldsymbol{f}(t) = \begin{bmatrix} F(t) & 0 & 0 \end{bmatrix}^T$$

Dämpfungsmatrix:

$$\boldsymbol{B} = \begin{bmatrix} b & -b & 0 \\ -b & b & 0 \\ 0 & 0 & 0 \end{bmatrix}$$

(alle trägen und elastischen Elemente werden weggelassen)

c) Berechnung der Nachgiebigkeitsmatrix $\boldsymbol{H}$:

Die Nachgiebigkeitsmatrix $\boldsymbol{H}$ läßt sich in allgemeiner Form analytisch sinnvollerweise nur mit einem Formelmanipulationsprogramm (z. B. Maple) berechnen.

Berechnung der Nachgiebigkeitsmatrix $\boldsymbol{H}$ für den Spezialfall $\alpha = 0.5$:

Steifigkeitsmatrix:

$$\boldsymbol{K} = k \begin{bmatrix} 1 & -1 & 0 \\ -1 & 1+12\kappa & 0 \\ 0 & 0 & \kappa l^2 \end{bmatrix}$$

Mit der Abkürzung:

$$\kappa = \frac{16EI}{k\,l^3}$$

Die Untermatrix $\boldsymbol{K}_2$ der Steifigkeitsmatrix zu den beiden ersten Freiheitsgraden ist unabhängig vom dritten Freiheitsgrad. Daher dürfen diese Untermatrix

$$\boldsymbol{K}_2 = k \begin{bmatrix} 1 & -1 \\ -1 & 1+12\kappa \end{bmatrix}$$

und das entkoppelte Element k_{33} separat invertiert werden:

Determinate der Untermatrix:

$$\det\{\boldsymbol{H}_2\} = k\,(1+12\kappa - 1) = 12\kappa k$$

Inverse der Untermatrix:

$$\boldsymbol{H}_2 = \boldsymbol{K}_2^{-1} = \frac{1}{12\kappa k} \begin{bmatrix} 1+12\kappa & 1 \\ 1 & 1 \end{bmatrix}$$

Nachgiebigkeitsmatrix als Inverse der Steifigkeitsmatrix für den Spezialfall $\alpha = 0.5$:

$$\boldsymbol{H} = \frac{1}{12\kappa k} \begin{bmatrix} 1+12\kappa & 1 & 0 \\ 1 & 1 & 0 \\ 0 & 0 & 12/l^2 \end{bmatrix}$$

Aufgabe 2.13:

Ein dreiparametriges viskoelastisches Stoffgesetz für Festkörper hat die allgemeine Form

$$\sigma + p_1 \dot{\sigma} = q_0 \varepsilon + q_1 \dot{\varepsilon}\,.$$

Zur Identifikation der Parameter werden harmonische Dehnungen $\varepsilon(t) = \hat{\varepsilon}\cos(\Omega t + \alpha)$ vorgegeben und es stellt sich ein harmonischer Spannungsverlauf $\sigma(t) = \hat{\sigma}\cos(\Omega t + \beta)$ ein. Von den Spannungen und Dehnungen werden die Amplituden und Phasenwinkel registriert und zu komplexen Größen $\underline{\hat{\varepsilon}}$ und $\underline{\hat{\sigma}}$ zusammengefaßt. Der Zusammenhang zwischen den komplexen Spannungsamplituden $\underline{\hat{\sigma}}$ und den komplexen Dehnungsamplituden $\underline{\hat{\varepsilon}}$ wird im Ingenieurwesen durch einen komplexen E-Modul $\underline{E}$ beschrieben.

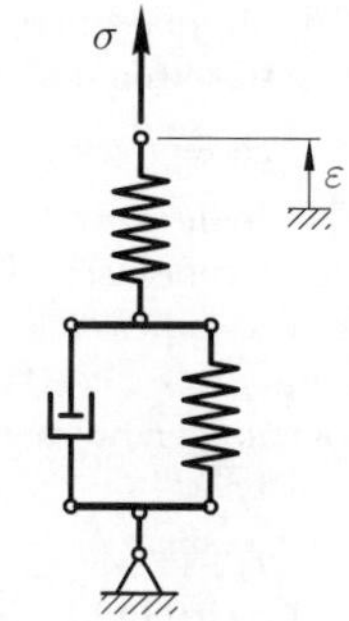

Bild A2.13: Drei-Parameter-Modell

Stellen Sie den komplexen E-Modul $\underline{E}(\Omega)$ und den Verlustfaktor $\chi(\Omega)$ als Funktionen der Parametern p_1, q_0 und q_1 dar.

Gegeben: p_1, q_0, q_1, Ω

Lösung der Aufgabe 2.13:

Komplex ergänztes Stoffgesetz:

$$\underline{\sigma} + p_1 \dot{\underline{\sigma}} = q_0 \underline{\varepsilon} + q_1 \dot{\underline{\varepsilon}}$$

Komplexe harmonische Bewegung:

$$\underline{\varepsilon} = \underline{\hat{\varepsilon}}\, e^{i\Omega t}, \qquad \underline{\sigma} = \underline{\hat{\sigma}}\, e^{i\Omega t} \qquad \Longrightarrow \qquad (1 + i\Omega\, p_1)\, \underline{\hat{\sigma}}\, e^{i\Omega t} = (q_0 + i\Omega\, q_1)\, \underline{\hat{\varepsilon}}\, e^{i\Omega t}$$

Spannungs-Dehnungs-Relation für die komplexen Amplituden:

$$\underline{\hat{\sigma}} = \frac{q_0 + i\Omega\, q_1}{1 + i\Omega\, p_1}\, \underline{\hat{\varepsilon}} = \underline{E}(\Omega)\, \underline{\hat{\varepsilon}}$$

Komplexer Elastizitätsmodul:

$$\underline{E}(\Omega) = \frac{q_0 + i\Omega\, q_1}{1 + i\Omega\, p_1} = \frac{(q_0 + i\Omega\, q_1)(1 - i\Omega p_1)}{1 + \Omega^2 p_1^2} = E' + i\,E''$$

Speichermodul:

$$E'(\Omega) = \frac{q_0 + p_1 q_1 \Omega^2}{1 + p_1^2 \Omega^2}$$

Verlustmodul:

$$E''(\Omega) = \frac{q_1 \Omega - p_1 q_0\, \Omega}{1 + p_1^2 \Omega^2}$$

Verlustfaktor:

$$\chi(\Omega) = \frac{E''}{E'} = \frac{(q_1 - p_1 q_0)\,\Omega}{q_0 + p_1 q_1 \Omega^2}$$

Aufgabe 2.14:

Ein dreiparametriges viskoelastisches Stoffgesetz für Flüssigkeiten hat die allgemeine Form

$$\sigma + p_1\,\dot\sigma = q_1\,\dot\varepsilon + q_2\,\ddot\varepsilon\,.$$

Zur Identifikation der Parameter p_1, q_1 und q_2 werden harmonische Dehnungen $\varepsilon(t) = \widehat\varepsilon\cos(\Omega t+\alpha)$ vorgegeben und es stellt sich ein harmonischer Spannungsverlauf $\sigma(t) = \widehat\sigma\cos(\Omega t+\beta)$ ein. Von den Spannungen und Dehnungen werden die Amplituden und Phasenwinkel registriert und zu komplexen Größen $\underline{\widehat\varepsilon}$ und $\underline{\widehat\sigma}$ zusammengefaßt.

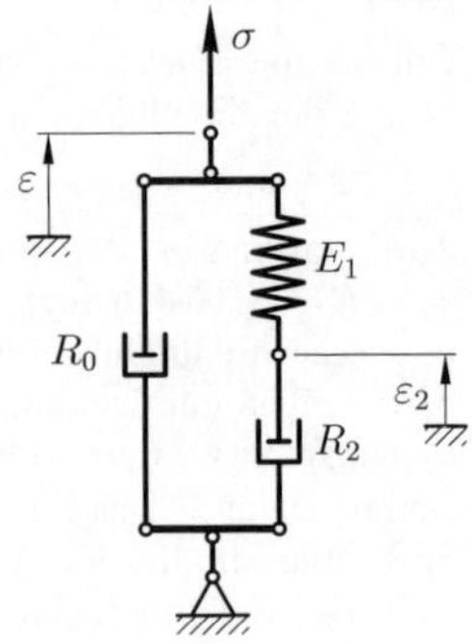

Bild A2.14:
Drei-Parameter-Modell

a) Ermitteln Sie die Parameter p_1, q_1 und q_2 des allgemeinen Stoffgesetzes aus den Parametern R_0, R_2 und E_1 des Drei-Parameter-Modells.

b) Berechnen Sie formal den komplexen Elastizitätsmodul $\underline{E}(\Omega)$, die Speicher- und Verlustmoduln $E'(\Omega)$ und $E''(\Omega)$ sowie den Verlustfaktor $\chi(\Omega)$.

c) Skizzieren Sie den Verlustfaktor $\chi(\Omega)$ für die angegebenen Zahlenwerte als Funktion der Frequenz Ω.

Gegeben: R_0, E_1, R_2, Ω, für Teil c): $p_1 = 2\,\mathrm{s}$, $q_1 = 1\,\mathrm{Ns/m}$, $q_2 = 1\,\mathrm{Ns^2/m}$

Lösung der Aufgabe 2.14:

a) Ermittlung der Parameter des Stoffgesetzes:

Kinematik:	Stoffgesetze:	Gleichgewicht:	
$\varepsilon_2 = \varepsilon - \varepsilon_1$	$\sigma_0 = R_0\,\dot\varepsilon$	$\sigma_1 = \sigma_2$	(1)
	$\sigma_1 = E_1\,\varepsilon_1$	$\sigma = \sigma_0 + \sigma_1$	(2)
	$\sigma_2 = R_2\,\dot\varepsilon_2$		

Einsetzen und Ausrechnen:

aus (1): $E_1\,\varepsilon_1 = R_2\,(\dot\varepsilon - \dot\varepsilon_1)$

aus (2): $\sigma = R_0\,\dot\varepsilon + E_1\,\varepsilon_1 \quad\Longrightarrow\quad \dot\sigma = R_0\,\ddot\varepsilon + E_1\,\dot\varepsilon_1$

Ausrechnung: (2) + (1) + $\dfrac{R_2}{E_1}(\dot 2)$:

$$\sigma + \frac{R_2}{E_1}\dot\sigma = \frac{R_0\,R_2}{E_1}\ddot\varepsilon + (R_0+R_2)\,\dot\varepsilon$$

Vergleich mit dem viskoelastischen Stoffgesetz:

$$p_1 = \frac{R_2}{E_1}, \qquad q_1 = R_0+R_2 \qquad \text{und} \qquad q_2 = \frac{R_2\,R_0}{E_1}$$

b) Berechnung der Moduln:

Komplex ergänztes Stoffgesetz:

$\underline{\sigma} + p_1\,\dot{\underline{\sigma}} = q_1\,\dot{\underline{\varepsilon}} + q_2\,\ddot{\underline{\varepsilon}}$

Harmonische Bewegung:

$\underline{\varepsilon} = \widehat{\underline{\varepsilon}}\,e^{i\Omega t}, \qquad \underline{\sigma} = \widehat{\underline{\sigma}}\,e^{i\Omega t}$

Einsetzen in das Stoffgesetz:

$(1 + i\Omega\,p_1)\,\widehat{\underline{\sigma}}\,e^{i\Omega t} = (i\Omega\,q_1 - \Omega^2 q_2)\,\widehat{\underline{\varepsilon}}\,e^{i\Omega t}$

Komplexe Spannungs-Dehnungs-Relation:

$$\widehat{\underline{\sigma}} = \frac{i\Omega\,q_1 - \Omega^2 q_2}{1 + i\Omega\,p_1}\,\widehat{\underline{\varepsilon}} = \frac{(i\Omega\,q_1 - \Omega^2 q_2)(1 - i\Omega\,p_1)}{1 + \Omega^2 p_1^2}\,\widehat{\underline{\varepsilon}} =$$
$$= \frac{\Omega^2\,(q_1\,p_1 - q_2) + i\Omega\,(q_1 + \Omega^2 q_2\,p_1)}{1 + p_1^2\Omega^2} = \underline{E}(\Omega)\,\widehat{\underline{\varepsilon}}$$

Komplexer Elastizitätsmodul:

$$\underline{E}(\Omega) = \frac{i\Omega\,q_1 - \Omega^2 q_2}{1 + i\Omega\,p_1} = \frac{\Omega^2\,(q_1\,p_1 - q_2) + i\Omega\,(q_1 + \Omega^2 q_2\,p_1)}{1 + p_1^2\Omega^2} = E' + i\,E''$$

Speichermodul:

$$E'(\Omega) = \frac{\Omega^2\,(q_1\,p_1 - q_2)}{1 + p_1^2\Omega^2}$$

Verlustmodul:

$$E''(\Omega) = \frac{\Omega\,(q_1 + \Omega^2 q_2\,p_1)}{1 + p_1^2\Omega^2}$$

Verlustfaktor:

$$\chi(\Omega) = \frac{E''}{E'} = \frac{q_1 + \Omega^2 q_2\,p_1}{\Omega(q_1\,p_1 - q_2)}$$

c) Verlustfaktor für die speziellen Zahlenwerte:

$$\chi(\Omega) = \frac{1 + 2\,\Omega^2\,\mathrm{s}^2}{\Omega\,\mathrm{s}}$$

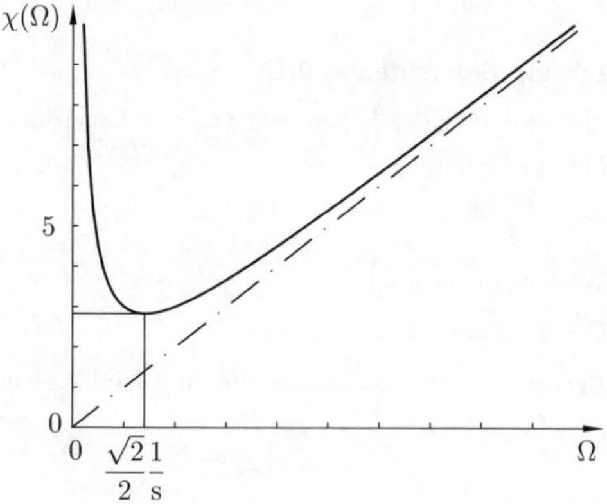

Aufgabe 2.15:

Ein symmetrischer starrer, völlig ausgewuchteter horizontaler Rotor (Masse $m = 105$ kg) liegt beidseitig in zwei gleichen kurzen kreisförmigen Gleitlagern.

Die Daten der Gleitlager sind das Breitenverhältnis

$$\frac{B}{D} = 0.1\,,$$

der Quotient

$$\frac{\psi^2}{\eta BD} = 12.1 \cdot 10^{-3} \frac{1}{\text{Ns}}$$

in der Sommerfeldzahl und das Lagerspiel

$$\delta = \frac{(D-d)}{2} = 5.5 \cdot 10^{-5}\ \text{m}.$$

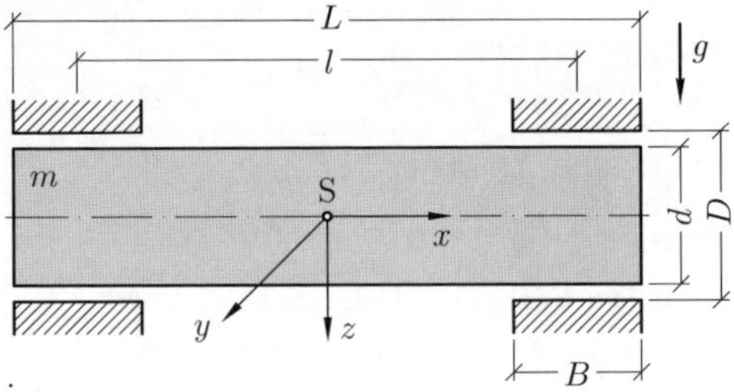

Bild A2.15: Starrer Rotor in zwei Gleitlagern

Der Rotor läuft mit einer Drehzahl von $n = 600/\text{min}$.

a) Ermitteln Sie zahlenmäßig die Steifigkeits- und Dämpfungsmatrix eines der beiden Gleitlager.

b) Es sollen die reinen Translationsbewegungen des Rotors in z- und in y-Richtung betrachtet werden. Wie lauten die Bewegungsgleichungen für die beiden Bewegungen q_z und q_y des Rotorschwerpunktes S?

Lösung der Aufgabe 2.15:

a) Ermittlung der Lagersteifigkeit und Lagerdämpfung:

Last pro Gleitlager:

$$F_S = \frac{mg}{2} \approx 515\ \text{N}$$

Winkelgeschwindigkeit:

$$\Omega = 2\pi f \approx 62.8\,/\text{s}$$

Sommerfeldzahl:

$$So = \frac{F_S}{\Omega}\frac{\psi^2}{\eta BD} \approx 0.1$$

$$\frac{So}{(B/D)^2} = 10$$

Bezogene Steifigkeitskoeffizienten aus Bild 2.31 und Steifigkeitsmatrix:

$$\boldsymbol{\gamma} = \begin{bmatrix} \gamma_{zz} & \gamma_{zy} \\ \gamma_{yz} & \gamma_{yy} \end{bmatrix} = \begin{bmatrix} 8.0 & -5.0 \\ -0.5 & 2.0 \end{bmatrix} \qquad \boldsymbol{K} = \frac{F_S}{\delta}\boldsymbol{\gamma} = \begin{bmatrix} 74.9 & -46.8 \\ -4.7 & 18.7 \end{bmatrix} \cdot 10^6\,\frac{\text{N}}{\text{m}}$$

Bezogene Dämfungskoeffizienten aus Bild 2.32 und Dämpfungsmatrix:

$$\boldsymbol{\beta} = \begin{bmatrix} \beta_{zz} & \beta_{zy} \\ \beta_{yz} & \beta_{yy} \end{bmatrix} = \begin{bmatrix} 8.0 & -2.0 \\ -2.0 & 1.3 \end{bmatrix} \qquad \boldsymbol{B} = \frac{F_S}{\delta\Omega}\boldsymbol{\beta} = \begin{bmatrix} 1.2 & -0.3 \\ -0.3 & 0.2 \end{bmatrix} \cdot 10^6\,\frac{\text{N}}{\text{m/s}}$$

b) Bewegungsgleichungen für den Rotorschwerpunkt:

Symmetrische Bewegungen:

$$q_{Lz1} = q_{Lz2} = q_{Sz} = q_z\,, \qquad q_{Ly1} = q_{Ly2} = q_{Sy} = q_y$$

Bewegungsgleichungen:

$$\begin{bmatrix} m & 0 \\ 0 & m \end{bmatrix}\begin{bmatrix} \ddot{q}_z \\ \ddot{q}_y \end{bmatrix} + 2\begin{bmatrix} b_{zz} & b_{zy} \\ b_{yz} & b_{yy} \end{bmatrix}\begin{bmatrix} \dot{q}_z \\ \dot{q}_y \end{bmatrix} + 2\begin{bmatrix} k_{zz} & k_{zy} \\ k_{yz} & k_{yy} \end{bmatrix}\begin{bmatrix} q_z \\ q_y \end{bmatrix} = \begin{bmatrix} 0 \\ 0 \end{bmatrix}$$

Aufgabe 2.16:

Die Hinterachse eines Fahrzeuges (Spurweite b) rollt auf einer horizontalen Fläche (momentane Stellung α). Die beiden Räder (Radien r) werden angetrieben und haben gegenüber der Achse die unterschiedlichen relativen Winkelgeschwindigkeiten Ω_1 und Ω_2.

a) Geben Sie die Geschwindigkeiten $\vec{v}_1$ und $\vec{v}_2$ der Radmittelpunkte und $\vec{v}_A$ des Achsenmittelpunktes sowie die absoluten Winkelgeschwindigkeiten $\vec{\omega}_1$ und $\vec{\omega}_2$ der beiden Räder und $\vec{\omega}_A$ der Achse an.

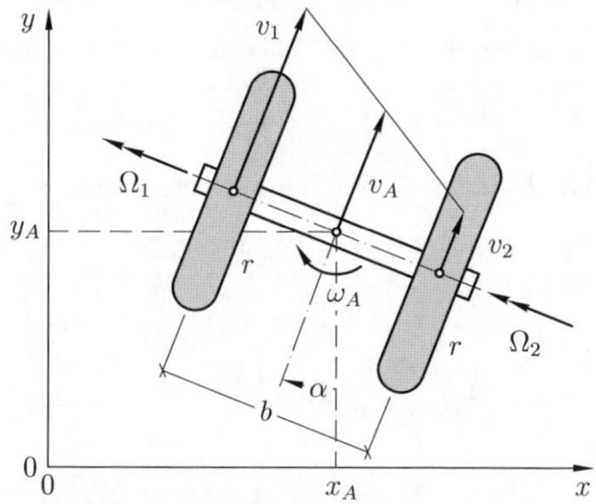

Bild A2.16: Geschwindigkeiten an einer Fahrzeugachse

b) Welche kinematische Beziehung besteht zwischen den drei Koordinaten x_A, y_A und α bzw. deren Zeitableitungen?

Gegeben: b, r, Ω_1, Ω_2, α

Lösung der Aufgabe 2.16:

a) Analyse der Geschwindigkeiten:

Absolute Winkelgeschwindigkeiten:

Achse: $\vec{\omega}_A = -\omega_A\,\vec{e}_z$

Rad 1: $\vec{\omega}_1 = \vec{\omega}_A + \vec{\Omega}_1 = -\Omega_1 \cos\alpha\,\vec{e}_x + \Omega_1 \sin\alpha\,\vec{e}_y - \omega_A\,\vec{e}_z$

Rad 2: $\vec{\omega}_2 = \vec{\omega}_A + \vec{\Omega}_2 = -\Omega_2 \cos\alpha\,\vec{e}_x + \Omega_2 \sin\alpha\,\vec{e}_y - \omega_A\,\vec{e}_z$

Abstandsvektoren:

$\vec{r}_{21} = b(-\cos\alpha\,\vec{e}_x + \sin\alpha\,\vec{e}_y), \qquad \vec{r}_{B1} = r\,\vec{e}_z, \qquad \vec{r}_{B2} = r\,\vec{e}_z$

Radmittelpunktsgeschwindigkeiten:

$$\vec{v}_1 = \vec{\omega}_1 \times \vec{r}_{B1} = (-\Omega_1 \cos\alpha\,\vec{e}_x + \Omega_1 \sin\alpha\,\vec{e}_y - \omega_A\,\vec{e}_z) \times r\,\vec{e}_z = r\,\Omega_1 \sin\alpha\,\vec{e}_x + r\,\Omega_1 \cos\alpha\,\vec{e}_y$$

$$\vec{v}_2 = \vec{\omega}_2 \times \vec{r}_{B2} = (-\Omega_2 \cos\alpha\,\vec{e}_x + \Omega_2 \sin\alpha\,\vec{e}_y - \omega_A\,\vec{e}_z) \times r\,\vec{e}_z = r\,\Omega_2 \sin\alpha\,\vec{e}_x + r\,\Omega_2 \cos\alpha\,\vec{e}_y$$

Kopplung der beiden Mittelpunktsgeschwindigkeiten über die Achse:

$$\begin{aligned}\vec{v}_1 = \vec{v}_2 + \vec{\omega}_A \times \vec{r}_{21} &= (r\,\Omega_2 \sin\alpha\,\vec{e}_x + r\,\Omega_2 \cos\alpha\,\vec{e}_y) - \omega_A\,\vec{e}_z \times b(-\cos\alpha\,\vec{e}_x + \sin\alpha\,\vec{e}_y) = \\ &= (r\,\Omega_2 + \omega_A b) \sin\alpha\,\vec{e}_x + (r\,\Omega_2 + \omega_A b) \cos\alpha\,\vec{e}_y\end{aligned}$$

Bedingung für die Winkelgeschwindigkeit der Achse:

$$r\,\Omega_2 + \omega_A b = r\,\Omega_1 \qquad \Longrightarrow \qquad \vec{\omega}_A = -\frac{r}{b}(\Omega_1 - \Omega_2)\,\vec{e}_z$$

Absolute Winkelgeschwindigkeiten der beiden Räder:

$$\vec{\omega}_1 = -\Omega_1 \cos\alpha\, \vec{e}_x + \Omega_1 \sin\alpha\, \vec{e}_y - \omega_A\, \vec{e}_z = -\Omega_1 \cos\alpha\, \vec{e}_x + \Omega_1 \sin\alpha\, \vec{e}_y - \frac{r}{b}\,(\Omega_1 - \Omega_2)\, \vec{e}_z$$

$$\vec{\omega}_2 = -\Omega_2 \cos\alpha\, \vec{e}_x + \Omega_2 \sin\alpha\, \vec{e}_y - \omega_A\, \vec{e}_z = -\Omega_2 \cos\alpha\, \vec{e}_x + \Omega_2 \sin\alpha\, \vec{e}_y - \frac{r}{b}\,(\Omega_1 - \Omega_2)\, \vec{e}_z$$

Geschwindigkeit des Achsmittelpunktes:

$$\vec{v}_A = \vec{v}_1 + \vec{\omega}_A \times \vec{r}_{1A} = r\,\Omega_1 \sin\alpha\, \vec{e}_x + r\,\Omega_1 \cos\alpha\, \vec{e}_y - \omega_A\, \vec{e}_z \times \Big(\frac{b}{2} \cos\alpha\, \vec{e}_x - \frac{b}{2} \sin\alpha\, \vec{e}_y\Big) =$$

$$= \Big(r\,\Omega_1 \sin\alpha - \omega_A \frac{b}{2} \sin\alpha\Big)\, \vec{e}_x + \Big(r\,\Omega_1 \cos\alpha - \omega_A \frac{b}{2} \cos\alpha\Big)\, \vec{e}_y =$$

$$= \Big[r\,\Omega_1 - \frac{r}{2}(\Omega_1 - \Omega_2)\Big]\Big[\sin\alpha\, \vec{e}_z + \cos\alpha\, \vec{e}_y\Big] = \frac{1}{2}\, r\,(\Omega_1 + \Omega_2)\Big[\sin\alpha\, \vec{e}_z + \cos\alpha\, \vec{e}_y\Big]$$

$$v_A = |\vec{v}_A| = \frac{1}{2}\, r\,(\Omega_1 + \Omega_2)$$

b) Beziehung zwischen den drei Koordinaten:

$$\tan\alpha = \frac{v_{Ax}}{v_{Ay}} = \frac{\dot{x}_A}{\dot{y}_A}$$

Hier handelt es sich um eine nichtholonome Zwangsbedingung. Diese läßt sich analytisch nicht integrieren.

Aufgabe 2.17:

Ein T-förmiger Körper besteht aus vier gleichen Würfeln mit den Kantenlängen $2\,a$. Jeder Würfel hat die drei gleichen zentralen Hauptträgheitsmomente $\Theta_W^S = (2/3)ma^2$. Auf der Symmetrielinie in der Grundfläche ist das xyz-Koordinatensystem verankert.

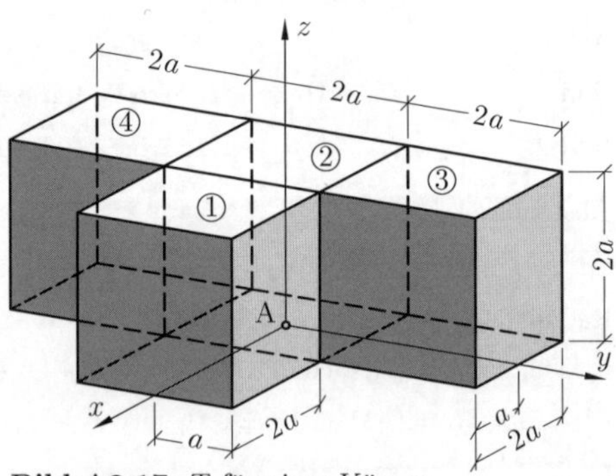

Bild A2.17: T-förmiger Körper

a) Berechnen Sie die axialen Massenträgheitsmomente und die Deviationsmassenträgheitsmomente des Gesamtkörpers bezüglich des xyz-Koordinatensystems im Punkt A.

b) Ermitteln Sie die Hauptträgheitsmomente des Gesamtsystems. Nutzen Sie dabei den Hinweis aus, daß eines der Hauptträgheitsmomente den Wert $16\,\Theta_W^S$ besitzt.

c) Berechnen Sie die Hauptrichtungen $\vec{n}_j$ des Gesamtsystems und die Transformationsmatrix $\boldsymbol{T}$, welche Vektoren vom xyz-System in das Hauptachsensystem des Gesamtkörpers transformiert.

Gegeben: $m,\ a,\ \Theta_W^S = (2/3)\,ma^2$

Lösung der Aufgabe 2.17:

a) Massenträgheitsmomente:

Einzelkörper und Einzelmassenträgheitsmomente bezüglich der Einzelschwerpunkte:

$$m_1 = m; \quad a_{x1} = -2a; \quad a_{y1} = 0; \quad a_{z1} = -a; \quad \Theta^S_{x1} = \frac{2}{3} ma^2; \quad \Theta^S_{zx1} = 0$$

$$m_2 = m; \quad a_{x2} = 0; \quad a_{y2} = 0; \quad a_{z2} = -a; \quad \Theta^S_{x2} = \frac{2}{3} ma^2; \quad \Theta^S_{zx2} = 0$$

$$m_3 = m; \quad a_{x3} = 0; \quad a_{y3} = -2a; \quad a_{z3} = -a; \quad \Theta^S_{x3} = \frac{2}{3} ma^2; \quad \Theta^S_{zx3} = 0$$

$$m_4 = m; \quad a_{x4} = 0; \quad a_{y4} = 2a; \quad a_{z4} = -a; \quad \Theta^S_{x4} = \frac{2}{3} ma^2; \quad \Theta^S_{zx4} = 0$$

Die zentralen Massenträgheitsmomente der einzelnen Würfel bezüglich der anderen Koordinatenrichtungen sind wegen der Symmetrie der Würfel identisch mit denen bezüglich der x-Achse:

$$\Theta^S_{yn} = \Theta^S_{zn} = \Theta^S_{xn} = \frac{2}{3} ma^2, \qquad \Theta^S_{xzn} = \Theta^S_{yzn} = \Theta^S_{xyn} = 0$$

Massenträgheitsmomente des Gesamtkörpers bezüglich A:

$$\Theta^A_x = \sum_{n=1}^{4} \left[\Theta^S_{xn} + m\,(a^2_{yn} + a^2_{zn})\right] = \frac{2}{3} \cdot 22\,ma^2$$

$$\Theta^A_y = \sum_{n=1}^{4} \left[\Theta^S_{yn} + m\,(a^2_{xn} + a^2_{zn})\right] = \frac{2}{3} \cdot 16\,ma^2$$

$$\Theta^A_z = \sum_{n=1}^{4} \left[\Theta^S_{zn} + m\,(a^2_{xn} + a^2_{yn})\right] = \frac{2}{3} \cdot 22\,ma^2$$

$$\Theta^A_{xy} = \sum_{n=1}^{4} \left[\Theta^S_{xyn} - m\,a_{xn}\,a_{yn}\right] = 0$$

$$\Theta^A_{xz} = \sum_{n=1}^{4} \left[\Theta^S_{xzn} - m\,a_{xn}\,a_{zn}\right] = \frac{2}{3}\,(-3ma^2)$$

$$\Theta^A_{yz} = \sum_{n=1}^{4} \left[\Theta^S_{yzn} - m\,a_{yn}\,a_{zn}\right] = 0$$

b) Hauptträgheitsmomente und Hauptrichtungen:

Abkürzung:

$$\rho = \frac{3}{2} \frac{\Theta}{ma^2}$$

Eigenwertproblem:

$$\begin{bmatrix} 22-\rho & 0 & -3 \\ 0 & 16-\rho & 0 \\ -3 & 0 & 22-\rho \end{bmatrix} \begin{bmatrix} n_1 \\ n_2 \\ n_3 \end{bmatrix} = \begin{bmatrix} 0 \\ 0 \\ 0 \end{bmatrix}$$

Charakteristische Gleichung:

$$\begin{aligned}(16-\rho)\,[(22-\rho)^2-3^2] &= (16-\rho)\,(\rho^2-44\rho+475) = \\ &= (16-\rho)\,[\rho-(22-\sqrt{484-475})]\,[\rho-(22+\sqrt{484-475})] = \\ &= (16-\rho)\,(\rho-19)\,(\rho-25)\end{aligned}$$

Hauptträgheitsmomente:

$$\Theta_1^A = 16\cdot\frac{2}{3}ma^2 = \frac{32}{3}ma^2; \qquad \Theta_2^A = 19\cdot\frac{2}{3}ma^2 = \frac{38}{3}ma^2$$

$$\Theta_3^A = 25\cdot\frac{2}{3}ma^2 = \frac{50}{3}ma^2$$

c) Hauptrichtungen und Transformationsmatrix:

Berechnung der Hauptrichtung zu $\Theta_1^A = (32/3)\,ma^2$:

$$\begin{bmatrix} 22-16 & 0 & -3 \\ 0 & 16-16 & 0 \\ -3 & 0 & 22-16 \end{bmatrix}\begin{bmatrix} n_{11} \\ n_{12} \\ n_{13} \end{bmatrix} = \begin{bmatrix} 0 \\ 0 \\ 0 \end{bmatrix} \quad\Longrightarrow\quad \begin{aligned} n_{11} &= 0 \\ n_{12} &= 1 \text{ (beliebig)} \\ n_{13} &= 0 \end{aligned}$$

Berechnung der Hauptrichtung zu $\Theta_2^A = (38/3)\,ma^2$:

$$\begin{bmatrix} 22-19 & 0 & -3 \\ 0 & 16-19 & 0 \\ -3 & 0 & 22-19 \end{bmatrix}\begin{bmatrix} n_{21} \\ n_{22} \\ n_{23} \end{bmatrix} = \begin{bmatrix} 0 \\ 0 \\ 0 \end{bmatrix} \quad\Longrightarrow\quad \begin{aligned} n_{21} &= 1 \text{ (beliebig)} \\ n_{22} &= 0 \\ n_{23} &= 1 \end{aligned}$$

Berechnung der Hauptrichtung zu $\Theta_3^A = (50/3)\,ma^2$:

$$\begin{bmatrix} 22-25 & 0 & -3 \\ 0 & 16-25 & 0 \\ -3 & 0 & 22-25 \end{bmatrix}\begin{bmatrix} n_{31} \\ n_{32} \\ n_{33} \end{bmatrix} = \begin{bmatrix} 0 \\ 0 \\ 0 \end{bmatrix} \quad\Longrightarrow\quad \begin{aligned} n_{31} &= 1 \text{ (beliebig)} \\ n_{32} &= 0 \\ n_{33} &= -1 \end{aligned}$$

Einheitsvektoren der Hauptrichtungen:

$$\vec{e}_1 = \begin{bmatrix} 0 \\ 1 \\ 0 \end{bmatrix}; \qquad \vec{e}_2 = \frac{1}{\sqrt{2}}\begin{bmatrix} 1 \\ 0 \\ 1 \end{bmatrix}; \qquad \vec{e}_3 = \frac{1}{\sqrt{2}}\begin{bmatrix} 1 \\ 0 \\ -1 \end{bmatrix}$$

Transformationsmatrix:

Die Zeilen enthalten die auf den Betrag 1 normierten Eigenvektoren:

$$\boldsymbol{T} = \begin{bmatrix} 0 & 1 & 0 \\ \frac{\sqrt{2}}{2} & 0 & \frac{\sqrt{2}}{2} \\ \frac{\sqrt{2}}{2} & 0 & -\frac{\sqrt{2}}{2} \end{bmatrix}$$

Kapitel 3

Bewegungsgleichungen

Aufgabe 3.1:

Zwei Klötze (Massen m_2 und m_3) können reibungsfrei in einem Rahmen (Masse m_1) und dieser wiederum reibungsfrei auf der Ebene gleiten. Die Klötze sind mit den drei Federn (Steifigkeiten k_2, k_3 und k_4) und einem Dämpfer (Dämpfungskonstante b) untereinander und mit dem Rahmen verbunden. Das zweite Ende der am Rahmen befestigten Feder (Steifigkeit k_1) wird mit $u(t)$ zwangsbewegt.

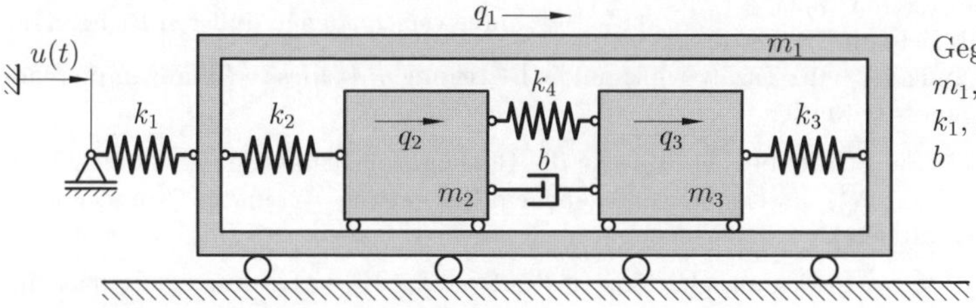

Gegeben: m_1, m_2, m_3, k_1, k_2, k_3, k_4, b

Bild A3.1: Feder-Masse-Dämpfer-System

Stellen Sie die Bewegungsdifferentialgleichungen auf.

Lösung der Aufgabe 3.1:

Aus den drei Einheitsverschiebungen folgen der Reihe nach die Elemente der Steifigkeitsmatrix als notwendige Kräfte zur Erzeugung der jeweiligen Einheitsverschiebungen.

Aus Einheitsgeschwindigkeiten folgen in entsprechender Weise die Elemente der Dämpfungsmatrix.

Aus den Trägheitseigenschaften (mit Einheitsbeschleunigungen) folgen die Elemente der Massenmatrix.

Die Erregung $u(t)$ wirkt in Form der Kraft $k_1\, u(t)$ nur auf den Rahmen m_1.

Bewegungsgleichungen in Matrizenschreibweise:

$$\begin{bmatrix} m_1 & 0 & 0 \\ 0 & m_2 & 0 \\ 0 & 0 & m_3 \end{bmatrix} \begin{bmatrix} \ddot{q}_1 \\ \ddot{q}_2 \\ \ddot{q}_3 \end{bmatrix} + \begin{bmatrix} 0 & 0 & 0 \\ 0 & b & -b \\ 0 & -b & b \end{bmatrix} \begin{bmatrix} \dot{q}_1 \\ \dot{q}_2 \\ \dot{q}_3 \end{bmatrix} +$$

$$+ \begin{bmatrix} k_1+k_2+k_3 & -k_2 & -k_3 \\ -k_2 & k_2+k_4 & -k_4 \\ -k_3 & -k_4 & k_4+k_3 \end{bmatrix} \begin{bmatrix} q_1 \\ q_2 \\ q_3 \end{bmatrix} = \begin{bmatrix} k_1 \\ 0 \\ 0 \end{bmatrix} u(t)$$

Aufgabe 3.2:

Aus gleichen Elementen (Masse m, Dämpfer b, Feder mit der Steifigkeit k) werden zwei unterschiedliche Schwingungssysteme aufgebaut.

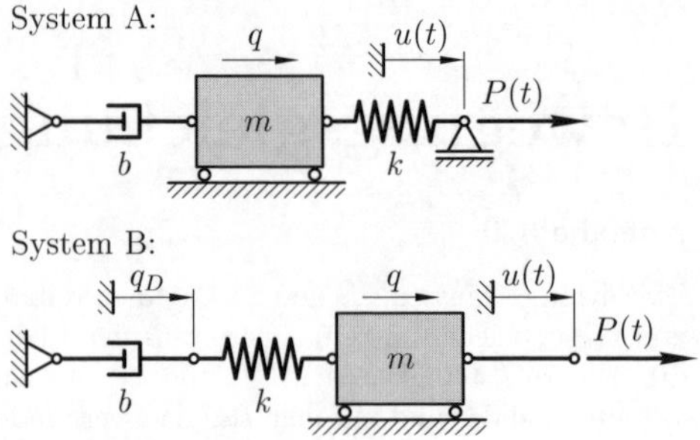

Bild A3.2: Mechanische Feder-Masse-Systeme unter verschiedenen äußeren Erregungen

Das System A wird durch die Bewegung des Federendpunktes mit vorgegebenem $u(t)$ erregt. Dafür ist an der Erregerstelle eine Kraft $P(t)$ erforderlich.

Das System B wird an der Masse mit einer Kraft $P(t)$ erregt, dadurch stellt sich am Erregerpunkt eine Bewegung $u(t)$ ein. Zusätzlich kann die Bewegung $q_D(t)$ des rechten Dämpferendpunktes gemessen werden.

a) Ermitteln Sie für die beiden Systeme die Bewegungsgleichungen der Verschiebungen $q(t)$ und $q_D(t)$, jeweils bei vorgegebenem Erregerweg $u(t)$ und bei vorgegebener Erregerkraft $P(t)$.

b) Führen Sie die Bewegungsgleichungen des Systems B bei Krafterregung nacheinander
   - auf eine Differentialgleichung dritter Ordnung für die Koordinate $q(t)$ und
   - auf eine Differentialgleichung dritter Ordnung für die Koordinate $q_D(t)$ zurück.

Gegeben: m, k, b, $P(t)$ bzw. $u(t)$

Lösung der Aufgabe 3.2:

System A:

a) Ermittlung der Bewegungsgleichungen für System A:

Freikörperbild:

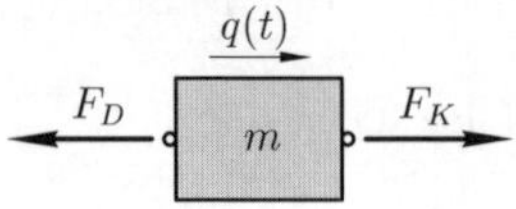

Stoffgesetze für Feder und Dämpfer:

$F_D = b\,\dot{q}, \qquad F_K = k\,(u - q)$

Kräftesatz für die Masse:

$m\,\ddot{q} = F_K - F_D$

Bewegungsgleichung für System A bei Wegerregung mit $u(t)$:

$$m\,\ddot{q} + b\,\dot{q} + k\,q = k\,u(t)$$

Elimination der Wegerregung $u(t)$:

$$P(t) = F_K = k\,(u - q) \qquad \Longrightarrow \qquad k\,u(t) = P(t) + k\,q(t)$$

Bewegungsgleichung für System A bei Krafterregung mit $P(t)$:

$$m\,\ddot{q} + b\,\dot{q} = P(t)$$

System B:

a) Ermittlung der Bewegungsgleichungen für System B:

Freikörperbilder:

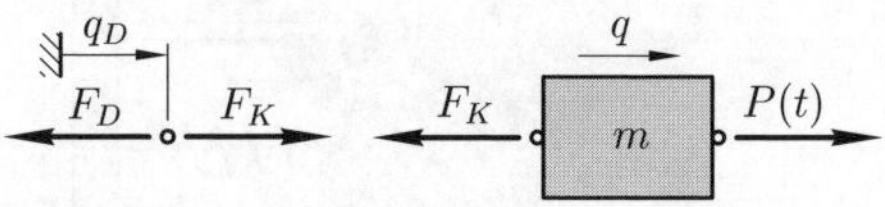

Stoffgesetze für Feder und Dämpfer:

$F_D = b\,\dot{q}_D, \qquad F_K = k\,(q - q_D)$

Gleichgewicht des Kontenpunktes:

$F_D - F_K = 0$

Kräftesatz für die Masse:

$m\,\ddot{q} = P(t) - F_K$

Gekoppelte Bewegungsgleichungen für System B bei Krafterregung mit $P(t)$:

$$m\,\ddot{q} + k\,q - k\,q_D = P(t) \tag{1}$$

$$b\,\dot{q}_D + k\,q_D - k\,q = 0 \tag{2}$$

Elimination des Freiheitsgrades $q(t)$ durch Vorgabe von $u(t)\!=\!q(t)$ in (1) und (2):
Bewegungsgleichungen für System B bei Wegerregung mit $u(t)$:

$b\,\dot{q}_D + k\,q_D = k\,u(t)$

$P(t) + k\,q_D = k\,u(t) + m\,\ddot{u}(t)$

b) Rückführung des Systems B auf eine Bewegungsgleichung dritter Ordnung:
Elimination der inneren Variablen $q_D(t)$:

$$\begin{aligned}
&(1){:} && && m\,\ddot{q} && + k\,q && && - k\,q_D &&= P\\
&(2){:} && && && - k\,q && + b\,\dot{q}_D && + k\,q_D &&= 0\\
&(1'){:} && m\,\dddot{q} && && + k\,\dot{q} && - k\,\dot{q}_D && &&= \dot{P}
\end{aligned}$$

Ausrechnung:

$\big[(1) + (2)\big]\cdot k + (1')\cdot b$:

Bewegungsgleichung dritter Ordnung für $q(t)$:

$m\,b\,\dddot{q} + m\,k\,\ddot{q} + b\,k\,\dot{q} = b\,\dot{P} + k\,P$

Elimination der Variablen $q(t)$:

$$\begin{aligned}
&(1){:} && m\,\ddot{q} + k\,q && && - k\,q_D &&= P\\
&(2){:} && - k\,q && && + b\,\dot{q}_D + k\,q_D &&= 0\\
&(2'){:} && - k\,\ddot{q} && + b\,\dddot{q}_D + k\,\ddot{q}_D && &&= 0
\end{aligned}$$

Ausrechnung:

$\big[(1) + (2)\big]\cdot k + (2')\cdot m$:

Bewegungsgleichung dritter Ordnung für $q_D(t)$:

$m\,b\,\dddot{q}_D + m\,k\,\ddot{q}_D + b\,k\,\dot{q}_D = k\,P(t)$

Aufgabe 3.3:

Auf einem zwangsweise mit $u(t)$ bewegten Schlitten rollt eine Walze (Masse m, Radius r, Trägheitsradius i_p), die gegenüber dem Schlitten abgefedert und gedämpft ist (Steifigkeit k, Dämpfungskonstante b).

a) Geben Sie die Bewegungsgleichung für die zwangserregte absolute Horizontalbewegung $q = x_S(t)$ des Walzenschwerpunktes S an.

b) Wie groß ist das Dämpfungsmaß D?

Gegeben: m, i_p, r, k, b, $u(t)$

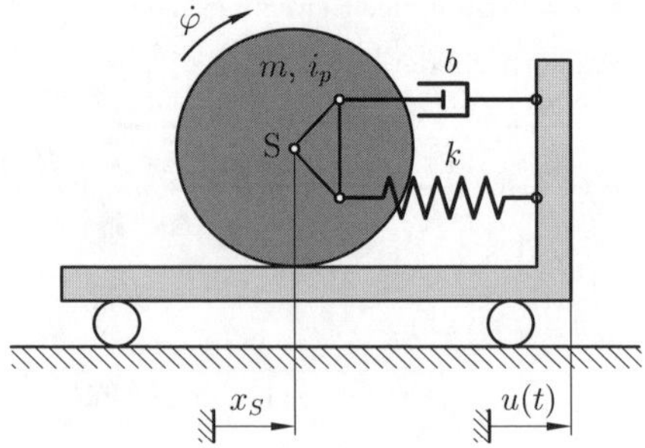

Bild A3.3: Schlitten mit Walze

Lösung der Aufgabe 3.3:

a) Ermittlung der Bewegungsgleichung:

Freikörperbild:

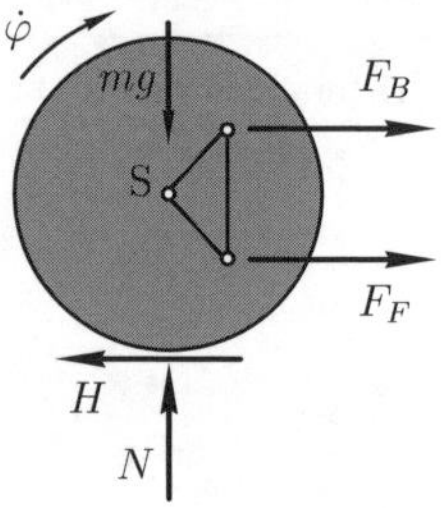

Kinematik:

$$\dot x_S = \dot u + r\,\dot\varphi \quad \Longrightarrow \quad r\,\ddot\varphi = \ddot x_S - \ddot u$$

Massengeometrie:

$$\Theta^S = m\,i_p^2$$

Stoffgesetze:

$$F_B = b\,(\dot u - \dot x_S)$$

$$F_F = k\,(u - x_S)$$

Kräfte- und Momentensatz:

$$\Theta^S\,\ddot\varphi = H\,r \qquad (1)$$

$$m\,\ddot x_S = F_B + F_F - H \qquad (2)$$

Ausrechnung mittels $[(1) + (2)\cdot r]$:

$$\Theta^S\,\ddot\varphi + m\,r\,\ddot x_S = r\,b\,(\dot u - \dot x_S) + r\,k\,(u - x_S)$$

$$m\,(i_p^2 + r^2)\,\ddot x_S + b\,r^2\,\dot x_S + k\,r^2\,x_S = m\,i_p^2\,\ddot u + b\,r^2\,\dot u + k\,r^2\,u$$

Bewegungsgleichung in Normalform:

$$\ddot x_S + \frac{b\,r^2}{m\,(i_p^2+r^2)}\,\dot x_S + \frac{k\,r^2}{m\,(i_p^2+r^2)}\,x_S = \frac{m\,i_p^2}{m\,(i_p^2+r^2)}\,\ddot u + \frac{b\,r^2}{m\,(i_p^2+r^2)}\,\dot u + \frac{k\,r^2}{m\,(i_p^2+r^2)}\,u$$

b) Dämpfungsmaß:

$$D = \frac{b\,r^2}{2\omega_0\,m\,(i_p^2+r^2)} = \frac{b\,r^2}{2\,m\,(i_p^2+r^2)}\sqrt{\frac{m\,(i_p^2+r^2)}{k\,r^2}} = \frac{b\,r}{2}\sqrt{\frac{1}{k\,m\,(i_p^2+r^2)}}$$

Aufgabe 3.4:

Eine um die senkrechte Achse A drehbare homogene dünne Tür (Masse m, Breite d) ist mit einem automatischen Türschließer versehen. Dieser besteht aus einem im Abstand a vom Scharnier A angebrachten Hebel (Länge a), der reibungsfrei im Gelenk B und längs der Wand C gleiten kann, einer Drehfeder (Drehsteifigkeit k) und einem geschwindigkeitsproportionalen Drehdämpfer (Dämpfungsmoment $M_D = b\dot{\psi}$). Die Drehfeder ist in der Stellung $\psi = 0$ entspannt.

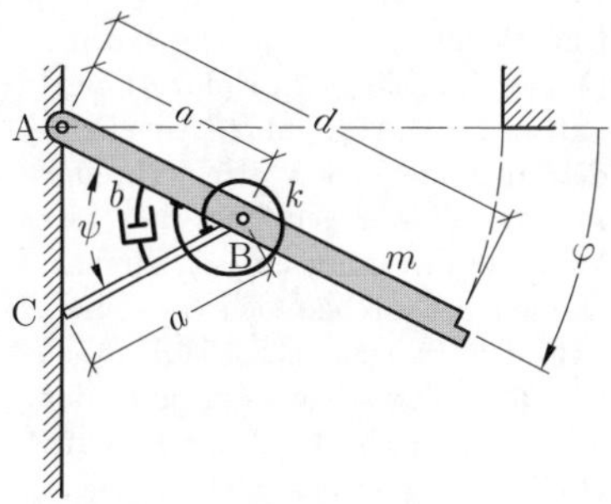

Bild A3.4: Türschließer

Ermitteln Sie die Bewegungsgleichung für die Schließbewegung $\varphi(t)$.

Gegeben: m, d, a, k, b

Lösung der Aufgabe 3.4:

Freikörperbilder des Gesamtsystems und des Hebels:

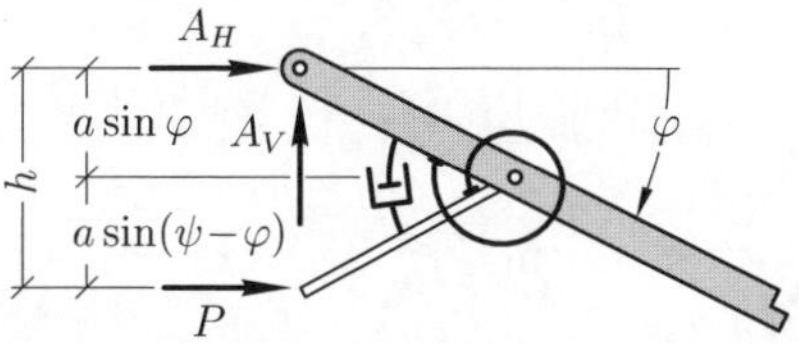

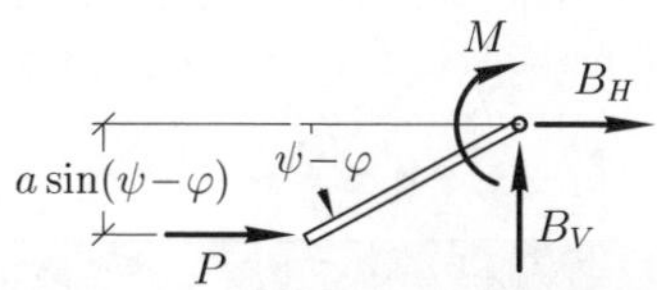

Kinematik:

$$a\cos\varphi - a\cos(\psi-\varphi) = 0 \quad \Longrightarrow \quad \psi = 2\varphi$$

$$a\sin\varphi + a\sin(\psi-\varphi) = h \quad \Longrightarrow \quad h = 2a\sin\varphi$$

Massengeometrie:

$$\Theta^A = \frac{1}{3} m d^2$$

Stoffgesetze für Feder und Dämpfer:

$$M = k\psi + b\dot{\psi} \quad \Longrightarrow \quad M = k2\varphi + b2\dot{\varphi}$$

Momentensatz des masselosen Hebels:

$$P a \sin(\psi-\varphi) - M = 0$$

Momentensatz des Gesamtsystems:

$$\Theta^A \ddot{\varphi} = -Ph$$

Elimination von P, M, h und ψ liefert die Bewegungsgleichung:

$$\frac{1}{3} m d^2 \ddot{\varphi} + 4b\dot{\varphi} + 4k\varphi = 0$$

Normalform der Bewegungsgleichung:

$$\ddot{\varphi} + \frac{12b}{md^2}\dot{\varphi} + \frac{12k}{md^2}\varphi = 0$$

Kennkreisfrequenz und Dämpfungsmaß:

$$\omega_0^2 = \frac{12k}{md^2}, \qquad D = \frac{2b}{\sqrt{kmd^2/3}}$$

Aufgabe 3.5:

Ein homogener starrer Quader (Masse m, Länge l, Höhe h) liegt auf zwei im Abstand $2d$ voneinander angebrachten Walzen (Radien r), die sich gegenläufig mit der Winkelgeschwindigkeit Ω drehen. Die Walzen drehen sich so schnell, daß der Quader stets auf ihnen rutscht. Zwischen ihm und den Walzen herrscht trockene Reibung (Reibungskoeffizient μ) und es gilt stets $\Omega r > |\dot{x}|$.

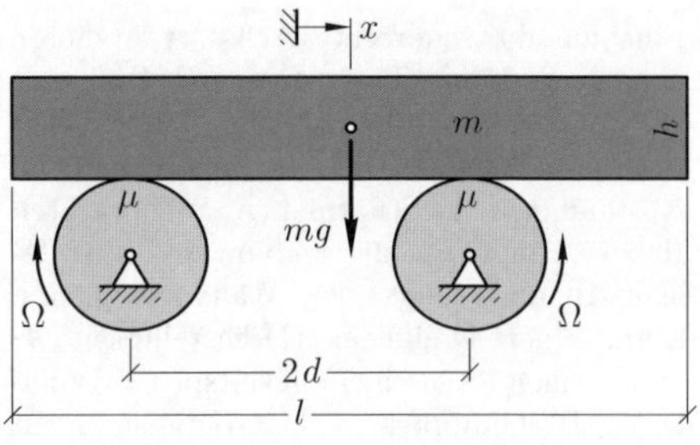

Bild A3.5: Quader auf Reibwalzen

a) Ermitteln Sie die Bewegungsgleichung der Horizontalbewegungen $x(t)$ des Quaders.

b) Berechnen Sie die Kennkreisfrequenz ω_0 der freien Horizontalschwingungen.

Gegeben: $m,\ l,\ d,\ r,\ \mu,\ \Omega,\ g$

Lösung der Aufgabe 3.5:

a) Ermittlung der Bewegungsgleichung:

Freikörperbild:

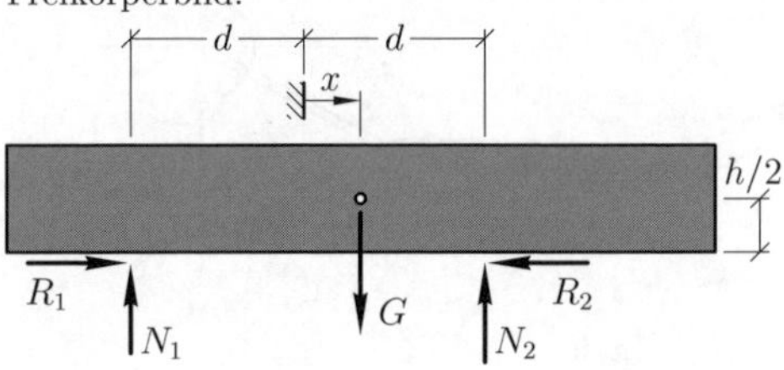

Kräftesatz:

$$m\ddot{x} = R_1 - R_2 \qquad (1)$$

$$0 = N_1 + N_2 - G \qquad (2)$$

Reibgesetze:

$$R_1 = \mu N_1 \qquad (3)$$

$$R_2 = \mu N_2 \qquad (4)$$

Momentensatz um S:

$$0 = N_1(d+x) - N_2(d-x) + \big(R_2 - R_1\big)\frac{h}{2} \qquad (5)$$

Ausrechnung:

aus (2): $N_1 + N_2 = G$

aus (5): $\big(N_1+N_2\big)x + \big(N_1-N_2\big)\Big(d+\mu\frac{h}{2}\Big) = 0$

$$R_1 - R_2 = \mu\big(N_1-N_2\big) = -\frac{\mu}{d+\mu h/2}\big(N_1+N_2\big)x = -\frac{\mu}{d+\mu h/2}G\,x$$

Bewegungsgleichung:

$$m\ddot{x} + \frac{\mu m g}{d+\mu h/2}x = 0$$

Bedingung für $|x|_{max}$ und $|\dot{x}|_{max}$:

$|\dot{x}|_{max} < \Omega r$ und $|x|_{max} < d$

b) Kennkreisfrequenz:

$$\omega_0 = \sqrt{\frac{\mu g}{d+\mu h/2}}$$

Aufgabe 3.6:

Ein Bleiklotz (Masse M) liegt reibungsfrei auf einer horizontalen Ebene und ist durch drei masselose Federn (Steifigkeiten k_1 und k_2) abgestützt. Eine Stahlkugel (Masse m) wird mit der Geschwindigkeit v_0 in den ruhenden Klotz hineingeschossen und bleibt darin stecken (plastischer Stoß).

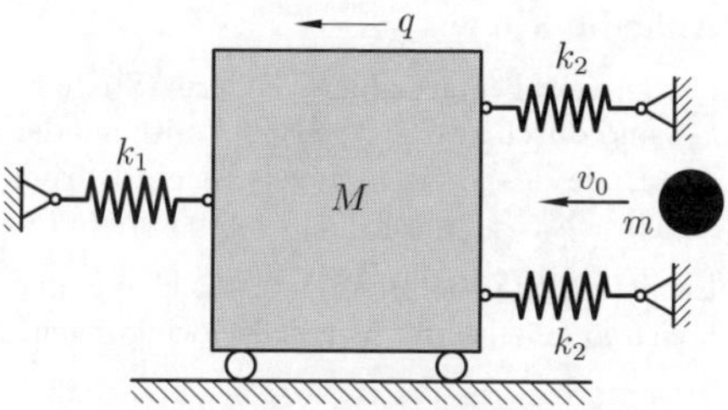

Bild A3.6: Stoß auf Schwingungssystem

a) Ermitteln Sie die Geschwindigkeit $\bar{v}$ der Anordnung unmittelbar nach dem Stoß.

b) Stellen Sie die Bewegungsgleichung des Systems für die Bewegung nach dem Stoß auf, bringen Sie diese in die Normalform und geben Sie die Kennfrequenz $f_0 = \omega_0/2\pi$ an.

c) Welche Maximalamplitude q_{max} erreicht die Massenkombination $(M+m)$ nach dem Stoß?

Gegeben: M, m, k_1, k_2, v_0

Lösung der Aufgabe 3.6:

a) Berechnung der Geschwindigkeit nach dem Stoß:

Plastischer Stoß: m und M haben nach dem Stoß die gleiche Geschwindigkeit.

Während des Stoßes ändern sich die Positionen der Körper nicht:

Impulserhaltung des Gesamtsystems während des Stoßes:

$$m\,v_0 = (M+m)\,\bar{v} \qquad \Longrightarrow \qquad \bar{v} = \frac{m}{m+M}\,v_0$$

b) Bewegungsgleichung und Kennfrequenz nach dem Stoß:

$$(M+m)\,\ddot{q} + (k_1+2\,k_2)\,q = 0$$

Normalform und Kennfrequenz:

$$\ddot{q} + \frac{k_1+2\,k_2}{M+m}\,q = 0, \qquad f_0 = \frac{\omega_0}{2\pi} \qquad \Longrightarrow \qquad f_0 = \frac{1}{2\pi}\sqrt{\frac{k_1+2\,k_2}{M+m}}$$

c) Berechnung der Maximalamplitude:

Energieerhaltung während der Schwingbewegung:

$$\frac{1}{2}\,(M+m)\,\bar{v}^2 = \frac{1}{2}\,(k_1+2\,k_2)\,q_{max}^2 \qquad \Longrightarrow \qquad q_{max} = \frac{m\,v_0}{\sqrt{(k_1+2\,k_2)\,(M+m)}}$$

Aufgabe 3.7:

Drei vertikal angeordnete Federn (Steifigkeiten k_1, k_2, k_3) sind durch zwei starre Bügel miteinander verbunden. Am Ende des zweiten Bügels ist ein Körper (Masse m) angebracht.

Ermitteln Sie die Bewegungsgleichung und die Kennkreisfrequenz ω_0 der Vertikalschwingungen des Körpers m.

Gegeben: k_1, k_2, k_3, m

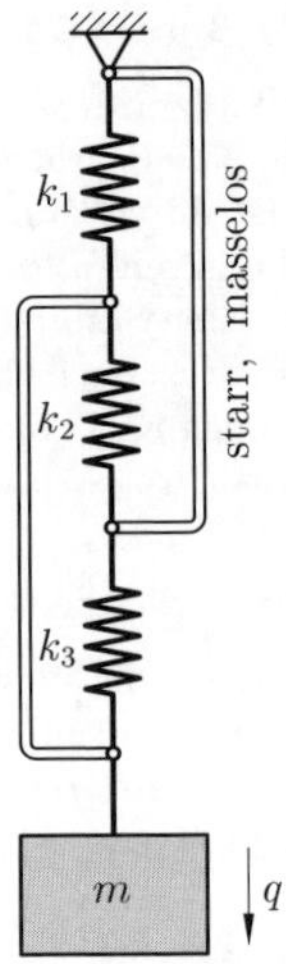

Bild A3.7: Feder-Masse-System

Lösung der Aufgabe 3.7:

Alle Federn werden um die gleiche Länge q gedehnt (k_1 und k_3) oder gestaucht (k_2).

Energien zu einem beliebigen Zeitpunkt:

$$U = \frac{1}{2} k_1 q^2 + \frac{1}{2} k_2 q^2 + \frac{1}{2} k_3 q^2; \qquad T = \frac{1}{2} m \dot{q}^2$$

Energieerhaltungssatz in differenzierter Form ist der Leistungssatz:

$$\dot{T} + \dot{U} = 0$$

Ausrechnung:

$$m \dot{q} \ddot{q} + (k_1 + k_2 + k_3) \dot{q} q = 0$$

Bewegungsgleichung und Kennkreisfrequenz:

$$m \ddot{q} + (k_1 + k_2 + k_3) q = 0, \qquad \omega_0^2 = \frac{k_1 + k_2 + k_3}{m}$$

Aufgabe 3.8:

Eine Kette (Massenbelegung μ, Länge l) ist über ein biegeschlaffes masseloses Seil an einer reibungsfrei gelagerten festen Rolle (Trägheitsmoment Θ_1, Radius r) aufgehängt. Zwischen Seil und Rolle tritt kein Schlupf auf. Die Kette ist über ein Kettenrad (Trägheitsmoment Θ_2, Radius r) geführt.

a) Wie groß sind die kinetische Energie $T(\dot q, q)$ und die potentielle Energie $U(q)$ für einen beliebigen Bewegungszustand?

b) Ermitteln Sie unter Anwendung des Energieerhaltungssatzes die Bewegungsgleichung für die freien Schwingungen $q(t)$.

c) Stellen Sie die Kennkreisfrequenz ω_0 des Systems in Abhängigkeit von der Massenbelegung μ der Kette dar.

Gegeben: μ, l, Θ_1, Θ_2, r, g

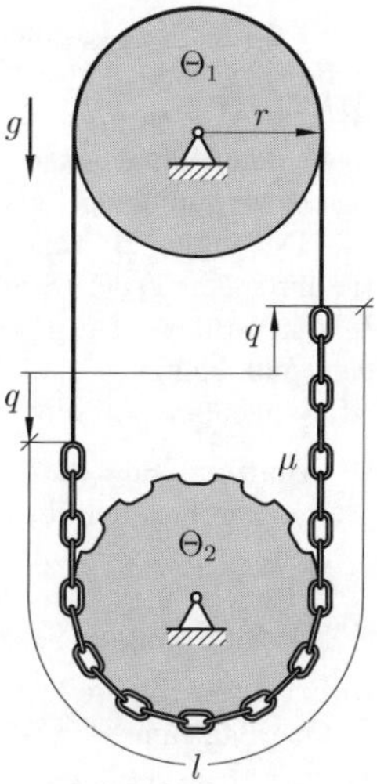

Bild A3.8: Schwingende Kette

Lösung der Aufgabe 3.8:

a) Ermittlung der Energien:

Kinematik:

$$\dot q = r\,\dot\varphi_1 = r\,\dot\varphi_2$$

Potentielle Energie:

$$U = (\mu\,q)\,g\left(\frac{q}{2}\right) + (-\mu\,q)\,g\left(-\frac{q}{2}\right) = \mu\,q^2\,g$$

Rückstellende Kraft:

$$V = \frac{\partial U}{\partial q} = 2\,\mu\,g\,q$$

Kinetische Energie:

$$T = \frac{1}{2}\Theta_1\,\dot\varphi_1^2 + \frac{1}{2}\Theta_2\,\dot\varphi_2^2 + \frac{1}{2}\mu\,l\,\dot q^2 = \frac{1}{2}\Big[\mu\,l + \frac{1}{r^2}(\Theta_1+\Theta_2)\Big]\,\dot q^2$$

b) Ermittlung der Bewegungsgleichung:

Arbeitssatz:

$$T + U + W^* = T_0 + U_0, \qquad \Longrightarrow \qquad \frac{1}{2}\Big[\mu\,l + \frac{1}{r^2}(\Theta_1+\Theta_2)\Big]\,\dot q^2 + \mu\,q^2 g = T_0 + U_0$$

Differentiation nach der Zeit:

$$\Big[\mu\,l + \frac{1}{r^2}(\Theta_1+\Theta_2)\Big]\,\dot q\,\ddot q + 2\,\mu\,g\,q\,\dot q = 0$$

Bewegungsgleichung:

$$\Big[\mu\,l + \frac{1}{r^2}(\Theta_1+\Theta_2)\Big]\,\ddot q + 2\,\mu\,g\,q = 0$$

c) Kennkreisfrequenz:

$$\omega_0 = \sqrt{\frac{2\,\mu\,g}{\mu\,l + \frac{1}{r^2}(\Theta_1+\Theta_2)}}$$

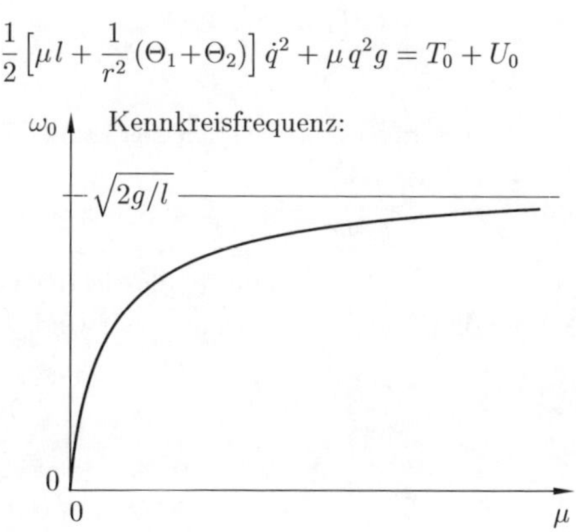

Aufgabe 3.9:

Die Parallelführung einer Achse besteht aus den zwei starren Balken (Massen m_S, Längen l) sowie dem Achsschenkel (Höhe h, Schwerpunktslage s, Masse m). Der untere Balken ist mittig durch eine Feder (Steifigkeit k) unterstützt. Die Bewegungen sind klein, so daß Linearität angenommen werden darf.

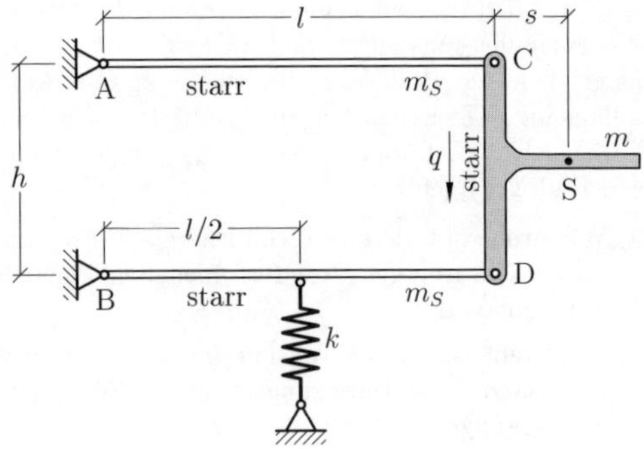

Bild A3.9: Gefederter Hebelmechanismus

a) Ermitteln Sie die Steifigkeit der Parallelführung gegenüber einer Kraft F an der Stelle s des Achsschenkelschwerpunktes S.

b) Ermitteln Sie die Kennkreisfrequenz ω_0 der Parallelführung bei vernachlässigbarer Querbalkenmasse ($m_S = 0$) sowie

c) unter Berücksichtigung der Querbalkenmassen ($m_S \neq 0$). Für c) empfiehlt es sich, den Masseneinfluß der beiden Balken über die kinetische Energie zu erfassen und für das Aufstellen der Bewegungsgleichung den differenzierten Energieerhaltungssatz zu benutzen.

Gegeben: l, h, s, k, m, m_S

Lösung der Aufgabe 3.9:

a) Berechnung der Steifigkeit bezüglich des Punktes S:

Der Achsschenkel erfährt nur eine Translation, aber keine Drehung. Daher spielt es für die Bewegung keine Rolle, wo die Kraft auf dem Achsschenkel angreift.

Freikörperbild des unteren Balkens:

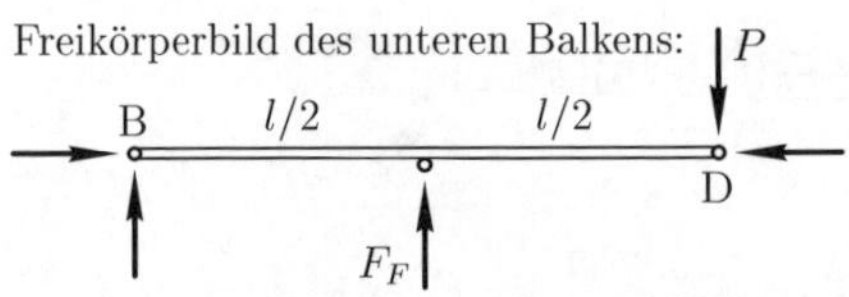

Federstauchung:

$$\Delta l_F = \frac{q}{2}$$

Federkraft:

$$F_F = k\,\frac{q}{2}$$

Gleichgewicht:

$$P\,l - F_F\,\frac{l}{2} = 0$$

Gesamtsteifigkeit:

$$k_{ges} = \frac{P}{q} = \frac{k}{4}$$

b) Kennkreisfrequenz bei Vernachlässigung der Balkenmasse ($m_S = 0$):

$$\omega_0 = \sqrt{\frac{k_{ges}}{m}} = \sqrt{\frac{k}{4m}}$$

c) Bewegungsverhalten unter Berücksichtigung der Balkenmasse ($m_S \neq 0$):

Kinematik (Federstauchung und Geschwindigkeit der Balkenelemente):

$$\Delta l_F = \frac{q}{2}, \qquad \dot{q}_S(x) = \frac{x}{l}\,\dot{q}$$

Kinetische Energie:

$$T = \frac{1}{2} m \dot{q}^2 + 2 \left\{ \frac{1}{2} \int_0^l \mu \, \dot{q}_S^2(x) \, dx \right\} = \frac{1}{2} m \dot{q}^2 + 2 \left\{ \frac{1}{2} \int_0^l \frac{m_S}{l} \left(\frac{x}{l} \right)^2 \dot{q}^2 \, dx \right\} =$$

$$= \frac{1}{2} \left\{ m + 2 \frac{m_S}{l^3} \int_0^l x^2 \, dx \right\} \dot{q}^2 = \frac{1}{2} \left\{ m + \frac{2}{3} \frac{m_S}{l^3} x^3 \Big|_0^l \right\} \dot{q}^2 = \frac{1}{2} \left\{ m + \frac{2}{3} m_S \right\} \dot{q}^2$$

Potentielle Energie:

$$U = \frac{1}{2} k \, \Delta l_F^2 = \frac{1}{2} k \left(\frac{q}{2} \right)^2 = \frac{1}{8} k \, q^2$$

Differenzierter Energieerhaltungssatz (Leistungssatz):

$$\dot{T} + \dot{U} = 0 \qquad \Longrightarrow \qquad \frac{1}{2} \left(m + \frac{2}{3} m_S \right) 2 \, \dot{q} \, \ddot{q} + \frac{1}{8} k \, 2 \, q \, \dot{q} = 0$$

Bewegungsgleichung:

$$\ddot{q} + \frac{k}{4 \left(m + \frac{2}{3} m_S \right)} q = 0$$

Kennkreisfrequenz:

$$\omega_0^2 = \frac{k}{4 \left(m + \frac{2}{3} m_S \right)}$$

Die beiden Massen m_S der Balken gehen jeweils zu einem Drittel in die wirksame (mitschwingende) Masse ein.

Aufgabe 3.10:

Ein Fliehkraftregler besteht aus einer vertikalen Welle, die vier masselose Stäbe (Länge l) antreibt. Mit den Stäben werden zwei Punktmassen M sowie eine rauhe Gleithülse (Masse m, Reibkraft R) geführt. Zwischen einem Bund der Welle und der Gleithülse befindet sich eine Druckfeder (Steifigkeit k), die bei $\psi = 0$ mit der Druckkraft F_0 vorgespannt ist. Der Fliehkraftregler rotiert mit der konstanten Winkelgeschwindigkeit Ω.

a) Prägen Sie dem System eine virtuelle Verschiebung $\delta\psi$ auf und geben Sie die virtuelle Arbeit aller realen und Scheinkräfte an. Berücksichtigen Sie dabei auch die Wirkrichtung der Reibkraft R.

b) Ermitteln Sie die Bewegungsgleichung des Systems mit dem Prinzip von D'ALEMBERT in der LAGRANGEschen Fassung.

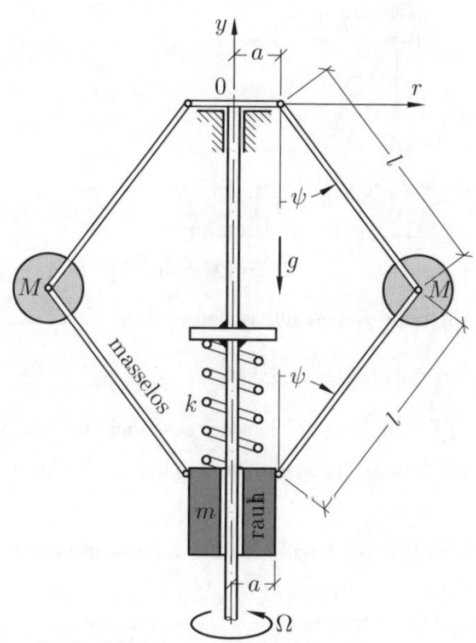

Bild A3.10: Fliehkraftregler

Gegeben: M, m, l, a, F_0, k, g, R, Ω

Lösung der Aufgabe 3.10:

a) Berechnung der virtuellen Arbeit aller realen und Scheinkräfte:

Aufgrund der Symmetrie genügt es, eine Hälfte des Systems zu betrachten.

Halbes System mit Trägheitskräften:

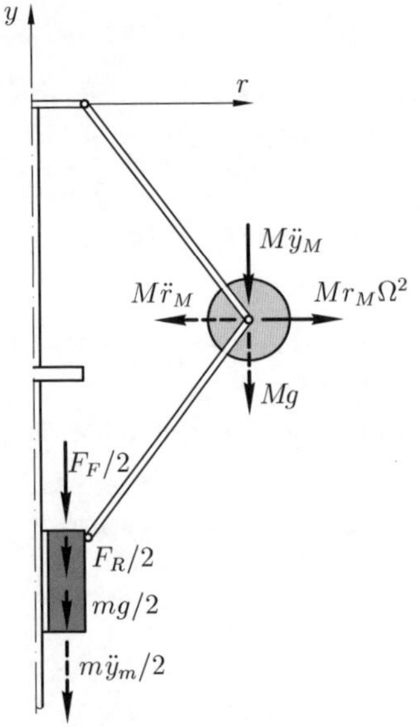

Kinematik:

$r_M = a + l\sin\psi$

$y_M = -l\cos\psi$

$y_m = -2l\cos\psi$

$\dot{r}_M = l\dot{\psi}\cos\psi$

$\dot{y}_M = l\dot{\psi}\sin\psi$

$\dot{y}_m = 2l\dot{\psi}\sin\psi$

$\ddot{r}_M = l\ddot{\psi}\cos\psi - l\dot{\psi}^2\sin\psi$

$\ddot{y}_M = l\ddot{\psi}\sin\psi + l\dot{\psi}^2\cos\psi$

$\ddot{y}_m = 2l\ddot{\psi}\sin\psi + 2l\dot{\psi}^2\cos\psi$

Virtuelle Verrückungen:

$\delta r_M = l\cos\psi\,\delta\psi$

$\delta y_M = l\sin\psi\,\delta\psi$

$\delta y_m = 2l\sin\psi\,\delta\psi$

Federkraft:

$F_F = F_0 + 2lk(1-\cos\psi)$

Reibkraft und ihre Richtung:

$F_R = R\,\mathrm{sgn}\,\dot{y}_m = R\,\mathrm{sgn}(2l\dot{\psi}\sin\psi) = R\,\mathrm{sgn}\dot{\psi}$

Virtuelle Arbeit der realen und der Scheinkräfte des halben Systems:

$$\delta W = (Mr_M\Omega^2 - M\ddot{r}_M)\delta r_M - (Mg + M\ddot{y}_M)\delta y_M - \frac{1}{2}(F_R+F_F+mg+m\ddot{y}_m)\delta y_m = 0$$

b) Ermittlung der Bewegungsgleichung mit dem Prinzip von D'ALEMBERT:

Forderung für dynamisches Gleichgewicht:

$\delta W = 0$

Elimination der überzähligen Koordinaten r_M, y_M und y_m liefert die Bewegungsgleichung:

$$\ddot{\psi}l(M + 2m\sin^2\psi) + \dot{\psi}^2 l(2m\cos\psi\sin\psi) + R\,\mathrm{sgn}\dot{\psi}\sin\psi - M\Omega^2\cos\psi(a + l\sin\psi)+$$
$$+(M+m)g\sin\psi + F_0\sin\psi + 2lk(1-\cos\psi)\sin\psi = 0$$

Aufgabe 3.11:

Ein Rollpendel (Masse m, Massenträgheitsmoment Θ^S, Schwerpunkt S) besteht aus einem halbkreisförmigen Unterteil (Radius r) und einem keilförmigen Oberteil (Höhe h). Die Spitze des Rollpendels wird von einer am Boden horizontal verschieblichen, stets vertikalen Feder (Steifigkeit k, ungespannte Länge r) nach unten gezogen. Das Rollpendel wird auf die horizontale rauhe Unterlage gepresst und führt ohne zu Rutschen pendelnde Kippbewegungen aus.

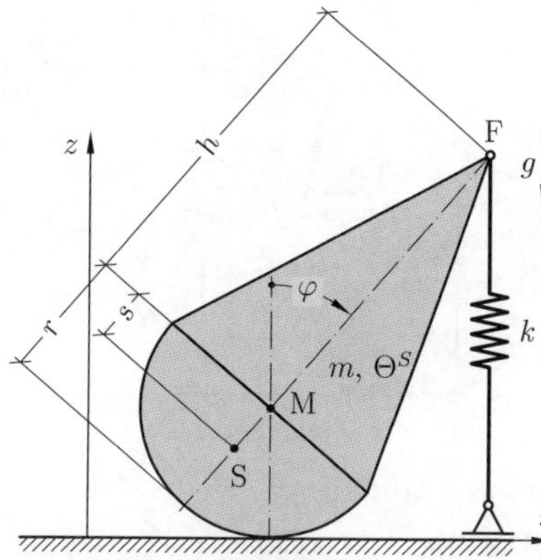

Bild A3.11: Rollpendel

Gegeben: r, s, m, Θ^S, k, h, g

a) Leiten Sie die nichtlineare Bewegungsdifferentialgleichung für die Kippbewegung $\varphi(t)$ mit dem Prinzip von D'ALEMBERT in der LAGRANGEschen Fassung her.

b) Linearisieren Sie die Bewegungsgleichung für kleine Kippbewegungen $\varphi(t) \ll 1$ und geben Sie die Kennkreisfrequenz ω_0 der freien Schwingungen um die vertikale Gleichgewichtslage an.

c) Berechnen Sie die Gleichgewichtslagen $\varphi_G \neq 0$ des Rollpendels für die spezielle Parameterkombination $kh^2 = \sqrt{2}mgs$.

d) Linearisieren Sie die Bewegungsgleichung für die spezielle Parameterkombination um die Position $\varphi_B = 45°$ und geben Sie die Kennkreisfrequenz ω_B für kleine Schwingungen $|\Delta\varphi(t)| = |\varphi - \varphi_B| \ll 1$ um diese Stellung an.

e) Unter welcher Bedingung ist die Position $\varphi_B = 45°$ eine stabile Lage? Geben Sie für alle möglichen Gleichgewichtslagen an, ob sie stabil oder instabil sind.

Lösung der Aufgabe 3.11:

a) Ermittlung der Bewegungsgleichung mit dem Prinzip von D'ALEMBERT:

Kinematik:

$$\dot{x}_M = r\dot{\varphi}\,; \qquad \dot{z}_M = 0$$

$$\dot{x}_S = \dot{x}_M - s\cos\varphi\,\dot{\varphi} = (r - s\cos\varphi)\,\dot{\varphi}$$

$$\dot{z}_S = \dot{z}_M + s\sin\varphi\,\dot{\varphi} = s\sin\varphi\,\dot{\varphi}$$

$$\ddot{x}_S = (r - s\cos\varphi)\,\ddot{\varphi} + s\sin\varphi\,\dot{\varphi}^2$$

$$\ddot{z}_S = s\sin\varphi\,\ddot{\varphi} + s\cos\varphi\,\dot{\varphi}^2$$

$$z_F = r + h\cos\varphi$$

Virtuelle Verrückungen:

$$\delta x_M = r\delta\varphi$$

$$\delta z_M = 0$$

$$\delta x_S = (r - s\cos\varphi)\,\delta\varphi$$

$$\delta z_S = s\sin\varphi\,\delta\varphi$$

Federverlängerung:

$$\Delta l_F = z_F - r = h\cos\varphi$$

System mit Trägheitskräften:

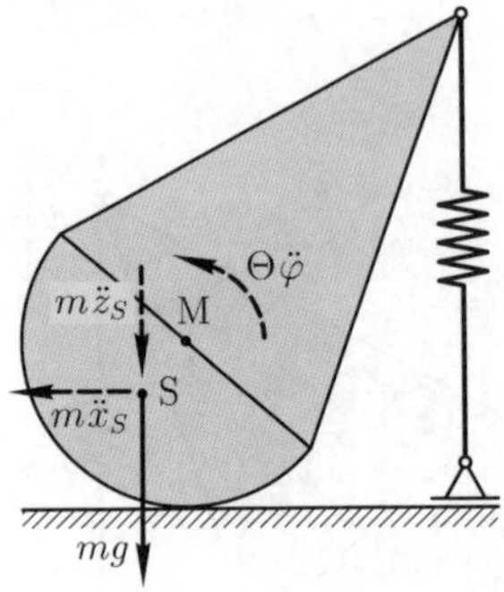

Potential der Feder:

$$U_F = \frac{1}{2}k\,(\Delta l_F)^2 = \frac{1}{2}k\,h^2\cos^2\varphi$$

Virtuelle Arbeit der Feder:

$$\delta W_F = -\delta U_F = -k\,h^2\cos\varphi\sin\varphi\,\delta\varphi$$

Virtuelle Arbeit der Feder, des Gewichtes und der Scheinkräfte:

$$\delta W = \delta W_F - m\ddot{x}_S\,\delta x_S - (mg + m\ddot{z}_S)\,\delta z_S - \Theta^S\ddot{\varphi}\,\delta\varphi = 0$$

Elimination der überzähligen Koordinaten x_S und z_S führt auf die nichtlineare Bewegungsgleichung:

$$\Big\{\Theta^S + m\big[r^2+s^2-2\,r\,s\cos\varphi\big]\Big\}\,\ddot{\varphi} + m\,r\,s\,\dot{\varphi}^2\sin\varphi + \big[mg\,s - k\,h^2\cos\varphi\big]\,\sin\varphi = 0$$

b) Linearisierung um $\varphi=0$ bei kleinen Auslenkungen und kleinen Geschwindigkeiten:

Lineare Bewegungsgleichung für $|\varphi| \ll 1$:

$$\Big\{\Theta^S + m(r-s)^2\Big\}\,\ddot{\varphi} + \big[mgs - k\,h^2\big]\,\varphi = 0$$

Kennkreisfrequenz:

$$\omega_0 = \sqrt{\frac{mgs - k\,h^2}{\Theta^S + m(r-s)^2}}$$

Eine oszillierende Bewegung um $\varphi=0$ findet nur statt, wenn ω_0 reell ist.

Für $mg\,s > k\,h^2$ ist die Gleichgewichtslage $\varphi_0=0$ stabil, für $mg\,s < k\,h^2$ ist sie instabil.

c) Ermittlung der Gleichgewichtslagen:

Bedingungen für Gleichgewicht:

$$\dot{\varphi}_G = 0, \qquad \ddot{\varphi}_G = 0 \qquad \Longrightarrow \qquad \big[mgs - k\,h^2\cos\varphi_G\big]\sin\varphi_G = 0$$

Gleichgewichtslagen:

$$\sin\varphi_G = 0 \qquad \Longrightarrow \quad \varphi_1 = 0 \qquad (\pi, 2\pi, \ldots)$$

$$mgs - k\,h^2\cos\varphi_G = 0 \;\Longrightarrow\; \cos\varphi_2 = \frac{mgs}{k\,h^2} = \frac{1}{\sqrt{2}} \;\Longrightarrow\; \varphi_2 = \pm\frac{\pi}{4} \quad (\pm\frac{7\pi}{4},\ \pm\frac{9\pi}{4}, \ldots)$$

d) Linearisierung um $\varphi_B = 45°$:

Kleine Bewegungen um φ_B:

$\Delta\varphi = \varphi - \varphi_B$

Nichtlineare Funktion:

$$f(\ddot{\varphi}, \dot{\varphi}, \varphi) = \left\{\Theta^S + m\left[r^2 + s^2 - 2\,r\,s\cos\varphi\right]\right\}\ddot{\varphi} + m\,r\,s\,\dot{\varphi}^2\sin\varphi + \left[mgs - kh^2\cos\varphi\right]\sin\varphi$$

TAYLOR-Reihe:

$$f \approx f(0,0,\varphi_B) + \left.\frac{\delta f}{\delta\ddot{\varphi}}\right|_{\varphi_B}\Delta\ddot{\varphi} + \left.\frac{\delta f}{\delta\dot{\varphi}}\right|_{\varphi_B}\Delta\dot{\varphi} + \left.\frac{\delta f}{\delta\varphi}\right|_{\varphi_B}\Delta\varphi$$

Koeffizienten der TAYLOR-Reihe:

$$f(0,0,\varphi_B) = (mgs - k\,h^2\cos\varphi_B)\sin\varphi_B = 0$$

$$\left.\frac{\delta f}{\delta\ddot{\varphi}}\right|_{\varphi_B} = \Theta^S + m\left[r^2 + s^2 - 2\,r\,s\cos\varphi\right]_{\varphi_B} = \Theta^S + m\left[r^2 + s^2 - \sqrt{2}\,r\,s\right]$$

$$\left.\frac{\delta f}{\delta\dot{\varphi}}\right|_{\varphi_B} = 2\,m\,r\,s\,\dot{\varphi}\,\sin\varphi|_{\varphi_B} = 0$$

$$\left.\frac{\delta f}{\delta\varphi}\right|_{\varphi_B} = 2\,m\,r\,s\sin\varphi\,\ddot{\varphi} + m\,r\,s\,\dot{\varphi}^2\cos\varphi + mg\,s\cos\varphi - k\,h^2(\cos^2\varphi - \sin^2\varphi)\Big|_{\varphi_B} = \frac{mg\,s}{\sqrt{2}}$$

Linearisierte Bewegungsgleichung für Bewegungen um $\varphi_B = 45°$:

$$\left\{\Theta^S + m\left[r^2 + s^2 - \sqrt{2}\,r\,s\right]\right\}\Delta\ddot{\varphi} + \frac{mgs}{\sqrt{2}}\Delta\varphi = 0$$

Kennkreisfrequenz der kleinen Schwingungen um $\varphi_B = 45°$:

$$\omega_B^2 = \frac{mg\,s}{\sqrt{2}\left\{\Theta^S + m\left[r^2 + s^2 - \sqrt{2}\,r\,s\right]\right\}} > 0$$

e) Untersuchung der Stabilität von $\varphi_B = 45°$:

Allgemein gilt das Folgende:

Wenn keine nichttriviale Gleichgewichtslage φ_2 existiert (für $mg\,s > k\,h^2$), ist $\varphi_1 = 0$ eine stabile Gleichgewichtslage. Die Gleichgewichtslage $\varphi_1 = \pi$ ist stets instabil.

Wenn aber eine nichttriviale Gleichgewichtslage φ_2 existiert (für $mg\,s < k\,h^2$), ist sie wegen $\omega_B^2 > 0$ auch stabil. Die beiden anderen Gleichgewichtslagen $\varphi_1 = 0$ und $\varphi_1 = \pi$ sind dann instabil.

Stabilität liegt hier vor, wenn $\omega_B^2 > 0$ ist:

$$\Theta^S + m\left[r^2 + s^2 - \sqrt{2}\,r\,s\right] > 0$$

Wenn die Gleichgewichtslage $\varphi_B = \varphi_2 = 45°$ stabil ist, ist die Gleichgewichtslage $\varphi_1 = 0$ instabil (und umgekehrt).

Im speziellen Fall von $k\,h^2 = \sqrt{2}\,mg\,s$ existiert die Gleichgewichtslage φ_2, sie ist stabil. Folglich sind in diesem Fall die beiden trivialen Gleichgewichtslagen $\varphi_1 = 0$ und π instabil.

Aufgabe 3.12:

Ein Schwingungssystem besteht aus der elastisch aufgehängten Masse m_1 und einem daran angehängten mathematischen Pendel (Länge l, Masse m_2). Der Fußpunkt der Feder wird mit $u(t)$ vertikal zwangserregt. Als Zustandsvariablen sollen die Koordinaten $q_1 = x$ und $q_2 = \varphi$ gewählt werden.

a) Geben Sie die potentielle Energie $U(x, \varphi)$, die kinetische Energie $T(\dot{x}, \dot{\varphi}, x, \varphi)$ und die LAGRANGEsche Funktion $L(\dot{x}, \dot{\varphi}, x, \varphi)$ an.

b) Ermitteln Sie mit den LAGRANGEschen Gleichungen die nichtlinearen Bewegungsgleichungen.

Gegeben: m_1, m_2, k, l, g, $u(t)$

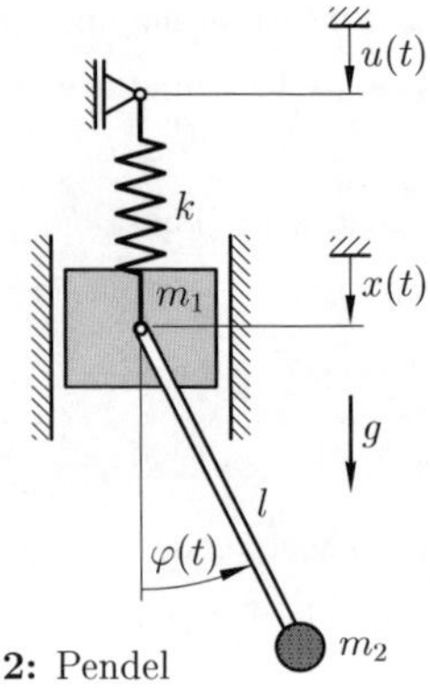

Bild A3.12: Pendel

Lösung der Aufgabe 3.12:

a) Ermittlung der Energieausdrücke:

Kinematik: $v_{2h} = \dot{\varphi}\, l \cos\varphi; \qquad v_{2v} = \dot{x} - \dot{\varphi}\, l \sin\varphi \qquad \Longrightarrow$

$$v_2 = \sqrt{(\dot{x} - \dot{\varphi}\, l \sin\varphi)^2 + (\dot{\varphi}\, l \cos\varphi)^2} = \sqrt{\dot{x}^2 + (\dot{\varphi}\, l)^2 - 2\,\dot{x}\,\dot{\varphi}\, l \sin\varphi}$$

Energien und LAGRANGEsche Funktion:

$$U(x, \varphi) = -m_1 g\, x - m_2 g\,(x + l\cos\varphi) + \frac{1}{2} k\,(x - u)^2$$

$$T(\dot{x}, \dot{\varphi}, x, \varphi) = \frac{1}{2} m_1\, \dot{x}^2 + \frac{1}{2} m_2\, v_2^2 = \frac{1}{2} m_1\, \dot{x}^2 + \frac{1}{2} m_2\,(\dot{x}^2 - 2\,\dot{x}\, l\, \dot{\varphi} \sin\varphi + l^2 \dot{\varphi}^2)$$

$$L = m_1 g\, x + m_2 g\,(x + l\cos\varphi) - \frac{1}{2} k\,(x - u)^2 + \frac{1}{2} m_1\, \dot{x}^2 + \frac{1}{2} m_2\,(\dot{x}^2 - 2\,\dot{x}\, l\, \dot{\varphi} \sin\varphi + l^2 \dot{\varphi}^2)$$

b) Ermittlung der Bewegungsgleichungen mit den LAGRANGEschen Gleichungen:

$$\frac{d}{dt}\frac{\partial L}{\partial \dot{q}_n} - \frac{\partial L}{\partial q_n} = Q_n^* \qquad \text{mit} \qquad n = 1; \quad q_1 = x; \quad \dot{q}_1 = \dot{x}; \quad Q_1^* = 0$$

$$\frac{\partial L}{\partial q_1} = \frac{\partial L}{\partial x} = m_1 g + m_2 g - k\,(x - u), \qquad \frac{\partial L}{\partial \dot{q}_1} = \frac{\partial L}{\partial \dot{x}} = m_1\, \dot{x} + m_2\, \dot{x} - m_2\, l\, \dot{\varphi} \sin\varphi$$

$$\frac{d}{dt}\frac{\partial L}{\partial \dot{x}} = m_1\, \ddot{x} + m_2\, \ddot{x} - m_2\, l\, \ddot{\varphi} \sin\varphi - m_2\, l\, \dot{\varphi}^2 \cos\varphi$$

$$\frac{d}{dt}\frac{\partial L}{\partial \dot{q}_n} - \frac{\partial L}{\partial q_n} = Q_n^* \qquad \text{mit} \qquad n = 2; \quad q_2 = \varphi; \quad \dot{q}_2 = \dot{\varphi}; \quad Q_2^* = 0$$

$$\frac{\partial L}{\partial q_2} = \frac{\partial L}{\partial \varphi} = -m_2 g\, l \sin\varphi - m_2\, \dot{x}\, l\, \dot{\varphi} \cos\varphi, \qquad \frac{\partial L}{\partial \dot{q}_2} = \frac{\partial L}{\partial \dot{\varphi}} = -m_2\, \dot{x}\, l\, \sin\varphi + m_2 l^2 \dot{\varphi}$$

$$\frac{d}{dt}\frac{\partial L}{\partial \dot{\varphi}} = -m_2\, \ddot{x}\, l\, \sin\varphi - m_2\, \dot{x}\, l\, \dot{\varphi} \cos\varphi + m_2 l^2 \ddot{\varphi}$$

Bewegungsgleichungen:

$$(m_1 + m_2)\, \ddot{x} - m_2\, l\,(\ddot{\varphi} \sin\varphi + \dot{\varphi}^2 \cos\varphi) + k\, x = (m_1 + m_2) g + k\, u$$

$$-m_2\, \ddot{x}\, l \sin\varphi + m_2\, l^2\, \ddot{\varphi} + m_2 g\, l \sin\varphi = 0$$

Aufgabe 3.13:

Ein Wagen mit einer reibungsfrei gelagerten homogenen Walze rollt auf einer schiefen Ebene (Neigungswinkel α). Wagen und Walze (Außenradius r, Trägheitsmoment Θ^S, Gesamtmasse m) sind über eine Drehfeder (Steifigkeit k) elastisch gegeneinander abgestützt. Auf der Walze ist ein Seil aufgewickelt, dessen Ende an der Wand befestigt ist. Bei $x=0$ und $\varphi=0$ ist die Drehfeder momentenfrei.

Stellen Sie die Bewegungsgleichung für den Drehwinkel φ auf. Benutzen Sie dazu wahlweise eine der Energiemethoden (Arbeitssatz, Leistungssatz, Prinzip von D'ALEMBERT oder LAGRANGEsche Gleichungen).

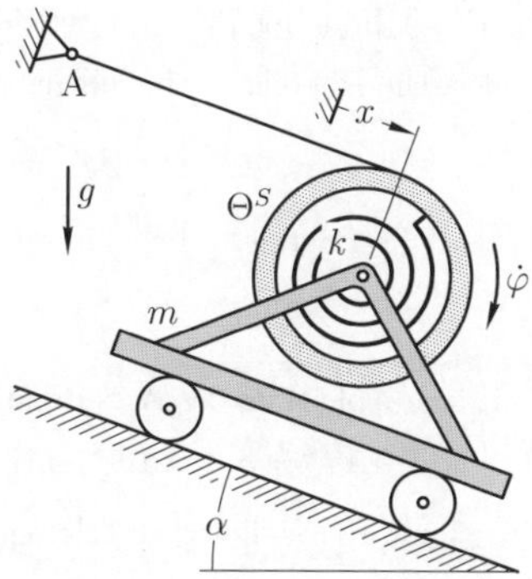

Bild A3.13: Walze auf Wagen

Gegeben: m, Θ^S, k, r, α, g

Lösung der Aufgabe 3.13:

Kinematik:

$$\dot{x}_A = \dot{x} + \dot{\varphi} r = 0 \quad \Longrightarrow \quad \dot{x} = -r\dot{\varphi}; \qquad \delta x = -r\,\delta\varphi; \qquad x = -r\varphi$$

Federmoment:

$$M_k = k\,\varphi$$

A) Ermittlung der Bewegungsgleichung mit dem Prinzip von D'ALEMBERT:

Freikörperbild mit Trägheitskräften:

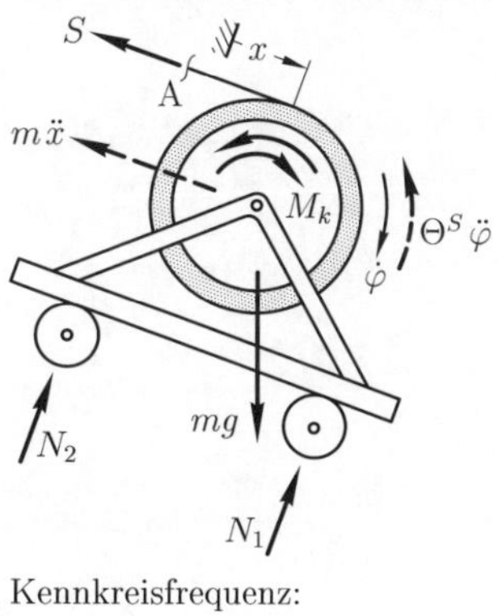

Die Seilkraft S legt keinen Weg zurück und verrichtet daher auch keine Arbeit.

Prinzip von D'ALEMBERT:

$$[\,mg\sin\alpha - m\,\ddot{x}\,]\,\delta x + [\,-M_k - \Theta^S\,\ddot{\varphi}\,]\,\delta\varphi = 0$$

$$[\,mgr\sin\alpha - mr^2\,\ddot{\varphi} - k\,\varphi - \Theta^S\,\ddot{\varphi}\,]\,\delta\varphi = 0$$

Bewegungsgleichung:

$$\ddot{\varphi} + \frac{k}{\Theta^S + mr^2}\,\varphi = \frac{mgr}{\Theta^S + mr^2}\sin\alpha$$

Kennkreisfrequenz:

$$\omega_0^2 = \frac{k}{\Theta^S + mr^2}$$

Statischer Durchhang:

$$x_s = \frac{mgr^2\sin\alpha}{k}$$

B) Ermittlung der Bewegungsgleichung mit dem Arbeits- bzw. Leistungssatz:

Kinetische Energie bei beliebiger Bewegung:

$$T = \frac{1}{2}\Theta^S \dot{\varphi}^2 + \frac{1}{2} m \dot{x}^2 = \frac{1}{2}(\Theta^S + m r^2)\,\dot{\varphi}^2$$

Potentielle Energie in beliebiger Lage:

$$U = \frac{1}{2} k \varphi^2 - mg \sin\alpha\, x = \frac{1}{2} k \varphi^2 - mg r \sin\alpha\, \varphi$$

Zeitliche Ableitung des Arbeitssatzes (Leistungssatz) und Einsetzen:

$$\dot{T} + \dot{U} = 0 \qquad \Longrightarrow \qquad (\Theta^S + m r^2)\,\dot{\varphi}\,\ddot{\varphi} + k\,\varphi\,\dot{\varphi} - mg r \sin\alpha\,\dot{\varphi} = 0$$

Division durch $\dot{\varphi}$ liefert die Bewegungsgleichung:

$$(\Theta^S + m r^2)\,\ddot{\varphi} + k\,\varphi = mg r \sin\alpha$$

C) Ermittlung der Bewegungsgleichung mit den LAGRANGEschen Gleichungen:

LAGRANGEsche Funktion:

$$L = T - U = \frac{1}{2}(\Theta^S + m r^2)\,\dot{\varphi}^2 - \frac{1}{2} k \varphi^2 + mg r \sin\alpha\,\varphi$$

LAGRANGEsche Gleichungen:

$$\frac{d}{dt}\frac{\partial L}{\partial \dot{\varphi}} - \frac{\partial L}{\partial \varphi} = Q^*_\varphi$$

Bereitstellung der Ausdrücke:

$$\frac{\partial L}{\partial \dot{\varphi}} = (\Theta^S + m r^2)\,\dot{\varphi}; \qquad \frac{d}{dt}\frac{\partial L}{\partial \dot{\varphi}} = (\Theta^S + m r^2)\,\ddot{\varphi}; \qquad \frac{\partial L}{\partial \varphi} = -k\,\varphi + mg r \sin\alpha; \qquad Q^*_\varphi = 0$$

Einsetzen liefert die Bewegungsgleichung:

$$(\Theta^S + m r^2)\,\ddot{\varphi} + k\,\varphi = mg r \sin\alpha$$

Aufgabe 3.14:

Zwei masselose starre Balken (Länge l) sind gelenkig miteinander verbunden und durch zwei gleiche Drehfedern (Drehfedersteifigkeiten k) gegeneinander und gegenüber der Umgebung gefesselt. Am beweglichen Balkenende ist ein masseloses Seil befestigt, das über eine reibungsfrei gelagerte Walze (Radius r, Trägheitsmoment Θ) schlupffrei geführt ist und am Ende ein Gewicht mit der Masse m trägt. Die Drehfedern in den Gelenken A und B sind für $\alpha=0$ entspannt. Reibung tritt nicht auf.

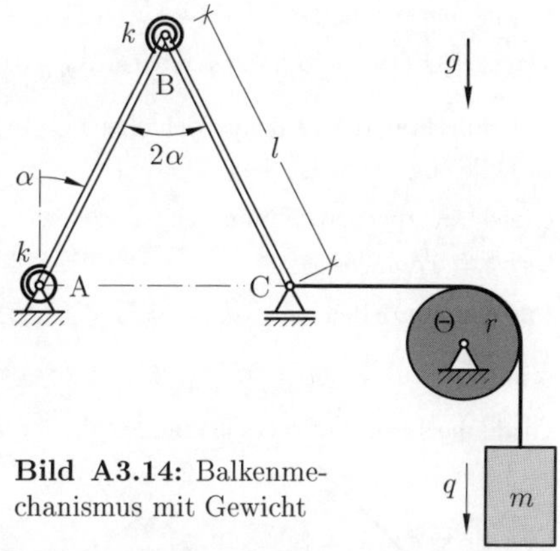

Bild A3.14: Balkenmechanismus mit Gewicht

a) Geben Sie die kinetische Energie T und die potentielle Energie U als Funktionen des Winkels α und der Winkelgeschwindigkeit $\dot{\alpha}$ an.

b) Ermitteln Sie mit den LAGRANGEschen Gleichungen die nichtlineare Bewegungsgleichung für den Winkel α.

c) Geben Sie die Gleichung zur Ermittlung der Gleichgewichtslagen α_S an und lösen sie diese für den speziellen Wert $mg=5\pi k/(3l)$ des Gewichtes.

d) Linearisieren Sie die Bewegungsgleichung um die für $mg = 5\pi k/(3l)$ berechnete Gleichgewichtslage α_S und geben Sie die Schwingungsdauer $T_0=2\pi/\omega_0$ für kleine Schwingungen $\Delta\alpha$ um diese Gleichgewichtslage an.

Gegeben: l, k, r, Θ, m, g

Lösung der Aufgabe 3.14:

a) Berechnung der Energieausdrücke:

Kinematik:

$$q = r\,\varphi$$
$$q = 2l\sin\alpha$$

Potentielle und kinetische Energie:

$$U = \frac{1}{2}k\alpha^2 + \frac{1}{2}k(2\alpha)^2 - mg\,q = \frac{5}{2}k\alpha^2 - 2mgl\sin\alpha$$

$$T = \frac{1}{2}m\,\dot{q}^2 + \frac{1}{2}\Theta\,\dot{\varphi}^2 = 2l^2\Big(m + \frac{\Theta}{r^2}\Big)\cos^2\alpha\,\dot{\alpha}^2$$

b) Ermittlung der Bewegungsgleichung mit den LAGRANGEschen Gleichungen:

LAGRANGEsche Funktion:

$$L = T - U = 2l^2\Big(m + \frac{\Theta}{r^2}\Big)\cos^2\alpha\,\dot{\alpha}^2 - \frac{5}{2}k\alpha^2 + 2mgl\sin\alpha$$

LAGRANGEsche Vorschrift für $Q^*_\alpha=0$:

$$\frac{d}{dt}\frac{\partial L}{\partial\dot{\alpha}} - \frac{\partial L}{\partial\alpha} = 0$$

Zwischenrechnungen:

$$\frac{\partial L}{\partial\alpha} = -4l^2\Big(m + \frac{\Theta}{r^2}\Big)\sin\alpha\cos\alpha\,\dot{\alpha}^2 - 5k\alpha + 2mgl\cos\alpha$$

$$\frac{\partial L}{\partial\dot{\alpha}} = 4l^2\Big(m + \frac{\Theta}{r^2}\Big)\cos^2\alpha\,\dot{\alpha}; \qquad \frac{d}{dt}\frac{\partial L}{\partial\dot{\alpha}} = 4l^2\Big(m + \frac{\Theta}{r^2}\Big)\Big(\cos^2\alpha\,\ddot{\alpha} - 2\cos\alpha\sin\alpha\,\dot{\alpha}^2\Big)$$

Bewegungsgleichung:

$$4l^2(mr^2+\Theta)(\cos^2\alpha\,\ddot{\alpha}-\cos\alpha\sin\alpha\,\dot{\alpha}^2)+5r^2k\alpha-2mglr^2\cos\alpha=0$$

c) Ermittlung der Gleichgewichtslagen:

Bei Gleichgewicht ist $\ddot{\alpha}_S=\dot{\alpha}_S=0$.

Gleichung zur Berechnung der Gleichgewichtslagen:

$$5k\alpha_S=2mgl\cos\alpha_S$$

Für den speziellen Wert $mg=5\pi k/(3l)$ ergibt sich:

$$\alpha_S=\frac{2\pi}{3}\cos\alpha_S$$

Grafische Lösung der Gleichung für die Ruhelage:

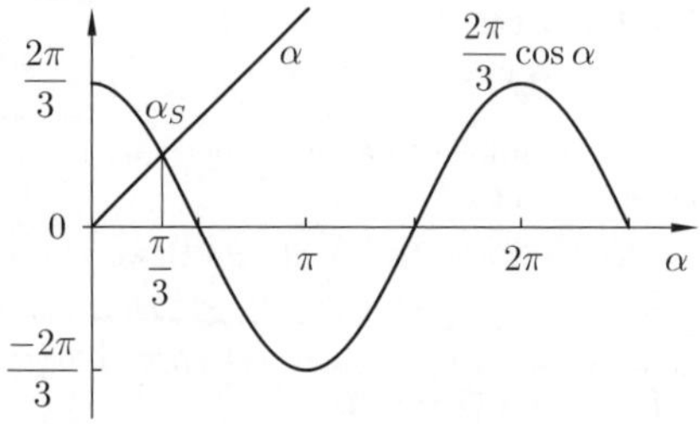

Es ergibt sich die Gleichgewichtslage bei $\alpha_S=60°=\pi/3$.

d) Linearisierung der Bewegungsgleichung um die Gleichgewichtslage:

Nichtlineare Bewegungsgleichung:

$$f(\ddot{\alpha},\dot{\alpha},\alpha)=4l^2(mr^2+\Theta)(\cos^2\alpha\,\ddot{\alpha}-\cos\alpha\sin\alpha\,\dot{\alpha}^2)+5kr^2\alpha-2mglr^2\cos\alpha=0$$

Koeffizienten der TAYLOR-Formel:

$$f(0,0,\alpha_S)=5kr^2\alpha_S-2mglr^2\cos\alpha_S=0;\qquad \left.\frac{\partial f}{\partial\alpha}\right|_{\alpha_S}=5kr^2+2mglr^2\sin\alpha_S$$

$$\left.\frac{\partial f}{\partial\dot{\alpha}}\right|_{\alpha_S}=0;\qquad \left.\frac{\partial f}{\partial\ddot{\alpha}}\right|_{\alpha_S}=4l^2(mr^2+\Theta)\cos^2\alpha_S$$

TAYLOR-Formel:

$$f\approx f(0,0,\alpha_S)+\left.\frac{\partial f}{\partial\ddot{\alpha}}\right|_{\alpha_S}\Delta\ddot{\alpha}+\left.\frac{\partial f}{\partial\dot{\alpha}}\right|_{\alpha_S}\Delta\dot{\alpha}+\left.\frac{\partial f}{\partial\alpha}\right|_{\alpha_S}\Delta\alpha$$

Linearisierte Bewegungsgleichung:

$$4l^2(mr^2+\Theta)\cos^2\alpha_S\,\Delta\ddot{\alpha}+(5k+2mgl\sin\alpha_S)r^2\,\Delta\alpha=0$$

Kennkreisfrequenz:

$$\omega_0^2=\frac{(5k+2mgl\sin\alpha_S)r^2}{4l^2(mr^2+\Theta)\cos^2\alpha_S}$$

Schwingungsdauer:

$$T_0=\frac{2\pi}{\omega_0}=2\pi\sqrt{\frac{4l^2(mr^2+\Theta)\cos^2\alpha_S}{(5k+2mgl\sin\alpha_S)r^2}}$$

Aufgabe 3.15:

Eine starre Welle rotiert mit der konstanten Winkelgeschwindigkeit Ω. An der Welle ist gelenkig und reibungsfrei ein Drehpendel befestigt, das aus dem masselosen Balken mit der Länge $2l$ und zwei Punktmassen m besteht.

a) Geben Sie die Winkelgeschwindigkeit $\vec{\omega}$ des Pendels im xyz-Koordinatensystem an, das mit der Antriebswelle fest verbunden ist und mit Ω rotiert.

b) Geben Sie die Winkelgeschwindigkeit $\vec{\omega}$ des Pendels im 123-Hauptachsensystem des Pendels an.

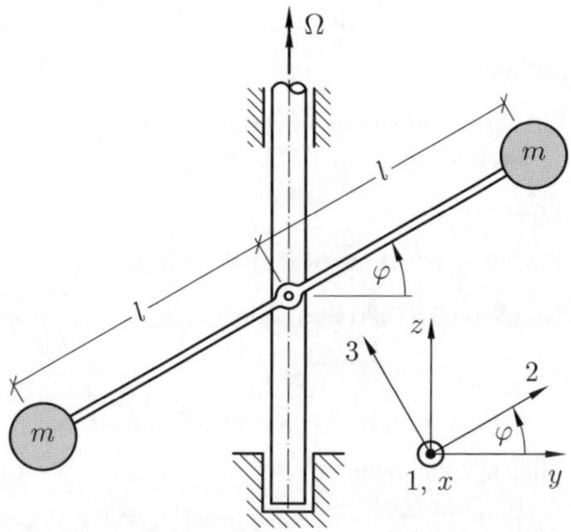

Bild A3.15: Rotierende Welle mit Drehpendel

c) Ermitteln Sie die zentralen Hauptträgheitsmomente des Fliehkraftpendels.

d) Geben Sie die Bewegungsgleichung für $\varphi(t)$ des Drehpendels in Abhängigkeit von der Drehzahl Ω der Welle an.

e) Ermitteln Sie die Gleichgewichtslagen φ_S und untersuchen Sie deren Stabilität.

Gegeben: Ω, m, l

Lösung der Aufgabe 3.15:

a) Winkelgeschwindigkeit des Pendels im xyz-Koordinatensystem:

$\vec{\omega} = \Omega\,\vec{e}_z + \dot{\varphi}\,\vec{e}_x$

b) Winkelgeschwindigkeit des Pendels im 123-Hauptachsensystem:

Einheitsvektoren:

$\vec{e}_x = \vec{e}_1\,, \qquad \vec{e}_y = \cos\varphi\,\vec{e}_2 - \sin\varphi\,\vec{e}_3$

$\vec{e}_z = \sin\varphi\,\vec{e}_2 + \cos\varphi\,\vec{e}_3$

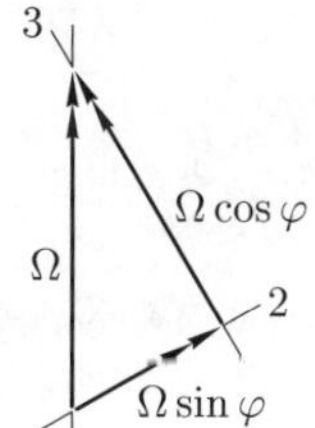

Winkelgeschwindigkeit:

$\vec{\omega} = \dot{\varphi}\,\vec{e}_1 + \Omega\sin\varphi\,\vec{e}_2 + \Omega\cos\varphi\,\vec{e}_3$

c) Zentrale Hauptträgheitsmomente:

$\Theta_2^S = 0\,, \qquad \Theta_1^S = \Theta_3^S = 2ml^2$

d) Ermittlung der Bewegungsgleichung:

Reibungsfreiheit der Pendelaufhängung:

$M_1^S = 0$

Bewegungsgleichung aus der EULERschen Kreiselgleichung in 1-Richtung:

$\Theta_1^S \dot{\omega}_1 - \omega_2 \omega_3 (\Theta_2^S - \Theta_3^S) = M_1^S$

$2ml^2 \ddot{\varphi} + \Omega^2 \sin\varphi \cos\varphi \, 2ml^2 = 0$

Nichtlineare Bewegungsgleichung:

$\ddot{\varphi} + \Omega^2 \sin\varphi \cos\varphi = 0$

Freikörperbild:

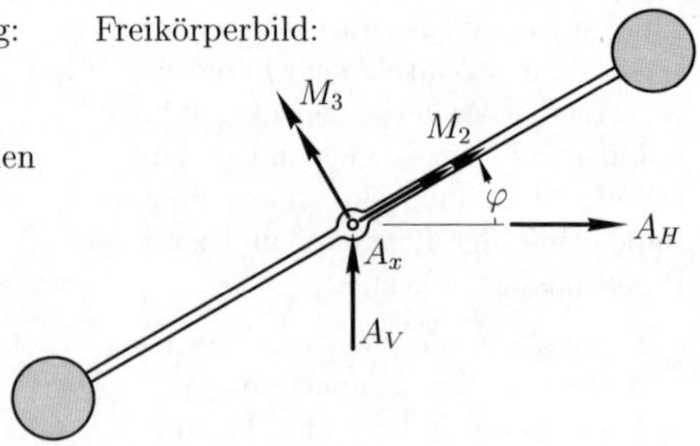

e) Ermittlung der Gleichgewichtslagen und deren Stabilität:

Gleichgewichtslagen:

$$\ddot{\varphi}_S = 0 \quad \Longrightarrow \quad \sin\varphi_S \cos\varphi_S = 0 \quad \Longrightarrow \quad \varphi_{S1} = 0 \quad \text{und} \quad \varphi_{S2} = 90°$$

• Linearisierung um die Gleichgewichtslage $\varphi_{S1}=0$:

$$f(\varphi) = \Omega^2 \sin\varphi \cos\varphi \approx f(\varphi)\Big|_{\varphi_{S1}} + \frac{\partial f}{\partial \varphi}\Big|_{\varphi_{S1}} \varphi = \Omega^2 (\cos^2\varphi - \sin^2\varphi)\Big|_{\varphi_{S1}} \varphi = \Omega^2 \varphi$$

Linearisierte Bewegungsdifferentialgleichung um φ_{S1}:

$\ddot{\varphi} + \Omega^2 \varphi = 0$

Die Kennkreisfrequenz der Schwingung um $\varphi_{S1}=0$ ist drehzahlabhängig:

$\omega_0 = \Omega$

Die Gleichgewichtslage φ_{S1} ist stabil, da $\omega_0^2 = \Omega^2 > 0$ ist:

• Linearisierung um die Gleichgewichtslage $\varphi_{S2}=90°$:

$$f(\varphi) = \Omega^2 \sin\varphi \cos\varphi \approx f(\varphi)\Big|_{\varphi_{S2}} + \frac{\partial f}{\partial \varphi}\Big|_{\varphi_{S2}} (\varphi - \varphi_{S2}) = \Omega^2 (\cos^2\varphi - \sin^2\varphi)\Big|_{\varphi_{S2}} \Delta\varphi = -\Omega^2 \Delta\varphi$$

Koordinatentransformation:

$\varphi = \varphi_{S2} + \Delta\varphi, \qquad \ddot{\varphi} = \Delta\ddot{\varphi}$

Linearisierte Bewegungsgleichung um φ_{S2}:

$\Delta\ddot{\varphi} - \Omega^2 \Delta\varphi = 0$

Die Gleichgewichtslage $\varphi_{S2} = \pi/2$ ist wegen $\omega_0^2 = -\Omega^2 < 0$ instabil. Jegliche Störung dieser Gleichgewichtslage führt dazu, daß sich das Pendel von $\varphi_{S2} = \pi/2$ entfernt.

Aufgabe 3.16:

Ein mathematisches Pendel (Länge l, Masse m) ist an einer um die vertikale Achse mit der konstanten Winkelgeschwindigkeit Ω rotierenden Gabel aufgehängt. Die horizontale Achse 2 des Pendels ist reibungsfrei gelagert.

a) Ermitteln Sie die Bewegungsgleichung für den Ausschlag $\varphi(t)$ des rotierenden Pendels unter Anwendung der EULERschen Kreiselgleichungen.

b) Berechnen Sie die möglichen Gleichgewichtslagen φ_n^S in Abhängigkeit von der Drehzahl Ω.

c) Für hohe Drehzahlen existiert eine Gleichgewichtslage mit $0 < \varphi_2^S < \pi/2$. Linearisieren Sie die Bewegungsgleichung um diese Gleichgewichtslage φ_2^S und ermitteln Sie die Kennkreisfrequenz ω_2 der kleinen Schwingungen um diese Gleichgewichtslage.

Gegeben: m, l, Ω, g

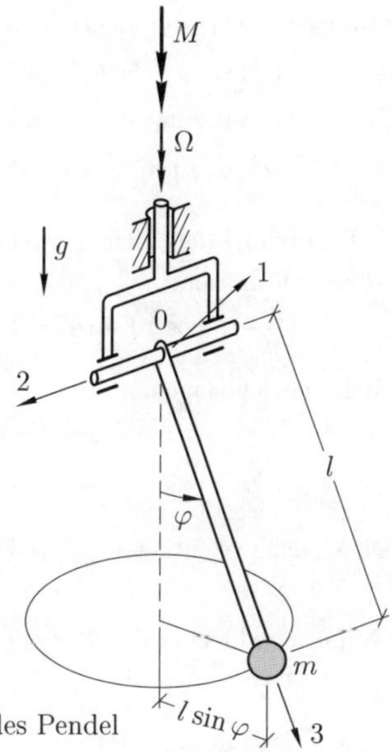

Bild A3.16: Rotierendes Pendel

Lösung der Aufgabe 3.16:

a) Ermittlung der Bewegungsgleichung:

Freikörperbild:

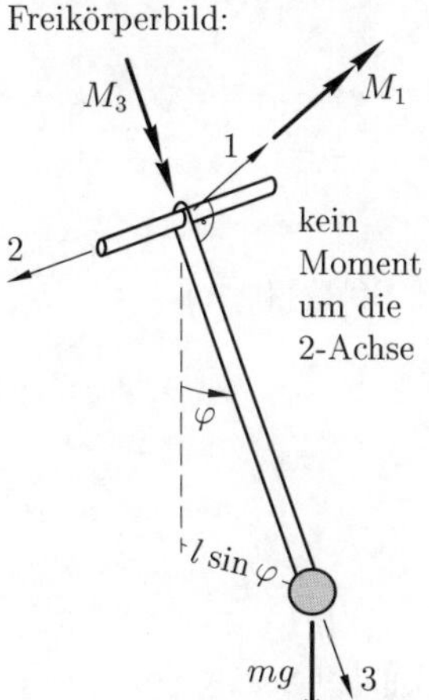

Winkelgeschwindigkeit des Pendels im Hauptachsensystem:

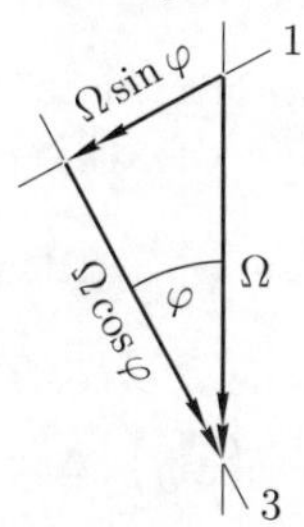

$\vec{\omega} = \vec{\Omega} + \vec{\omega}_{rel}$

Komponenten:

$\omega_1 = -\Omega \sin\varphi$

$\omega_2 = \dot{\varphi} \qquad \Longrightarrow \qquad \dot{\omega}_2 = \ddot{\varphi}$

$\omega_3 = \Omega \cos\varphi$

Massenträgheitsmomente um 0 im Hauptachsensystem:

$\Theta_1^0 = \Theta_2^0 = m l^2, \qquad \Theta_3^0 = 0$

EULERsche Kreiselgleichung um die Drehachse 2 des Pendels:

$\Theta_2^0\,\dot{\omega}_2 - \omega_3\,\omega_1\,(\Theta_3^0 - \Theta_1^0) = M_2^0$

Äußere Momente um die 2-Achse:

$M_2^0 = -\,m g\,l \sin\varphi$

Einsetzen liefert die nichtlineare Bewegungsgleichung:

$m l^2\,\ddot{\varphi} + m g\, l \sin\varphi - \Omega^2 m\, l^2 \sin\varphi\,\cos\varphi = 0$

Bewegungsgleichung in Normalform:

$\ddot{\varphi} + \Big(\frac{g}{l} - \Omega^2\cos\varphi\Big)\sin\varphi = 0$

b) Ermittlung der Gleichgewichtslagen aus $\ddot{\varphi}=0$:

Rückstellfunktion:

$f(\varphi) = \Big(\frac{g}{l} - \Omega^2\cos\varphi\Big)\sin\varphi = 0$

Gleichgewichtslagen:

$\sin\varphi^S = 0 \quad \Longrightarrow \quad \varphi_1^S = 0; \qquad \varphi_3^S = 180° \qquad \text{oder}$

$\cos\varphi^S = \dfrac{g}{l\,\Omega^2} \quad \Longrightarrow \quad \varphi_2^S = \arccos\dfrac{g}{l\,\Omega^2}; \qquad \varphi_4^S = 2\pi - \arccos\dfrac{g}{l\,\Omega^2}$

Die Gleichgewichtlagen φ_2^S und φ_4^S treten nur auf, wenn der Drehzahlparameter $l\Omega^2 > g$ ist, also nur für $\Omega^2 > g/l$ (überkritischer Drehzahlbereich).

Graphische Lösung der Gleichung $\cos\varphi^S = g/(l\,\Omega^2)$ für den Spezialfall $g/(l\,\Omega^2) = 0.5$:

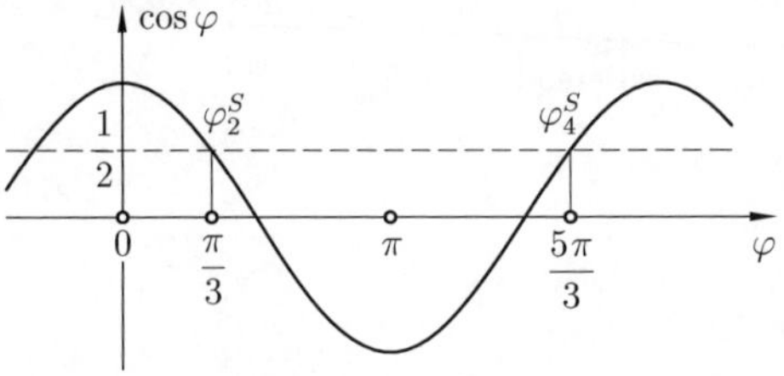

$\varphi_2^S = 60°; \qquad \varphi_4^S = 300°$

c) Linearisierung der Bewegungsgleichung um φ_2^S mit $\Delta\varphi = \varphi - \varphi_2^S$:

$f(\varphi_2^S) = 0$

$$\frac{\partial f}{\partial\varphi}\Big|_{\varphi_2^S} = \Big[\Big(\frac{g}{l} - \Omega^2\cos\varphi\Big)\cos\varphi + \Omega^2\sin^2\varphi\Big]_{\varphi_2^S} = \Omega^2\sin^2\varphi\Big|_{\varphi_2^S} = \Omega^2\Big[1 - \Big(\frac{g}{l\,\Omega^2}\Big)^2\Big]$$

Linearisierte Rückstellfunktion aus der TAYLOR-Formel:

$$f(\varphi) \approx f(\varphi_2^S) + \frac{\partial f}{\partial\varphi}\Big|_{\varphi_2^S}\Delta\varphi = \Omega^2\Big[1 - \Big(\frac{g}{l\,\Omega^2}\Big)^2\Big]\Delta\varphi$$

Lineare Bewegungsgleichung für $\Delta\varphi$ um φ_2^S:

$$\Delta\ddot{\varphi} + \Omega^2\Big[1 - \Big(\frac{g}{l\,\Omega^2}\Big)^2\Big]\Delta\varphi = 0$$

Kennkreisfrequenz der kleinen Schwingungen um die Gleichgewichtslage φ_2^S:

$$\omega_2^2 = \Omega^2\Big[1 - \Big(\frac{g}{l\,\Omega^2}\Big)^2\Big]$$

Speziell für $g/(l\,\Omega^2) = 0.5$ folgt

$$\Delta\ddot{\varphi} + \frac{3}{4}\Omega^2\,\Delta\varphi = 0 \qquad \text{mit} \qquad \omega_2^2 = \frac{3}{4}\Omega^2.$$

Aufgabe 3.17:

Eine exzentrische Walze (Radius r, Schwerpunktslage s, Masse m, Trägheitsmoment Θ^S um S) rollt auf einer horizontalen rauhen Unterlage. Im geometrischen Mittelpunkt B der Walze ist ein masseloses horizontales Seil befestigt, das über eine Umlenkrolle geführt wird und über eine Feder (Steifigkeit k) das Gewicht Mg trägt. Die Feder ist für $q = 0$ und $\varphi = 0$ spannungsfrei. Diese Anordnung führt Schwingungen $\varphi(t)$ und $q(t)$ aus, deren Mittellage φ_1^S wegen des einseitigen Gewichtes nicht mit der Vertikalen übereinstimmt.

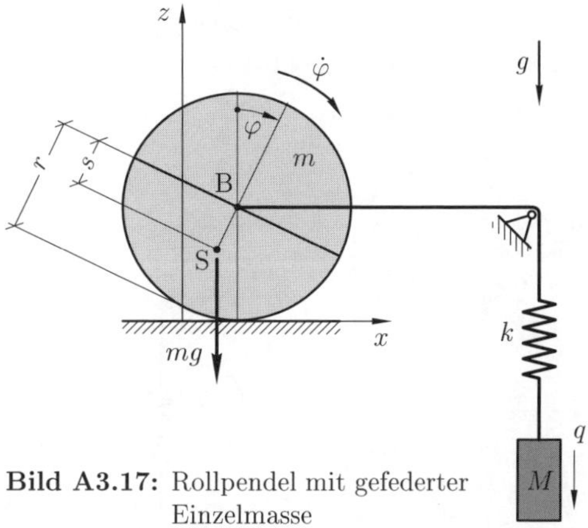

Bild A3.17: Rollpendel mit gefederter Einzelmasse

a) Leiten Sie die nichtlineare Bewegungsdifferentialgleichungen für die Kippbewegung $\varphi(t)$ und die Vertikalbewegung $q(t)$ mit dem Prinzip von D'ALEMBERT in der LAGRANGEschen Fassung her.

b) Berechnen Sie die Gleichgewichtslagen φ_n^S und q_n^S für das spezielle Verhältnis $Mr/(ms) = \sqrt{2}/2$.

c) Geben Sie die linearisierten Bewegungsgleichungen für kleine Bewegungen $|\Delta\varphi(t)| \ll 1$ und Δq um die Lage $0 < \varphi_1^S < \pi/2$ und q_1^S an.

Gegeben: r, s, Θ^S, m, k, M, g

Lösung der Aufgabe 3.17:

a) Herleitung der Bewegungsgleichungen:

System mit Trägheitskräften:

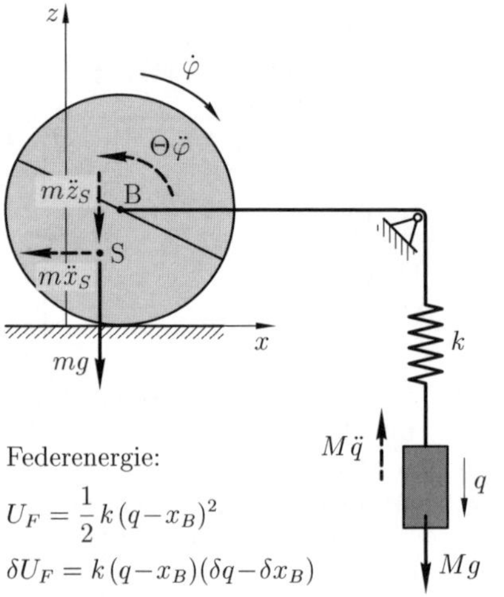

Federenergie:

$$U_F = \frac{1}{2}k\,(q-x_B)^2$$

$$\delta U_F = k\,(q-x_B)(\delta q-\delta x_B)$$

Kinematik:

$$\dot{x}_B = r\,\dot{\varphi}; \qquad \dot{z}_B = 0$$

$$\dot{x}_S = \dot{x}_B - s\cos\varphi\,\dot{\varphi} = (r-s\cos\varphi)\,\dot{\varphi}$$

$$\dot{z}_S = \dot{z}_B + s\sin\varphi\,\dot{\varphi} = s\sin\varphi\,\dot{\varphi}$$

$$\ddot{x}_S = (r-s\cos\varphi)\,\ddot{\varphi} + s\sin\varphi\,\dot{\varphi}^2$$

$$\ddot{z}_S = s\sin\varphi\,\ddot{\varphi} + s\cos\varphi\,\dot{\varphi}^2$$

$$x_B = r\varphi$$

Virtuelle Verrückungen:

$$\delta x_B = r\,\delta\varphi$$

$$\delta z_B = 0$$

$$\delta x_S = (r-s\cos\varphi)\,\delta\varphi$$

$$\delta z_S = s\sin\varphi\,\delta\varphi$$

Virtuelle Arbeit:

$$\delta W_K - \delta U_F = -m\ddot{x}_S\,\delta x_S - (mg+m\ddot{z}_S)\,\delta z_S - \Theta\ddot{\varphi}\,\delta\varphi + (Mg-M\ddot{q})\,\delta q - \delta U_F = 0$$

Elimination der überzähligen Koordinaten x_S und z_S führt auf die nichtlinearen Bewegungsgleichungen:

$$\left\{\Theta+mr^2+ms^2-2mrs\cos\varphi\right\}\ddot{\varphi} + msr\,\dot{\varphi}^2\sin\varphi + mgs\sin\varphi - kr(q-r\varphi) = 0$$

$$M\,\ddot{q} + k\,(q-r\varphi) = Mg$$

b) Ermittlung der Gleichgewichtslagen:

$$mgs\sin\varphi^S - kr(q^S-r\varphi^S) = 0, \qquad k\,(q^S-r\varphi^S) = Mg \qquad \Longrightarrow$$

$$mgs\sin\varphi^S = Mgr \qquad \Longrightarrow \qquad \sin\varphi^S = \frac{Mr}{ms} = \frac{\sqrt{2}}{2} \qquad \Longrightarrow$$

$$\varphi_1^S = \frac{\pi}{4}, \qquad q_1^S = \frac{Mg}{k} + r\frac{\pi}{4}$$

$$\varphi_2^S = \frac{3\pi}{4}, \qquad q_2^S = \frac{Mg}{k} + r\frac{3\pi}{4}$$

c) Linearisierung der Bewegungsgleichungen um die Gleichgewichtslage φ_1^S:

Die linearen Terme müssen nicht erneut linearisiert werden; es genügt, die nichtlinearen Anteile zu linearisieren.

Nichtlineare Funktion:

$$f(\ddot{\varphi}, \dot{\varphi}, \varphi, q) = -2mrs\cos\varphi\,\ddot{\varphi} + msr\,\dot{\varphi}^2\sin\varphi + mgs\sin\varphi$$

Glieder in der TAYLOR-Reihe:

$$f(0,0,\varphi_1^S, q_1^S) = mgs\frac{\sqrt{2}}{2}; \qquad \left.\frac{\partial f}{\partial\ddot{\varphi}}\right|_{q_1^S,\varphi_1^S} = -2mrs\frac{\sqrt{2}}{2} = -\sqrt{2}mrs$$

$$\left.\frac{\partial f}{\partial\dot{\varphi}}\right|_{q_1^S,\varphi_1^S} = 0; \qquad \left.\frac{\partial f}{\partial\varphi}\right|_{q_1^S,\varphi_1^S} = mgs\frac{\sqrt{2}}{2}; \qquad \left.\frac{\partial f}{\partial q}\right|_{q_1^S,\varphi_1^S} = 0$$

Taylor-Formel:

$$f \approx f(0,0,\varphi_1^S, q_1^S) + \left.\frac{\partial f}{\partial\ddot{\varphi}}\right|_{q_1^S,\varphi_1^S}\Delta\ddot{\varphi} + \left.\frac{\partial f}{\partial\dot{\varphi}}\right|_{q_1^S,\varphi_1^S}\Delta\dot{\varphi} + \left.\frac{\partial f}{\partial\varphi}\right|_{q_1^S,\varphi_1^S}\Delta\varphi + \left.\frac{\partial f}{\partial q}\right|_{q_1^S,\varphi_1^S}\Delta q =$$

$$= mgs\frac{\sqrt{2}}{2} - \sqrt{2}mrs\,\Delta\ddot{\varphi} + mgs\frac{\sqrt{2}}{2}\,\Delta\varphi$$

Linearisierte Bewegungsgleichungen:

$$\left(\Theta + mr^2 + ms^2 - \sqrt{2}mrs\right)\Delta\ddot{\varphi} + \left(mgs\frac{\sqrt{2}}{2} + kr^2\right)\Delta\varphi - kr\Delta q = 0$$

$$M\,\Delta\ddot{q} + k\,(\Delta q - r\,\Delta\varphi) = 0$$

Matrizenform:

$$\begin{bmatrix} \Theta + mr^2 + ms^2 - \sqrt{2}mrs & 0 \\ 0 & M \end{bmatrix}\begin{bmatrix} \Delta\ddot{\varphi} \\ \Delta\ddot{q} \end{bmatrix} + \begin{bmatrix} mgs\sqrt{2}/2 + kr^2 & -kr \\ -kr & k \end{bmatrix}\begin{bmatrix} \Delta\varphi \\ \Delta q \end{bmatrix} = \begin{bmatrix} 0 \\ 0 \end{bmatrix}$$

Alternativ kann die gesamte Gleichung zum Linearisieren heranzgezogen werden:

$$f(\ddot{\varphi}, \dot{\varphi}, \varphi, q) = \{\Theta + mr^2 + ms^2 - 2mrs\cos\varphi\}\ddot{\varphi} + msr\,\dot{\varphi}^2\sin\varphi + mg\,s\sin\varphi - kr(q - r\varphi) = 0$$

$$f(0,0,\varphi_1^S, q_1^S) = mgs\frac{\sqrt{2}}{2} - kr\left(\frac{Mg}{k} + r\left(\frac{\pi}{4}\right) - r\left(\frac{\pi}{4}\right)\right) = mgs\frac{\sqrt{2}}{2} - Mgr$$

$$\left.\frac{\partial f}{\partial\ddot{\varphi}}\right|_{q_1^S,\varphi_1^S} = \Theta + mr^2 + ms^2 - \sqrt{2}mrs$$

$$\left.\frac{\partial f}{\partial\dot{\varphi}}\right|_{q_1^S,\varphi_1^S} = 0; \qquad \left.\frac{\partial f}{\partial\varphi}\right|_{q_1^S,\varphi_1^S} = mgs\frac{\sqrt{2}}{2} + kr^2; \qquad \left.\frac{\partial f}{\partial q}\right|_{q_1^S,\varphi_1^S} = -kr$$

Taylor-Formel:

$$f \approx f(0,0,\varphi_1^S, q_1^S) + \left.\frac{\partial f}{\partial\ddot{\varphi}}\right|_{q_1^S,\varphi_1^S}\Delta\ddot{\varphi} + \left.\frac{\partial f}{\partial\dot{\varphi}}\right|_{q_1^S,\varphi_1^S}\Delta\dot{\varphi} + \left.\frac{\partial f}{\partial\varphi}\right|_{q_1^S,\varphi_1^S}\Delta\varphi + \left.\frac{\partial f}{\partial q}\right|_{q_1^S,\varphi_1^S}\Delta q =$$

$$= mgs\frac{\sqrt{2}}{2} - Mgr + \left(\Theta + mr^2 + ms^2 - \sqrt{2}mrs\right)\Delta\ddot{\varphi} + \left(mgs\frac{\sqrt{2}}{2} + kr^2\right)\Delta\varphi - kr\,\Delta q$$

Wegen $Mr/(ms) = \sqrt{2}/2$ fallen die vorderen beiden Terme weg und es ergibt sich:

$$\left(\Theta + mr^2 + ms^2 - \sqrt{2}mrs\right)\Delta\ddot{\varphi} + \left(mgs\frac{\sqrt{2}}{2} + kr^2\right)\Delta\varphi - kr\Delta q = 0$$

Aufgabe 3.18:

Zwei Zahnräder (jeweils Radius r und Massenträgheitsmoment Θ) rollen symmetrisch aufeinander ab und sind durch zwei Federn (jeweils Steifigkeit k) miteinander elastisch verbunden. Die Federn haben im unbelasteten Zustand die Ausgangslänge $l = 2\,r$. Die Federanlenkpunkte sind auf den einzelnen Rädern um 120° gegeneinander versetzt.

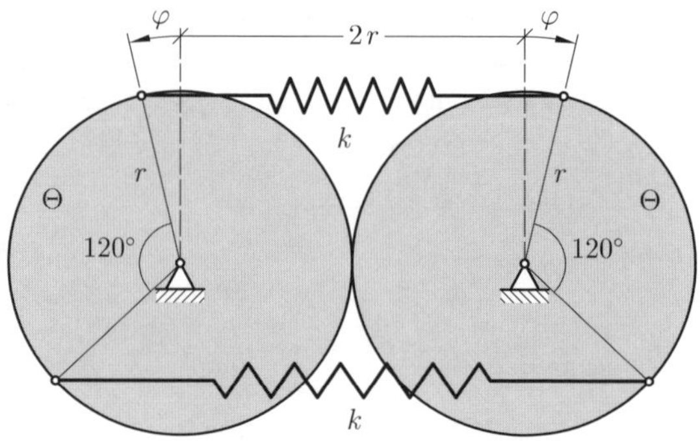

Bild A3.18: Zahnräder mit Federkopplung

a) Stellen Sie die nichtlineare Bewegungsdifferentialgleichung für die Drehschwingungen φ der Zahnräder auf.

b) Eine Gleichgewichtslage liegt bei $\varphi_1 = 30°$. Berechnen Sie die weiteren drei Gleichgewichtslagen φ_2 bis φ_4.

c) Linearisieren Sie die Bewegungsgleichung um die Gleichgewichtslage $\varphi_1 = 30°$.

d) Ist diese Gleichgewichtslage $\varphi_1 = 30°$ stabil?

Gegeben: r, Θ, k

Lösung der Aufgabe 3.18:

a) Ermittlung der Bewegungsgleichung:

Kinematik, Verschiebungen der Federanlenkpunkte:

$$x_1 = r \sin\varphi\,, \qquad x_2 = r\sin(\varphi + \frac{2\pi}{3})$$

Kinetische und potentielle Energien:

$$T = 2\cdot\frac{1}{2}\Theta\dot{\varphi}^2, \qquad U = \frac{1}{2}k\Big[(2x_1)^2 + (2x_2)^2\Big]$$

LAGRANGEsche Funktion:

$$L = T - U = \Theta\dot{\varphi}^2 - 2kr^2\Big[\sin^2\varphi + \sin^2(\varphi + \frac{2\pi}{3})\Big]$$

Bewegungsgleichung aus den LAGRANGEschen Gleichungen:

$$\frac{d}{dt}\frac{\partial L}{\partial\dot{\varphi}} - \frac{\partial L}{\partial\varphi} = 0 \qquad \Longrightarrow \qquad 2\Theta\ddot{\varphi} + 4kr^2\Big[\sin\varphi\cos\varphi + \sin(\varphi + \frac{2\pi}{3})\cos(\varphi + \frac{2\pi}{3})\Big] = 0$$

Mit den Additionstheoremen

$$2\sin\varphi\cos\varphi = \sin 2\varphi,$$

$$2\sin(\varphi + \frac{2}{3}\pi)\cos(\varphi + \frac{2}{3}\pi) = \sin(2\varphi + \frac{4\pi}{3}) =$$

$$= \sin 2\varphi\cos\frac{4\pi}{3} + \cos 2\varphi\sin\frac{4\pi}{3} = -\frac{1}{2}\sin 2\varphi - \frac{\sqrt{3}}{2}\cos 2\varphi$$

folgt die Bewegungsgleichung in der kürzeren Form

$$\ddot{\varphi} + \frac{kr^2}{2\Theta}\Big[\sin 2\varphi - \sqrt{3}\cos 2\varphi\Big] = 0.$$

b) Gleichgewichtslagen:

$$\ddot{\varphi}_{st} = 0 \qquad \Longrightarrow \qquad \Big[\sin 2\varphi_{st} - \sqrt{3}\cos 2\varphi_{st}\Big] = 0 \qquad \Longrightarrow \qquad \tan 2\varphi_{st} = \sqrt{3}$$

$$2\varphi_1 = 60^\circ \qquad \Longrightarrow \qquad \varphi_1 = 30^\circ$$

$$2\varphi_2 = 240^\circ \qquad \Longrightarrow \qquad \varphi_2 = 120^\circ$$

$$2\varphi_3 = 420^\circ \qquad \Longrightarrow \qquad \varphi_3 = 210^\circ$$

$$2\varphi_4 = 600^\circ \qquad \Longrightarrow \qquad \varphi_4 = 300^\circ$$

c) Linearisierung um $\Delta\varphi = \varphi - \varphi_1 = 0$:

TAYLORformel:

$$g(\varphi) = \Big[\sin 2\varphi \quad \sqrt{3}\cos 2\varphi\Big] \approx g(\varphi_1) + \frac{\partial g}{\partial\varphi}\Big|_{\varphi_1 = 30^\circ}\Delta\varphi - 4\Delta\varphi$$

Lineare Bewegungsgleichung um φ_1:

$$\Delta\ddot{\varphi} + \frac{2kr^2}{\Theta}\Delta\varphi = 0$$

d) Stabilität der Gleichgewichtslage $\varphi_1 = 30^\circ$:

Die Gleichgewichtslage $\varphi_1 = 30^\circ$ ist stabil, da $\omega^2 = 2kr^2/\Theta > 0$ ist.

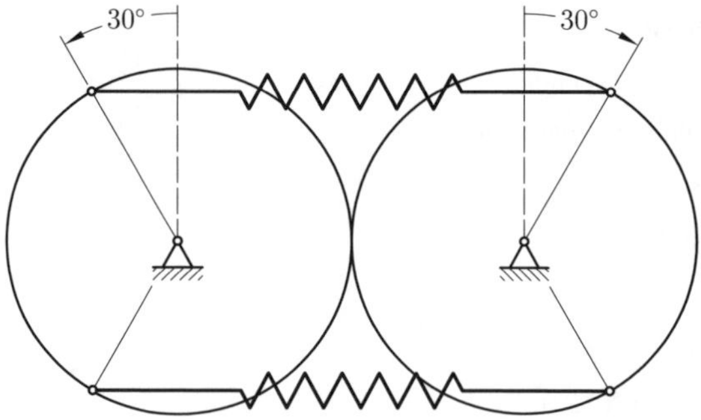

$\varphi_1 = 30°$
stabil

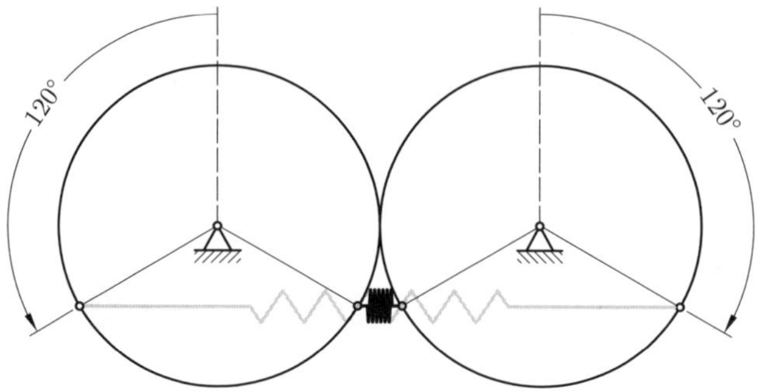

$\varphi_2 = 120°$
instabil

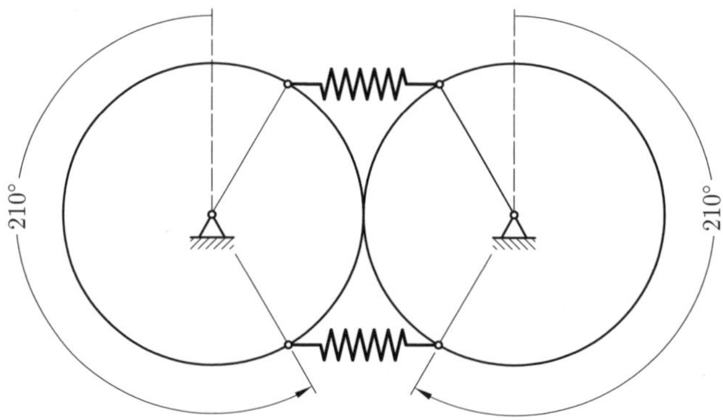

$\varphi_3 = 210°$
stabil

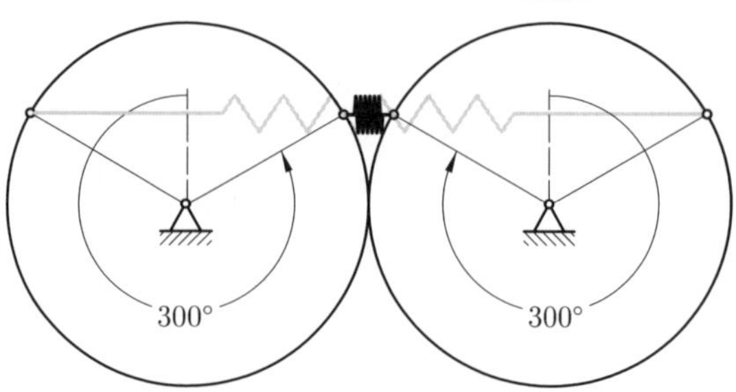

$\varphi_4 = 300°$
instabil

Aufgabe 3.19:

Der Aufhängepunkt eines Doppelpendels (homogene dünne Stangen, Massen m, Längen l) rutscht in einer glatten Führung (Neigungswinkel α) und ist durch eine Feder mit nichtlinearer Kennlinie, $F_F = \gamma q^3$, abgestützt.

a) Geben Sie die kinetische und die potentielle Energie sowie die LAGRANGEsche Funktion für einen beliebigen Bewegungsvorgang als Funktionen der generalisierten Koordinaten $q(t)$, $\varphi(t)$ und $\psi(t)$ sowie deren Zeitableitungen an.

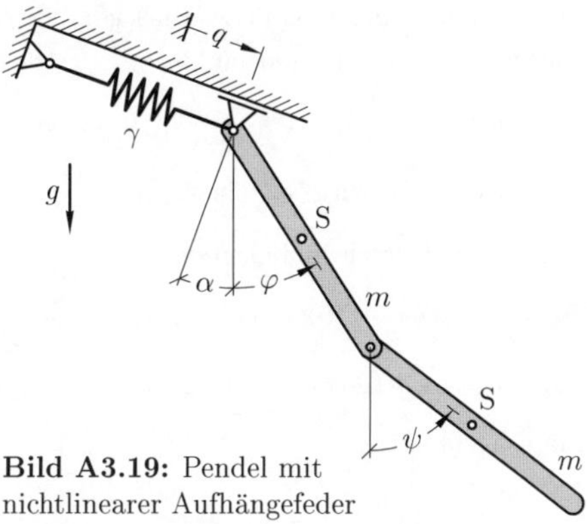

Bild A3.19: Pendel mit nichtlinearer Aufhängefeder

b) Ermitteln Sie die nichtlinearen Bewegungsgleichungen für die generalisierten Koordinaten q, φ und ψ.

c) Berechnen Sie die Gleichgewichtslage und linearisieren Sie die Bewegungsgleichungen um diese Gleichgewichtslage.

Gegeben: α, l, m, γ, g

Lösung der Aufgabe 3.19:

a) Berechnung der Energieausdrücke:

Auslenkungen der Schwerpunkte:

$$x_{S1} = q\cos\alpha + \frac{l}{2}\sin\varphi, \qquad y_{S1} = -q\sin\alpha - \frac{l}{2}\cos\varphi$$

$$x_{S2} = q\cos\alpha + l\sin\varphi + \frac{l}{2}\sin\psi, \qquad y_{S2} = -q\sin\alpha - l\cos\varphi - \frac{l}{2}\cos\psi$$

Schwerpunktsgeschwindigkeiten:

$$\dot{x}_{S1} = \dot{q}\cos\alpha + \frac{l}{2}\dot{\varphi}\cos\varphi, \qquad \dot{y}_{S1} = -\dot{q}\sin\alpha + \frac{l}{2}\dot{\varphi}\sin\varphi$$

$$\dot{x}_{S2} = \dot{q}\cos\alpha + l\,\dot{\varphi}\cos\varphi + \frac{l}{2}\dot{\psi}\cos\psi, \qquad \dot{y}_{S2} = -\dot{q}\sin\alpha + l\,\dot{\varphi}\sin\varphi + \frac{l}{2}\dot{\psi}\sin\psi$$

Massengeometrie:

$$\Theta_1^S = \Theta_2^S = \frac{1}{12}m\,l^2$$

Kinetische Energie:

$$T = \frac{1}{2}m\left[\dot{x}_{S1}^2 + \dot{y}_{S1}^2\right] + \frac{1}{2}\Theta_1^S\dot{\varphi}^2 + \frac{1}{2}m\left[\dot{x}_{S2}^2 + \dot{y}_{S2}^2\right] + \frac{1}{2}\Theta_2^S\dot{\varphi}^2 =$$

$$= \frac{1}{2}m\left[2\dot{q}^2 + 3l\cos(\alpha+\varphi)\,\dot{q}\,\dot{\varphi} + l\,\dot{\psi}\,\dot{q}\cos(\alpha+\psi) + l^2\dot{\varphi}\,\dot{\psi}\cos(\varphi-\psi)\right] +$$

$$+\frac{2}{3}m\,l^2\dot{\varphi}^2 + \frac{1}{6}m\,l^2\dot{\psi}^2$$

Potentielle Energie in der Feder:

$$U_F = \int_0^q F(q^*)\,dq^* = \int_0^q \gamma\,q^{*3}\,dq^* = \frac{1}{4}\gamma\,q^4$$

Potentielle Energie der Höhe:

$$U_G = mg\,y_{S1} + mg\,y_{S2} = -mg\left(2q\sin\alpha + \frac{3l}{2}\cos\varphi + \frac{l}{2}\cos\psi\right)$$

Gesamte potentielle Energie:

$$U = U_F + U_G = \frac{1}{4}\gamma\,q^4 - mg\left(2q\sin\alpha + \frac{3l}{2}\cos\varphi + \frac{l}{2}\cos\psi\right)$$

LAGRANGEsche Funktion:

$$L = T - U = \frac{1}{2}m\left[2\dot{q}^2 + 3l\cos(\alpha+\varphi)\,\dot{q}\,\dot{\varphi} + l\,\dot{\psi}\,\dot{q}\cos(\alpha+\psi) + l^2\dot{\varphi}\,\dot{\psi}\cos(\varphi-\psi)\right] +$$

$$+\frac{2}{3}m\,l^2\dot{\varphi}^2 + \frac{1}{6}m\,l^2\dot{\psi}^2 - \frac{1}{4}\gamma\,q^4 + mg\left(2q\sin\alpha + \frac{3l}{2}\cos\varphi + \frac{l}{2}\cos\psi\right)$$

b) Ermittlung der Bewegungsgleichungen:

Ausdrücke in den LAGRANGEschen Gleichungen:

$$\frac{\partial L}{\partial q} = -\gamma\, q^3 + 2\,mg\sin\alpha$$

$$\frac{\partial L}{\partial \dot q} = 2\,m\,\dot q + \frac{3}{2}\,m\,l\,\dot\varphi\cos(\alpha{+}\varphi) + \frac{1}{2}\,m\,l\dot\psi\cos(\alpha{+}\psi)$$

$$\frac{d}{dt}\frac{\partial L}{\partial \dot q} = 2\,m\,\ddot q + \frac{1}{2}\,m\,l\left[3\,\ddot\varphi\cos(\alpha{+}\varphi) - 3\,\dot\varphi^2\sin(\alpha{+}\varphi)\right] + \\ +\frac{1}{2}\,m\,l\left[\ddot\psi\cos(\alpha{+}\psi) - \dot\psi^2\sin(\alpha{+}\psi)\right]$$

$$\frac{\partial L}{\partial \varphi} = -\frac{1}{2}\,m\,l\left[3\sin(\alpha{+}\varphi)\,\dot q\,\dot\varphi + l\,\dot\psi\,\dot\varphi\sin(\varphi{-}\psi)\right] - \frac{3}{2}\,mg\,l\sin\varphi$$

$$\frac{\partial L}{\partial \dot\varphi} = \frac{3}{2}\,m\,l\cos(\alpha{+}\varphi)\,\dot q + \frac{4}{3}\,m\,l^2\,\dot\varphi + \frac{1}{2}\,m\,l^2\,\dot\psi\cos(\varphi{-}\psi)$$

$$\frac{d}{dt}\frac{\partial L}{\partial \dot\varphi} = \frac{1}{2}\,m\,l\left[3\,\ddot q\cos(\alpha{+}\varphi) - 3\,\dot q\,\dot\varphi\sin(\alpha{+}\varphi)\right] + \frac{4}{3}\,m\,l^2\,\ddot\varphi + \\ +\frac{1}{2}\,m\,l^2\left[\ddot\psi\cos(\varphi{-}\psi) - \dot\varphi\,\dot\psi\sin(\varphi{-}\psi)\right] + \frac{1}{2}\,m\,l^2\,\dot\psi^2\sin(\varphi{-}\psi)$$

$$\frac{\partial L}{\partial \psi} = \frac{1}{2}\,m\,l\left[l\,\dot\psi\,\dot\varphi\sin(\varphi{-}\psi) - \dot q\,\dot\psi\sin(\alpha{+}\psi) - g\sin\psi\right]$$

$$\frac{\partial L}{\partial \dot\psi} = \frac{1}{2}\,m\,l^2\dot\varphi\cos(\varphi{-}\psi) + \frac{1}{3}\,m\,l^2\,\dot\psi + \frac{1}{2}\,m\,\dot q\,l\cos(\alpha{+}\psi)$$

$$\frac{d}{dt}\frac{\partial L}{\partial \dot\psi} = -\frac{1}{2}\,m\,l^2\,\dot\varphi\,(\dot\varphi{-}\dot\psi)\sin(\varphi{-}\psi) + \frac{1}{2}\,m\,l^2\,\ddot\varphi\cos(\varphi{-}\psi) + \frac{1}{2}\,m\,l\,\ddot q\cos(\alpha{+}\psi) - \\ -\frac{1}{2}\,m\,l\,\dot q\,\dot\psi\sin(\alpha{+}\psi) + \frac{1}{3}\,m\,l^2\,\ddot\psi$$

Bewegungsgleichungen:

$$2\,m\,\ddot q + \frac{3}{2}\,m\,l\cos(\alpha{+}\varphi)\,\ddot\varphi + \frac{1}{2}\,m\,l\cos(\alpha{+}\psi)\,\ddot\psi - \frac{3}{2}\,m\,l\sin(\alpha{+}\varphi)\,\dot\varphi^2 - \\ -\frac{1}{2}\,m\,l\sin(\alpha{+}\psi)\,\dot\psi^2 + \gamma\,q^3 = 2\,mg\sin\alpha \qquad (1)$$

$$\frac{3}{2}\,m\,l\cos(\alpha{+}\varphi)\,\ddot q + \frac{4}{3}\,m\,l^2\,\ddot\varphi + \frac{1}{2}\,m\,l^2\cos(\varphi{-}\psi)\,\ddot\psi + \frac{1}{2}\,m\,l^2\sin(\varphi{-}\psi)\,\dot\psi^2 + \\ +\frac{3}{2}\,mg\,l\sin\varphi = 0 \qquad (2)$$

$$\frac{1}{2}\,m\,l\cos(\alpha{+}\psi)\,\ddot q + \frac{1}{2}\,m\,l^2\cos(\varphi{-}\psi)\,\ddot\varphi + \frac{1}{3}\,m\,l^2\,\ddot\psi - \\ -\frac{1}{2}\,m\,l^2\sin(\varphi{-}\psi)\,\dot\varphi^2 + \frac{1}{2}\,mg\,l\sin\varphi = 0 \qquad (3)$$

c) Ermittlung der Gleichgewichtslage und Linearisierung:

Gleichgewichtslage:

$$q_0 = \sqrt[3]{\frac{2mg\sin\alpha}{\gamma}}, \qquad \varphi_0 = 0, \qquad \psi_0 = 0$$

Nichtlineare Funktionen:

$$f_q = \frac{1}{2}ml\left[3\cos(\alpha+\varphi)\,\ddot{\varphi} - 3\sin(\alpha+\varphi)\,\dot{\varphi}^2 + \cos(\alpha+\psi)\,\ddot{\psi} - \sin(\alpha+\psi)\,\dot{\psi}^2\right] + \gamma\, q^3$$

$$f_\varphi = \frac{1}{2}ml\left[3\cos(\alpha+\varphi)\,\ddot{q} + 3g\sin\varphi + l\cos(\varphi-\psi)\,\ddot{\psi} + l\sin(\varphi-\psi)\,\dot{\psi}^2\right]$$

$$f_\psi = \frac{1}{2}ml\left[l\cos(\varphi-\psi)\,\ddot{\varphi} + \cos(\alpha+\psi)\,\ddot{q} - l\sin(\varphi-\psi)\,\dot{\varphi}^2 + g\sin\psi\right]$$

Linearisierung um die Gleichgewichtslage:

$$\ddot{q}_0 = 0, \qquad \dot{\varphi}_0 = 0, \qquad \ddot{\varphi}_0 = 0, \qquad \dot{\psi}_0 = 0, \qquad \ddot{\psi}_0 = 0$$

TAYLOR-Approximationen:

$$f_q \approx \gamma q_0^3 + \frac{3}{2}ml\cos\alpha\,\ddot{\varphi} + \frac{1}{2}ml\cos\alpha\,\ddot{\psi} + 3\gamma q_0^2\,\Delta q$$

$$f_\varphi \approx \frac{3}{2}ml\cos\alpha\,\ddot{q} + \frac{1}{2}ml^2\,\ddot{\psi} + \frac{3}{2}mgl\,\varphi$$

$$f_\psi \approx \frac{1}{2}ml\cos\alpha\,\ddot{q} + \frac{1}{2}ml^2\,\ddot{\varphi} + \frac{1}{2}mgl\,\psi$$

Linearisierte Bewegungsgleichungen:

$$\begin{bmatrix} 2m & \frac{3}{2}ml\cos\alpha & \frac{1}{2}ml\cos\alpha \\ \frac{3}{2}ml\cos\alpha & \frac{4}{3}ml^2 & \frac{1}{2}ml^2 \\ \frac{1}{2}ml\cos\alpha & \frac{1}{2}ml^2 & \frac{1}{3}ml^2 \end{bmatrix} \begin{bmatrix} \Delta\ddot{q} \\ \ddot{\varphi} \\ \ddot{\psi} \end{bmatrix} + \begin{bmatrix} 3\gamma q_0^2 & 0 & 0 \\ 0 & \frac{3}{2}mgl & 0 \\ 0 & 0 & \frac{1}{2}mgl \end{bmatrix} \begin{bmatrix} \Delta q \\ \varphi \\ \psi \end{bmatrix} = \begin{bmatrix} 0 \\ 0 \\ 0 \end{bmatrix}$$

Bewegungsgleichungen nach Übergang auf Ausschläge:

$$\frac{ml}{6}\begin{bmatrix} 12 & 9\cos\alpha & 3\cos\alpha \\ 9\cos\alpha & 8 & 3 \\ 3\cos\alpha & 3 & 2 \end{bmatrix} \begin{bmatrix} \Delta\ddot{q} \\ l\ddot{\varphi} \\ l\ddot{\psi} \end{bmatrix} + \frac{ml}{6}\begin{bmatrix} 18\gamma q_0^2/m & 0 & 0 \\ 0 & 9g/l & 0 \\ 0 & 0 & 3g/l \end{bmatrix} \begin{bmatrix} \Delta q \\ l\varphi \\ l\psi \end{bmatrix} = \begin{bmatrix} 0 \\ 0 \\ 0 \end{bmatrix}$$

Aufgabe 3.20:

Das einfachste Modell eines magnetisch gelagerten Rotors besteht aus der Rotorscheibe (Masse m), dem Elektromagneten mit der magnetischen Kraft F und dem elektrischen Schaltkreis für den Spulstrom i_L. Für die elektrische Versorgung wird üblicherweise der Steuerstrom $I(t)$ vorgegeben (Bild A3.20.1). Hier soll nur die vertikale z-Bewegung des Rotors betrachtet werden. Die elektromagnetische Anziehungskraft

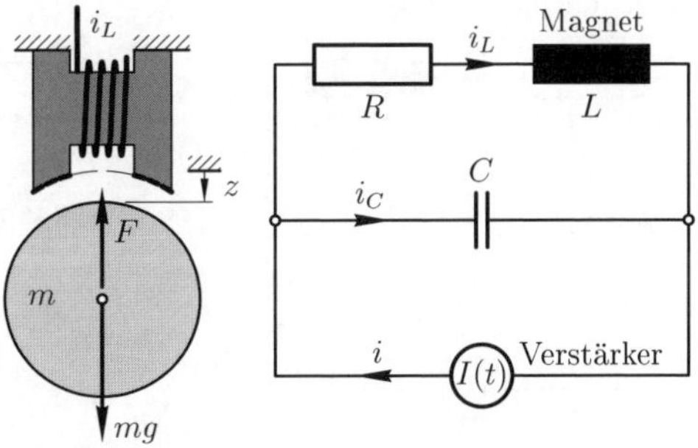

Bild A3.20.1:
Modell eines elektromagnetisch gelagerten Rotors und Schaltkreis des Stromverstärkers

$$F = k\,\frac{i_L^2}{z^2}$$

in die negative z-Richtung, welche den Rotor in der Schwebe hält, hängt nichtlinear vom Spulenstrom $i_L(t)$ und vom Abstand $z(t)$ des Rotors vom Elektromagneten ab.

a) Ermitteln Sie die beiden Differentialgleichungen zweiter Ordnung
   - für die Bewegung $z(t)$ des Rotors und
   - für den Spulstrom $i_L(t)$

   in Abhängigkeit vom Steuerstrom $I(t)$.

b) Berechnen Sie den Gleichgewichtszustand $z = z_0$ und $i_L = i_0$ bei vorgegebenem konstanten Steuerstrom $I = I_0$.

c) Linearisieren Sie die Differentialgleichungen um den Gleichgewichtszustand ($i_L = i_0 + \Delta i$, $z = z_0 + \Delta z$).

d) Wie ändern sich die Ergebnisse, wenn statt des Steuerstroms $I(t)$ eine Steuerspannung $U(t)$ vorgegeben wird (Bild A3.20.2)?

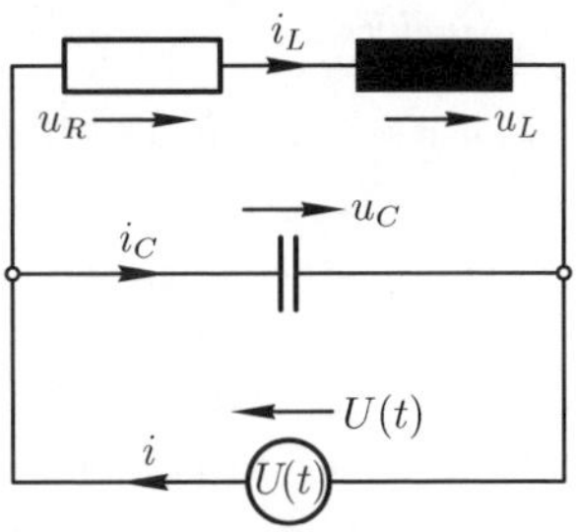

Bild A3.20.2: Schaltkreis eines Spannungsverstärkers

Gegeben: m, k, g, R, L, C, $I(t)$ bzw. $U(t)$

Lösung der Aufgabe 3.20:

a) Ermittlung der Bewegungsgleichungen:

Kräftesatz für den Rotor:

$$m\,\ddot{z} = mg - F$$

Magnetkraft:

$$F = k\,\frac{i_L^2}{z^2}$$

Schaltplan mit Strömen und Spannungen, Stromverstärker:

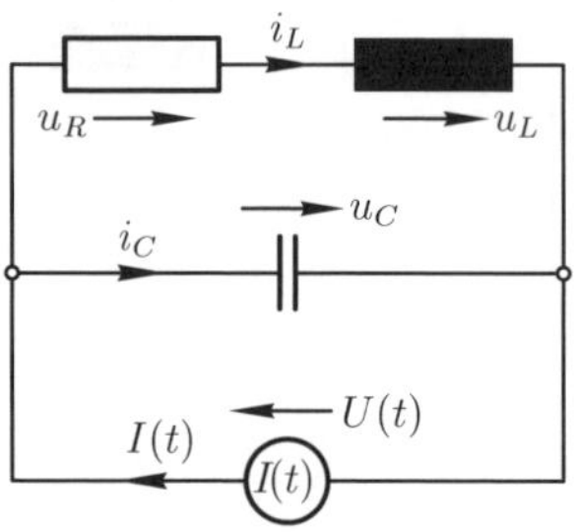

Knotenpunktsregel:

$$i = i_C + i_L \tag{1}$$

Maschenregeln:

$$u_L + u_R - u_C = 0 \tag{2}$$

$$u_C + U(t) = 0 \tag{3}$$

Spannungs-Strom-Gleichungen für die Elemente:

$$u_L = L\,\frac{di_L}{dt} \tag{4}$$

$$u_R = R\,i_L \tag{5}$$

$$\frac{du_C}{dt} = \frac{1}{C}\,i_C = \frac{1}{C}\,(i - i_L) \tag{6}$$

Elimination aller Spannungen mittels (4) bis (6) in (2) sowie (1) liefert die Differentialgleichungen für den Spulenstrom und für die Rotorbewegung:

$$L\,\frac{d^2 i_L}{dt^2} + R\,\frac{di_L}{dt} + \frac{1}{C}\,i_L = \frac{1}{C}\,I(t)\,, \qquad m\,\ddot{z} + k\,\frac{i_L^2}{z^2} = mg$$

b) Ermittlung des Gleichgewichtszustandes:

Alle Zustandsgrößen sind konstant, alle Zeitableitungen sind null. Ansatz:

$$i_L = i_0\,; \qquad z = z_0$$

Bewegungsgleichungen im Gleichgewichtszustand:

$$k\,\frac{i_0^2}{z_0^2} = mg\,, \qquad \frac{1}{C}\,i_0 = \frac{1}{C}\,I_0$$

Gleichgewichtszustand:

$$i_0 = I_0\,, \qquad z_0 = \sqrt{\frac{k}{mg}}\,I_0$$

c) Linearisierung um den Gleichgewichtszustand; Ansatz:

$$z = z_0 + \Delta z\,; \qquad \dot{z} = \Delta\dot{z}\,; \qquad \ddot{z} = \Delta\ddot{z}\,; \qquad i_L = i_0 + \Delta i\,; \qquad \dot{i}_L = \Delta\dot{i}\,; \qquad \ddot{i}_L = \Delta\ddot{i}$$

Nichtlineare Bewegungsgleichungen für die kleinen Abweichungen Δz und Δi:

$$m\,\Delta\ddot{z} + k\,\frac{(i_0 + \Delta i)^2}{(z_0 + \Delta z)^2} = mg\,, \qquad L\,\Delta\ddot{i} + R\,\Delta\dot{i} + \frac{1}{C}\,\Delta i = \frac{1}{C}\,[I(t) - I_0]$$

Linearisierung der nichtlinearen Magnetlagerkraft:

$$F = k\,\frac{(i_0 + \Delta i)^2}{(z_0 + \Delta z)^2} \approx F_0 + \left.\frac{\partial F}{\partial \Delta i}\right|_0 \Delta i + \left.\frac{\partial F}{\partial \Delta z}\right|_0 \Delta z = k\,\frac{i_0^2}{z_0^2} + 2k\,\frac{i_0}{z_0^2}\,\Delta i - 2k\,\frac{i_0^2}{z_0^3}\,\Delta z$$

Linearisierte Bewegungsgleichungen:

$$m\,\Delta\ddot{z} + 2k\,\frac{i_0}{z_0^2}\,\Delta i - 2k\,\frac{i_0^2}{z_0^3}\,\Delta z = 0\,, \qquad L\,\Delta\ddot{i} + R\,\dot{x} + \frac{1}{C}\,\Delta i = \frac{1}{C}\,\big[I(t) - I_0\big]$$

d) Magnetlager mit Spannungsverstärker:

Die Ansätze (Knotenpunktsregeln, Maschenregeln und Spannungs-Strom-Beziehungen) bleiben gleich. Vorgegeben ist nun allerdings die Erregerspannung $U(t)$.

Elimination aller Spannungen mittels (4) bis (6) in (2) und (3) liefert die Bewegungsgleichung für den Spulenstrom:

$$L\,\frac{d^2 i_L}{dt^2} + R\,\frac{di_L}{dt} + \frac{1}{C}\,i_L = \frac{dU(t)}{dt}$$

Für konstante Spannung $U = U_0$ ist $i_L = 0$ und somit existiert hier kein Gleichgewichtszustand.

Aufgabe 3.21:

Ein inhomogener Stab (konstante Querschnittsfläche A, Masse m, Länge l_0) schwimmt in einer Flüssigkeit (Dichte ϱ_W). Der Schwerpunkt S des Stabes liegt so weit unter der Stabmitte, daß die vertikale Lage in der Flüssigkeit stabil ist.

An der Oberfläche der Flüssigkeit laufen harmonische Wellen mit der Geschwindigkeit v gegenüber dem Stab. Die Amplitude $\widehat{u}$ und die Wellenlänge l der Oberflächenwellen sind konstant.

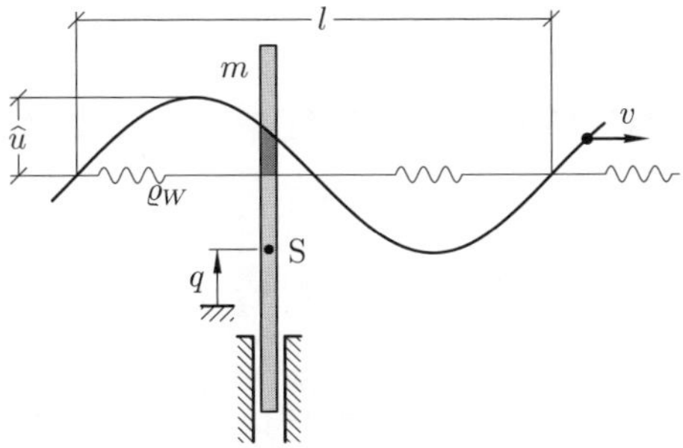

Bild A3.21: Schwimmender Stab

Gegeben: A, m, ϱ_W, l, v, $\widehat{u}$

Stellen Sie die Bewegungsgleichung für die Schwingungen $q(t)$ des Stabes auf.

Lösung der Aufgabe 3.21:

Vertikale Auftriebskraft:

$$V = \varrho_W\, g\, A\,(l_0 - q + u)$$

Gewichtskraft aus Gleichgewicht:

$$m\,g = \varrho_W\, g\, A\, l_0$$

Kräftesatz:

$$m\,\ddot{q} = -mg + V$$

Bewegungsgleichung:

$$\ddot{q} + \frac{\varrho_W\, g\, A}{m}\, q = \frac{\varrho_W\, g\, A}{m}\, \widehat{u} \cos \Omega t$$

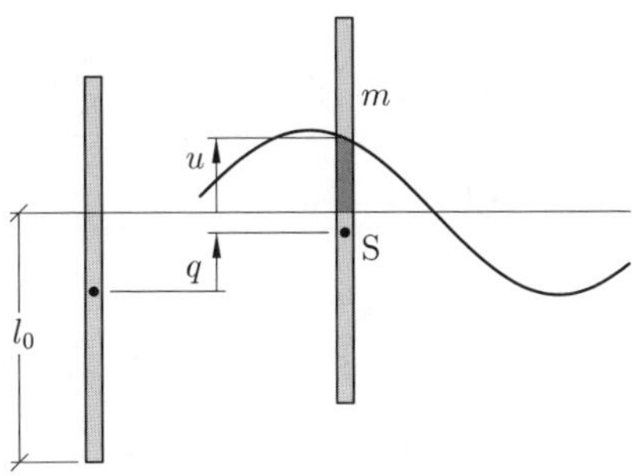

Erregerfrequenz:

$$vT = l \quad \Longrightarrow \quad T = \frac{l}{v} \quad \Longrightarrow \quad \Omega = \frac{2\pi}{T} = \frac{2\pi}{l/v} = \frac{2\pi\, v}{l}$$

Eigenkreisfrequenz:

$$\omega_0 = \sqrt{\frac{\varrho_W\, g\, A}{m}}$$

Resonanz tritt bei $\Omega = \omega_0$ auf, also bei

$$\frac{2\pi\, v}{l} = \sqrt{\frac{\varrho_W\, g\, A}{m}}. \quad \Longrightarrow \quad v^2 = \frac{\varrho_W\, g\, A\, l^2}{4\,\pi^2\, m}$$

Schwingungsamplitude $\widehat{q}$:

$$\widehat{q} = \widehat{u}\, \frac{1}{|1 - \eta^2|} \quad \text{mit} \quad \eta = \frac{\Omega}{\omega_0}$$

Kapitel 4

Schwingungs- und Erregersignale

Aufgabe 4.1:

Gegeben sind die vier Zeitfunktionen $x(t)$, wobei alle Parameter (bis auf die imaginäre Einheit i) reell sind.

Kreuzen Sie das Richtige an (Mehrfachankreuzungen sind möglich).

	Die Funktion $x(t)$ ist	harmonisch	periodisch	quasi-periodisch	keines davon
a	$x(t) = \cos\omega t + 3\sin(4\omega t + \beta)$				
b	$x(t) = e^{-D\omega t}(\cos\omega t + \sin\sqrt{3}\,\omega t)$				
c	$x(t) = A(t)\left[e^{i\omega t} + e^{-i\omega t}\right],\ A(t) \neq \text{const.}$				
d	$x(t) = e^{-(D\omega + i\omega_d)\,t}$				

Lösung der Aufgabe 4.1:

a) periodisch b) keines davon c) quasi-periodisch d) quasi-periodisch

Aufgabe 4.2:

Eine periodische Funktion $x(t)$ kann in eine FOURIER-Reihe der Form

$$x(t) = \frac{a_0}{2} + \sum_{n=1}^{\infty}\left(a_n \cos n\Omega t + b_n \sin n\Omega t\right)$$

entwickelt werden.

Berechnen Sie für die beiden skizzierten Funktionen die FOURIER-Koeffizienten.

Gegeben: h, T

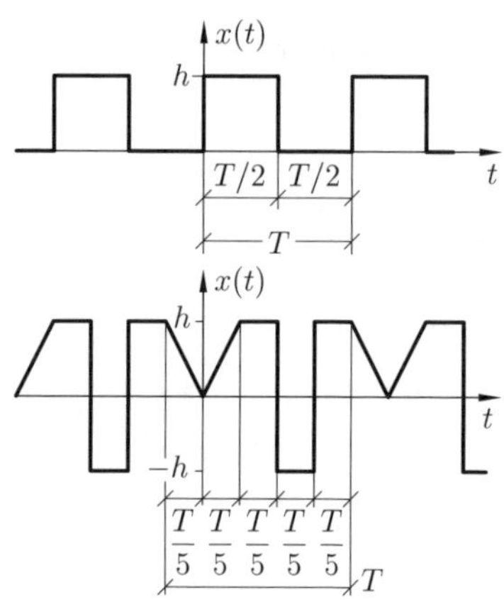

Bild A4.2:
Rechteck-Schwingung (oben) und M-Schwingung (unten)

Lösung der Aufgabe 4.2:

1. Rechteck-Schwingung:

Mittelwert und Symmetrie:

$$\frac{a_0}{2} = \frac{h}{2}$$

Nach Abzug des Mittelwertes $h/2$ ist die Funktion bezüglich $t=0$ ungerade:

$$\left[x(t) - \frac{h}{2}\right] = -\left[x(-t) - \frac{h}{2}\right] \quad \Longrightarrow \quad a_n = 0$$

Die Kosinus-Koeffizienten verschwinden.

Sinus-Koeffizienten:

$$b_n = \frac{2}{T}\left[\int_0^{\frac{T}{2}} h \sin \frac{2n\pi}{T} t\right] dt = \frac{h}{n\pi}\left[1 - \cos n\pi\right] = \begin{cases} 0 & \text{für} \quad n \text{ gerade} \\ \dfrac{2h}{n\pi} & \phantom{\text{für}} \quad n \text{ ungerade} \end{cases}$$

Nur die Sinus-Koeffizienten mit ungeraden Nummern bleiben übrig.

FOURIER-Reihe der Rechteck-Schwingung:

$$x(t) = \frac{h}{2} + \sum_{n=1}^{\infty} \frac{h}{n\pi}(1-\cos n\pi) \sin\left(2\pi \frac{t}{T}\right)$$

2. M-Schwingung:

Symmetrie:

$x(t)$ ist eine gerade Funktion bezüglich $t=0$ $\quad x(t) = x(-t) \quad \Longrightarrow \quad b_n = 0$

Die Sinus-Koeffizienten verschwinden.

Berechnung des Mittelwertes:

$$\frac{a_0}{2} = \frac{1}{2} \cdot \frac{2}{T}\left[\int_{-\frac{T}{5}}^{0} -\frac{5h}{T} t\, dt + \int_0^{\frac{T}{5}} \frac{5h}{T} t\, dt + \int_{\frac{T}{5}}^{\frac{2T}{5}} h\, dt + \int_{\frac{2T}{5}}^{\frac{3T}{5}} -h\, dt + \int_{\frac{3T}{5}}^{\frac{4T}{5}} h\, dt\right] = \frac{2}{5} h$$

Berechnung des Kosinus-Koeffizienten:

$$\begin{aligned} a_n = \frac{2}{T}\Bigg[&\int_{-\frac{T}{5}}^{0} -\frac{5h}{T} t \cos \frac{n2\pi}{T} t\, dt + \int_0^{\frac{T}{5}} \frac{5h}{T} t \cos \frac{n2\pi}{T} t\, dt + \\ &+ \int_{\frac{T}{5}}^{\frac{2T}{5}} h \cos \frac{n2\pi}{T} t\, dt + \int_{\frac{2T}{5}}^{\frac{3T}{5}} -h \cos \frac{n2\pi}{T} t\, dt + \int_{\frac{3T}{5}}^{\frac{4T}{5}} h \cos \frac{n2\pi}{T} t\, dt\Bigg] = \\ = &\left[-\frac{5h}{2(n\pi)^2}\left(1-\cos \frac{n2\pi}{5}\right) + \frac{h}{n\pi} \sin \frac{n2\pi}{5}\right] + \left[\frac{5h}{2(n\pi)^2}\left(\cos \frac{n2\pi}{5} - 1\right) + \frac{h}{n\pi} \sin \frac{n2\pi}{5}\right] + \\ + &\left[\frac{h}{n\pi}\left(\sin \frac{n4\pi}{5} - \sin \frac{n2\pi}{5}\right)\right] + \left[\frac{h}{n\pi}\left(\sin \frac{n4\pi}{5} - \sin \frac{n6\pi}{5}\right)\right] + \left[\frac{h}{n\pi}\left(\sin \frac{n8\pi}{5} - \sin \frac{n6\pi}{5}\right)\right] = \\ = &\frac{5h}{(n\pi)^2}\left(\cos \frac{n2\pi}{5} - 1\right) + \frac{4h}{n\pi} \sin \frac{n4\pi}{5} \end{aligned}$$

Die Koeffizienten a_{5m} verschwinden.

FOURIER-Reihe der M-Schwingung:

$$x(t) = \frac{2}{5} h + \sum_{n=1}^{\infty} \left\{\frac{5h}{(n\pi)^2}\left(\cos \frac{n2\pi}{5} - 1\right) + \frac{4h}{n\pi} \sin \frac{n4\pi}{5}\right\} \cos\left(2\pi \frac{t}{T}\right)$$

Aufgabe 4.3:

Ein Schlitten fährt zwischen zwei Anschlägen periodisch hin und her. Sein Geschwindigkeitsverlauf $\dot{x}(t)$ kann näherungsweise durch eine periodische Rechteckfunktion mit der Periodendauer T und den Extremwerten $-v$ und v beschrieben werden. Zum Zeitpunkt $t = 0$ befindet sich der Schlitten in der Nullposition, $x(0) = 0$.

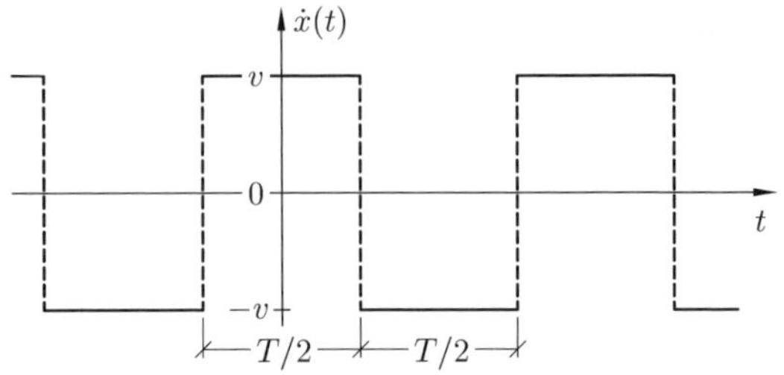

Bild A4.3: Zeitverlauf der Schlittengeschwindigkeit

Gegeben: v, T

a) Zeichnen Sie die Verschiebung $x(t)$ und die Beschleunigung $\ddot{x}(t)$ und geben Sie charakteristische Koordinaten an (Extremwerte, Zeitabschnitte etc.).

b) Zeichnen Sie die Phasenkurve $\dot{x}(x)$ der Bewegung.

c) Berechnen Sie die FOURIER-Koeffizienten a_n und b_n für die Funktionen $x(t)$, $\dot{x}(t)$ und $\ddot{x}(t)$. Beginnen Sie mit der FOURIER-Reihe der Geschwindigkeit $\dot{x}(t)$.

Lösung der Aufgabe 4.3:

a) Zeitverläufe: Ausschlag:

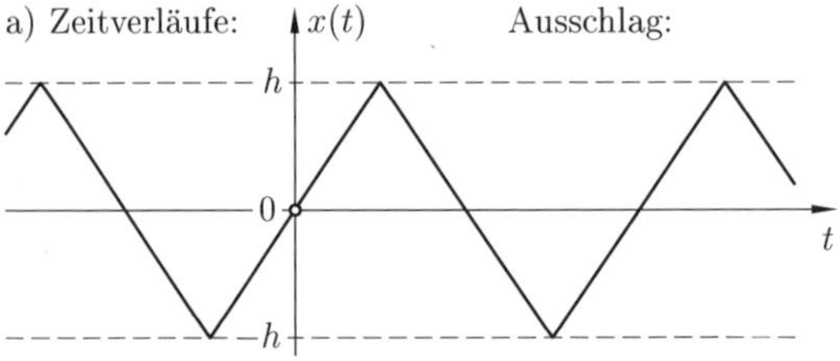

Maximalausschlag:

$$h = v\frac{T}{4}$$

Grundkreisfrequenz:

$$\Omega = \frac{2\pi}{T}$$

Geschwindigkeit:

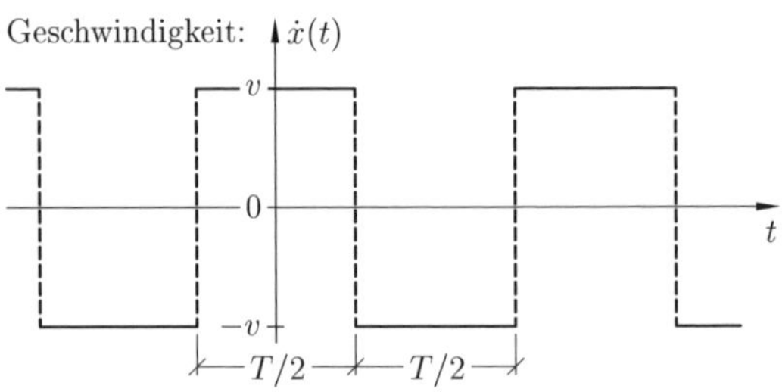

b) Phasenkurve:

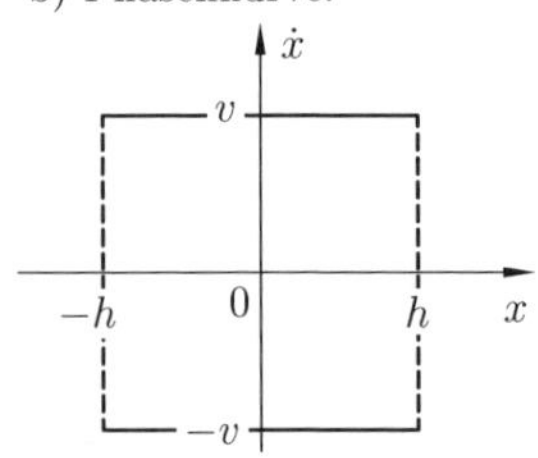

Beschleunigung:

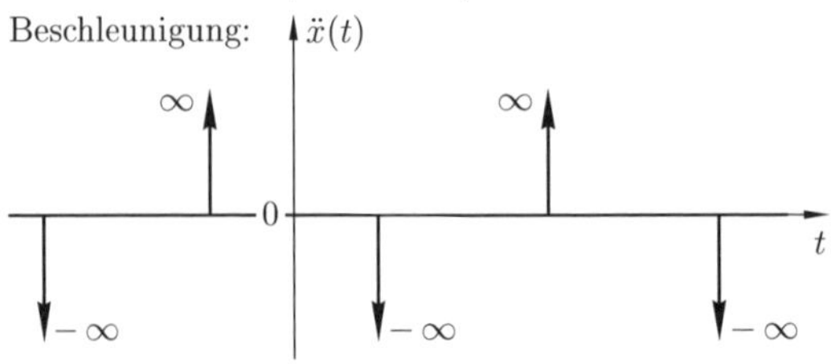

c) Berechnung der FOURIER-Reihen:

FOURIER-Reihe der Geschwindigkeit:

Symmetrieeigenschaft der Geschwindigkeit: Mittelwert:

$\dot{x}(t) = \dot{x}(-t)$ gerade Funktion $\Longrightarrow$ $b_n = 0,$ $\qquad \dfrac{a_0}{2} = 0$

Die Sinus-Koeffizienten verschwinden.

Kosinus-Koeffizienten der Geschwindigkeit:

$$a_n = \frac{2}{T}\int_0^T \dot{x}(t)\cos n\Omega t\,dt = \frac{4}{T}\int_{-T/4}^{T/4} v\cos n\Omega t\,dt = \frac{4}{T}\frac{v}{n\Omega}\sin n\Omega t\Big|_{-T/4}^{T/4} =$$

$$= \frac{4v}{n2\pi}\Big(\sin\frac{n}{4}2\pi + \sin\frac{n}{4}2\pi\Big) = \frac{4v}{n\pi}\sin\frac{n\pi}{2}$$

Die Kosinus-Koeffizienten mit geraden Nummern verschwinden:

$a_0 = a_2 = a_4 = a_6 = ... = 0$

FOURIER-Reihe der Geschwindigkeit:

$$\dot{x}(t) = \frac{a_0}{2} + \sum_{n=1}^{\infty} a_n\cos n\Omega t = \sum_{n=1}^{\infty}\frac{4v}{n\pi}\sin\frac{n\pi}{2}\cos n\Omega t$$

FOURIER-Reihe des Ausschlages durch gliedweise Integration:

$$x(t) = \sum_{n=1}^{\infty}\frac{a_n}{n\Omega}\sin n\Omega t = \sum_{n=1}^{\infty}\frac{2vT}{(n\pi)^2}\sin\frac{n\pi}{2}\sin n\Omega t$$

Alternativer Lösungsweg:

Direkte Berechnung der FOURIER-Koeffizienten der FOURIER-Reihe von $x(t)$:

FOURIER-Koeffizienten des Ausschlages:

$$b_n = \frac{2}{T}\int_{-T/4}^{T/4}\frac{4ht}{T}\sin n\Omega t\,dt + \int_{T/4}^{3T/4}\Big(2h - \frac{4ht}{T}\Big)\sin n\Omega t\,dt = \frac{8h}{(n\pi)^2}\sin\frac{n\pi}{2}$$

FOURIER-Reihe des Ausschlages:

$$x(t) = \sum_{n=1}^{\infty} b_n\sin n\Omega t = \sum_{n=1}^{\infty}\frac{8h}{(n\pi)^2}\sin\frac{n\pi}{2}\sin n\Omega t = \sum_{n=1}^{\infty}\frac{2vT}{(n\pi)^2}\sin\frac{n\pi}{2}\sin n\Omega t$$

FOURIER-Reihe der Beschleunigung:

Die FOURIER-Reihe der Beschleunigung folgt formal durch Differentiation aus der FOURIER-Reihe der Geschwindigkeit, sie ist allerdings nicht konvergent:

$$\ddot{x}(t) = -\sum_{n=1}^{\infty} a_n\,n\Omega\sin n\Omega t = -\sum_{n=1}^{\infty}\frac{8v}{T}\sin\frac{n\pi}{2}\sin n\Omega t \qquad \text{(divergent)}$$

Die Beschleunigung ist eine Folge von DIRAC-Stößen mit wechselnden Vorzeichen.

Berechnete Zeitverläufe bei Berücksichtigung von $N = 5$ FOURIER-Koeffizienten:

Ausschlag:

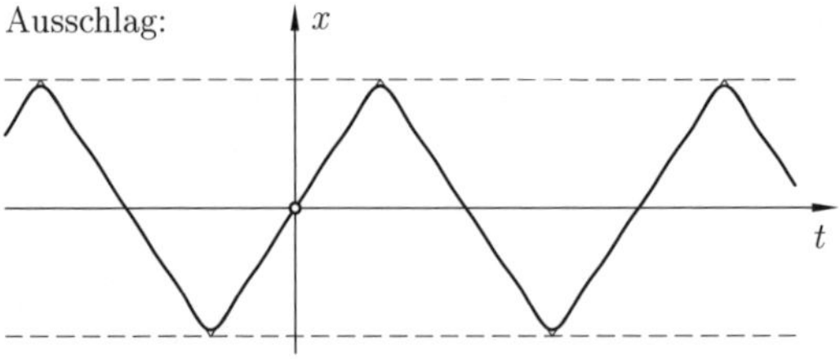

Geschwindigkeit:

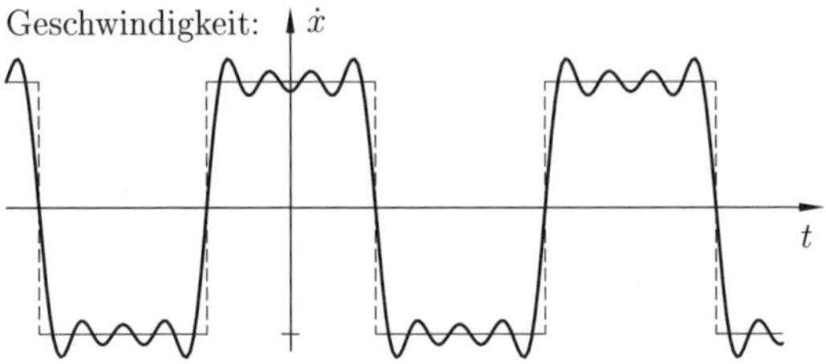

Beschleunigung:

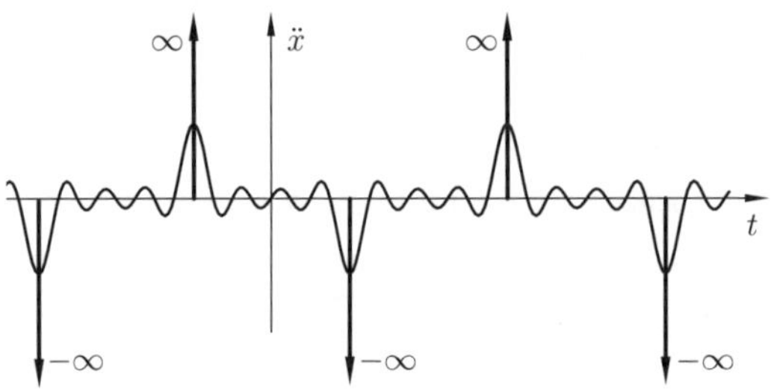

Aufgabe 4.4:

Ein Fahrzeug fährt mit der konstanten Geschwindigkeit v über eine Fahrbahn, deren Profil durch eine defekte Fräse eine periodische Struktur aufweist. Die Unebenheit hat die Periode l und weicht jeweils nur in der ersten Periodenhälfte nach dem Gesetz $u = \widehat{u}\,(2x/l)^2$ von der ebenen Idealfahrbahn ab. Das Fahrzeug kann durch einen linearen Feder-Masse-Dämpfer-Schwinger idealisiert werden, seine Parameter sind m, k und b (bzw. seine Kennkreisfrequenz ist ω_0).

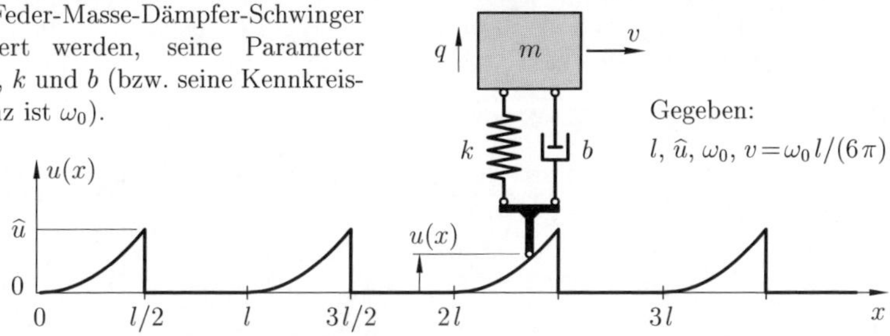

Bild A4.4: Fahrzeug auf welliger Fahrbahn

a) Entwickeln Sie die Funktion $u(x)$ in eine FOURIER-Reihe und berechnen Sie dazu die FOURIER-Koeffizienten.

b) Welche Frequenzen Ω_n werden bei einer Fahrgeschwindigkeit von $v = \omega_0\, l/(6\,\pi)$ angeregt?

c) Welches Glied der FOURIER-Reihe der Fahrbahnunebenheit führt bei der gegebenen Fahrgeschwindigkeit zu Resonanz?

Lösung der Aufgabe 4.4:

a) Berechnung derFOURIER-Reihe der Erregung:

Beschreibung der Erregung über eine Periode $0 \leq x \leq l$:

$$u(x) = \begin{cases} \widehat{u}\left(2\dfrac{x}{l}\right)^2 & \text{für} \quad 0 \leq x \leq \dfrac{l}{2} \\ 0 & \phantom{\text{für}} \quad \dfrac{l}{2} < x \leq l \end{cases}$$

Gleichanteil (Mittelwert):

$$\frac{a_0}{2} = \frac{1}{2}\cdot\frac{2}{l}\int_0^l u(x)\,dx = \frac{1}{l}\int_0^{l/2} \widehat{u}\left(2\frac{x}{l}\right)^2 dx = \frac{1}{6}\widehat{u}\left(2\frac{x}{l}\right)^3\Big|_0^{l/2} = \frac{1}{6}\,\widehat{u}$$

Kosinus-Koeffizienten:

$$a_n = \frac{2}{l}\int_0^l u(x)\cos\left(2n\pi\frac{x}{l}\right)dx = \frac{2}{l}\int_0^{l/2} \widehat{u}\left(2\frac{x}{l}\right)^2 \cos\left(2n\pi\frac{x}{l}\right)dx =$$

$$= \frac{\widehat{u}}{(n\pi)^3}\left\{2n\pi\left(2\frac{x}{l}\right)\cos\left(n\pi\frac{x}{l}\right) + \left[(n\pi)^2\left(2\frac{x}{l}\right)^2 - 2\right]\sin\left(n\pi\frac{2x}{l}\right)\right\}_0^{l/2} = \frac{(-1)^n\,2}{(n\pi)^2}\,\widehat{u}$$

Sinus-Koeffizienten:

$$b_n = \frac{2}{l}\int_0^l u(x)\sin\left(2n\pi\frac{x}{l}\right)dx = \frac{2}{l}\int_0^{l/2} \widehat{u}\left(2\frac{x}{l}\right)^2\sin\left(2n\pi\frac{x}{l}\right)dx =$$

$$= \frac{\widehat{u}}{(n\pi)^3}\left\{2n\pi\left(2\frac{x}{l}\right)\sin\left(2n\pi\frac{x}{l}\right) - \left[(n\pi)^2\left(2\frac{x}{l}\right)^2 - 2\right]\cos\left(n\pi\frac{2x}{l}\right)\right\}_0^{l/2} =$$

$$= \frac{1}{(n\pi)^3}\left\{2\left[(-1)^n-1\right] - (n\pi)^2(-1)^n\right\}\widehat{u} = \frac{[2-(n\pi)^2](-1)^n-2}{(n\pi)^3}\,\widehat{u}$$

FOURIER-Reihe:

$$u(x) = \widehat{u}\left\{\frac{1}{6} + \sum_{n=1}^{\infty}\left[\frac{2(-1)^n}{(n\pi)^2}\right]\cos\left(2n\pi\frac{x}{l}\right) + \left[\frac{[2-(n\pi)^2](-1)^n-2}{(n\pi)^3}\right]\sin\left(2n\pi\frac{x}{l}\right)\right\}$$

b) Anregungsfrequenzen:

$$x = vt \qquad \Longrightarrow \qquad l = vT$$

$$\Omega = \frac{2\pi}{T} = 2\pi\frac{v}{l} \qquad \Longrightarrow \qquad \Omega_n = n\,2\pi\frac{v}{l}$$

c) Berechnung der Resonanz bei der speziellen Geschwindigkeit $v=\omega_0 l/(6\pi)$:

$$\omega_0 = \Omega_n \qquad \Longrightarrow \qquad \omega_0 = n\frac{\omega_0}{3} \qquad \Longrightarrow \qquad \text{Resonanz für } n=3\ (\Omega_3=\omega_0).$$

Aufgabe 4.5:

Ein drehschwingungsfähiger Wellenstrang besteht aus einer masselosen Welle (Drehsteifigkeit k) und einer starren Scheibe (Massenträgheitsmoment Θ). Er wird über ein Kreuzgelenk (Ablenkwinkel α) mit unverformbaren Komponenten angetrieben. Der Antriebsmotor hat eine konstante Drehzahl $\dot{\varphi}_1=\Omega$.

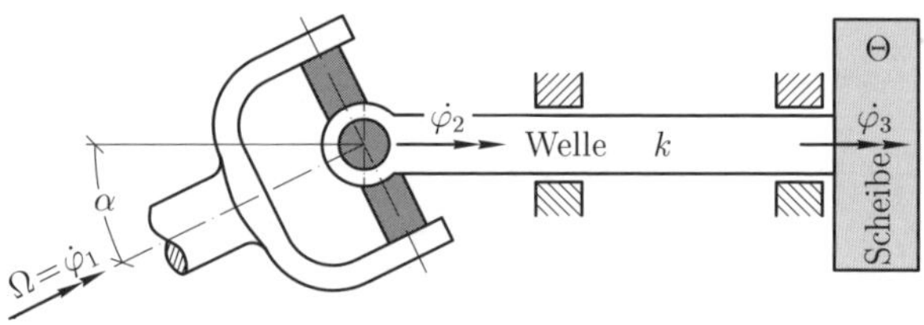

Bild A4.5: Wellenstrang mit Kardangelenkantrieb

a) Ermitteln Sie das Übertragungsverhalten $g(\varphi_2)=f(\varphi_1)$ des Kreuzgelenkes. Führen Sie dazu zwei rechtwinklige Koordinatensysteme ein, die in der Kreuzmitte verankert sind; das eine läuft mit der Antriebsgabel φ_1 und das andere mit der Abtriebsgabel φ_2 um.

b) Wie ändert sich das Übertragungsverhalten, wenn die Achsen des Kreuzes um einen Fehlerwinkel δ vom rechten Winkel abweichen?

c) Geben Sie die Drehwinkelschwankungen $\Delta\varphi=\varphi_2-\varphi_1$ des idealen Kreuzgelenkgetriebes als Funktion des Antriebsdrehwinkels φ_1 an.

d) Die Drehwinkelschwankungen $\Delta\varphi$ sind periodisch und können daher in eine FOURIER-Reihe entwickelt werden. Wie lauten die FOURIER-Koeffizienten?

e) Geben Sie die Bewegungsgleichung für die Drehschwingungen φ_3 der Scheibe an.

Gegeben: k, Θ, α, δ, $\dot{\varphi}_1=\Omega$

Lösung der Aufgabe 4.5:

a) Übertragungsverhalten des idealen Kreuzgelenks:

Grundstellung und Koordinatsysteme:

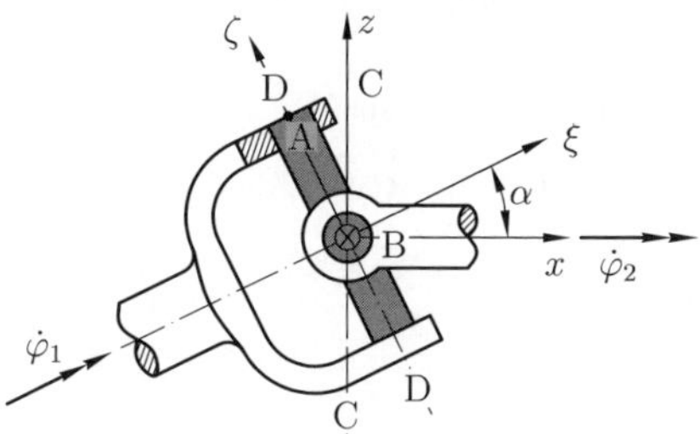

Einheitsvektoren und Transformation:

$\vec{e}_\xi = \cos\alpha\,\vec{e}_x + \sin\alpha\,\vec{e}_z$

$\vec{e}_\eta = \vec{e}_y$

$\vec{e}_\zeta = -\sin\alpha\,\vec{e}_x + \cos\alpha\,\vec{e}_z$

Schnitt D–D:

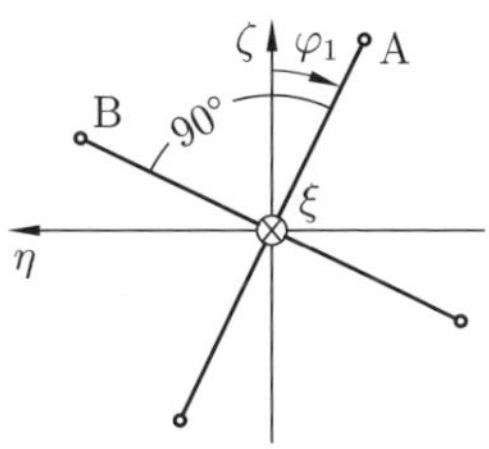

B liegt nicht in der Schnittebene.

$\vec{r}_A = r_A\,(-\sin\varphi_1\,\vec{e}_\eta + \cos\varphi_1\,\vec{e}_\zeta)$

Schnitt C–C:

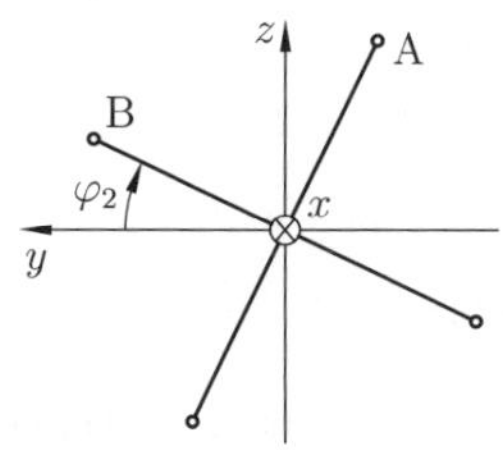

A liegt nicht in der Schnittebene.

$\vec{r}_B = r_B\,(\cos\varphi_2\,\vec{e}_y + \sin\varphi_2\,\vec{e}_z)$

Beim idealen Kreuzgelenk stehen $\vec{r}_A$ und $\vec{r}_B$ senkrecht aufeinander:

$\vec{r}_A \cdot \vec{r}_B = 0$

$$\vec{r}_A \cdot \vec{r}_B = r_A r_B \left[-\sin\varphi_1\,\vec{e}_y + \cos\varphi_1\,(-\sin\alpha\,\vec{e}_x + \cos\alpha\,\vec{e}_z)\right] \cdot \left(\cos\varphi_2\,\vec{e}_y + \sin\varphi_2\,\vec{e}_z\right) =$$
$$= r_A r_B\,(-\sin\varphi_1\cos\varphi_2 + \cos\alpha\cos\varphi_1\sin\varphi_2) = 0$$

Übertragungsverhalten:

$$\tan\varphi_2 = \frac{\tan\varphi_1}{\cos\alpha}$$

Bei der Bildung der Umkehrfunktion muß darauf geachtet werden, daß mit unbegrenzter Zunahme von φ_1 auch φ_2 unbegrenzt zunimmt. Daher ist das passende Vielfache von π zu der Umkehrfunktion zu addieren:

$$\varphi_2 = \arctan\frac{\tan\varphi_1}{\cos\alpha} + \pi\,n(\varphi_1)$$

mit $\quad n(\varphi_1) = \left[\frac{1}{2} + \frac{\varphi_1}{\pi}\right], \quad n \in \mathbb{Z}$

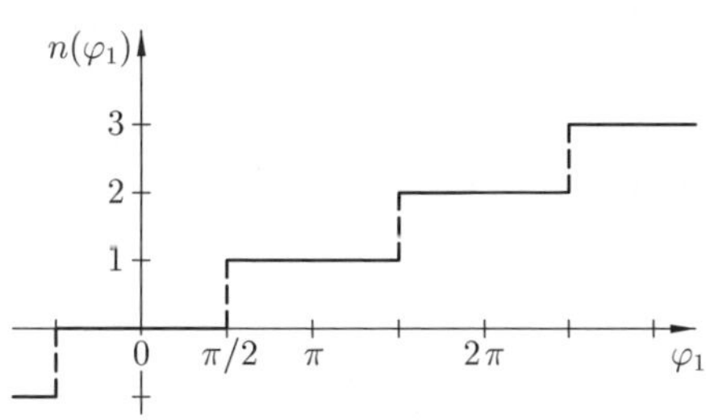

b) Berechnung des Übertragungsverhaltens bei fehlerhaftem Kreuz:

Bei fehlerhaftem Kreuz stehen die beiden Achsen nicht senkrecht aufeinander, sondern schließen den Winkel $\pi/2-\delta$ ein. Daher muß gelten:

$$\vec{r}_A \cdot \vec{r}_B = r_A r_B \cos\left(\frac{\pi}{2}-\delta\right) = r_A r_B \sin\delta$$

$$\vec{r}_A \cdot \vec{r}_B = r_A r_B \left\{ -\sin\varphi_1 \cos\varphi_2 + \cos\alpha \cos\varphi_1 \sin\varphi_2 \right\} = r_A r_B \sin\delta$$

Zusammenhang zwischen An- und Antrieb bei fehlhaftem Kreuz:

$$-\cos\varphi_2 \sin\varphi_1 + \sin\varphi_2 \cos\varphi_1 \cos\alpha = \sin\delta \qquad \Longrightarrow$$

$$\tan\varphi_2 - \frac{\tan\varphi_1}{\cos\alpha} = \frac{\sin\delta}{\cos\alpha \cos\varphi_1} \cdot \frac{1}{\cos\varphi_2} \qquad \Longrightarrow$$

$$\left[\tan\varphi_2 - \frac{\tan\varphi_1}{\cos\alpha}\right]^2 = \frac{\sin^2\delta}{\cos^2\alpha \cos^2\varphi_1} \frac{1}{\cos^2\varphi_2}$$

Mit dem Additionstheorem

$$\frac{1}{\cos^2\varphi_2} = 1 + \tan^2\varphi_2$$

folgt die quadratische Gleichung:

$$\tan^2\varphi_2 - 2\tan\varphi_2 \frac{\sin\varphi_1 \cos\varphi_1 \cos\alpha}{\cos^2\alpha \cos^2\varphi_1 - \sin^2\delta} + \frac{\sin^2\varphi_1 - \sin^2\delta}{\cos^2\alpha \cos^2\varphi_1 - \sin^2\delta} = 0$$

Übertragungsverhalten bei fehlerhaftem Kreuz:

$$\tan\varphi_2 = \frac{\sin\varphi_1 \cos\varphi_1 \cos\alpha \pm \sin\delta \sqrt{\cos^2\delta - \sin^2\alpha \cos^2\varphi_1}}{\cos^2\alpha \cos^2\varphi_1 - \sin^2\delta}$$

c) Drehwinkelschwankungen:

Der Drehwinkel

$$\varphi_2 = \arctan \frac{\tan\varphi_1}{\cos\alpha} + \pi\, n(\varphi_1)$$

kann nicht unmittelbar in einer FOURIER-Reihe entwickelt werden, da er mit wachsendem φ_1 ständig zunimmt. Allerdings erfüllt der Schwankungsanteil

$$\Delta\varphi = \varphi_2 - \varphi_1 = f(\varphi_1) = \arctan \frac{\tan\varphi_1}{\cos\alpha} + \pi\, n(\varphi_1) - \varphi_1$$

die Periodizitätsbedingung und kann somit in der Form

$$\Delta\varphi = f(\varphi_1) = \frac{a_0}{2} + \sum_{m=1}^{\infty} (a_m \cos m\varphi_1 + b_m \sin m\varphi_1)$$

dargestellt werden.

d) FOURIER-Reihe:

Da $f(\varphi_1)$ π-periodisch ist und die Symmetrieeigenschaften

$$f(-\varphi_1) = -f(\varphi_1) \qquad \text{und} \qquad f(\pi-\varphi_1) = -f(\varphi_1)$$

besitzt, gilt für die Koeffizienten der FOURIER-Reihe:

$$a_m = 0; \qquad b_{2m-1} = 0; \qquad b_{2m} = \frac{4}{\pi} \int_0^{\pi/2} f(\varphi_1) \sin(2m\varphi_1)\, d\varphi_1$$

Es genügt also die Integration über eine Viertelumdrehung.

Berechnung von b_{2m}:

$$b_{2m} = \frac{4}{\pi}\left\{ \int_0^{\pi/2} \left[\arctan\frac{\tan\varphi_1}{\cos\alpha} + \pi\, n(\varphi_1) - \varphi_1\right] \sin(2m\varphi_1)\, d\varphi_1 \right\}$$

Teilrechnungen:

$$I_1 = \int_0^{\pi/2} \pi\, n(\varphi_1)\sin(2m\varphi_1)\, d\varphi_1 = 0$$

$$I_2 = \int_0^{\pi/2} \varphi_1 \sin(2m\varphi_1)\, d\varphi_1 = \left[\frac{\sin 2m\varphi_1}{4m^2} - \frac{\varphi_1\cos 2m\varphi_1}{2m}\right]_0^{\pi/2} = -\frac{\pi}{4m}\cos\pi m = -\frac{\pi}{4m}(-1)^m$$

$$I_3 = \int_0^{\pi/2} \arctan\frac{\tan\varphi_1}{\cos\alpha}\sin 2m\varphi_1\, d\varphi_1 = \qquad \text{(Partielle Integration)}$$

$$= \left[\arctan\frac{\tan\varphi_1}{\cos\alpha}\left(-\frac{\cos 2m\varphi_1}{2m}\right)\right]_0^{\pi/2} - \int_0^{\pi/2} \frac{1/(\cos\alpha\cos^2\varphi_1)}{1+\tan^2\varphi_1/\cos^2\alpha}\left(-\frac{\cos 2m\varphi_1}{2m}\right) d\varphi_1 =$$

$$= -\frac{\pi}{4m}\cos m\pi + \frac{\cos\alpha}{2m}\int_0^{\pi/2} \frac{\cos 2m\varphi_1}{\cos^2\alpha\cos^2\varphi_1 + \sin^2\varphi_1}\, d\varphi_1 =$$

$$= -\frac{\pi}{4m}(-1)^m + \frac{\cos\alpha}{2m}\int_0^{\pi/2}\frac{\cos 2m\varphi_1}{1-\sin^2\alpha\cos^2\varphi_1}\, d\varphi_1 = \qquad \text{(Partialbruchzerlegung)}$$

$$= -\frac{\pi(-1)^m}{4m} + \frac{\cos\alpha}{2m}\cdot\frac{1}{2}\int_0^{\pi}\left\{\frac{\cos 2m\varphi_1/2}{1-\sin\alpha\cos\varphi_1} + \frac{\cos 2m\varphi_1/2}{1+\sin\alpha\cos\varphi_1}\right\} d\varphi_1$$

Wegen

$$\int_0^{\pi} \frac{\cos kx}{1+a\cos x}\, dx = \frac{\pi}{\sqrt{1-a^2}}\left(\frac{\sqrt{1-a^2}-1}{a}\right)^k$$

folgt

$$I_3 = -\frac{\pi}{4m}(-1)^m + \frac{\cos\alpha}{2m}\cdot\frac{1}{4}\cdot\frac{\pi}{\cos\alpha}\left\{\left(\frac{\cos\alpha - 1}{\sin\alpha}\right)^{2m} + \left(\frac{\cos\alpha-1}{-\sin\alpha}\right)^{2m}\right\} =$$

$$= \frac{\pi}{4m}.\left\{-(-1)^m + \left(\frac{1-\cos\alpha}{\sin\alpha}\right)^{2m}\right\}$$

Für die FOURIER-Koeffizienten b_{2m} mit geraden Indizes erhält man demnach

$$b_{2m} = \frac{4}{\pi}\left\{\frac{\pi}{4m}\left[-(-1)^m + \left(\frac{1-\cos\alpha}{\sin\alpha}\right)^{2m}\right] + \frac{\pi}{4m}(-1)^m\right\} =$$

$$= \frac{1}{m}\left(\frac{1-\cos\alpha}{\sin\alpha}\right)^{2m} = \frac{1}{m}\left(\tan\frac{\alpha}{2}\right)^{2m}.$$

FOURIER-Reihe des Abtriebsdrehwinkels:

$$\varphi_2 = \varphi_1 + \sum_{m=1}^{\infty}\frac{1}{m}\tan^{2m}\left(\frac{\alpha}{2}\right)\sin 2m\varphi_1$$

e) Bewegungsgleichung für die Drehschwingungen der Scheibe:

$$\Theta\,\ddot{\varphi}_3 + k\,\varphi_3 = k\,\varphi_2(t) = k\left[\varphi_1 + \sum_{m=1}^{\infty}\frac{1}{m}\tan^{2m}\left(\frac{\alpha}{2}\right)\sin 2m\varphi_1\right]$$

Aufgabe 4.6:

Gegeben ist das periodische Signal $x(t)=x_0 \cos^2\Omega_0 t$ für $t=[-\infty,\infty]$.

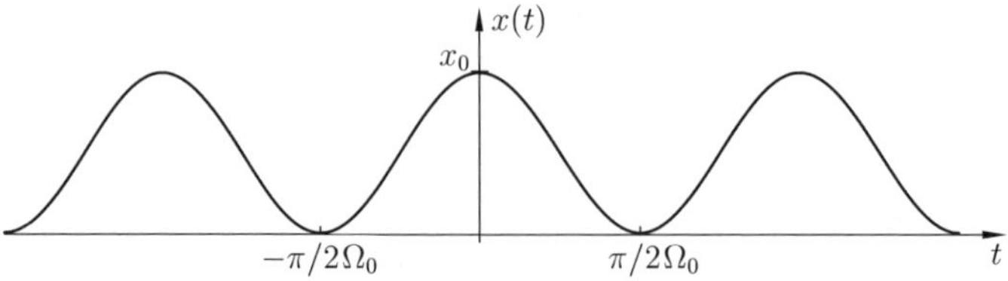

Bild A4.6.1: Kosinus-Signal

a) Ermitteln Sie die Periodendauer T und die Grundfrequenz ω des Signals.

b) Berechnen Sie die ersten fünf Koeffizienten a_n und b_n der reellen FOURIER-Reihe.

c) Von dem periodischen Signal wird nur ein Ausschnitt

$$x_T(t) = \begin{cases} x_0 \cos^2\Omega_0 t & \text{für} \quad -\dfrac{\pi}{2\Omega_0} \leq t \leq \dfrac{\pi}{2\Omega_0} \\ 0 & \text{sonst} \end{cases}$$

betrachtet. Es ergibt sich eine einmalige kosinusförmige Welle. Berechnen Sie das FOURIER-Spektrum $X(\Omega)$ des Signals $x_T(t)$.

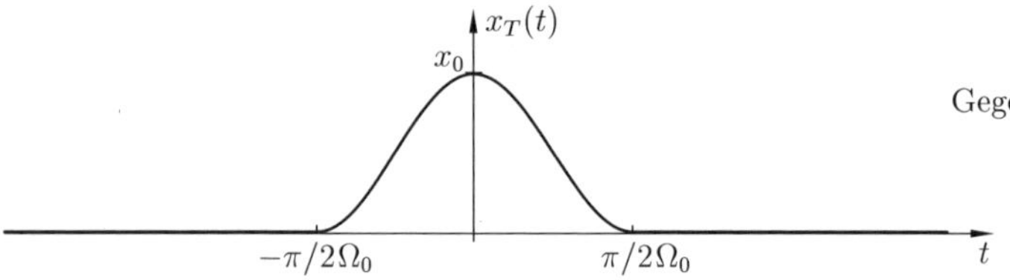

Gegeben: x_0, Ω_0

Bild A4.6.2: Kosinusförmige Welle

Lösung der Aufgabe 4.6:

a) Analyse des Signals:

Zeitsignal: $x(t) = x_0 \cos^2\Omega_0 t = \dfrac{x_0}{2} + \dfrac{x_0}{2} \cos 2\Omega_0 t$

Periodendauer T des Signals aus $2\Omega_0 T = 2\pi$: $\Longrightarrow \quad T = \dfrac{\pi}{\Omega_0}$

Grundfrequenz ω des Signals: $\omega = \dfrac{2\pi}{T} 2\Omega_0$

b) Berechnung der FOURIER-Reihe:

Vergleich des Signals mit der allgemeinen Form der FOURIER-Reihe

$$x(t) = \frac{a_0}{2} + \sum_{n=1}^{\infty} (a_n \cos n\omega t + b_n \sin n\omega t)$$

ergibt unmittelbar die FOURIER-Koeffizienten:

$a_0 = x_0\,,\qquad a_1 = \dfrac{x_0}{2}\,,\qquad a_n = 0 \quad$ für $\quad n \geq 2, \qquad b_n = 0 \quad$ für alle n

c) Berechnung des FOURIER-Spektrums:

$$X(\Omega)=\mathcal{F}\{x(t)\}=\int_{-\infty}^{\infty}x(t)\,e^{-i\Omega t}\,dt=\int_{-\pi/2\Omega_0}^{\pi/2\Omega_0}x_0\cos^2\Omega_0 t\,e^{-i\Omega t}\,dt=$$

$$=\frac{x_0}{4}\int_{-\pi/2\Omega_0}^{\pi/2\Omega_0}\left(e^{i\Omega_0 t}+e^{-i\Omega_0 t}\right)^2 e^{-i\Omega t}\,dt=$$

$$=\frac{x_0}{4}\int_{-\pi/2\Omega_0}^{\pi/2\Omega_0}\left(e^{i2\Omega_0 t}+2+e^{-i2\Omega_0 t}\right)e^{-i\Omega t}\,dt=$$

$$=\frac{x_0}{4i}\left[\frac{e^{i(2\Omega_0-\Omega)t}}{2\Omega_0-\Omega}-\frac{2e^{-i\Omega t}}{\Omega}-\frac{e^{-i(2\Omega_0+\Omega)t}}{2\Omega_0+\Omega}\right]_{-\pi/2\Omega_0}^{\pi/2\Omega_0}=$$

$$=\frac{x_0}{4i}\left\{\frac{e^{i\pi(2\Omega_0-\Omega)/2\Omega_0}-e^{-i\pi(2\Omega_0-\Omega)/2\Omega_0}}{2\Omega_0-\Omega}-\right.$$

$$\left.-\frac{2\left(e^{-i\pi\Omega/2\Omega_0}-e^{i\pi\Omega/2\Omega_0}\right)}{\Omega}-\frac{e^{-i\pi(2\Omega_0+\Omega)/2\Omega_0}-e^{i\pi(2\Omega_0+\Omega)/2\Omega_0}}{2\Omega_0+\Omega}\right\}=$$

$$=\frac{x_0}{2}\left[\frac{1}{2\Omega_0-\Omega}\sin\frac{\pi(2\Omega_0-\Omega)}{2\Omega_0}+\frac{2}{\Omega}\sin\frac{\pi\Omega}{2\Omega_0}+\frac{1}{2\Omega_0+\Omega}\sin\frac{\pi(2\Omega_0+\Omega)}{2\Omega_0}\right]$$

Aufgabe 4.7:

Ein Funktionsgenerator liefert eine dreieckförmige periodische Schwingung $q(t)$ (Maximalwert a, Periode T).

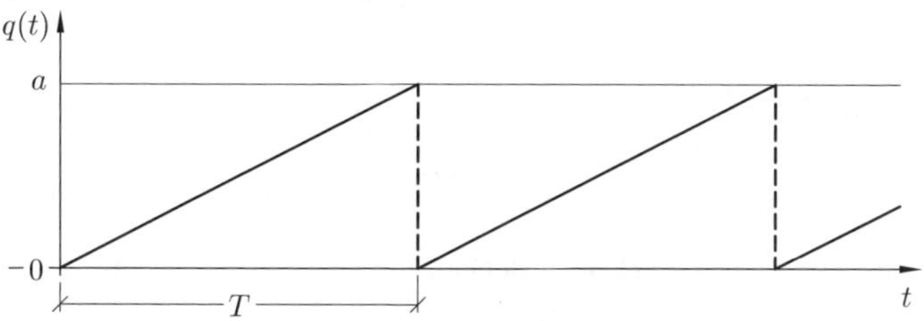

Bild A4.7.1: Sägezahnförmige Dreieckschwingung

a) Berechnen Sie die Koeffizienten c_n in der komplexen FOURIER-Reihe der periodischen Schwingung.

b) Die Meßdauer eines Analysators umfaßt genau $K=3$ Perioden der sägezahnförmigen Dreieckschwingung. Skizzieren Sie das Ergebnis der FFT in Form des Betrages des bezogenen FOURIER-Spektrums an den Rechenpunkten der FFT.

c) In der Realität kann das Signal bei $t{=}T$ keinen echten Sprung machen. Vielmehr entsteht eine Dreieckschwingung mit der Abfallzeit T_2. Geben Sie den Funktionsverlauf $q(t)$ formelmäßig an und zeichnen Sie die Phasenkurve dieser periodischen Schwingung.

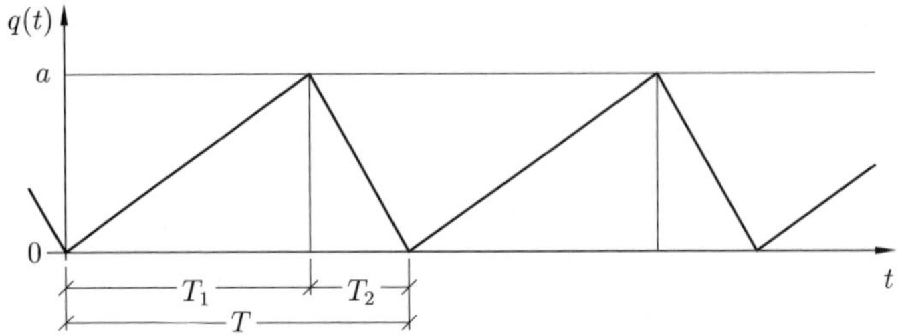

Bild A4.7.2: Dreieckschwingung mit Abfallzeit T_2

d) Welche Form nimmt die Phasenkurve für den Spezialfall $T_2 \to 0$ an?

Gegeben: a, T, T_1, T_2

Lösung der Aufgabe 4.7:

a) Analyse der Sägezahnschwingung:

Zeitverlauf:

$$q(t) = \frac{a}{T}\,t, \qquad q(t+T) = q(t), \qquad \omega T = 2\pi$$

Komplexe FOURIER-Koeffizienten:

$$c_0 = \frac{1}{T}\int_0^T q(t)\,dt = \frac{a}{2}$$

$$c_n = \frac{1}{T}\int_0^T q(t)\,e^{-in\omega t}\,dt = \frac{a}{T^2}\int_0^T t\,e^{-in\omega t}\,dt = \frac{a}{T^2(-in\omega)^2}\,e^{-in\omega t}(-in\omega t-1)\Big|_0^T =$$

$$= \frac{a}{-n^2(2\pi)^2}\left\{e^{-in2\pi}(-in2\pi-1) - e^0(-1)\right\} = \frac{ia}{n2\pi}$$

Komplexe FOURIER-Reihe der Sägezahnschwingung

$$q(t) = \frac{a}{2} + \sum_{\substack{n=-\infty\\ n\neq 0}}^{\infty} \frac{ia}{n2\pi} e^{in2\pi\frac{t}{T}} = \frac{a}{2} - \sum_{n=1}^{\infty} \frac{a}{n\pi}\sin\left(n2\pi\frac{t}{T}\right)$$

b) Berechnung des bezogenen FOURIER-Spektrums mit der FFT:

Frequenzauflösung:

$$\Delta\Omega = \frac{2\pi}{T_{meß}} = \frac{2\pi}{KT}$$

Frequenzen der Frequenzstützstellen:

$$\Omega_k = (k-1)\,\Delta\Omega = \frac{(k-1)}{K\,T}\,2\,\pi$$

Bezogene FOURIER-Transformierte an den Frequenzstützstellen $n\omega$:

$$\widetilde{Q}(\Omega_k) = c_n \qquad \forall \qquad \Omega_k = n\omega$$

Bezogene FOURIER-Transformierte an den dazwischen liegenden Stützstellen:

$$\widetilde{Q}(\Omega_k) = 0 \qquad \forall \qquad \Omega_k \neq n\omega$$

Betrag des bezogenen FOURIER-Spektrums:

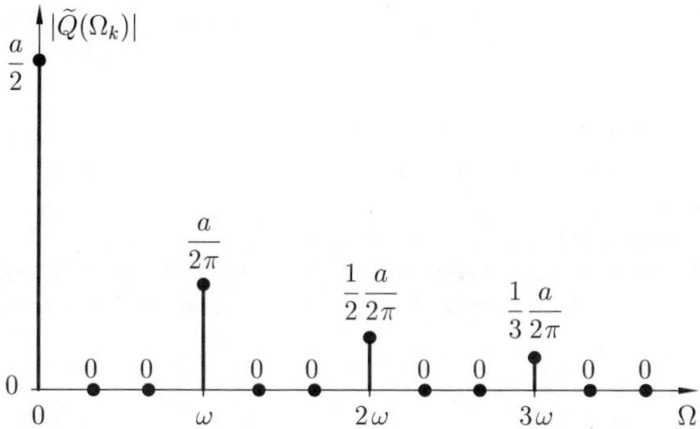

c) Analyse der Dreieckschwingung:

Zeitverlauf:

$$q(t) = \begin{cases} \frac{a}{T_1}\,t & \\ & \text{für} \\ \frac{a}{T_2}\,(T-t) & \end{cases} \qquad \begin{matrix} 0 \le t \le T_1 \\ \\ T_1 \le t \le T \end{matrix}$$

Geschwindigkeit:

$$\dot{q}(t) = \begin{cases} \frac{a}{T_1} & \\ & \text{für} \\ -\frac{a}{T_2} & \end{cases} \qquad \begin{matrix} 0 \le t \le T_1 \\ \\ T_1 \le t \le T \end{matrix}$$

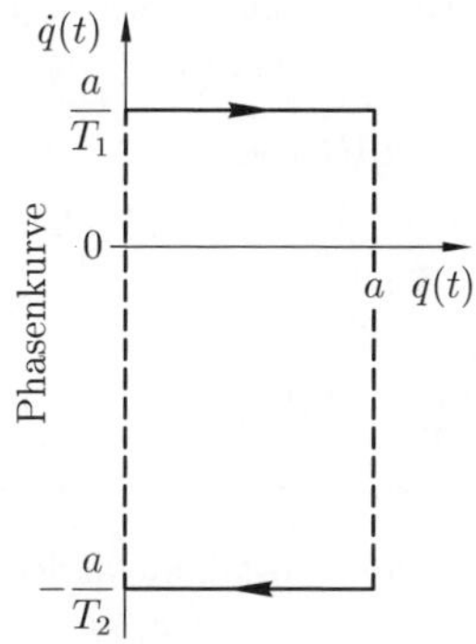

d) Spezialfall $T_2 \to 0$ (Sägezahnschwingung):

Zeitverlauf:

$$q(t) = \frac{a}{T}\,t \qquad \text{für} \qquad 0 < t < T$$

Geschwindigkeit:

$$\dot{q}(t) = \begin{cases} \frac{a}{T} & \\ & \text{für} \\ -\infty & \end{cases} \qquad \begin{matrix} 0 < t < T \\ \\ t = nT \end{matrix}$$

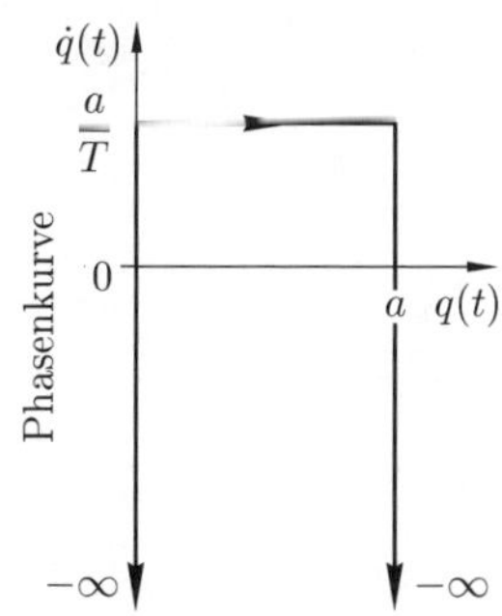

Aufgabe 4.8:

Zwei unterschiedliche Stimmgabeln werden gleichzeitig angeschlagen und schwingen harmonisch mit ihren unterschiedlichen Grundfrequenzen f_1 und f_2. Die Amplitude $\widehat{u}_2$ der zweiten Stimmgabel ist halb so groß wie die der ersten $\widehat{u}_1$ und die zweite Grundfrequenz f_2 beträgt das 0.9-fache der ersten Grundfrequenz f_1.

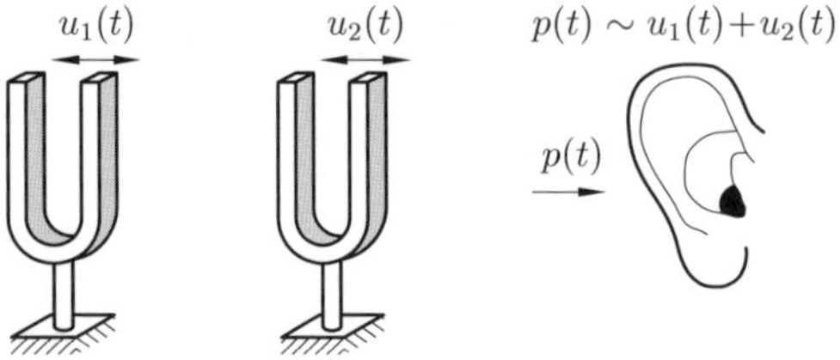

Gegeben:

$f_1 = 50$ Hz, $\widehat{u}_1 = 1.2$ mm
$f_2 = 45$ Hz, $\widehat{u}_2 = 0.6$ mm.

Bild A4.8: Klang von Stimmgabeln

a) Welche Schwingungen $u_1(t)$ und $u_2(t)$ führen die beiden Stimmgabeln getrennt voneinander aus?

b) Der Hörer hört den Luftdruck $p(t)$ infolge der Summe $u(t) = u_1(t) + u_2(t)$ der beiden Schwingungen. Welchen zeitlichen Verlauf $u(t)$ vernimmt der Hörer (Charakter und Kenngrößen des Signals, Zeitverlauf als Skizze mit Angabe charakteristischer Werte)?

Lösung der Aufgabe 4.8:

Die Überlagerung zweier harmonischer Signale ergibt eine Schwebung:

$$u_1(t) = \widehat{u}_1 \cos(2\pi f_1 t); \qquad u_2(t) = \widehat{u}_2 \cos(2\pi f_2 t)$$

$$u(t) = u_1(t) + u_2(t) = \widehat{u}(t) \cos[\omega_T t + \alpha(t)]$$

Trägerfrequenz, Periodendauer des Trägersignals:

$$\omega_T = \frac{\omega_1 + \omega_2}{2} \qquad \Longrightarrow \qquad \omega_T = 95\pi \, \frac{1}{\text{s}}, \qquad T_T = 0.021\,\text{s}$$

Modulationsfrequenz, Modulationsperiodendauer:

$$\omega_m = |\omega_1 - \omega_2| \qquad \Longrightarrow \qquad \omega_m = 10\pi \, \frac{1}{\text{s}}, \qquad T_m = 0.2\,\text{s}$$

Maximum und Minimum der Einhüllenden:

$$\widehat{u}_{max} = \widehat{u}_1 + \widehat{u}_2 = 1.8\,\text{mm}$$

$$\widehat{u}_{min} = |\widehat{u}_1 - \widehat{u}_2| = 0.6\,\text{mm}$$

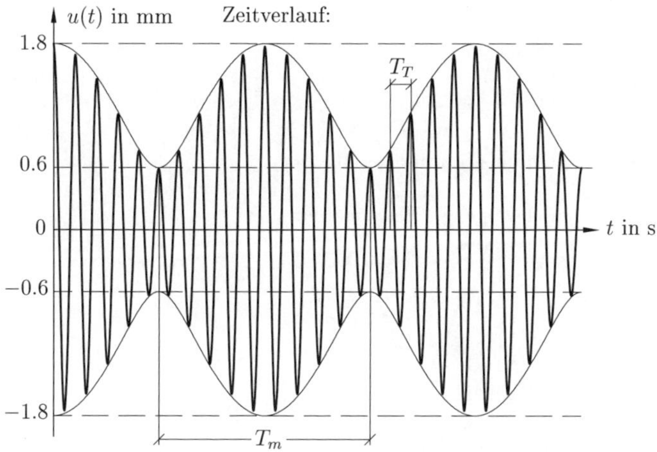

Aufgabe 4.9:

Zwei Aktuatoren sind in Reihe geschaltet. Jeder der Aktuatoren erzeugt eine um eine Konstante verlagerte harmonische Bewegung. Die Nullphasenwinkel der beiden Aktuatorsignale sind gleich. Die Zeitverläufe der Bewegung $u_1(t)$ des ersten Aktuators sowie der Summenbewegung $u(t) = u_1(t) + u_2(t)$ sind aus der Messung bekannt. Aus einer Messung kennt man die Maximal- und Minimalwerte $u_{1,max}$ und $u_{1,min}$ sowie die Periodendauer T_1 der Bewegung des ersten Aktuators. Das Summensignal beider Aktuatoren ist eine Schwebung (Bild A4.9).

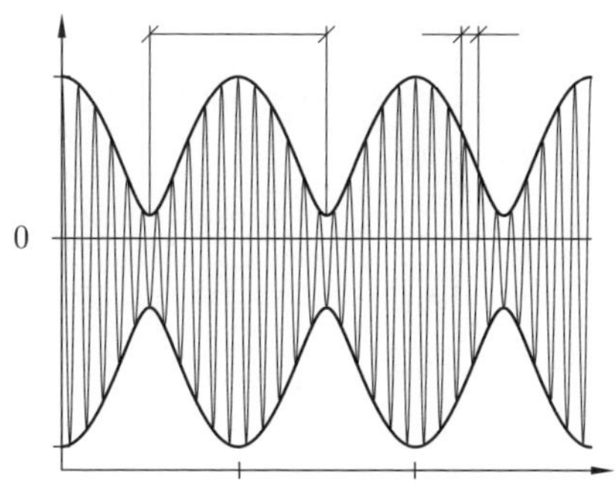

Bild A4.9: Aufgezeichnete Summenschwingung

Dem Meßschrieb der Summenschwingung entnimmt man, daß die Ausschläge zwischen $u_{min} = -4.5\,\text{mm}$ und $u_{max} = +3.5\,\text{mm}$ liegen, und daß die Trägerfrequenz $f_T = 10.5\,\text{Hz}$ beträgt.

a) Geben Sie die Gleichung für $u_1(t)$ an.

b) Ergänzen Sie das Diagramm der Summenschwingung um die Achsenbezeichnungen und die Zahlenwerte.

c) Berechnen Sie aus den gegebenen Größen die Schwingung $u_2(t)$ des zweiten Aktuators.

Gegeben: $u_{1,min} = -1\,\text{mm}$, $u_{1,max} = 2\,\text{mm}$, $T_1 = 0.1\,\text{s}$,
$u_{min} = -4.5\,\text{mm}$, $u_{max} = +3.5\,\text{mm}$, $f_T = 10.5\,\text{Hz}$

Lösung der Aufgabe 4.9:

a) Bewegung des ersten Aktuators:

$$\overline{u}_1 = 0.5\,\text{mm}, \quad \widehat{u}_1 = 1.5\,\text{mm}, \quad T_1 = 0.1\,\text{s}, \quad \omega_1 = \frac{2\pi}{T_1} = \frac{2\pi}{0.1\,\text{s}} = 10\,\frac{2\pi}{\text{s}} \qquad (\widehat{=}\ 10\,\text{Hz})$$

$$u_1(t) = \overline{u}_1 + \widehat{u}_1 \cos\omega_1 t = 0.5\,\text{mm} + 1.5\,\text{mm}\cdot\cos\left(10\,\frac{2\pi}{\text{s}}\,t\right)$$

b) Diagramm der Summenschwingung (Schwebung):

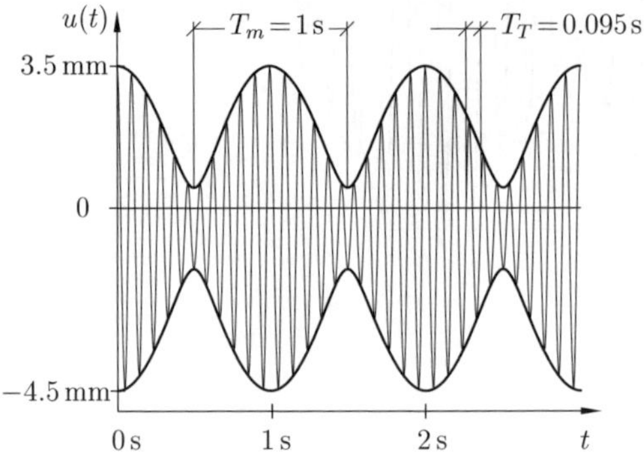

c) Bewegung des zweiten Aktuators:

Trägerfrequenz:

$$\omega_T = \frac{\omega_1 + \omega_2}{2} = 2\pi f_T = 10.5\,\frac{2\pi}{\text{s}} \qquad (10.5\,\text{Hz})$$

Frequenz des zweiten Aktuatorsignals:

$$\omega_2 = 2\,\omega_T - \omega_1 = 11\,\frac{2\pi}{\text{s}} \qquad (11\,\text{Hz})$$

Gesamtsignal:

$$u(t) = u_1(t) + u_2(t) = \overline{u}_1 + \widehat{u}_1 \cos\omega_1 t + \overline{u}_2 + \widehat{u}_2 \cos\omega_2 t$$

Berechnung der Amplitude des zweiten Aktuatorsignals:

$$u_{max} = \overline{u}_1 + \widehat{u}_1 + \overline{u}_2 + \widehat{u}_2 = +3.5\text{mm} \quad \Longrightarrow \quad \overline{u}_2 + \widehat{u}_2 = +1.5\,\text{mm}$$

$$u_{min} = \overline{u}_1 - \widehat{u}_1 + \overline{u}_2 - \widehat{u}_2 = -4.5\text{mm} \quad \Longrightarrow \quad \overline{u}_2 - \widehat{u}_2 = -3.5\,\text{mm}$$

Bewegung des zweiten Aktuators:

$$u_2(t) = \overline{u}_2 + \widehat{u}_2 \cos\omega_2 t = -1\,\text{mm} + 2.5\,\text{mm}\cdot\cos\left(11\,\frac{2\pi}{\text{s}}\,t\right)$$

Kapitel 5

Eigenschwingungen linearer Systeme mit einem Freiheitsgrad

Aufgabe 5.1:

Ein starrer Pkw-Anhänger (Masse m, zentrales Massenträgheitsmoment Θ^S um die Querachse) ist auf einer stets vertikalen Federung (Steifigkeit k) gelagert. Die Deichsel (Länge l_S vom Schwerpunkt, Länge l_B bis zum Aufstandspunkt, Tiefe h) ist an der in Ruhe befindlichen Anhängerkupplung K gelenkig befestigt.

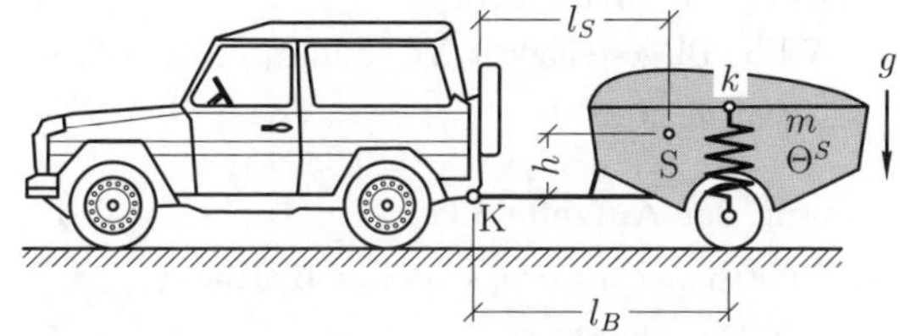

Bild A5.1: Gefederter Pkw-Anhänger

Welche Kreisfrequenz ω_0 haben kleine freie Anhängerschwingungen?

Gegeben: l_S, l_B, h, k, m, Θ^S

Lösung der Aufgabe 5.1:

Ermittlung der Bewegungsgleichung:

„Freikörperbild":

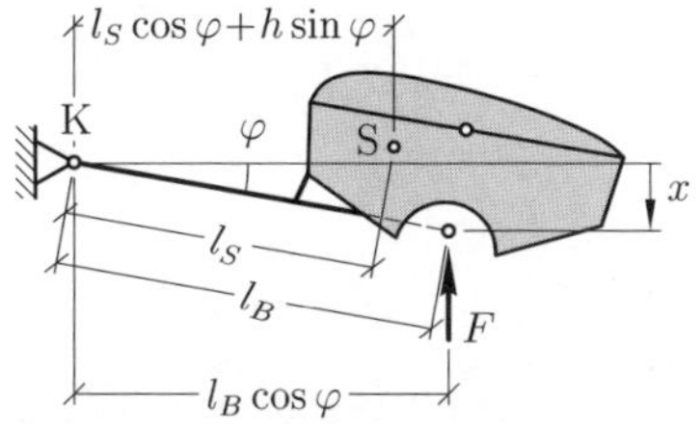

Massenträgheitsmoment:

$\Theta^K = \Theta^S + m\,(l_S^2 + h^2)$

Kinematik:

$x = l_B \sin\varphi$

Elastische Rückstellkraft:

$F = k\,x = k\,l_B \sin\varphi$

Momentensatz um den Koppelpunkt K:

$\Theta^K\,\ddot{\varphi} = -F\,l_B \cos\varphi = -k\,l_B^2 \sin\varphi \cos\varphi$

Nichtlineare Bewegungsgleichung:

$\Theta^K\,\ddot{\varphi} + k\,l_B^2 \cos\varphi \sin\varphi = 0$

Linearisierte Bewegungsgleichung für kleine Auslenkungen $\varphi \ll 1$:

$\Theta^K\,\ddot{\varphi} + k\,l_B^2\,\varphi = 0$

Kennfrequenz des Systems:

$$\omega_0^2 = \frac{k\,l_B^2}{\Theta^S + m\,(l_S^2 + h^2)}\,; \qquad f_0 = \frac{1}{2\pi}\sqrt{\frac{k\,l_B^2}{\Theta^S + m\,(l_S^2 + h^2)}}$$

Aufgabe 5.2:

Ein Körper (Masse m) ist an vier gleichen, beidseitig eingespannten masselosen Blattfedern (Länge l, Biegesteifigkeit EI) befestigt. Der Körper führt vertikale, ungedämpfte Eigenschwingungen mit der Maximalamplitude $\widehat{q}$ und der maximalen Beschleunigung $\widehat{\ddot{q}}$ aus.

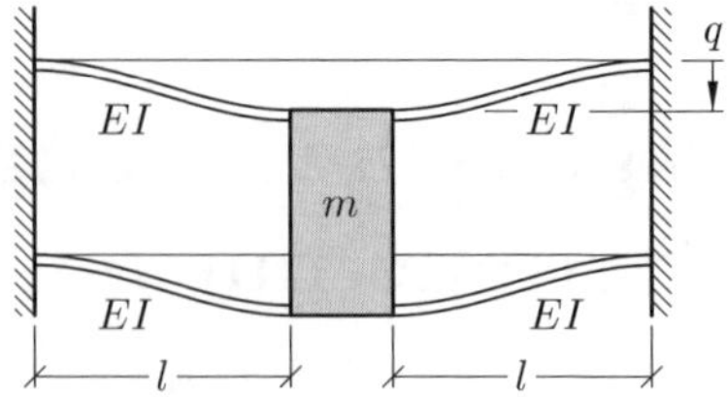

Bild A5.2: Körper an Blattfedern

a) Welchen Wert hat die Steifigkeit k_F einer der vier Blattfedern?

b) Welche Biegesteifigkeit EI besitzt jede der vier Blattfedern?

Gegeben: m, $\widehat{q}$, $\widehat{\ddot{q}}$, l

Lösung der Aufgabe 5.2:

a) Ermittlung der Steifigkeit einer Blattfeder:

Freie Schwingungen:

$$q(t) = \widehat{q}\cos(\omega_0 t+\alpha)\,; \qquad \ddot{q}(t) = -\omega_0^2\,\widehat{q}\cos(\omega_0 t+\alpha)$$

Zusammenhang zwischen Beschleunigungs- und Auslenkungsamplitude:

$$\widehat{\ddot{q}} = \omega_0^2\,\widehat{q}$$

Kennkreisfrequenz:

$$\omega_0^2 = \frac{\widehat{\ddot{q}}}{\widehat{q}} = \frac{k_{ges}}{m}$$

Die vier Blattfedern sind parallel geschaltet, Gesamtsteifigkeit:

$$4\,k_F = k_{ges} = m\,\omega_0^2 = m\,\frac{\widehat{\ddot{q}}}{\widehat{q}}$$

Steifigkeit einer Blattfeder:

$$k_F = \frac{1}{4}\,k_{ges} = \frac{m}{4}\,\frac{\widehat{\ddot{q}}}{\widehat{q}}$$

b) Ermittlung der Biegesteifigkeit der Blattfedern:

Biegung der Blattfeder (Krafteinflußzahlen):

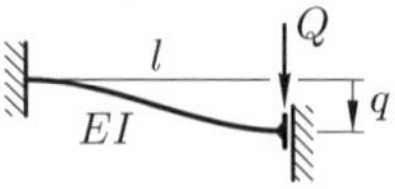

$$\left.\begin{aligned} Q &= \frac{12\,EI}{l^3}\,q \\ Q &= k_F\,q \end{aligned}\right\} \quad\Longrightarrow\quad k_F = \frac{12\,EI}{l^3}$$

Biegesteifigkeit der Blattfedern:

$$EI = \frac{l^3}{12}\,k_F = \frac{m\,l^3}{48}\,\frac{\widehat{\ddot{q}}}{\widehat{q}}$$

Aufgabe 5.3:

Das Joch einer Apothekerwaage ist im Punkt 0 reibungsfrei auf einer Schneide pendelnd aufgelegt. Die Waage führt kleine Pendelschwingungen aus. Im unbelasteten Zustand ($m = 0$) wird dabei die Periodendauer T_1 gemessen. Durch Auflegen zweier gleicher Massen m links und rechts erhöht sich die gemessene Periodendauer auf T_2.

a) Ermitteln Sie die lineare Bewegungsgleichung für kleine Pendelbewegungen $\varphi(t)$ der Waage im unbelasteten Zustand mit dem Momentensatz.

b) Ermitteln Sie die lineare Bewegungsgleichung für kleine Pendelbewegungen $\varphi(t)$ der Waage im belasteten Zustand mit den LAGRANGEschen Gleichungen.

c) Geben Sie die Frequenz ω_1 der freien Schwingungen im unbelasteten und die Frequenz ω_2 der freien Schwingungen im belasteten Zustand an.

d) Ermitteln Sie daraus das auf den Drehpunkt 0 bezogene axiale Massenträgheitsmoment Θ^0 der unbelasteten Waage.

e) Aus einer Messung sind die Masse M der Waage und der Abstand s zwischen Drehpunkt 0 und Schwerpunkt S bekannt. Ermitteln Sie aus diesen Größen das Massenträgheitsmoment Θ^S der Waage um den Schwerpunkt S.

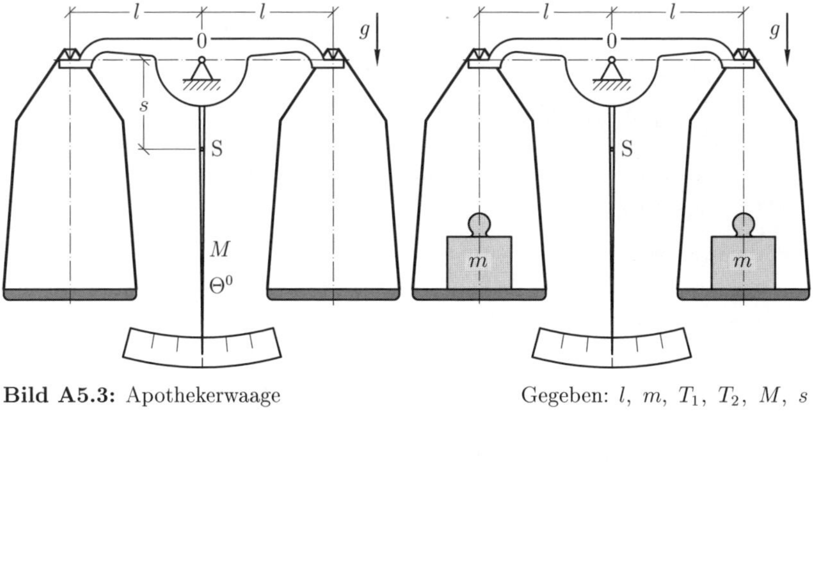

Bild A5.3: Apothekerwaage

Gegeben: l, m, T_1, T_2, M, s

Lösung der Aufgabe 5.3:

a) Ermittlung der Bewegungsgleichung der unbeladenen Waage:

Freikörperbild:

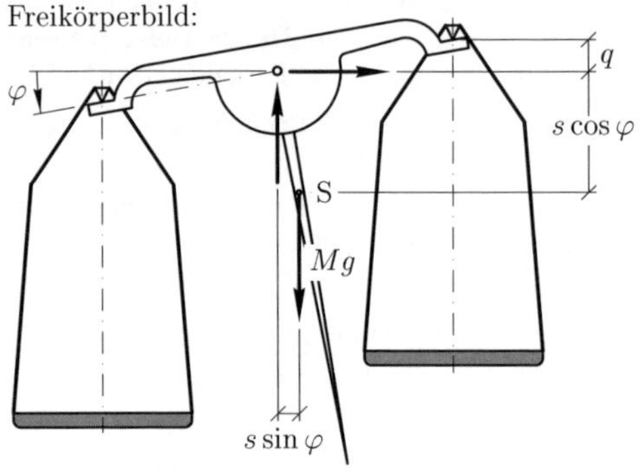

Momentensatz um 0:

$\Theta^0\,\ddot{\varphi} = -Mg\,s\sin\varphi$

Linearisierte Bewegungsgleichung der Waage:

$\Theta^0\,\ddot{\varphi} + Mg\,s\,\varphi = 0$

Kinematik:

$\dot{q} = l\,\dot{\varphi}$

b) Ermittlung der Bewegungsgleichung der beladenen Waage:

Energien:

$$T = \frac{1}{2}\Theta^0\,\dot{\varphi}^2 + 2\,\frac{1}{2}m\,\dot{q}^2, \qquad U = -Mg\,s\cos\varphi, \qquad L = T - U$$

LAGRANGEsche Vorschrift:

$$\frac{d}{dt}\frac{\partial L}{\partial\dot{\varphi}} - \frac{\partial L}{\partial\varphi} = (\Theta^0 + 2ml^2)\,\ddot{\varphi} + Mg\,s\sin\varphi = 0$$

Linearisierte Bewegungsgleichung der Waage mit Zusatzmassen:

$$(\Theta^0 + 2ml^2)\,\ddot{\varphi} + Mg\,s\,\varphi = 0$$

c) Eigenfrequenzen:

Eigenkreisfrequenz ohne Zusatzmassen:

$$\omega_1{}^2 = \frac{Mg\,s}{\Theta^0}$$

Eigenkreisfrequenz mit Zusatzmassen:

$$\omega_2{}^2 = \frac{Mg\,s}{\Theta^0 + 2ml^2}$$

d) Berechnung des Massenträgheitsmomentes Θ^0 (ohne Zusatzmassen):

$$\frac{\Theta^0 + 2ml^2}{\Theta^0} = 1 + \frac{2ml^2}{\Theta^0} = \frac{\omega_1{}^2}{\omega_2{}^2} = \frac{T_2^2\,(2\pi)^2}{T_1^2\,(2\pi)^2} = \frac{T_2^2}{T_1^2} \qquad \Longrightarrow$$

Massenträgheitsmomentes ohne Zusatzmassen:

$$\Theta^0 = \frac{2ml^2}{(T_2/T_1)^2 - 1}$$

e) Berechnung des zentralen Massenträgheitsmomentes:

STEINERscher Satz:

$$\Theta^0 = \Theta^S + Ms^2 \qquad \Longrightarrow$$

Zentrales Massenträgheitsmoment:

$$\Theta^S = \frac{2ml^2}{(T_2/T_1)^2 - 1} - Ms^2$$

Aufgabe 5.4:

Ein ungedämpftes Fahrzeug (Masse M, Gesamtsteifigkeit k) mit Ladung (Masse m) fährt ohne Schwingungen auf horizontaler Straße. Zum Zeitpunkt $t=0$ verliert das Fahrzeug plötzlich seine Ladung. Dadurch wird es leichter, federt aus und schwingt vertikal um die neue, höhere Gleichgewichtslage.

a) Ermitteln Sie die Bewegungsgleichung für die durch den Ladungsverlust ausgelöste Verschiebung $q(t)$ des Fahrzeugs gegenüber der ursprünglichen Gleichgewichtslage.

b) Berechnen Sie die Bewegung $q(t)$.

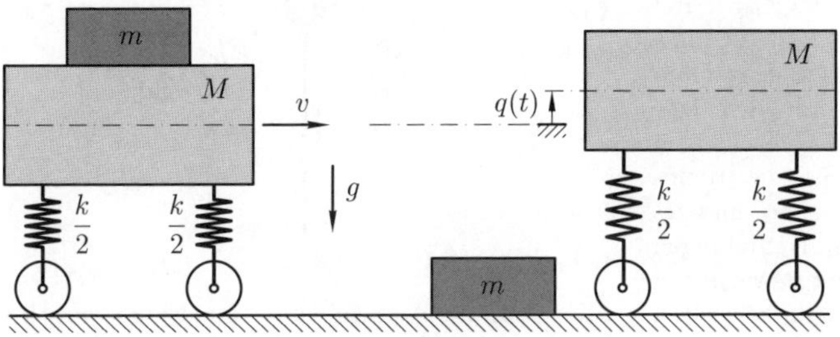

Bild A5.4: Fahrzeug verliert Ladung Gegeben: M, m, k, g

Lösung der Aufgabe 5.4:

Dem Fahrzeug ohne Ladung fehlt bei $q=0$ das Ladungsgewicht mg für Gleichgewicht. Neben dem Gewicht Mg herrscht bei $q=0$ also eine Vorspannkraft der Größe mg in der Feder.

Bewegungsgleichung nach Ladungsverlust:

$$M\,\ddot{q} + k\,q = mg$$

Kennkreisfrequenz:

$$\omega_0 = \sqrt{\frac{k}{M}}$$

Allgemeine Lösung der homogenen Bewegungsgleichung:

$$q_h = A_c \cos\omega_0 t + A_s \sin\omega_0 t$$

Statische Verschiebung durch Ladungsverlust:

$$q_{stat} = \frac{mg}{k}$$

Allgemeine Gesamtlösung:

$$q = \frac{mg}{k} + A_c \cos\omega_0 t + A_s \sin\omega_0 t$$

$$\dot{q} = -\omega_0\,A_c \sin\omega_0 t + \omega_0\,A_s \cos\omega_0 t$$

Anpassen der Gesamtlösung an die Anfangsbedingungen:

$$q_0 = 0 = \frac{mg}{k} + A_c \quad\Longrightarrow\quad A_c = -\frac{mg}{k}$$

$$\dot{q}_0 = 0 = \omega_0\,A_s \quad\Longrightarrow\quad A_s = 0$$

An die Anfangsbedingungen angepaßte spezielle Lösung:

$$q(t) = \frac{mg}{k}\,(1 - \cos\omega_0 t)$$

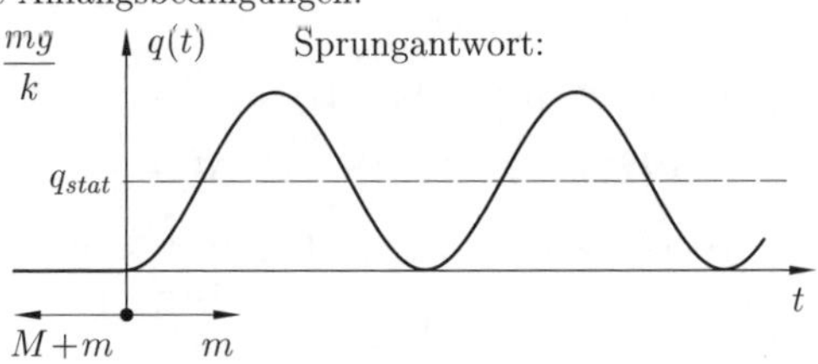

Aufgabe 5.5:

Eine Punktmasse (Masse m) wird von drei Federn und einem Dämpfer (Dämpferkonstante b) auf einer glatten horizontalen Ebene gehalten. Ihre Gleichgewichtslage liegt im Koordinatenursprung.

a) Ermitteln Sie für $k_1 = k$ und $k_2 = k_3 = 2\,k$ die Bewegungsgleichungen der gefesselten Punktmasse mit den LAGRANGEschen Gleichungen und geben Sie die Kennkreisfrequenzen ω_x und ω_y und modalen Dämpfungen D_x und D_y der Bewegungen in die beiden entkoppelten Richtungen an.

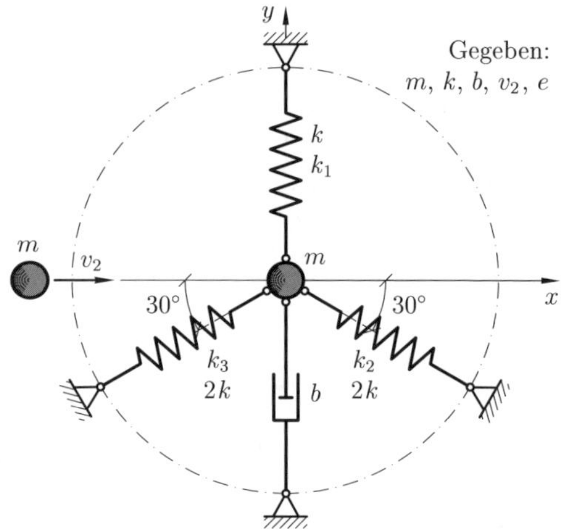

Bild A5.5.1: Aufprall einer Punktmasse auf eine elastisch und gedämpft gefesselte Punktmasse

b) Entlang der x-Achse kommt eine zweite Punktmasse (ebenfalls Masse m) und stößt zum Zeitpunkt $t = 0$ mit der Geschwindigkeit v_2 auf die zunächst ruhende erste Masse. Berechnen Sie die Geschwindigkeiten $\overline{v}_{1x}$ und $\overline{v}_{2x}$ der beiden Punktmassen unmittelbar nach dem Stoß (Stoßzahl e).

c) Berechnen Sie die Horizontalbewegung (Wege $x_1(t)$ und $x_2(t)$) der beiden Punktmassen nach dem Stoß, und zwar für die beiden Grenzfälle „plastischer Stoß“ und „elastischer Stoß“. Skizzieren Sie die Weg-Zeit-Verläufe der beiden Punktmassen über den gesamten Zeitbereich vor und nach dem Stoß. Beachten Sie, daß die gefesselte Masse auf ihren Rückweg unter Umständen wieder auf die ungefesselte Masse treffen könnte.

Lösung der Aufgabe 5.5:

a) Ermittlung der Bewegungsgleichungen, beispielsweise aus Einheitsverschiebungen:
Federverlängerungen bei gleichzeitiger Verschiebung in x- und y-Richtung:

$$\Delta l_1 = \qquad -y = \qquad -y$$

$$\Delta l_2 = -\cos 30^\circ\, x + \sin 30^\circ\, y = -\frac{\sqrt{3}}{2}\,x + \frac{1}{2}\,y$$

$$\Delta l_3 = \cos 30^\circ\, x + \sin 30^\circ\, y = \frac{\sqrt{3}}{2}\,x + \frac{1}{2}\,y$$

Kinetische und potentielle Energie:

$$T = \frac{1}{2}\,m\left\{\dot{x}^2 + \dot{y}^2\right\}, \qquad U = \frac{1}{2}\,k_1\,\Delta l_1^2 + \frac{1}{2}\,k_2\,\Delta l_2^2 + \frac{1}{2}\,k_3\,\Delta l_3^2 = k\left\{\frac{3}{2}\,x^2 + \frac{2}{2}\,y^2\right\}$$

Generalisierte Kräfte aus der Dämpferleistung und LAGRANGEsche Funktion:

$$Q_x^* = 0\,, \qquad Q_y^* = -b\,\dot{y}\cdot\frac{\partial\dot{y}}{\partial\dot{y}} = -b\,\dot{y}\,, \qquad L = T - U$$

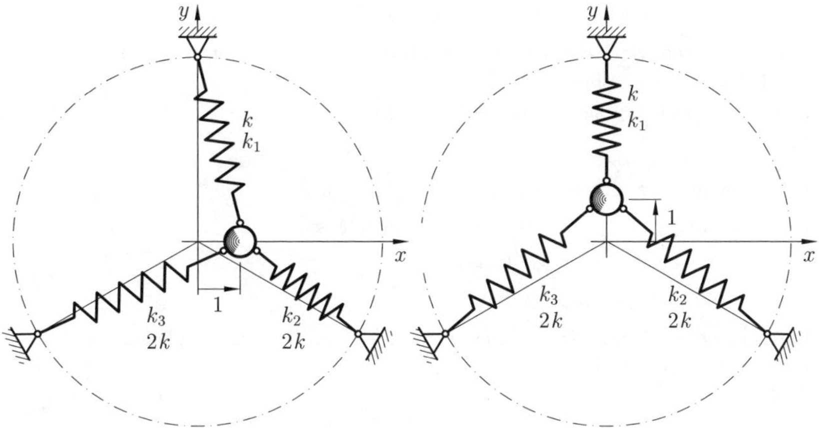

LAGRANGEsche Vorschrift:

$$\frac{d}{dt}\frac{\partial L}{\partial \dot{q}_k} - \frac{\partial L}{\partial q_k} = Q_k^*$$

Glieder in den LAGRANGEschen Gleichungen:

$$\frac{d}{dt}\frac{\partial L}{\partial \dot{x}} = m\,\ddot{x}, \qquad \frac{d}{dt}\frac{\partial L}{\partial \dot{y}} = m\,\ddot{y}, \qquad \frac{\partial L}{\partial x} = 3\,k\,x, \qquad \frac{\partial L}{\partial y} = 2\,k\,y$$

Bewegungsgleichungen:

$$m\begin{bmatrix}1 & 0\\ 0 & 1\end{bmatrix}\begin{bmatrix}\ddot{x}\\ \ddot{y}\end{bmatrix} + b\begin{bmatrix}0 & 0\\ 0 & 1\end{bmatrix}\begin{bmatrix}\dot{x}\\ \dot{y}\end{bmatrix} + k\begin{bmatrix}3 & 0\\ 0 & 2\end{bmatrix}\begin{bmatrix}x\\ y\end{bmatrix} = \begin{bmatrix}0\\ 0\end{bmatrix}$$

Kennkreisfrequenzen und Dämpfungsmaße:

$$\omega_x^2 = \frac{3k}{m}, \qquad D_x = 0, \qquad \omega_y^2 = \frac{2k}{m}, \qquad D_y = \frac{b}{2\sqrt{2k\,m}}$$

b) Analyse des Stoßes:

Impulssatz in x-Richtung:

$$(m\,\overline{v}_{1x} + m\,\overline{v}_{2x}) - m\,v_2 = 0$$

Stoßhypothese:

$$e = -\frac{\overline{v}_{2x} - \overline{v}_{1x}}{v_2}$$

Ausrechnung der Geschwindigkeiten nach dem Stoß:

$$\overline{v}_{1x} = \frac{1+e}{2}\,v_2\,, \qquad \overline{v}_{2x} = \frac{1-e}{2}\,v_2$$

Spezialfälle:

Elastischer Stoß ($e=1$):

$$\overline{v}_{1x} = v_2 \qquad \text{und} \qquad \overline{v}_{2x} = 0$$

Plastischer Stoß ($e=0$):

$$\overline{v}_{1x} = \overline{v}_{2x} = \frac{v_2}{2}$$

c) Berechnung der Bewegungen nach dem Stoß:

Plastischer Stoß: Nach einem plastischen Stoß sind beide Massen vereinigt, die schwingende Masse beträgt dann $2m$.

Bewegungsgleichung der gefesselten Masse $2m$ in x-Richtung:

$$2m\,\ddot{x} + 3k\,x = 0$$

Kennkreisfrequenz in x-Richtung: $\omega_p = \sqrt{3k/(2m)}$

Bewegung und Geschwindigkeit der gefesselten Masse:

$$x(t) = A_c \cos\omega_p t + A_s \sin\omega_p t$$
$$\dot{x}(t) = -\omega_p A_c \sin\omega_p t + \omega_p A_s \cos\omega_p t$$

Berechnung der Integrationskonstanten aus den Anfangsbedingungen:

$$x(0) = 0 \quad = A_c$$
$$\dot{x}(0) = \overline{v}_{1x} = \frac{v_2}{2} = \omega_p A_s$$

Bewegung nach einem plastischen Stoß:

$$x(t) = \frac{v_2}{2\,\omega_p} \sin\omega_p t$$

Bewegungen vor und nach einem plastischen Stoß:

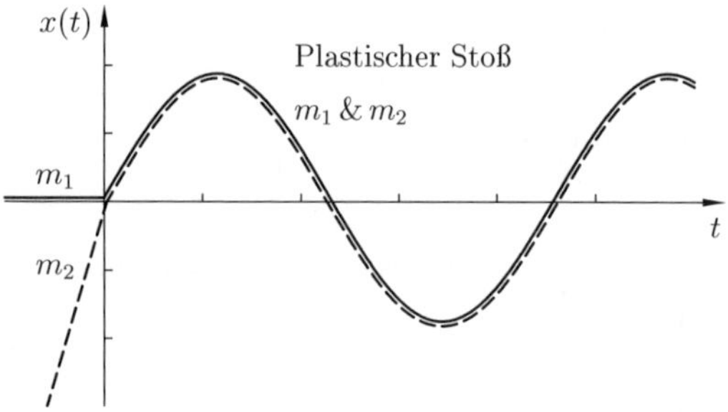

Elastischer Stoß:
Nach einem elastischen Stoß beträgt die schwingende Masse wieder m.

Kennkreisfrequenz in x-Richtung: $\omega_e = \sqrt{3k/m} = \sqrt{2}\omega_p$

Berechnung der Integrationskonstanten aus den Anfangsbedingungen:

$$x(0) = 0 \quad = A_c$$
$$\dot{x}(0) = \overline{v}_{1x} = v_2 = \omega_e A_s$$

Bewegung nach einem elastischen Stoß:

$$x(t) = \frac{v_2}{\omega_e} \sin\omega_e t$$

Nach einer halben Periode stößt die gefesselte Masse wieder auf die im Nullpunkt verharrende ungefesselte Masse. Da beide Massen gleich sind, tauschen sie erneut ihre Impulse vollständig aus. Die ungefesselte Masse fliegt nach hinten weg und die gefesselte Masse bleibt im Koordinatenursprung liegen.

Bewegungen vor und nach einem elastischen Stoß:

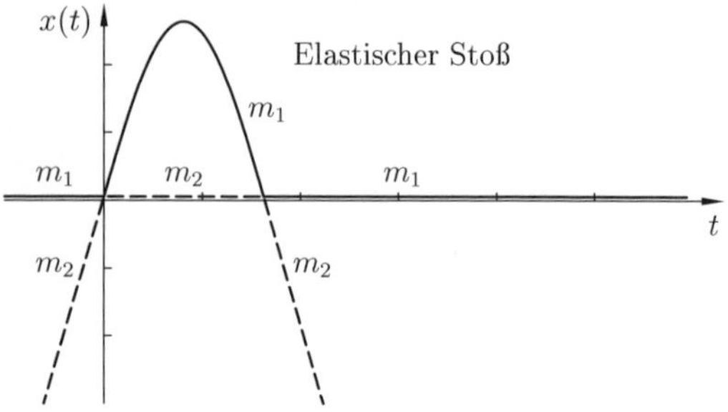

Aufgabe 5.6:

Die starre reibungsfrei im ruhenden Uhrengehäuse gelagert Unruhwelle (Massenträgheitsmoment Θ) wird von einer masselosen Spiralfeder (Biegesteifigkeit EI, Bandlänge L) gehalten. Infolge des kleinen Antriebs schwingt die Unruhwell mit bekannter Eigenfrequenz f_0 des ungedämpften Systems. Wird der Antrieb abgeschaltet, fallen die Maximalausschläge φ_{max} der freien Unruhschwingungen infolge schwacher Dämpfung nach 100 Oszillationen um 5% ab.

a) Wie groß ist das Massenträgheitsmoment Θ der Unruhwelle und welche Steifigkeit k hat die Spiralfeder?

b) Welchen Dämpfungsgrad D hat die Uhr?

b) Um wieviel Prozent weicht die Quasi-Periodendauer T_d des gedämpften Ausschwingvorgangs von der Periodendauer T_0 des ungedämpften Systems ab?

Gegeben: f_0, EI, L, $\varphi(100T_d) = 0.95\,\varphi(0)$

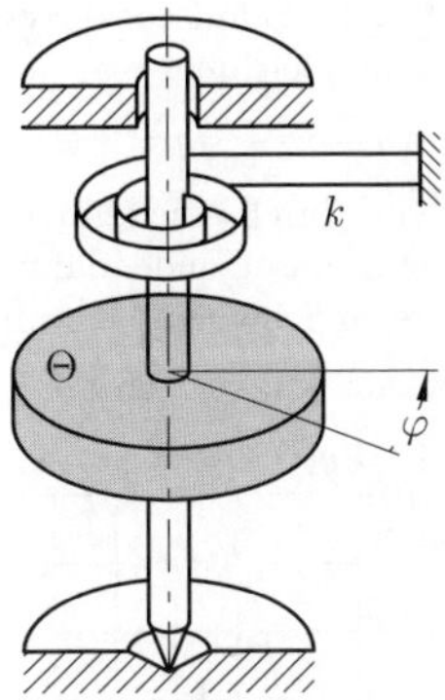

Bild A5.6: Unruh

Lösung der Aufgabe 5.6:

a) Ermittlung des Massenträgheitsmomentes und der Drehsteifigkeit:

Bewegungsgleichung und Kennkreisfrequenz des ungedämpften Systems:

$$\Theta\,\ddot{\varphi} + k\,\varphi = 0\,; \qquad \omega_0^2 = \frac{k}{\Theta}$$

Drehsteifigkeit:

$$k = \frac{EI}{L}$$

Massenträgheitsmoment:

$$\Theta = \frac{k}{\omega_0^2} = \frac{k}{(2\pi f_0)^2} = \frac{1}{(2\pi)^2}\frac{k}{f_0^2}$$

b) Ausschwingvorgang, gedämpftes System:

Logarithmisches Dekrement:

$$\Lambda = \frac{1}{100}\ln\left[\frac{\widehat{\varphi}}{0.95\,\widehat{\varphi}}\right] \approx 0.00051$$

Dämpfungsgrad:

$$D \approx \frac{\Lambda}{2\pi} \approx 0.000082 \approx 0.008\,\%$$

c) Abweichung der Quasi-Periodendauer von der Periode des ungedämpften Systems:

Periodendauer und Quasi-Periodendauer:

$$T_0 = \frac{1}{f_0}; \qquad T_d = \frac{1}{f_d} = \frac{1}{f_0\sqrt{1-D^2}}$$

Relative Abweichung:

$$\frac{|T_d - T_0|}{T_0} = \frac{1}{\sqrt{1-D^2}} - 1 \approx \left(1 + \frac{D^2}{2}\right) - 1 = \frac{D^2}{2} \approx 3.36\cdot 10^{-7}\,\%$$

Aufgabe 5.7:

Ein mechanisches System mit der Bewegungsgleichung

$m\,\ddot{q} + b\,\dot{q} + k\,q = F(t)$

wird durch eine zum Zeitpunkt $t=0$ sprungartig einsetzende, dann konstante Kraft F_0 zu freien Schwingungen angeregt.

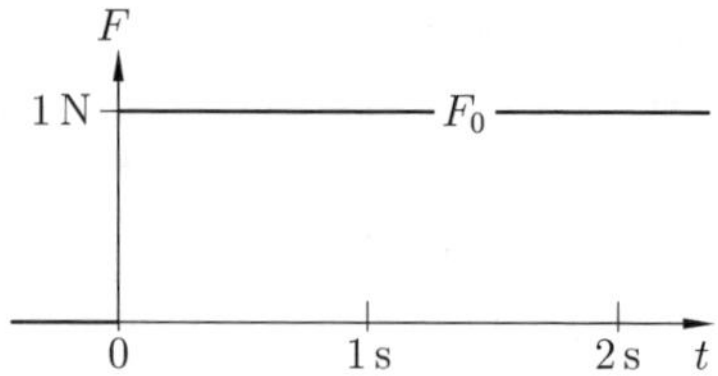

Bild A5.7.1: Erregerkraftverlauf

Gemessen werden der mittlere Ausschlag q_m und die Schwingungsmaxima $\widehat{q}_{n,max}$.

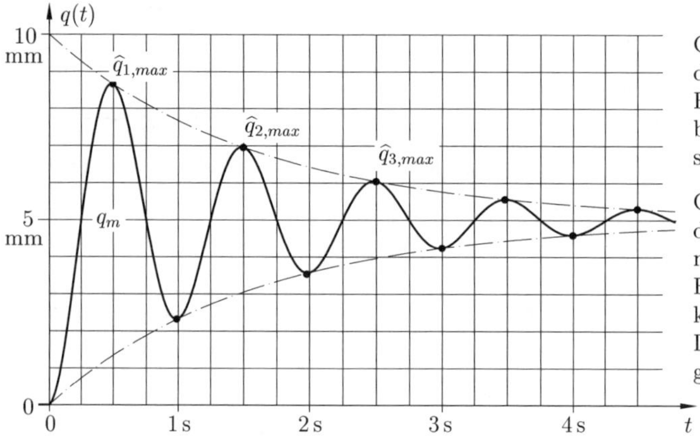

Bild A5.7.2: Gemessene Schwingungsantwort

Gegeben sind die aus den Bildern ablesbaren Größen sowie $T_d = 1\,\text{s}$.

Gesucht sind die Ersatzmasse m, die Ersatzsteifigkeit k und der Dämpfungsgrad D.

Lösung der Aufgabe 5.7:

Bewegungsgleichung nach Aufbringen der Kraft:

$$\ddot{q} + 2D\omega_0\,\dot{q} + \omega_0^2\,q = \omega_0^2\,\frac{F_0}{k}$$

Freie Bewegung:

$$q_h(t) = e^{-D\omega_0 t}(A_c \cos\omega_d t + A_s \sin\omega_d t)$$

Statische Verschiebung:

$$q_{stat} = \frac{F_0}{k}$$

Allgemeine Gesamtlösung:

$$q(t) = q_h(t) + q_{stat} = \frac{F_0}{k} + e^{-D\omega_0 t}(A_c \cos\omega_d t + A_s \sin\omega_d t)$$

$$\dot{q}_h(t) = e^{-D\omega_0 t}\Big[(\omega_d\,A_s - D\omega_0\,A_c)\cos\omega_d t - (\omega_d\,A_c + D\omega_0\,A_s)\sin\omega_d t\Big]$$

Anpassen der Gesamtlösung an die Anfangsbedingungen vor dem Kraftsprung:

$$q(0) = 0 = \frac{F_0}{k} + A_c \qquad \Longrightarrow \qquad A_c = -\frac{F_0}{k}$$

$$\dot{q}(0) = 0 = \omega_d\,A_s - D\omega_0\,A_c \qquad \Longrightarrow \qquad A_s = -\frac{F_0}{k}\,\frac{D\omega_0}{\omega_d}$$

Bewegung nach nach Aufbringen der Kraft:

$$q(t) = \frac{F_0}{k}\left[1 - e^{-D\omega_0 t}\Big(\cos\omega_d t + \frac{D\omega_0}{\omega_d}\sin\omega_d t\Big)\right]$$

Stationärer Zustand (nach Abklingen der Oszillation):

$$q_m = \lim_{t\to\infty} q(t) = \frac{F_0}{k} = 5\,\text{mm}$$

Ersatzsteifigkeit:

$$k = \frac{F_0}{q_m} = 0.2\,\frac{\text{N}}{\text{mm}}$$

Berechnung des Logarithmischen Dekrements und der Dämpfung:

Maximalamplituden:

n	1	2	3	4	5
$\frac{\widehat{q}_n}{\text{mm}}$	8.7	6.95	6.05	5.6	5.3
$\frac{(\widehat{q}_n - q_m)}{\text{mm}}$	3.7	1.95	1.05	0.6	0.3
$\frac{\widehat{q}_n - q_m}{\widehat{q}_{n+1} - q_m}$	1.9	1.86	1.75	2	
Λ_n	0.64	0.62	0.56	0.69	

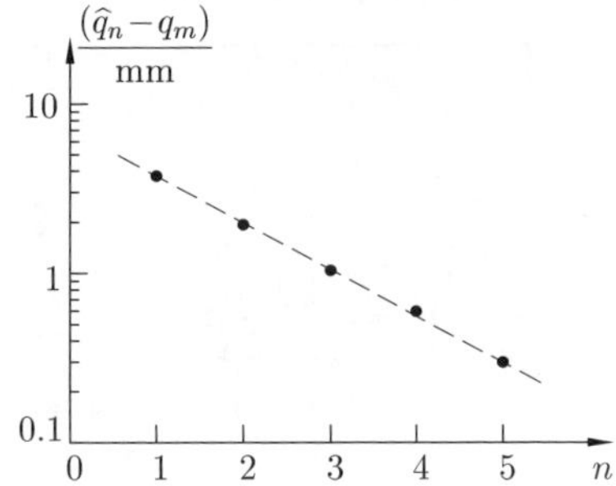

Logarithmisches Dekrement:

$$\Lambda = \ln\frac{\widehat{q}_n - q_m}{\widehat{q}_{n+1} - q_m} = \frac{1}{n}\ln\Big(\frac{\widehat{q}_1 - q_m}{\widehat{q}_{n+1} - q_m}\Big) = \frac{1}{4}\ln\Big(\frac{3.7}{0.3}\Big) = 0.63$$

Dämpfungsmaß und Quasi-Eigenkreisfrequenz der gedämpften Bewegung:

$$D = \frac{\Lambda}{\sqrt{4\pi^2 + \Lambda^2}} = 0.1\,, \qquad \omega_D = \frac{2\pi}{T_D} = 6.284\,\frac{1}{\text{s}}\,, \qquad \omega_0 = \frac{\omega_D}{\sqrt{1 - D^2}} = 6.32\,\frac{1}{\text{s}}$$

Ersatzmasse:

$$m = \frac{k}{\omega_0^2} = 5\,\text{kg}$$

Aufgabe 5.8:

Eine Maschine ist auf drei Federn (Steifigkeiten jeweils k) und zwei Dämpfern (Dämpfungskonstanten jeweils b) gelagert. Die Maschine befindet sich zunächst im Gleichgewicht. Zum Zeitpunkt $t=0$ bricht eine der drei Federn.

a) Stellen Sie für $t>0$ die Bewegungsgleichung für die Verschiebung $q(t)$, der Abweichung von der Lage mit entspannten Federn auf.

b) Berechnen Sie die Bewegung $q(t)$ der Maschine nach dem Federbruch.

c) Skizzieren Sie den Verlauf der Verschiebung $q(t)$ über der Zeit t und geben Sie charakteristische Werte an.

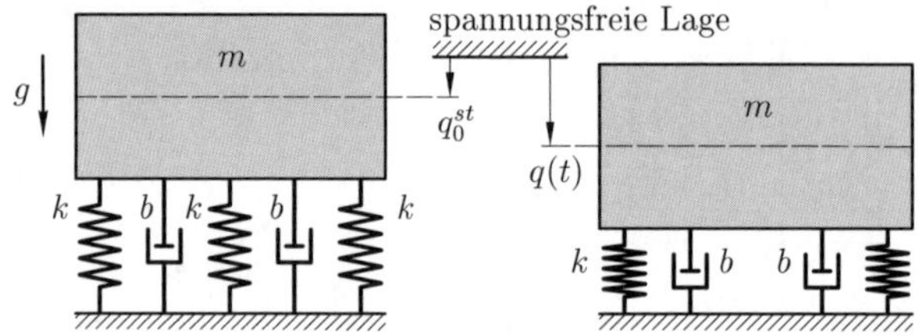

Bild A5.8: Unbeschädigte Maschine im Gleichgewicht (links) und Maschine mit einer defekten Feder in Bewegung (rechts)

Gegeben: m, b, k, g

Zahlenwerte (nur zur Berechnung der Dämpfung): $m=15\,\text{kg}$, $b=80\,\text{Ns/m}$, $k=100\,\text{N/m}$

Lösung der Aufgabe 5.8:

a) Ermittlung der Bewegungsgleichung für die Bewegung nach dem Federbruch:

Freikörperbild und Stoffgesetze nach Federbruch:

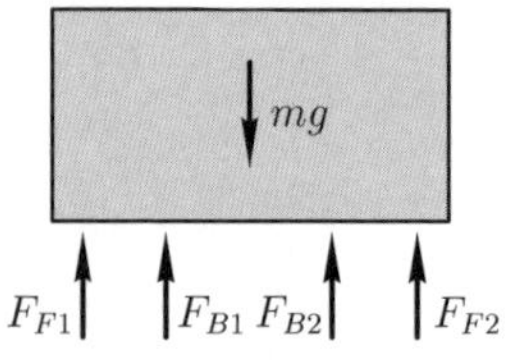

$$F_F = F_{F1} + F_{F2} = 2\,k\,q$$

$$F_B = F_{B1} + F_{B2} = 2\,b\,\dot{q}$$

Bewegungsgleichung:

$$m\,\ddot{q} + 2\,b\,\dot{q} + 2\,k\,q = mg$$

Kennkreisfrequenz und Dämpfungsmaß nach Federbruch:

$$\omega_0^2 = \frac{2k}{m}; \qquad D = \frac{2b}{2\sqrt{2km}} \approx 1.46 \qquad \Longrightarrow \qquad \text{Das System ist stark gedämpft.}$$

b) Berechnung der Bewegung nach Federbruch:

Statische Absenkung (Ruhelage) vor dem Federbruch:

$$q_0^{st} = \frac{mg}{3k}$$

Statische Gleichgewichtslage nach Federbruch (Partikularlösung):

$$q_1^{st} = \frac{mg}{2k}$$

Allgemeine Gesamtlösung:

$$q(t) = q_h + q_1^{st} = C_1\, e^{-\omega_0(D-\sqrt{D^2-1})t} + C_2\, e^{-\omega_0(D+\sqrt{D^2-1})t} + \frac{mg}{2k}$$

$$\dot{q}(t) = -C_1\,\omega_0(D-\sqrt{D^2-1})\, e^{-\omega_0(D-\sqrt{D^2-1})t} - C_2\,\omega_0(D+\sqrt{D^2-1})\, e^{-\omega_0(D+\sqrt{D^2-1})t}$$

Anpassen der allgemeinen Lösung an die Anfangsbedingungen:

$$q(0) = q_0^{st} = \frac{mg}{3k} = C_1 + C_2 + \frac{mg}{2k} = 0$$

$$\dot{q}(0) = 0 = C_1\,\omega_0(D-\sqrt{D^2-1}) + C_2\,\omega_0(D+\sqrt{D^2-1}) = 0$$

Integrationskonstanten:

$$C_1 = -\frac{D+\sqrt{D^2-1}}{\sqrt{D^2-1}}\,\frac{mg}{12k}, \qquad C_2 = \frac{D-\sqrt{D^2-1}}{\sqrt{D^2-1}}\,\frac{mg}{12k}$$

c) Zeitverlauf der Verschiebung $q(t)$ bei starker Dämpfung:

$$q(t) = \frac{mg}{2k}\left[1 - \frac{D+\sqrt{D^2-1}}{6\sqrt{D^2-1}}\, e^{-\omega_0(D-\sqrt{D^2-1})t} + \frac{D-\sqrt{D^2-1}}{6\sqrt{D^2-1}}\, e^{-\omega_0(D+\sqrt{D^2-1})t}\right]$$

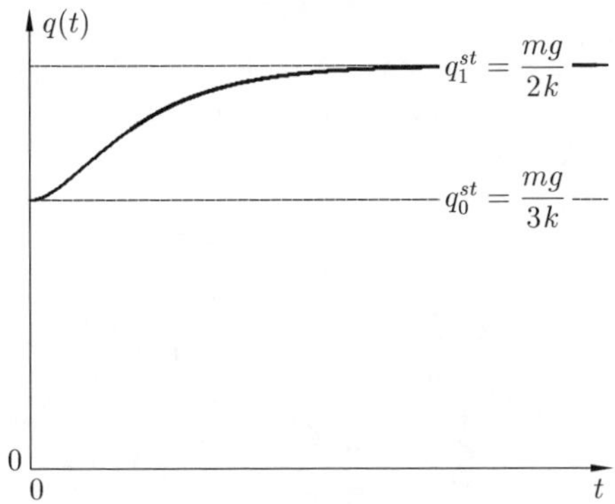

Unmittelbar nach dem Federbruch befindet sich die Maschine noch in der Ausgangslage $q(0) = q_0^{st} = \frac{mg}{3k}$.

Mit der Zeit nähert sich die Auslenkung exponentiell der neuen Ruhelage $q(\infty) = q_1^{st} = \frac{mg}{2k}$.

Eine andere Lösungsmöglichkeit besteht in der Nutzung der Sprungantwort von q_0^{st} auf q_1^{st}.

Aufgabe 5.9:

Eine um die senkrechte Achse A drehbare homogene dünne Tür (Masse m, Breite d) ist mit einem automatischen Türschließer versehen. Dieser besteht aus einem im Abstand a vom Scharnier A angebrachten Hebel (Länge l), der reibungsfrei im Gelenk B und längs der Wand C gleiten kann, einer Drehfeder (Drehsteifigkeit k) und einem geschwindigkeitsproportionalen Drehdämpfer (Dämpfungsmoment $M_D = b\dot{\psi}$). Die Drehfeder ist in der Stellung $\psi = 0$ entspannt.

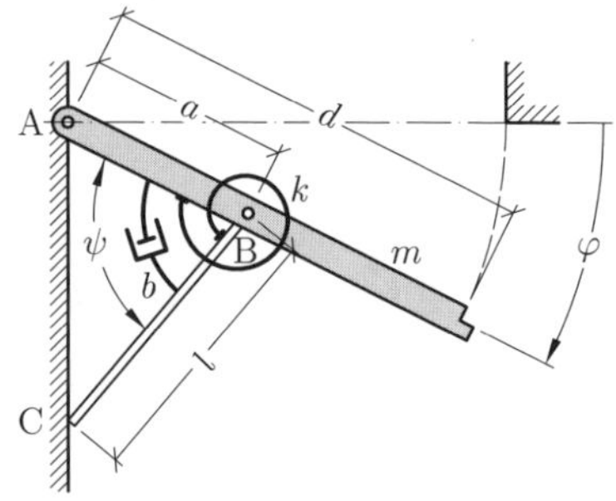

Bild A5.9: Türschließer

Die Tür ist anfangs um $\varphi_0 > 0$ geöffnet und fällt dann zu. Die Betrachtungen können auf Winkel $0 \leq \varphi(t) \leq \pi/2$ beschränkt werden.

a) Geben Sie alle Gleichungen zur Beschreibung der Schließbewegung $\varphi(t)$ an.

b) Ermitteln Sie daraus für den Spezialfall $a = 0$ die Bewegungsgleichung, die charakteristischen Parameter ω_0, D, δ und δ^k, die Bewegung $\varphi(t)$, die Zeitdauer T_Z bis zum Zuschlagen der Tür sowie die Geschwindigkeit $\dot{\varphi}(T_Z)$ im Augenblick des Aufschlagens. Die Zahlenwerte der Parameter ergeben hier starke Dämpfung, $D > 1$.

c) Wie ändern sich die Größen aus b) für den anderen Grenzfall $a = l$.

Gegeben: m, d, a, l, k, $b > 2\sqrt{kmd^2/3}$, φ_0

Lösung der Aufgabe 5.9:

a) Ansätze für die Herleitung der Bewegungsgleichung im allgemeinen Fall:

Freikörperbilder des Gesamtsystems und des Hebels:

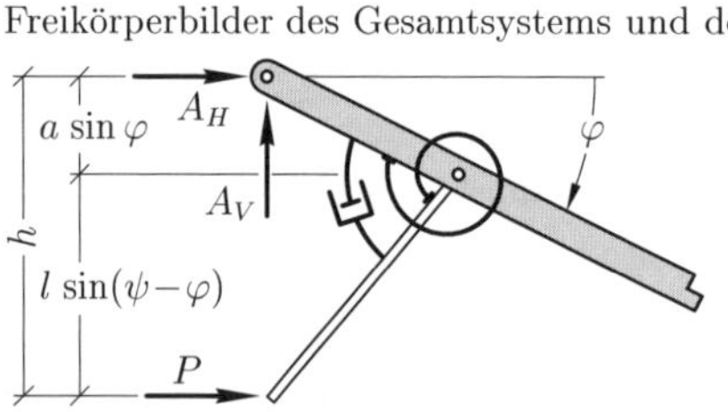

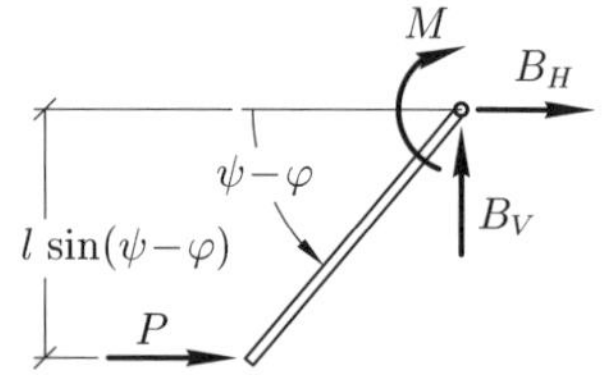

Kinematik:

$$a\cos\varphi - l\cos(\psi - \varphi) = 0 \tag{1}$$

$$a\sin\varphi + l\sin(\psi - \varphi) = h \tag{2}$$

Massengeometrie:

$$\Theta^A = \frac{1}{3} m d^2$$

Stoffgesetze für Feder und Dämpfer:

$$M = k\,\psi + b\,\dot{\psi} \tag{3}$$

Momentensatz des Gesamtsystems:

$$\Theta^A \ddot{\varphi} = -P\,h \tag{4}$$

Momentensatz des Hebels:

$$P\,l\sin(\psi - \varphi) - M = 0 \tag{5}$$

Für beliebige Geometrie ist das Gleichungssystem analytisch nicht lösbar.

b) Analyse der Bewegung im Spezialfall $a=0$:

Vereinfachte Kinematik:

aus (1): $l\cos(\psi-\varphi)=0 \implies \cos(\psi-\varphi)=0 \implies \psi=\frac{\pi}{2}+\varphi \implies \dot{\psi}=\dot{\varphi}$

aus (2): $l\sin(\psi-\varphi)=h \implies h=l\sin\frac{\pi}{2} \implies h=l$

Spezielle Stoffgesetze für Feder und Dämpfer:

aus (3): $M=k\left(\frac{\pi}{2}+\varphi\right)+b\,\dot{\varphi}$

Vereinfachte Kontaktkraft aus dem Momentensatz des Hebels:

aus (5): $P=\frac{M}{l}=\frac{1}{l}\left(k\,\psi+b\dot{\psi}\right)=\frac{1}{l}\left(k\frac{\pi}{2}+k\,\varphi+b\dot{\varphi}\right)$

Bewegungsgleichung aus dem vereinfachten Momentensatz für das Gesamtsystem:

aus (4): $\Theta^A\ddot{\varphi}=-\left(k\frac{\pi}{2}+k\,\varphi+b\,\dot{\varphi}\right)$

Normalform der Bewegungsgleichung für $a=0$:

$$\ddot{\varphi}+\frac{3b}{m\,d^2}\,\dot{\varphi}+\frac{3k}{m\,d^2}\,\varphi=-\frac{3k}{m\,d^2}\,\frac{\pi}{2}$$

Charakteristische Parameter:

$$\omega_0^2=\frac{3k}{m\,d^2},\qquad D=\frac{b}{2\sqrt{k\,m\,d^2/3}}>1,\qquad \delta=D\omega_0=\frac{3b}{2m\,d^2},\qquad \delta^k=\omega_0\sqrt{D^2-1}$$

Es handelt sich um ein stark gedämpftes System.

Partikularlösung infolge der Vorspannung (rechte Seite der Bewegungsgleichung):

$$\varphi_p=-\frac{\pi}{2}$$

Allgemeine Lösung der homogenen Bewegungsgleichung für starke Dämpfung ($D>1$):

$$\varphi_h(t)=e^{-\delta t}\left[C_1\,e^{\delta^k t}+C_2\,e^{-\delta^k t}\right]$$

Allgemeine Lösung der inhomogenen Bewegungsgleichung:

$$\varphi(t)=e^{-\delta t}\left[C_1\,e^{\delta^k t}+C_2\,e^{-\delta^k t}\right]-\frac{\pi}{2}$$

$$\dot{\varphi}(t)=e^{-\delta t}\left[(-\delta+\delta^k)\,C_1\,e^{\delta^k t}-(\delta+\delta^k)\,C_2\,e^{-\delta^k t}\right]$$

Anfangsbedingungen zur Ermittlung der Integrationskonstanten:

$$\varphi(0)=C_1+C_2-\frac{\pi}{2}=\varphi_0$$

$$\dot{\varphi}(0)=(-\delta+\delta^k)\,C_1-(\delta+\delta^k)\,C_2=0$$

Integrationskonstanten:

$$C_1=\frac{\delta+\delta^k}{2\,\delta^k}\left(\varphi_0+\frac{\pi}{2}\right),\qquad C_2=\frac{-\delta+\delta^k}{2\,\delta^k}\left(\varphi_0+\frac{\pi}{2}\right)$$

Schließvorgang als Lösung der Bewegungsgleichung:

$$\varphi(t) = \left(\varphi_0+\frac{\pi}{2}\right)\frac{1}{2\,\delta^k}\,e^{-\delta\,t}\left[(\delta+\delta^k)\,e^{\delta^k\,t}+(-\delta+\delta^k)\,e^{-\delta^k\,t}\right]-\frac{\pi}{2}$$

$$\dot\varphi(t) = \left(\varphi_0+\frac{\pi}{2}\right)\frac{\omega_0^2}{2\,\delta^k}\,e^{-\delta\,t}\left[e^{\delta^k\,t}-e^{-\delta^k\,t}\right]$$

Bedingung für die Schließzeit:

$$\varphi(T_Z) = \left(\varphi_0+\frac{\pi}{2}\right)\frac{1}{2\,\delta^k}\,e^{-\delta\,T_Z}\left[(\delta+\delta^k)\,e^{\delta^k\,T_Z}+(-\delta+\delta^k)\,e^{-\delta^k\,T_Z}\right]-\frac{\pi}{2}=0$$

Dies ist eine transzendente Gleichung, die sich in allgemeiner Form algebraisch leider nicht lösen läßt. Eine Näherungslösung ist allerdings möglich, indem man die offensichtlich kleinen Glieder gegenüber den dominierenden vernachlässigt:

Der zweite Term ist kleiner als der erste und um so kleiner, je größer das Dämpfungsmaß ist. Eine Näherung für T_Z läßt sich somit berechnen, indem man den zweiten Term vernachlässigt. Es verbleibt die verkürzte Bestimmungsgleichung

$$\varphi(T_Z) \approx \left(\varphi_0+\frac{\pi}{2}\right)\frac{\delta+\delta^k}{2\,\delta^k}\,e^{(\delta^k-\delta)\,T_Z} = \frac{\pi}{2}$$

mit der Näherungslösung für die Schließzeit

$$T_Z \approx -\frac{1}{\delta-\delta^k}\ln\left[\frac{2\,\delta^k}{\delta+\delta^k}\,\frac{\pi/2}{\varphi_0+\pi/2}\right] \approx 2\,D^2\ln\left[1+\frac{2\varphi_0}{\pi}\right].$$

Winkelgeschwindigkeit der Tür beim Aufschlagen:

$$\dot\varphi(T_Z) \approx \left(\varphi_0+\frac{\pi}{2}\right)\frac{\omega_0^2}{2\,\delta^k}\,e^{(\delta^k-\delta)\,T_Z} = \frac{\omega_0^2}{\delta+\delta^k}\,\frac{\pi}{2}$$

Abschätzung des vernachlässigten Terms durch Vergleich der beiden Ausdrücke:

$$\varepsilon = \frac{(\delta-\delta^k)\,e^{-\delta^k\,T_Z}}{(\delta+\delta^k)\,e^{\delta^k\,T_Z}} = \frac{\delta-\delta^k}{\delta+\delta^k}\,e^{-2\delta^k\,T_Z} < 1$$

c) Analyse der Bewegung im Spezialfall $a=l$:

Vereinfachte Kinematik:

aus (1): $\varphi = \psi-\varphi \quad\Longrightarrow\quad \psi = 2\varphi$

aus (2): $a\sin\varphi + a\sin\varphi = h \quad\Longrightarrow\quad h = 2\,a\,\sin\varphi$

Spezielle Stoffgesetze für Feder und Dämpfer:

aus (3): $M = 2\,(k\,\varphi + b\,\dot\varphi)$

Vereinfachte Kontaktkraft aus dem Momentensatz des Hebels:

aus (5): $P\,a\sin\varphi - M = 0$

Bewegungsgleichung aus dem vereinfachten Momentensatz für das Gesamtsystem:

aus (4): $\Theta^A\,\ddot\varphi = -P\,2\,a\sin\varphi = -2\,M = -4\,a\,(k\,\varphi + b\,\dot\varphi)$

Normalform der Bewegungsgleichung für $a=l$:

$$\ddot\varphi + \frac{12\,b}{m\,d^2}\,\dot\varphi + \frac{12\,k}{m\,d^2}\,\varphi = 0$$

Charakteristische Parameter:

$$\omega_0^2 = \frac{12\,k}{m\,d^2}, \qquad D = \frac{b}{\sqrt{k\,m\,d^2/3}} > 1, \qquad \delta = D\omega_0 = \frac{6\,b}{m\,d^2}, \qquad \delta^k = \omega_0\sqrt{D^2-1}$$

Es handelt sich um ein stark gedämpftes System.

Allgemeine Lösung der Bewegungsgleichung für starke Dämpfung ($D>1$):

$$\varphi(t) = e^{-\delta\,t}\left[C_1\,e^{\delta^k t} + C_2\,e^{-\delta^k t}\right]$$

$$\dot{\varphi}(t) = e^{-\delta\,t}\left[(-\delta+\delta^k)\,C_1\,e^{\delta^k t} - (\delta+\delta^k)\,C_2\,e^{-\delta^k t}\right]$$

Anfangsbedingungen zur Ermittlung der Integrationskonstanten:

$$\varphi(0) = \qquad C_1 + C_2 \qquad = \varphi_0$$

$$\dot{\varphi}(0) = (-\delta+\delta^k)\,C_1 - (\delta+\delta^k)\,C_2 \quad = 0$$

Integrationskonstanten:

$$C_1 = \frac{\delta+\delta^k}{2\,\delta^k}\,\varphi_0, \qquad C_2 = \frac{-\delta+\delta^k}{2\,\delta^k}\,\varphi_0$$

Schließvorgang als Lösung der Bewegungsgleichung:

$$\varphi(t) = \varphi_0\,\frac{1}{2\,\delta^k}\,e^{-\delta\,t}\left[(\delta+\delta^k)\,e^{\delta^k t} + (-\delta+\delta^k)\,e^{-\delta^k t}\right]$$

$$\dot{\varphi}(t) = \varphi_0\,\frac{\omega_0^2}{2\,\delta^k}\,e^{-\delta\,t}\left[e^{\delta^k t} - e^{-\delta^k t}\right]$$

Bedingung für die Berechnung der Schließzeit:

$$\varphi(T_Z) = \varphi_0\,\frac{1}{2\,\delta^k}\,e^{-\delta\,T_Z}\left[(\delta+\delta^k)\,e^{\delta^k T_Z} + (-\delta+\delta^k)\,e^{-\delta^k T_Z}\right] = 0$$

Die eckige Klammer bleibt wegen $\delta > \delta^k > 0$ stets positiv. Damit ist erst nach unendlich langer Zeit die Tür zu, $T_Z \to \infty$. Das Schließen der Tür in endlicher Zeit wäre hier nur mit schwacher Dämpfung realisierbar.

Aufgabe 5.10:

Ein linearer Schwinger wird durch die charakteristische Gleichung

$\lambda^2 + a\,\lambda + c = 0$

beschrieben. Analysieren Sie die Eigenwerte hinsichtlich ihrer Eigenschaften und physikalischen Bedeutung in Abhängigkeit von den Parametern a und c.

a) Berechnen Sie dazu die Kurve, welche komplexe Eigenwerte von reellen trennt. Geben Sie an, in welchen Parameterbereichen die freie Bewegung kriechend und in welchen sie oszillierend abläuft.

b) Berechnen Sie die Bereiche stabiler und instabiler Gleichgewichtslagen als Funktionen der Parameter a und c und skizzieren Sie in einem Diagramm mit c über a die Stabilitätsgrenze.

Gegeben: a, c

Lösung der Aufgabe 5.10:

a) Analyse der Eigenwerte:

Charakteristisches Polynom: $\lambda^2 + a\,\lambda + c = 0$

Eigenwerte: $\lambda_{1,2} = -\frac{a}{2} \pm \sqrt{\frac{a^2}{4} - c}$

Kriechfall:	$\lambda_{1,2}$	reell	$c < a^2/4$
Schwingfall:	$\lambda_{1,2}$	konjugiert komplex	$c > a^2/4$
Kriechgrenzfall:	$\lambda_1 = \lambda_2$	reell	$c = a^2/4$

Eigenschaften der Eigenwerte in Abhängigkeit von den Parametern:

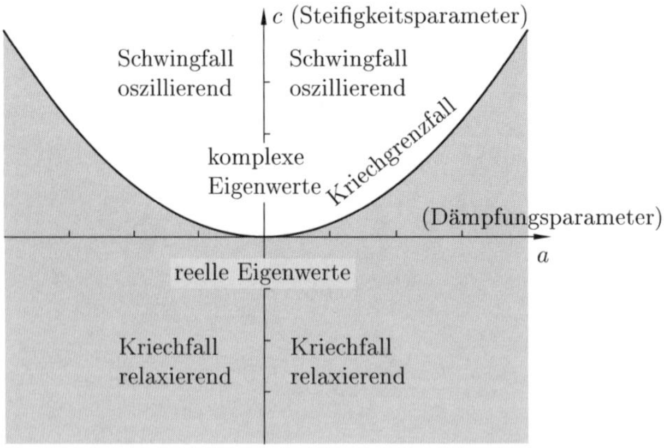

b) Stabilitätsanalyse:

Die Gleichgewichtslage ist asymptotisch stabil, wenn die Realteile aller Eigenwerte negativ sind, $\Re\{\lambda_i\} < 0$:

Kriechfall ($c < a^2/4$):

$$\Re\{\lambda_{1/2}\} = -\frac{a}{2} \pm \sqrt{\frac{a^2}{4} - c} < 0 \qquad \text{für} \qquad a > 0 \quad \text{und} \quad c > 0$$

Schwingfall ($c > a^2/4$):

$$\Re\{\lambda_{1/2}\} = -\frac{a}{2} < 0 \qquad \text{für} \qquad a > 0, \quad \text{folglich} \quad c > 0$$

In beiden Fällen müssen für die Stabilität der Gleichgewichtslage $a > 0$ und $c > 0$ sein.

Stabilitätskarte in Abhängigkeit von den Parametern:

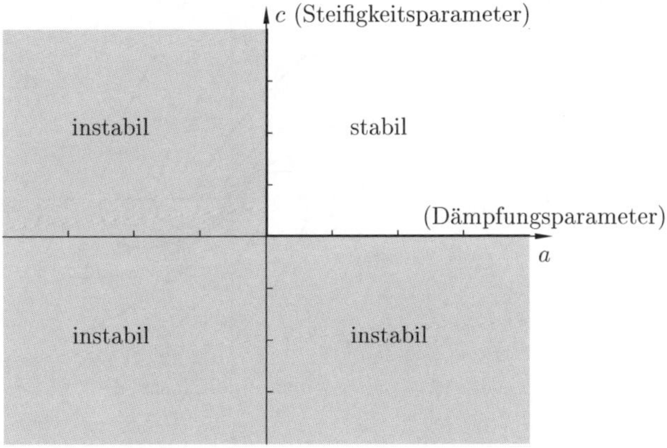

c) Stabilitätsanalyse mit dem HURWITZ-Kriterium (als Ergänzung):

Polynomkoeffizienten:

$$a_0 = c, \qquad a_1 = a, \qquad a_2 = 1, \qquad a_3 = 0$$

HURWITZ-Determinanten:

$$\Delta_1 = a_1 = a$$

$$\Delta_2 = \begin{vmatrix} a_1 & a_0 \\ a_3 & a_2 \end{vmatrix} = a_1 a_2 - a_0 a_3 = a$$

Notwendige Stabilitätsbedingung:
Alle Koeffizienten müssen gleiches Vorzeichen haben:

$$a > 0 \qquad \text{und} \qquad c > 0$$

Hinreichende Stabilitätsbedingung:
Alle HURWITZ-Determinanten müssen größer null sein:

$$\Delta_1 = a > 0$$

$$\Delta_2 = a > 0$$

Aufgabe 5.11:

Gegeben sind fünf verschiedene Phasendiagramme $\dot{q}(q)$ von einfachen mechanischen Systemen.

Geben Sie jeweils an, ob es sich bei $q = 0$ um eine stabile oder eine instabile Gleichgewichtslage handelt (Streichen Sie jeweils das falsche durch).

Kennzeichnen Sie in den Phasenporträts jeweils durch zwei Pfeile an den Kurven die Richtungen der Durchläufe mit wachsender Zeit t.

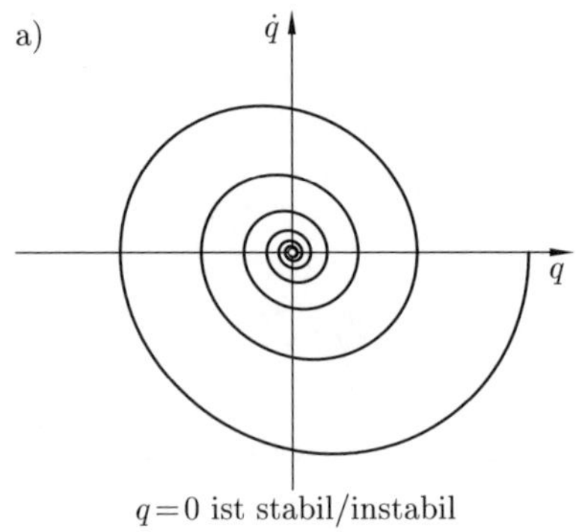

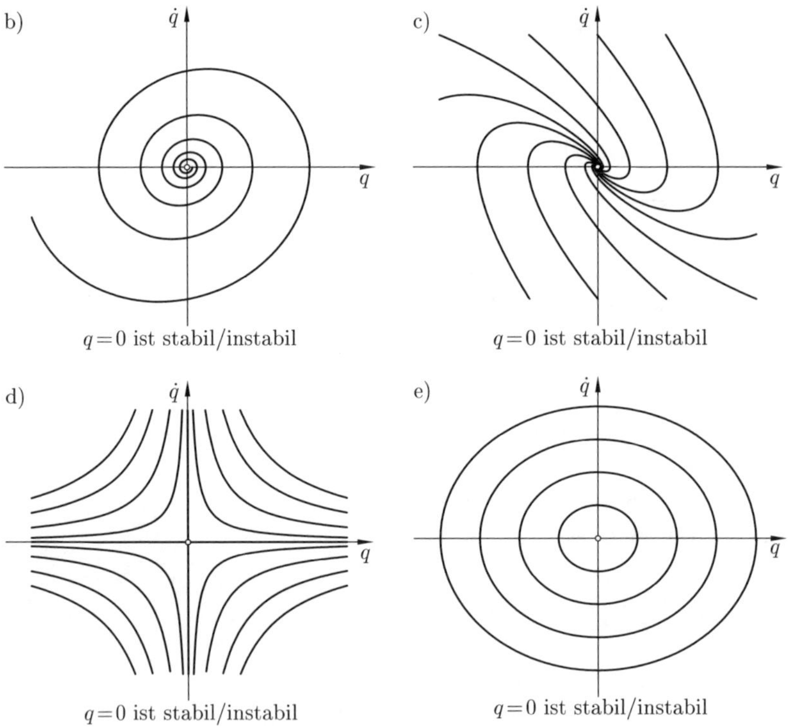

Bild A5.11: Verschieden Phaseporträts

Lösung der Aufgabe 5.11:

a) $q=0$ ist asymptotisch stabil

b) $q=0$ ist instabil

c) $q=0$ ist asymptotisch stabil

d) $q=0$ ist instabil

e) $q=0$ ist grenzstabil

Aufgabe 5.12:

Ein horizontal reibungsfrei geführter linearer Schwinger mit einem Freiheitsgrad $q(t)$ hat die Masse m, die Dämpfungskonstante b und die Steifigkeit k.

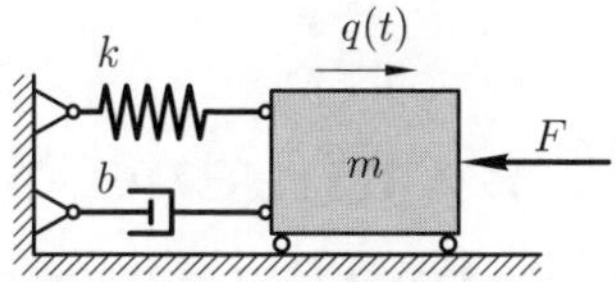

Bild A5.12: Linearer Schwinger

- Zum Zeitpunkt t_0 ist der Schwinger in Ruhe und die Feder ist entspannt.
- Durch eine sehr langsam anwachsende äußere Kraft F wird die Feder quasi-statisch um die Länge a zusammengedrückt und in dieser Stellung gehalten.
- Danach wird zum Zeitpunkt t_1 die äußere Kraft schlagartig entfernt und das lineare System führt in der Folge freie schwach gedämpfte Schwingungen $q(t)$ aus.
- Beim dritten Nulldurchgang dieser Schwingung, zum Zeitpunkt t_2, sind nur noch 50% der Ausgangsenergie vorhanden.
- Nach langer Zeit, zum Zeitpunkt t_3, sind die Schwingungen schließlich soweit abgeklungen, daß keine Bewegung mehr gesehen werden kann.

a) Geben Sie zu den Zeitpunkten t_0, t_1, t_2 und t_3 jeweils die kinetische und die potentielle Energie zahlenmäßig an.

b) Stellen Sie alle beschriebenen Vorgänge und Situationen in einem Energiediagramm $T(q)$ bzw. $U(q)$ dar und kennzeichnen Sie die Zeitpunkte t_0, t_1, t_2 und t_3 in diesem Energiediagramm.

Gegeben: $m = 10\,\text{kg}$, $b = 8\,\text{Ns/m}$, $k = 1000\,\text{N/m}$, $a = 20\,\text{mm}$

Lösung der Aufgabe 5.12:

a) Kinetische und potentielle Energie in den verschiedenen Situationen:

Allgemein:

$$U_i = \frac{1}{2} k\, q_i^2, \qquad T_i = \frac{1}{2} m\, \dot{q}_i^2$$

Zeitpunkt t_0:

$$U_0 = 0, \qquad T_0 = 0$$

Zeitpunkt t_1:

$$U_1 = \frac{1}{2} \cdot 10^3 \cdot (20 \cdot 10^{-3})^2\,\text{Nm} = 0.2\,\text{Nm}, \quad T_1 = 0$$

Zeitpunkt t_2:

$$U_2 = 0, \quad T_2 = \frac{1}{2} U_1 = 0.1\,\text{Nm}$$

Zeitpunkt t_3:

$$U_3 = 0, \qquad T_3 = 0$$

b) Energiediagramm:

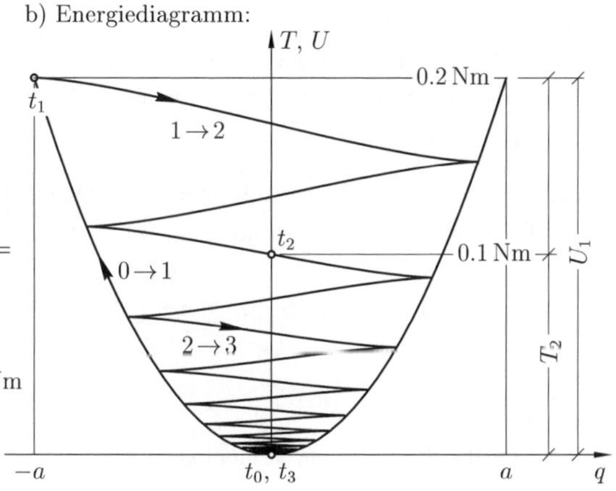

Kapitel 6

Erzwungene Schwingungen von Einfreiheitsgradsystemen

Aufgabe 6.1:

Ein Meßgerät (Masse m) wird zur passiven Schwingungsisolierung gegenüber dem vibrierenden Boden auf eine elastische Unterlage mit vernachlässigbarer Dämpfung und Masse gestellt. Dabei drückt sich die Unterlage um das Maß s zusammen.

a) Welche Eigenfrequenz f_0 haben die vertikalen Schwingungen des Meßgerätes auf der Isoliermatte?

b) Welche absoluten vertikalen Schwingungsamplituden $\widehat{q}$ erfährt das Meßgerät, wenn der Boden mit der Frequenz f und der Amplitude $\widehat{u}$ harmonisch schwingt?

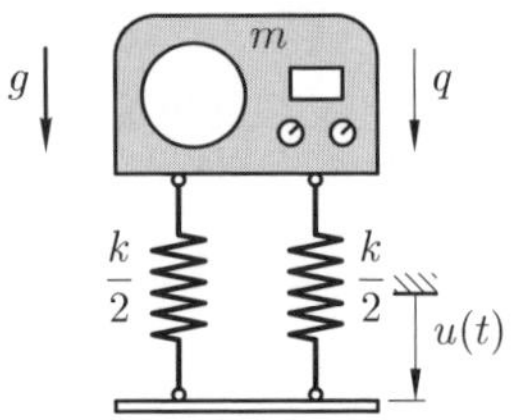

Bild A6.1.1: Meßgerät

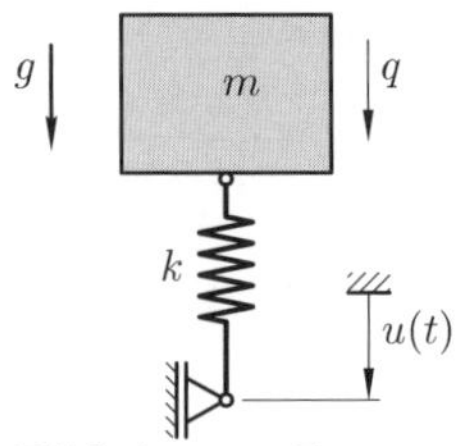

Bild A6.1.2: Ersatzsystem

Gegeben:
$m = 5$ kg
$s = 4$ mm
$\widehat{u} = 0.4$ mm
$f = 50$ Hz

Lösung der Aufgabe 6.1:

a) Ermittlung der Kennkreisfrequenz:

Berechnung der Steifigkeit der Unterlage aus der Statik:

$$k\,s = mg \qquad \Longrightarrow \qquad k = \frac{mg}{s}$$

Kennkreisfrequenz und Eigenfrequenz des Schwingungssystems:

$$\omega_0^2 = \frac{k}{m} = \frac{g}{s} \qquad \Longrightarrow \qquad f_0 = \frac{\omega_0}{2\pi} = \frac{1}{2\pi}\sqrt{\frac{g}{s}} = \frac{1}{2\pi}\sqrt{\frac{9.81\cdot 10^3\,\mathrm{mm}}{4\,\mathrm{mm\,s^2}}} = 7.88\,\mathrm{Hz}$$

b) Erzwungene harmonische Schwingung:

Schwingungsamplitude und Frequenzverhältnis:

$$\widehat{q} = \widehat{u}\,\frac{1}{|1-\eta^2|} \qquad \text{mit} \qquad \eta = \frac{\Omega}{\omega_0} = \frac{f}{f_0} = \frac{50}{7.88} = 6.34$$

Amplitude der erzwungenen harmonischen Schwingung:

$$\widehat{q} = 0.4\,\mathrm{mm}\,\frac{1}{|1-(6.34)^2|} = 0.01\,\mathrm{mm}$$

Aufgabe 6.2:

Zum Schutz eines Gerätes wird dieses auf einem elastisch aufgestellten Fundament betrieben. Das Fundament (Masse m inklusive Meßgerät) steht auf neun gleichen Federn (Steifigkeit jeweils k). Bei äußeren Erschütterungen bewegt sich der Fußboden mit der harmonischen Verschiebung $u(t) = \hat{u} \cos \Omega t$. Die dominierende Erregerfrequenz Ω liegt beim Zweifachen der Eigenfrequenz des Schwingfundamentes mit neun Federn.

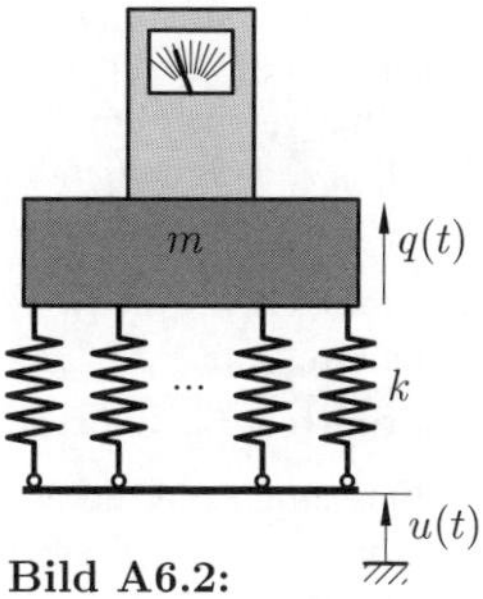

Bild A6.2:
Schwingfundament

a) Ermitteln Sie die Anzahl f der Federn, die hinzugenommen ($f > 0$) oder entfernt ($f < 0$) werden müssen, um die Amplitude $\hat{q}$ der Maschine unter einem Achtel der Anregungsamplitude $\hat{u}$ zu halten.

b) Um wieviel Prozent verbessert oder verschlechtert eine parallel zu den Federn wirkende Dämpfung von $D = 1\%$ die Isolierwirkung des veränderten Fundamentes?

Gegeben: Ω, $n = 9$, k, m, D

Lösung der Aufgabe 6.2:

a) Analyse der notwendigen Strukturänderung:

Vergrößerungsfunktion und Antwortamplitude:

$$V = \frac{1}{|1-\eta^2|}; \qquad \hat{q} = V\,\hat{u}$$

Mindestwert des Erregerfrequenzverhältnisses aus der Isolierforderung:

$$\hat{q} = \frac{1}{8}\hat{u} \qquad \Longrightarrow \qquad \hat{u}\,\frac{1}{|1-\eta^2|} = \frac{1}{8}\hat{u} \qquad \Longrightarrow \qquad \eta_{soll} = 3$$

$$\eta_{soll} = \frac{\Omega}{\omega_{0,soll}} = \frac{2\sqrt{nk/m}}{\sqrt{(n+f)\,k/m}} = 3 \qquad \Longrightarrow \qquad 4n = 9(n+f) \qquad \Longrightarrow \qquad f = -5$$

Es müssen fünf Federn ($f = -5$) entfernt werden.

b) Isolierwirkung bei Dämpfung:

Vergrößerungsfunktion bei Dämpfung:

$$V_D = \sqrt{\frac{1 + (2D\eta)^2}{(1-\eta^2)^2 + (2D\eta)^2}}$$

Relative Verschlechterung der Isolierwirkung bei $\eta = 3$:

$$\frac{V_D}{V} = \sqrt{\frac{1 + (2D\eta)^2}{(1-\eta^2)^2 + (2D\eta)^2}\,\frac{(1-\eta^2)^2}{1}} = \sqrt{\frac{(1 + 0.06^2)(1-9)^2}{(1-9)^2 + 0.06^2}} = 1.0018$$

Die Amplituden werden durch eine Dämpfung von $D = 1\%$ um 0.18% vergrößert.

Aufgabe 6.3:

An einem biegeschlaffen masselosen Seil und einer Feder (Steifigkeit k) hängt eine Masse m, die sich in einer reibungsfreien Führung vertikal bewegen kann. Das Seil ist über eine Walze (Radius r, Trägheitsmoment Θ) geführt, auf die ein harmonisches Moment der Form $M(t)=\widehat{M}\cos\Omega t$ wirkt.

a) Ermitteln Sie die Bewegungsgleichung für $q(t)$ des Schwingungssystems.

b) Ermitteln Sie die statische Gewichtsabsenkung q_{st}.

c) Berechnen Sie die erzwungenen Schwingungen (nach Abklingen etwaiger Eigenschwingungen) und geben Sie deren Amplitude für $\Omega=3/4\,\omega_0$ an.

d) Wie groß darf das Momenten $\widehat{M}$ maximal werden?

Gegeben: m, Θ, k, r, $\widehat{M}$, $\Omega=3/4\,\omega_0$

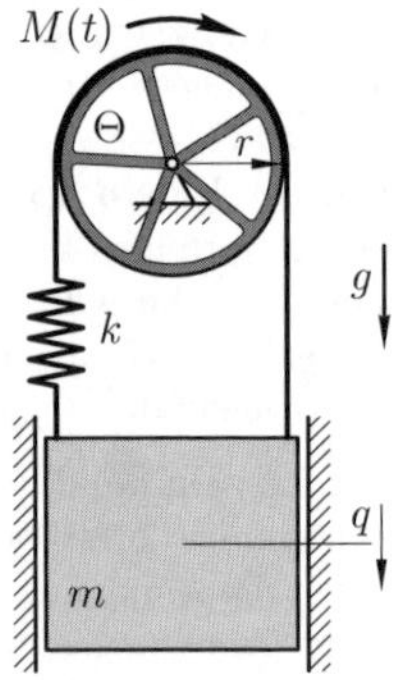

Bild A6.3: Schwingungssystem

Lösung der Aufgabe 6.3:

a) Ermittlung der Bewegungsgleichung:

Freikörperbilder:

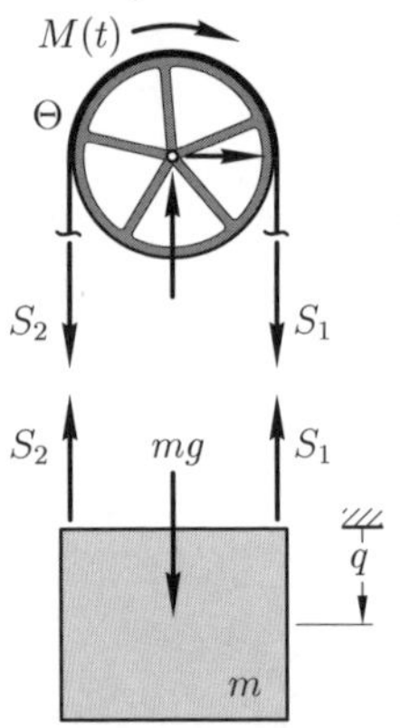

Dynamische Grundgesetze:

$$\Theta\,\ddot{\varphi} = M(t) + S_1\,r - S_2\,r$$

$$m\,\ddot{q} = -S_1 - S_2 + mg$$

Kinematik:

$$\dot{q} = r\,\dot{\varphi} \qquad \Longrightarrow \qquad q = r\,\varphi$$

Federkraft:

$$S_2 = k\,(q + r\,\varphi)$$

Elimination von S_1 und S_2:

$$\Theta\,\ddot{\varphi} + m\,r\,\ddot{q} = M(t) - 2rk\,(q{+}r\varphi) + mg\,r$$

Bewegungsgleichung:

$$(\Theta{+}m\,r^2)\,\ddot{q} + 4kr^2\,q = r\,M(t) + mg\,r^2$$

b) Berechnung der statischen Absenkung mit $\ddot{q}_{st}=0$ und $M(t)=0$:

$$q_{st} = \frac{mg\,r^2}{4kr^2} = \frac{mg}{4k}$$

c) Berechnung der erzwungenen Schwingungen:

Normalform der Bewegungsgleichung (ohne Gewicht) für $\Delta q = q - q_{st}$:

$$\Delta\ddot{q} + \omega_0^2\,\Delta q = \omega_0^2\,\widehat{u}\cos\Omega t \qquad \text{mit} \qquad \omega_0^2 = \frac{4kr^2}{\Theta{+}mr^2} \qquad \text{und} \qquad \widehat{u} = \frac{\widehat{M}}{4kr}$$

Erzwungene Bewegung; Vergrößerungsfunktion und Amplitude bei $\Omega=3/4\,\omega_0$:

$$\Delta q(t) = \widehat{u}\,\frac{1}{1-\eta^2}\cos\Omega t, \qquad V_{3/4} = \frac{1}{1-(3/4)^2} = \frac{16}{7}, \qquad \Delta\widehat{q}_{3/4} = \frac{16}{7}\,\frac{\widehat{M}}{4kr}$$

d) Berechnung der maximal möglichen Momentenamplitude:

Seilkraft S_1 und Federkraft S_2 inklusive Gewicht:

$$S_1 = mg - S_2 - m\ddot{q} = \frac{mg}{2} - \frac{8}{7}\frac{\widehat{M}}{r}\Big(1 - \frac{\Omega^2 m}{2k}\Big)\cos\Omega t$$

$$S_2 = 2kq = 2k\Big(q_{st} + \Delta\widehat{q}_{3/4}\cos\Omega t\Big) = \frac{mg}{2} + \frac{8}{7}\frac{\widehat{M}}{r}\cos\Omega t$$

Feder- und Seilkraft müssen stets größer als Null bleiben:

$$S_1 > 0 \quad\Longrightarrow\quad \frac{mg}{2} > \left|\frac{8}{7}\frac{\widehat{M}}{r}\Big(\frac{\Omega^2 m}{2k} - 1\Big)\right| = \left|\frac{1}{7}\frac{\widehat{M}}{r}\frac{mr^2 - 8\Theta}{\Theta + mr^2}\right| \tag{1}$$

$$S_2 > 0 \quad\Longrightarrow\quad \frac{mg}{2} > \left|\frac{8}{7}\frac{\widehat{M}}{r}\right| \tag{2}$$

Bedingung für die Momentenamplitude:

aus (1): $\widehat{M} < \dfrac{7}{16} mgr \dfrac{1}{\left|\dfrac{\Omega^2 m}{2k} - 1\right|} = \dfrac{7}{2} mgr \dfrac{\Theta + mr^2}{|\Theta - mr^2/8|}$

aus (2): $\widehat{M} < \dfrac{7}{16} mgr$

Die Bedingung (1) ist nur schärfer als die Bedingung (2), wenn $\dfrac{\Omega^2 m}{2k} \geq 2$ ist. Dies ist jedoch bei der in der Aufgabe gegebenen Erregerfrequenz $\Omega = 3/4\omega_0$ nicht der Fall.

Aufgabe 6.4:

Ein Meßgerät (Masse m inklusive Meßtableau) soll erschütterungsfrei aufgehängt werden. Dazu wird das Meßtableau an drei gleichen Federn (Steifigkeit k) aufgehängt.

a) Wie ist die Steifigkeit der drei Federn zu bemessen, wenn die Störausschläge infolge Fußpunkterregung bis herunter zu einer Frequenz f_K auf mindestens das α-fache ($\alpha < 1$) ihres Betrages vermindert werden sollen? Rechnen Sie hierzu dämpfungsfrei.

b) Wie verändert eine zusätzliche Luftdämpfung (viskose Dämpfung gegenüber der ruhenden Umgebung, Dämpfungskonstante b) die Isolierwirkung?

Gegeben: m, f_K, $\alpha < 1$, b

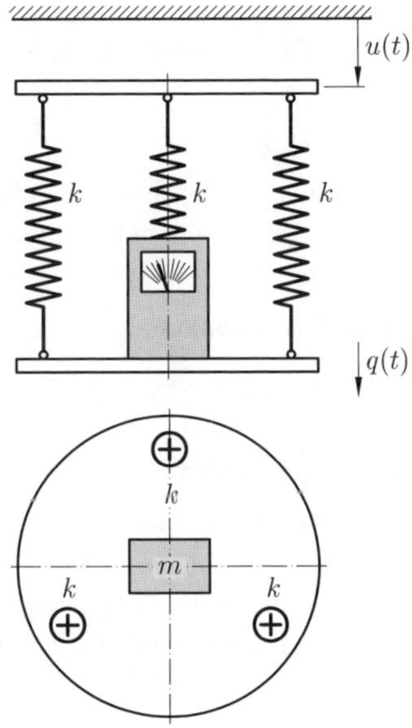

Bild A6.4: Isoliert aufgestelltes Meßgerät

Lösung der Aufgabe 6.4:

a) Bemessung der Steifigkeit für das dämpfungsfreie System:

Bewegungsgleichung:

$$m\ddot{q} + 3kq = 3k\,u(t)$$

Erzwungene Bewegung:

$$q(t) = \hat{u}\,V_0(\eta)\cos\left[\Omega t - \psi(\eta)\right]$$

Vergrößerungsfunktion:

$$V_0(\eta) = \frac{1}{|1-\eta^2|} \qquad \text{mit}$$

$$\eta = \frac{\Omega}{\omega_0} \qquad \text{und} \qquad \omega_0^2 = \frac{3k}{m}$$

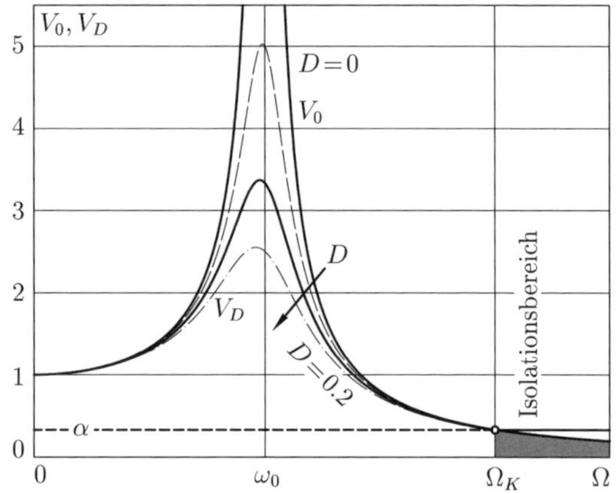

Schwingungsminderung:

$$\frac{1}{|1-\eta^2|} \leq \alpha < 1 \qquad \Longrightarrow \qquad |1-\eta^2| \geq \frac{1}{\alpha}$$

i) $|\eta| < 1 \qquad \Longrightarrow \qquad$ keine Lösung

ii) $|\eta| > 1 \qquad \Longrightarrow \qquad \eta^2 - 1 \geq \dfrac{1}{\alpha} \qquad \Longrightarrow \qquad \eta^2 \geq \dfrac{1}{\alpha} + 1 = \eta_K^2$

$$\Longrightarrow \qquad \frac{\Omega^2}{\omega_0^2} \geq \frac{\Omega_K^2}{\omega_0^2} = \frac{(2\pi f_K)^2}{3k/m} = \frac{1}{\alpha} + 1$$

Begrenzung der Steifigkeit für Schwingungsminderung:

$$k \leq \frac{(2\pi f_K)^2 m}{3(1/\alpha + 1)}$$

b) Einfluß der Umgebungsdämpfung:

Bewegungsgleichung mit Dämpfung:

$$m\ddot{q} + b\dot{q} + 3kq = 3k\,u(t)$$

Vergrößerungsfunktion:

$$V_D(\eta, D) = \frac{1}{\sqrt{(1-\eta^2)^2 + (2D\eta)^2}}$$

$$\text{mit} \qquad \frac{b}{m} = 2D\omega_0$$

Vergleich mit dem ungedämpften System:

$V_D \leq V_0 \qquad$ für alle $\eta \qquad \Longrightarrow$

Hier wird durch Dämpfung gegenüber der ruhenden Umgebung die Isolierwirkung im gesamten Frequenzbereich verbessert.

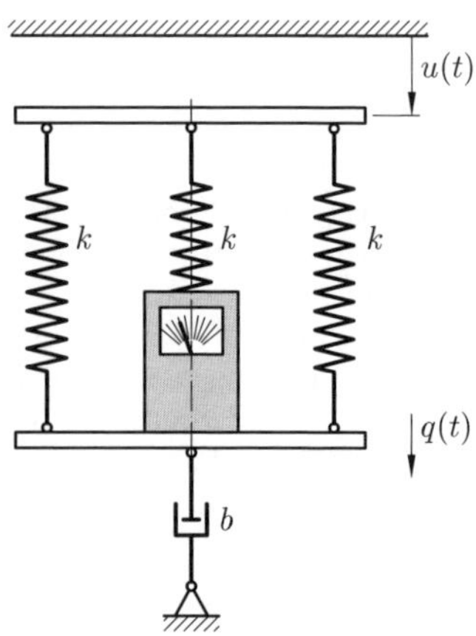

Aufgabe 6.5:

Ein gedämpfter reibungsfrei gelagerter Schwinger wird mit einer Kraft $F(t) = \widehat{F}\cos\Omega t$ beaufschlagt. Die Eigenschwingungen sind zum Zeitpunkt $t=0$ bereits abgeklungen und der Schwinger befindet sich im stationären Bewegungszustand. Zum Zeitpunkt $t=t_0$ wird die Kraftanregung abgeschaltet.

a) Berechnen Sie die Schwingungen $q(t)$ während der Kraftanregung für $t<t_0$.

b) Geben Sie die Anfangsbedingungen und den Lösungsansatz für die Schwingungen $q(t)$ nach Abschalten der Kraftanregung, d. h. für $t>t_0$ an.

c) Berechnen Sie für den Spezialfall $D=0$ und $t_0 = \frac{4}{3}\frac{2\pi}{\Omega}$ die Schwingungen $q(t)$ nach Abschalten der Kraftanregung, d. h. für $t>t_0$.

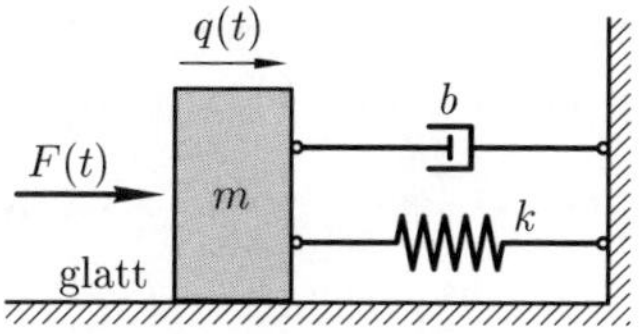

Bild A6.5.1: Einmassenschwinger

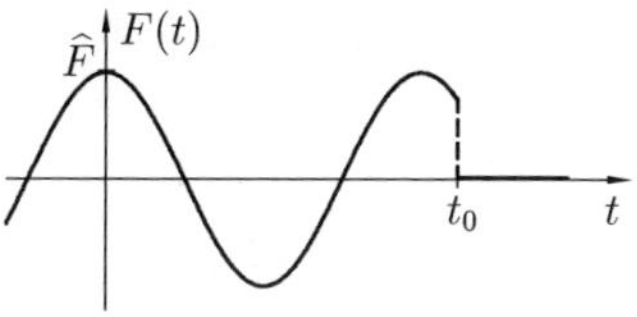

Bild A6.5.2: Kraftanregung
Gegeben: m, b, k, $F(t)$, t_0

Lösung der Aufgabe 6.5:

a) Berechnung der Schwingungen im stationären Zustand (für $t \leq t_0$):
Bewegungsgleichung:

$$m\,\ddot{q} + b\,\dot{q} + k\,q = \widehat{F}\cos\Omega t$$

Stationäre Schwingungen:

$$q(t) = \frac{\widehat{F}}{k} V(\eta,D)\cos\left[\Omega t - \psi(\eta,D)\right]$$

Vergrößerungs- und Phasenfunktion:

$$V(\eta,D) = \frac{1}{\sqrt{(1-\eta^2)^2 + (2D\eta)^2}}, \qquad \psi(\eta,D) = \arctan\frac{2D\eta}{1-\eta^2}$$

Parameter:

$$\omega_0^2 = \frac{k}{m}, \qquad 2D\omega_0 = \frac{b}{m}, \qquad \omega_d = \omega_0\sqrt{1-D^2}, \qquad \eta = \frac{\Omega}{\omega_0}$$

b) Schwingungen nach Abschalten der Erregerkraft:

Nach dem Abschalten der Erregerkraft verbleiben freie Schwingungen:

$$q(t) = e^{-D\omega_0(t-t_0)}\Big[A_c \cos\omega_d(t-t_0) + A_s \sin\omega_d(t-t_0)\Big]$$

$$\dot{q}(t) = e^{-D\omega_0(t-t_0)}\Big[(\omega_d A_s - D\omega_0 A_c)\cos\omega_d(t-t_0) - (\omega_d A_c + D\omega_0 A_s)\sin\omega_d(t-t_0)\Big]$$

Anfangsbedingungen für $t \geq t_0$:

$$q(t_0) = \frac{\widehat{F}}{k} V(\eta,D)\cos\Big[\Omega t_0 - \psi(\eta,D)\Big]$$

$$\dot{q}(t_0) = -\Omega\frac{\widehat{F}}{k} V(\eta,D)\sin\Big[\Omega t_0 - \psi(\eta,D)\Big]$$

c) Spezialfall $D=0$:

Parameter und Übertragungsfunktion:

$$\omega_d = \omega_0, \qquad V = \frac{1}{|1-\eta^2|}, \qquad \psi = \frac{\pi}{2}\Big[1+\mathrm{sgn}(\eta-1)\Big]$$

Ungedämpfte freie Schwingungen für $t \geq t_0$:

$$q(t) = A_c \cos\omega_0(t-t_0) + A_s \sin\omega_0(t-t_0)$$

$$\dot{q}(t) = -\omega_0 A_c \sin\omega_0(t-t_0) + \omega_0 A_s \cos\omega_0(t-t_0)$$

Anfangsbedingungen für $D=0$:

$$q(t_0) = \frac{\widehat{F}}{k}\frac{1}{1-\eta^2}\cos\Omega t_0$$

$$\dot{q}(t_0) = -\Omega\frac{\widehat{F}}{k}\frac{1}{1-\eta^2}\sin\Omega t_0$$

Ermittlung der Integrationskonstanten durch Anpassen der freien Bewegung an die Anfangsbedingung:

$$q(t_0) = \frac{\widehat{F}}{k}\frac{1}{1-\eta^2}\cos\Omega t_0 = A_c \quad\Longrightarrow\quad A_c = \frac{\widehat{F}}{k}\frac{1}{1-\eta^2}(-0.5)$$

$$\dot{q}(t_0) = -\Omega\frac{\widehat{F}}{k}\frac{1}{1-\eta^2}\sin\Omega t_0 = \omega_0 A_s \quad\Longrightarrow\quad A_s = -\frac{\Omega}{\omega_0}\frac{\widehat{F}}{k}\frac{1}{1-\eta^2}\frac{\sqrt{3}}{2}$$

Freie ungedämpfte Schwingungen nach Abschalten der Erregerkraft ($t \geq t_0$):

$$q(t) = -\frac{\widehat{F}}{2k}\frac{1}{1-\eta^2}\Big[\cos\omega_0(t-t_0) + \sqrt{3}\,\eta\sin\omega_0(t-t_0)\Big]$$

Aufgabe 6.6:

Ein einläufiges Schwingungssystem mit der Bewegungsdifferentialgleichung

$$\ddot{q} + 2D\omega_0\,\dot{q} + \omega_0^2\,q = \omega_0^2\,u(t)$$

führt zunächst harmonisch erzwungene Schwingungen aus. Zum Zeitpunkt $t_0 = 0.3\,\mathrm{sec}$ hat die Schwingung einen Nulldurchgang und das harmonische Erregersignal $u(t)$ wird schlagartig abgestellt ($u(t) = 0$ für $t > t_0$). Als Folge schwingt das System aus. Der Zeitverlauf der gemessenen Schwingungen ist im Bild A6.6 dargestellt.

a) Ermitteln Sie zahlenmäßig die Parameter ω_0, D und ω_d des Schwingungssystems aus dem gemessenen Ausschwingvorgang $q(t)$.

b) Berechnen Sie aus der gemessenen Schwingungsantwort $q(t)$ vor dem Abschaltzeitpunkt t_0 die Amplitude $\hat{u}$, die Frequenz Ω und den Nullphasenwinkel α der harmonischen Erregerfunktion $u(t) = \hat{u}\,\sin(\Omega t + \alpha)$.

Gegeben ist der Zeitverlauf des Vorgangs:

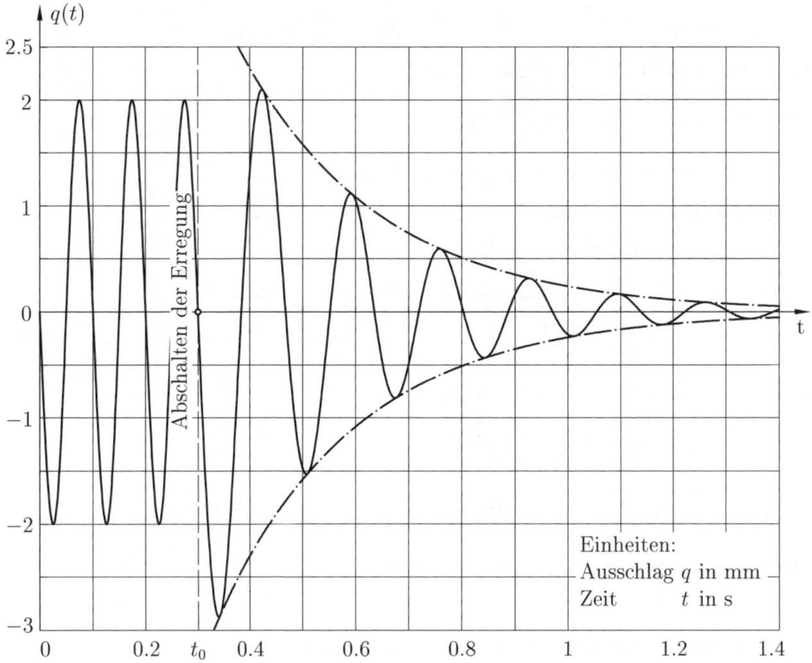

Bild A6.6: Erzwungene Schwingung und Ausschwingvorgang eines anfänglich harmonischen erregten Systems

Lösung der Aufgabe 6.6:

a) Freie Schwingungen für $t > t_0$:

Ausschwingvorgang:

$$q(t) = e^{-D\omega_0 t}\,(A_c \cos\omega_d t + A_s \sin\omega_d t)$$

Quasi-Eigenkreisfrequenz:

$$\omega_d = \omega_0\sqrt{1-D^2} = \frac{2\pi}{T_d} = \frac{2\pi}{0.84/5\,\mathrm{s}} = 37.4\frac{1}{\mathrm{s}}$$

Logarithmisches Dekrement:

$$\Lambda = \frac{1}{3}\ln\frac{2.1}{0.3} = 0.65$$

Dämpfungsmaß:

$$D = \frac{\Lambda}{\sqrt{4\pi^2+\Lambda^2}} = 0.103 \qquad \text{oder} \qquad D \approx \frac{\Lambda}{2\pi} = 0.103$$

Kennkreisfrequenz:

$$\omega_0 = \frac{\omega_d}{\sqrt{1-D^2}} = 37.6\frac{1}{\mathrm{s}}$$

b) Harmonisch erzwungene Schwingungen für $t < t_0$:

Eingeschwungene Bewegung:

$$q(t) = \hat{u}\,V(\eta,D)\,\sin\left[\Omega t+\alpha-\psi(\eta,D)\right]$$

Erregerfrequenz, Schwingungsamplitude und Erregerfrequenzverhältnis:

$$\Omega = \frac{2\pi}{T} = \frac{2\pi}{(0.3/3)\,\mathrm{s}} = 62.8\,\frac{1}{\mathrm{s}}, \qquad \widehat{q} = 2\,\mathrm{mm}, \qquad \eta = \frac{\Omega}{\omega_0} = 1.67$$

Werte der Vergrößerungs- und Phasenfunktion:

$$V(\eta,D) = \frac{1}{\sqrt{(1-\eta^2)^2 + (2D\eta)^2}} = 0.55$$

$$\psi(\eta,D) = \arctan\frac{2D\eta}{1-\eta^2} = 2.96 = 169.6^\circ$$

Zustand zum Ausschaltzeitpunkt t_0 der Erregung:

$$q(t_0) = \hat{u}\,V\,\sin\left[\Omega t_0+\alpha-\psi\right]$$

Ausrechnung der Amplitude und der Nullphase der Erregung:

$$\widehat{q} = \hat{u}\,V \qquad \Longrightarrow \qquad \hat{u} = \frac{\widehat{q}}{V} = 3.6\,\mathrm{mm}$$

$$\Omega t_0 + \alpha - \psi = \pi \qquad \Longrightarrow \qquad \alpha = \psi - \Omega t_0 + \pi = -12.75 \qquad \Longrightarrow \qquad \alpha = -10.5^\circ$$

Aufgabe 6.7:

Ein schwingungsfähiges System besteht aus zwei Federn (Steifigkeiten k_1 und k_2) und einem Körper (Masse m), der auf eine Unterlage reibungsfrei gleiten kann. Eine harmonische äußere Kraft $F(t) = \widehat{F}\cos\Omega t$ greift zwischen den Federn an und erregt das System zu erzwungenen Schwingungen.

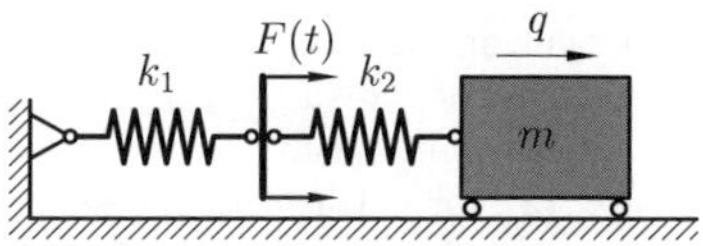

Bild A6.7: Feder-Masse-System

Gegeben: m, k_1, k_2, $F(t) = \widehat{F}\cos\Omega t$

Gesucht sind

a) die Bewegungsgleichung für die Bewegung $q(t)$ des Körpers,

b) die Kennkreisfrequenz ω_0 und

c) die erzwungene harmonische Bewegung im eingeschwungenen Zustand (nach dem Abklingen etwaiger Eigenschwingungen).

Lösung der Aufgabe 6.7:

a) Ermittlung der Bewegungsgleichung:

Freikörperbilder:

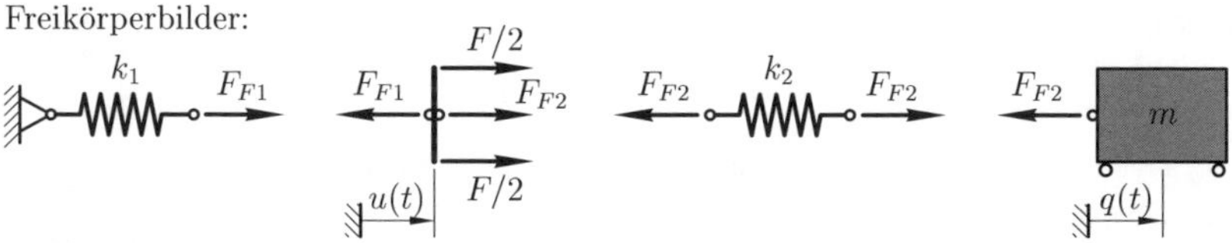

Federkräfte:

$$F_{F1} = k_1\,u$$

$$F_{F2} = k_2\,(q-u)$$

Kräftesatz:

$$0 = F(t) + F_{F2} - F_{F1}$$

$$m\,\ddot{q} = -F_{F2}$$

Elimination von F_{F1}, F_{F2} und u:

$$F(t) + k_2\,q - k_2\,u - k_1\,u = 0 \quad\Longrightarrow\quad \widehat{F}\cos\Omega t + k_2\,q = u\,(k_1+k_2)$$

Verschiebung der Erregerstelle:

$$u = \frac{1}{k_1+k_2}(\widehat{F}\cos\Omega t + q\,k_2)$$

Bewegungsgleichung:

$$m\,\ddot{q} + \frac{k_1\,k_2}{k_1+k_2}\,q = \frac{k_2}{k_1+k_2}\,\widehat{F}\cos\Omega t$$

b) Kennkreisfrequenz und wirksame Erregeramplitude:

$$\omega_0 = \sqrt{\frac{k_1\,k_2}{m\,(k_1+k_2)}}\,; \qquad \omega_0^2\,\widehat{u} = \frac{k_2}{m\,(k_1+k_2)}\,\widehat{F} \quad\Longrightarrow\quad \widehat{u} = \frac{\widehat{F}}{k_1}$$

c) Ermittlung der erzwungenen Bewegung:

Komplex ergänzter Bewegungsgleichung und Gleichtaktansatz:

$$\ddot{\underline{q}} + \omega_0^2\,\underline{q} = \omega_0^2\,\underline{u}; \qquad \underline{q} = \widehat{q}\,e^{i\Omega t}; \qquad \underline{u} = \widehat{u}\,e^{i\Omega t}$$

Eingeschwungener Zustand:

$$q(t) = \widehat{u}\,\frac{1}{1-\eta^2}\cos\Omega t \qquad \text{oder}$$

$$q(t) = \widehat{u}\,V(\eta)\cos(\Omega t-\psi) \qquad \text{mit} \qquad V(\eta) = \frac{1}{|1-\eta^2|} \qquad \text{und} \qquad \psi = \begin{cases} 0 & \text{für} \quad \eta < 1 \\ \pi & \text{für} \quad \eta > 1 \end{cases}$$

Aufgabe 6.8:

Ein schwingungsfähiges System besteht aus einem Körper (Masse m), der auf einer Unterlage reibungsfrei gleiten kann, einer Feder (Steifigkeit k), und einem Dämpfer (Dämpfungskonstante b). Am Koppelpunkt zwischen Feder und Dämpfer greift eine äußere Kraft $F(t) = \widehat{F} \cos(\Omega t + \alpha)$ an und erregt das System zu harmonischen Schwingungen. Dabei bewegt sich der Koppelpunkt ebenfalls harmonisch nach dem Gesetz $u(t) = \widehat{u} \cos \Omega t$.

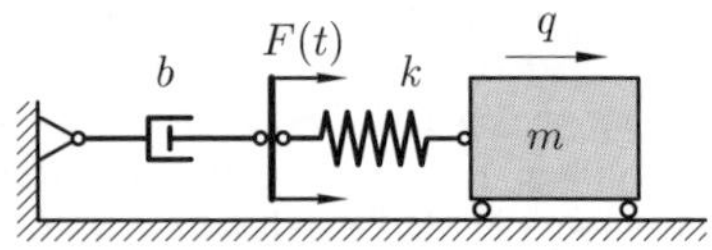

Bild A6.8: Feder-Masse-System

a) Berechnen Sie die erzwungene Bewegung $q(t)$ des Körpers im eingeschwungenen Zustand (nach dem Abklingen etwaiger Eigenschwingungen) bei vorgegebener harmonischer Bewegung $u(t)$ des Koppelpunktes.

b) Berechnen Sie die für die harmonischen Bewegungen $u(t)$ und $q(t)$ notwendige Erregerkraftamplitude $\underline{\widehat{F}}$ (in komplexer Darstellung) sowie das Übertragungsverhalten (komplexe Übertragungsfunktion) zwischen der Erregerkraft $F(t)$ und der Schwingungsantwort $q(t)$.

Gegeben: m, k, b, $u(t) = \widehat{u} \cos \Omega t$

Lösung der Aufgabe 6.8:

a) Berechnung der erzwungenen harmonischen Schwingungen:

Freikörperbilder:

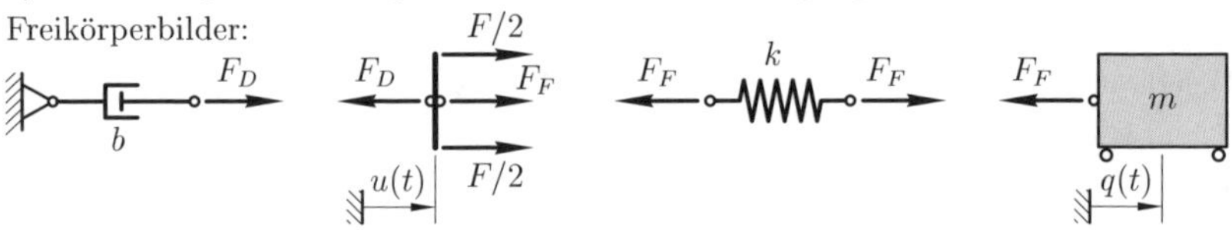

Feder- und Dämpferkräfte:

$F_D = b\,\dot{u}, \qquad F_F = k\,(q - u)$

Kräftesatz des Koppelpunktes: $\qquad 0 = F(t) + F_F - F_D \qquad (1)$

Kräftesatz des Körpers: $\qquad m\,\ddot{q} = -F_F \qquad (2)$

Bewegungsgleichung bei vorgegebener Verschiebung $u(t)$ des Koppelpunktes:

$m\,\ddot{q} + k\,q = k\,u(t)$

Kennkreisfrequenz:

$$\omega_0 = \sqrt{\frac{k}{m}}$$

Die Bewegungsgleichungen (1) und (2) lassen sich auch zu einer einzigen Differentialgleichung dritter Ordnung zusammenfassen:

$m b\,\dddot{q} + m k\,\ddot{q} + b k\,\dot{q} = k F$

Erzwungene Bewegung infolge vorgegebener Verschiebung $u(t)$ des Koppelpunktes:

$$q(t) = \widehat{u}\,\frac{\omega_0^2}{\omega_0^2 - \Omega^2} \cos \Omega t$$

Übertragungsfunktion zwischen u und q:

$$\frac{\widehat{q}}{\widehat{u}} = \frac{\omega_0^2}{\omega_0^2 - \Omega^2} = \frac{1}{1 - \eta^2}$$

Die Erregung $u(t)$ und die Antwort $q(t)$ sind für $\Omega < \omega_0$ in Phase und für $\Omega > \omega_0$ in Gegenphase.

b) Berechnung der Übertragungsfunktion zwischen Erregerkraft und Schwingung:

Notwendige Erregerkraft aus (1):

$$F(t) = -F_F + F_D = k\,(u-q) + b\,\dot{u}$$

Komplexe Erregerkraft bei harmonischer Bewegung (nach komplexer Ergänzung):

$$\underline{\widehat{F}}\,e^{i\Omega t} = \widehat{u}\left\{k\left(1-\frac{\omega_0^2}{\omega_0^2-\Omega^2}\right)+i\,\Omega\,b\right\}e^{i\Omega t} = \widehat{u}\,k\left\{\frac{-\Omega^2}{\omega_0^2-\Omega^2}+i\,\Omega\,\frac{b}{m}\,\frac{m}{k}\right\}e^{i\Omega t}$$

Komplexe Erregerkraftamplitude:

$$\underline{\widehat{F}} = \widehat{u}\,k\left\{\frac{-\Omega^2}{\omega_0^2-\Omega^2}+\frac{i\,2D\omega_0\,\Omega}{\omega_0^2}\right\} = \widehat{u}\,k\,\frac{i\,2D\omega_0\,\Omega\,(\omega_0^2-\Omega^2)-\Omega^2\omega_0^2}{\omega_0^2\,(\omega_0^2-\Omega^2)}$$

Komplexe Schreibweise der beiden Zustandsgrößen:

$$\underline{q} = \widehat{u}\,\frac{\omega_0^2}{\omega_0^2-\Omega^2}\,e^{i\Omega t}, \qquad \underline{F} = \widehat{u}\,k\,\frac{i\,2D\omega_0\,\Omega\,(\omega_0^2-\Omega^2)-\Omega^2\,\omega_0^2}{\omega_0^2\,(\omega_0^2-\Omega^2)}\,e^{i\Omega t}$$

Übertragungsfunktion zwischen F und q:

$$\frac{\underline{\widehat{q}}}{\underline{\widehat{F}}} = \frac{1}{k}\,\frac{\omega_0^4}{i\,2D\omega_0\,\Omega\,(\omega_0^2-\Omega^2)-\Omega^2\,\omega_0^2} = \frac{1}{k}\,\frac{1}{i\,2D\eta\,(1-\eta^2)-\eta^2}$$

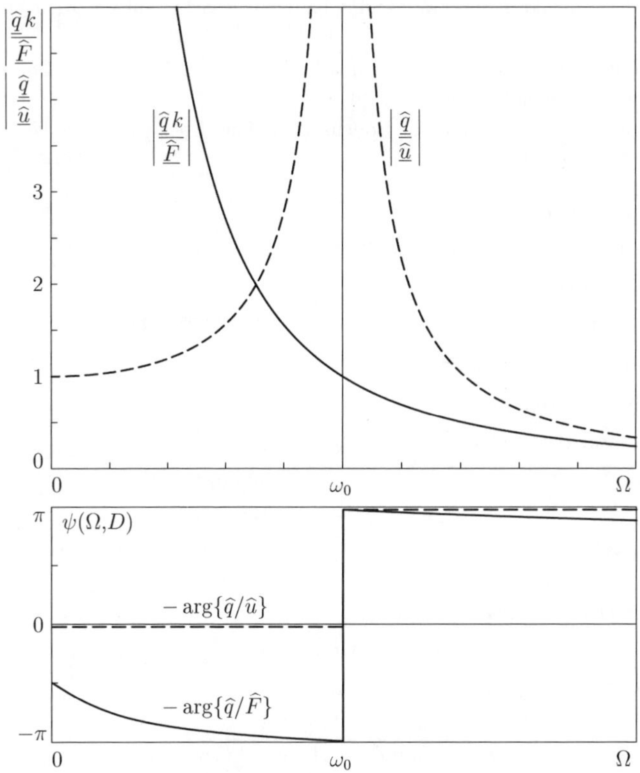

Aufgabe 6.9:

Ein schwach gedämpftes Fahrzeug (Masse m, Steifigkeit k, Dämpfer b, Raddurchmesser vernachlässigbar) fährt mit konstanter Horizontalgeschwindigkeit v auf einer Bahn. Auf dem kosinus-förmigen Bereich (für $t<0$, Wellenlänge L, Amplitude $\widehat{u}$) ist der Zustand stationär und eingeschwungen. Zum Zeitpunkt $t=0$ endet die Welligkeit der Bahn.

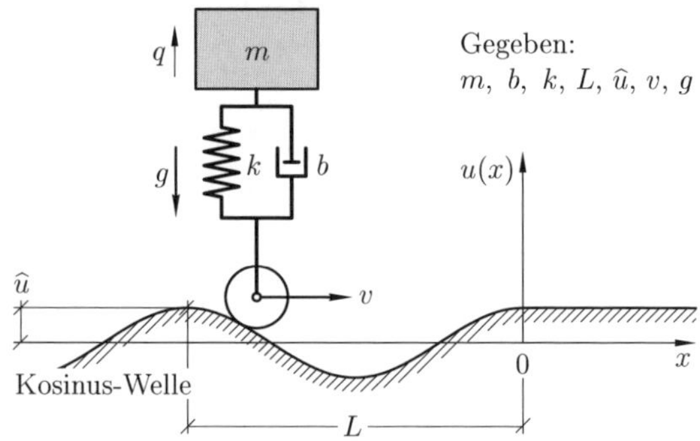

Gegeben: m, b, k, L, $\widehat{u}$, v, g

Bild A6.9: Fahrzeug auf welliger und ebener Bahn

a) Berechnen Sie die eingeschwungene Bewegung des Fahrzeugaufbaus auf der welligen Bahn (für $t<0$).

b) Berechnen Sie die Bodenkraft des Rades (mit Fahrzeuggewicht) auf der welligen Bahn (für $t<0$).

c) Welche Bedingung muß erfüllt sein, damit das Rad nicht von der welligen Bahn abhebt? Wie muß die Dämpfung b eingestellt sein?

d) Berechnen Sie die Schwingungen und die Bodenkraft auf der Ebene nach Verlassen der welligen Bahn ($t>0$, $u(t)=\widehat{u}$).

Lösung der Aufgabe 6.9:

a) Berechnung der Bewegung $q(t)$ auf der welligen Fahrbahn ($t\leq 0$):

Aktuell zurückgelegte Strecke: $x = v\,t$

Zeitdarstellung der Erregung:

$$u(t) = \widehat{u}\cos\Big(2\pi\,\frac{x}{L}\Big) = \widehat{u}\cos\Big(2\pi\,\frac{v}{L}\,t\Big) = \widehat{u}\cos\Omega t$$

Erregerkreisfrequenz:

$$\Omega = 2\pi\,\frac{v}{L}$$

Bewegungsgleichung in Normalform aus Kapitel 6.4.4:

$$\ddot{q} + 2D\omega_0\,\dot{q} + \omega_0^2\,q = \omega_0^2\,u(t) + 2D\omega_0\,\dot{u}(t)$$

Kennkreisfrequenz: $\omega_0^2 = k/m$

Dämpfungsmaß: $2D\omega_0 = b/m$

Quasi-Eigenkreisfrequenz: $\omega_d = \omega_0\sqrt{1-D^2}$

Erregerfrequenzverhältnis: $\eta = \Omega/\omega_0$

Harmonisch erregte Dauerschwingung ($t\leq 0$):

$$q(t) = \widehat{u}\,V(\eta,D)\cos\big[\Omega t-\psi(\eta,D)\big], \qquad \dot{q}(t) = -\Omega\,\widehat{u}\,V(\eta,D)\sin\big[\Omega t-\psi(\eta,D)\big]$$

Vergrößerungs- und Phasenfunktion aus Kapitel 6.4.4:

$$\underline{V}(\eta,D) = \frac{1+i\,2D\eta}{(1-\eta^2)+i\,2D\eta} = \frac{(1-\eta^2)+(2D\eta)^2}{(1-\eta^2)^2+(2D\eta)^2} - i\,\frac{2D\eta^3}{(1-\eta^2)^2+(2D\eta)^2}$$

$$V(\eta,D) = \sqrt{\frac{1+(2D\eta)^2}{(1-\eta^2)^2+(2D\eta)^2}}, \qquad \psi(\eta,D) = \arctan\frac{2D\eta^3}{(1-\eta^2)+(2D\eta)^2}$$

$$\underline{V}(\eta,D) = V\cos\psi - i\,V\sin\psi$$

$$V\cos\psi = \frac{(1-\eta^2)+(2D\eta)^2}{(1-\eta^2)^2+(2D\eta)^2}, \qquad V\sin\psi = \frac{2D\eta^3}{(1-\eta^2)^2+(2D\eta)^2}$$

b) Berechnung der Bodenkraft inklusive statischer Gewichtslast für $t<0$:

$$\begin{aligned} F(t) &= mg - k\,(q-u) - b\,(\dot{q}-\dot{u}) = \\ &= mg - k\,\hat{u}\Big[V\cos(\Omega t-\psi) - \cos\Omega t\Big] + b\,\hat{u}\,\Omega\Big[V\sin(\Omega t-\psi) - \sin\Omega t\Big] = \\ &= mg - k\,\hat{u}\sqrt{V^2+1-2V\cos\psi}\cos(\Omega t-\gamma) + b\,\hat{u}\,\Omega\sqrt{V^2+1-2V\cos\psi}\sin(\Omega t-\gamma) = \\ &= mg - m\,\hat{u}\,\eta^2\sqrt{\frac{1}{(1-\eta^2)^2+(2D\eta)^2}}\Big[\omega_0^2\cos(\Omega t-\gamma) - 2D\omega_0\,\Omega\sin(\Omega t-\gamma)\Big] = \\ &= mg - m\,\hat{u}\,\omega_0^2\,\eta^2\sqrt{\frac{1+(2D\eta)^2}{(1-\eta^2)^2+(2D\eta)^2}}\cos(\Omega t-\delta) \end{aligned}$$

c) Bedingung für dauerhaften Bodenkontakt:

Beim Abheben wird die Bodenkraft null. Diese Grenzbedingung liefert eine Gleichung für die Grenzparameter bis zum Abheben: $F_{min} = 0$

Kein Abheben bei minimaler Bodenkraft $[\cos(\Omega t-\delta)=1]$:

$$g \geq \hat{u}\,\omega_0^2\,\eta^2\sqrt{\frac{1+(2D\eta)^2}{(1-\eta^2)^2+(2D\eta)^2}}$$

Die größte Abhebegefahr besteht in der Resonanzzone $(\eta\approx 1)$:

$$g \geq \hat{u}\,\omega_0^2\sqrt{\frac{1+(2D)^2}{(2D)^2}}$$

Maximaldämpfung:

$$2D < \sqrt{\frac{\hat{u}\,\omega_0^2}{g-\hat{u}\,\omega_0^2}} \qquad \Longrightarrow \qquad b_{max} = 2D_{max}\,\omega_0\,m = k\sqrt{\frac{\hat{u}}{g-\hat{u}\,\omega_0^2}} = \sqrt{k\,m}\sqrt{\frac{k\,\hat{u}}{mg-k\,\hat{u}}}$$

d) Schwingungen auf dem geraden Fahrbahnabschnitt $(t>0)$:

Zustand am Ende der welligen Fahrbahn:

$$q(0) = \hat{u}\,V(\eta,D)\cos\psi(\eta,D) = \hat{u}\,\frac{(1-\eta^2)+(2D\eta)^2}{(1-\eta^2)^2+(2D\eta)^2}$$

$$\dot{q}(0) = \Omega\,\hat{u}\,V(\eta,D)\sin\psi(\eta,D) = \Omega\,\hat{u}\,\frac{2D\eta^3}{(1-\eta^2)^2+(2D\eta)^2}$$

Bewegungsgleichung für $t>0$:

$$\ddot{q} + 2D\omega_0\,\dot{q} + \omega_0^2\,q = \omega_0^2\,\hat{u}$$

Freie Schwingungen für $t>0$:

$$q_h(t) = e^{-D\omega_0 t}\,(A_c\cos\omega_d t + A_s\sin\omega_d t)$$

Partikularintegral infolge der um $\hat{u}$ erhöhten Fahrbahn:

$$q_p(t) = \hat{u}$$

Gesamtbewegung für $t>0$ aus der Superposition:

$$q(t) = q_h(t) + q_p = \hat{u} + e^{-D\omega_0 t}\,(A_c\cos\omega_d t + A_s\sin\omega_d t)$$

$$\dot{q}(t) = e^{-D\omega_0 t}\Big[(\omega_d\,A_s - D\omega_0\,A_c)\cos\omega_d t - (\omega_d\,A_c + D\omega_0\,A_s)\sin\omega_d t\Big]$$

Übergangsbedingungen zum Zeitpunkt $t=0$:

$$q(0) = q(-\varepsilon) = \widehat{u}\, V(\eta,D) \cos\psi(\eta,D) \quad = \widehat{u} + A_c$$

$$\dot{q}(0) = \dot{q}(-\varepsilon) = \Omega\, \widehat{u}\, V(\eta,D) \sin\psi(\eta,D) = \omega_d\, A_s - D\omega_0\, A_c$$

Berechnung der Integrationskonstanten:

$$A_c = \widehat{u}\left\{V\cos\psi - 1\right\} = \widehat{u}\,\frac{\eta^2\,(1-\eta^2)}{(1-\eta^2)^2+(2D\eta)^2}$$

$$A_s = \widehat{u}\,\frac{1}{\sqrt{1-D^2}}\left\{\eta V\sin\psi + DV\cos\psi - D\right\} = \widehat{u}\,\frac{D}{\sqrt{1-D^2}}\,\frac{\eta^2\,(1+\eta^2)}{(1-\eta^2)^2+(2D\eta)^2}$$

Bewegung für $t>0$:

$$q(t) = \widehat{u}\left\{1 + e^{-D\omega_0 t}\,\frac{\eta^2}{(1-\eta^2)^2+(2D\eta)^2}\left[(1-\eta^2)\cos\omega_d t + \frac{D\,(1+\eta^2)}{\sqrt{1-D^2}}\sin\omega_d t\right]\right\}$$

$$\dot{q}(t) = \widehat{u}\,\omega_0\, e^{-D\omega_0 t}\,\frac{\eta^2}{(1-\eta^2)^2+(2D\eta)^2}\left[2D\eta^2\cos\omega_d t - \frac{\eta^2\,(2D^2-1)+1}{\sqrt{1-D^2}}\sin\omega_d t\right]$$

Bodenkraft für $t>0$:

$$F(t) = mg - k\,(q-u) - b\,\dot{q} =$$

$$= mg - \widehat{u}\, e^{-D\omega_0 t}\,\frac{\eta^2}{(1-\eta^2)^2+(2D\eta)^2}\left\{k\left[(1-\eta^2)\cos\omega_d t + \frac{D\,(1+\eta^2)}{\sqrt{1-D^2}}\sin\omega_d t\right] + \right.$$

$$\left. + b\,\omega_0\left[2D\eta^2\cos\omega_d t - \frac{\eta^2\,(2D^2-1)+1}{\sqrt{1-D^2}}\sin\omega_d t\right]\right\}$$

Aufgabe 6.10:

Mit einem Phasenmeßgerät wurde die Phasenverschiebung zwischen der Erregung und der Antwort eines krafterregten linearen gedämpften Schwingers aufgenommen. Bei der Auswertung der Phasenkurve, die in beide Koordinatenrichtungen mit gleichem Maßstab aufgetragen war, wurde festgestellt, daß die Steigung der Kurve im Resonanzpunkt $\partial\psi/\partial\eta = \tan 45^\circ = 1$ beträgt.

Wie groß ist der Dämpfungsgrad D des Systems?

Gegeben: $\partial\psi/\partial\eta = 1$ für $\eta = 1$

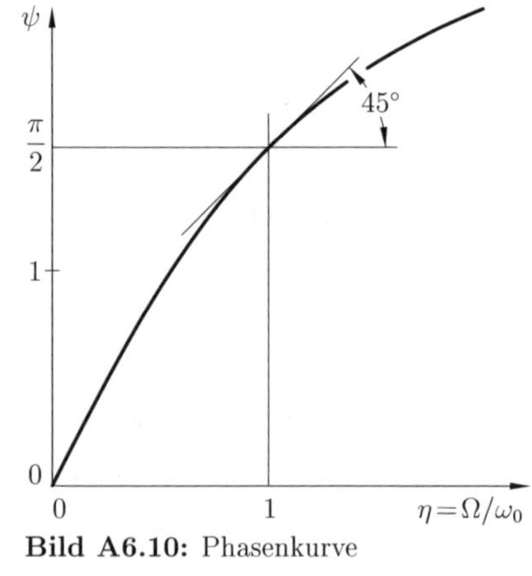

Bild A6.10: Phasenkurve

Lösung der Aufgabe 6.10:

Phasenverschiebung eines krafterregten Schwingers:

$$\psi = \arctan\Big(\frac{2D\eta}{1-\eta^2}\Big)$$

Steigung der Phasenkurve:

$$\frac{\partial\psi}{\partial\eta} = \frac{1}{1+\Big(\dfrac{2D\eta}{1-\eta^2}\Big)^2}\,\frac{2D\,(1-\eta^2)-2D\eta(-2\eta)}{(1-\eta^2)^2} = \frac{2D\,(1-\eta^2)+4D\eta^2}{(1-\eta^2)^2+(2D\eta)^2}$$

Die Steigung bei $\eta=1$ ist vorgegeben:

$$\frac{\partial\psi}{\partial\eta}\Big|_{\eta=1} = 1 = \frac{4D}{(2D)^2} = \frac{1}{D}$$

Ausrechnung des Dämpfungsmaßes:

$$D = 1$$

Aufgabe 6.11:

Ein lineares System wird mit $u(t)=\hat{u}\sin\Omega t$ harmonisch zwangserregt. In der Bewegungsgleichung in Normalform

$$\ddot{q}+2D\omega_0\,\dot{q}+\omega_0^2\,q = c_4\,\ddot{\ddot{u}}\,(t)$$

tritt die vierte Zeitableitung der Erregerfunktion $u(t)$ auf.

Geben Sie die komplexe Übertragungsfunktion $H(\Omega)=\hat{\underline{q}}/\hat{u}$ an.

Gegeben: $\omega_0,\ D,\ c_4$

Lösung der Aufgabe 6.11:

Gleichtaktansatz nach komplexer Ergänzung:

$$\underline{q} = \hat{\underline{q}}\,e^{i\Omega t}; \qquad \underline{u} = \hat{u}\,e^{i\Omega t}$$

Frequenzgleichung aus der Bewegungsdifferentialgleichung:

$$(-\Omega^2+i2D\omega_0\Omega+\omega_0^2)\,\hat{\underline{q}}\,e^{i\Omega t} = c_4\,\Omega^4\,\hat{u}\,e^{i\Omega t}$$

Übertragungsfunktion:

$$H(\Omega) = \frac{\hat{\underline{q}}}{\hat{u}} = \frac{c_4\Omega^4}{\omega_0^2-\Omega^2+i2D\omega_0\Omega} =$$

$$= c_4\,\Omega^2\,\frac{\Omega^2}{\omega_0^2-\Omega^2+i2D\omega_0\Omega} =$$

$$= c_4\,\omega_0^2\,\frac{\eta^4}{1-\eta^2+i2D\eta}$$

Betrag und Phase:

$$|H(\Omega)| = c_4\,\omega_0^2\,\frac{\eta^4}{\sqrt{(1-\eta^2)^2+(2D\eta)^2}}$$

$$\psi(\Omega) = \arctan\frac{2D\eta}{1-\eta^2}$$

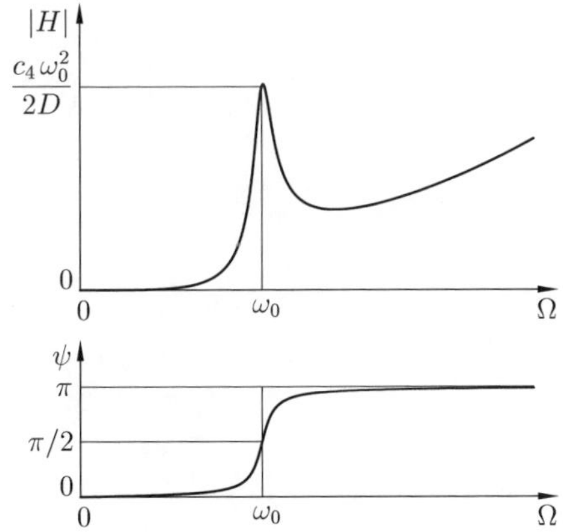

Aufgabe 6.12:

Gegeben ist die komplex ergänzte Schwingung $\underline{q}(t)$ bei harmonischer Erregung $u = \widehat{u}\,\cos\Omega t$,

$$\underline{q}(t) = \frac{\omega_0^2 - i\Omega 2D\omega_0}{\omega_0^2 - \Omega^2 + i\Omega 2D\omega_0}\,\widehat{u}\,e^{i\Omega t} = \frac{1 - i2D\eta}{1 - \eta^2 + i2D\eta}\,\widehat{u}\,e^{i\Omega t}.$$

Berechnen Sie die reelle Vergrößerungsfunktion $|H(\Omega)|$ und die Phasenfunktion $\psi(\Omega)$ sowie den Realteil-Frequenzgang $\Re\{H(\Omega)\}$ und den Imaginärteil-Frequenzgang $\Im\{H(\Omega)\}$. Skizzieren Sie diese vier Funktionen und die Ortskurve in Abhängigkeit von der Erregerfrequenz Ω. Geben Sie charakteristische Werte an.

Gegeben: D, ω_0

Lösung der Aufgabe 6.12:

Dimensionslose Übertragungsfunktion und Ortskurve:

$$H(\Omega) = \frac{1 - i\,2D\eta}{1 - \eta^2 + i\,2D\eta} = \frac{(1 - i\,2D\eta)\,(1 - \eta^2 - i\,2D\eta)}{(1 - \eta^2 + i\,2D\eta)(1 - \eta^2 - i\,2D\eta)} =$$

$$= \frac{[(1 - \eta^2) - (2D\eta)^2] - i\,2D\eta\,(2 - \eta^2)}{(1 - \eta^2)^2 + (2D\eta)^2}$$

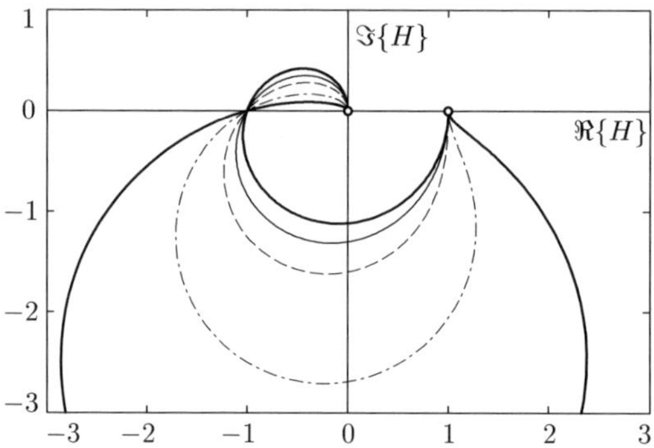

Amplitudengang:

$$|H(\Omega)| = \frac{|1 - i\,2D\eta|}{|1-\eta^2 + i\,2D\eta|} =$$

$$= \sqrt{\frac{1 + (2D\eta)^2}{(1-\eta^2)^2 + (2D\eta)^2}} =$$

$$= \sqrt{\frac{\omega_0^4 + (2D\omega_0\,\Omega)^2}{(\omega_0^2-\Omega^2)^2 + (2D\omega_0\,\Omega)^2}}$$

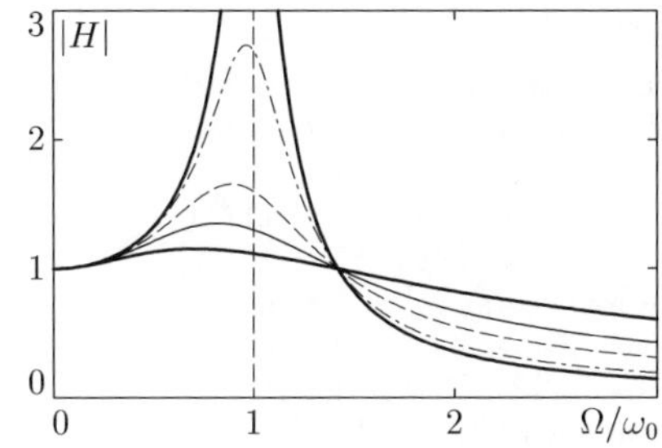

Phasengang:

$$\psi = -\arg\{H(\Omega)\} =$$

$$= \arctan\frac{2D\eta\,(2-\eta^2)}{(1-\eta^2) - (2D\eta)^2} =$$

$$= \arctan\frac{2D\omega_0\,\Omega\,(2\omega_0^2-\Omega^2)}{\omega_0^2\,(\omega_0^2-\Omega^2) - (2D\omega_0\,\Omega)^2} =$$

$$= \arctan\frac{2D\eta}{1-\eta^2} - \arctan\frac{-2D\eta}{1}$$

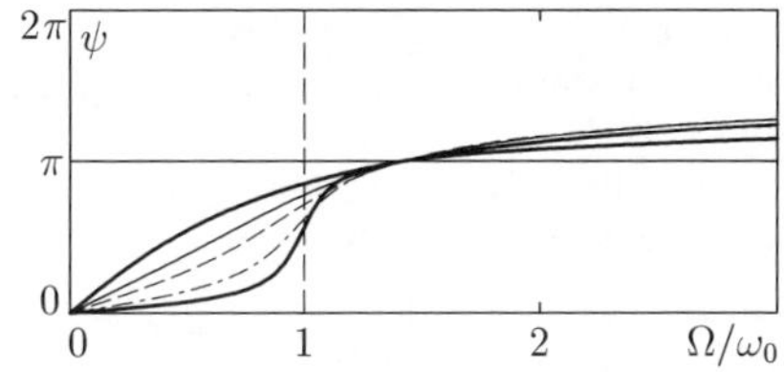

Realteil-Frequenzgang:

$$\Re\{H(\Omega)\} = \frac{(1-\eta^2) - (2D\eta)^2}{(1-\eta^2)^2 + (2D\eta)^2} =$$

$$= \frac{\omega_0^2\,(\omega_0^2-\Omega^2) - (2D\omega_0\,\Omega)^2}{(\omega_0^2-\Omega^2)^2 + (2D\omega_0\,\Omega)^2}$$

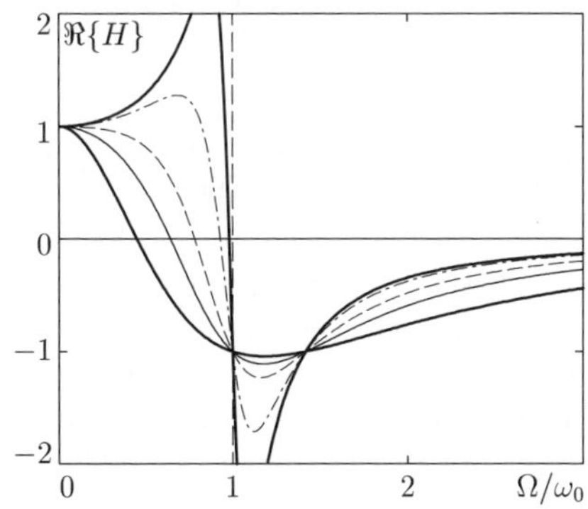

Imaginärteil-Frequenzgang:

$$\Im\{H(\Omega)\} = \frac{-2D\eta\,(2-\eta^2)}{(1-\eta^2)^2 + (2D\eta)^2} =$$

$$= \frac{-2D\omega_0\,\Omega\,(2\omega_0^2-\Omega^2)}{(\omega_0^2-\Omega^2)^2 + (2D\omega_0\,\Omega)^2}$$

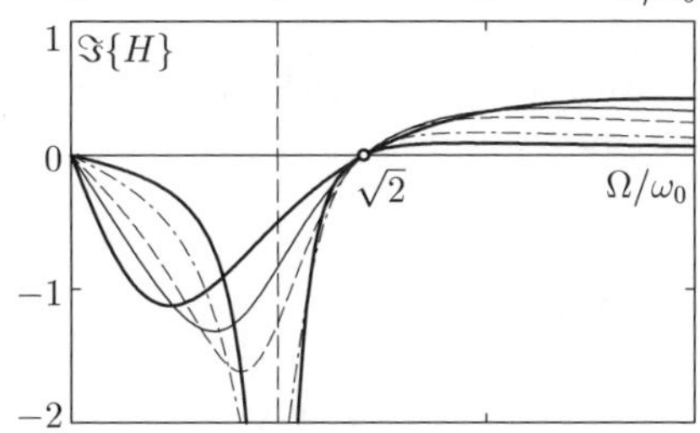

Aufgabe 6.13:

Ein Skateboarder fährt mit konstanter Horizontalgeschwindigkeit v eine lange Treppe hinunter (Stufenhöhe h, Stufenbreite $2h$). Dadurch gerät sein Körper in Vertikalschwingungen. Für die Beschreibung der Dynamik wird der Skateboarder als einläufiges gedämpftes Feder-Masse-System (Masse m, Steifigkeit k, Dämpfung b) dargestellt. Das Skateboard hebt nie von der Treppe ab.

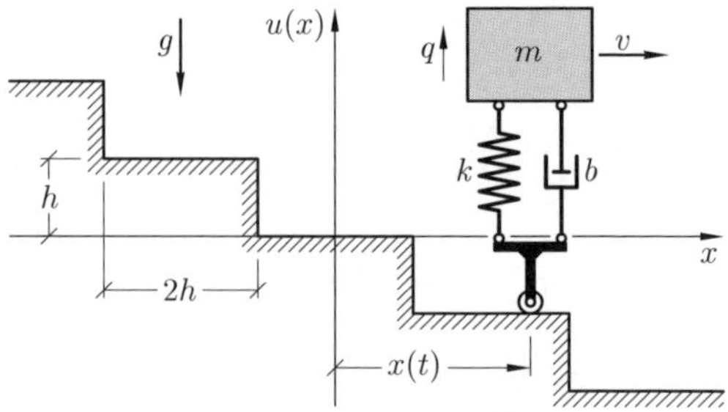

Bild A6.13: Skateboarder auf Treppe

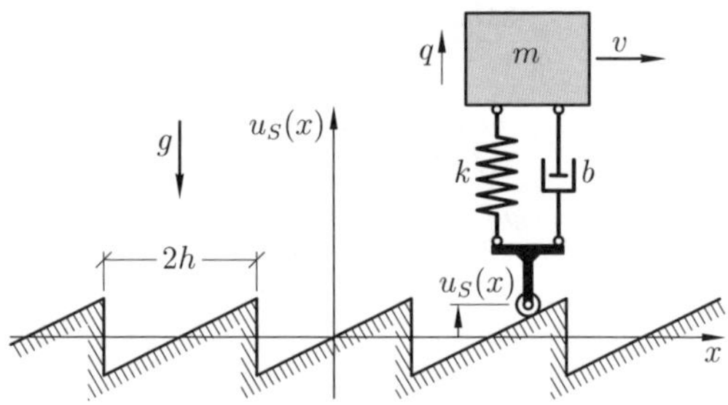

Bild A6.13: Periodische Sägezahnfunktion

a) Die Geometrie der Treppe kann in zwei Anteile aufgeteilt werden: eine linear abfallende $u_E(x)$ und eine periodische, sägezahnartige Kurve $u_S(x)$. Geben Sie die Zeitfunktion $u(t)$ der vertikalen Fußpunkterregung formelmäßig an.

b) Berechnen Sie die Koeffizienten der FOURIER-Reihe der Sägezahnfunktion $u_S(t)$.

c) Geben Sie die erzwungenen Schwingungen $q(t)$ infolge der linear abfallenden Geraden $u_E(t)$ und der Sägezahnerregung $u_S(t)$ im eingeschwungenen Zustand an.

d) Wie groß wird die Bodenkraft $F_{B0}(t)$ an den Sprungstellen im ungedämpften Fall und wie hoch h_{max} dürfen die Stufen maximal sein, damit ein Abheben tatsächlich vermieden wird?

e) Wie groß wird die Bodenkraft F_{Bb} an den Sprungstellen im gedämpften Fall, wenn Abheben grundsätzlich verhindert wird?

Gegeben: $h,\ m,\ k,\ b,\ v,\ g$

Lösung der Aufgabe 6.13:

a) Erregerfunktion:

Horizontaler Weg:

$x(t) = v\,t$

Grundfrequenz der Erregung:

$$\Omega = 2\pi\,\frac{v}{2h} = \pi\,\frac{v}{h}, \qquad \eta = \frac{\Omega}{\omega_0}$$

Treppenfunktion als Überlagerung einer Geraden und einer Sägezahnfunktion:

$u(x) = u_E + u_S$

$$u_E(t) = -x\,\frac{h}{2h} = -\frac{v}{2}\,t, \qquad u_S(t) = x\,\frac{h}{2h} = \frac{v}{2}\,t \qquad \text{für} \qquad -\frac{h}{v} \le t \le \frac{h}{v}$$

b) FOURIER-Darstellung der Sägezahnfunktion:

FOURIER-Koeffizienten der Sägezahnfunktion (Tabelle 15.10, sym. Sägezahn):

$$a_n = 0\,, \qquad b_n = -\frac{2\,(-1)^n}{n\,\pi}\,\frac{h}{2}$$

FOURIER-Reihe der Sägezahnfunktion:

$$u_S(t) = -\sum_{n=1}^{\infty} \frac{2\,(-1)^n}{n\,\pi}\,\frac{h}{2}\,\sin\!\Big(n\,\pi\,\frac{x}{h}\Big) = -\sum_{n=1}^{\infty} \frac{2\,(-1)^n}{n\,\pi}\,\frac{h}{2}\,\sin\!\Big(n\,\pi\,\frac{v}{h}\,t\Big)$$

Gesamte Erregerfunktion:

$$u(t) = -\frac{v}{2}\,t - \sum_{n=1}^{\infty} \frac{2\,(-1)^n}{n\,\pi}\,\frac{h}{2}\,\sin\!\Big(n\,\pi\,\frac{v}{h}\,t\Big)$$

c) Berechnung der Bewegung des Skateboarders:

Bewegungsgleichung des Skateboarders um die statische Gleichgewichtslage:

$$\ddot q + 2D\omega_0\,\dot q + \omega_0^2\,q = \omega_0^2\,u(t) + 2D\omega_0\,\dot u(t)$$

Parameter des Systems und n-tes Glied der wirksamen periodischen Erregerfunktion:

$$\omega_0^2 = \frac{k}{m}\,, \qquad D = \frac{b}{2\sqrt{k\,m}}\,, \qquad \widehat{u}_n = -\frac{2\,(-1)^n}{n\,\pi}\,\frac{h}{2}$$

Berechnung eines Integrals infolge der Bewegung $u_E(t)$ auf der schiefen Ebene:

Bewegungsgleichung für diese Erregung:

$$\ddot q + 2D\omega_0\,\dot q + \omega_0^2\,q = -\omega_0^2\,\frac{v}{2}\,t - 2D\omega_0\,\frac{v}{2}$$

Ansatz:

$$q_{pE} = C_1\,t + C_2 \qquad \Longrightarrow \qquad \dot q_{pE} = C_1\,, \qquad \ddot q_{pE} = 0$$

Einsetzen in die Bewegungsgleichung und Koeffizientenbalance der t-Glieder:

$$2D\omega_0\,C_1 + \omega_0^2\,(C_1\,t + C_2) = -\omega_0^2\,\frac{v}{2}\,t - 2D\omega_0\,\frac{v}{2} \qquad \Longrightarrow \qquad C_1 = -\frac{v}{2}\,, \qquad C_2 = 0$$

Partikularintegral infolge der schiefen Ebene:

$$q_{pE} = -\frac{v}{2}\,t$$

Allgemeines Integral einer periodischen Erregung gemäß Kapitel 6.6:

$$q_{pS} = \sum_{n=1}^{\infty} V(n\eta,D)\Big\{a_n\cos[n\Omega t - \psi(n\eta,D)] + b_n \sin[n\Omega t - \psi(n\eta,D)]\Big\}$$

Vergrößerungs- und Phasenfunktionen:

$$V_n = V(n\eta,D) = |\underline{V}(n\eta,D)| = \sqrt{\frac{1 + (2Dn\eta)^2}{[1-(n\eta)^2]^2 + (2Dn\eta)^2}}$$

$$\psi_n = \psi(n\eta,D) = \arctan\frac{2D(n\eta)^3}{[1-(n\eta)^2] + (2Dn\eta)^2}$$

Erzwungene quasi-stationäre Schwingung aus beiden Erregerkomponenten:

$$q_p(t) = q_{pE} + q_{pS} = -\frac{v}{2}\,t - \sum_{n=1}^{\infty} \frac{2\,(-1)^n}{n\,\pi}\,\frac{h}{2}\,V_n \sin[n\Omega t - \psi_n]$$

d) Analyse der Bodenkraft des ungedämpften Systems:

Vergrößerungs- und Phasenfunktion des ungedämpften Systems:

$$V_n = \frac{1}{|1-(n\eta)^2|}; \qquad \psi_n = 0 \quad \text{oder} \quad \pi \qquad \text{bzw.} \quad \underline{V}_n = \frac{1}{1-(n\eta)^2}$$

Bodenkraft:

$$F_{B0}(t) = k\Big[u(t) - q(t)\Big] + mg = k\Big[u_S(t) - q_{pS}(t)\Big] + mg =$$

$$= -k\sum_{n=1}^{\infty} \frac{2(-1)^n}{n\pi}\frac{h}{2}\Big\{1 - \underline{V}_n\Big\}\sin(n\Omega t) + mg =$$

$$= k\sum_{n=1}^{\infty} \frac{2(-1)^n}{n\pi}\frac{h}{2}\frac{(n\eta)^2}{1-(n\eta)^2}\sin(n\Omega t) + mg$$

Der Skateboarder hebt nie ab, wenn $F_{B0}(t) > 0$ für alle t:

Strengste Bedingung für die Stufenhöhe:

$$h_{max} < \frac{mg}{k}\frac{1}{\displaystyle\sum_{n=1}^{\infty}\frac{1}{n\pi}\left|\frac{(n\eta)^2}{1-(n\eta)^2}\right|}$$

e) Analyse der Bodenkraft des gedämpften Systems:

Bodenkraft des gedämpften Systems:

$$F_{Bb}(t) = k\Big[u(t) - q(t)\Big] + b\Big[\dot{u}(t) - \dot{q}(t)\Big] + mg = k\Big[u_S(t) - q_{pS}(t)\Big] + b\Big[\dot{u}_S(t) - \dot{q}_{pS}(t)\Big] + mg$$

Maximale Bodenkraft des gedämpften Systems:

$F_{Bb,max} \to \infty$,

da die Dämpferkraft bei sprungartiger Lageänderung des Aufstandpunktes und einer Dämpferverlängerung um h eine unendlich große Relativgeschwindigkeit erzwingt.

Aufgabe 6.14:

Der Aufhängepunkt eines ursprünglich ruhenden elastisch gefesselten Körpers (Eigenfrequenz f_0) wird sprungartig um u_0 angehoben. Die daraus folgende ungedämpfte Bewegung des Körpers soll gefilmt werden. Für ein scharfes Bild darf sich der Körper während der Öffnungszeit des Verschlusses (Belichtungszeit Δt) um höchstens die Strecke Δq bewegen.

Welche Belichtungszeit Δt muß gewählt werden, damit man zu jedem beliebigen Zeitpunkt der Bewegung ein scharfes Bild erhält?

Gegeben: $f_0 = 10\,\text{Hz}$, $u_0 = 10\,\text{mm}$, $\Delta q = 0.1\,\text{mm}$

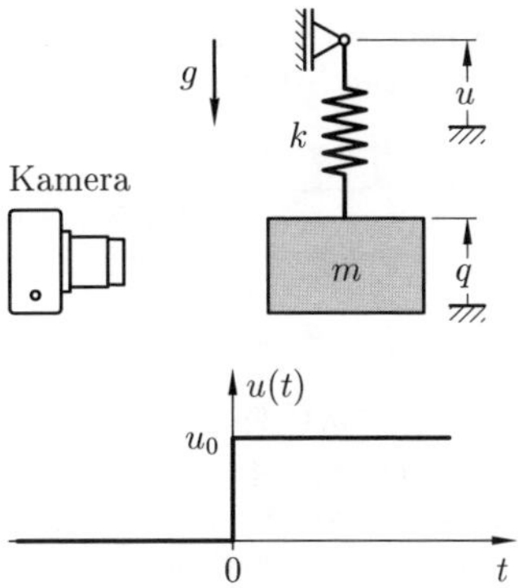

Bild A6.14: Filmen eines bewegten Schwingungssystems und Erregerzeitverlauf

Lösung der Aufgabe 6.14:

Bewegungsgleichung:

$$m\,\ddot{q} + k\,q = k\,u(t) = k\,u_0\,\sigma(t)$$

Bewegung infolge des Sprungs mit der Amplitude u_0:

$$q(t) = u_0\,(1 - \cos\omega_0 t) \qquad \text{für} \qquad t \geq 0$$

Geschwindigkeit des Körpers nach der Sprungerregung:

$$\dot{q}(t) = \omega_0\,u_0 \sin\omega_0 t \qquad \text{für} \qquad t \geq 0; \qquad \dot{q}_{max} = \omega_0\,u_0$$

Zurückgelegter Weg Δq während der Belichtungszeit Δt:

$$\Delta q \approx \dot{q}(t^*)\,\Delta t \qquad \text{mit} \qquad t^* \text{ innerhalb von } \Delta t$$

Die größte Verschiebung Δq_{max} während der Öffnungszeit des Verschlusses tritt auf, wenn der Körper seine maximale Geschwindigkeit $\dot{q}_{max}$ hat:

$$\Delta q_{max} = \dot{q}_{max}\,\Delta t = \omega_0\,u_0\,\Delta t < \Delta q$$

Begrenzung der Belichtungszeit:

$$\Delta t < \frac{\Delta q}{\omega_0\,u_0} = 1.6\cdot 10^{-4}\,\text{s}$$

Aufgabe 6.15:

Ein Fahrzeug ist zunächst schwingungsfrei und durchfährt eine Bodensenke, die durch zwei Stufen (Abstand l, Höhe b) angenähert werden kann.

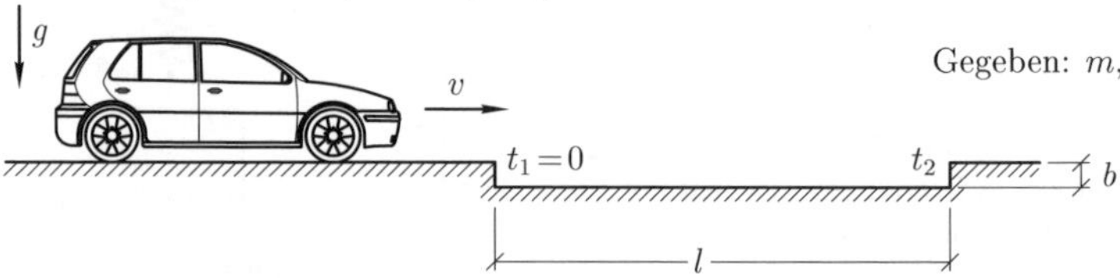

Gegeben: m, k, v, b, g

Bild A6.15.1: Fahrzeug über Bodensenke

Das Fahrzeug soll durch ein vertikal schwingendes ungedämpftes Ersatzsystem mit einem Freiheitsgrad (Masse m, Steifigkeit k) dargestellt werden.

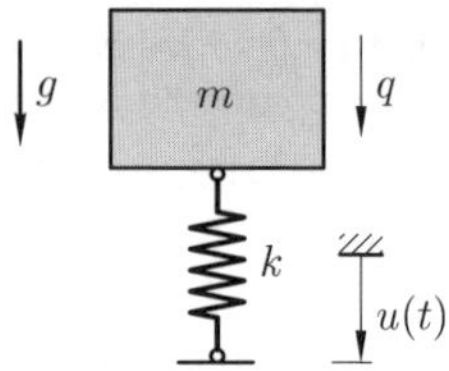

Bild A6.15.2: Ersatzmodell

a) Mit welcher Amplitude schwingt das Fahrzeug nach Überfahren der ersten Stufe?

b) Welche Bewegung führt das Fahrzeug nach dem Überfahren der zweiten Stufe aus?

c) Bei welchen Fahrgeschwindigkeiten v_c löschen sich die Antworten auf die beiden Stufen nach dem Passieren der beiden Stufen aus (keine Vertikalschwingungen)?

d) Bei welchen Fahrgeschwindigkeiten v_d addieren sich beide Antworten zur größtmöglichen Amplitude?

e) Ab welcher Sprunghöhe b_e geht der Bodenkontakt zeitweise verloren?

Lösung der Aufgabe 6.15:

a) Berechnung der Schwingungen nach der Überfahrt der ersten Stufe:

Inhomogene Bewegungsgleichung:

$$\ddot{q} + \omega_0^2\, q = \omega_0^2\, u(t) = \omega_0^2\, b\, \sigma(t)$$

Sprungantwort auf die erste Stufe (im Bereich I, $0 \le t < t_2$):

$$q_1(t) = b\left[1 - \cos\omega_0 t\right]\sigma(t)$$

$$\ddot{q}_1(t) = b\,\omega_0^2 \cos\omega_0 t\;\sigma(t)$$

b) Berechnung der Schwingungen nach der Überfahrt über die zweite Stufe:

Sprungantwort auf die zweite Stufe:

$$q_2(t) = -b\left[1 - \cos\omega_0(t-t_2)\right]\sigma(t-t_2) \qquad \text{mit} \qquad t_2 = \frac{l}{v}$$

$$\ddot{q}_2(t) = -b\,\omega_0^2 \cos\omega_0(t-t_2)\;\sigma(t-t_2)$$

Gesamtantwort für $t > t_2$:

$$q(t) = q_1(t) + q_2(t) = b\left[1 - \cos\omega_0 t\right] - b\left[1 - \cos\omega_0(t-t_2)\right] = b\left[\cos\omega_0(t-t_2) - \cos\omega_0 t\right]$$

$$\ddot{q}(t) = b\,\omega_0^2\left[\cos\omega_0 t - \cos\omega_0(t-t_2)\right]$$

c) Auslöschung tritt auf für

$\cos\omega_0(t-t_2) = \cos\omega_0 t. \quad \Longrightarrow \quad \omega_0 t_2 = 2\pi,\, 4\pi,\, \ldots \quad \Longrightarrow \quad v_c = \dfrac{\omega_0 l}{2n\pi}$

d) Maximale Schwingungen entstehen für

$\cos\omega_0(t-t_2) = -\cos\omega_0 t. \quad \Longrightarrow \quad \omega_0 t_2 = \pi,\, 3\pi,\, \ldots \quad \Longrightarrow \quad v_d = \dfrac{\omega_0 l}{(2n-1)\pi}$

e) Analyse der Bodenkraft:

Aufstandskraft im Bereich I für $0<t<t_2$:

$$F_B = mg + k(q-b) = mg - m\ddot{q} = mg - mb\,\omega_0^2 \cos\omega_0 t$$

Kein Abheben im Bereich I für $F_B>0$:

$$mg - mb\,\omega_0^2 > 0 \quad \Longrightarrow \quad b_e < \frac{g}{\omega_0^2}$$

Aufstandskraft im Bereich II für $t_2<t$:

$$F_B = mg + k(q-b) = mg - m\ddot{q} = mg - \omega_0^2\, m\, b\left[\cos\omega_0 t - \cos\omega_0(t-t_2)\right]$$

Kein Abheben im Bereich II für $F_B>0$:

$$mg - 2\omega_0^2\, m\, b \geq 0 \quad \Longrightarrow \quad b_e < \frac{g}{2\,\omega_0^2}$$

Aufgabe 6.16:

Ein vierparametriges viskoelastisches Stoffgesetz für Festkörper kann durch die allgemeine Schwingungsdifferentialgleichung

$$\ddot{\varepsilon} + a_1\,\dot{\varepsilon} + a_0\,\varepsilon = b_0\,\sigma + b_1\,\dot{\sigma}$$

beschrieben werden.

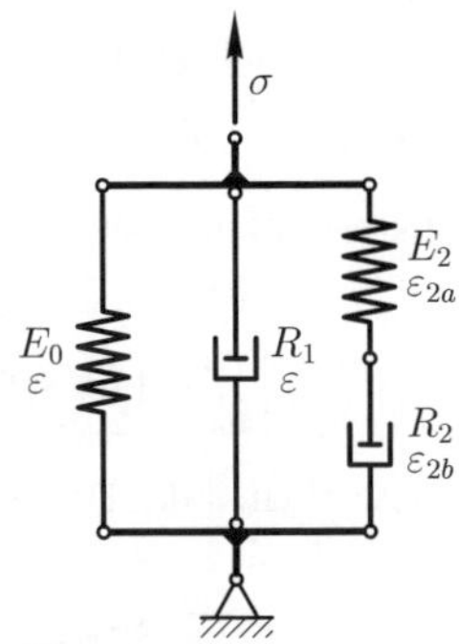

Bild A6.16:
Vier Parameter Modell

a) Ermitteln Sie die charakteristischen Schwingungsparameter ω_0 und D der Probe aus den Koeffizienten a_j und b_j und geben Sie die Sprungantwort und die Stoßantwort für die Probendehnung $\varepsilon(t)$ an.

b) Auf die Werkstoffprobe wird ein Spannungssprung

$$\sigma(t) = \begin{cases} 0 & \text{für} \quad t < 0 \\ \sigma_0 & \phantom{\text{für}} \quad t \geq 0 \end{cases}$$

gegeben. Berechnen Sie den Zeitverlauf $\varepsilon(t)$ der Dehnung infolge des Spannungssprungs und skizzieren Sie ihn qualitativ. Ermitteln Sie dazu getrennt die Partikularlösungen infolge $b_0\,\sigma$ und $b_1\,\dot{\sigma}$.

c) Welchen Wert nimmt die Dehnung lange nach dem Spannungssprung im stationären Zustand an?

Gegeben: α_2, $a_1 > 2\sqrt{a_0}$, b_0, b_1, σ_0

Lösung der Aufgabe 6.16:

a) Ermittlung der Sprung- und der Stoßantwort:

Spannungssprung:

$$\sigma(t) = \begin{cases} 0 & \text{für} \quad t < 0 \\ \sigma_0 & \phantom{\text{für}} \quad t \geq 0 \end{cases}$$

Spannungsänderung:

$$\dot{\sigma}(t) = \sigma_0\, \delta(t)$$

Bewegungsgleichung für die Dehnung:

$$\ddot{\varepsilon} + a_1\, \dot{\varepsilon} + a_0\, \varepsilon = b_0\, \sigma + b_1\, \dot{\sigma}$$

Bewegungsgleichung in Normalform:

$$\ddot{\varepsilon} + 2D\omega_0\, \dot{\varepsilon} + \omega_0^2\, \varepsilon = \omega_0^2 \left(\frac{b_0}{\omega_0^2}\, \sigma + \frac{b_1}{\omega_0^2}\, \dot{\sigma}\right)$$

Charakteristische Parameter der Schwingung durch Koeffizientenvergleich:

$$\omega_0 = \sqrt{a_0}\,; \qquad D = \frac{a_1}{2\sqrt{a_0}} > 1 \qquad \text{(starke Dämpfung)}$$

Abkürzungen:

$$\delta = \omega_0 D = a_1\,; \qquad \delta^k = \omega_0\, \sqrt{D^2 - 1} = \sqrt{\frac{a_1^2}{4} - a_0}\,; \qquad \frac{b_0}{\omega_0^2} = \frac{b_0}{a_0}$$

Sprungantwort bei starker Dämpfung:

$$g(t) = \begin{cases} 0 & \text{für} \quad t < 0 \\ 1 - \dfrac{1}{2\delta^k} \left[(\delta^k + \delta)\, e^{\delta^k t} + (\delta^k - \delta)\, e^{-\delta^k t}\right] e^{-\delta t} & \phantom{\text{für}} \quad t \geq 0 \end{cases}$$

Stoßantwort bei starker Dämpfung:

$$h(t) = \begin{cases} 0 & \text{für} \quad t < 0 \\ \dfrac{\omega_0^2}{2\delta^k} \left[e^{\delta^k t} - e^{-\delta^k t}\right] e^{-\delta t} & \phantom{\text{für}} \quad t \geq 0 \end{cases}$$

b) Berechnung des Zeitverlaufs der Dehnung $\varepsilon(t)$ infolge des Spannungssprungs:

Dehnung infolge des Sprunganteils $b_0\, \sigma$:

$$\varepsilon_{Sprung} = \frac{b_0}{a_0}\, \sigma_0\, g(t)$$

Dehnung infolge des Stoßanteils $b_1\, \dot{\sigma}$:

$$\varepsilon_{Stoß} = \frac{b_1}{a_0}\, \sigma_0\, h(t)$$

Zeitverlauf der Dehnung infolge beider Erregeranteile:

$$\varepsilon(t) = \varepsilon_{Stoß}(t) + \varepsilon_{Sprung}(t) =$$

$$= \sigma_0 \left\{ \frac{b_0}{a_0} + \left[\frac{b_1}{2\delta^k} \left(e^{\delta^k t} - e^{-\delta^k t}\right) - \frac{b_0}{2\, a_0\, \delta^k} \left((\delta^k + \delta)\, e^{\delta^k t} + (\delta^k - \delta)\, e^{-\delta^k t}\right)\right] e^{-\delta t} \right\}$$

Zeitverhalten der Dehnung infolge eines Spannungssprungs an der Probe:

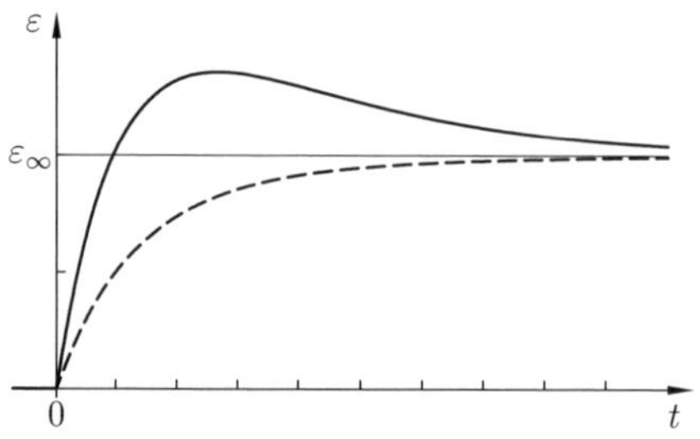

c) Grenzdehnung für $t \to \infty$:

$$\varepsilon(\infty) = \sigma_0\, \frac{b_0}{a_0}$$

Aufgabe 6.17:

Ein ausgewuchtetes Zahnrad (Radius r, Masse m, Massenträgheitsmoment Θ) rollt auf einem verzahnten Schwingtisch und ist mit einem Dämpfer b und einer Feder k an diesen gekoppelt. Der Schwingtisch wird mit $u(t)$ zwangsbewegt. Die in Aufgabe 3.3 hergeleitete Bewegungsgleichung

$$\ddot{q} + 2D\omega_0\,\dot{q} + \omega_0^2\,q = \omega_0^2\,u + 2D\omega_0\,\dot{u} + \alpha\,\ddot{u}$$

für die absolute Bewegung $q(t)$ des Zahnradschwerpunktes enthält auf der rechten Seite eine Kombination von zeitlichen Ableitungen des vorgegebenen Erregerweges $u(t)$. An diesem System sollen verschiedene Vorgänge studiert und die Wirksamkeit von Identifikationsmethoden zur Parameterermittlung erprobt werden.

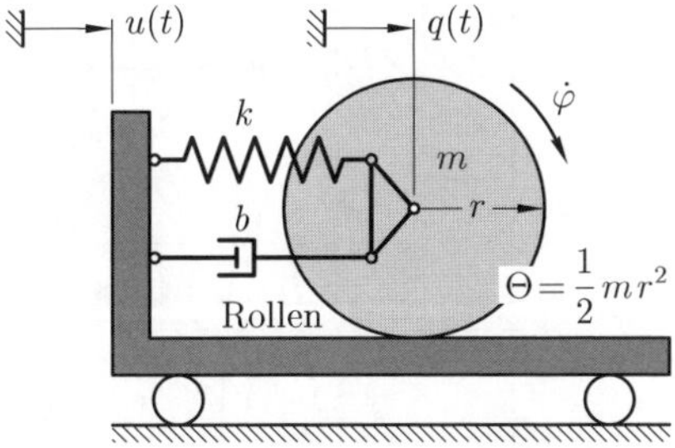

Bild A6.17.1: Zahnwalze auf Wagen

a) Ermitteln Sie mit einem Ansatz für harmonische Erregung oder durch Analyse im Frequenzbereich die komplexe Übertragungsfunktion $\underline{V}(\eta,D) = \widehat{\underline{q}}/\widehat{\underline{u}}$ sowie den Amplituden- und den Phasengang.

b) Welche Amplitude $\widehat{q}(\eta,D)$ und welche Phasenverschiebung $\psi(\eta,D)$ stellen sich bei sehr hoher Erregerfrequenz $\Omega \ll \omega_0$ ein?

c) Für welche Erregerfrequenzen Ω_D ist der Amplitudengang unabhängig von der Dämpfung D? Wie groß ist die Amplitude $\widehat{q}_D$ bei diesen Frequenzen?

Die Systemparameter sind unbekannt. Der Amplituden- und der Phasengang wurden gemessen. Sie sind in den Diagrammen 6.17.2 und 6.17.3 dargestellt:

d) Ermitteln Sie aus den Meßdaten die Kennkreisfrequenz ω_0 bei einem gegebenen Massenverhältnis von $\alpha = \Theta/(\Theta + mr^2) = 1/2$.

e) Ermitteln Sie aus den gemessenen Werten des Amplitudengangs bei $\Omega = 3/\text{s}$ und bei $\Omega = 4/\text{s}$ das Dämpfungsmaß D bei einem gegebenen Massenverhältnis von $\alpha = 1/2$.

f) Ist der Phasengang für Erregung mit der Eigenfrequenz $\Omega = \omega_0$ bei einem beliebigen Massenverhältnis α unabhängig von der Dämpfung D?

g) Ermitteln Sie aus dem gemessenen Phasengang das Dämpfungsmaß D bei einem gegebenen Massenverhältnis von $\alpha = 1/2$.

Durch einen Stoß auf den Wagen wird die Geschwindigkeit $\dot{u}(t)$ des Wagens sprungartig von 0 auf v_0 gebracht. Ein Zwangsantrieb hält danach die Geschwindigkeit $\dot{u}$ des Wagens auf den konstanten Wert v_0, $\dot{u}(t) = v_0\,\sigma(t)$. Die Verschiebung $u(t)$ des Schwingtisches nimmt somit linear mit der Zeit zu.

h) Geben Sie formelmäßig die Zeitfunktionen für die Wagenbeschleunigung $\ddot{u}(t)$ und die Wagenverschiebung $u(t)$ an.

i) Berechnen Sie die Anfangsgeschwindigkeit $\dot{q}(0+)$ des Zahnradschwerpunktes unmittelbar nach dem Stoß auf den Wagen.

j) Berechnen Sie die absolute Translationsbewegung $q(t)$ des Zahnradschwerpunktes für $t > 0$ bei einer anderen Dämpfung im Kriechgrenzfall ($D = 1$).

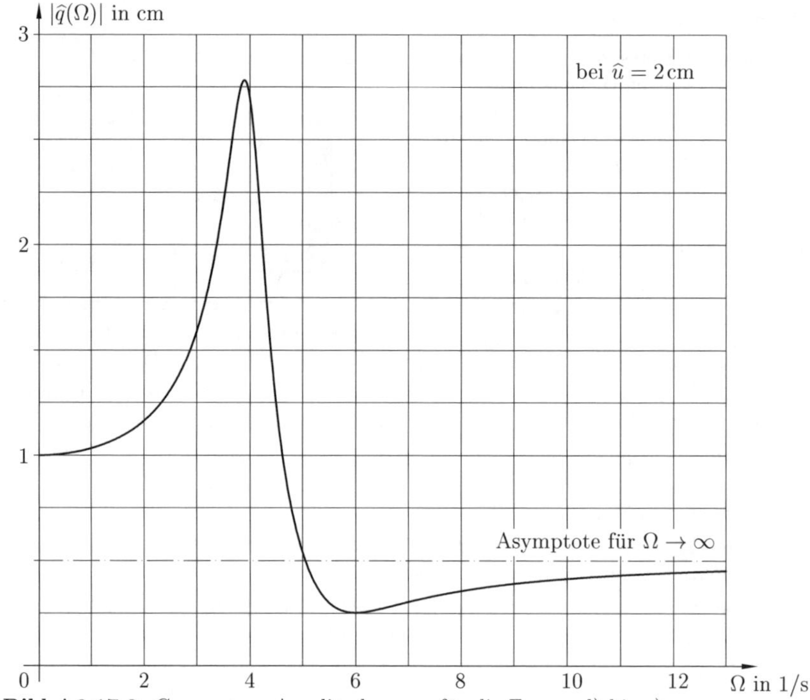

Bild A6.17.2: Gemessener Amplitudengang für die Fragen d) bis g)

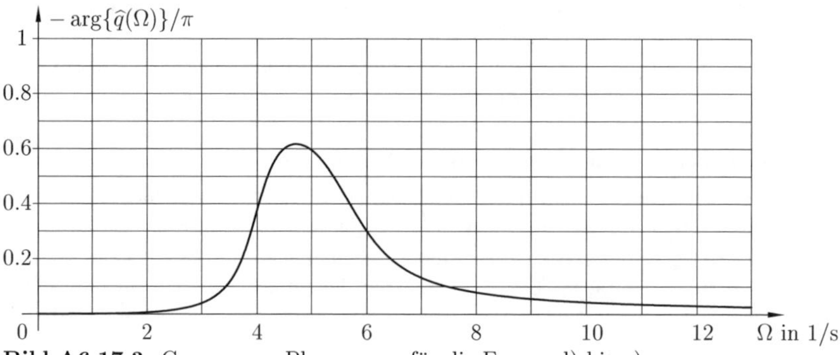

Bild A6.17.3: Gemessener Phasengang für die Fragen d) bis g)

Gegeben: ω_0, D, α, Ω, v_0, $\dot{u}(t) = v_0\, \sigma(t)$, gemessener Amplituden- und Phasengang

Lösung der Aufgabe 6.17:

a) Ermittlung der Übertragungsfunktion:

Komplex ergänzte Bewegungsgleichung: Gleichtaktansatz:

$$\ddot{\underline{q}} + 2D\omega_0\,\dot{\underline{q}} + \omega_0^2\,\underline{q} = \omega_0^2\,\underline{u} + 2D\omega_0\,\dot{\underline{u}} + \alpha\,\ddot{\underline{u}} \qquad \underline{q} = \widehat{\underline{q}}\,e^{i\Omega t}; \qquad \underline{u} = \widehat{\underline{u}}\,e^{i\Omega t}$$

Einsetzen in die Bewegungsgleichung:

$$(-\Omega^2 + i2D\omega_0\Omega + \omega_0^2)\widehat{\underline{q}} = (\omega_0^2 + i2D\omega_0\Omega - \alpha\,\Omega^2)\widehat{\underline{u}}$$

Komplexe Übertragungsfunktion:

$$\underline{V}(\eta,D) = \frac{\widehat{\underline{q}}}{\widehat{\underline{u}}} = \frac{(\omega_0^2 - \alpha\,\Omega^2) + i2D\omega_0\Omega}{(\omega_0^2 - \Omega^2) + i2D\omega_0\Omega} = \frac{(1-\alpha\eta^2) + i2D\eta}{(1-\eta^2) + i2D\eta}$$

Amplitudengang:

$$|\underline{V}(\Omega)| = \sqrt{\frac{(\omega_0^2 - \alpha\,\Omega^2)^2 + (2D\omega_0\,\Omega)^2}{(\omega_0^2 - \Omega^2)^2 + (2D\omega_0\,\Omega)^2}} \qquad (1)$$

Phasengang:

$$\psi(\Omega) = -\arg\left\{\underline{V}(\Omega)\right\} = -\arg\frac{\left[(\omega_0^2 - \alpha\,\Omega^2) + i\,2D\omega_0\,\Omega\right]\left[(\omega_0^2 - \Omega^2) - i\,2D\omega_0\,\Omega\right]}{\left[(\omega_0^2 - \Omega^2) + i\,2D\omega_0\,\Omega\right]\left[(\omega_0^2 - \Omega^2) - i\,2D\omega_0\,\Omega\right]} =$$

$$= \arctan\frac{2D\omega_0\,\Omega^3\,(1-\alpha)}{(\omega_0^2 - \Omega^2)(\omega_0^2 - \alpha\,\Omega^2) + (2D\omega_0\,\Omega)^2}$$

b) Amplitude und Phasenverschiebung bei sehr hoher Erregerfrequenz:

Bei sehr hoher Erregerfrequenz $\Omega \gg \omega_0$ verbleiben im Zähler und Nenner von $\underline{V}$ nur die Terme mit der höchsten Potenz von Ω. Somit folgt aus

$$\lim_{\Omega\to\infty}\underline{V}(\Omega) = \lim_{\Omega\to\infty}\frac{\omega_0^2 - \alpha\,\Omega^2 + i2D\omega_0\Omega}{\omega_0^2 - \Omega^2 + i2D\omega_0\Omega} = \alpha$$

eine Amplitude von $\widehat{q} = \alpha\,\widehat{u}$.

Der Nacheilwinkel $\psi(\infty)$ geht gegen null, da $\underline{V}(\infty)$ reell ist.

c) Berechnung der von der Dämpfung unabhängigen Erregerfrequenz:

$|\underline{V}(\Omega)|$ ist unabhängig von D, wenn

$$\frac{(2D\omega_0\,\Omega_D)^2}{(2D\omega_0\,\Omega_D)^2} = \frac{(\omega_0^2 - \alpha\,\Omega_D^2)^2}{(\omega_0^2 - \Omega_D^2)^2} \qquad \Longrightarrow \qquad (\omega_0^2 - \alpha\,\Omega_D^2)^2 = (\omega_0^2 - \Omega_D^2)^2$$

Erregerfrequenzen mit dämpfungsunabhängiger Amplitude:

$$(\omega_0^2 - \alpha\,\Omega_D^2) = \pm(\omega_0^2 - \Omega_D^2)$$

$$\oplus: \qquad -\alpha\,\Omega_D^2 = -\Omega_D^2 \qquad \Longrightarrow \qquad \Omega_{D1} = 0$$

$$\ominus: \qquad 2\,\omega_0^2 = (1+\alpha)\,\Omega_D^2 \qquad \Longrightarrow \qquad \Omega_{D2}^2 = \frac{2\,\omega_0^2}{1+\alpha}$$

Dämpfungsunabhängige Amplitude:

$$|\underline{V}(\Omega_D)| = \sqrt{\frac{(\omega_0^2 - \alpha\,\Omega_D^2)^2 + (2D\omega_0\,\Omega_D)^2}{(\omega_0^2 - \Omega_D^2)^2 + (2D\omega_0\,\Omega_D)^2}} = 1 \qquad \Longrightarrow \qquad \widehat{q}_D = \widehat{u}$$

d) Ermittlung der Kennkreisfrequenz ω_0 aus dem Amplitudengang für $\alpha=1/2$:

Ablesen des Wertes der Frequenz Ω_{D2}:

$$|\underline{V}| = \frac{\widehat{q}}{\widehat{u}} = 1 \qquad \text{bei} \qquad \Omega_{D2} = \sqrt{\frac{4}{3}}\,\omega_0 = 4.6\,\mathrm{s}^{-1} \qquad \Longrightarrow \qquad \omega_0 = \sqrt{\frac{3}{4}}\,\Omega_{D2} \approx 4\,\mathrm{s}^{-1}$$

e) Ermittlung der Dämpfung aus dem Amplitudengang:

Umstellen der Formel (1) für den Amplitudengang nach dem Dämpfungsmaß:

$$|\underline{V}|^2\Big\{(\omega_0^2-\Omega^2)^2 + (2D\omega_0\,\Omega)^2\Big\} = (\omega_0^2-\alpha\,\Omega^2)^2 + (2D\,\omega_0\,\Omega)^2 \qquad \Longrightarrow$$

$$D = \sqrt{\frac{|\underline{V}|^2\,(\omega_0^2-\Omega^2)^2 - (\omega_0^2-\alpha\,\Omega^2)^2}{(2\omega_0\,\Omega)^2(1-|\underline{V}|^2)}}$$

Ablesen des Wertes der Vergrößerungsfunktion $|V|$ bei einer beliebigen resonanznahen Frequenz Ω:

Bei $\Omega_3 = 3\,\mathrm{s}^{-1}$ ist $|\widehat{q}| = 1.60\,\mathrm{mm}$; $|\underline{V}(\Omega_3)| = 3.2 \Longrightarrow D \approx 0.09$

Bei $\Omega_4 = 4\,\mathrm{s}^{-1}$ ist $|\widehat{q}| = 2.65\,\mathrm{mm}$; $|\underline{V}(\Omega_4)| = 5.3 \Longrightarrow D \approx 0.10$

f) Analyse der Phasenverschiebung in der Resonanz bei $\Omega=\omega_0$:

$$\psi(\omega_0) = \arctan\frac{2D\omega_0^4\,(1-\alpha)}{(2D)^2\,\omega_0^4} = \arctan\frac{1-\alpha}{2D}$$

Der Phasengang ist bei $\Omega=\omega_0$ nicht unabhängig von der Dämpfung.

g) Ermittlung der Dämpfung aus dem Phasengang:

Ablesen des Wertes der Phase bei einer beliebigen resonanznahen Frequenz:

Beispielsweise bei: $\Omega=\omega_0$ ist $\psi(\omega_0) = 0.4\,\pi \Longrightarrow D = (1-\alpha)\tan\psi(\omega_0) \approx 0.10$

h) Erregung bei einer sprungartigen Geschwindigkeitsänderung:

Erregerfunktionen:

$$\dot{u} = v_0\,\sigma(t); \qquad \ddot{u} = v_0\,\frac{d\sigma(t)}{dt} = v_0\,\delta(t); \qquad u = \begin{cases} 0 & \text{für } t \le 0 \\ v_0\,t & \phantom{\text{für }} t > 0 \end{cases}$$

i) Analyse des Stoßvorgangs:

Freikörperbilder mit der Kraftstößen während des Stoßes:

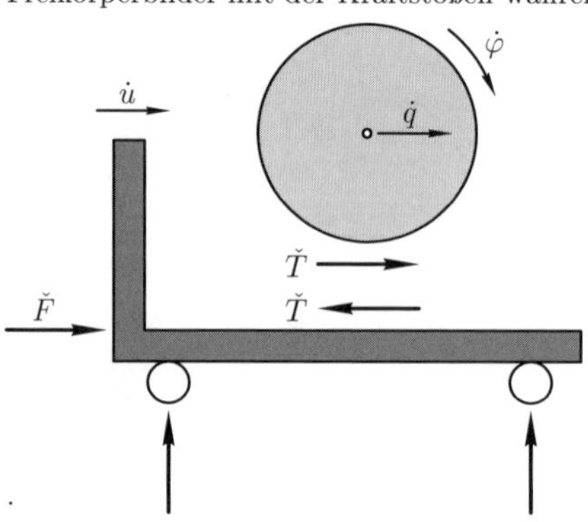

Impuls- und Drallsatz für des Zahnrad während des Stoßes:

$$m\,\dot{q}(0+) = \check{T} \tag{1}$$

$$\Theta\,\dot{\varphi}(0+) = -\check{T}\,r \tag{2}$$

Kinematik nach dem Stoß:

$$\dot{q}(0+) = \dot{u}(0+) + r\,\dot{\varphi}(0+) \tag{3}$$

Ausrechnung der Zahnradgeschwindigkeit $\dot{q}(0+)$ nach dem Stoß:

$$(1)\cdot r + (2) \quad \text{mit} \quad (3): \qquad \dot{q}(0+) = \frac{\Theta}{\Theta+mr^2}\,\dot{u}(0+) = \alpha\,\dot{u}(0+) = \alpha\,v_0$$

j) Berechnung der Zahnradbewegung bei Kriechgrenzfalldämpfung:

Bewegungsgleichung für $D=1$:

$$\ddot{q} + 2\omega_0\,\dot{q} + \omega_0^2\,q = \omega_0^2\,u(t) + 2\omega_0\,\dot{u}(t) + \alpha\,\ddot{u}(t)$$

Partikularintegrale für die einzelnen Komponenten der rechten Seite:

Lösung der homogenen Differentialgleichung für den Spezialfall $D=1$ nach Kap. 5.6:

$$q_h(t) = (C_1 + C_2\,t)\,e^{-\omega_0 t}$$

Lösung infolge der linearen Bewegung $u(t)=v_0\,t$ für $t\geq 0$:

Partikuläre Bewegungsgleichung:

$$\ddot{q} + 2\omega_0\,\dot{q} + \omega_0^2\,q = \omega_0^2\,v_0\,t \qquad \text{für} \qquad t\geq 0$$

Ansatz analog zur rechten Seite:

$$q_0 = a_0 + a_1\,t, \qquad \dot{q}_0 = a_1, \qquad \ddot{q}_0 = 0$$

Einsetzen und Koeffizientenvergleich:

$$2\omega_0\,a_1 + \omega_0^2\,(a_0+a_1\,t) = \omega_0^2\,v_0\,t\,\sigma(t)$$

$$\omega_0^2\,a_1 = \omega_0^2\,v_0 \qquad \Longrightarrow \qquad a_1 = v_0$$

$$2\omega_0\,a_1 + \omega_0^2\,a_0 = 0 \qquad \Longrightarrow \qquad a_0 = -\frac{2}{\omega_0}\,v_0$$

Partikularlösung:

$$q_0(t) = v_0\Big(t - \frac{2}{\omega_0}\Big)\,\sigma(t)$$

Lösung infolge der Erregergeschwindigkeit $\dot{u}(t)=v_0\,\sigma(t)$ nach Kapitel 6.8.1:

Partikuläre Bewegungsgleichung:

$$\ddot{q} + 2\omega_0\,\dot{q} + \omega_0^2\,q = 2\omega_0\,v_0\,\sigma(t)$$

Partikularlösung mit der Sprungantwort:

$$q_1(t) = 2\omega_0\,v_0\,\frac{1}{\omega_0^2}\,g(t) = \frac{2}{\omega_0}\,v_0\left[1 - (1+\omega_0 t)\,e^{-\omega_0 t}\right]\sigma(t)$$

Lösung infolge der Wagenbeschleunigung $\ddot{u}=v_0\,\delta(t)$ nach Kapitel 6.8.2:

Partikuläre Bewegungsgleichung:

$$\ddot{q} + 2\omega_0\,\dot{q} + \omega_0^2\,q = \alpha\,v_0\,\delta(t)$$

Partikularlösung:

$$q_2(t) = \alpha\,v_0\,\frac{1}{\omega_0^2}\,h(t) = \alpha\,v_0\,t\,e^{-\omega_0 t}\,\sigma(t)$$

Gesamtlösung für $t \geq 0$ durch Superposition:

$$q(t) = q_h(t) + q_0(t) + q_1(t) + q_2(t) =$$

$$= \left(C_1 + C_2\,t\right) e^{-\omega_0\,t} + v_0\left(t-\frac{2}{\omega_0}\right) + \frac{2}{\omega_0} v_0 \left[1 - (1+\omega_0 t)\, e^{-\omega_0 t}\right] + \alpha\, v_0\, t\, e^{-\omega_0 t} =$$

$$= \left[\left(C_1 - \frac{2}{\omega_0} v_0\right) + \left(C_2 - (2-\alpha)\, v_0\right) t\right] e^{-\omega_0 t} + v_0\, t$$

$$\dot{q}(t) = \left[\left(-\,\omega_0 C_1 + C_2 + \alpha\, v_0\right) - \left(C_2 - (2-\alpha)\, v_0\right)\omega_0 t\right] e^{-\omega_0 t} + v_0$$

Anpassen der Lösung an den Zustand unmittelbar nach dem Stoß:

$$q(0) = q(0+) \quad \Longrightarrow \quad C_1 - \frac{2}{\omega_0} v_0 = 0$$

$$\dot{q}(0) = \dot{q}(0+) \quad \Longrightarrow \quad -\omega_0\, C_1 + C_2 + (1+\alpha)\, v_0 = \alpha\, v_0$$

Integrationskonstanten:

$$C_1 = \frac{2}{\omega_0} v_0; \qquad C_2 = v_0$$

Bewegung nach dem Stoß bei $D=1$:

$$q(t) = \left[1 - (1-\alpha)\, e^{-\omega_0 t}\right] v_0\, t\, \sigma(t), \qquad \dot{q}(t) = \left[1 - (1-\alpha)\,(1-\omega_0 t)\, e^{-\omega_0 t}\right] v_0\, \sigma(t)$$

Zeitverläufe:

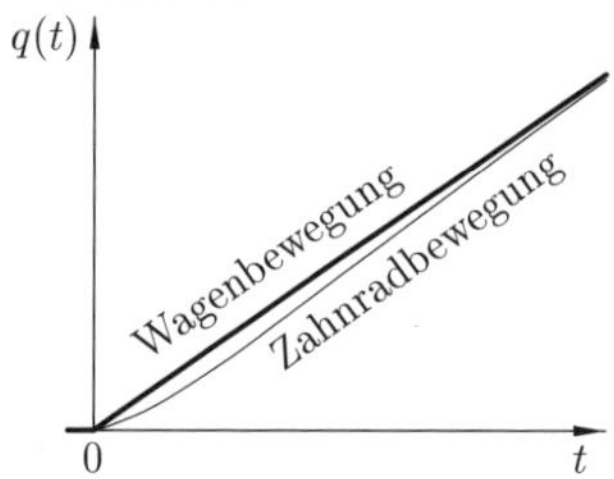

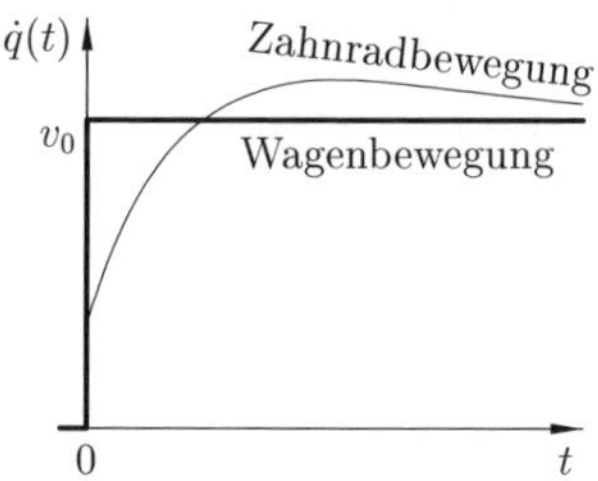

Aufgabe 6.18:

Ein Fahrzeug (Masse m, Steifigkeit k) fährt mit konstanter Horizontalgeschwindigkeit v. Es trifft zum Zeitpunkt $t=0$ auf einen (theoretisch) unendlich langen Anstieg (Steigungswinkel α). Bis zum Auftreffzeitpunkt $t=0$ führte das Fahrzeug keine Vertikalschwingungen aus ($q_0=0$ und $\dot{q}_0=0$).

Berechnen Sie die Schwingung $q(t)$ des Fahrzeugs auf dem Anstieg ($t>0$) mit dem Faltungsintegral.

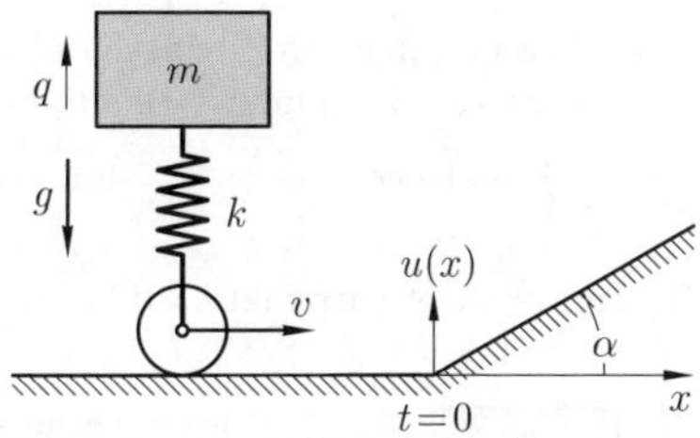

Bild A6.18: Fahrzeug am Anstieg

Gegeben: m, k, α, v, g

Lösung der Aufgabe 6.18:

Bewegungsgleichung:

$$m\ddot{q} + k\,q = k\,u(t) \qquad \text{bzw.} \qquad \ddot{q} + \omega_0^2\,q = \omega_0^2\,u(t) \qquad \text{mit} \qquad \omega_0^2 = \frac{k}{m}$$

Erregerfunktion in Abhängigkeit von der Zeit:

$$x = v\,t, \qquad u(t) = x\tan\alpha = v\,t\tan\alpha, \qquad \dot{u} = v\tan\alpha \qquad \text{für} \qquad t>0$$

Schwingungsantwort mit dem Faltungsintegral:

$$q(t) = \int_0^t g(t-\tau)\,\dot{u}(\tau)\,d\tau = \int_0^t \big[1-\cos\omega_0(t-\tau)\big]\,v\tan\alpha\,d\tau =$$

$$= v\tan\alpha\left[\tau + \frac{1}{\omega_0}\sin\omega_0(t-\tau)\right]_0^t = v\,t\tan\alpha - \frac{v\tan\alpha}{\omega_0}\sin\omega_0 t = \left\{1 - \frac{\sin\omega_0 t}{\omega_0 t}\right\}u(t)$$

Aufgabe 6.19:

Ein Fahrzeug (Masse m, Steifigkeit k) fährt mit konstanter Horizontalgeschwindigkeit v. Es trifft zum Zeitpunkt $t=0$ auf die Bodenwelle

$$u(x) = \begin{cases} \hat{u}\left(1-\cos\dfrac{2\pi x}{l}\right) & \text{für} \quad 0 < x < l \\ 0 & \text{sonst.} \end{cases}$$

Bis zum Auftreffzeitpunkt $t=0$ führte das Fahrzeug keine Vertikalschwingungen aus ($q_0=0$ und $\dot{q}_0=0$).

Gesucht ist die Bewegung $q(t)$ nach dem Passieren (also nach dem Verlassen) der Bodenwelle.

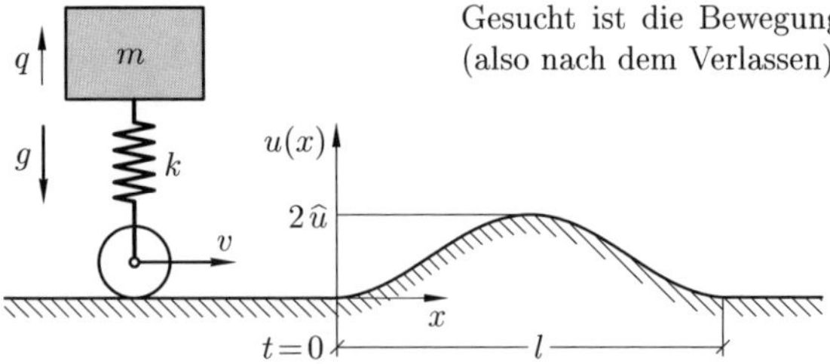

Bild A6.19: Fahrzeug über Bodenwelle

Gegeben: m, k, l, v, $\hat{u}$, g

Lösung der Aufgabe 6.19:

Erregerfunktion:

$u(t) = \hat{u}\,(1-\cos\Omega t)$ für $0 \le t \le T$, ansonsten null

Berechnung der Erregerfrequenz:

$$vT = l \quad \Longrightarrow \quad T = \frac{l}{v}; \qquad \Omega = \frac{2\pi}{T} = \frac{2\pi}{l}\,v$$

Stoßantwort:

$h(t) = \omega_0 \sin\omega_0 t$ für $t \ge 0$, ansonsten null

Schwingungsantwort für $t>T$ aus dem Faltungsintegral:

$$q(t) = \int_0^T h(t-\tau)\,u(\tau)\,d\tau = \omega_0\,\hat{u}\int_0^T \sin\omega_0(t-\tau)\,(1-\cos\Omega\tau)\,d\tau =$$

$$= \omega_0\,\hat{u}\left\{\int_0^T \sin\omega_0(t-\tau)\,d\tau - \frac{1}{2}\int_0^T \Big\{\sin[\omega_0(t-\tau)-\Omega\tau] + \sin[\omega_0(t-\tau)+\Omega\tau]\Big\}\,d\tau\right\} =$$

$$= \omega_0\,\hat{u}\left\{\frac{\cos\omega_0(t-\tau)}{\omega_0}\right\}_0^T - \frac{1}{2}\,\omega_0\,\hat{u}\left\{\frac{\cos[\omega_0 t-(\omega_0+\Omega)\tau]}{\omega_0+\Omega} + \frac{\cos[\omega_0 t-(\omega_0-\Omega)\tau]}{\omega_0-\Omega}\right\}_0^T =$$

$$= \hat{u}\left\{\Big[\cos\omega_0(t-T) - \cos\omega_0 t\Big] - \frac{1}{2}\,\frac{\omega_0}{\omega_0+\Omega}\Big[\cos(\omega_0 t-\omega_0 T) - \cos\omega_0 t\Big] - \right.$$

$$\left. - \frac{1}{2}\,\frac{\omega_0}{\omega_0-\Omega}\Big[\cos(\omega_0 t-\omega_0 T) - \cos\omega_0 t\Big]\right\} =$$

$$= \hat{u}\left\{1 - \frac{1}{2}\,\frac{\omega_0}{\omega_0+\Omega} - \frac{1}{2}\,\frac{\omega_0}{\omega_0-\Omega}\right\}\Big[\cos\omega_0(t-T) - \cos\omega_0 t\Big] =$$

$$= -\frac{\Omega^2}{\omega_0^2-\Omega^2}\,\hat{u}\Big[\cos\omega_0(t-T) - \cos\omega_0 t\Big]$$

Aufgabe 6.20:

Eine Druckmeßdose (Stirnfläche A) läßt sich durch ein ungedämpftes Feder-Masse-System (Steifigkeit k, Masse m) darstellen. Zum Zeitpunkt $t=0$ erreicht ein Windstoß die Druckmeßdose und erzeugt ab $t=0$ die exponentiell abklingende Druckdifferenz $\Delta p(t) = \Delta\widehat{p}\, e^{-\gamma t}$.

Ermitteln Sie den Zeitverlauf der Bewegung $q(t)$ von m nach dem Windstoß (für $t \geq 0$). Benutzen Sie dazu die Stoßantwort $h(t)$ und das Faltungsintegral und stellen Sie ggf. Kreisfunktionen durch Exponentialfunktionen dar.

Gegeben: k, m, A, $\Delta\widehat{p}$, γ

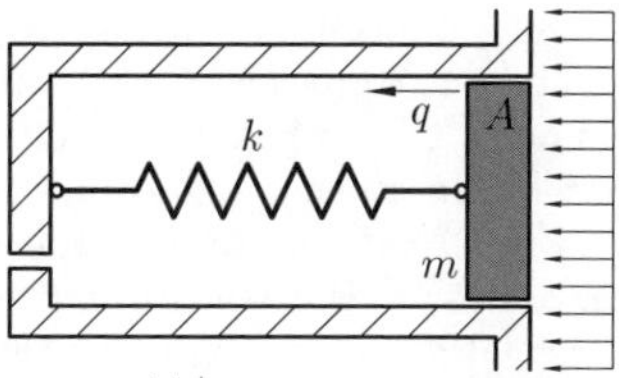

Bild A6.20.1: Druckmeßdose

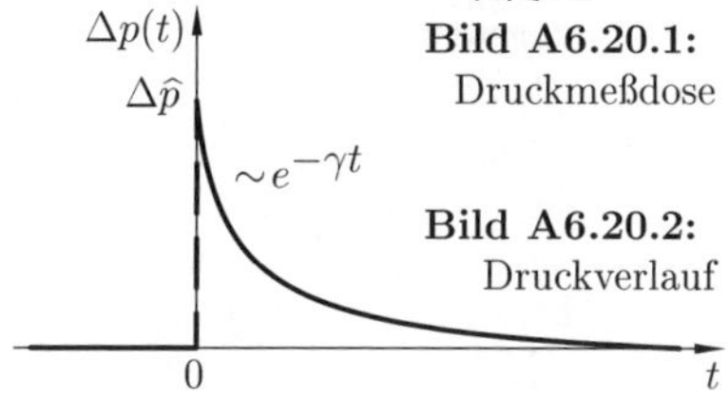

Bild A6.20.2: Druckverlauf

Lösung der Aufgabe 6.20:

Bewegungsgleichung:

$$m\,\ddot{q} + k\,q = A\,\Delta p(t)$$

Bewegungsgleichung in Normalform:

$$\ddot{q} + \omega_0^2\, q = \omega_0^2\, u(t), \qquad \omega_0^2 = \frac{k}{m}, \qquad u(t) = \frac{A}{k}\,\Delta p(t) = \begin{cases} 0 & \text{für} \quad t < 0 \\ \dfrac{A}{k}\,\Delta\widehat{p}\, e^{-\gamma t} & \text{für} \quad t \geq 0 \end{cases}$$

Stoßantwort:

$$h(t) = \begin{cases} 0 & \text{für} \quad t < 0 \\ \omega_0 \sin\omega_0 t = \dfrac{\omega_0}{2i}\left(e^{i\omega_0 t} - e^{-i\omega_0 t}\right) & \text{für} \quad t \geq 0 \end{cases}$$

Berechnung der Bewegung mit dem Faltungsintegral:

$$q(t) = \int_{-\infty}^{t} h(t-\tau)\, u(\tau)\, d\tau = \frac{\omega_0}{2i}\,\frac{A}{k}\,\Delta\widehat{p} \int_0^t \left[e^{i\omega_0 t} e^{-(i\omega_0+\gamma)\tau} - e^{-i\omega_0 t} e^{(i\omega_0-\gamma)\tau}\right] d\tau =$$

$$= \frac{\omega_0}{2i}\,\frac{A}{k}\,\Delta\widehat{p} \left[\frac{e^{i\omega_0 t}}{-(i\omega_0+\gamma)}\, e^{-(i\omega_0+\gamma)\tau} - \frac{e^{-i\omega_0 t}}{(i\omega_0-\gamma)}\, e^{(i\omega_0-\gamma)\tau}\right]_0^t =$$

$$= \frac{A}{k}\,\Delta\widehat{p}\,\frac{\omega_0^2}{\omega_0^2+\gamma^2}\left\{e^{-\gamma t} + \frac{\gamma}{\omega_0}\sin\omega_0 t - \cos\omega_0 t\right\}$$

Aufgabe 6.21:

Ein Fahrzeug (Masse m, Steifigkeit k, Raddurchmesser vernachlässigbar) fährt mit konstanter Geschwindigkeit v auf einer horizontalen Ebene. Es trifft zum Zeitpunkt $t = 0$ auf eine schräge Rampe (Höhe h, Länge l). Bis zum Auftreffzeitpunkt führte das Fahrzeug keine Vertikalschwingungen aus ($q_0 = 0$ und $\dot{q}_0 = 0$).

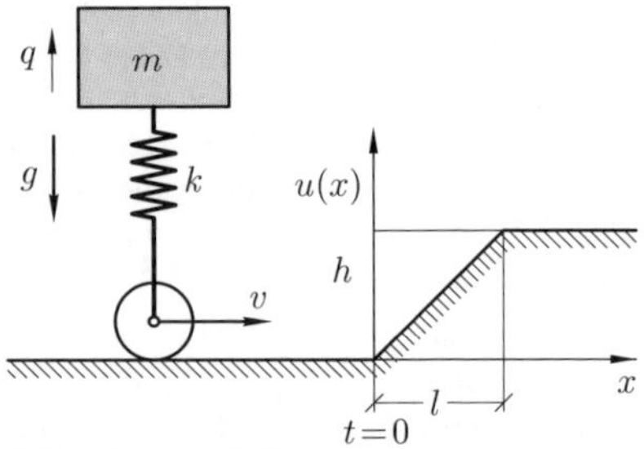

Bild A6.21: Fahrzeug vor Rampe

a) Berechnen Sie die Bewegung $q(t)$ nach dem Passieren (also nach dem Verlassen) der Rampenschräge.

b) Für welche Fahrgeschwindigkeiten v_n treten nach dem Überfahren der Rampe keine Vertikalschwingungen des Fahrzeugaufbaus auf?

c) Berechnen Sie die Bodenkraft (unter Berücksichtigung des Fahrzeuggewichtes mg) und geben Sie den Geschwindigkeitsbereich an, für den das Rad nach dem Überfahren zumindest zeitweise abhebt.

Gegeben: m, k, l, h, v, g

Lösung der Aufgabe 6.21:

a) Berechnung der Schwingungen für $t > T$:

Zurückgelegte Strecke und Zeitdauer für Überfahren der Rampe:

$$x = vt \qquad \Longrightarrow \qquad T = \frac{l}{v}$$

Zeitdarstellung der Erregung $u(t)$ und deren Zeitableitung:

$$u(t) = \begin{cases} 0 & & x < 0 & \text{bzw.} & t < 0 \\ h\dfrac{x}{l} = h\dfrac{v}{l}t & \text{für} & 0 \le x \le l & \text{bzw.} & 0 \le t \le T \\ h & & l < x & \text{bzw.} & T < t \end{cases}$$

Erregergeschwindigkeit:

$$\dot{u}(t) = \begin{cases} 0 & & x < 0 & \text{bzw.} & t < 0 \\ h\dfrac{v}{l} & \text{für} & 0 \le x \le l & \text{bzw.} & 0 \le t \le T \\ 0 & & l < x & \text{bzw.} & T < t \end{cases}$$

Bewegungsgleichung in Normalform:

$$\ddot{q} + \omega_0^2\, q = \omega_0^2\, u(t)$$

Sprungantwort:

$$g(t) = \begin{cases} 0 & \text{für} & t \le 0 \\ 1 - \cos\omega_0 t & & t \ge 0 \end{cases}$$

DUHAMEL-Integral für $t>T$:

$$q(t) = \int_{-\infty}^{t} g(t-\tau)\,\dot{u}(\tau)\,d\tau = \int_0^T \big[1-\cos\omega_0(t-\tau)\big]\,\frac{h\,v}{l}\,d\tau =$$

$$= \frac{h\,v}{l}\,T + \frac{h\,v}{\omega_0 l}\Big[\sin\omega_0(t-\tau)\Big]_{\tau=0}^{T} = h\Big\{1+\frac{v}{\omega_0 l}\Big[\sin\omega_0\Big(t-\frac{l}{v}\Big)-\sin\omega_0 t\Big]\Big\}$$

b) Schwingungsfreie Bewegung nach der Rampenüberfahrt:

$$q(t) = h\Big\{1+\frac{v}{\omega_0 l}\Big[\sin\omega_0\Big(t-\frac{l}{v}\Big)-\sin\omega_0 t\Big]\Big\} = \text{konstant} \qquad \text{für} \qquad \omega_0\,\frac{l}{v} = n\,2\pi$$

Bei den Geschwindigkeiten

$$v_n = \frac{\omega_0 l}{n\,2\pi}$$

treten nach der Rampenüberfahrt keine Vertikalschwingungen auf.

c) Berechnung der Bodenkraft inklusiv statischer Gewichtslast:

$$F(t) = mg - k\,(q-u) = mg - \frac{k\,h\,v}{\omega_0 l}\Big[\sin\omega_0\Big(t-\frac{l}{v}\Big)-\sin\omega_0 t\Big] =$$

$$= mg + \frac{2\,v}{\omega_0 l}\,k\,h\sin\frac{\omega_0 l}{2\,v}\cos\Big(\omega_0 t - \frac{\omega_0 l}{2\,v}\Big)$$

Minimale Bodenkraft:

$$F_{min} = mg - \frac{2\,v}{\omega_0 l}\,k\,h\sin\frac{\omega_0 l}{2\,v}$$

Beim Abheben wird die Bodenkraft null: Diese Bedingung liefert eine Gleichung für die Grenzgeschwindigkeit v_n bis zum Abheben:

$$F_{min} = 0 \qquad \text{für} \qquad \sin\Big(\frac{\omega_0 l}{2\,v_n}\Big) = \frac{mg}{k\,h}\Big(\frac{\omega_0 l}{2\,v_n}\Big)$$

Für $mg/(kh) \geq 1$ hat die Gleichung keine nichttriviale Lösung. Somit tritt hierfür bei keiner Geschwindigkeit Abheben auf.

Aufgabe 6.22:

Wird der Kraftangriffspunkt eines viskoelastischen 3-Parameter-Modells mit der Masse μ versehen, so erhält man ein 4-Parameter-Modell und das Stoffgesetz hat die allgemeine Form

$$\dddot{\varepsilon} + q_2\,\ddot{\varepsilon} + q_1\,\dot{\varepsilon} + q_0\,\varepsilon = p_0\,\sigma + p_1\,\dot{\sigma}.$$

a) Ermitteln Sie die Parameter p_0, p_1, q_0, q_1 und q_2 des allgemeinen Stoffgesetzes aus den Parametern E_1, E_2, R_2 und μ des Vier-Parameter-Modells.

b) Berechnen Sie durch Transformation des Stoffgesetzes in den Frequenzbereich die komplexe Übertragungsfunktion $H(\Omega)=\widehat{\varepsilon}(\Omega)/\widehat{\sigma}(\Omega)$.

c) Geben Sie den Betrag und die Phase (den Nacheilwinkel) von $H(\Omega)$ an und diskutieren Sie das Verhalten der Übertragungsfunktion für $\Omega\to 0$ und für $\Omega\to\infty$.

d) Skizzieren Sie Betrag und Phase der Übertragungsfunktion für den Spezialfall $R_2=0$. Geben Sie charakteristische Werte für den Spezialfall an.

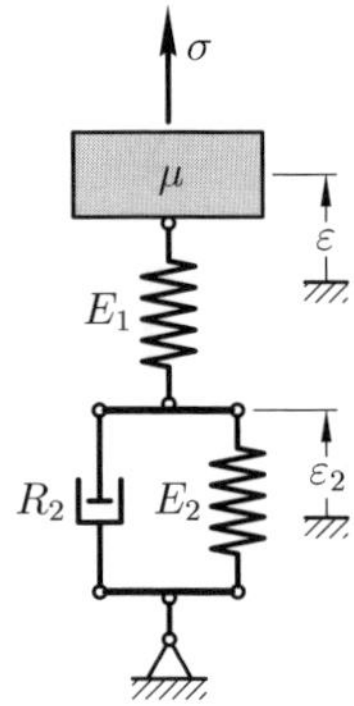

Bild A6.22: Vier-Parameter-Modell

Gegeben: E_1, E_2, R_2, μ

Lösung der Aufgabe 6.22:

a) Ermittlung der Parameter des Stoffgesetzes:

Freikörperbilder:

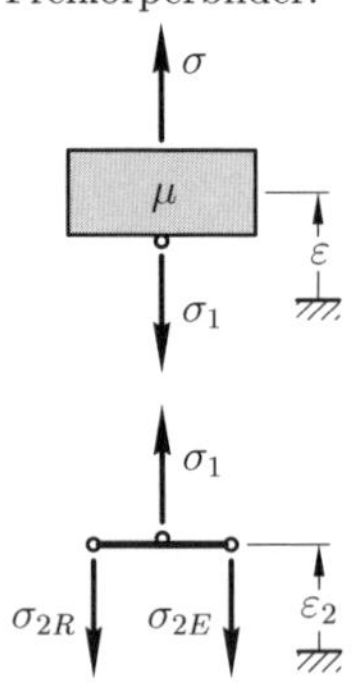

Kinematik:

$$\varepsilon_1 = \varepsilon - \varepsilon_2$$

Kräftesatz:

$$\mu\,\ddot{\varepsilon} = \sigma - \sigma_1 \qquad (1)$$

Gleichgewicht:

$$\sigma_{2R} + \sigma_{2E} - \sigma_1 = 0 \qquad (3)$$

Stoffgesetze:

$$\sigma_1 = E_1\,\varepsilon_1 = E_1\,(\varepsilon-\varepsilon_2)$$

$$\sigma_{2R} = R_2\,\dot{\varepsilon}_2$$

$$\sigma_{2E} = E_2\,\varepsilon_2$$

Einsetzen und Ausrechnen:

aus (1): $\mu\,\ddot{\varepsilon} + E_1\,\varepsilon - E_1\,\varepsilon_2 = \sigma$ (1′)

$\Longrightarrow$ $\mu\,\dddot{\varepsilon} + E_1\,\dot{\varepsilon} - E_1\,\dot{\varepsilon}_2 = \dot{\sigma}$ (2′)

aus (3): $-E_1\,\varepsilon + R_2\,\dot{\varepsilon}_2 + (E_1+E_2)\,\varepsilon_2 = 0$ (3′)

$(1')\cdot(E_1+E_2) + (3')\cdot E_1 + (2')\cdot R_2$:

$$\mu\,R_2\,\dddot{\varepsilon} + \mu\,(E_1+E_2)\,\ddot{\varepsilon} + E_1\,R_2\,\dot{\varepsilon} + E_1\,E_2\,\varepsilon = (E_1+E_2)\,\sigma + R_2\,\dot{\sigma}$$

Vergleich mit dem viskoelastischen Stoffgesetz:

$$q_2 = \frac{E_1+E_2}{R_2}, \qquad q_1 = \frac{E_1}{\mu}, \qquad q_0 = \frac{E_1\,E_2}{\mu\,R_2}, \qquad p_0 = \frac{E_1+E_2}{\mu\,R_2} \quad \text{und} \quad p_1 = \frac{1}{\mu}$$

b) Berechnung der Übertragungsfunktion:

FOURIER-Transformation der Bewegungsgleichung in den Frequenzbereich:

$$(-i\Omega^3 - q_2\,\Omega^2 + q_1\,i\Omega + q_0)\,\widehat{\varepsilon}(\Omega) = (p_0 + p_1\,i\Omega)\,\widehat{\sigma}(\Omega)$$

Komplexe Übertragungsfunktion:

$$H(\Omega) = \frac{\widehat{\varepsilon}(\Omega)}{\widehat{\sigma}(\Omega)} = \frac{p_0 + i\Omega\,p_1}{-i\Omega^3 - \Omega^2\,q_2 + i\Omega\,q_1 + q_0} = \frac{p_0^2 + (\Omega\,p_1)^2}{[i\Omega\,(q_1 - \Omega^2) + (q_0 - \Omega^2\,q_2)]\,[p_0 - i\Omega\,p_1]} =$$

$$= \frac{p_0^2 + (\Omega\,p_1)^2}{[p_0\,(q_0 - \Omega^2\,q_2) + \Omega^2\,p_1\,(q_1 - \Omega^2)] + i\Omega\,[p_0\,(q_1 - \Omega^2) - p_1\,(q_0 - \Omega^2\,q_2)]}$$

c) Berechnung des Betrages und der Phase der Übertragungsfunktion:

$$|H(\Omega)| = \sqrt{\frac{p_0^2 + (p_1\,\Omega)^2}{q_2^2\,(q_0/q_2 - \Omega^2)^2 + (q_1 - \Omega^2)^2\,\Omega^2}}$$

$$\psi(\Omega) = -\arg\{H(\Omega)\} = \arctan\left(\frac{q_1\,\Omega - \Omega^3}{q_0 - q_2\,\Omega^2}\right) - \arctan\left(\frac{p_1\,\Omega}{p_0}\right) =$$

$$= \arctan\frac{\Omega\,[p_0\,(q_1 - \Omega^2) - p_1\,(q_0 - \Omega^2\,q_2)]}{p_0\,(q_0 - \Omega^2\,q_2) + \Omega^2\,p_1\,(q_1 - \Omega^2)}$$

Übertragungsfunktion für spezielle Werte von p_0, p_1, q_2, q_1, q_0:

Betrag und Phase der Übertragungsfunktion:

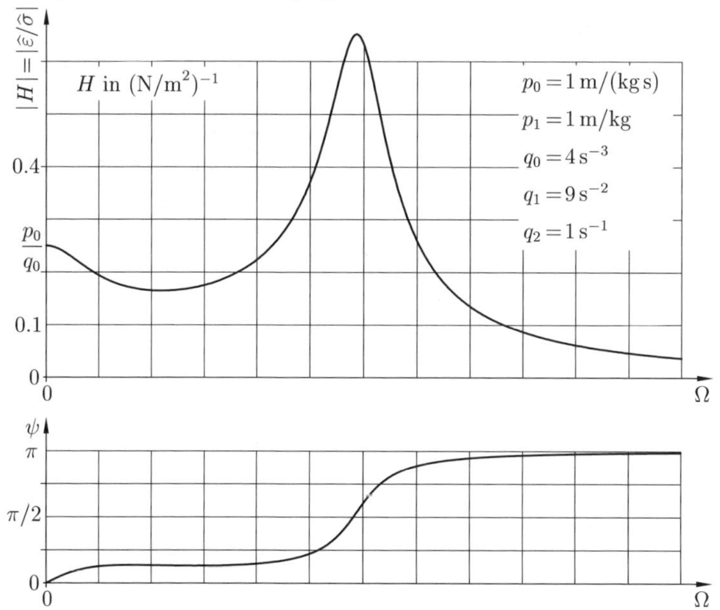

Analyse der Vergrößerungsfunktion $H(\Omega)$:

$$\lim_{\Omega\to 0} H(\Omega) = \frac{p_0}{q_0} \qquad \Longrightarrow \qquad |H| \to \frac{p_0}{q_0} \qquad \text{und} \qquad \psi \to 0$$

$$\lim_{\Omega\to \infty} H(\Omega) = \lim_{\Omega\to\infty} \frac{-p_1}{\Omega^2} = 0 \qquad \Longrightarrow \qquad |H| \to 0 \qquad \text{und} \qquad \psi \to \pi$$

Ortskurve der Übertragungsfunktion:

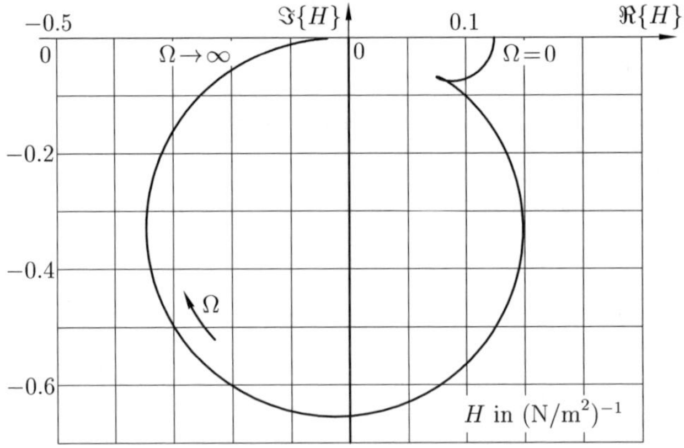

d) Analyse des dämpfungsfreien Spezialfalls $R_2 = 0$:

Bewegungsgleichung:

$$\mu\, \ddot{\varepsilon}(t) + \frac{E_1 E_2}{E_1 + E_2}\varepsilon(t) = \sigma(t)$$

Kennkreisfrequenz:

$$\omega_0^2 = \frac{E_1 E_2}{\mu(E_1 + E_2)}$$

Es handelt sich um einen ungedämpften einläufigen Schwinger unter Krafterregung.

Vergrößerungs- und Phasenfunktion für das dämpfungsfreie Modell:

$$H = \frac{\widehat{\varepsilon}(\Omega)}{\widehat{\sigma}(\Omega)} = \frac{1}{\mu}\frac{1}{\omega_0^2 - \Omega^2}, \qquad |H| = \frac{1}{|\omega_0^2 - \Omega^2|}, \qquad \psi = \begin{cases} 0 & \Omega < \omega_0 \\ \pi & \omega_0 < \Omega \end{cases}$$

Aufgabe 6.23:

Ein Hallenfußboden führt störende harmonische Vertikalschwingungen $w(t) = \hat{w} \cos \Omega t$ aus. Da weder ein Frequenzanalysator noch ein kalibrierter Aufnehmer zur Hand ist, soll die Frequenz Ω der Schwingungen aus den Relativamplituden $\hat{q}_r$ von dämpfungsfreien Tilgern ermittelt werden. Dazu werden nacheinander zwei unterschiedliche Tilger mit bekannten Parametern auf den Hallenfußboden montiert. Der relative Schwingungsausschlag $\hat{q}_r$ gegenüber dem Fußboden wird gemessen.

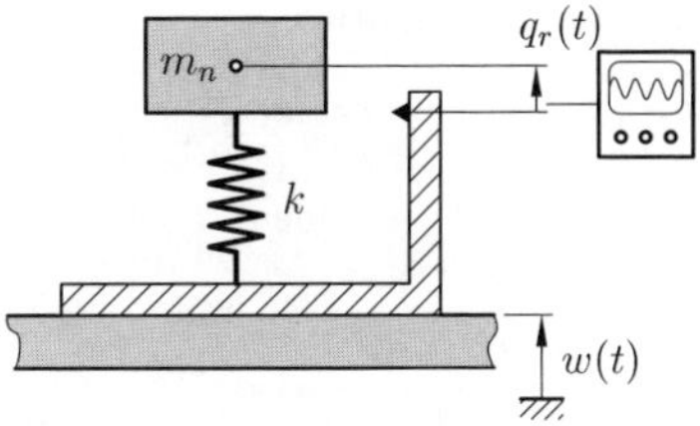

Bild A6.23: Dämpfungsfreier Tilger auf bewegtem Hallenfußboden

Beim ersten Zusatzschwinger (Masse m_1, Steifigkeit k) zeigt das Meßgerät $\hat{s}_1$ an, beim zweiten (Masse $m_2 = 2\,m_1$, gleiche Steifigkeit) zeigt es $\hat{s}_2$ an.

a) Geben Sie die Bewegungsgleichung für die Relativverschiebung $q_r(t)$ an.

b) Berechnen Sie die Amplituden $\hat{q}_r$ der erzwungenen Schwingungen des Tilgers relativ zum Fußboden.

c) Berechnen Sie die Erregerfrequenz Ω des Hallenfußbodens.

d) Ist das Ergebnis für die Erregerfrequenz mit den gegebenen Zahlenwerten eindeutig?

Gegeben: k, m_1, $\hat{s}_1 = 3.2$ Anzeigeeinheiten, $m_2 = 2\,m_1$, $\hat{s}_2 = 2.0$ Anzeigeeinheiten

Lösung der Aufgabe 6.23:

a) Ermittlung der Bewegungsgleichung:

Absolute Beschleunigung der Tilgermasse:

$a = (q_r + w)^{\cdot\cdot}$

Freikörperbild:

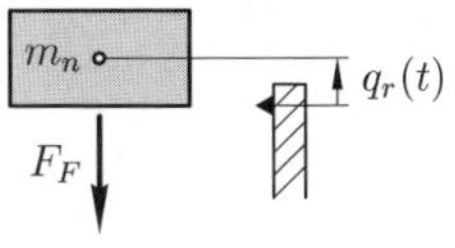

Erregerfunktion:

$w = \hat{w} \cos \Omega t$

Kräftesatz und Federgesetz:

$$m\,(q_r + w)^{\cdot\cdot} + k\,q_r = 0$$

Bewegungsgleichung und Tilgereigenfrequenz:

$$\ddot{q}_r + \omega_T^2\, q_r = -\ddot{w} \qquad \text{mit} \qquad \omega_T^2 = \frac{k}{m}$$

b) Erzwungene Schwingungen des Tilgers:

Stationäre Amplitude:

$$\widehat{q}_r = \widehat{w}\,\frac{\Omega^2}{k/m - \Omega^2} = \widehat{w}\,\frac{\Omega^2}{\omega_T^2 - \Omega^2}$$

Anzeigen in den beiden Fällen:

$$\widehat{s}_1\,\alpha = \widehat{w}\left|\frac{\Omega^2}{\Omega^2 - \omega_{T1}^2}\right| \qquad \text{mit} \qquad \omega_{T1}^2 = \frac{k}{m}$$

$$\widehat{s}_2\,\alpha = \widehat{w}\left|\frac{\Omega^2}{\Omega^2 - \omega_{T2}^2}\right| \qquad \text{mit} \qquad \omega_{T2}^2 = \frac{1}{2}\,\frac{k}{m}$$

c) Berechnung der Erregerfrequenz:

Elimination der Anzeigeverstärkung α:

$$\frac{\widehat{s}_1}{\widehat{s}_2} = \left|\frac{\Omega^2 - \omega_{T2}^2}{\Omega^2 - \omega_{T1}^2}\right| = \beta > 1$$

Ausrechnung:

Fall 1, Ω kleiner als niedrigste oder größer als höchste Tilgereigenfrequenz:

$$(\Omega^2 - \omega_{T1}^2)\,\beta = (\Omega^2 - \omega_{T2}^2) \qquad \Longrightarrow$$

$$\Omega^2 = \frac{\omega_{T2}^2 - \beta\,\omega_{T1}^2}{1-\beta} = \frac{k\,(m_1 - \beta\,m_2)}{m_1\,m_2\,(1-\beta)} = \frac{11}{6}\,\frac{k}{m} > \omega_{T_{max}}^2 = \omega_{T1}^2$$

Fall 2, Ω zwischen den beiden Tilgereigenfrequenzen:

$$(\Omega^2 - \omega_{T1}^2)\,\beta = (\omega_{T2}^2 - \Omega^2) \qquad \Longrightarrow$$

$$\Omega^2 = \frac{\omega_{T2}^2 + \beta\,\omega_{T1}^2}{1+\beta} = \frac{k\,(m_1 + \beta\,m_2)}{m_1\,m_2\,(1+\beta)} = \frac{21}{26}\,\frac{k}{m} < \omega_{T_{max}}^2 = \omega_{T1}^2 \qquad \text{aber} \qquad \Omega^2 > \omega_{T2}^2$$

d) Eindeutigkeit:

Da keine der beiden Möglichkeiten zu Widersprüchen führt, sind beide Ergebnisse möglich und damit ist die Erregerfrequenz Ω nicht eindeutig zu ermitteln.

Aufgabe 6.24:

Eine Maschine (Masse m) leitet eine breitbandige Fundamentkraft F_F in den Boden ein. Zur Reduktion der Fundamentkraft soll die Maschine schwingungsisoliert auf Federn (Gesamtsteifigkeit k) und Dämpfern (Gesamtdämpfungsmaß $D=0.04$) aufgestellt werden. Die Kennkreisfrequenz ω_0 und das Dämpfungsmaß D sind bekannt. Die Übertragungsfunktion von erregender Kraft $F_E(t)$ zur Fundamentkraft $F_F(t)$ aus Feder- und Dämpferkraft lautet

$$\underline{H}(\Omega) = \frac{\omega_0^2 + i2D\omega_0\Omega}{\omega_0^2 - \Omega^2 + i2D\omega_0\Omega}.$$

Der Amplitudengang ist im Bild A6.24.2 gegeben.

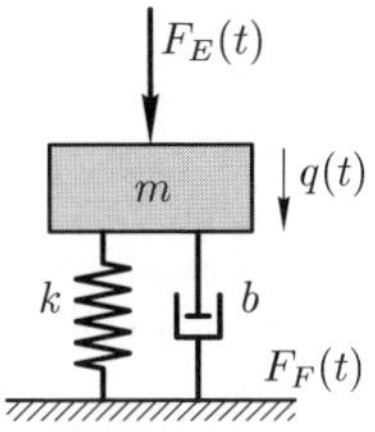

Bild A6.24.1: Elastisch aufgestellte Maschine

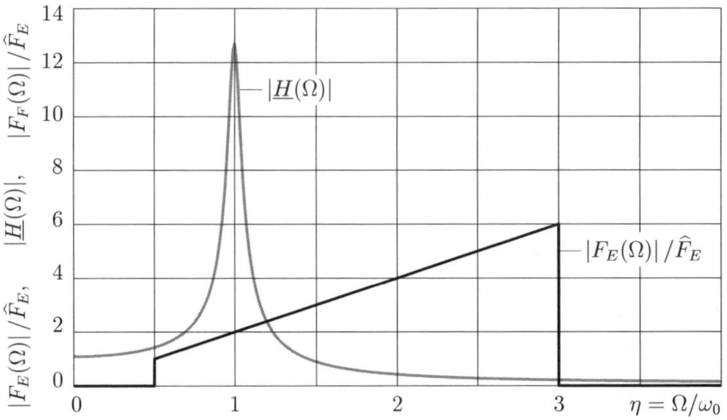

Bild A6.24.2: Amplitudengang des Systems und Amplitudenspektrum der Erregerkraft

a) Wie groß muß die Gesamtsteifigkeit k gewählt werden, damit bei harmonischer Erregung mit der Betriebsdrehfrequenz Ω_B die Fundamentkraftamplitude $\widehat{F}_F$ um 80% kleiner als die Erregerkraftamplitude $\widehat{F}_E$ ist?

b) Die Maschine wird morgens innerhalb von $T=100\,\text{s}$ schnell vom Stillstand auf die Betriebsdrehzahl $\Omega_B=2.5\omega_0$ hochgefahren. Um wieviel bleibt die Maximalamplitude $\widehat{F}_E\cdot|\underline{Q}|_{max}$ der Fundamentkraft beim schnellen Hochfahren kleiner als die Maximalamplitude $\widehat{F}_E\cdot|\underline{H}|_{max}$ im quasi-stationären Resonanzdurchlauf?

c) Neben der harmonischen Kraft wirkt eine breitbandige Prozeßkraft, von der der Betrag $|F_E(\Omega)|$ des Erregerkraftspektrums im Bild A6.24.2 gegeben ist. Geben Sie den Betrag $|F_F(\Omega)|$ des Fundamentkraftspektrums formelmäßig an und zeichnen Sie ihn in das Bild A6.24.2 ein. Kennzeichnen Sie das Frequenzintervall, in dem die Schwingungsisolierung wirkt.

Gegeben: m, $\omega_0=5/\text{s}$, $D=0.04$, $\underline{H}$, $\widehat{F}_E$, $\Omega_B=2.5\omega_0$, $|F_E(\Omega)|$, $T=100\,\text{s}$

Lösung der Aufgabe 6.24:

a) Ermittlung der notwendigen Steifigkeit:

Kennkreisfrequenz der isolierten Maschine:

$$\omega_0^2 = \frac{k}{m}$$

Mindestwert des Frequenzverhältnisses (abgelesen aus Bild 6.31 im Skript):

$$\eta_{min} = \frac{\Omega}{\omega_0} = 2.5$$

Isolationsforderung:

$$\widehat{F}_{F,iso} \leq 0.2\,\widehat{F}_E \qquad \text{bei} \qquad D = 4\%$$

Maximal erlaubte Steifigkeit:

$$k = \omega_0^2 m \leq \Big(\frac{\Omega}{\eta_{min}}\Big)^2 m = \frac{\Omega^2 m}{6.25}$$

b) Resonanzdurchfahrt:

Anfahrbeschleunigung:

$$a = \frac{\Delta\Omega}{\Delta T} = \frac{2.5\,\omega_0}{\Delta T}$$

Bezogene Anfahrbeschleunigung:

$$\alpha = \frac{a}{\omega_0^2} = \frac{2.5}{\Delta T\,\omega_0} = \frac{2.5}{100\cdot 5} = 5\cdot 10^{-3}$$

Maximale bezogene Resonanzamplitude (abgelesen aus Diagramm in Kapitel 6.11):

$$|\underline{Q}|_{max} \approx 10$$

Alternativer Wert aus der Näherungsformel (6.115):

$$|\underline{Q}|_{max} \approx \frac{1}{2D+\sqrt{\alpha}/2} \approx 8.7$$

Maximale bezogene Resonanzamplitude im stationären Fall:

$$|\underline{H}|_{max} \approx \frac{1}{2D} = 12.5$$

Reduktionsverhältnis der Maximalamplitude:

aus den Diagrammwerten: $\dfrac{|\underline{Q}|_{max}}{|\underline{H}|_{max}} \approx \dfrac{10}{12.5} = 0.8$

aus der Nährungsformel: $\dfrac{|\underline{Q}|_{max}}{|\underline{H}|_{max}} \approx \dfrac{8.7}{12.5} = 0.7$

c) Dynamik bei breitbandiger Anregung:

Betrag des bezogenen Erregerspektrums:

$$\frac{|F_E(\Omega)|}{\widehat{F}_E} = \begin{cases} 2\dfrac{\Omega}{\omega_0} & \text{für} \quad 0.5\,\omega_0 \leq \Omega < 3\,\omega_0 \\ 0 & \text{sonst} \end{cases}$$

Betrag des bezogenen Antwortspektrums:

$$\frac{|F_A(\Omega)|}{\widehat{F}_E} = |\underline{H}(\Omega)|\,\frac{|F_E(\Omega)|}{\widehat{F}_E} = \begin{cases} \dfrac{\omega_0^2 + i2D\omega_0\Omega}{\omega_0^2 - \Omega^2 + i2D\omega_0\Omega}\cdot 2\dfrac{\Omega}{\omega_0} & \text{für} \quad 0.5\,\omega_0 \leq \Omega < 3\,\omega_0 \\ 0 & \text{sonst} \end{cases}$$

Beträge von Erregerspektrum, Übertragungsfunktion und Antwortspektrum:

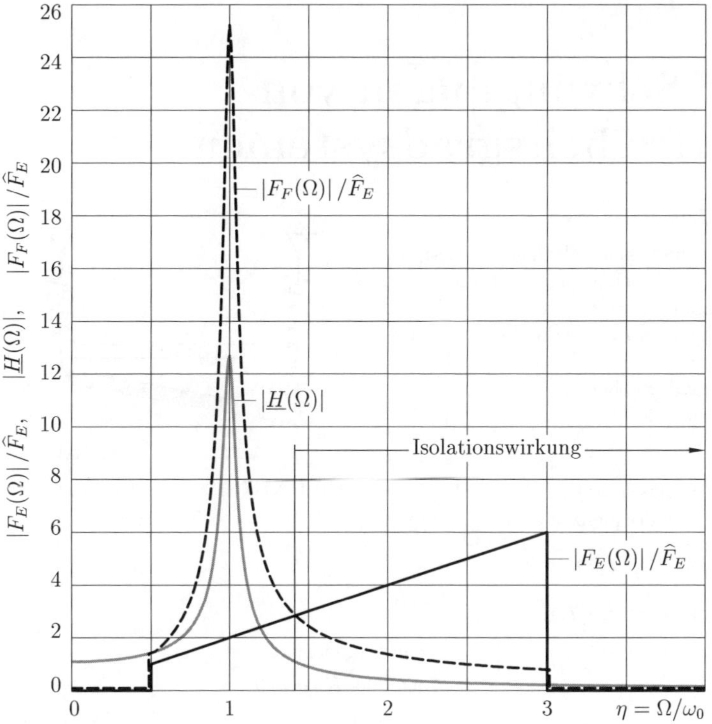

Eine Isolation tritt ein, wenn $|F_F(\Omega)| < |F_E(\Omega)|$ ist.
Isolationsfrequenzintervall: $1.4\,\omega_0 < \Omega < 3\,\omega_0$

Kapitel 7

Freie Schwingungen von Mehrfreiheitsgradsystemen

Aufgabe 7.1:

Ein starrer homogener Balken (Masse m, Länge $2l$) ist an seinen beiden Enden elastisch aufgehängt (Steifigkeiten k und $2k$). Die Massenmatrix $\boldsymbol{M}$ und die Steifigkeitsmatrix $\boldsymbol{K}$ bezüglich der Endpunkt-Koordinaten q_L und q_R sind gegeben:

$$\boldsymbol{M} = \frac{m}{6}\begin{bmatrix} 2 & 1 \\ 1 & 2 \end{bmatrix}, \qquad \boldsymbol{K} = k\begin{bmatrix} 1 & 0 \\ 0 & 2 \end{bmatrix}.$$

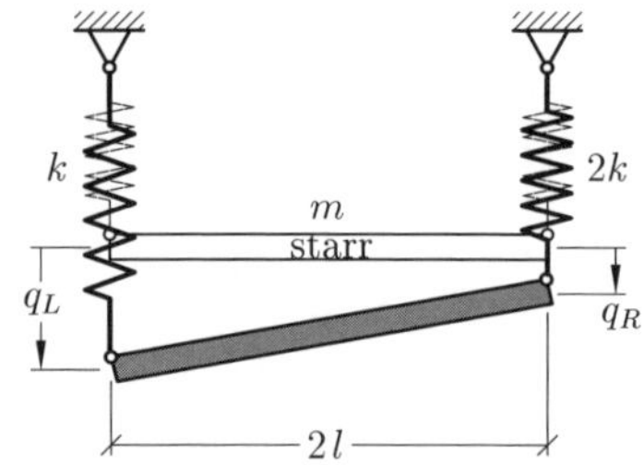

Bild A7.1: Balken an Federn

Berechnen Sie das charakteristische Polynom $P(i\omega)$, die Eigenfrequenzen ω_1 und ω_2 sowie die Eigenvektoren $\widehat{\boldsymbol{q}}_1$ und $\widehat{\boldsymbol{q}}_2$.

Gegeben: k, m, l

Lösung der Aufgabe 7.1:

Eigenschwingungsansatz:

$$\boldsymbol{q} = \widehat{\boldsymbol{q}}\, e^{i\omega t}$$

Abkürzung:

$$\nu^2 = \frac{k}{m}$$

Eigenwertgleichung:

$$(-\boldsymbol{M}\,\omega^2 + \boldsymbol{K})\,\widehat{\boldsymbol{q}} = \boldsymbol{0}$$

$$\begin{bmatrix} -2\omega^2+6\nu^2 & -\omega^2 \\ -\omega^2 & -2\omega^2+12\nu^2 \end{bmatrix}\begin{bmatrix} \widehat{q}_L \\ \widehat{q}_R \end{bmatrix} = \begin{bmatrix} 0 \\ 0 \end{bmatrix}$$

Charakteristisches Polynom:

$$P(i\omega) = (-2\omega^2+6\nu^2)(-2\omega^2+12\nu^2) - \omega^4 = 3\omega^4 - 36\nu^2\omega^2 + 72\nu^4 =$$
$$= 3\,(\omega^4 - 12\omega^2\nu^2 + 24\nu^4) = 0$$

Eigenkreisfrequenzen:

$$\omega_{1/2}^2 = (6 \pm \sqrt{36-24})\,\nu^2 = (6\pm 2\sqrt{3})\,\frac{k}{m}$$

$$\omega_1^2 = (6-2\sqrt{3})\,\frac{k}{m}; \qquad \omega_2^2 = (6+2\sqrt{3})\,\frac{k}{m}$$

Berechnung der Eigenvektoren aus der ersten Zeile der Eigenwertgleichung:

$(-2\omega_n^2 + 6\nu^2)\,\hat{q}_{n,L} - \omega_n^2\,\hat{q}_{n,R} = 0$

Eigenvektor zu ω_1 aus:

$(-6 + 4\sqrt{3})\,\hat{q}_{1,L} = (6 - 2\sqrt{3})\,\hat{q}_{1,R}$

Mit der Wahl $\hat{q}_{1,L} = 2$ folgt $\hat{q}_{1,R} = \dfrac{(-3+2\sqrt{3})\,2}{3-\sqrt{3}} = \sqrt{3}-1.$

Eigenvektor zu ω_1:

$$\hat{\boldsymbol{q}}_1 = \begin{bmatrix} 2 \\ \sqrt{3}-1 \end{bmatrix} \approx \begin{bmatrix} 2 \\ 0.73 \end{bmatrix}$$

Eigenvektor zu ω_2 aus:

$(-6 - 4\sqrt{3})\,\hat{q}_{2,L} = (6 + 2\sqrt{3})\,\hat{q}_{2,R}$

Mit der Wahl $\hat{q}_{2,L} = 2$ folgt $\hat{q}_{2,R} = \dfrac{(-3-2\sqrt{3})\,2}{3+\sqrt{3}} = -\sqrt{3}-1.$

Eigenvektor zu ω_2:

$$\hat{\boldsymbol{q}}_2 = \begin{bmatrix} 2 \\ -\sqrt{3}-1 \end{bmatrix} \approx \begin{bmatrix} 2 \\ -2.73 \end{bmatrix}$$

Aufgabe 7.2:

Ein ungedämpftes symmetrisches System mit drei Freiheitsgraden hat die Systemmatrizen

$$\boldsymbol{M} = m \begin{bmatrix} 1 & 0 & 0 \\ 0 & 1 & 0 \\ 0 & 0 & 1 \end{bmatrix} \qquad \text{und} \qquad \boldsymbol{K} = k \begin{bmatrix} 3 & -1 & 0 \\ -1 & 2 & -1 \\ 0 & -1 & 3 \end{bmatrix}.$$

a) Berechnen Sie die Eigenfrequenzen ω_n und die zugehörigen Eigenvektoren $\hat{\boldsymbol{q}}_n$ und skizzieren Sie die Eigenformen, geordnet nach der Größe der zugehörigen Eigenfrequenzen.

b) Tilgung an einer harmonisch erregten Koordinate kann dann eintreten, wenn die Erregerfrequenz Ω mit einer Eigenfrequenz des an der Tilgerstelle fixierten Systems übereinstimmt. Geben Sie die möglichen Tilgerfrequenzen Ω_{Tn} der mittleren Masse an.

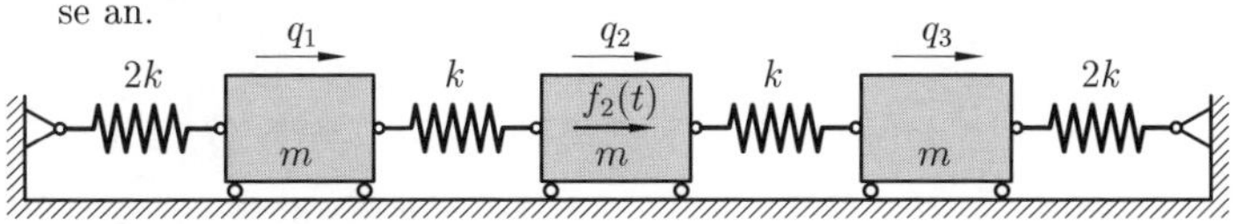

Bild A7.2.1: Dreimassenschwinger

Gegeben: k, m

Lösung der Aufgabe 7.2:

a) Ermittlung der Eigenwerte und Eigenvektoren:

Bewegungsgleichung des homogenen Systems:

$$\boldsymbol{M}\ddot{\boldsymbol{q}} + \boldsymbol{K}\boldsymbol{q} = \boldsymbol{0}$$

Exponentialansatz:

$$\boldsymbol{q}(t) = \widehat{\boldsymbol{q}}\, e^{i\omega t}$$

Eigenwertproblem in Matrizenform:

$$(\boldsymbol{K} - \omega^2 \boldsymbol{M})\,\widehat{\boldsymbol{q}} = \boldsymbol{0}$$

Abkürzung:

$$\frac{m\omega^2}{k} = \alpha$$

Eigenwertproblem:

$$\frac{k}{m}\begin{bmatrix} 3-\alpha & -1 & 0 \\ -1 & 2-\alpha & -1 \\ 0 & -1 & 3-\alpha \end{bmatrix}\begin{bmatrix} \widehat{q}_1 \\ \widehat{q}_2 \\ \widehat{q}_3 \end{bmatrix} = \begin{bmatrix} 0 \\ 0 \\ 0 \end{bmatrix}$$

Nichttriviale Lösungen erfordern das Verschwinden der Koeffizientendeterminante:

$$P(i\omega) = \left(\frac{k}{m}\right)^3 \begin{vmatrix} 3-\alpha & -1 & 0 \\ -1 & 2-\alpha & -1 \\ 0 & -1 & 3-\alpha \end{vmatrix} = \left(\frac{k}{m}\right)^3 \Big\{(3-\alpha)\big[(2-\alpha)(3-\alpha) - 2\big]\Big\}$$

Charakteristisches Polynom:

$$P(i\omega) = \left(\frac{k}{m}\right)^3 \Big\{(3-\alpha)(\alpha^2 - 5\alpha + 4)\Big\} = 0$$

Wurzeln des charakteristischen Polynoms:

$$\alpha_1 = 1, \qquad \alpha_2 = 3, \qquad \alpha_3 = 4$$

$$\omega_1^2 = \frac{k}{m}, \qquad \omega_2^2 = 3\frac{k}{m}, \qquad \omega_3^2 = 4\frac{k}{m}$$

Wegen des symmetrischen Aufbaus kann der zweite Eigenvektor geraten und die zweite Eigenfrequenz ω_2 auch ohne Rechnung aus der Betrachtung eines entsprechenden Teilsystems ermittelt werden: $\omega_2^2 = 3k/m$

Berechnung der Eigenvektoren:

Die Eigenvektorkomponenten müssen den Gleichungen

$$\begin{aligned} (3-\alpha_n)\,\widehat{q}_{n,1} \qquad\quad - \widehat{q}_{n,2} \qquad\quad &= 0 \\ -\,\widehat{q}_{n,1} - (2-\alpha_n)\,\widehat{q}_{n,2} - \widehat{q}_{n,3} &= 0 \end{aligned}$$

genügen.

Berechnung des Eigenvektors zu $\omega_1^2 = k/m$ $(\alpha_1 = 1)$:

Wahl von $\widehat{q}_{1,1} = 1 \quad \Longrightarrow \quad \widehat{q}_{1,2} = 2, \quad \widehat{q}_{1,3} = 1$

Erster Eigenvektor und erste Eigenform: $\widehat{\boldsymbol{q}}_1 = [1,\ 2,\ 1]^T$

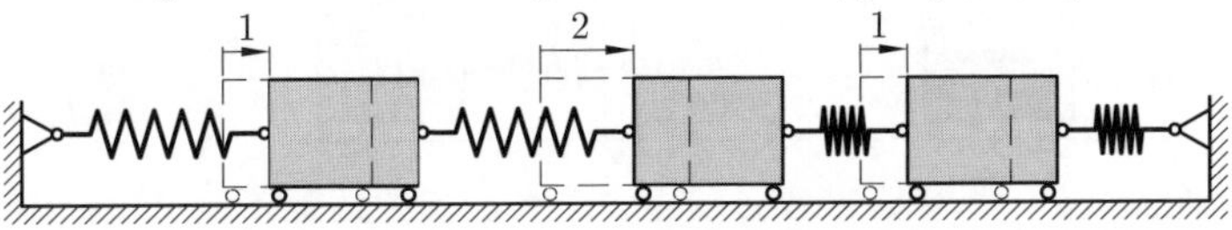

Berechnung des Eigenvektors zu $\omega_2^2 = 3k/m$ $(\alpha_2 = 3)$:

Wahl von $\widehat{q}_{2,1} = 1 \quad \Longrightarrow \quad \widehat{q}_{2,2} = 0, \quad \widehat{q}_{2,3} = -1$

Zweiter Eigenvektor und zweite Eigenform: $\widehat{\boldsymbol{q}}_2 = [1,\ 0,\ -1]^T$

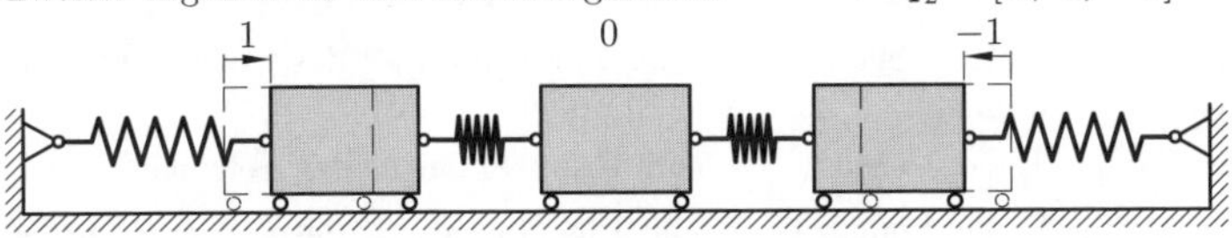

Berechnung des Eigenvektors zu $\omega_3^2 = 4k/m$ $(\alpha_3 = 4)$:

Wahl von $\widehat{q}_{3,1} = 1 \quad \Longrightarrow \quad \widehat{q}_{3,2} = -1, \quad \widehat{q}_{3,3} = 1$

Dritter Eigenvektor und dritte Eigenform: $\widehat{\boldsymbol{q}}_3 = [1,\ -1,\ 1]^T$

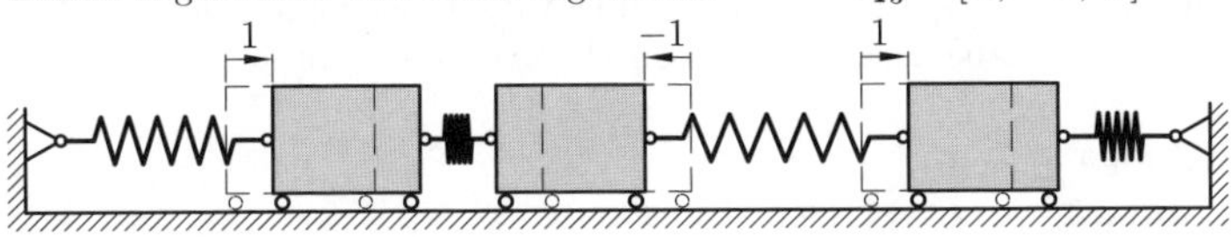

b) Berechnung der Tilgungsfrequenz:

Systemskizze für $q_2 \equiv 0$ (Tilgung an der Stelle 2):

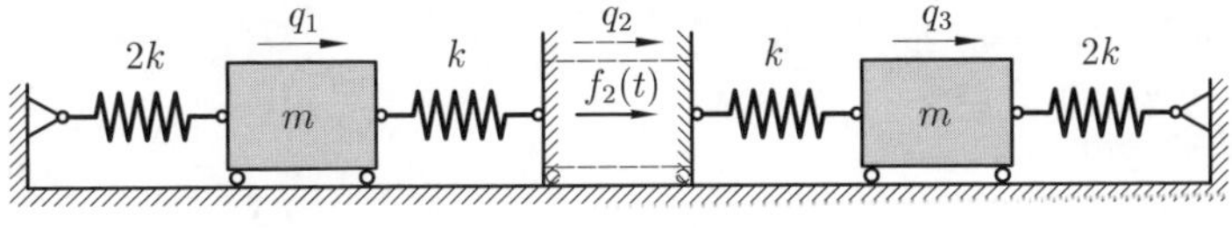

Eigenfrequenz der beiden verbleibenden Teilsysteme:

$$\omega = \Omega_T = \sqrt{3\frac{k}{m}}$$

Da Ω_T mit der zweiten Eigenfrequenz ω_2 zusammenfällt, $\Omega_T = \omega_2$, herrscht bei Ω_T Scheinresonanz statt Tilgung.

Aufgabe 7.3:

Zwei gleiche Teilzüge mit jeweils zwei elastisch gekoppelten gleichen Waggons (Massen m, Steifigkeiten k) werden zusammengefügt. Dazu fährt der linke Teilzug mit der Geschwindigkeit v_0 auf den stehenden rechten Teilzug auf. Die beiden mittleren Waggons stoßen zusammen (plastischer Stoß) und werden fest zusammengekoppelt. Die Koordinaten q_1, q_2 und q_3 sind unmittelbar vor und während des Stoßes null, die Federn der Teilzüge sind kräftefrei. Nach dem Stoß treten freie ungedämpfte Schwingungen des gekoppelten Zuges auf.

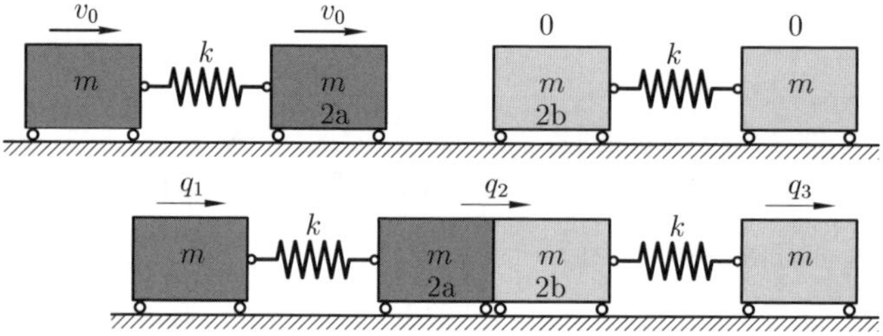

Gegeben: m, k, v_0

Bild A7.3: Kopplung von Teilzügen: vor und nach der Kopplung

a) Berechnen Sie die Anfangsbedingungen der Bewegung $\boldsymbol{q}(t)$ des gekoppelten Gesamtzuges, welche unmittelbar nach dem Koppeln beginnt.

b) Berechnen Sie den Energieverlust ΔT beim Koppeln der beiden Teilzüge.

c) Berechnen Sie die Eigenfrequenzen ω_n und Eigenformen $\widehat{\boldsymbol{q}}_n$ des gekoppelten Gesamtzuges.

d) Geben Sie das Bewegungsgesetz $\boldsymbol{q}(t)$ des Zuges nach dem Koppeln an und ermitteln Sie die Integrationskonstanten der modalen Teillösungen. Skizzieren Sie die Bewegungen $q_1(t)$, $q_2(t)$ und $q_3(t)$ der drei Waggons als Funktionen der Zeit. Berücksichtigen Sie dabei auch den Zeitbereich kurz vor dem Stoß.

Lösung der Aufgabe 7.3:

a) Analyse des Stoßes:

Beim kurzen Stoß ist nur der Kraftstoß zwischen den Waggons 2a und 2b maßgeblich. Die Federkräfte sind vernachlässigbar. Die Stellungen der Waggons bleiben während des Stoßes erhalten.

Impulssatz für die Waggons 2a und 2b:

$$(m+m)\,v_2 - m\,v_0 = 0 \qquad \Longrightarrow \qquad v_2 = \frac{1}{2}\,v_0$$

Verschiebung und Geschwindigkeit unmittelbar nach dem Stoß als Anfangsbedingung für die nachfolgende Schwingbewegung:

$$q_1(0) = 0, \qquad q_2(0) = 0, \qquad q_3(0) = 0,$$

$$\dot{q}_1(0) = v_0, \qquad \dot{q}_2(0) = \frac{1}{2} v_0, \qquad \dot{q}_3(0) = 0$$

b) Energieverlust während des Stoßes:

$$\Delta T = \frac{1}{2} 2 m v_0^2 - \left[\frac{1}{2} m v_0^2 + \frac{1}{2} 2 m v_2^2\right] = \frac{1}{2} m v_0^2 \left[2 - 1 - \frac{1}{2}\right] = \frac{1}{4} m v_0^2$$

c) Freie Schwingungen nach dem Stoß:

Bewegungsgleichungen:

$$\begin{bmatrix} m & 0 & 0 \\ 0 & 2m & 0 \\ 0 & 0 & m \end{bmatrix} \begin{bmatrix} \ddot{q}_1 \\ \ddot{q}_2 \\ \ddot{q}_3 \end{bmatrix} + \begin{bmatrix} k & -k & 0 \\ -k & 2k & -k \\ 0 & -k & k \end{bmatrix} \begin{bmatrix} q_1 \\ q_2 \\ q_3 \end{bmatrix} = \begin{bmatrix} 0 \\ 0 \\ 0 \end{bmatrix}$$

Eigenschwingungsansatz:

$$\boldsymbol{q}(t) = \widehat{\boldsymbol{q}} e^{i\omega t}$$

Homogenes Gleichungssystem für die Ausschläge:

$$\begin{bmatrix} k - m\omega^2 & -k & 0 \\ -k & 2k - 2m\omega^2 & -k \\ 0 & -k & k - m\omega^2 \end{bmatrix} \begin{bmatrix} \widehat{q}_1 \\ \widehat{q}_2 \\ \widehat{q}_3 \end{bmatrix} = \begin{bmatrix} 0 \\ 0 \\ 0 \end{bmatrix}$$

Nichttriviale Lösungen existieren nur für

$$P(i\omega) = \det\{\boldsymbol{K} - \omega^2 \boldsymbol{M}\} = \begin{vmatrix} k - m\omega^2 & -k & 0 \\ -k & 2k - 2m\omega^2 & -k \\ 0 & -k & k - m\omega^2 \end{vmatrix} =$$

$$= \begin{vmatrix} k - m\omega^2 & 0 & -(k - m\omega^2) \\ -k & 2(k - m\omega^2) & -k \\ 0 & -k & (k - m\omega^2) \end{vmatrix} =$$

$$= (k - m\omega^2)\left[2(k - m\omega^2)^2 - k^2 - k^2\right] = 2m\omega^2 (k - m\omega^2)(m\omega^2 - 2k) = 0.$$

Eigenfrequenzen und Eigenvektoren:

$$\omega_1^2 = 0, \quad \widehat{\boldsymbol{q}}_1 = \begin{bmatrix} 1 \\ 1 \\ 1 \end{bmatrix}; \qquad \omega_2^2 = \frac{k}{m}, \quad \widehat{\boldsymbol{q}}_2 = \begin{bmatrix} 1 \\ 0 \\ -1 \end{bmatrix}; \qquad \omega_3^2 = \frac{2k}{m}, \quad \widehat{\boldsymbol{q}}_3 = \begin{bmatrix} 1 \\ -1 \\ 1 \end{bmatrix}$$

d) Freie Bewegung:

$$\boldsymbol{q}(t) = \widehat{\boldsymbol{q}}_1 (A_1 + B_1 t) + \sum_{n=2}^{3} \widehat{\boldsymbol{q}}_n (A_n \cos\omega_n t + B_n \sin\omega_n t)$$

$$\dot{\boldsymbol{q}}(t) = \widehat{\boldsymbol{q}}_1 B_1 + \sum_{n=2}^{3} \widehat{\boldsymbol{q}}_n \omega_n (-A_n \sin\omega_n t + B_n \cos\omega_n t)$$

Anpassen der Lösung an die Anfangsbedingungen unmittelbar nach dem Stoß:

$$\boldsymbol{q}(0) = \boldsymbol{0} = \widehat{\boldsymbol{q}}_1 A_1 + \sum_{n=2}^{3} \widehat{\boldsymbol{q}}_n A_n$$

$$\dot{\boldsymbol{q}}(0) = \boldsymbol{v}_0 = \widehat{\boldsymbol{q}}_1 B_1 + \sum_{n=2}^{3} \widehat{\boldsymbol{q}}_n \omega_n B_n$$

Ausnutzen der Orthogonalität zur Berechnung der Integrationskonstanten:

$$\widehat{\boldsymbol{q}}_k^T \boldsymbol{M}\, \boldsymbol{q}(0) = 0 = \sum_{n=1}^{3} \widehat{\boldsymbol{q}}_k^T \boldsymbol{M}\, \widehat{\boldsymbol{q}}_n A_n$$

$$\widehat{\boldsymbol{q}}_k^T \boldsymbol{M}\, \dot{\boldsymbol{q}}(0) = \widehat{\boldsymbol{q}}_k^T \boldsymbol{M}\, \boldsymbol{v}_0 = \widehat{\boldsymbol{q}}_k^T \boldsymbol{M}\, \widehat{\boldsymbol{q}}_1 B_1 + \sum_{n=2}^{3} \widehat{\boldsymbol{q}}_k^T \boldsymbol{M}\, \widehat{\boldsymbol{q}}_n \omega_n B_n$$

Setzt man die Eigenvektoren $\widehat{\boldsymbol{q}}_k^T$ nacheinander ein, ergeben sich die Integrationskonstanten:

$$A_1 = A_2 = A_3 = 0, \qquad B_1 = \frac{\widehat{\boldsymbol{q}}_1^T \boldsymbol{M}\, \boldsymbol{v}_0}{\widehat{\boldsymbol{q}}_1^T \boldsymbol{M}\, \widehat{\boldsymbol{q}}_1}, \qquad B_2\omega_2 = \frac{\widehat{\boldsymbol{q}}_2^T \boldsymbol{M}\, \boldsymbol{v}_0}{\widehat{\boldsymbol{q}}_2^T \boldsymbol{M}\, \widehat{\boldsymbol{q}}_2}, \qquad B_3\omega_3 = \frac{\widehat{\boldsymbol{q}}_3^T \boldsymbol{M}\, \boldsymbol{v}_0}{\widehat{\boldsymbol{q}}_3^T \boldsymbol{M}\, \widehat{\boldsymbol{q}}_3}$$

Nebenrechnungen:

				$\boldsymbol{M}/m$			$\boldsymbol{v_0}/v_0$	$\widehat{\boldsymbol{q}}_1$	$\widehat{\boldsymbol{q}}_2$	$\widehat{\boldsymbol{q}}_3$	
				1	0	0	1	1	1	1	
				0	2	0	1/2	1	0	−1	
				0	0	1	0	1	−1	1	
$\widehat{\boldsymbol{q}}_1^T$	1	1	1	1	2	1	2	4	0	0	
$\widehat{\boldsymbol{q}}_2^T$	1	0	−1	1	0	−1	1	0	2	0	$\boldsymbol{Q}^T\boldsymbol{M}\boldsymbol{Q}/m$
$\widehat{\boldsymbol{q}}_3^T$	1	−1	1	1	−2	1	0	0	0	4	
							$\dfrac{\boldsymbol{Q}^T\boldsymbol{M}\boldsymbol{Q}}{m v_0}$				

Integrationskonstanten:

$$B_1 = \frac{2\,v_0}{4} = \frac{v_0}{2}, \qquad \omega_2 B_2 = \frac{v_0}{2}, \qquad \omega_3 B_3 = 0$$

Freie Bewegung nach dem Stoß:

$$\boldsymbol{q}(t) = \begin{bmatrix} 1 \\ 1 \\ 1 \end{bmatrix} \frac{v_0}{2} t + \begin{bmatrix} 1 \\ 0 \\ -1 \end{bmatrix} \frac{v_0}{2} \sqrt{\frac{m}{k}} \sin\Bigl(\sqrt{\frac{k}{m}}\, t\Bigr)$$

Bewegung nach dem Koppeln:

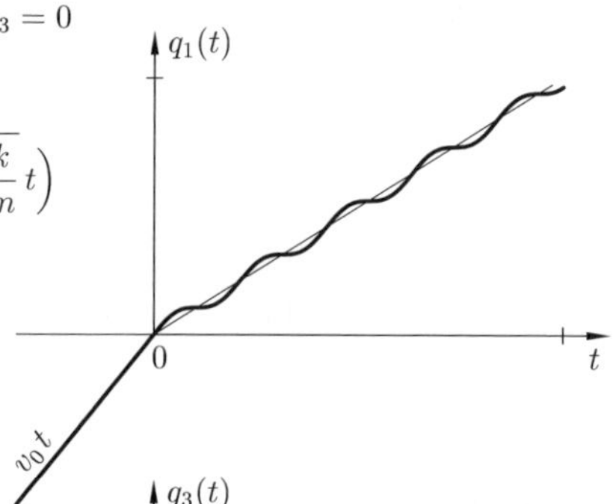

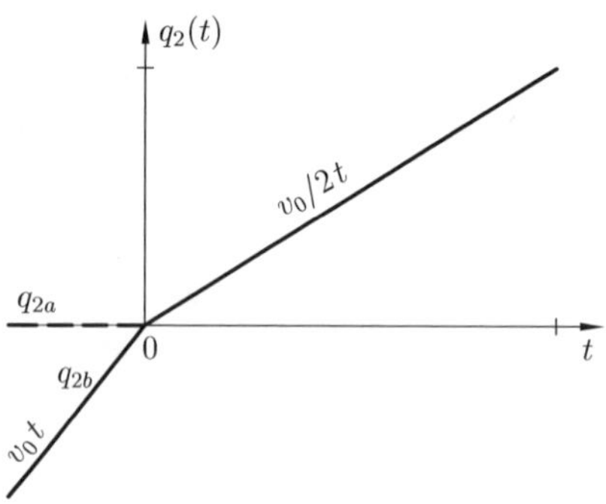

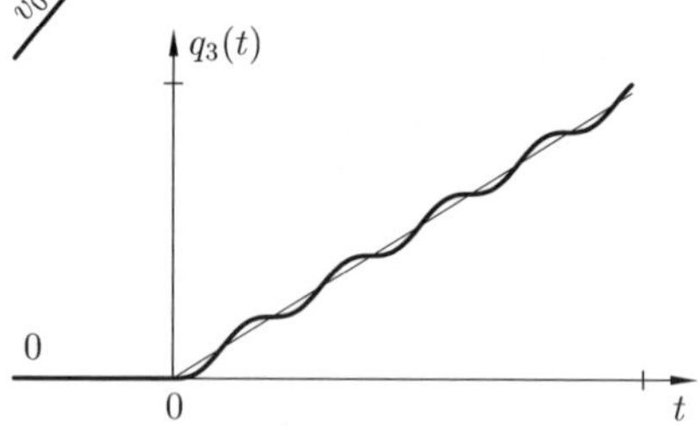

Aufgabe 7.4:

Die Bewegungsgleichung des ungedämpften Modells einer blockierten Windkraftanlage mit den drei Freiheitsgraden $\boldsymbol{q} = [l\varphi_R,\ l\varphi_G,\ q_3]^T$ hat für spezielle Steifigkeits- und Massenverhältnisse die Form

$$\begin{bmatrix} 1 & 0 & 0 \\ 0 & 2 & 0 \\ 0 & 0 & 1 \end{bmatrix} \begin{bmatrix} \ddot{q}_1 \\ \ddot{q}_2 \\ \ddot{q}_3 \end{bmatrix} + \kappa^2 \begin{bmatrix} 1 & -1 & 0 \\ -1 & 3 & -3 \\ 0 & -3 & 6 \end{bmatrix} \begin{bmatrix} q_1 \\ q_2 \\ q_3 \end{bmatrix} = \begin{bmatrix} 0 \\ 0 \\ 0 \end{bmatrix},$$

in der κ eine Bezugskreisfrequenz ist.

a) Ermitteln Sie das charakteristische Polynom $P(i\omega)$ des ungedämpften Systems.

b) Bei sehr steifer Rotorwelle hat das System nur noch zwei Freiheitsgrade. Mit dem Eigenschwingungsansatz erhält man ein homogenes Gleichungssystem für die Amplituden, das für andere Parameterwerte als in a) die Form

$$\begin{bmatrix} 2\kappa^2 - 0.2\omega^2 & -3\kappa^2 \\ -3\kappa^2 & 6\kappa^2 - \omega^2 \end{bmatrix} \begin{bmatrix} \hat{q}_2 \\ \hat{q}_3 \end{bmatrix} = \begin{bmatrix} 0 \\ 0 \end{bmatrix}$$

hat. Für die beiden Eigenkreisfrequenzquadrate

$$\omega_1^2 = \kappa^2 \qquad \text{und} \qquad \omega_2^2 = 15\kappa^2$$

besitzt es nichttriviale Lösungen. Berechnen Sie die beiden zugehörigen Eigenvektoren $\hat{\boldsymbol{q}}_1$ und $\hat{\boldsymbol{q}}_2$ und skizzieren Sie die Eigenformen.

Gegeben: κ

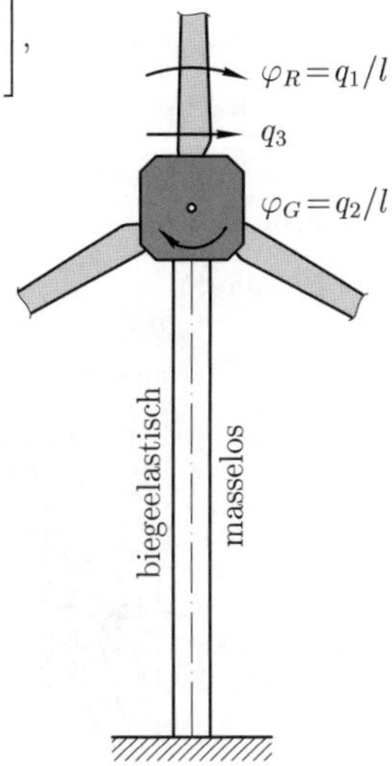

Bild A7.4: Einfaches Modell einer Windkraftanlage

Lösung der Aufgabe 7.4:

a) Ermittlung des charakteristischen Polynoms:

Exponentialansatz:

$$\boldsymbol{q}(t) = \hat{\boldsymbol{q}}\, e^{i\omega t}$$

Abkürzung:

$$\left(\frac{\omega}{\kappa}\right)^2 = \alpha$$

Eigenwertproblem:

$$\kappa^2 \begin{bmatrix} 1-\alpha & -1 & 0 \\ -1 & 3-2\alpha & -3 \\ 0 & -3 & 6-\alpha \end{bmatrix} \begin{bmatrix} \hat{q}_1 \\ \hat{q}_2 \\ \hat{q}_3 \end{bmatrix} = \begin{bmatrix} 0 \\ 0 \\ 0 \end{bmatrix}$$

Nichttriviale Lösungen erfordern das Verschwinden der Koeffizientendeterminante:

$$\kappa^6 \begin{vmatrix} 1-\alpha & -1 & 0 \\ -1 & 3-2\alpha & -3 \\ 0 & -3 & 6-\alpha \end{vmatrix} = \kappa^6 \Big\{ (1-\alpha) \big[(3-2\alpha)(6-\alpha) - 9 \big] - (6-\alpha) \Big\} =$$

$$= -2\kappa^6\alpha^3 + 17\kappa^6\alpha^2 - 23\kappa^6\alpha + 3\kappa^6 = 0$$

Charakteristisches Polynom:

$$P(i\omega) = -2\omega^6 + 17\kappa^2\omega^4 - 23\kappa^4\omega^2 + 3\kappa^6 = 0$$

b) Berechnung der Eigenvektoren zu anderen Parametern:

Die Eigenvektorkomponenten müssen der Gleichung

$(2\kappa^2 - 0.2\,\omega_n^2)\,\widehat{q}_{n,2} - 3\,\kappa^2\,\widehat{q}_{n,3} = 0$

genügen.

Eigenvektor zu $\omega_1^2 = \kappa^2$:

Wahl von $\widehat{q}_{1,3} = 1 \quad \Longrightarrow \quad \widehat{q}_{1,2} = 5/3$

Erster Eigenvektor:

$\widehat{\boldsymbol{q}}_1 = [5/3,\ 1]^T$

Erste Eigenform:

Eigenvektor zu $\omega_2^2 = 15\,\kappa^2$:

Wahl von $\widehat{q}_{2,3} = 1 \quad \Longrightarrow \quad \widehat{q}_{2,2} = -3$

Zweiter Eigenvektor:

$\widehat{\boldsymbol{q}}_2 = [-3,\ 1]^T$

Zweite Eigenform:

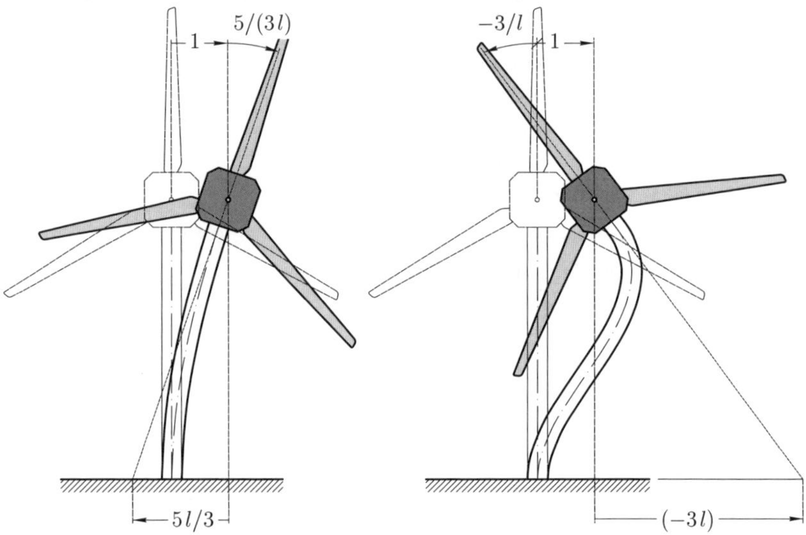

Aufgabe 7.5:

Drei gleiche mathematische Pendel (Massen m, Längen l) sind im Abstand h von den Lagerstellen durch zwei gleiche Federn (Steifigkeit k) verbunden.

a) Ermitteln Sie die linearisierten Bewegungsgleichungen für kleine Auslenkungen.

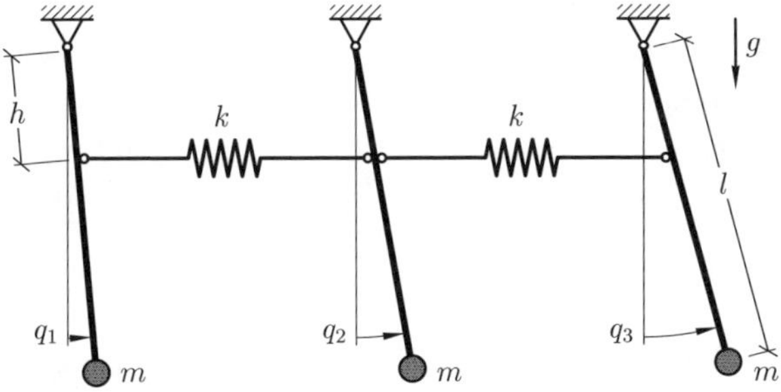

Bild A7.5: Pendel mit Federkopplung

b) Kontrollieren Sie, ob eine Eigenschwingung mit gleichen Amplituden an allen drei Koordinaten und eine zweite mit gegensätzlichen Amplituden an den äußeren Koordinaten q_1 und q_3 existieren und geben Sie die zugehörigen modalen Massen $\widetilde{m}_n$, modalen Steifigkeiten $\widetilde{k}_n$ und Eigenkreisfrequenzen ω_n an.

Gegeben: $l,\ h,\ k,\ m,\ g$

Lösung der Aufgabe 7.5:

a) Ermittlung der Bewegungsgleichungen:

Energien und LAGRANGEsche Funktion:

$$U = mgl(-\cos q_1 - \cos q_2 - \cos q_3) + \frac{1}{2}k\left[(h\sin q_2 - h\sin q_1)^2 + (h\sin q_3 - h\sin q_2)^2\right]$$

$$T = \frac{1}{2}ml^2(\dot q_1^2 + \dot q_2^2 + \dot q_3^2); \qquad L = T - U; \qquad Q_k^* = 0$$

LAGRANGEsche Bewegungsgleichungen:

$$\frac{d}{dt}\frac{\partial L}{\partial \dot q_k} - \frac{\partial L}{\partial q_k} = Q_k^*, \qquad k=1,\ 2,\ 3,\ \ldots$$

Die LAGRANGEsche Vorschrift liefert die nichtlinearen Bewegungsgleichungen:

$$ml^2\ddot q_1 + kh^2\cos q_1 \sin q_1 + mgl\sin q_1 - kh^2\cos q_1\sin q_2 = 0$$

$$ml^2\ddot q_2 - kh^2\cos q_2 \sin q_1 + 2kh^2\cos q_2\sin q_2 + mgl\sin q_2 - kh^2\cos q_2\sin q_3 = 0$$

$$ml^2\ddot q_3 - kh^2\cos q_3 \sin q_2 + kh^2\cos q_3\sin q_3 + mgl\sin q_3 = 0$$

Linearisierte Bewegungsgleichungen für kleine Auslenkungen:

$$\begin{aligned}
&ml^2\ddot q_1 + (mgl+kh^2)\,q_1 - kh^2 q_2 &&= 0\\
&ml^2\ddot q_2 - kh^2 q_1 + (mgl + 2kh^2)\,q_2 - kh^2 q_3 &&= 0\\
&ml^2\ddot q_3 - kh^2 q_2 + (mgl+kh^2)\,q_3 &&= 0
\end{aligned}$$

Bewegungsgleichungen in Matrizenschreibweise:

$$\begin{bmatrix} ml^2 & 0 & 0\\ 0 & ml^2 & 0\\ 0 & 0 & ml^2\end{bmatrix}\begin{bmatrix}\ddot q_1\\ \ddot q_2\\ \ddot q_3\end{bmatrix} + \begin{bmatrix} mgl+kh^2 & -kh^2 & 0\\ -kh^2 & mgl+2kh^2 & -kh^2\\ 0 & -kh^2 & mgl+kh^2\end{bmatrix}\begin{bmatrix} q_1\\ q_2\\ q_3\end{bmatrix} = \begin{bmatrix}0\\0\\0\end{bmatrix}$$

b) Eigenschwingungen:

Erratene erste Eigenschwingung:

$\boldsymbol{q}_1(t) = [\,1,\;\; 1,\;\; 1\,]^T \cos\omega_1 t, \qquad \ddot{\boldsymbol{q}}_1(t) = -\omega_1^2[\,1,\;\; 1,\;\; 1,\,]^T \cos\omega_1 t$

Überprüfung des Eigenwertproblems mit $\widehat{\boldsymbol{q}}_1$:

$$\begin{bmatrix} mgl+kh^2-\omega_1^2 ml^2 & -kh^2 & 0 \\ -kh^2 & mgl+2kh^2-\omega_1^2 ml^2 & -kh^2 \\ 0 & -kh^2 & mgl+kh^2-\omega_1^2 ml^2 \end{bmatrix} \begin{bmatrix} 1 \\ 1 \\ 1 \end{bmatrix} =$$

$$= \begin{bmatrix} mgl-\omega_1^2 ml^2 \\ mgl-\omega_1^2 ml^2 \\ mgl-\omega_1^2 ml^2 \end{bmatrix} = \left(mgl-\omega_1^2 ml^2\right) \begin{bmatrix} 1 \\ 1 \\ 1 \end{bmatrix}$$

$\widehat{\boldsymbol{q}}_1$ ist Eigenvektor und das zugehörige Eigenfrequenzquadrat beträgt

$$\omega_1^2 = \frac{mgl}{ml^2} = \frac{g}{l}\,.$$

Berechnung der modalen Masse $\widetilde{m}_1$:

				$\boldsymbol{M}$		$\widehat{\boldsymbol{q}}_1$
			ml^2	0	0	1
			0	ml^2	0	1
			0	0	ml^2	1
$\widehat{\boldsymbol{q}}_1^T$ 1	1	1	ml^2	ml^2	ml^2	$3ml^2$

$\widetilde{m}_1 = 3ml^2$

Berechnung der modalen Steifigkeit $\widetilde{k}_1$:

				$\boldsymbol{K}$		$\widehat{\boldsymbol{q}}_1$
			$mgl+kh^2$	$-kh^2$	0	1
			$-kh^2$	$mgl+2kh^2$	$-kh^2$	1
			0	$-kh^2$	$mgl+kh^2$	1
$\widehat{\boldsymbol{q}}_1^T$ 1	1	1	mgl	mgl	mgl	$3mgl$

$\widetilde{k}_1 = 3mgl$

Erste Eigenkreisfrequenz:

$$\omega_1^2 = \frac{\widetilde{k}_1}{\widetilde{m}_1} = \frac{3mgl}{3ml^2} = \frac{g}{l}$$

Erratene zweite Eigenschwingung:

$$\boldsymbol{q}_2(t) = [\,1,\ \ 0,\ \ -1\,]^T \cos\omega_2 t, \qquad \ddot{\boldsymbol{q}}_2(t) = -\omega_2^2[\,1,\ \ 0,\ \ -1\,]^T \cos\omega_2 t$$

Überprüfung des Eigenwertproblems mit $\widehat{\boldsymbol{q}}_2$:

$$\begin{bmatrix} mgl+kh^2-\omega_2^2 ml^2 & -kh^2 & 0 \\ -kh^2 & mgl+2kh^2-\omega_2^2 ml^2 & -kh^2 \\ 0 & -kh^2 & mgl+kh^2-\omega_2^2 ml^2 \end{bmatrix} \begin{bmatrix} 1 \\ 0 \\ -1 \end{bmatrix} =$$

$$= \begin{bmatrix} mgl+kh^2-\omega_2^2 ml^2 \\ 0 \\ -\left(mgl+kh^2-\omega_2^2 ml^2\right) \end{bmatrix} = \left(mgl+kh^2-\omega_2^2 ml^2\right) \begin{bmatrix} 1 \\ 0 \\ -1 \end{bmatrix}$$

$\widehat{\boldsymbol{q}}_2$ ist Eigenvektor und das zugehörige Eigenfrequenzquadrat beträgt

$$\omega_2^2 = \frac{mgl + kh^2}{ml^2} = \frac{g}{l} + \frac{k}{m}\left(\frac{h}{l}\right)^2.$$

Berechnung der modalen Masse $\widetilde{m}_2$:

				$\boldsymbol{M}$			$\widehat{\boldsymbol{q}}_2$
				ml^2	0	0	1
				0	ml^2	0	0
				0	0	ml^2	-1
$\widehat{\boldsymbol{q}}_2^T$	1	0	-1	ml^2	0	$-ml^2$	$2ml^2$

$$\widetilde{m}_2 = 2ml^2$$

Berechnung der modalen Steifigkeit $\widetilde{k}_2$:

				$\boldsymbol{K}$			$\widehat{\boldsymbol{q}}_2$
				$mgl+kh^2$	$-kh^2$	0	1
				$-kh^2$	$mgl+2kh^2$	$-kh^2$	0
				0	$-kh^2$	$mgl+kh^2$	-1
$\widehat{\boldsymbol{q}}_2^T$	1	0	-1	$mgl+kh^2$	0	$-(mgl+kh^2)$	$2(mgl+kh^2)$

$$\widetilde{k}_2 = 2(mgl+kh^2)$$

Zweite Eigenkreisfrequenz:

$$\omega_2^2 = \frac{\widetilde{k}_2}{\widetilde{m}_2} = \frac{2(mgl+kh^2)}{2ml^2} = \frac{g}{l} + \frac{k}{m}\left(\frac{h}{l}\right)^2$$

Aufgabe 7.6:

Eine dünne homogene starre Rechteckplatte (Masse m, Kantenlängen a und b) ist an vier parallelen, masselosen Gummiseilen (Länge l, Vorspannkraft S) aufgehängt. Die Platte kann sowohl Drehschwingungen um die Symmetrieachsen als auch Translationsschwingungen ausführen. Das System hat somit sechs Freiheitsgrade, die zum Teil miteinander gekoppelt sind, und damit sechs Eigenfrequenzen.

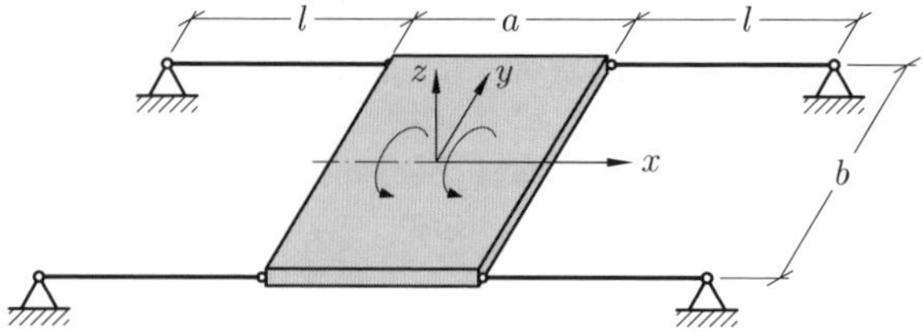

Bild A7.6: Homogene Scheibe an Gummiseilen

a) Wie groß ist die Eigenkreisfrequenz ω_z der Translationsschwingungen in z-Richtung bei kleinen Amplituden und konstanten Seilspannkräften S?

b) Wie groß sind die Eigenkreisfrequenzen ω_{Dx} und ω_{Dy} der Drehschwingungen um die x- und y-Achsen in der Platte bei kleinen Amplituden und konstanten Seilspannkräften?

c) Die genaue Analyse, die hier nicht durchgeführt werden soll, zeigt, daß es unter gewissen Bedingungen zu instabilem Flattern kommen kann. Die Bedingung für Flattern ist, daß die Eigenfrequenz ω_z der Translationsschwingungen normal zur Plattenebene größer als eine der Eigenfrequenzen ω_{Dx} und ω_{Dy} der Drehschwingungen um die Querachsen ist. Unter welchen geometrischen Bedingungen kann Flattern auftreten?

Gegeben: a, b, l, m, S

Lösung der Aufgabe 7.6:

a) Translationsschwingungen quer zu Platte:

Freikörperbilder:

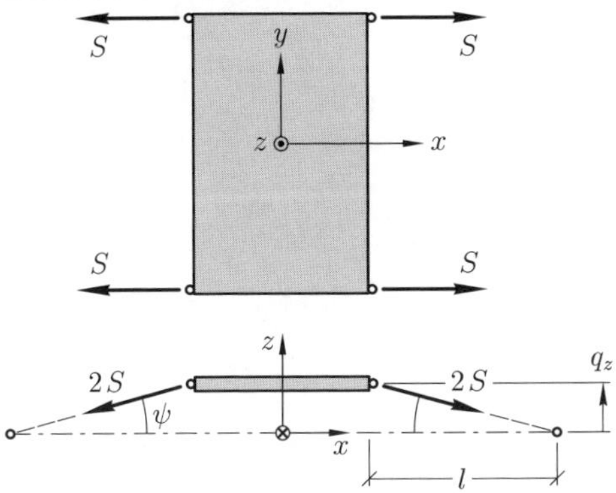

Kräftesatz:

$$m\ddot{q}_z = -4S\sin\psi$$

Linearisierung der Geometrie:

$$\sin\psi = \frac{q_z}{\sqrt{l^2+q_z^2}} \approx \frac{1}{l}q_z$$

Lineare Bewegungsgleichung:

$$m\ddot{q}_z + \frac{4S}{l}q_z = 0$$

Kennkreisfrequenz der Translationsschwingungen in z-Richtung:

$$\omega_z = \sqrt{\frac{4S}{lm}}$$

b) Drehschwingungen φ_x um die Querachse x:

Freikörperbilder:

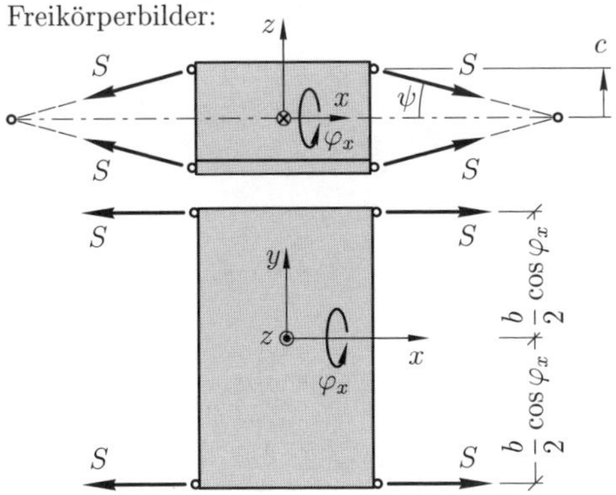

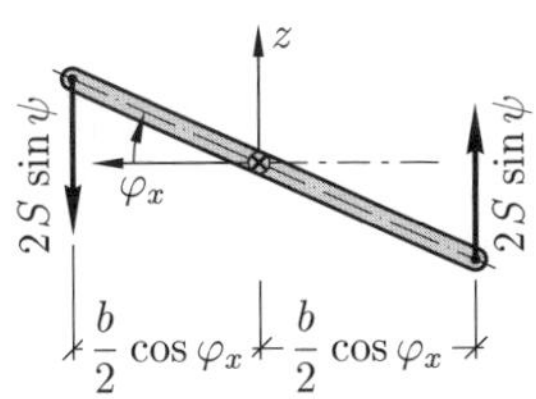

Polares Massenträgheitsmoment um die Querachse x:

$$\Theta_x = \frac{1}{12}mb^2$$

Kinematik:

$$\sin\psi = \frac{c}{\sqrt{l^2+c^2}}; \qquad c = \frac{b}{2}\sin\varphi_x$$

Momentensatz um die x-Achse:

$$\Theta_x\ddot{\varphi}_x = -4(S\sin\psi)\left(\frac{b}{2}\cos\varphi_x\right)$$

Bewegungsgleichung:

$$\Theta_x\ddot{\varphi}_x + 4S\frac{(b/2)^2\cos\varphi_x\sin\varphi_x}{\sqrt{l^2+(b/2)^2\sin^2\varphi_x}} = 0$$

Linearisierte Bewegungsgleichung:

$$\Theta_x\ddot{\varphi}_x + \frac{Sb^2}{l}\varphi_x = 0$$

Kennkreisfrequenz:

$$\omega_{Dx} = \sqrt{\frac{Sb^2}{l\Theta_x}} = \sqrt{\frac{12S}{lm}}$$

c) Drehschwingungen φ_y um die Querachse y:

Freikörperbilder:

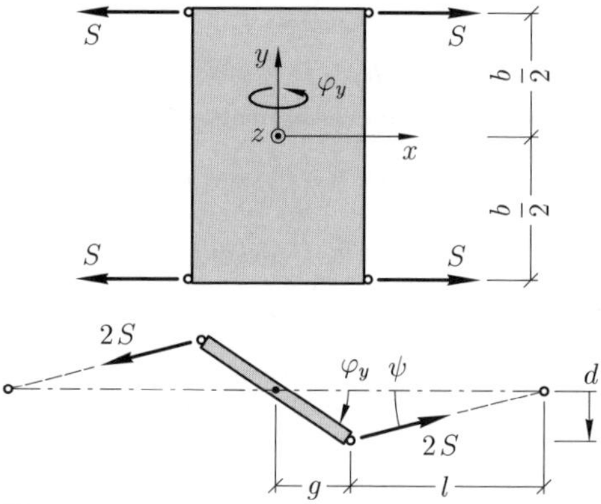

Polares Massenträgheitsmoment um die Querachse y:

$$\Theta_y = \frac{1}{12} m a^2$$

Kinematik:

$$g = \frac{a}{2}\cos\varphi_y; \qquad \tan\psi = \frac{d}{l}; \qquad \tan\varphi_y = \frac{d}{a/2} \qquad \Longrightarrow \qquad d = \frac{a}{2}\tan\varphi_y$$

$$\sin\psi = \frac{\tan\psi}{\sqrt{1+\tan^2\psi}} = \frac{d}{\sqrt{l^2+d^2}} = \frac{a/2\,\tan\varphi_y}{\sqrt{l^2+(a/2\,\tan\varphi_y)^2}}$$

$$\cos\psi = \frac{1}{\sqrt{1+\tan^2\psi}} = \frac{l}{\sqrt{l^2+d^2}} = \frac{l}{\sqrt{l^2+(a/2\,\tan\varphi_y)^2}}$$

Momentensatz:

$$\Theta_y\,\ddot{\varphi}_y = -(4\,S\,\sin\psi)\,(\frac{a}{2}\cos\varphi_y) - (4\,S\cos\varphi_y)\,d \qquad \Longrightarrow$$

$$\Theta_y\,\ddot{\varphi}_y + 4\,S\,\frac{a}{2}\left[\frac{a/2\,\tan\varphi_y}{\sqrt{l^2+(a/2\,\tan\varphi_y)^2}}\cos\varphi_y + \cos\varphi_y\,\tan\varphi_y\right] = 0$$

Linearisierte Bewegungsgleichung:

$$\Theta_y\,\ddot{\varphi}_y + \frac{S\,a^2}{l}\,\varphi_y = 0$$

Kennkreisfrequenz:

$$\omega_{Dy} = \sqrt{\frac{S\,a^2}{l\,\Theta_y}} = \sqrt{\frac{12\,S}{l\,m}}$$

d) Flattergrenze:

Flattern kann auftreten, wenn ω_z größer als die niedrigste der Rotationseigenfrequenzen ω_{Dx} und ω_{Dy} ist. Die Flattergrenze liegt also bei $\omega_z = \omega_{Dx}$:

Da $\omega_z < \omega_{Dx}$ ist, tritt kein Flattern auf!

Aufgabe 7.7:

Ein ungedämpftes, reibungsfreies System besteht aus drei gleichen Federn (Steifigkeit k) und vier gleichen Massen m. Die einzelnen Körper bewegen sich nur horizontal. Mit dem Eigenschwingungsansatz $\boldsymbol{q}(t) = \widehat{\boldsymbol{q}}\, e^{i\omega t}$ folgt aus den Bewegungsgleichungen für die vier Freiheitsgrade das homogene Gleichungssystem

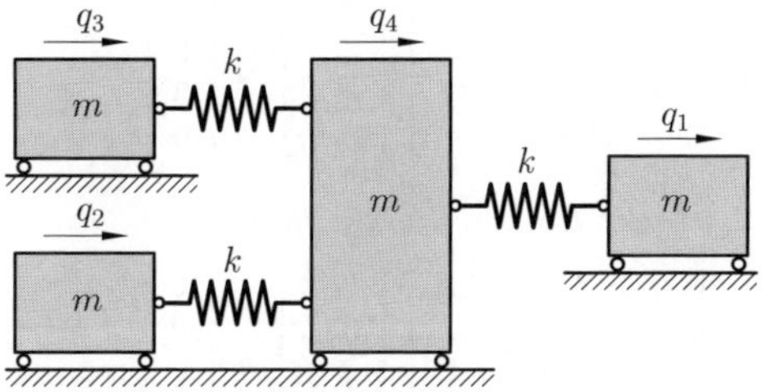

Bild A7.7: Ungefesseltes Feder-Masse-System

$$\begin{bmatrix} k-m\omega^2 & 0 & 0 & -k \\ 0 & k-m\omega^2 & 0 & -k \\ 0 & 0 & k-m\omega^2 & -k \\ -k & -k & -k & 3k-m\omega^2 \end{bmatrix} \begin{bmatrix} \widehat{q}_1 \\ \widehat{q}_2 \\ \widehat{q}_3 \\ \widehat{q}_4 \end{bmatrix} = \begin{bmatrix} 0 \\ 0 \\ 0 \\ 0 \end{bmatrix}.$$

Die Determinante der Koeffizientenmatrix liefert das charakteristische Polynom $P(i\omega) = m\omega^2\,(m\omega^2 - k)^2\,(m\omega^2 - 4k)$.

a) Berechnen Sie die Eigenkreisfrequenzen ω_n und Eigenvektoren $\widehat{\boldsymbol{q}}_n$ des Systems.

b) Falls das System eine doppelte Eigenkreisfrequenz $\omega_n \neq 0$ besitzt, ermitteln Sie das Paar zugehöriger Eigenvektoren so, daß dieses die Orthogonalitätsbedingungen erfüllt.

c) Berechnen sie die modale Steifigkeit $\widetilde{k}_4$ und die modale Masse $\widetilde{m}_4$ zur höchsten Eigenkreisfrequenz ω_4.

Gegeben: k, m

Lösung der Aufgabe 7.7:

a) Ermittlung der Eigenfrequenzen und Eigenvektoren:

Eigenfrequenzen als Nullstellen des charakteristischen Polynoms:

$$P(i\omega) = 0 \qquad \Longrightarrow \qquad \omega_1 = 0, \qquad \omega_2 = \omega_3 = \sqrt{\frac{k}{m}}, \qquad \omega_4 = 2\sqrt{\frac{k}{m}}$$

Eigenvektoren aus dem linearen Gleichungssystem:

$$\begin{bmatrix} k-m\omega^2 & 0 & 0 & -k \\ 0 & k-m\omega^2 & 0 & -k \\ 0 & 0 & k-m\omega^2 & -k \\ -k & -k & -k & 3k-m\omega^2 \end{bmatrix} \begin{bmatrix} \widehat{q}_{n,1} \\ \widehat{q}_{n,2} \\ \widehat{q}_{n,3} \\ \widehat{q}_{n,4} \end{bmatrix} = \begin{bmatrix} 0 \\ 0 \\ 0 \\ 0 \end{bmatrix}$$

Eigenvektor zu $\omega_1 = 0$:

$$\begin{bmatrix} k & 0 & 0 & -k \\ 0 & k & 0 & -k \\ 0 & 0 & k & -k \\ -k & -k & -k & 3k \end{bmatrix} \begin{bmatrix} \widehat{q}_{1,1} \\ \widehat{q}_{1,2} \\ \widehat{q}_{1,3} \\ \widehat{q}_{1,4} \end{bmatrix} = \begin{bmatrix} 0 \\ 0 \\ 0 \\ 0 \end{bmatrix}$$

Wahl von $\widehat{q}_{1,1} = 1$

$\Longrightarrow \quad \widehat{q}_{1,4} = \widehat{q}_{1,2} = \widehat{q}_{1,3} = 1$

$\Longrightarrow \quad \widehat{\boldsymbol{q}}_1 = [1,\ 1,\ 1,\ 1]^T$

Eigenvektoren zu $\omega_2 = \omega_3 = \sqrt{k/m}$:

$$\begin{bmatrix} 0 & 0 & 0 & -k \\ 0 & 0 & 0 & -k \\ 0 & 0 & 0 & -k \\ -k & -k & -k & 2k \end{bmatrix} \begin{bmatrix} \widehat{q}_{n,1} \\ \widehat{q}_{n,2} \\ \widehat{q}_{n,3} \\ \widehat{q}_{n,4} \end{bmatrix} = \begin{bmatrix} 0 \\ 0 \\ 0 \\ 0 \end{bmatrix}$$

Wahl von $\widehat{q}_{2,1} = 1$ und $\widehat{q}_{2,2} = -1$

$\Longrightarrow \quad \widehat{q}_{2,3} = 0, \qquad \widehat{q}_{2,4} = 0$

$\Longrightarrow \quad \widehat{\boldsymbol{q}}_2 = [1,\ -1,\ 0,\ 0]^T$

Wahl von $\widetilde{q}_{3,1} = 1$ und $\widetilde{q}_{3,2} = 0$

$\Longrightarrow \quad \widetilde{q}_{3,3} = -1, \qquad \widetilde{q}_{3,4} = 0$

$\Longrightarrow \quad \widetilde{\boldsymbol{q}}_3 = [1,\ 0,\ -1,\ 0]^T$

Eigenvektor zu $\omega_4 = 2\sqrt{k/m}$:

$$\begin{bmatrix} -3k & 0 & 0 & -k \\ 0 & -3k & 0 & -k \\ 0 & 0 & -3k & -k \\ -k & -k & -k & -k \end{bmatrix} \begin{bmatrix} \widehat{q}_{4,1} \\ \widehat{q}_{4,2} \\ \widehat{q}_{4,3} \\ \widehat{q}_{4,4} \end{bmatrix} = \begin{bmatrix} 0 \\ 0 \\ 0 \\ 0 \end{bmatrix}$$

Wahl von $\widehat{q}_{4,1} = 1$

$\Longrightarrow \quad \widehat{q}_{4,2} = \widehat{q}_{4,3} = 1, \quad \widehat{q}_{4,4} = -3$

$\Longrightarrow \quad \widehat{\boldsymbol{q}}_4 = [1,\ 1,\ 1,\ -3]^T$

b) Berechnung eines zu $\widehat{\boldsymbol{q}}_2$ orthogonalen Eigenvektors $\widehat{\boldsymbol{q}}_3$:

Ansatz für den orthogonalen Eigenvektor:

$\widehat{\boldsymbol{q}}_3 = \widetilde{\boldsymbol{q}}_3 + \beta\,\widehat{\boldsymbol{q}}_2$

Orthogonalitätsforderung:

$\boldsymbol{q}_2^T \boldsymbol{M}\,\widehat{\boldsymbol{q}}_3 = \widehat{\boldsymbol{q}}_2^T \boldsymbol{M}\,\widetilde{\boldsymbol{q}}_3 + \beta\,\widehat{\boldsymbol{q}}_2^T \boldsymbol{M}\,\widehat{\boldsymbol{q}}_2 = 0$

Entwicklungskoeffizient:

$$\beta = -\frac{\widetilde{\boldsymbol{q}}_3^T \boldsymbol{M}\,\widehat{\boldsymbol{q}}_2}{\widehat{\boldsymbol{q}}_2^T \boldsymbol{M}\,\widehat{\boldsymbol{q}}_2} = -\frac{m}{2m} = -\frac{1}{2}$$

Eigenvektor:

$\widehat{\boldsymbol{q}}_3 = [1/2,\ 1/2,\ -1,\ 0]^T$

Nebenrechnungen:

					$\widehat{\boldsymbol{q}}_2$	$\widetilde{\boldsymbol{q}}_3$	$\widehat{\boldsymbol{q}}_4$
					1	0	1
					−1	1	1
					0	−1	1
					0	0	−3
$\widehat{\boldsymbol{q}}_2^T =$	1	−1	0	0	2	−1	0
$\widehat{\boldsymbol{q}}_4^T =$	1	1	1	−3	0	0	12

c) Modale Masse und modale Steifigkeit zu ω_4:

$\widetilde{m}_4 = 12\,m; \qquad \widetilde{k}_4 = \omega_4^2\,\widetilde{m}_4 = 4 \cdot \dfrac{k}{m}\,12\,m = 48\,k$

Aufgabe 7.8:

Ein ungedämpftes System mit vier Freiheitsgraden besteht aus drei gleichen kleinen und einer großen Masse sowie zwei schwachen und zwei steifen Federn. Aus einer Analyse sind die ersten drei Eigenfrequenzen sowie die vier Eigenvektoren bekannt:

$$\begin{aligned} &\omega_1^2 = 0, && \widehat{\boldsymbol{q}}_1 = [1,\ 1,\ 1,\ 1]^T \\ &\omega_2^2 = \omega_3^2 = k/m, && \widehat{\boldsymbol{q}}_2 = [1,\ 0,\ -1,\ 1]^T \\ &\omega_3^2 = \omega_2^2 = k/m, && \widetilde{\boldsymbol{q}}_3 = [1,\ -1,\ 0,\ 0]^T \\ & && \widehat{\boldsymbol{q}}_4 = [1,\ 1,\ 1,\ -1]^T \end{aligned}$$

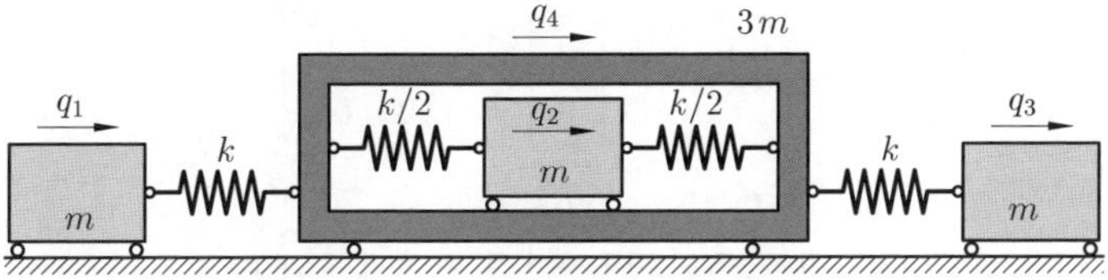

Bild A7.8: Ungedämpftes System mit zwei gleichen Eigenfrequenzen

a) Geben Sie die Bewegungsgleichung an und überprüfen Sie, ob die angegebenen Eigenfrequenzen und Eigenvektoren korrekt sind.

b) Prüfen Sie die Orthogonalität der beiden Eigenvektoren $\widehat{\boldsymbol{q}}_2$ und $\widetilde{\boldsymbol{q}}_3$ und berechnen Sie gegebenenfalls einen neuen Eigenvektor $\widehat{\boldsymbol{q}}_3$, der orthogonal zum zweiten Eigenvektor $\widehat{\boldsymbol{q}}_2$ ist.

c) Berechnen Sie die modale Masse $\widetilde{m}_4$ zum vierten Eigenvektor $\widehat{\boldsymbol{q}}_4$ und geben Sie die vierte Eigenkreisfrequenz ω_4 an.

Gegeben: m, k, ω_1, $\omega_2{=}\omega_3$, $\widehat{\boldsymbol{q}}_1$, $\widehat{\boldsymbol{q}}_2$, $\widetilde{\boldsymbol{q}}_3$, $\widehat{\boldsymbol{q}}_4$

Lösung der Aufgabe 7.8:

a) Ermittlung der Bewegungsgleichung:

Massenmatrix:

$$\boldsymbol{M} = m \begin{bmatrix} 1 & 0 & 0 & 0 \\ 0 & 1 & 0 & 0 \\ 0 & 0 & 1 & 0 \\ 0 & 0 & 0 & 3 \end{bmatrix}$$

Steifigkeitsmatrix:

$$\boldsymbol{K} = k \begin{bmatrix} 1 & 0 & 0 & -1 \\ 0 & 1 & 0 & -1 \\ 0 & 0 & 1 & -1 \\ -1 & -1 & -1 & 3 \end{bmatrix}$$

Bewegungsgleichung:

$$\boldsymbol{M}\ddot{\boldsymbol{q}} + \boldsymbol{K}\boldsymbol{q} = \boldsymbol{0}$$

Eigenwertgleichung:

$$-\omega_n^2 \boldsymbol{M}\widehat{\boldsymbol{q}}_n = \boldsymbol{K}\widehat{\boldsymbol{q}}_n$$

Überprüfung der Eigenfrequenzen und Eigenvektoren, ob sie die Eigenwertgleichung erfüllen: Die Nebenrechnung zeigt, daß alle Eigenvektoren und Eigenfrequenzen die Eigenwertgleichung erfüllen. Allerdings sind der zweite und der dritte Eigenvektor nicht zueinander orthogonal.

Nebenrechnungen der Matrizenprodukte für alle Aufgabenteile:

					$\boldsymbol{M}/m$				$\widehat{\boldsymbol{q}}_1$	$\widehat{\boldsymbol{q}}_2$	$\widetilde{\boldsymbol{q}}_3$	$\widehat{\boldsymbol{q}}_4$
					1	0	0	0	1	1	1	1
					0	1	0	0	1	0	−1	1
					0	0	1	0	1	−1	0	1
					0	0	0	3	1	0	0	−1
$\widehat{\boldsymbol{q}}_1^T$	1	1	1	1	1	1	1	3	6	0	0	0
$\widehat{\boldsymbol{q}}_2^T$	1	0	−1	0	1	0	−1	0	0	2	1	0
$\widetilde{\boldsymbol{q}}_3^T$	1	−1	0	0	1	−1	0	0	0	1	2	0
$\widehat{\boldsymbol{q}}_4^T$	1	1	1	−1	1	1	1	−3	0	0	0	6

					$\boldsymbol{K}/k$				$\widehat{\boldsymbol{q}}_1$	$\widehat{\boldsymbol{q}}_2$	$\widetilde{\boldsymbol{q}}_3$	$\widehat{\boldsymbol{q}}_4$
					1	0	0	−1	1	1	1	1
					0	1	0	−1	1	0	−1	1
					0	0	1	−1	1	−1	0	1
					−1	−1	−1	3	1	0	0	−1
$\widehat{\boldsymbol{q}}_1^T$	1	1	1	1	0	0	0	0	0	0	0	0
$\widehat{\boldsymbol{q}}_2^T$	1	0	−1	0	1	0	−1	0	0	2	1	0
$\widetilde{\boldsymbol{q}}_3^T$	1	−1	0	0	1	−1	0	0	0	1	2	0
$\widehat{\boldsymbol{q}}_4^T$	1	1	1	−1	2	2	2	−6	0	0	0	12

b) Prüfung der Orthogonalität der Eigenvektoren $\widehat{\boldsymbol{q}}_2$ und $\widehat{\boldsymbol{q}}_3$:

Das Matrizenprodukt

$\widetilde{\boldsymbol{q}}_3^T \boldsymbol{M}\, \widehat{\boldsymbol{q}}_2 = m \neq 0$

ist nicht null. Die beiden Eigenvektoren $\widehat{\boldsymbol{q}}_2$ und $\widetilde{\boldsymbol{q}}_3$ sind nicht orthogonal zueinander.

Ansatz für einen orthogonalen dritten Eigenvektor:

$\widehat{\boldsymbol{q}}_3 = \widetilde{\boldsymbol{q}}_3 + \beta\, \widehat{\boldsymbol{q}}_2$

Forderung der Orthogonalität:

$$\widehat{\boldsymbol{q}}_3^T \boldsymbol{M}\, \widehat{\boldsymbol{q}}_2 = (\widetilde{\boldsymbol{q}}_3^T + \beta\, \widehat{\boldsymbol{q}}_2^T)\, \boldsymbol{M}\, \widehat{\boldsymbol{q}}_2 = \widetilde{\boldsymbol{q}}_3^T \boldsymbol{M}\, \widehat{\boldsymbol{q}}_2 + \beta\, \widehat{\boldsymbol{q}}_2^T \boldsymbol{M}\, \widehat{\boldsymbol{q}}_2 = 0$$

Notwendiger Multiplikator:

$$\beta = -\frac{\widetilde{\boldsymbol{q}}_3^T \boldsymbol{M}\, \widehat{\boldsymbol{q}}_2}{\widehat{\boldsymbol{q}}_2^T \boldsymbol{M}\, \widehat{\boldsymbol{q}}_2} = -\frac{m}{2m} = -\frac{1}{2}$$

Modifizierter orthogonaler dritter Eigenvektor:

$$\widehat{\boldsymbol{q}}_3 = \widetilde{\boldsymbol{q}}_3 - \frac{1}{2}\, \widehat{\boldsymbol{q}}_2 = [\,1,\ -2,\ 1,\ 0\,]^T$$

c) Berechnung der modalen Masse $\widetilde{m}_4$ und der vierten Eigenkreisfrequenz:

Modale Masse:

$$\widetilde{m}_4 = \widehat{\boldsymbol{q}}_4^T \boldsymbol{M}\, \widehat{\boldsymbol{q}}_4 = 6\,m$$

Modale Steifigkeit:

$$\widetilde{k}_4 = \widehat{\boldsymbol{q}}_4^T \boldsymbol{K}\, \widehat{\boldsymbol{q}}_4 = 12\,k$$

Eigenkreisfrequenz:

$$\omega_4^2 = \frac{\widetilde{k}_4}{\widetilde{m}_4} = \frac{12\,k}{6\,m} = 2\,\frac{k}{m}$$

Aufgabe 7.9:

Zwei gleiche mathematische Pendel (Masse m, Länge l) sind durch eine Feder (Steifigkeit k) gekoppelt.

a) Ermitteln Sie die linearisierten Bewegungsgleichungen des gekoppelten Systems für kleine Auslenkungswinkel.

b) Berechnen Sie die Eigenfrequenzen und Eigenvektoren des gekoppelten Systems.

c) Geben Sie die potentielle Energie U, die kinetische Energie T sowie die bezogene kinetische Energie T^* für beliebige, aber kleine Auslenkungen und Auslenkungsgeschwindigkeiten an.

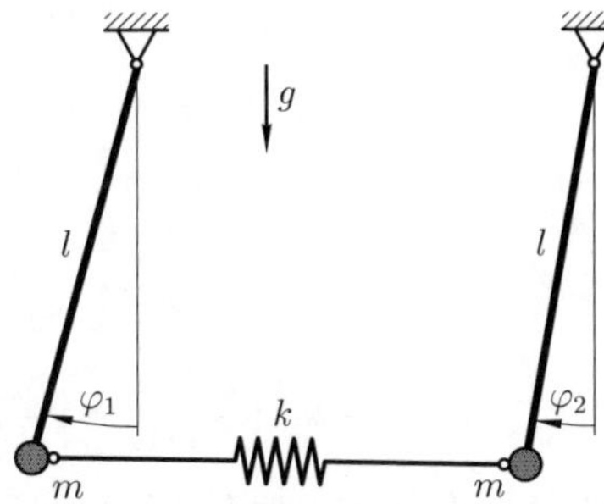

Bild A7.9: Pendel mit Federkopplung

d) Geben Sie den RAYLEIGH-Quotienten für eine beliebige Auslenkungsform an. Berechnen Sie dessen Extremwerte und die dazugehörigen Auslenkungsformen und zeigen Sie, daß der RAYLEIGH-Quotient für die niedrigste Eigenfrequenz ein Minimum und für die höchste Eigenfrequenz ein Maximum annimmt. Benutzen Sie hier als Parameter das Verhältnis der Auslenkungen der beiden Pendel $\kappa = \widehat{\varphi}_2/\widehat{\varphi}_1$.

Gegeben: $l,\ m,\ g,\ k$

Lösung der Aufgabe 7.9:

a) Ermittlung der Bewegungsgleichungen:

Freikörperbilder:

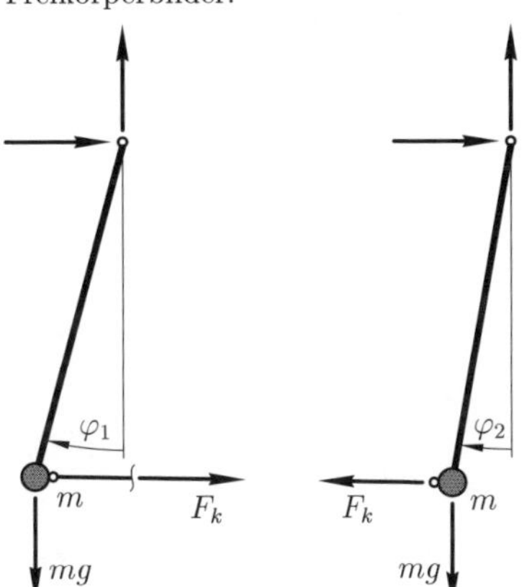

Momentensatz mit Federkraft liefert die Bewegungsgleichungen:

$$m\,\ddot{\varphi}_1 + \left(\frac{mg}{l} + k\right)\varphi_1 - k\,\varphi_2 = 0$$

$$m\,\ddot{\varphi}_2 - k\,\varphi_1 + \left(\frac{mg}{l} + k\right)\varphi_2 = 0$$

Matrizenschreibweise:

$$\boldsymbol{M}\,\ddot{\boldsymbol{q}} + \boldsymbol{K}\,\boldsymbol{q} = \boldsymbol{0}$$

Massen- und Steifigkeitsmatrix:

$$\boldsymbol{M} = \begin{bmatrix} m & 0 \\ 0 & m \end{bmatrix}, \quad \boldsymbol{K} = \begin{bmatrix} \frac{mg}{l} + k & -k \\ -k & \frac{mg}{l} + k \end{bmatrix}$$

Zustandsvektor:

$$\boldsymbol{q} = \begin{bmatrix} \varphi_1 \\ \varphi_2 \end{bmatrix}$$

b) Berechnung der Eigenfrequenzen und Eigenvektoren:

Das System ist ungedämpft und damit treten harmonische Eigenschwingungen auf.

Lösungsansatz:

$$\boldsymbol{q} = \widehat{\boldsymbol{q}}\, e^{i\omega t}$$

Gleichungssystem für die Eigenvektoren:

$$(\boldsymbol{K} - \omega^2 \boldsymbol{M})\, \widehat{\boldsymbol{q}} = \boldsymbol{0}$$

Nichttriviale Lösungen existieren für die Nullstellen der charakteristischen Gleichung:

$$P(i\omega) = \begin{vmatrix} \frac{mg}{l} + k - \omega^2 m & -k \\ -k & \frac{mg}{l} + k - \omega^2 m \end{vmatrix} = \left(\frac{mg}{l} + k - \omega^2 m\right)^2 - k^2 =$$

$$= m^2 \left\{ \omega^4 - 2\omega^2 \left(\frac{g}{l} + \frac{k}{m}\right) + \left[\left(\frac{g}{l}\right)^2 + 2\frac{k}{m}\frac{g}{l}\right] \right\} = 0$$

Die Nullstellen der charakteristischen Gleichung liefern die Eigenfrequenzen:

$$\omega_1 = \sqrt{\frac{g}{l}}; \qquad \omega_2 = \sqrt{\frac{g}{l} + 2\frac{k}{m}}$$

Die zugehörigen Eigenvektoren folgen aus dem homogenen Gleichungssystem:

$$\widehat{\boldsymbol{q}}_1 = \begin{bmatrix} 1 \\ 1 \end{bmatrix}, \qquad \widehat{\boldsymbol{q}}_2 = \begin{bmatrix} 1 \\ -1 \end{bmatrix}$$

c) Energien bei beliebiger Bewegung:

Potentielle Energie:

$$U = \frac{1}{2} k l^2 (\varphi_1 - \varphi_2)^2 + mgl\,(2 - \cos\varphi_1 - \cos\varphi_2) \approx \frac{1}{2} k l^2 (\varphi_1 - \varphi_2)^2 + \frac{1}{2} mgl\,(\varphi_1^2 + \varphi_2^2)$$

Kinetische Energie und bezogene kinetische Energie:

$$T = \frac{1}{2} m l^2 (\dot{\varphi}_1^2 + \dot{\varphi}_2^2); \qquad T^* = \frac{1}{2} m l^2 (\widehat{\varphi}_1^2 + \widehat{\varphi}_2^2)$$

d) Berechnung des RAYLEIGH-Quotienten und Extremalbedingungen:

RAYLEIGH-Quotient:

$$R\{\widehat{\varphi}_1, \widehat{\varphi}_2\} = \frac{2U(\widehat{\varphi}_1, \widehat{\varphi}_2)}{2T^*(\widehat{\varphi}_1, \widehat{\varphi}_2)} = \frac{\left[k l^2 (1-\kappa)^2 + mgl\,(1+\kappa^2)\right] \widehat{\varphi}_1^2}{m l^2 (1+\kappa^2)\, \widehat{\varphi}_1^2} = \frac{g}{l} + \frac{k}{m}\frac{(1-\kappa)^2}{(1+\kappa^2)}$$

Verhältnisse der Ausschläge:

$$\kappa = \frac{\widehat{\varphi}_2}{\widehat{\varphi}_1}$$

Der RAYLEIGH-Quotient hat Extremwerte für

$$\frac{\partial R}{\partial \kappa} = -\frac{2k}{m}\frac{(1-\kappa)(1+\kappa)}{(1+\kappa^2)^2} = 0.$$

Die Extremwerte des RAYLEIGH-Quotients liegen somit bei

$$\kappa_1 = 1 \qquad \text{und} \qquad \kappa_2 = -1.$$

RAYLEIGH-Quotient und Eigenvektor zu $\kappa_1 = 1$:

$$R\{\kappa_1\} = \frac{g}{l} = \omega_1^2; \qquad \widehat{\boldsymbol{q}}_1 = [1,\ 1]^T$$

RAYLEIGH-Quotient und Eigenvektor zu $\kappa_2 = -1$:

$$R\{\kappa_2\} = \frac{g}{l} + 2\frac{k}{m} = \omega_2^2; \qquad \widehat{\boldsymbol{q}}_2 = [1,\ -1]^T$$

Die zweite Ableitung des RAYLEIGH-Quotienten liefert die Information, ob ein Maximum oder ein Minimum vorliegt:

$$\frac{\partial^2 R}{\partial \kappa^2} = \frac{4\,k}{m}\,\frac{\kappa\,(3-\kappa^2)}{(1+\kappa^2)^3}$$

Für die erste Eigenfrequenz ω_1 mit dem Eigenvektor $\hat{\boldsymbol{q}}_1 = [1,\ 1]^T$ und $\kappa_1 = 1$ ist die zweite Ableitung positiv:

$$\left.\frac{\partial^2 R\{\kappa\}}{\partial \kappa^2}\right|_{\kappa_1} = \frac{4\,k}{m}\,\frac{1\,(3-1)}{(1+1)^3} > 0$$

Der RAYLEIGH-Quotient hat für $\kappa_1 = 1$ also ein Minimum.

Für die zweite Eigenfrequenz ω_2 mit dem Eigenvektor $\hat{\boldsymbol{q}}_2 = [1,\ -1]^T$ und $\kappa_2 = -1$ ist die Ableitung negativ:

$$\left.\frac{\partial^2 R\{\kappa\}}{\partial \kappa^2}\right|_{\kappa_2} = \frac{4\,k}{m}\,\frac{-1\,(3-1)}{(1+1)^3} < 0$$

Der RAYLEIGH-Quotient hat für $\kappa_2 = -1$ also ein Maximum.

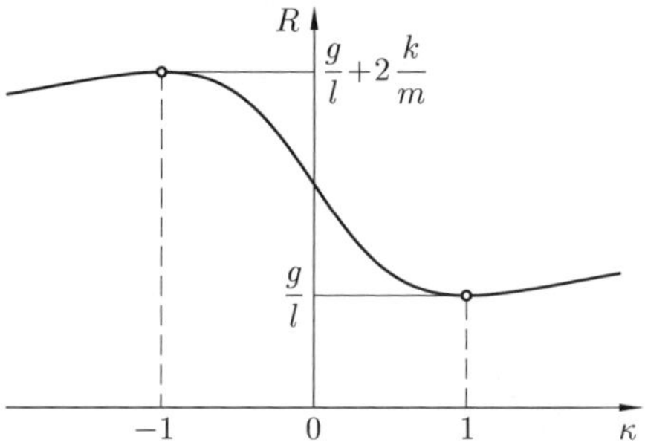

Aufgabe 7.10:

Auf einer masselosen Laufschiene (konstante Biegesteifigkeit EI, Länge $3l$), die auf zwei starren Stützen steht, befinden sich in den eingezeichneten Stellungen zwei gleiche Laufkatzen, an denen jeweils ein Gewicht hängt (jeweilige Gesamtmasse m). Das System hat die beiden Freiheitsgrade q_1 und q_2 an den Laufkatzen.

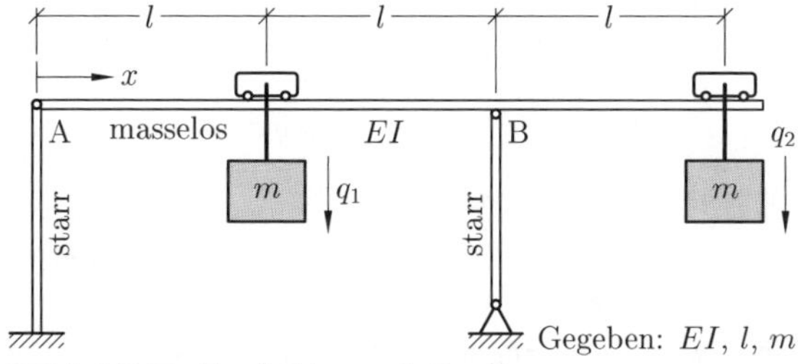

Bild A7.10: Laufschiene mit Laufkatzen

a) Ermitteln Sie mit dem Satz von DUNKERLEY eine erste Grenze für die niedrigste Eigenfrequenz des Systems.

b) Ermitteln Sie mit dem RAYLEIGH-Quotienten und einer quadratischen Ansatzfunktion für die Biegelinie der Schiene eine zweite Grenze für die niedrigste Eigenfrequenz des Systems.

Lösung der Aufgabe 7.10:

a) Abschätzung der ersten Eigenfrequenz mit dem Satz von DUNKERLEY:

Die Trägheit wird in zwei Teile aufgeteilt:

System mit Masse m bei q_1:

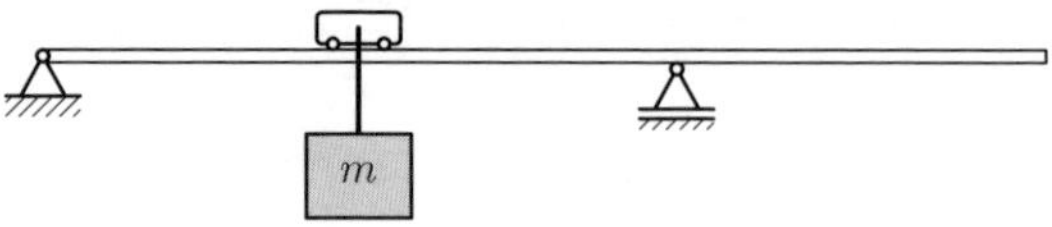

$$\omega_{D1}^2 = \frac{6EI}{ml^3}$$

System mit Masse m bei q_2:

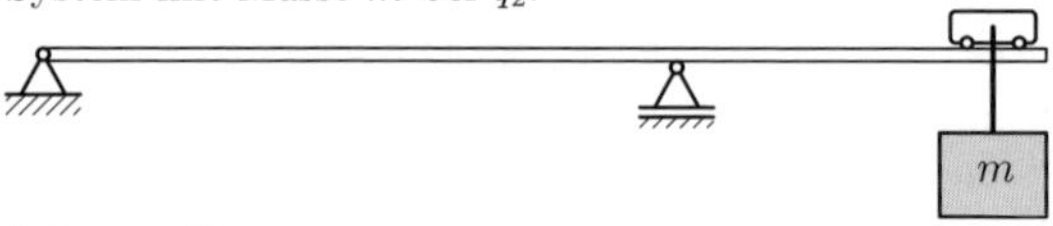

$$\omega_{D2}^2 = \frac{EI}{ml^3}$$

Satz von DUNKERLEY:

$$\frac{1}{\omega_1^2} \leq \frac{1}{\omega_D^2} = \frac{1}{\omega_{D1}^2} + \frac{1}{\omega_{D2}^2} = \frac{ml^3}{6EI} + \frac{ml^3}{EI} = \frac{7}{6}\frac{ml^3}{EI}$$

Abschätzung der ersten Eigenfrequenz mit dem Satz von DUNKERLEY:

$$\omega_1^2 \geq \omega_D^2 = \frac{6}{7}\frac{EI}{ml^3} \approx 0.86\,\frac{EI}{ml^3}$$

b) Abschätzung mit dem RAYLEIGH-Quotienten bei quadratischer Ansatzfunktion:

Randbedingungen: $\tilde{w}(0) = \tilde{w}(2l) = 0$

Ansatzfunktion: $\tilde{w}(x) = x\,(x-2l)\,\frac{\widehat{w}}{l^2}$, $\quad \tilde{w}'(x) = 2(x-l)\,\frac{\widehat{w}}{l^2}$, $\quad \tilde{w}''(x) = 2\,\frac{\widehat{w}}{l^2}$

Potentielle Energie:

$$U = \frac{1}{2}\int_0^{3l} EI\tilde{w}''^2(x)\,dx = \frac{1}{2}\frac{EI}{l^4}4\,\widehat{w}^2\int_0^{3l} dx = \frac{6EI}{l^3}\widehat{w}^2$$

Bezogene kinetische Energie:

$$T^* = \frac{1}{2}m\,\tilde{w}^2(l) + \frac{1}{2}m\,\tilde{w}^2(3l) = \frac{1}{2}m\,(1+9)\,\widehat{w}^2 = 5\,m\widehat{w}^2$$

RAYLEIGH-Quotient:

$$R\{\tilde{w}(x)\} = \frac{U}{T^*} = \frac{6}{5}\frac{EI}{ml^2}$$

Abschätzung der ersten Eigenfrequenz:

$$\omega_1^2 \leq R = \frac{6}{5}\frac{EI}{ml^3} = 1.2\,\frac{EI}{ml^3}$$

Eine noch bessere Schätzung erhält man, wenn man für die potentielle Energie die exakte Steifigkeitsmatrix des Balkens benutzt.

Eine exakte Rechnung liefert den exakten Wert:

$$\omega_1^2 = 0.94\,\frac{EI}{ml^3}$$

Aufgabe 7.11:

Ein ungedämpfter symmetrischer Schwinger mit drei Freiheitsgraden besteht aus den drei Massen m, $M = \mu m$ und m, die durch vier gleiche Federn (Steifigkeiten k) untereinander bzw. mit den festen Wänden verbunden sind.

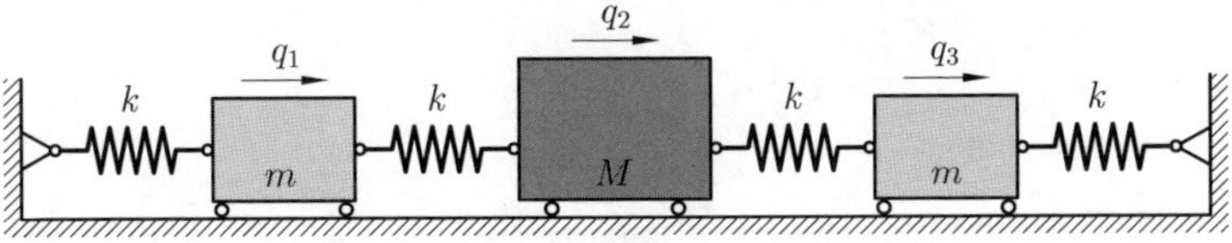

Bild A7.11.1: Symmetrischer Dreimassenschwinger

a) Berechnen Sie die drei Eigenkreisfrequenzen und Eigenformen als Funktionen des Massenverhältnisses $\mu = M/m$. Nutzen Sie dabei die Symmetrie des Systems aus und berücksichtigen Sie, daß bei der mittleren Eigenfrequenz ω_2 die mittlere Masse M in Ruhe ist und bei den beiden anderen Eigenfrequenzen ω_1 und ω_3 die beiden gleichen äußeren Massen m gleiche Wege $q_3 = q_1$ haben.

b) Ermitteln Sie für die beiden Grenzfälle $\mu = 0$ (mittlere Masse ist weg) und $\mu \to \infty$ (mittlere Masse ist fixiert) die Eigenkreisfrequenzen. Skizzieren Sie qualitativ die Abhängigkeiten der Eigenfrequenzen ω_1 bis ω_3 vom Masseverhältnis μ in einem Frequenzdiagramm.

c) Berechnen sie mit dem Ansatzvektor $\widetilde{\boldsymbol{q}} = [1 \;\; \alpha \;\; 1]^T$ den Rayleigh-Quotienten $R(\alpha)$. Ermitteln Sie dann über die Extremaleigenschaft des Rayleigh-Quotienten die beiden Werte α_1 und α_3, welche exakt die erste und die dritte Eigenfrequenz liefern.

d) Zur Reduzierung großer Resonanzamplituden werden parallel zu jeder Feder Dämpfer (unterschiedliche Dämpfungskonstanten b_1, b_2, b_3 und b_4) eingebaut. Welche drei algebraischen Gleichungen müssen die vier Dämpfungskonstanten erfüllen, damit die Eigenvektoren $\widehat{\boldsymbol{q}}_n$ des ungedämpften Systems auch das gedämpfte System entkoppeln?

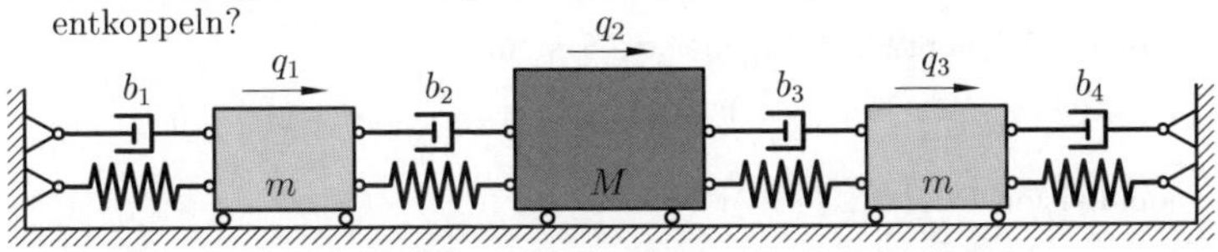

Bild A7.11.2: Dreimassenschwinger mit Dämpfung

e) Welche Form darf die Dämpfungsmatrix $\boldsymbol{B}$ beim allgemeinsten Ansatz einer Caughey-Reihe haben?

f) Berechnen Sie für den zweiten Eigenvektor $\widehat{\boldsymbol{q}}_2 = [1 \;\; 0 \;\; -1]^T$ die modale Masse $\widetilde{m}_2$, die modale Dämpfung $\widetilde{b}_2$ und die modale Steifigkeit $\widehat{k}_2$. Geben Sie dann dafür (unter Vorraussetzung schwacher Dämpfung) die modale Abklingkonstante δ_2, den modalen Dämpfungsgrad D_2 und schließlich die modale Quasi-Eigenkreisfrequenz ω_{d2} an.

Gegeben: m, $\mu = M/m$, k, b

Lösung der Aufgabe 7.11:

a) Berechnung der Eigenkreisfrequenzen und Eigenformen:

Systembeschreibung; Massenmatrix, Steifigkeitsmatrix: Abkürzung:

$$\boldsymbol{M} = m \begin{bmatrix} 1 & 0 & 0 \\ 0 & \mu & 0 \\ 0 & 0 & 1 \end{bmatrix}, \qquad \boldsymbol{K} = k \begin{bmatrix} 2 & -1 & 0 \\ -1 & 2 & -1 \\ 0 & -1 & 2 \end{bmatrix} \qquad \omega_0^2 = \frac{k}{m}$$

Charakteristisches Polynom:

$$P(\omega^2) = \det(\boldsymbol{K} - \omega^2 \boldsymbol{M}) = \mu\,\omega^6 - (2 + 4\mu)\,\frac{k}{m}\,\omega^4 + (6 + 4\mu)\left(\frac{k}{m}\right)^2 \omega^2 - 4\left(\frac{k}{m}\right)^3 =$$
$$= \mu\,\omega^6 - 2\,(1 + 2\,\mu)\,\omega_0^2\,\omega^4 + 2\,(3 + 2\,\mu)\,\omega_0^4\,\omega^2 - 4\omega_0^6 = 0$$

Aus Symmetriegründen kann eine Eigenfrequenz leicht angegeben werden:

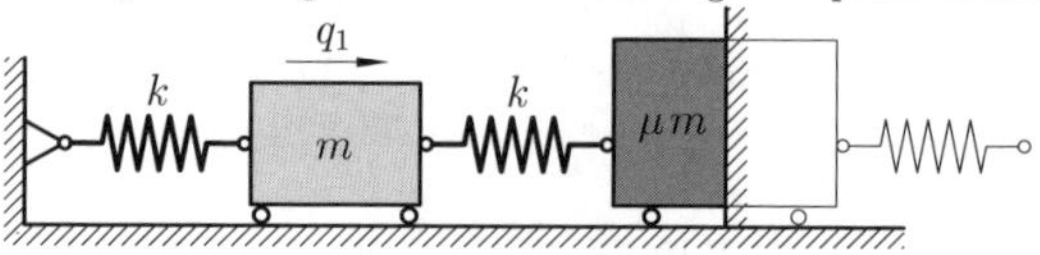

$$\omega_2^2 = \frac{2\,k}{m} = 2\,\omega_0^2$$

Reduziertes System für die beiden anderen Eigenschwingungen:

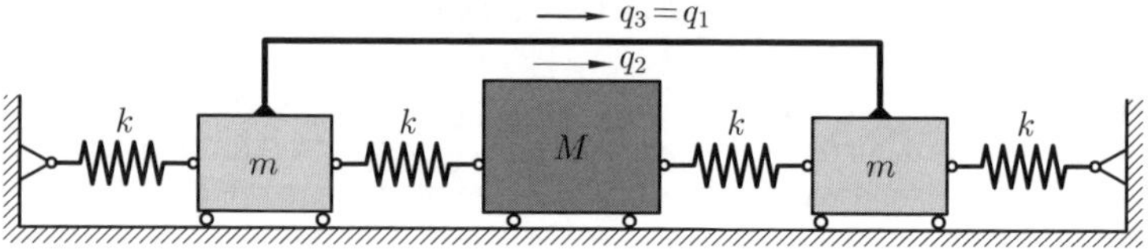

Bewegungsgleichung für das reduzierte System:

$$\begin{bmatrix} 2m & 0 \\ 0 & \mu m \end{bmatrix} \begin{bmatrix} \ddot{q}_1 \\ \ddot{q}_3 \end{bmatrix} + \begin{bmatrix} 4k & -2k \\ -2k & 2k \end{bmatrix} \begin{bmatrix} q_1 \\ q_3 \end{bmatrix} = \begin{bmatrix} 0 \\ 0 \end{bmatrix}$$

Charakteristisches Polynom für das reduzierte System:

$$P(\omega^2) = \mu\,\omega^4 - (2 + 2\,\mu)\,\frac{k}{m}\,\omega^2 + 2\left(\frac{k}{m}\right)^2 = \mu\,\omega^4 - 2\,(1+\mu)\,\omega_0^2\,\omega^2 + 2\omega_0^4 = 0$$

Oder Polynomdivision $P(\omega^2) : (\omega^2 - \omega_2^2)$:

$$\left[\mu\,\omega^6 - (2+4\,\mu)\,\omega_0^2\,\omega^4 + (6+4\,\mu)\,\omega_0^4\,\omega^2 - 4\omega_0^6\right] : \left[\omega^2 - 2\,\omega_0^2\right] =$$
$$= \mu\,\omega^4 - 2\,(1+\mu)\,\omega_0^2\,\omega^2 + 2\,\omega_0^4 = 0$$

Restliche Eigenfrequenzen:

$$\omega_{1,3}^2 = \left[1+\mu \mp \sqrt{1+\mu^2}\right] \frac{\omega_0^2}{\mu}$$

Eigenvektoren:

$$\widehat{\boldsymbol{q}}_1 = \begin{bmatrix} 1-\mu+\sqrt{1+\mu^2} \\ 2 \\ 1-\mu+\sqrt{1+\mu^2} \end{bmatrix}, \qquad \widehat{\boldsymbol{q}}_2 = \begin{bmatrix} 1 \\ 0 \\ -1 \end{bmatrix}, \qquad \widehat{\boldsymbol{q}}_3 = \begin{bmatrix} 1-\mu-\sqrt{1+\mu^2} \\ 2 \\ 1-\mu-\sqrt{1+\mu^2} \end{bmatrix}$$

b) Abhängigkeit der Eigenfrequenzen vom Massenverhältnis:

Grenzfall $\mu \to 0$:

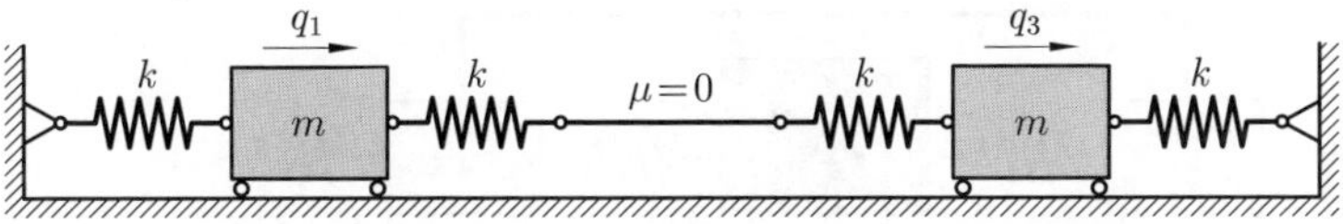

$$\lim_{\mu\to 0}\omega_1^2 = \lim_{\mu\to 0}\frac{1+\mu-\sqrt{1+\mu^2}}{\mu}\,\omega_0^2 = \lim_{\mu\to 0}\Big(1-\frac{\mu}{\sqrt{\mu^2+1}}\Big)\,\omega_0^2 = \omega_0^2$$

$$\lim_{\mu\to 0}\omega_2^2 = 2\omega_0^2$$

$$\lim_{\mu\to 0}\omega_3^2 = \lim_{\mu\to 0}\frac{1+\mu+\sqrt{\mu^2+1}}{\mu}\,\omega_0^2 \to \infty$$

Grenzfall $\mu \to \infty$:

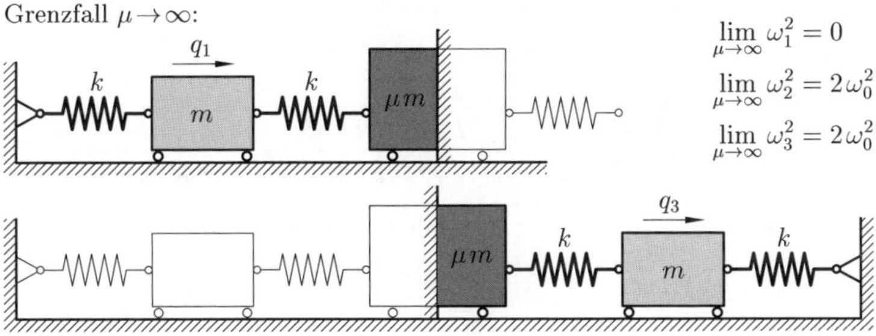

$$\lim_{\mu\to\infty}\omega_1^2 = 0$$

$$\lim_{\mu\to\infty}\omega_2^2 = 2\omega_0^2$$

$$\lim_{\mu\to\infty}\omega_3^2 = 2\omega_0^2$$

Grenzfall $\mu = 1$:

$\omega_1^2 = (2-\sqrt{2})\,\omega_0^2, \qquad \omega_2^2 = 2\omega_0^2, \qquad \omega_3^2 = (2+\sqrt{2})\,\omega_0^2$

Frequenzdiagramm:

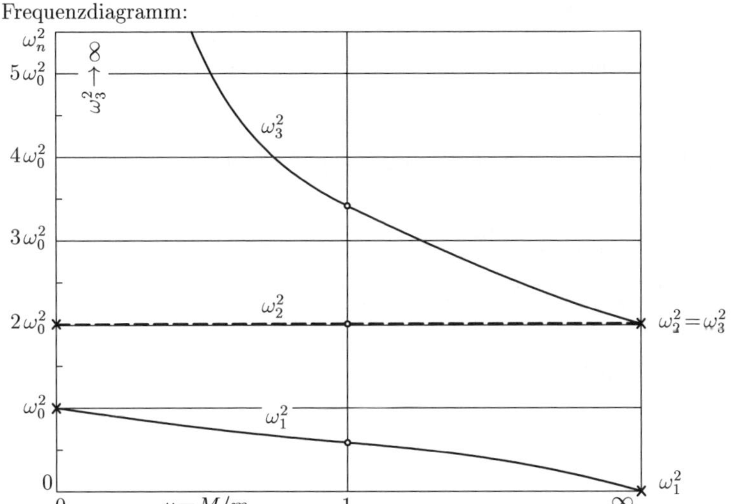

c) Abschätzung der Eigenfrequenzen mit dem RAYLEIGH-Quotienten:

Reduziertes System:

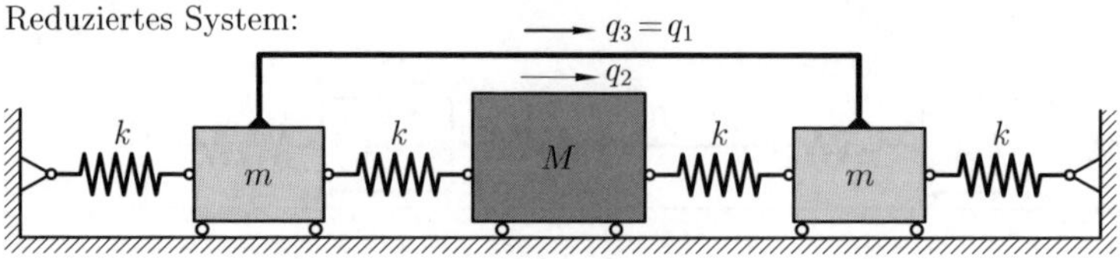

Ansatzvektor mit dem noch offenen Parameter α:

$\widetilde{\boldsymbol{q}} = [1 \quad \alpha \quad 1]^T$

Matrizenmultiplikationen:

				$\boldsymbol{M}/m$			$\boldsymbol{K}/k$			$\widetilde{\boldsymbol{q}}$	$\widetilde{\boldsymbol{q}}$
				1	0	0	2	-1	0	1	1
				0	μ	0	-1	2	-1	α	α
				0	0	1	0	-1	2	1	1
$\widetilde{\boldsymbol{q}}^T$	1	α	1	1	$\alpha\mu$	1	$2-\alpha$	$2\alpha-2$	$2-\alpha$	$2+\alpha^2\mu$	$2\alpha^2-4\alpha+4$
				$\widetilde{\boldsymbol{q}}^T\boldsymbol{M}/m$			$\widetilde{\boldsymbol{q}}^T\boldsymbol{K}/k$			$\widetilde{\boldsymbol{q}}^T\boldsymbol{M}\,\widetilde{\boldsymbol{q}}/m$	$\widetilde{\boldsymbol{q}}^T\boldsymbol{K}\,\widetilde{\boldsymbol{q}}/k$

Potentielle Energie:

$$U = \frac{1}{2}(2\alpha^2 - 4\alpha + 4)\,k$$

Bezogene kinetische Energie:

$$T^* = \frac{1}{2}(2 + \alpha^2\mu)\,m$$

RAYLEIGH-Quotient:

$$R = \frac{U}{T^*} = \frac{2\alpha^2-4\alpha+4}{2+\alpha^2\mu}\,\omega_0^2$$

Der RAYLEIGH-Quotient eines diskreten Systems liegt stets zwischen dem Quadrat der kleinsten und der größten Eigenfrequenz, er wird extrem. Daher findet man aus dem Nullsetzen der Ableitung des RAYLEIGH-Quotienten nach dem freien Parameter α diese beiden extremen Eigenfrequenzen:

$$\frac{\partial R}{\partial \alpha} = 4\,\frac{\mu\alpha^2+2(1-\mu)\alpha-2}{(2+\alpha^2\mu)^2}\,\omega_0^2 = 0$$

α-Werte im Eigenvektor, für die der RAYLEIGH-Quotient extrem wird:

$$\alpha_{1,3} = \left(\mu-1 \pm \sqrt{1+\mu^2}\right)/\mu$$

Zugehörige Eigenfrequenzen und Eigenvektoren:

$$R(\alpha_1) = \omega_1^2 = \frac{1+\mu-\sqrt{1+\mu^2}}{\mu}\,\frac{k}{m}, \qquad R(\alpha_3) = \omega_3^2 = \frac{1+\mu+\sqrt{1+\mu^2}}{\mu}\,\frac{k}{m}$$

$$\widehat{\boldsymbol{q}}_1 = \begin{bmatrix} 1 \\ \left(\mu-1+\sqrt{1+\mu^2}\right)/\mu \\ 1 \end{bmatrix}, \qquad \widehat{\boldsymbol{q}}_3 = \begin{bmatrix} 1 \\ \left(\mu-1-\sqrt{1+\mu^2}\right)/\mu \\ 1 \end{bmatrix}$$

d) Analyse der Dämpfungsmatrix für CAUGHEY-Dämpfung:

Dämpfungsmatrix:

$$\boldsymbol{B} = \begin{bmatrix} b_1+b_2 & -b_2 & 0 \\ -b_2 & b_1+b_2 & -b_3 \\ 0 & -b_3 & b_3+b_4 \end{bmatrix}$$

CAUGHEY-Bedingung: $\boldsymbol{K}\boldsymbol{M}^{-1}\boldsymbol{B}$ muß symmetrisch sein:

Ausrechnung:

				$m\boldsymbol{M}^{-1}$			$\boldsymbol{B}$	
			1	0	0	b_1+b_2	$-b_2$	0
			0	$\frac{1}{\mu}$	0	$-b_2$	b_2+b_3	$-b_3$
	$\boldsymbol{K}/k$		0	0	1	0	$-b_3$	b_3+b_4
2	−1	0	2	$-\frac{1}{\mu}$	0	$2(b_1+b_2)+\frac{1}{\mu}b_2$	$-\left[\frac{b_1+b_2}{\mu}+2b_2\right]$	$\frac{1}{\mu}b_3$
−1	2	−1	−1	$\frac{2}{\mu}$	−1	$-\left[(b_1+b_2)+\frac{2b_2}{\mu}\right]$	$(b_1+b_2)\left(1+\frac{2}{\mu}\right)$	$-\left[(b_3+b_4)+\frac{2b_3}{\mu}\right]$
0	−1	2	0	$-\frac{1}{\mu}$	2	$\frac{1}{\mu}b_2$	$-\left[\frac{b_2+b_3}{\mu}+2b_3\right]$	$2(b_3+b_4)+\frac{1}{\mu}b_3$
				$\boldsymbol{K}\boldsymbol{M}^{-1}m/k$			$\boldsymbol{K}\boldsymbol{M}^{-1}\boldsymbol{B}m/k$	

Bedingungen für Symmetrie:

$$\frac{1}{\mu}b_2 = \frac{1}{\mu}b_3 \qquad \text{erzwingt:} \qquad b_2 = b_3$$

$$2b_2\left(1+\frac{1}{\mu}\right) = b_1 + b_2 + 2\frac{b_2}{\mu} \qquad \text{erzwingt:} \qquad b_1 = b_2$$

$$2b_2\left(1+\frac{1}{\mu}\right) = b_2 + b_4 + 2\frac{b_2}{\mu} \qquad \text{erzwingt:} \qquad b_4 = b_2$$

Für CAUGHEY-Dämpfung müssen somit alle vier Dämpfer gleich sein:

$b_1 = b_2 = b_3 = b_4 = b$

CAUGHEY-Dämpfungsmatrix bei Parallelschaltung von Dämpfern und Federn:

$$\boldsymbol{B} = \begin{bmatrix} 2b & -b & 0 \\ -b & 2b & -b \\ 0 & -b & 2b \end{bmatrix}$$

e) Allgemeine Form der Dämpfungsmatrix für CAUGHEY-Dämpfung:

CAUGHEY-Reihe:

$$\boldsymbol{B} = \boldsymbol{M}\sum_{n=0}^{2}\alpha_n\,(\boldsymbol{M}^{-1}\boldsymbol{K})^n = \alpha_0\,\boldsymbol{M} + \alpha_1\,\boldsymbol{K} + \alpha_2\,\boldsymbol{K}\boldsymbol{M}^{-1}\boldsymbol{K}$$

Nebenrechnungen:

			$\boldsymbol{K}/k$		
			2	-1	0
			-1	2	-1
	$\boldsymbol{K}\boldsymbol{M}^{-1}/\omega_0^2$		0	-1	2
2	$-\frac{1}{\mu}$	0	$4+\frac{1}{\mu}$	$-2\left(1+\frac{1}{\mu}\right)$	$\frac{1}{\mu}$
-1	$\frac{2}{\mu}$	-1	$-2\left(1+\frac{1}{\mu}\right)$	$2\left(1+\frac{2}{\mu}\right)$	$-2\left(1+\frac{1}{\mu}\right)$
0	$-\frac{1}{\mu}$	2	$\frac{1}{\mu}$	$-2\left(1+\frac{1}{\mu}\right)$	$4+\frac{1}{\mu}$
				$\boldsymbol{K}\boldsymbol{M}^{-1}\boldsymbol{K}/(k\,\omega_0^2)$	

Dämpfungsmatrix mit den noch freien Parametern α_0 bis α_2:

$$\boldsymbol{B} = \alpha_0\, m \begin{bmatrix} 1 & 0 & 0 \\ 0 & \mu & 0 \\ 0 & 0 & 1 \end{bmatrix} + \alpha_1 \begin{bmatrix} 2 & -1 & 0 \\ -1 & 2 & -1 \\ 0 & -1 & 2 \end{bmatrix} +$$

$$+ \alpha_2 \begin{bmatrix} 4+\frac{1}{\mu} & -2\left(1+\frac{1}{\mu}\right) & \frac{1}{\mu} \\ -2\left(1+\frac{1}{\mu}\right) & 2\left(1+\frac{2}{\mu}\right) & -2\left(1+\frac{1}{\mu}\right) \\ \frac{1}{\mu} & -2\left(1+\frac{1}{\mu}\right) & 4+\frac{1}{\mu} \end{bmatrix}$$

f) Modale Parameter des modale Freiheitsgrads zu ω_2:

Modale Masse, Dämpfung und Steifigkeit für $\widehat{\boldsymbol{q}}_2$:

$$\widetilde{m}_2 = \widehat{\boldsymbol{q}}_2^T \boldsymbol{M}\, \widehat{\boldsymbol{q}}_2 = 2m; \qquad \widetilde{b}_2 = \widehat{\boldsymbol{q}}_2^T \boldsymbol{B}\, \widehat{\boldsymbol{q}}_2 = 4b; \qquad \widetilde{k}_2 = \widehat{\boldsymbol{q}}_2^T \boldsymbol{K}\, \widehat{\boldsymbol{q}}_2 = 4k$$

Nebenrechnung:

					$\boldsymbol{M}$			$\boldsymbol{B}$			$\boldsymbol{K}$		$\widehat{\boldsymbol{q}}_2$	$\widehat{\boldsymbol{q}}_2$	$\widehat{\boldsymbol{q}}_2$
				m	0	0	$2b$	$-b$	0	$2k$	$-k$	0	1	1	1
				0	μm	0	$-b$	$2b$	$-b$	$-k$	$2k$	$-k$	0	0	0
				0	0	m	0	$-b$	$2b$	0	$-k$	$2k$	-1	-1	-1
$\widehat{\boldsymbol{q}}_2^T$	1	0	-1	m	0	$-m$	$2b$	0	$-2b$	$2k$	0	$-2k$	$2m$	$4b$	$4k$
					$\widehat{\boldsymbol{q}}_2^T\boldsymbol{M}$			$\widehat{\boldsymbol{q}}_2^T\boldsymbol{B}$			$\widehat{\boldsymbol{q}}_2^T\boldsymbol{K}$		$\widetilde{m}_2$	$\widetilde{b}_2$	$\widetilde{k}_2$

Modale Abklingkonstante und modaler Dämpfungsgrad:

$$\delta_2 = \frac{\widetilde{b}_2}{2\,\widetilde{m}_2} = \frac{b}{m}; \qquad D_2 = \frac{\widetilde{b}_2}{2\,\widetilde{m}_2\,\omega_2} = \frac{b}{\sqrt{2\,k\,m}}$$

Modale Quasi-Eigenkreisfrequenz:

$$\omega_{d2} = \omega_2\sqrt{1-D^2} = \sqrt{\frac{2\,k}{m}}\sqrt{1-\frac{b^2}{2\,k\,m}} = \sqrt{2}\,\omega_0\sqrt{1-\frac{b^2}{2\,k\,m}}$$

Aufgabe 7.12:

Das Modell einer Radaufhängung besteht aus einem einseitig gelenkig gelagerten masselosen Balken (Länge l), der am anderen Ende die Radnabe (Masse m_1) trägt und mittig unter 60° durch ein Federbein (Steifigkeit k_3, Dämpfung b_3) abgestützt wird. An der Radnabe ist die Felge (Masse m_2) mit zwei Federn (Steifigkeiten k_1) elastisch aufgehängt. Der Reifen wird schließlich durch eine Feder (Steifigkeit k_2) abgebildet.

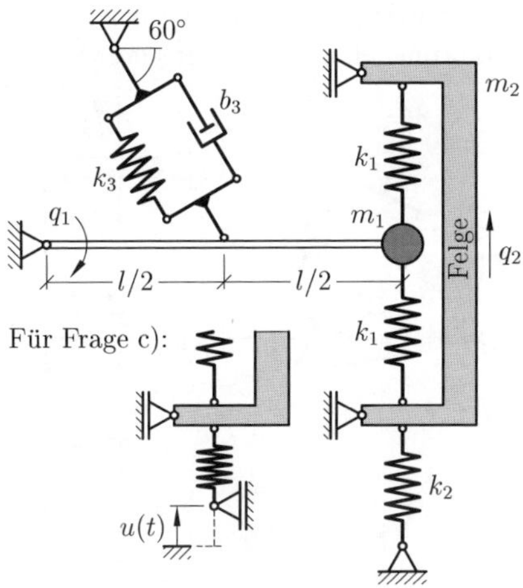

Bild A7.12: Radaufhängung mit Rad

a) Der Reifenaufstandspunkt ist zunächst festgehalten. Ermitteln Sie dafür die Steifigkeitsmatrix $\boldsymbol{K}$ des Systems mit den beiden Freiheitsgraden q_1 und q_2.

b) Geben Sie die Nachgiebigkeitsmatrix $\boldsymbol{H}$ dazu an.

c) Das System wird nun durch die Fußpunktbewegung $u(t)$ erregt. Geben Sie die Massenmatrix $\boldsymbol{M}$, die Dämpfungsmatrix $\boldsymbol{B}$ sowie die matrizielle Bewegungsgleichung mit den entsprechenden Gliedern aus der Fußpunkterregung $u(t)$ an. Wie groß ist dabei die Bodenkraft f_{k2}^0?

d) Berechnen Sie die Eigenfrequenzen ω_n und Eigenformen $\widehat{\boldsymbol{q}}_n$ des ungedämpften Systems.

e) Überprüfen Sie, ob die Dämpfungsmatrix die CAUGHEY-Bedingung erfüllt.

Gegeben: $m_1 = m_2 = m,\ b_3,\ k_1 = \frac{1}{6}k_2 = \frac{1}{16}k_3 = k$

Lösung der Aufgabe 7.12:

a) Ermittlung der Steifigkeitsmatrix:

Ermittlung der ersten Spalte aus der Einheitsverschiebung $q_1 = 1$:

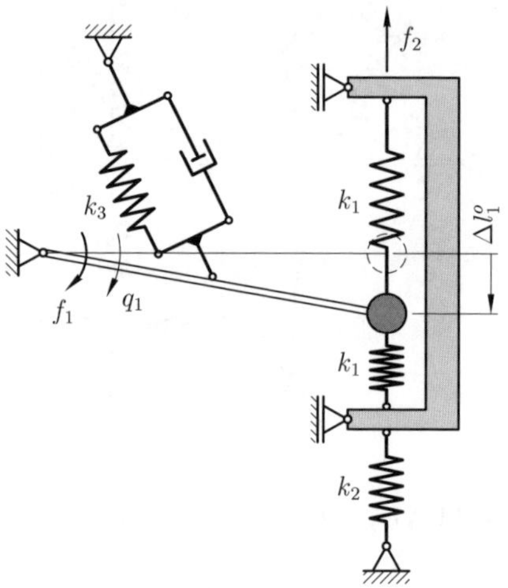

Kraft-Verformungs-Beziehungen:

$$f^{k1} = k_1\,\Delta l_1^o - k_1\,\Delta l_1^u, \qquad f^{k3} = k_3\,\Delta l_3$$

Kinematik des Achsschenkels:

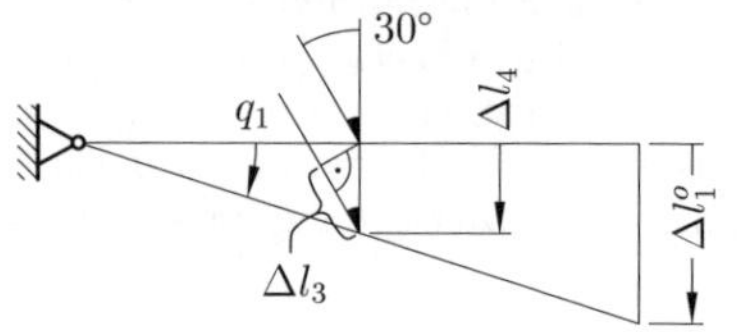

$$\Delta l_1^o = l\,q_1, \qquad \Delta l_1^u = -l\,q_1$$

$$\Delta l_4 = \frac{l}{2}\,q_1, \qquad \Delta l_2 = 0$$

$$\Delta l_3 = \Delta l_4 \cos 30° = \frac{l}{2}\cos 30°\,q_1$$

Die Haltekräfte für die Einheitsverschiebung sind die Koeffizienten der Steifigkeitsmatrix.

Momenten- und Kräftegleichgewicht:

$$f_1 - \frac{l}{2} f^{k3}\cos 30° - l\,f^{k1} = 0 \qquad \Longrightarrow \qquad f_1 = \frac{l}{2} f^{k3}\cos 30° + l\,f^{k1}$$

$$f_2 - f^{k1} = 0 \qquad \Longrightarrow \qquad f_2 = f^{k1}$$

Steifigkeiten aus der Einheitsverschiebung $q_1 = 1$:

$$k_{11} = f_1/q_1 = \frac{l}{2}\,k_3\,\frac{l}{2}\cos^2 30° + l\,k_1\,2l = 5\,k\,l^2, \qquad k_{21} = f_2/q_1 = 2\,k_1\,l = 2\,k\,l$$

Ermittlung der zweiten Spalte aus der Einheitsverschiebung $q_2 = 1$:

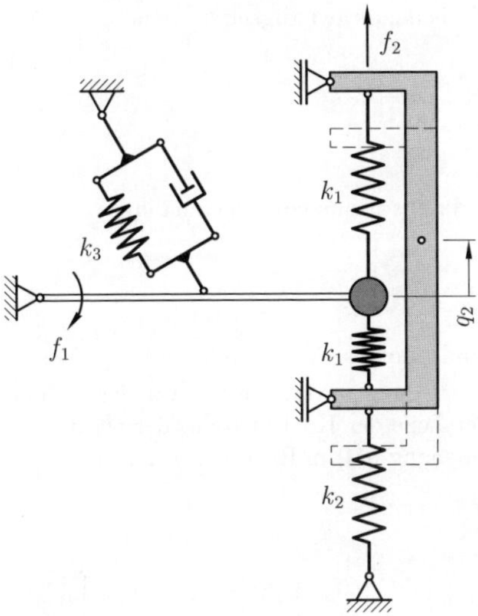

Kraft-Verformungs-Beziehungen:

$f^{k1} = k_1 \Delta l_1^o - k_1 \Delta l_1^u,$

$f^{k2} = k_2 \Delta l_2, \qquad f^{k3} = k_3 \Delta l_3$

Federverlängerungen:

$\Delta l_1^o = q_2, \qquad \Delta l_1^u = -q_2$

$\Delta l_2 = q_2$

$\Delta l_3 = 0$

Die Haltekräfte für die Einheitsverschiebung sind die Koeffizienten der Steifigkeitsmatrix.

Momenten- und Kräftegleichgewicht:

$$f_1 - \frac{l}{2} f^{k3} \cos 30° - l\, f^{k1} = 0 \qquad \Longrightarrow \qquad f_1 = \frac{l}{2} f^{k3} \cos 30° + l\, f^{k1}$$

$$f_2 - f^{k1} - f^{k2} = 0 \qquad \Longrightarrow \qquad f_2 = f^{k1} + f^{k2}$$

Steifigkeiten aus der Einheitsverschiebung $q_2 = 1$:

$k_{21} = f_1/q_2 = l\,2\,k_1 = 2\,k\,l, \qquad k_{22} = f_2/q_2 = 2\,k_1 + k_2 = 8\,k$

Steifigkeitsmatrix:

$$\boldsymbol{K} = \begin{bmatrix} 5\,l^2 & 2\,l \\ 2\,l & 8 \end{bmatrix} k$$

b) Nachgiebigkeitsmatrix durch Inversion der Steifigkeitsmatrix:

$$\boldsymbol{H} = \boldsymbol{K}^{-1} = \frac{1}{\det(\boldsymbol{K})} \begin{bmatrix} k_{22} & -k_{12} \\ -k_{21} & k_{11} \end{bmatrix} = \frac{1/k}{5\,l^2\,8 - (2\,l)^2} \begin{bmatrix} 8 & -2\,l \\ -2\,l & 5\,l^2 \end{bmatrix} = \frac{1/k}{36\,l^2} \begin{bmatrix} 8 & -2\,l \\ -2\,l & 5\,l^2 \end{bmatrix}$$

c) Ermittlung der Bewegungsgleichung des fußpunkterregten gedämpften Systems:

Berechnung der Dämpfungsmatrix aus Einheitsgeschwindigkeiten (analog zu den Einheitsverschiebungen):

$$\dot{\boldsymbol{q}} = \begin{bmatrix}1 & 0\end{bmatrix}^T \quad \Longrightarrow \quad b_{11} = b_3\left(\frac{l}{2}\right)^2 \cos^2 30^\circ = \frac{3}{16}\, b_3\, l^2$$

$$\dot{\boldsymbol{q}} = \begin{bmatrix}0 & 1\end{bmatrix}^T \quad \Longrightarrow \quad b_{12} = b_{22} = 0$$

Dämpfungsmatrix:

$$\boldsymbol{B} = \begin{bmatrix} \frac{3}{16}\, b_3\, l^2 & 0 \\ 0 & 0 \end{bmatrix}$$

Massenmatrix aus Einheitsbeschleunigungen:

$$\boldsymbol{M} = \begin{bmatrix} m_1\, l^2 & 0 \\ 0 & m_2 \end{bmatrix}$$

Berücksichtigung der Bewegung des Aufstandspunktes:

Die Steifigkeitsmatrix bleibt bei Fußpunkterregung unverändert. Auf der rechten Seite der Bewegungsgleichung kommt in der Zeile der Koordinate q_2 der zusätzliche Federkraftanteil infolge der Fußpunktverschiebung $u(t)$ in Richtung q_2 hinzu:

$$f_2 = k_2\, u(t) = 6\, k\, u(t)$$

Bewegungsgleichung bei Fußpunkterregung:

$$m \begin{bmatrix} l^2 & 0 \\ 0 & 1 \end{bmatrix} \begin{bmatrix} \ddot{q}_1 \\ \ddot{q}_2 \end{bmatrix} + \frac{3}{16}\, b_3 \begin{bmatrix} l^2 & 0 \\ 0 & 0 \end{bmatrix} \begin{bmatrix} \dot{q}_1 \\ \dot{q}_2 \end{bmatrix} + k \begin{bmatrix} 5l^2 & 2l \\ 2l & 8 \end{bmatrix} \begin{bmatrix} q_1 \\ q_2 \end{bmatrix} = \begin{bmatrix} 0 \\ 6\, k\, u(t) \end{bmatrix}$$

Bodenkraft:

$$f_{k2}^0 = k_2\,(q_2 - u) = 6\, k\,(q_2 - u)$$

d) Berechnung der Eigenfrequenzen und Eigenvektoren des ungedämpften Systems:

Exponentialansatz:

$$\boldsymbol{q} = \widehat{\boldsymbol{q}}\, e^{\lambda t}$$

Abkürzung:

$$\kappa = \frac{\lambda^2 m}{k}$$

Eigenwertproblem:

$$\begin{bmatrix} 5l^2 k + ml^2\lambda^2 & 2lk \\ 2lk & 8k + m\lambda^2 \end{bmatrix} \begin{bmatrix} \widehat{q}_1 \\ \widehat{q}_2 \end{bmatrix} = \begin{bmatrix} 0 \\ 0 \end{bmatrix}$$

Charakteristisches Polynom:

$$P(\lambda) = \det \begin{bmatrix} 5l^2 + \kappa l^2 & 2l \\ 2l & 8+\kappa \end{bmatrix} = \Big[(5+\kappa)(8+\kappa) - 4\Big] l^2 = l^2 \Big[\kappa^2 + 13\kappa + 36\Big] = 0$$

Wurzeln des charakteristischen Polynoms:

$$\kappa_{1/2} = -\frac{13}{2} \pm \sqrt{\frac{169-144}{4}} = -\frac{13}{2} \pm \frac{5}{2} < 0$$

Eigenwerte und Eigenfrequenzen:

$$\kappa_1 = -4 \quad \Longrightarrow \quad \lambda_1 = 2i\sqrt{\frac{k}{m}} \quad \Longrightarrow \quad \omega_1 = 2\sqrt{\frac{k}{m}}$$

$$\kappa_2 = -9 \quad \Longrightarrow \quad \lambda_2 = 3i\sqrt{\frac{k}{m}} \quad \Longrightarrow \quad \omega_2 = 3\sqrt{\frac{k}{m}}$$

Berechnung der Eigenform zu ω_1:

$$\begin{bmatrix} (5-4)l^2 & 2l \\ 2l & 8-4 \end{bmatrix} \begin{bmatrix} \widehat{q}_1 \\ \widehat{q}_2 \end{bmatrix} = \begin{bmatrix} 0 \\ 0 \end{bmatrix}$$

Erste Eigenform:

$$\frac{\widehat{q}_{1,1}}{\widehat{q}_{1,2}} = -\frac{2l}{l^2} = -\frac{2}{l} \quad \Longrightarrow \quad \widehat{\boldsymbol{q}}_1 = \begin{bmatrix} 2 \\ -l \end{bmatrix}$$

Berechnung der Eigenform zu ω_2:

$$\begin{bmatrix} (5-9)l^2 & 2l \\ 2l & 8-9 \end{bmatrix} \begin{bmatrix} \widehat{q}_1 \\ \widehat{q}_2 \end{bmatrix} = \begin{bmatrix} 0 \\ 0 \end{bmatrix}$$

Zweite Eigenform:

$$\frac{\widehat{q}_{2,1}}{\widehat{q}_{2,2}} = \frac{2}{4l} = \frac{1}{2l} \quad \Longrightarrow \quad \widehat{\boldsymbol{q}}_2 = \begin{bmatrix} 1 \\ 2l \end{bmatrix}$$

e) Überprüfung der CAUGHEY-Bedingung:

CAUGHEY-Dämpfung muß die Entkopplungsbedingung $\boldsymbol{K M^{-1} B} = \boldsymbol{B M^{-1} K}$ erfüllen.

			$\boldsymbol{M}^{-1}$		$\boldsymbol{B}$	
			$\frac{1}{ml^2}$	0	$\frac{3}{16} b_3 l^2$	0
			0	$\frac{1}{m}$	0	0
$\boldsymbol{K}$	$5kl^2$	$2kl$	$5\frac{k}{m}$	$2\frac{kl}{m}$	$\frac{15}{16}\frac{k}{m} b_3 l^2$	0
	$2kl$	$8k$	$2\frac{k}{ml}$	$8\frac{k}{m}$	$\frac{3}{8}\frac{k}{m} b_3 l^2$	0

$\boldsymbol{K M^{-1} B} = \boldsymbol{A}$

$a_{12} \neq a_{21} \quad \Longrightarrow \quad$ Es liegt keine CAUGHEY-Dämpfung vor.

Aufgabe 7.13:

Drei Pendel mit gleichen Längen aber verschiedenen Massen sind durch Dämpfer untereinander, jedoch nicht mit der Umgebung verbunden.

a) Ermitteln Sie die Bewegungsgleichungen und geben Sie die Massenmatrix $\boldsymbol{M}$, die Dämpfungsmatrix $\boldsymbol{B}$ und die Steifigkeitsmatrix $\boldsymbol{K}$ an.

b) Geben Sie die Eigenfrequenzen und Eigenvektoren des Systems bei verschwindender Dämpfung $b=0$ an.

c) Zeigen Sie, daß die Dämpfungsmatrix $\boldsymbol{B}$ positiv semidefinit ist.

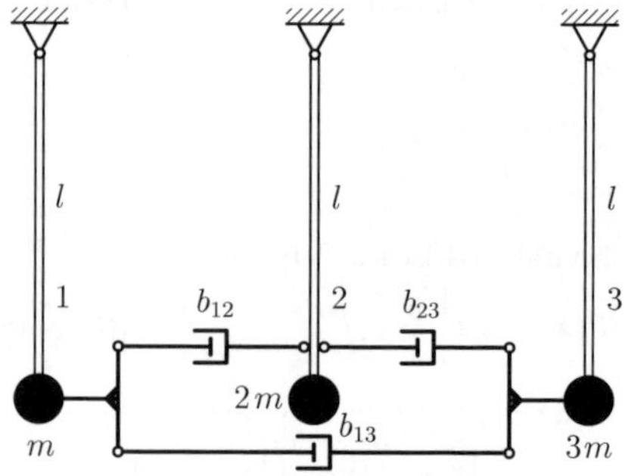

Bild A7.13: Pendel mit Dämpferkopplung

d) Erfüllt die Dämpfungsmatrix $\boldsymbol{B}$ die Vertauschbarkeitsbedingung, ist sie also mit einem Satz reeller Eigenvektoren des konservativen Systems diagonalisierbar?

e) Zeigen Sie, daß die Eigenvektoren $\hat{\boldsymbol{q}}_1=[1,\ 0,\ 0]^T$, $\hat{\boldsymbol{q}}_2=[0,\ 1,\ 0]^T$ und $\hat{\boldsymbol{q}}_3=[0,\ 0,\ 1]^T$ die Dämpfungsmatrix $\boldsymbol{B}$ nicht diagonalisieren.

f) Ermitteln Sie die zu den Eigenvektoren $\hat{\boldsymbol{q}}_1^*=[1,\ 1,\ 1]^T$, $\hat{\boldsymbol{q}}_2^*=[3,\ 0,\ -1]^T$ und $\hat{\boldsymbol{q}}_3^*=[1,\ -2,\ 1]^T$ gehörigen modalen Bewegungsgleichungen.

Gegeben: $l,\ m,\ g,\ b_{12}=2b,\ b_{13}=3b,\ b_{23}=6b$

Lösung der Aufgabe 7.13:

a) Ermittlung der Bewegungsdifferentialgleichung:

Bewegungsgleichung:

$$\boldsymbol{M}\,\ddot{\boldsymbol{q}} + \boldsymbol{B}\,\dot{\boldsymbol{q}} + \boldsymbol{K}\,\boldsymbol{q} = \boldsymbol{0} \qquad \text{mit} \qquad \boldsymbol{q} = [\varphi_1,\ \varphi_2,\ \varphi_3]^T$$

Systemmatrizen aus Einheitsverschiebungen etc.:

$$\boldsymbol{M} = m\begin{bmatrix} 1 & 0 & 0 \\ 0 & 2 & 0 \\ 0 & 0 & 3 \end{bmatrix} \qquad \boldsymbol{B} = b\begin{bmatrix} 5 & -2 & -3 \\ -2 & 8 & -6 \\ -3 & -6 & 9 \end{bmatrix} \qquad \boldsymbol{K} = \frac{mg}{l}\begin{bmatrix} 1 & 0 & 0 \\ 0 & 2 & 0 \\ 0 & 0 & 3 \end{bmatrix}$$

b) Ermittlung der Eigenfrequenzen und Eigenvektoren bei verschwindender Dämpfung:

Bei verschwindender Dämpfung sind die drei Pendel entkoppelt und schwingen unabhängig voneinander:

$$m\begin{bmatrix} 1 & 0 & 0 \\ 0 & 2 & 0 \\ 0 & 0 & 3 \end{bmatrix}\begin{bmatrix} \ddot{\varphi}_1 \\ \ddot{\varphi}_2 \\ \ddot{\varphi}_3 \end{bmatrix} + \frac{mg}{l}\begin{bmatrix} 1 & 0 & 0 \\ 0 & 2 & 0 \\ 0 & 0 & 3 \end{bmatrix}\begin{bmatrix} \varphi_1 \\ \varphi_2 \\ \varphi_3 \end{bmatrix} = \begin{bmatrix} 0 \\ 0 \\ 0 \end{bmatrix}$$

Eigenfrequenzen und Eigenvektoren:

$$\omega_1^2 = g/l; \qquad \hat{\boldsymbol{q}}_1 = [1,\ 0,\ 0]^T$$
$$\omega_2^2 = g/l; \qquad \hat{\boldsymbol{q}}_2 = [0,\ 1,\ 0]^T$$
$$\omega_3^2 = g/l; \qquad \hat{\boldsymbol{q}}_3 = [0,\ 0,\ 1]^T$$

Da die drei Eigenfrequenzen ω_1, ω_2 und ω_3 gleich sind, sind auch Linearkombinationen aus den Eigenvektoren $\hat{\boldsymbol{q}}_1$, $\hat{\boldsymbol{q}}_2$ und $\hat{\boldsymbol{q}}_3$ wieder Eigenvektoren.

c) Analyse der Definitheit von $\boldsymbol{B}$:

$\boldsymbol{B}$ ist positiv definit oder positiv semidefinit, wenn mit beliebigen Vektoren $\boldsymbol{v}$ die quadratische Form $\boldsymbol{v}^T\boldsymbol{B}\,\boldsymbol{v}$ nie negativ wird.

Nebenrechnung:

				$\boldsymbol{B}/b$			$\widehat{\boldsymbol{v}}$
				5	−2	−3	v_1
				−2	8	−6	v_2
				−3	−6	9	v_3
$\widehat{\boldsymbol{v}}^T$	v_1	v_2	v_3	$\boldsymbol{v}^T\boldsymbol{B}/b$			$\boldsymbol{v}^T\boldsymbol{B}\,\boldsymbol{v}/b$

$$\boldsymbol{v}^T\boldsymbol{B}/b = \Big[(5v_1-2v_2-3v_3),\ \ (-2v_1+8v_2-6v_3),\ \ (-3v_1-6v_2+9v_3)\Big]$$

$$\begin{aligned}\boldsymbol{v}^T\boldsymbol{B}\,\boldsymbol{v}/b &= v_1(5v_1-2v_2-3v_3) + v_2(-2v_1+8v_2-6v_3) + v_3(-3v_1-6v_2+9v_3) = \\ &= 2(v_1^2-2v_1v_2+v_2^2) + 3(v_1^2-2v_1v_3+v_3^2) + 6(v_2^2-2v_2v_3+v_2^2) = \\ &= 2(v_1-v_2)^2 + 3(v_1-v_3)^2 + 6(v_2-v_3)^2 \geq 0\end{aligned}$$

$\boldsymbol{B}$ ist positiv semidefinit, da die quadratische Form $\boldsymbol{v}^T\boldsymbol{B}\,\boldsymbol{v}$ nie negativ und nur für $v_1 = v_2 = v_3 = 0$ null wird.

d) Analyse der Dämpfungsmatrix:

Die Dämpfungsmatrix ist diagonalisierbar, wenn die Matrix $\boldsymbol{K}\boldsymbol{M}^{-1}\boldsymbol{B}$ symmetrisch ist.

Die Matrix $\boldsymbol{K}\boldsymbol{M}^{-1}\boldsymbol{B}$ ist symmetrisch. Daher gibt es Eigenvektoren des konservativen Systems, welche die Dämpfungsmatrix diagonalisieren. Dies sind wegen der Gleichheit der drei Eigenfrequenzen und der Willkürlichkeit der drei Eigenformen jedoch nicht unbedingt die unter b) angegeben Eigenvektoren.

Nebenrechnung:

				$m\boldsymbol{M}^{-1}$			$\boldsymbol{B}/b$		
				1	0	0	5	−2	−3
				0	$\frac{1}{2}$	0	−2	8	−6
				0	0	$\frac{1}{3}$	−3	−6	9
	1	0	0	1	0	0	5	−2	−3
$\frac{l}{mg}\boldsymbol{K}$	0	2	0	0	1	0	−2	8	−6
	0	0	3	0	0	1	−3	−6	9

e) Untersuchung der Entkoppelbarkeit mit den Eigenvektoren $\widehat{\boldsymbol{q}}_1$, $\widehat{\boldsymbol{q}}_2$ und $\widehat{\boldsymbol{q}}_3$:
Transformation in den modalen Raum der Eigenvektoren $\widehat{\boldsymbol{q}}_1$, $\widehat{\boldsymbol{q}}_2$ und $\widehat{\boldsymbol{q}}_3$:

$$\boldsymbol{Q} = \begin{bmatrix} 1 & 0 & 0 \\ 0 & 1 & 0 \\ 0 & 0 & 1 \end{bmatrix} = \boldsymbol{E} \qquad \Longrightarrow \qquad \widetilde{\boldsymbol{B}} = \boldsymbol{Q}^T\boldsymbol{B}\,\boldsymbol{Q} = \boldsymbol{B}$$

Da $\widetilde{\boldsymbol{B}}$ nicht diagonal ist, sind die modalen Freiheitsgrade zu den Eigenvektoren $\widehat{\boldsymbol{q}}_1$, $\widehat{\boldsymbol{q}}_2$ und $\widehat{\boldsymbol{q}}_3$ gekoppelt.

f) Modale Entkopplung und modale Bewegungsgleichungen:

Da die drei Eigenfrequenzen gleich sind, sind Linearkombinationen der Eigenvektoren $\widehat{\boldsymbol{q}}_1$, $\widehat{\boldsymbol{q}}_2$ und $\widehat{\boldsymbol{q}}_3$ wieder Eigenvektoren. Ein Satz anderer Eigenvektoren ist

$\widehat{\boldsymbol{q}}_1^* = [\,1,\quad 1,\quad 1\,]^T,$

$\widehat{\boldsymbol{q}}_2^* = [\,3,\quad 0,\quad -1\,]^T$ (mehrdeutig),

$\widehat{\boldsymbol{q}}_3^* = [\,1,\quad -2,\quad 1\,]^T$ (orthogonal zu $\widehat{\boldsymbol{q}}_2^*$).

Modale Transformation mit den Eigenvektoren $\widehat{\boldsymbol{q}}_1^*$, $\widehat{\boldsymbol{q}}_2^*$ und $\widehat{\boldsymbol{q}}_3^*$:

$$\boldsymbol{Q}^{*T}\boldsymbol{M}\,\boldsymbol{Q}^*\,\ddot{\boldsymbol{p}} + \boldsymbol{Q}^{*T}\boldsymbol{B}\,\boldsymbol{Q}^*\,\dot{\boldsymbol{p}} + \boldsymbol{Q}^{*T}\boldsymbol{K}\,\boldsymbol{Q}^*\,\boldsymbol{p} = \boldsymbol{0}$$

$$\widetilde{\boldsymbol{M}}^*\ddot{\boldsymbol{p}} + \widetilde{\boldsymbol{B}}^*\dot{\boldsymbol{p}} + \widetilde{\boldsymbol{K}}^*\boldsymbol{p} = \boldsymbol{0}$$

$\widetilde{\boldsymbol{B}}^*$ ist diagonal, daher entkoppeln die Eigenvektoren $\widehat{\boldsymbol{q}}_1^*$, $\widehat{\boldsymbol{q}}_2^*$ und $\widehat{\boldsymbol{q}}_3^*$ die zugehörigen modalen Koordianten.

Entkoppelte Bewegungsgleichungen mit den Parametern aus den Nebenrechnungen:

$$6m\,\ddot{p}_1 \qquad\qquad + 6\,\frac{mg}{l}\,p_1 = 0$$

$$12m\,\ddot{p}_2 + 72b\,\dot{p}_2 + 12\,\frac{mg}{l}\,p_2 = 0$$

$$12m\,\ddot{p}_3 + 72b\,\dot{p}_3 + 12\,\frac{mg}{l}\,p_3 = 0$$

Nebenrechnungen:

				$\boldsymbol{M}$			$\boldsymbol{Q}^*$			
				m	0	0	1	3	1	
				0	$2m$	0	1	0	-2	
				0	0	$3m$	1	-1	1	
	1	1	1	m	$2m$	$3m$	$6m$	0	0	
$\boldsymbol{Q}^{*T}$	3	0	-1	$3m$	0	$-3m$	0	$12m$	0	$\boldsymbol{Q}^{*T}\boldsymbol{M}\,\boldsymbol{Q}^* = \widetilde{\boldsymbol{M}}^*$
	1	-2	1	m	$-4m$	$3m$	0	0	$12m$	

				$\boldsymbol{B}$			$\boldsymbol{Q}^*$			
				$5b$	$-2b$	$-3b$	1	3	1	
				$-2b$	$8b$	$-6b$	1	0	-2	
				$-3b$	$-6b$	$9b$	1	-1	1	
	1	1	1	0	0	0	0	0	0	
$\boldsymbol{Q}^{*T}$	3	0	-1	$18b$	0	$-18b$	0	$72b$	0	$\boldsymbol{Q}^{*T}\boldsymbol{B}\,\boldsymbol{Q}^* = \widetilde{\boldsymbol{B}}^*$
	1	-2	1	$6b$	$-24b$	$18b$	0	0	$72b$	

				$\boldsymbol{K}$			$\boldsymbol{Q}^*$			
				$\frac{mg}{l}$	0	0	1	3	1	
				0	$2\frac{mg}{l}$	0	1	0	-2	
				0	0	$3\frac{mg}{l}$	1	-1	1	
	1	1	1	$\frac{mg}{l}$	$2\frac{mg}{l}$	$3\frac{mg}{l}$	$6\frac{mg}{l}$	0	0	
$\boldsymbol{Q}^{*T}$	3	0	-1	$3\frac{mg}{l}$	0	$-3\frac{mg}{l}$	0	$12\frac{mg}{l}$	0	$\boldsymbol{Q}^{*T}\boldsymbol{K}\,\boldsymbol{Q}^* = \widetilde{\boldsymbol{K}}^*$
	1	-2	1	$\frac{mg}{l}$	$-4\frac{mg}{l}$	$3\frac{mg}{l}$	0	0	$12\frac{mg}{l}$	

Aufgabe 7.14:

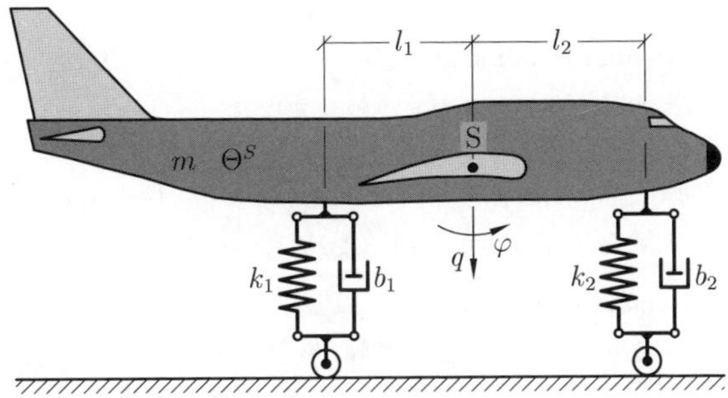

Bild A7.14: Gefedertes Flugzeug

Ein Flugzeug (Masse m, Massenträgheitsmoment Θ^S) rollt auf dem Hauptfahrwerk (Steifigkeit k_1, Dämpfung b_1, Schwerpunktsabstand l_1) und dem Bugrad (Steifigkeit k_2, Dämpfung b_2, Schwerpunktsabstand l_2) über die Runway. Das Flugzeug führt gekoppelte Hubschwingungen $q(t)$ sowie Nick-Nickschwingungen $\varphi(t)$ aus. Zur Ermittlung der entsprechenden Eigenfrequenzen werden das Flugzeug als starr und die Fahrwerke als masselos angesetzt.

a) Ermitteln Sie die gekoppelten Bewegungsgleichungen für q und φ bei kleinen Schwingungen.

b) Geben Sie die Eigenkreisfrequenzen des ungedämpften Systems an.

c) Ermitteln Sie die Dämpfungskonstanten b_1 und b_2 so, daß die Dämpfungsmatrix die CAUGHEY-Bedingung (Entkoppelbarkeit) erfüllt.

d) Ermitteln Sie für den Spezialfall

$$\boldsymbol{M} = \begin{bmatrix} m & 0 \\ 0 & ml^2 \end{bmatrix}, \quad \boldsymbol{B} = \begin{bmatrix} b_1+b_2 & 2b_1l-b_2l \\ 2b_1l-b_2l & 4b_1l^2+b_2l^2 \end{bmatrix} \quad \text{und} \quad \boldsymbol{K} = \begin{bmatrix} 3k & 3kl \\ 3kl & 9kl^2 \end{bmatrix}$$

die Dämpfungskonstanten b_1 und b_2 so, daß die Dämpfungsmatrix die CAUGHEY-Bedingung (Entkoppelbarkeit) erfüllt.

e) Geben Sie für den Spezialfall von d) und CAUGHEY-Dämpfung die Eigenkreisfrequenzen und die modalen Dämpfungen an und berechnen Sie die Eigenvektoren.

Gegeben: m, Θ^S, k_1, k_2, b_1, b_2, l_1, l_2

Lösung der Aufgabe 7.14:

a) Ermittlung der Bewegungsgleichungen:

Freikörperbild im ausgelenkten Zustand:

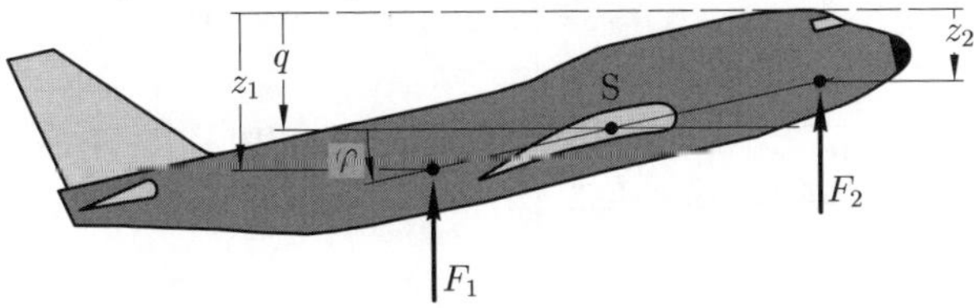

Auftrieb, Gewicht und statische Vorlast der Federn heben sich gegenseitig auf.

Kinematik:

$z_1 = q + l_1 \varphi, \qquad z_2 = q - l_2 \varphi$

Feder- und Dämpfungskräfte:

$F_1 = k_1 z_1 + b_1 \dot{z}_1, \qquad F_2 = k_2 z_2 + b_2 \dot{z}_2$

Kräfte- und Momentensatz:

$m\ddot{q} = -F_1 - F_2$

$\Theta^S \ddot{\varphi} = F_2 l_2 - F_1 l_1$

Einsetzen und Ausrechnen liefert die Bewegungsgleichungen:

$$m\ddot{q} + (b_1+b_2)\,\dot{q} + (b_1 l_1 - b_2 l_2)\,\dot{\varphi} + (k_1+k_2)\,q + (k_1 l_1 - k_2 l_2)\,\varphi = 0$$

$$\Theta^S\ddot{\varphi} + (b_1 l_1 - b_2 l_2)\,\dot{q} + (b_1 l_1^2 + b_2 l_2^2)\,\dot{\varphi} + (k_1 l_1 - k_2 l_2)\,q + (k_1 l_1^2 + k_2 l_2^2)\,\varphi = 0$$

Systemmatrizen zu $\boldsymbol{q} = [\,q,\ \varphi\,]^T$:

$$\boldsymbol{M} = \begin{bmatrix} m & 0 \\ 0 & \Theta^S \end{bmatrix}, \quad \boldsymbol{B} = \begin{bmatrix} b_1+b_2 & b_1 l_1 - b_2 l_2 \\ b_1 l_1 - b_2 l_2 & b_1 l_1^2 + b_2 l_2^2 \end{bmatrix}, \quad \boldsymbol{K} = \begin{bmatrix} k_1+k_2 & k_1 l_1 - k_2 l_2 \\ k_1 l_1 - k_2 l_2 & k_1 l_1^2 + k_2 l_2^2 \end{bmatrix}$$

b) Berechnung der Eigenfrequenzen im allgemeinen Fall:

Eigenwertgleichung:

$(\boldsymbol{K} - \omega^2 \boldsymbol{M})\,\hat{\boldsymbol{q}} = \boldsymbol{0}$

Charakteristisches Polynom:

$$P(\omega) = \begin{vmatrix} (k_1+k_2) - \omega^2 m & k_1 l_1 - k_2 l_2 \\ k_1 l_1 - k_2 l_2 & (k_1 l_1^2 + k_2 l_2^2) - \omega^2 \Theta^S \end{vmatrix} =$$

$$= m\Theta^S \omega^4 - [\Theta^S (k_1+k_2) + m\,(k_1 l_1^2 + k_2 l_2^2)]\,\omega^2 + k_1 k_2 (l_1+l_2) = 0$$

Eigenfrequenzen:

$$\omega_{1/2}^2 = \frac{1}{2m\Theta^S}\Big\{ m\,(k_1 l_1^2 + k_2 l_2^2) + \Theta^S (k_1+k_2) \pm$$

$$\pm\, 2\sqrt{[m\,(k_1 l_1^2 + k_2 l_2^2) + \Theta^S (k_1+k_2)]^2 - m\Theta^S k_1 k_2 (l_1+l_2)}\Big\}$$

c) Berechnung der CAUGHEY-Dämpfung:

CAUGHEY-Bedingung für Entkoppelbarkeit:

$\boldsymbol{K}\boldsymbol{M}^{-1}\boldsymbol{B} = (\boldsymbol{K}\boldsymbol{M}^{-1}\boldsymbol{B})^T$ muß symmetrisch sein.

Ausrechnung der Nebendiagonalelemente:

		$\boldsymbol{M}^{-1}$		$\boldsymbol{B}$		
		$1/m$	0	b_1+b_2	$b_1 l_1 - b_2 l_2$	
$\boldsymbol{K}$		0	$1/\Theta^S$	$b_1 l_1 - b_2 l_2$	$b_1 l_1^2 + b_2 l_2^2$	
k_1+k_2	$k_1 l_1 - k_2 l_2$	$\frac{k_1+k_2}{m}$	$\frac{k_1 l_1 - k_2 l_2}{\Theta^S}$	...	a_{12}	$\boldsymbol{K}\boldsymbol{M}^{-1}\boldsymbol{B}$
$k_1 l_1 - k_2 l_2$	$k_1 l_1^2 + k_2 l_2^2$	$\frac{k_1 l_1 - k_2 l_2}{m}$	$\frac{k_1 l_1^2 + k_2 l_2^2}{\Theta^S}$	a_{21}	...	

Für die Entkoppelbarkeit ist es erforderlich, daß die Elemente a_{21} und a_{12} der Matrix $\boldsymbol{A} = \boldsymbol{K}\boldsymbol{M}^{-1}\boldsymbol{B}$ gleich sind:

$$(k_1 l_1 - k_2 l_2)\,\frac{(b_1+b_2)}{m} + (b_1 l_1 - b_2 l_2)\,\frac{(k_1 l_1^2 + k_2 l_2^2)}{\Theta^S} =$$

$$= (b_1 l_1 - b_2 l_2)\,\frac{(k_1+k_2)}{m} + (k_1 l_1 - k_2 l_2)\,\frac{(b_1 l_1^2 + b_2 l_2^2)}{\Theta^S}$$

Für beliebige Werte von m und Θ^S folgen dann die beiden Bedingungsgleichungen:

$$(k_1 l_1 - k_2 l_2)(b_1+b_2) = (b_1 l_1 - b_2 l_2)(k_1+k_2) \qquad \Longrightarrow \qquad k_1 b_2 = k_2 b_1$$

$$(b_1 l_1 - b_2 l_2)(k_1 l_1^2 + k_2 l_2^2) = (k_1 l_1 - k_2 l_2)(b_1 l_1^2 + b_2 l_2^2) \qquad \Longrightarrow \qquad k_1 b_2 = k_2 b_1$$

Also muß für die Entkoppelbarkeit die Dämpfung proportional zur Steifigkeit sein:

$$\frac{b_1}{b_2} = \frac{k_1}{k_2}$$

d) CAUGHEY-Bedingung für den Spezialfall:

Ausrechnung der Nebendiagonalelemente:

		$\boldsymbol{M}^{-1}$		$\boldsymbol{B}$		
		$1/m$	0	b_1+b_2	$2b_1 l - b_2 l$	
$\boldsymbol{K}$		0	$1/ml^2$	$2b_1 l - b_2 l$	$4b_1 l^2 + b_2 l^2$	
$3k$	$3kl$	$\frac{3k}{m}$	$\frac{3k}{ml}$	...	a_{12}	$\boldsymbol{K}\boldsymbol{M}^{-1}\boldsymbol{B}$
$3kl$	$9kl^2$	$\frac{3kl}{m}$	$\frac{9k}{m}$	a_{21}	...	

Für die Entkoppelbarkeit ist es erforderlich, daß die Elemente

$$a_{12} = \frac{3kl}{m}(2b_1 - b_2) + \frac{3kl}{m}(4b_1 + b_2) \qquad \text{und} \qquad a_{21} = \frac{3kl}{m}(b_1 + b_2) + \frac{9kl}{m}(2b_1 - b_2)$$

der Matrix $\boldsymbol{A} = \boldsymbol{K}\boldsymbol{M}^{-1}\boldsymbol{B}$ gleich sind:

$$a_{12} = a_{21} \qquad \Longrightarrow \qquad \frac{3kl}{m}(2b_1 - b_2) + \frac{3kl}{m}(4b_1 + b_2) = \frac{3kl}{m}(b_1 + b_2) + \frac{9kl}{m}(2b_1 - b_2)$$

Damit liegt Entkoppelbarkeit vor, wenn gilt: $b_1 = 2b_2$

e) Berechnung der Eigenfrequenzen, modalen Dämpfungen und Eigenvektoren für den Spezialfall von c) mit CAUGHEY-Dämpfung:

Die Dämpfung erfüllt die Bequemlichkeitshypothese:

$$\boldsymbol{B} = \alpha_1 \boldsymbol{K} \qquad \text{mit} \qquad \alpha_1 = b/k$$

Die Eigenvektoren des ungedämpften Systems gelten somit auch bei dieser Dämpfung.

Charakteristisches Polynom des ungedämpften Systems:

$$P(\omega) = \begin{vmatrix} 3k - \omega^2 m & 3kl \\ 3kl & 9kl^2 - \omega^2 m l^2 \end{vmatrix} = m^2 l^2 \left(\omega^4 - 12\frac{k}{m}\omega^2 - 18\frac{k^2}{m^2}\right) = 0$$

Eigenfrequenzen:

$$\omega_{1/2}^2 = (6 \mp \sqrt{18})\,\frac{k}{m}$$

Berechnung des Eigenvektors zu ω_1:

$$(3-6+\sqrt{18})\,k\,\widehat{q}_1 + 3kl\,\widehat{\varphi}_1 = 0 \qquad \Longrightarrow \qquad \widehat{\boldsymbol{q}}_1 = \left[3l,\ 3-\sqrt{18}\right]^T$$

Berechnung des Eigenvektors zu ω_2:

$$(3-6-\sqrt{18})\,k\,\widehat{q}_2 + 3kl\,\widehat{\varphi}_2 = 0 \qquad \Longrightarrow \qquad \widehat{\boldsymbol{q}}_2 = \left[3l,\ -3-\sqrt{18}\right]^T$$

Bei der hier vorliegenden RAYLEIGH-Dämpfung gilt für die modalen Dämpfungsmaße:

$$D_n = \frac{1}{2}\left(\frac{\alpha_0}{\omega_n} + \alpha_1\,\omega_n\right) = \frac{b}{2k}\omega_n \qquad \Longrightarrow$$

$$D_1 = \frac{b}{2k}\sqrt{6-\sqrt{18}}\sqrt{\frac{k}{m}} = \frac{b}{\sqrt{km}}\sqrt{\frac{3}{2}-\frac{\sqrt{18}}{4}} \approx 0.66\frac{b}{\sqrt{km}}$$

$$D_2 = \frac{b}{2k}\sqrt{6+\sqrt{18}}\sqrt{\frac{k}{m}} = \frac{b}{\sqrt{km}}\sqrt{\frac{3}{2}+\frac{\sqrt{18}}{4}} \approx 1.60\frac{b}{\sqrt{km}}$$

Aufgabe 7.15:

Ein gedämpftes System mit zwei Freiheitsgraden hat gleiche bekannte Massen, $\boldsymbol{M} = m\boldsymbol{E}$. Im Versuch werden bei einer experimentellen Modalanalyse die Eigenfrequenzen ω_n, die modale Dämpfungen D_n und die Eigenvektoren $\widehat{\boldsymbol{q}}_n$ als reelle Vektoren ermittelt. Aus diesen experimentellen Daten und den bekannten Massen sollen die fehlenden physikalischen Parameter sowie die dynamischen Eigenschaften des Systems ermittelt werden.

a) Berechnen Sie die modalen Massen $\widetilde{m}_n$ und die modalen Steifigkeiten $\widetilde{k}_n$.

b) Berechnen Sie die Inverse $\boldsymbol{Q}^{-1}$ der Modalmatrix $\boldsymbol{Q}$.

c) Ermitteln Sie aus den modalen Daten die Steifigkeitsmatrix $\boldsymbol{K}$. Wie groß sind die Steifigkeiten k_1, k_2 und k_3 des Modells?

d) Ermitteln Sie aus den modalen Daten die Dämpfungsmatrix $\boldsymbol{B}$.

e) Erfüllt die Dämpfungsmatrix $\boldsymbol{B}$ zu beliebigen modalen Dämpfungsmaßen die CAUGHEY-Bedingung und handelt es sich um RAYLEIGH-Dämpfung?

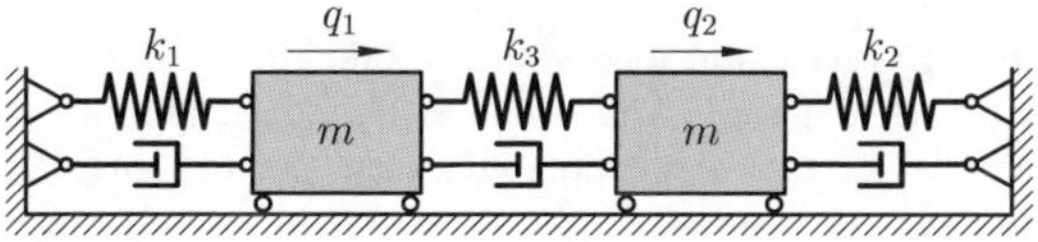

Bild A7.15: System mit zwei Freiheitsgraden

Gegeben: $\omega_1^2 = 2k/m$, $\omega_2^2 = 4k/m$, D_1, D_2, $\widehat{\boldsymbol{q}}_1 = [1,\ 1]^T$, $\widehat{\boldsymbol{q}}_2 = [1,\ -1]^T$

Lösung der Aufgabe 7.15:

a) Berechnung der modalen Massen und modalen Steifigkeiten:

$$\widetilde{\boldsymbol{M}} = \boldsymbol{Q}^T \boldsymbol{M}\, \boldsymbol{Q} = 2m\boldsymbol{E} \quad \Longrightarrow$$

$$\widetilde{m}_1 = 2m; \qquad \widetilde{m}_2 = 2m$$

$$\widetilde{k}_1 = \omega_1^2 \widetilde{m}_1 = 4k; \qquad \widetilde{k}_2 = \omega_2^2 \widetilde{m}_2 = 8\,k$$

Nebenrechnung:

			$\boldsymbol{M}$		$\widehat{\boldsymbol{q}}_1$	$\widehat{\boldsymbol{q}}_2$
			m	0	1	1
			0	m	1	-1
$\widehat{\boldsymbol{q}}_1^T$	1	1	m	m	$2m$	0
$\widehat{\boldsymbol{q}}_2^T$	1	-1	m	$-m$	0	$2m$

b) Inverse der Modalmatrix:

$$\boldsymbol{Q}^{-1} = \frac{1}{2}\begin{bmatrix} 1 & 1 \\ 1 & -1 \end{bmatrix}$$

c) Berechnung der Steifigkeitsmatrix:

Modale Steifigkeiten:

$$\widetilde{\boldsymbol{K}} = \boldsymbol{Q}^T \boldsymbol{K}\, \boldsymbol{Q} \quad \Longrightarrow$$

Steifigkeitsmatrix:

$$\boldsymbol{K} = \boldsymbol{Q}^{-1,T}\, \widetilde{\boldsymbol{K}}\, \boldsymbol{Q}^{-1} = \begin{bmatrix} 3 & -1 \\ -1 & 3 \end{bmatrix} k$$

Nebenrechnung:

			$\widetilde{\boldsymbol{K}}$		$\boldsymbol{Q}^{-1}$	
			$4k$	0	$1/2$	$1/2$
			0	$8k$	$1/2$	$-1/2$
$\boldsymbol{Q}^{-1,T}$	$1/2$	$1/2$	$2k$	$4k$	$3k$	$-k$
	$1/2$	$-1/2$	$2k$	$-4k$	$-k$	$3k$

Identifikation der Einzelsteifigkeiten: $k_3 = k; \qquad k_1 = k_2 = 2k$

d) Berechnung der Dämpfungsmatrix:

Modale Dämpfungen:

$$\widetilde{\boldsymbol{B}} = \boldsymbol{Q}^T \boldsymbol{B} \boldsymbol{Q} \quad \Longrightarrow \quad \boldsymbol{B} = \boldsymbol{Q}^{-1,T} \widetilde{\boldsymbol{B}} \boldsymbol{Q}^{-1}$$

Nebenrechnung:

			$\widetilde{\boldsymbol{B}}$		$\boldsymbol{Q}^{-1}$	
			$2D_1\omega_1\widetilde{m}_1$	0	$1/2$	$1/2$
			0	$2D_1\omega_2\widetilde{m}_2$	$1/2$	$-1/2$
$\boldsymbol{Q}^{-1,T}$	$1/2$	$1/2$	$D_1\omega_1\widetilde{m}_1$	$D_2\omega_2\widetilde{m}_2$	$D_1\omega_1\widetilde{m}_1 + D_2\omega_2\widetilde{m}_2$	$D_1\omega_1\widetilde{m}_1 - D_2\omega_2\widetilde{m}_2$
	$1/2$	$-1/2$	$D_1\omega_1\widetilde{m}_1$	$-D_2\omega_2\widetilde{m}_2$	$D_1\omega_1\widetilde{m}_1 - D_2\omega_2\widetilde{m}_2$	$D_1\omega_1\widetilde{m}_1 + D_2\omega_2\widetilde{m}_2$

Dämpfungsmatrix:

$$\boldsymbol{B} = \begin{bmatrix} D_1\omega_1 + D_2\omega_2 & D_1\omega_1 - D_2\omega_2 \\ D_1\omega_1 - D_2\omega_2 & D_1\omega_1 + D_2\omega_2 \end{bmatrix} m$$

e) Eigenschaften der Dämpfungsmatrix:

Die Eigenvektoren des gedämpften Systems sind reell, damit erfüllt die Dämpfungsmatrix zwangsläufig die CAUGHEY-Bedingung. Außerdem enthält die Dämpfungsmatrix nur zwei freie Parameter D_1 und D_2. Somit handelt es sich für beliebige D_1 und D_2 um RAYLEIGH-Dämpfung.

Aufgabe 7.16:

Die Nadel (Masse m, Querschnitt A) eines Einspritzventils ist elastisch abgefedert (Steifigkeit k). In der Führung tritt Reibung auf, die näherungsweise als lineare viskose Dämpfung (Dämpfungskonstante b) beschrieben werden soll. Die weiteren Parameter sind der Elastizitätsmodul E und die Dichte ϱ des Brennstoffs, das Volumen V_0 der Brennstoffkammer sowie der Proportionalitätsfaktor h zwischen der durchfließenden Brennstoffmenge $\dot{m}_B$ und dem Nadelhub q.

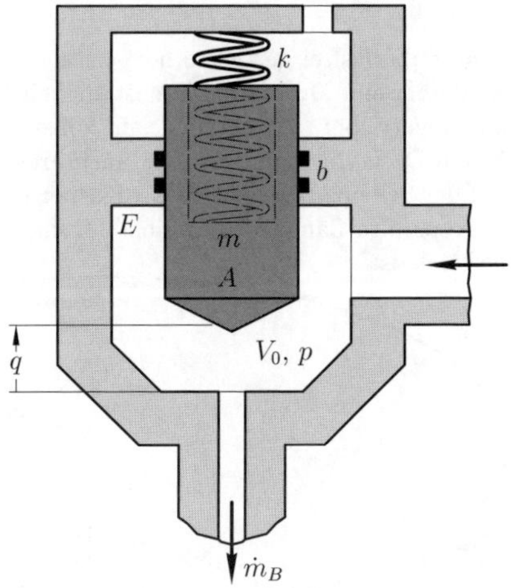

Bild A7.16: Einspritzventil

Die linearisierte Bewegungsgleichung für die Nadelbewegung Δq um die statische Gleichgewichtslage q_{stat} ist dritter Ordnung und hat die Form

$$m\,\Delta\dddot{q} + b\,\Delta\ddot{q} + \Big(k + \frac{EA^2}{V_0}\Big)\,\Delta\dot{q} + \frac{hEA}{\varrho V_0}\,\Delta q = 0.$$

Wie groß muß die Dämpfungskonstante b mindestens sein, damit die statische Gleichgewichtslage q_{stat} der Nadel stabil bleibt? Untersuchen Sie die Stabilität mit dem HURWITZ-Kriterium.

Gegeben: m, k, E, A, ϱ, V_0, h

Lösung der Aufgabe 7.16:

Exponentialansatz:

$$q(t) = \widehat{q}\,e^{\lambda t}$$

Charakteristisches Polynom:

$$P(\lambda) = m\lambda^3 + b\lambda^2 + \Big(k + \frac{EA^2}{V_0}\Big)\lambda + \frac{hEA}{\varrho V_0} = 0$$

Polynomkoeffizienten:

$$a_0 = \frac{hEA}{\varrho V_0} > 0\,; \qquad a_1 = k + \frac{EA^2}{V_0} > 0\,; \qquad a_2 = b > 0\,; \qquad a_3 = m > 0$$

Die notwendige Bedingung, daß alle $a_j > 0$ sind, ist erfüllt.

HURWITZ-Determinanten:

$$H_1 = k + \frac{EA^2}{V_0} > 0, \qquad H_2 = \begin{vmatrix} k + \frac{EA^2}{V_0} & \frac{hEA}{\varrho V_0} \\ m & b \end{vmatrix} = b\Big(k + \frac{EA^2}{V_0}\Big) - m\frac{hEA}{\varrho V_0}$$

Bedingung für Stabilität:

$$H_2 > 0 \qquad \Longrightarrow$$

Bedingung für die Dämpfungskonstante:

$$b > \frac{mhEA}{\varrho\,(kV_0 + EA^2)}$$

Aufgabe 7.17:

Eine reibungsfrei gelagerte horizontale Scheibe (polares Massenträgheitsmoment Θ) wird über eine Drehfeder (Drehsteifigkeit k_φ) und einen Drehdämpfer (Drehdämpfung b_φ) angetrieben. Zusätzlich zur konstanten Antriebsdrehzahl Ω kann die Scheibe kleine Drehschwingungen $\varphi(t)$ ausführen. In einer reibungsfreien radialen Führung auf der Scheibe bewegt sich ein Körper (Masse m), der mit einer Feder (Steifigkeit k, ungespannte Länge l) und einem Dämpfer (Dämpfung b) an die rotierende Scheibe gefesselt ist.

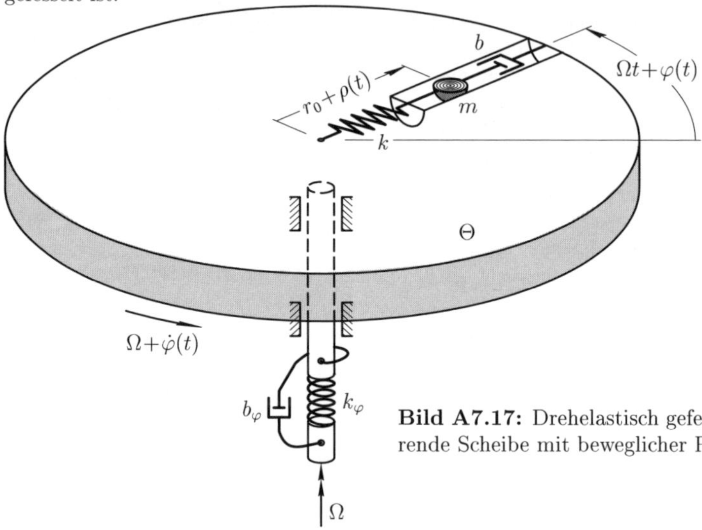

Bild A7.17: Drehelastisch gefesselte rotierende Scheibe mit beweglicher Punktmasse

a) Ermitteln Sie den Gleichgewichtszustand r_0 der Punktmasse für die konstante Drehbewegung Ω.

b) Ermitteln Sie mit den LAGRANGEschen Gleichungen die Bewegungsgleichungen für die Abweichungen $\varphi(t)$ und $\rho(t)$ vom dynamischen Gleichgewichtszustand r_0 und Ωt.

c) Linearisieren Sie diese Bewegungsgleichung für kleine Bewegungen.

d) Ermitteln Sie das charakteristische Polynom $P(\lambda)$ für kleine Bewegungen von Scheibe und Punktmasse.

e) Untersuchen Sie, für welche Parameterkonstellationen am ungedämpften System instabile Bewegungen auftreten.

f) Untersuchen Sie die Stabilität des gedämpften Systems.

Gegeben: Θ, m, k, l, k_φ, b_φ, b, Ω

Lösung der Aufgabe 7.17:

a) Ermittlung der dynamischen Gleichgewichtslage der Punktmasse:

Federkraft: $F_{F,gl} = k\,(r_0 - l)$

Kinematik der Kreisbewegung: $a_{n,gl} = \Omega^2\, r_0$

Kräftesatz: $m\,a_{n,gl} = F_{F,gl}$

Einsetzen und ausrechnen: $m\Omega^2 r_0 = k(r_0 - l) \quad \Longrightarrow \quad r_0 = l\,\dfrac{k/m}{k/m - \Omega^2}$

Für $\Omega = \sqrt{k/m}$ wächst die dynamische Gleichgewichtsauslenkung r_0 über alle Grenzen.

b) Ermittlung der Bewegungsgleichungen mit der LAGRANGEschen Vorschrift:

Geschwindigkeit der Punktmasse:

$$\vec{v} = \dot{r}\,\vec{e}_r + r(\Omega + \dot{\varphi})\vec{e}_\varphi = \dot{\rho}\,\vec{e}_r + (r_0 + \rho)\,(\Omega + \dot{\varphi})\,\vec{e}_\varphi, \qquad |\,\vec{v}\,|^2 = \dot{\rho}^2 + (r_0 + \rho)^2\,(\Omega + \dot{\varphi})^2$$

Federdehnung:

$$\Delta l = r_0 + \rho - l$$

Kinetische und potentielle Energie:

$$T = \frac{1}{2}\Theta\,(\Omega + \dot{\varphi})^2 + \frac{1}{2}m\left\{\dot{\rho}^2 + (r_0 + \rho)^2\,(\Omega + \dot{\varphi})^2\right\}, \qquad U = \frac{1}{2}k\,(r_0 + \rho - l)^2 + \frac{1}{2}k_\varphi\,\varphi^2$$

LAGRANGEsche Funktion:

$$L = T - U$$

System, befreit von nichtkonservativen Elementen:

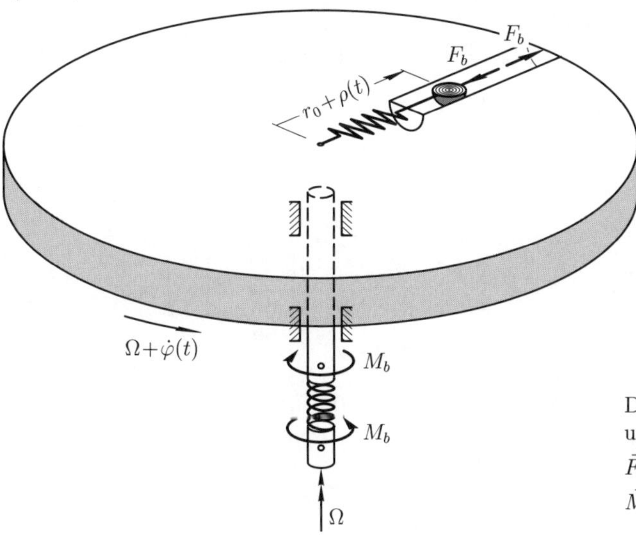

Dämpfungskräfte und -momente:

$\vec{F}_b = -b\,\dot{\rho}\,\vec{e}_r$

$\vec{M}_b = -b_\varphi\,\dot{\varphi}\,\vec{e}_z$

Berechnung der Teilausdrücke:

$$\frac{\partial L}{\partial \dot\varphi} = \Theta(\Omega{+}\dot\varphi) + m(r_0{+}\rho)^2(\Omega{+}\dot\varphi) = \Big[\Theta + m(r_0{+}\rho)^2\Big](\Omega{+}\dot\varphi)$$

$$\frac{d}{dt}\frac{\partial L}{\partial \dot\varphi} = \Big[\Theta + m(r_0{+}\rho)^2\Big]\ddot\varphi + 2m\,(r_0{+}\rho)\,\dot\rho\,(\Omega{+}\dot\varphi)\,; \qquad \frac{\partial L}{\partial \varphi} = -k_\varphi\,\varphi$$

$$\frac{\partial L}{\partial \dot\rho} = m\,\dot\rho\,; \qquad \frac{d}{dt}\frac{\partial L}{\partial \dot\rho} = m\,\ddot\rho\,; \qquad \frac{\partial L}{\partial \rho} = m\,(\Omega{+}\dot\varphi)^2\,(r_0{+}\rho) - k\,(r_0{+}\rho{-}l)$$

Generalisierte nichtkonservative Kräfte:

$$Q_n^* = \vec F_b\cdot\frac{\partial \vec v}{\partial \dot q_n} + \vec M_b\cdot\frac{\partial(\dot\varphi\,\vec e_z)}{\partial \dot q_n}$$

$$Q_\varphi^* = (-b\,\dot\rho\,\vec e_r)\cdot\frac{\partial \vec v}{\partial \dot\varphi} + (-b_\varphi\,\dot\varphi\,\vec e_z)\cdot\frac{\partial(\Omega{+}\dot\varphi)\,\vec e_z}{\partial \dot\varphi} = -b_\varphi\,\dot\varphi$$

$$Q_\rho^* = (-b\,\dot\rho\,\vec e_r)\cdot\frac{\partial \vec v}{\partial \dot\rho} + (-b_\varphi\,\dot\varphi\,\vec e_z)\cdot\frac{\partial(\Omega{+}\dot\varphi)\,\vec e_z}{\partial \dot\rho} = -b\,\dot\rho$$

Nichtlineare Bewegungsgleichungen:

$$\begin{aligned}
&\Big[\Theta + m(r_0{+}\rho)^2\Big]\,\ddot\varphi + b_\varphi\,\dot\varphi + 2m(r_0{+}\rho)(\Omega{+}\dot\varphi)\,\dot\rho + k_\varphi\,\varphi = 0\\
&m\,\ddot\rho \qquad\qquad\qquad + b\,\dot\rho - m\,(r_0{+}\rho)\,(\Omega{+}\dot\varphi)^2 + k\,(r_0{+}\rho{-}l) = 0
\end{aligned}$$

c) Linearisierung der Bewegungsgleichungen:

Annahmen zur Linearisierung:

$|\rho| \ll r_0, \qquad |\dot\varphi| \ll \Omega$

Linerare Bewegungsgleichungen:

$$\begin{array}{lcccccccc}
(\Theta{+}m r_0^2)\,\ddot\varphi & + & b_\varphi\,\dot\varphi & + & 2\Omega r_0 m\,\dot\rho & + & k_\varphi\,\varphi & = & 0\\
m\,\ddot\rho & + & b\,\dot\rho & - & 2\Omega r_0 m\,\dot\varphi & + & (k{-}m\Omega^2)\,\rho & = & 0
\end{array}$$

d) Berechnung des charakteristischen Polynoms:

Ansatz:

$$\begin{bmatrix}\varphi\\ \rho\end{bmatrix} = \begin{bmatrix}\widehat\varphi\\ \widehat\rho\end{bmatrix} e^{\lambda t}$$

Eigenwertgleichung:

$$\begin{bmatrix}(\Theta{+}m r_0^2)\lambda^2 + b_\varphi\lambda + k_\varphi & 2\Omega r_0 m\,\lambda\\ -2\Omega r_0 m\,\lambda & \lambda^2 m + b\lambda + (k{-}m\Omega^2)\end{bmatrix}\begin{bmatrix}\widehat\varphi\\ \widehat\rho\end{bmatrix} = \begin{bmatrix}0\\ 0\end{bmatrix}$$

Charakteristisches Polynom:

$$\begin{aligned}
P(\lambda) &= \begin{vmatrix}(\Theta{+}m r_0^2)\,\lambda^2 + b_\varphi\,\lambda + k_\varphi & 2\Omega r_0 m\,\lambda\\ -2\Omega r_0 m\,\lambda & \lambda^2 m + b\,\lambda + (k{-}m\Omega^2)\end{vmatrix} =\\
&= \Big[(\Theta{+}m r_0^2)\,\lambda^2 + b_\varphi\,\lambda + k_\varphi\Big]\Big[\lambda^2 m + b\,\lambda + (k{-}m\Omega^2)\Big] + 4\Omega^2 r_0^2 m^2\,\lambda^2 =\\
&= (\Theta{+}m r_0^2)\,m\,\lambda^4 + \Big[m\,b_\varphi + b(\Theta{+}m r_0^2)\Big]\,\lambda^3 +\\
&\quad + \Big[(\Theta{+}r_0^2 m)\,(k{-}m\Omega^2) + k_\varphi m + b_\varphi b + 4\Omega^2 r_0^2 m^2\Big]\,\lambda^2 +\\
&\quad + \Big[b\,k_\varphi + b_\varphi\,(k{-}m\Omega^2)\Big]\,\lambda + k_\varphi\,(k{-}m\Omega^2) = 0
\end{aligned}$$

e) Stabilitätsbetrachtung für das ungedämpfte System:

Charakteristisches Polynom für das ungedämpfte System:

$$P(\lambda) = (\Theta + m r_0^2)\, m\, \lambda^4 + \left[(\Theta + r_0^2 m)\,(k - m\,\Omega^2) + k_\varphi m + 4\,\Omega^2 r_0^2 m^2\right] \lambda^2 + \\ + k_\varphi (k - m\,\Omega^2) = 0$$

Für die Stabilität von $\varphi = 0$ und $\rho = 0$ ist es zwingend notwendig, daß alle Koeffizienten positiv sind. Instabilität tritt also auf für

$$\Omega^2 > \frac{k}{m}.$$

Ob der niedrigere Drehzahlbereich $\Omega < \sqrt{k/m}$ insgesamt stabil ist, muß anhand eines anderen Kriteriums entschieden werden.

f) Untersuchung der Stabilität des gedämpften Systems:

Abkürzungen:

$$\omega^2 = k/m, \quad \omega_\varphi^2 = k_\varphi/\Theta, \quad 2D\omega = b/m, \quad 2D_\varphi\omega_\varphi = b_\varphi/\Theta, \quad \kappa(\Omega) = \sqrt{m r_0^2(\Omega)/\Theta}$$

Charakteristisches Polynom des gedämpften Systems:

$$\frac{P(\lambda)}{\Theta m} = \left[1 + \kappa^2(\Omega)\right] \lambda^4 + \left\{2D_\varphi\omega_\varphi + 2D\omega\left[1 + \kappa^2(\Omega)\right]\right\} \lambda^3 + \\ + \left\{\left[1 + \kappa^2(\Omega)\right](\omega^2 - \Omega^2) + \omega_\varphi^2 + 2D_\varphi\omega_\varphi\, 2D\omega + 4\kappa^2(\Omega)\,\Omega^2\right\} \lambda^2 + \\ + \left[2D\omega\,\omega_\varphi^2 + 2D_\varphi\omega_\varphi(\omega^2 - \Omega^2)\right] \lambda + \omega_\varphi^2(\omega^2 - \Omega^2) = 0$$

Ermittlung des Drehzahlbereichs, in dem die Gleichgewichtslage stabil ist, mit dem HURWITZ-Kriterium:

Notwendige Bedingungen:

$$a_0 = \omega_\varphi^2(\omega^2 - \Omega^2) > 0 \qquad \text{erfüllt für } |\Omega| < \omega$$

$$a_1 = 2D\omega\,\omega_\varphi^2 + 2D_\varphi\omega_\varphi(\omega^2 - \Omega^2) > 0 \qquad \text{erfüllt für } |\Omega| < \omega\sqrt{1 + \frac{2D\omega_\varphi}{2D_\varphi\omega}} > \omega$$

$$a_2 = \left[1 + \kappa^2(\Omega)\right](\omega^2 - \Omega^2) + \omega_\varphi^2 + 2D_\varphi\omega_\varphi\, 2D\omega + 4\kappa^2\Omega^2 = \\ = \left\{\left[1 + \kappa^2(\Omega)\right]\omega^2 + \omega_\varphi^2 + 2D_\varphi\omega_\varphi\, 2D\omega\right\} + \left[3\kappa^2(\Omega) - 1\right]\Omega^2 > 0$$

Für $\kappa(\Omega) \geq \sqrt{1/3}$: $\quad a_2 > 0$ für alle Ω

Für $0 < \kappa(\Omega) < \sqrt{1/3}$: $\quad a_2 > 0$ für $|\Omega| < \sqrt{\dfrac{[1 + \kappa^2(\Omega)]\omega^2 + \omega_\varphi^2 + 2D_\varphi\omega_\varphi\, 2D\omega}{1 - 3\kappa^2(\Omega)}} > \omega$

$$a_3 = 2D_\varphi\omega_\varphi + 2D\omega\left[1 + \kappa^2(\Omega)\right] > 0 \qquad \text{erfüllt für alle } \Omega$$

$$a_4 = \left[1 + \kappa^2(\Omega)\right] > 0 \qquad \text{erfüllt für alle } \Omega$$

HURWITZ-Determinanten:

$$\Delta_1 = a_1 = 2D\omega\,\omega_\varphi^2 + 2D_\varphi\omega_\varphi\,(\omega^2-\Omega^2) > 0 \qquad \Delta_1>0 \quad \text{für } |\Omega| < \omega\sqrt{1+\frac{2D\omega_\varphi}{2D_\varphi\omega}} > \omega$$

$$\Delta_2 = \begin{vmatrix} a_1 & a_0 \\ a_3 & a_2 \end{vmatrix} =$$

$$= \Big[2D\omega\,\omega_\varphi^2 + 2D_\varphi\omega_\varphi\,(\omega^2-\Omega^2)\Big]\Big[(1+\kappa^2)\,(\omega^2-\Omega^2) + \omega_\varphi^2 + 2D_\varphi\omega_\varphi\,2D\omega + 4\kappa^2\Omega^2\Big] -$$

$$-\Big[2D_\varphi\omega_\varphi + 2D\omega\,(1+\kappa^2)\Big]\Big[\omega_\varphi^2(\omega^2-\Omega^2)\Big] =$$

$$= \Big(-6D_\varphi\omega_\varphi\kappa^2 + 2D_\varphi\omega_\varphi\Big)\,\Omega^4 +$$

$$+\Big(8\omega_\varphi^2\,D\omega\,\kappa^2 + 4D_\varphi\omega_\varphi\,\omega^2\kappa^2 - 4D_\varphi\omega_\varphi\,\omega^2 - 8D_\varphi^2\omega_\varphi^2\,D\omega\Big)\,\Omega^2 +$$

$$+\Big(2D\omega\,\omega_\varphi^4 + 8D_\varphi\omega_\varphi^3\,D^2\omega^2 + 2D_\varphi\omega_\varphi\,\omega^4\kappa^2 + 2D_\varphi\omega_\varphi\,\omega^4 + 8D_\varphi^2\omega_\varphi^2\,\omega^3\,D\Big)$$

Die schärfste Bedingung für Stabilität der Gleichgewichtslage liefert der Koeffizient $a_0(\Omega)$. Asymptotische Stabilität herrscht demnach nur für Drehzahlen $|\Omega|<\omega$.

Aufgabe 7.18:

Ein völlig ausgewuchteter LAVAL-Rotor (Eigenfrequenz ω_0) mit äußerer und innerer Dämpfung (Dämpfungsmaße D_a und D_i) rotiert mit der konstanten Winkelgeschwindigkeit Ω. Die Bewegung wird durch die beiden Bewegungsgleichungen

$$\ddot z + 2\,(D_a+D_i)\,\omega_0\,\dot z + \omega_0^2\,z + 2\,D_i\,\omega_0\,\Omega\,y = 0$$

$$\ddot y + 2\,(D_a+D_i)\,\omega_0\,\dot y - 2\,D_i\,\omega_0\,\Omega\,z + \omega_0^2\,y = 0$$

beschrieben.

a) Berechnen sie mit einem Exponentialansatz das charakteristische Polynom $P(\lambda)$.

b) Ermitteln Sie die Grenzdrehzahl Ω_{grenz}, bis zu der die Gleichgewichtslage $z=y=0$ stabil ist. Benutzen Sie hierzu das HURWITZ-Kriterium und berechnen Sie die HURWITZ-Determinanten bis einschließlich Δ_3.

Gegeben: ω_0, D_a, D_i

Lösung der Aufgabe 7.18:

a) Berechnung des charakteristischen Polynoms:

$$P(\lambda) = \begin{vmatrix} \lambda^2+2\,(D_a+D_i)\,\omega_0\,\lambda+\omega_0^2 & 2\,D_i\,\omega_0\,\Omega \\ -2\,D_i\,\omega_0\,\Omega & \lambda^2+2\,(D_a+D_i)\,\omega_0\,\lambda+\omega_0^2 \end{vmatrix} =$$

$$= \Big[\lambda^2 + 2\,(D_a+D_i)\,\omega_0\,\lambda + \omega_0^2\Big]^2 + (2\,D_i\,\omega_0\,\Omega)^2 =$$

$$= \lambda^4 + 4\,(D_a+D_i)\,\omega_0\,\lambda^3 + 2\omega_0^2\Big[1 + 2\,(D_a+D_i)^2\Big]\,\lambda^2 +$$

$$+ 4\,(D_a+D_i)\,\omega_0^3\,\lambda + \Big[\omega_0^4 + (2\,D_i\,\omega_0\,\Omega)^2\Big]$$

b) Analyse der Stabilität:

Alle Polynomkoeffizienten a_n sind positiv.

Berechnung der HURWITZ-Determinanten:

$H_1 = a_1 = 4\,(D_a+D_i)\,\omega_0^3 > 0$

$$H_2 = \begin{vmatrix} a_1 & a_0 \\ a_3 & a_2 \end{vmatrix} = \begin{vmatrix} 4\,(D_a+D_i)\,\omega_0^3 & \omega_0^2\,(\omega_0^2+4\,D_i^2\,\Omega^2) \\ 4\,(D_a+D_i)\,\omega_0 & 2\left[1+2\,(D_a+D_i)^2\right]\omega_0^2 \end{vmatrix} =$$

$$= 4\,(D_a+D_i)\,\omega_0^3\left[2\,\omega_0^2 + 4\,(D_a+D_i)^2\,\omega_0^2 - \omega_0^2 - 4\,D_i^2\,\Omega^2\right] =$$

$$= 4\,(D_a+D_i)\,\omega_0^3\left[\omega_0^2 + 4\,(D_a+D_i)^2\,\omega_0^2 - 4\,D_i^2\,\Omega^2\right]$$

$$H_3 = \begin{vmatrix} a_1 & a_0 & 0 \\ a_3 & a_2 & a_1 \\ 0 & a_4 & a_3 \end{vmatrix} = \begin{vmatrix} 4\,(D_a+D_i)\,\omega_0^3 & \omega_0^2\,(\omega_0^2+4\,D_i^2\,\Omega^2) & 0 \\ 4\,(D_a+D_i)\,\omega_0 & 2\omega_0^2\left[1+2\,(D_a+D_i)^2\right] & 4\,(D_a+D_i)\,\omega_0^3 \\ 0 & 1 & 4\,(D_a+D_i)\,\omega_0 \end{vmatrix} =$$

$$= \begin{vmatrix} 4\,(D_a+D_i)\,\omega_0^3 & \omega_0^2\,(\omega_0^2+4\,D_i^2\,\Omega^2) & 0 \\ 4\,(D_a+D_i)\,\omega_0 & \omega_0^2+4\,(D_a+D_i)^2\,\omega_0^2 & 0 \\ 0 & 1 & 4\,(D_a+D_i)\,\omega_0 \end{vmatrix} =$$

$$= 16\,(D_a+D_i)^2\,\omega_0^4\left[4\,(D_a+D_i)^2\,\omega_0^2 - 4\,D_i^2\,\Omega^2\right]$$

Die HURWITZ-Determinante H_3 ist positiv für

$$|\Omega| < \left(1 + \frac{D_a}{D_i}\right)\omega_0 .$$

Ist H_3 positiv, dann ist auch H_2 positiv.

Bis zur Drehzahl $(1+D_a/D_i)\,\omega_0$ ist die Gleichgewichtslage stabil. Oberhalb von $(1+D_a/D_i)\,\omega_0$ ist kein stabiler Betrieb möglich, die Gleichgewichtslage ist instabil.

Stabilitätskarte:

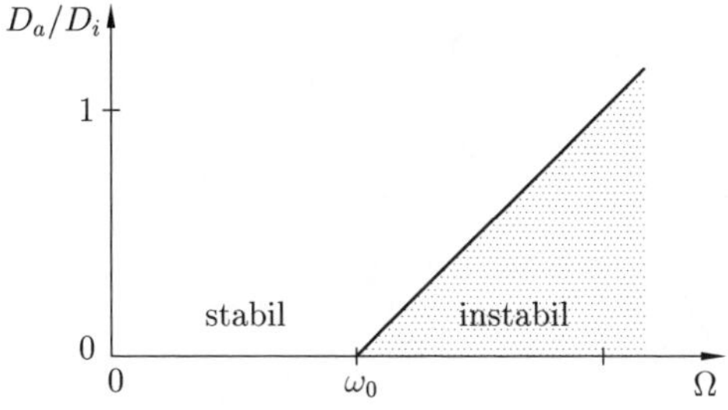

Aufgabe 7.19:

Ein einfaches Rotormodell besteht aus einer beidseitig gelenkig gelagerten masselosen elastischen Welle (Länge l, Biegesteifigkeit EI), die am rechten Ende eine runde Scheibe (zentrale Hauptträgheitsmomente Θ_1 und $\Theta_2 = \Theta_3$) trägt. Es rotiert mit der konstanten Winkelgeschwindigkeit Ω.

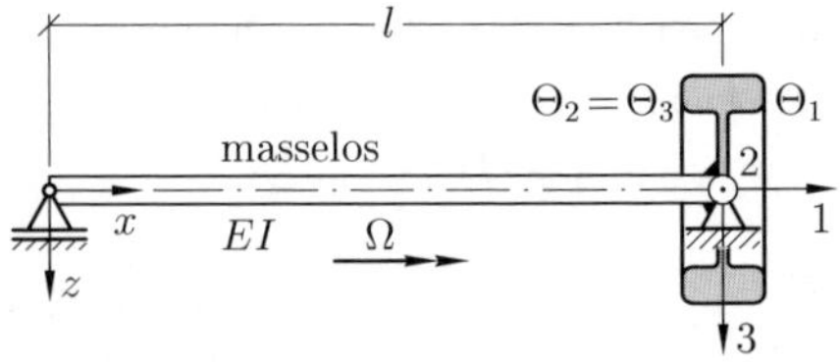

Bild A7.19: Rotormodell mit Gyroskopie

Das 123-Koordinatensystem soll die kleinen Kippbewegungen φ_3 und φ_2 der Scheibe, nicht jedoch die schnelle Rotation Ω mitmachen.

Die Scheibe ist schräg aufgekeilt (Aufkeilwinkel α), so daß $\varphi_3 = \varphi_z + \alpha \cos \Omega t$ und $\varphi_2 = \varphi_y + \alpha \sin \Omega t$ gilt.

a) Ermitteln Sie für das ungedämpfte System aus dem Momentensatz um die 2- und um die 3-Achse die linearisierten Bewegungsgleichungen für die beiden Wellenkippwinkel φ_z und φ_y am rechten Balkenende.

b) Berechnen Sie für das ungedämpfte System ($D = 0$) das charakteristische Polynom $P(\lambda)$. Welche Aussagen folgen aus der Analyse der Eigenwerte des ungedämpften Systems hinsichtlich der Stabilität der Bewegung?

c) Welchen Einfluß hat die Unwucht auf die Stabilität?

d) Isotrope äußere Dämpfung kann in den normierten Bewegungsgleichungen durch $2D\omega_0$ auf der Diagonalen der Matrix der geschwindigkeitsproportionalen Kräfte berücksichtigt werden. Analysieren Sie nun die Stabilität der Bewegung des gedämpften Systems ($D > 0$) mit dem Hurwitz-Kriterium. Gibt es Drehzahlen Ω, für die die Bewegung instabil ist?

Gegeben: Θ_1, $\Theta_2 = \Theta_3$, EI, l, Ω, α, D

Lösung der Aufgabe 7.19:

a) Ermittlung der Bewegungsgleichungen:

Freikörperbilder für die elastische Welle und die taumelnde Scheibe:

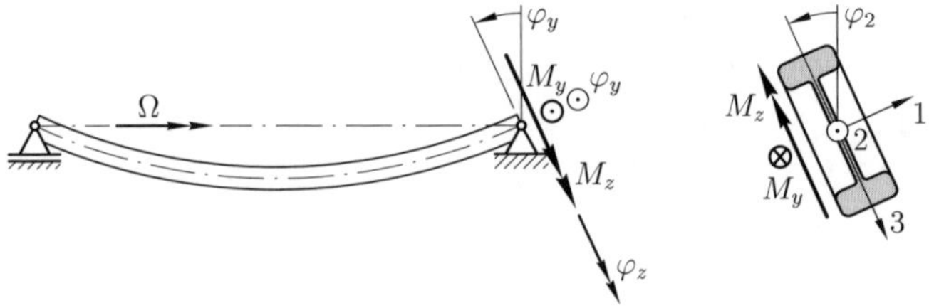

Winkelgeschwindigkeit des Koordinatensystems:

$$\vec{\Omega} \approx \dot{\varphi}_2 \, \vec{e}_2 + \dot{\varphi}_3 \, \vec{e}_3$$

Winkelgeschwindigkeit der Scheibe:

$$\vec{\omega} = \vec{\Omega} + \vec{\omega}_{rel} \approx \Omega \, \vec{e}_1 + \dot{\varphi}_2 \, \vec{e}_2 + \dot{\varphi}_3 \, \vec{e}_3$$

Kinematik mit schrägem Aufkeilwinkel α um die 3-Achse:

$$\varphi_z = \varphi_3 - \alpha \cos \Omega t, \qquad \ddot{\varphi}_z = \ddot{\varphi}_3 + \alpha \Omega^2 \cos \Omega t$$

$$\varphi_y = \varphi_2 - \alpha \sin \Omega t, \qquad \ddot{\varphi}_y = \ddot{\varphi}_2 + \alpha \Omega^2 \sin \Omega t$$

Momentensatz bei Relativbewegung:

$$\Theta_a \ddot{\varphi}_3 - \dot{\varphi}_2 \Omega \Theta_p = -M_z$$

$$\Theta_a \ddot{\varphi}_2 + \dot{\varphi}_3 \Omega \Theta_p = -M_y$$

Elastische Gleichungen bei Endmomenten:

$$M_y = k_\varphi \varphi_y$$

$$M_z = k_\varphi \varphi_z$$

Steifigkeit aus Tabelle 15.9, Fall 2:

$$k_\varphi = \frac{3EI}{l}$$

Abkürzungen:

$$2\kappa = \frac{\Theta_p}{\Theta_a}; \qquad \omega_0^2 = \frac{k_\varphi}{\Theta_a}$$

Bewegungsgleichungen:

$$\Theta_a \ddot{\varphi}_z - \Omega \Theta_p \dot{\varphi}_y + k_\varphi \varphi_z = (\Theta_a - \Theta_p) \Omega^2 \alpha \cos \Omega t$$

$$\Theta_a \ddot{\varphi}_y + \Omega \Theta_p \dot{\varphi}_z + k_\varphi \varphi_y = (\Theta_a - \Theta_p) \Omega^2 \alpha \sin \Omega t$$

Bewegungsgleichungen in Normalform:

$$\ddot{\varphi}_z - 2\Omega \kappa \dot{\varphi}_y + \omega_0^2 \varphi_z = (1 - 2\kappa) \Omega^2 \alpha \cos \Omega t$$

$$\ddot{\varphi}_y + 2\Omega \kappa \dot{\varphi}_z + \omega_0^2 \varphi_y = (1 - 2\kappa) \Omega^2 \alpha \sin \Omega t$$

b) Die Unwucht (rechte Seite der Bewegungsgleichung) hat keinen Einfluß auf die Stabilität.

c) Analyse der Stabilität des ungedämpften Systems:

Exponentialansatz für die freien Schwingungen:

$$\varphi_z = \widehat{\varphi}_z e^{\lambda t}, \qquad \varphi_y = \widehat{\varphi}_y e^{\lambda t}$$

Lineares homogenes Gleichungssystem für die Winkelamplituden:

$$\begin{bmatrix} \lambda^2 + \omega_0^2 & -2\Omega\kappa\lambda \\ 2\Omega\kappa\lambda & \lambda^2 + \omega_0^2 \end{bmatrix} \begin{bmatrix} \widehat{\varphi}_y \\ \widehat{\varphi}_z \end{bmatrix} = \begin{bmatrix} 0 \\ 0 \end{bmatrix}$$

Nichttriviale Bewegungen existieren nur, wenn die Koeffizientendeterminante verschwindet. Diese Forderung liefert das charakteristische Polynom:

$$P(\lambda) = (\lambda^2 + \omega_0^2)^2 + \Omega^2 4\kappa^2 \lambda^2 = \lambda^4 + (2\omega_0^2 + 4\kappa^2\Omega^2)\lambda^2 + \omega_0^4$$

Quadrate der Eigenwerte:

$$\lambda_{1/2}^2 = -(\omega_0^2 + 2\kappa^2\Omega^2) \pm \sqrt{(\omega_0^2 + 2\kappa^2\Omega^2)^2 - \omega_0^4} < 0$$

Da die Wurzel stets kleiner als $(\omega_0^2 + 2\kappa^2\Omega^2)$ bleibt, sind die Quadrate der Eigenwerte stets negativ, $\lambda_{1/2}^2 < 0$, und folglich alle Eigenwerte λ_n rein imaginär:

$$\Re\{\lambda_n\} = 0$$

Da sie auch nicht doppelt auftreten können, bleiben die Schwingungen begrenzt (sie klingen nicht expotentiell auf) und die Bewegung ist stabil.

d) Stabilitätsanalyse des gedämpften Systems mit dem HURWITZ-Kriterium:
Homogene Bewegungsgleichungen des gedämpften Rotors:

$$\begin{bmatrix} 1 & 0 \\ 0 & 1 \end{bmatrix} \begin{bmatrix} \ddot{\varphi}_z \\ \ddot{\varphi}_y \end{bmatrix} + \begin{bmatrix} 2D\omega_0 & -2\Omega\kappa \\ 2\Omega\kappa & 2D\omega_0 \end{bmatrix} \begin{bmatrix} \dot{\varphi}_z \\ \dot{\varphi}_y \end{bmatrix} + \begin{bmatrix} \omega_0^2 & 0 \\ 0 & \omega_0^2 \end{bmatrix} \begin{bmatrix} \varphi_z \\ \varphi_y \end{bmatrix} = \begin{bmatrix} 0 \\ 0 \end{bmatrix}$$

Lineares homogenes Gleichungssystem für die Winkelamplituden:

$$\begin{bmatrix} \lambda^2+2D\omega_0\lambda+\omega_0^2 & -2\Omega\kappa\lambda \\ 2\Omega\kappa\lambda & \lambda^2+2D\omega_0\lambda+\omega_0^2 \end{bmatrix} \begin{bmatrix} \widehat{\varphi}_y \\ \widehat{\varphi}_z \end{bmatrix} = \begin{bmatrix} 0 \\ 0 \end{bmatrix}$$

Charakteristisches Polynom bei Dämpfung als Determinante:

$$P(\lambda) = \lambda^4 + 4D\omega_0\lambda^3 + \left[2\omega_0^2+4D^2\omega_0^2+4\kappa^2\Omega^2\right]\lambda^2 + 4D\omega_0^3\lambda + \omega_0^4 = 0$$

Koeffizienten:

$a_0 = \omega_0^4 > 0,\qquad a_1 = 4D\omega_0^3 > 0,\qquad a_2 = 2\omega_0^2+4D^2\omega_0^2+4\kappa^2\Omega^2 > 0,$

$a_3 = 4D\omega_0 > 0,\qquad a_4 = 1 > 0$

Die notwendige Bedingung, daß alle Koeffizienten a_n positiv sind, ist erfüllt.
HURWITZ-Determinanten aus:

$$\begin{bmatrix} 4D\omega_0^3 & \omega_0^4 & 0 \\ 4D\omega_0 & 2\omega_0^2+4D^2\omega_0^2+4\kappa^2\Omega^2 & 4D\omega_0^3 \\ 0 & 1 & 4D\omega_0 \end{bmatrix}$$

$\Delta_1 = 4D\omega_0^3 > 0$

$\Delta_2 = (4D+16D^3)\,\omega_0^5 + 16\kappa^2 D\omega_0^3\Omega^2 > 0$

$\Delta_3 = 64D^4\omega_0^6 + 64\kappa^2 D^2\omega_0^4\Omega^2 > 0$

Da alle HURWITZ-Determinanten positiv sind, ist die Bewegung für alle Drehzahlen Ω asymptotisch stabil.

Aufgabe 7.20:

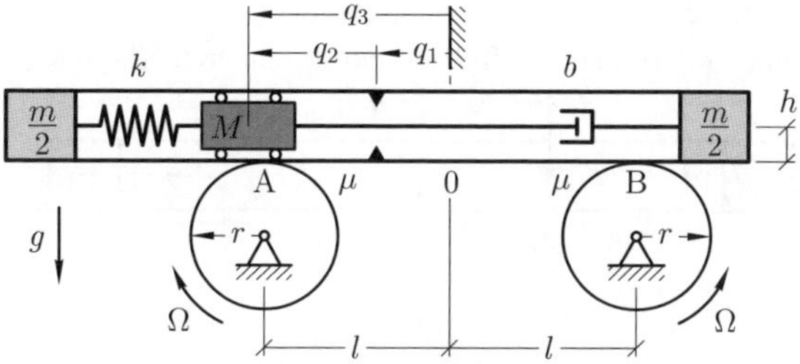

Bild A7.20: Schwingendes Rohr mit beweglicher Innenmasse auf gegenläufigen Reibwalzen

Ein zweiläufiger Schwinger besteht aus einem reibungsfreien Körper (Masse M) in einem symmetrischen Rohr (Außendurchmesser $2h$, Masse m). Das Rohr rutscht auf zwei gegenläufig mit hoher Winkelgeschwindigkeit Ω umlaufenden Walzen (Lagerabstand $2l$, Radius r, Reibkoeffizient μ). Die Walzen rotieren stets viel schneller als sich das Rohr bewegt ($|r\Omega| > |\dot{q}_1|$) und in den Auflagepunkten A und B herrschen stets Druckkräfte. Im Rohr stützt sich der Körper an einer Feder und einem Dämpfer (Steifigkeit k, spannungsfrei bei $q_2 = 0$, Dämpferkonstante b) ab.

a) Als Bewegungskoordinaten sind zunächst die absolute Verschiebung q_1 des Rohres und die relative Verschiebung q_2 der Innenmasse gegenüber dem Rohr zu benutzen. Ermitteln Sie die Bewegungsgleichungen für diese beiden Freiheitsgrade.

b) Statt der Relativkoordinate q_2 soll nun die absolute Bewegung $q_3 = q_1 + q_2$ des Innenkörpers M eingeführt werden. Geben Sie nun die Bewegungsgleichungen für die Kombination q_1 und q_3 an.

c) Berechnen Sie das charakteristische Polynom $P(\lambda)$ für die Eigenwerte.

d) Analysieren Sie anhand des charakteristischen Polynoms, bis zu welchem Reibkoeffizienten μ die Gleichgewichtslage $q_1 = q_3 = 0$ stabil ist.

Gegeben: m, M, k, b, l, r, Ω, μ, g

Lösung der Aufgabe 7.20:

a) Ermittlung der Bewegungsgleichung für die Koordinaten q_1 und q_2:

Freikörperbilder des Rohres und des inneren Körpers:

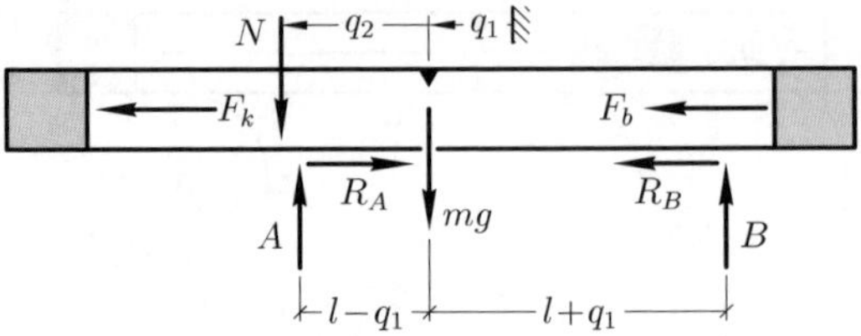

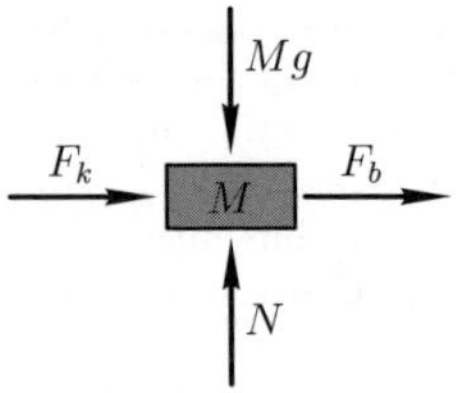

Feder-, Dämpfer- und Reibkräfte:

$F_k = k\,q_2, \qquad F_b = b\,\dot{q}_2, \qquad R_A = \mu A, \qquad R_B = \mu B$

Kräftesatz des inneren Körpers:

$$M(\ddot{q}_1+\ddot{q}_2) = -F_k - F_b = -(k\,q_2+b\,\dot{q}_2) \tag{1}$$

$$0 = N - Mg \tag{2}$$

Kräftesatz des Rohres:

$$m\ddot{q}_1 = F_k + F_b - R_A + R_B = k\,q_2 + b\,\dot{q}_2 + \mu(B-A) \tag{3}$$

$$0 = A + B - mg - N \tag{4}$$

Momentensatz für das Rohr (um dessen Schwerpunkt):

$$0 = (l-q_1)A - (l+q_1)B + \mu(B-A)h - N\,q_2 \tag{5}$$

Ausrechnung der Normalkräfte A und B der Walzen aus (2), (4) und (5):

$$\begin{bmatrix} 1 & 1 \\ (l-q_1)-\mu h & \mu h-(l+q_1) \end{bmatrix} \begin{bmatrix} A \\ B \end{bmatrix} = g \begin{bmatrix} M+m \\ M\,q_2 \end{bmatrix}$$

$$\Delta = (\mu h-l-q_1) - (l-q_1-\mu h) = 2(\mu h-l)$$

$$\Delta_A = \Big\{[\mu h-l-q_1](M+m) - M\,q_2\Big\}\,g$$

$$\Delta_B = \Big\{[\mu h-l+q_1](M+m) + M\,q_2\Big\}\,g$$

Auflagerkräfte:

$$A = \left\{\frac{M+m}{2} + \frac{M+m}{2(l-\mu h)}\,q_1 + \frac{M}{2(l-\mu h)}\,q_2\right\}g$$

$$B = \left\{\frac{M+m}{2} - \frac{M+m}{2(l-\mu h)}\,q_1 - \frac{M}{2(l-\mu h)}\,q_2\right\}g$$

Abkürzung:

$$\gamma = \frac{\mu}{l-\mu h}\,g$$

Bewegungsgleichungen aus (3) und (1):

$$m\,\ddot{q}_1 - b\,\dot{q}_2 + \gamma(M+m)\,q_1 + (M\gamma - k)\,q_2 = 0$$

$$M\,\ddot{q}_1 + M\,\ddot{q}_2 + b\,\dot{q}_2 + k\,q_2 = 0$$

b) Beschreibung mit absoluten Koordinaten q_1 und q_3:

Transformation:

$q_2 = q_3 - q_1$

Bewegungsgleichungen:

$$m\,\ddot{q}_1 + b\,\dot{q}_1 - b\,\dot{q}_3 + (\gamma m{+}k)\,q_1 + (M\gamma{-}k)\,q_3 = 0$$
$$M\,\ddot{q}_3 - b\,\dot{q}_1 + b\,\dot{q}_3 - k\,q_1 + k\,q_3 = 0$$

c) Berechnung des charakteristischen Polynoms:

Bewegungsgleichung in Matrizenschreibweise:

$$\begin{bmatrix} m & 0 \\ 0 & M \end{bmatrix}\begin{bmatrix} \ddot{q}_1 \\ \ddot{q}_3 \end{bmatrix} + \begin{bmatrix} b & -b \\ -b & b \end{bmatrix}\begin{bmatrix} \dot{q}_1 \\ \dot{q}_3 \end{bmatrix} + \begin{bmatrix} \gamma m{+}k & M\gamma{-}k \\ -k & k \end{bmatrix}\begin{bmatrix} q_1 \\ q_3 \end{bmatrix} = \begin{bmatrix} 0 \\ 0 \end{bmatrix}$$

Exponentialansatz:

$\boldsymbol{q} = \widehat{\boldsymbol{q}}\,e^{\lambda t}$

Eigenwertproblem:

$(\boldsymbol{M}\,\lambda^2 + \boldsymbol{B}\,\lambda + \boldsymbol{K})\,\widehat{\boldsymbol{q}} = \boldsymbol{0}$

Lineares Gleichungssystem für die Integrationskonstanten:

$$\begin{bmatrix} m\lambda^2{+}b\lambda{+}(\gamma m{+}k) & -b\lambda{+}(M\gamma{-}k) \\ -b\lambda{-}k & M\lambda^2{+}b\lambda{+}k \end{bmatrix}\begin{bmatrix} \widehat{q}_1 \\ \widehat{q}_3 \end{bmatrix} = \begin{bmatrix} 0 \\ 0 \end{bmatrix}$$

Charakteristisches Polynom:

$$P(\lambda) = \Big[m\lambda^2{+}b\lambda{+}(\gamma m{+}k)\Big]\Big[M\lambda^2{+}b\lambda{+}k\Big] - \Big[-b\lambda{+}(M\gamma{-}k)\Big]\Big[-b\lambda{-}k\Big] =$$
$$= mM\,\lambda^4 + b\,(m{+}M)\,\lambda^3 + \Big[k\,(m{+}M) + \gamma\,m\,M\Big]\,\lambda^2 + \Big[\gamma\,b\,(m{+}M)\Big]\,\lambda + \gamma\,k\,(m{+}M)$$

d) Stabilitätsanalyse mit dem HURWITZ-Kriterium:

Notwendig ist, daß alle Polynomkoeffizienten gleiches Vorzeichen haben:

$a_0 = \gamma\,k\,(m{+}M)$

$a_1 = \gamma\,b\,(m{+}M)$

$a_2 = k\,(m{+}M) + \gamma\,m\,M$

$a_3 = b\,(m{+}M)$

$a_4 = m\,M > 0$

Die schärfste Bedingung folgt aus $a_1 > 0$:

$\gamma\,b > 0 \quad \Longrightarrow$

$b > 0 \quad$ und $\quad \gamma = \dfrac{\mu}{l - \mu\,h}\,g > 0 \quad \Longrightarrow$

$\mu < \dfrac{l}{h}\quad$ ist notwendig für Stabilität.

Wenn $\gamma\,b > 0$ ist, sind auch alle Polynomkoeffizienten positiv.

Berechnung der HURWITZ-Determinanten:

$H_1 = a_1 = \gamma\,b\,(m{+}M) > 0 \qquad$ (identisch mit notwendiger Bedingung)

$$H_2 = \begin{vmatrix} a_1 & a_0 \\ a_3 & a_2 \end{vmatrix} = \begin{vmatrix} \gamma\,b\,(m{+}M) & \gamma\,k\,(m{+}M) \\ b\,(m{+}M) & k\,(m{+}M) + \gamma\,m\,M \end{vmatrix} = \gamma^2\,b\,m\,M\,(m{+}M) > 0$$

$$H_3 = \begin{vmatrix} a_1 & a_0 & 0 \\ a_3 & a_2 & a_1 \\ 0 & a_4 & a_3 \end{vmatrix} = \begin{vmatrix} \gamma\,b\,(m{+}M) & \gamma\,k\,(m{+}M) & 0 \\ b\,(m{+}M) & k\,(m{+}M) + \gamma\,m\,M & \gamma\,b\,(m{+}M) \\ 0 & m\,M & b\,(m{+}M) \end{vmatrix} = 0$$

$$H_4 = \begin{vmatrix} a_1 & a_0 & 0 & 0 \\ a_3 & a_2 & a_1 & a_0 \\ 0 & a_4 & a_3 & a_2 \\ 0 & 0 & 0 & a_4 \end{vmatrix} = a_4\,H_3 = 0$$

Notwendig für Stabilität ist, daß die Dämpfung $b > 0$ ist und die Reibung $\mu < l/h$ bleibt. Wegen $H_3 = H_4 = 0$ kann jedoch aus dem HURWITZ-Kriterium keine Stabilität garantiert werden.

Aufgabe 7.21:

Bei gleitgelagerten Rotoren ist die Steifigkeitsmatrix $\boldsymbol{K}$ drehzahlabhängig und unsymmetrisch. Der Einfluß von solchen Steifigkeitsunsymmetrien soll an einem einfachen Modell mit der normierten Bewegungsgleichung

$$\begin{bmatrix} 1 & 0 \\ 0 & 1 \end{bmatrix} \begin{bmatrix} \ddot{q}_1 \\ \ddot{q}_2 \end{bmatrix} + \begin{bmatrix} 1 & 0 \\ 0 & 1 \end{bmatrix} \begin{bmatrix} \dot{q}_1 \\ \dot{q}_2 \end{bmatrix} + \begin{bmatrix} 1 & -\Delta \\ \Delta & 1 \end{bmatrix} \begin{bmatrix} q_1 \\ q_2 \end{bmatrix} = \begin{bmatrix} 0 \\ 0 \end{bmatrix}$$

analysiert werden.

a) Berechnen Sie das charakteristische Polynom $P(\lambda)$.

b) Ermitteln Sie mit dem HURWITZ-Kriterium den Wertebereich für Δ, für den die Gleichgewichtslage des Systems asymptotisch stabil ist.

Gegeben: Δ

Lösung der Aufgabe 7.21:

a) Berechnung des charakteristischen Polynoms:

Exponentialansatz:

$$\boldsymbol{q} = \widehat{\boldsymbol{q}} e^{\lambda t}$$

Eigenwertproblem:

$$\begin{bmatrix} \lambda^2+\lambda+1 & -\Delta \\ \Delta & \lambda^2+\lambda+1 \end{bmatrix} \begin{bmatrix} \widehat{q}_1 \\ \widehat{q}_2 \end{bmatrix} = \begin{bmatrix} 0 \\ 0 \end{bmatrix}$$

Charakteristisches Polynom:

$$P(\lambda) = (\lambda^2+\lambda+1)^2 + \Delta^2 = \lambda^4 + 2\lambda^3 + 3\lambda^2 + 2\lambda + (1+\Delta^2)$$

b) Analyse der Stabilität:

Asymptotische Stabilität ist gegeben, wenn a) alle Polynomkoeffizienten a_n und b) alle HURWITZ-Determinaten H_n positiv sind.

Polynomkoeffizienten:

$$a_0 = 1+\Delta^2 > 0, \qquad a_1 = 2 > 0, \qquad a_2 = 3 > 0, \qquad a_3 = 2 > 0, \qquad a_4 = 1 > 0$$

Alle Polynomkoeffizienten a_n sind für beliebige Δ positiv.

HURWITZ-Determinanten:

$$H_1 = a_1 = 2 > 0$$

$$H_2 = \begin{vmatrix} a_1 & a_0 \\ a_3 & a_2 \end{vmatrix} = \begin{vmatrix} 2 & 1+\Delta^2 \\ 2 & 3 \end{vmatrix} = 6 - 2(1+\Delta^2) = 2(2-\Delta^2)$$

$$H_3 = \begin{vmatrix} a_1 & a_0 & 0 \\ a_3 & a_2 & a_1 \\ 0 & a_4 & a_3 \end{vmatrix} = \begin{vmatrix} 2 & 1+\Delta^2 & 0 \\ 2 & 3 & 2 \\ 0 & 1 & 2 \end{vmatrix} = 2\begin{vmatrix} 3 & 2 \\ 1 & 2 \end{vmatrix} - (1+\Delta^2)\begin{vmatrix} 2 & 2 \\ 0 & 2 \end{vmatrix} =$$

$$= 8 - (1+\Delta^2)4 = 4(1-\Delta^2)$$

Analyse der HURWITZ-Determinaten $H_n > 0$:

$$H_1 = 2 > 0$$

$$H_2 = 2(2-\Delta^2) > 0 \qquad \text{für} \qquad \Delta^2 < 2$$

$$H_3 = 4(1-\Delta^2) > 0 \qquad \text{für} \qquad \Delta^2 < 1$$

Wertebereich von Δ für asymptotische Stabilität:

$$-1 < \Delta < 1$$

Kapitel 8

Erzwungene Schwingungen diskreter Systeme

Aufgabe 8.1:

Ein ungedämpftes System mit drei Freiheitsgraden wird an der Koordinate q_3 in Richtung dieser Koordinate mit der harmonischen Kraft $f_3(t) = \widehat{f} \sin \Omega t$ erregt.

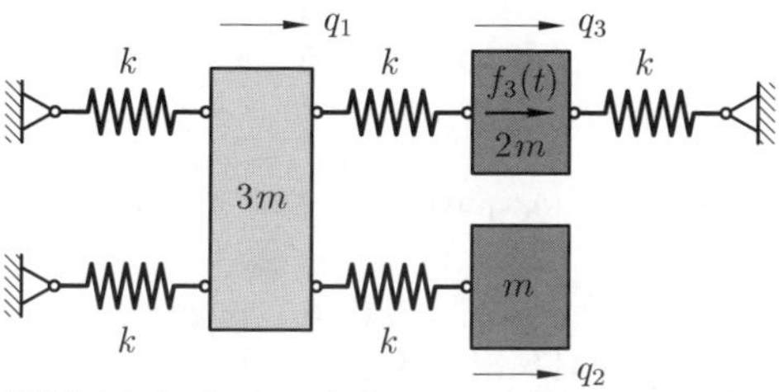

Bild A8.1: Harmonisch erregtes System mit drei Freiheitsgraden

a) Geben Sie die Massen- und die Steifigkeitsmatrix sowie den Erregervektor an.

b) Berechnen Sie die komplexe Schwingungsamplitude $\underline{\widehat{q}}_1(\Omega)$ und die reelle Schwingungsantwort $q_1(t)$ (ohne freie Anteile) infolge der harmonischen Krafterregung.

c) Bei welchen Erregerfrequenzen Ω treten an den drei Koordinaten Resonanzen, Tilgungen oder Scheinresonanzen auf und welche Werte nehmen die Amplituden an diesen Frequenzen an? Fassen Sie die Ergebnisse in einem Frequenzdiagramm zusammen.

Gegeben: m, k, Ω, $\widehat{f}$

Lösung der Aufgabe 8.1:

a) Beschreibung des Systems:

Massenmatrix, Steifigkeitsmatrix und Erregervektor aus Einheitsverschiebungen:

$$\boldsymbol{M} = \begin{bmatrix} 3m & 0 & 0 \\ 0 & m & 0 \\ 0 & 0 & 2m \end{bmatrix}, \qquad \boldsymbol{K} = \begin{bmatrix} 4k & -k & -k \\ -k & k & 0 \\ -k & 0 & 2k \end{bmatrix}, \qquad \boldsymbol{f} = \begin{bmatrix} 0 \\ 0 \\ \widehat{f} \end{bmatrix} \sin \Omega t$$

b) Berechnung der Schwingungen an den drei Koordinaten durch direktes Lösen:

Dynamische Steifigkeitsmatrix:

$$\underline{\boldsymbol{K}}(\Omega) = \begin{bmatrix} 4k - 3m\Omega^2 & -k & -k \\ -k & k - m\Omega^2 & 0 \\ -k & 0 & 2k - 2m\Omega^2 \end{bmatrix}$$

Nennerpolynom:

$$P(i\Omega)=\begin{vmatrix} 4k-3m\Omega^2 & -k & -k \\ -k & k-m\Omega^2 & 0 \\ -k & 0 & 2k-2m\Omega^2 \end{vmatrix}=$$

$$=-k^2\,(k-m\Omega^2)+2\,(k-m\Omega^2)\Big\{(4k-3m\Omega^2)\,(k-m\Omega^2)-k^2\Big\}=$$

$$=(k-m\Omega^2)\Big[5\,k^2-14\,k\,m\Omega^2+6\,(m\Omega^2)^2\Big]=$$

$$=(k-m\Omega^2)\Big[m\Omega^2-\frac{1}{6}(7-\sqrt{19})\,k\Big]\Big[m\Omega^2-\frac{1}{6}(7+\sqrt{19})\,k\Big]$$

Zählerdeterminanten für die Schwingungsamplituden an den drei Koordinaten:

$$Z_1(i\Omega)=\det\{\underline{\boldsymbol{K}}_1(\Omega)\}=\begin{vmatrix} 0 & -k & -k \\ 0 & k-m\Omega^2 & 0 \\ \widehat{f} & 0 & 2k-2m\Omega^2 \end{vmatrix}=k\,(k-m\Omega^2)\,\widehat{f}$$

$$Z_2(i\Omega)=\det\{\underline{\boldsymbol{K}}_2(\Omega)\}=\begin{vmatrix} 4k-3m\Omega^2 & 0 & -k \\ -k & 0 & 0 \\ -k & \widehat{f} & 2k-2m\Omega^2 \end{vmatrix}=k^2\,\widehat{f}$$

$$Z_3(i\Omega)=\det\{\underline{\boldsymbol{K}}_3(\Omega)\}=\begin{vmatrix} 4k-3m\Omega^2 & -k & 0 \\ -k & k-m\Omega^2 & 0 \\ -k & 0 & \widehat{f} \end{vmatrix}=(3m^2\Omega^4-7m\Omega^2k+3k^2)\,\widehat{f}$$

Komplexe Amplituden der drei Koordinaten:

$$\widehat{\underline{q}}_1=\frac{Z_1(i\Omega)}{P(i\Omega)}=\frac{(k-m\Omega^2)\,k}{(k-m\Omega^2)\Big[5\,k^2-14\,k\,m\Omega^2+6\,(m\Omega^2)^2\Big]}\,\widehat{f}$$

$$\widehat{\underline{q}}_2=\frac{Z_2(i\Omega)}{P(i\Omega)}=\frac{k^2}{(k-m\Omega^2)\Big[5\,k^2-14\,k\,m\Omega^2+6\,(m\Omega^2)^2\Big]}\,\widehat{f}$$

$$\widehat{\underline{q}}_3=\frac{Z_3(i\Omega)}{P(i\Omega)}=\frac{3m^2\Omega^4-7m\Omega^2k+3k^2}{(k-m\Omega^2)\Big[5\,k^2-14\,k\,m\Omega^2+6\,(m\Omega^2)^2\Big]}\,\widehat{f}$$

Reelle Schwingungsantworten der drei Koordinaten:

$$q_1(t)=\frac{k}{5\,k^2-14\,k\,m\Omega^2+6\,(m\Omega^2)^2}\,\widehat{f}\sin\Omega t$$

$$q_2(t)=\frac{k^2}{(k-m\Omega^2)\,[5\,k^2-14\,k\,m\Omega^2+6\,(m\Omega^2)^2]}\,\widehat{f}\sin\Omega t$$

$$q_3(t)=\frac{3m^2\Omega^4-7m\Omega^2k+3k^2}{(k-m\Omega^2)\,[5\,k^2-14\,k\,m\Omega^2+6\,(m\Omega^2)^2]}\,\widehat{f}\sin\Omega t$$

c) Analyse hinsichtlich Resonanz, Tilgung und Scheinresonanz:

Resonanz tritt auf bei $P(i\Omega)=0$ $\Longrightarrow$ Resonanzfrequenzen:

$$\Omega_{R1}^2=\frac{1}{6}\Big(7-\sqrt{19}\Big)\frac{k}{m}=0.44\,\frac{k}{m};\qquad \Omega_{R2}^2=\frac{k}{m};\qquad \Omega_{R3}^2=\frac{1}{6}\Big(7+\sqrt{19}\Big)\frac{k}{m}=1.89\,\frac{k}{m}$$

Schwingungsamplituden in den drei Resonanzstellen:

$$\widehat{q}_1(\Omega_{R1})=\frac{k^2}{0}\,\widehat{f}\to\infty\qquad \widehat{q}_1(\Omega_{R2})=-\frac{1}{3\,k}\,\widehat{f}\qquad \widehat{q}_1(\Omega_{R3})=\frac{-k^2}{0}\,\widehat{f}\to-\infty$$

$$\widehat{q}_2(\Omega_{R1})=\frac{k^2}{0}\,\widehat{f}\to\infty\qquad \widehat{q}_2(\Omega_{R2})=\frac{k^2}{0}\,\widehat{f}\to\infty\qquad \widehat{q}_2(\Omega_{R3})=\frac{k^2}{0}\,\widehat{f}\to\infty$$

$$\widehat{q}_3(\Omega_{R1})=\frac{k^2/2}{0}\,\widehat{f}\to\infty\qquad \widehat{q}_3(\Omega_{R2})=\frac{-k^2}{0}\,\widehat{f}\to-\infty\qquad \widehat{q}_3(\Omega_{R3})=\frac{k^2/2}{0}\,\widehat{f}\to\infty$$

Amplitudengänge, Frequenzdiagramm:

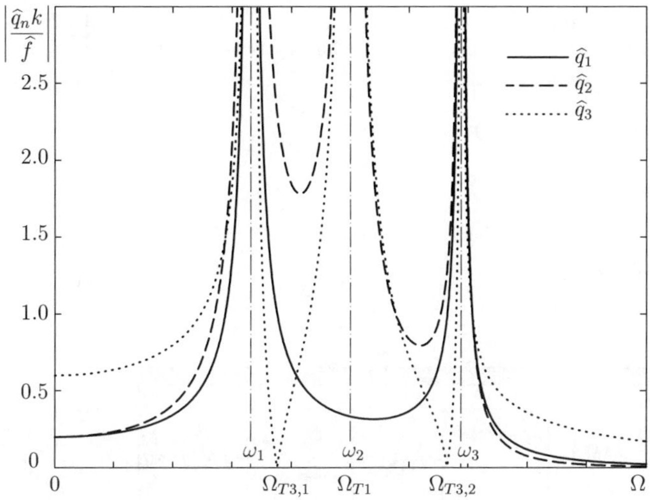

Tilgung an der Stelle 1 ist möglich bei $Z_1(i\Omega)=0$, also für:

$$\Omega_{T1}^2 = \frac{k}{m}$$

Allerdings tritt anstelle von Tilgung an der Koordinate q_1 Scheinresonanz auf, da $Z_1(i\Omega)$ und $P(i\Omega)$ beide bei der gleichen Erregerfrequenz $\Omega_S=\Omega_T$ null werden:

$$\Omega_S^2 = \omega_2^2 = \Omega_{T1}^2 = \frac{k}{m}$$

Amplituden der drei Koordinaten bei der möglichen Tilgungsfrequenz für die Koordinate q_1:

$$\widehat{q}_1(\Omega_{T1}) = -\frac{1}{3k}\widehat{f} \qquad \widehat{q}_2(\Omega_{T1}) = \frac{k^2}{0}\widehat{f} \to \infty \qquad \widehat{q}_3(\Omega_{T1}) = \frac{-k^2}{0}\widehat{f} \to -\infty$$

Tilgung an der Stelle 2 ist möglich, wenn $Z_2(i\Omega)=0$ ist. Da $Z_2=k^2\widehat{f}$ nie null wird, tritt an der Stelle 2 bei keiner Erregerfrequenz Tilgung auf.

Tilgung an der Stelle 3 ist möglich, wenn $Z_3(i\Omega)=0$ ist, also für:

$$3m^2\Omega^4 - 7m\Omega^2 k + 3k^2 = 0 \qquad \Longrightarrow$$

$$\Omega_{T3,1}^2 = \frac{7-\sqrt{13}}{6}\,\frac{k}{m} \approx 0.57\,\frac{k}{m} \qquad \text{und} \qquad \Omega_{T3,2}^2 = \frac{7+\sqrt{13}}{6}\,\frac{k}{m} \approx 1.77\,\frac{k}{m}$$

Keine dieser Frequenzen stimmt mit einer Resonanzfrequenz überein. Daher tritt bei beiden Frequenzen tatsächlich Tilgung an der Koordinate q_3 auf.

Amplituden der Koordinaten bei den beiden Tilgungsfrequenzen der Koordinate q_3:

$$\widehat{q}_1(\Omega_{T3,1}) = -\frac{1}{k}\widehat{f} \qquad \widehat{q}_2(\Omega_{T3,1}) = -\frac{1+\sqrt{13}}{2k}\widehat{f} \qquad \widehat{q}_3(\Omega_{T3,1}) = 0$$

$$\widehat{q}_1(\Omega_{T3,2}) = -\frac{1}{k}\widehat{f} \qquad \widehat{q}_2(\Omega_{T3,2}) = -\frac{1-\sqrt{13}}{2k}\widehat{f} \qquad \widehat{q}_3(\Omega_{T3,2}) = 0$$

Aufgabe 8.2:

Das ungedämpfte System mit drei Freiheitsgraden aus Bild A8.2 wird an der Koordinate q_3 in Richtung dieser Koordinate mit der harmonischen Kraft $f_3(t) = \widehat{f}\sin\Omega t$ erregt. Die Systemmatrizen

$$\boldsymbol{M} = m\begin{bmatrix} 1 & 0 & 0 \\ 0 & 1 & 0 \\ 0 & 0 & 1 \end{bmatrix} \qquad \text{und} \qquad \boldsymbol{K} = k\begin{bmatrix} 10 & -3 & -3 \\ -3 & 4 & -1 \\ -3 & -1 & 4 \end{bmatrix},$$

die Eigenfrequenzen

$$\omega_1^2 = \frac{k}{m}, \qquad \omega_2^2 = 5\,\frac{k}{m} \qquad \text{und} \qquad \omega_3^2 = 12\,\frac{k}{m}$$

sowie die Eigenvektoren

$$\widehat{\boldsymbol{q}}_1 = [2,\ 3,\ 3]^T, \qquad \widehat{\boldsymbol{q}}_2 = [0,\ -1,\ 1]^T \qquad \text{und} \qquad \widehat{\boldsymbol{q}}_3 = [3, -1, -1]^T$$

sind bekannt.

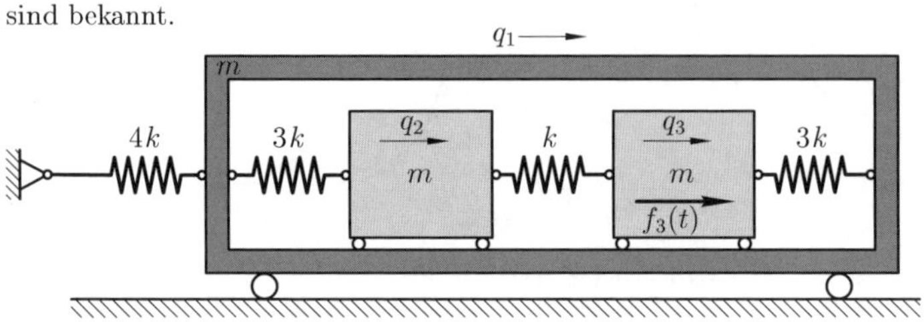

Bild A8.2: Harmonisch erregtes System mit drei Freiheitsgraden

a) Berechnen Sie mit der direkten Methode die Schwingungsamplituden der drei Freiheitsgrade und skizzieren Sie die Amplitudengänge. Untersuchen Sie, bei welchen Erregerfrequenzen Ω_T die Schwingungen $q_1(t)$ des Wagens getilgt werden könnten und analysieren Sie das Ergebnis hinsichtlich Scheinresonanz. Wie groß wird die Schwingungsamplitude $\widehat{q}_1(\Omega_T)$ des Wagens, wenn die Erregerfrequenz mit der Frequenz der Scheinresonanz zusammen fällt?

b) Berechnen Sie die erzwungenen Schwingungen in modaler Darstellung und skizzieren Sie die Beiträge der einzelnen Moden zur Gesamtamplitude $\widehat{q}_1(\Omega)$ in einem Frequenzdiagramm. Vergleichen Sie die Ergebnisse der modalen und der direkten Berechnung.

Gegeben: $\boldsymbol{M}$, $\boldsymbol{K}$, $f_3(t)$, ω_n, $\widehat{\boldsymbol{q}}_n$

Lösung der Aufgabe 8.2:

a) Berechnung der Amplitudengänge und Analyse des Freiheitsgrades q_1 auf Tilgung:

Nennerpolynom:

$$P(i\Omega) = \begin{vmatrix} 10k-m\Omega^2 & -3k & -3k \\ -3k & 4k-m\Omega^2 & -k \\ -3k & -k & 4k-m\Omega^2 \end{vmatrix} =$$

$$= 60\,k^3 - 77\,k^2\,m\,\Omega^2 + 18\,k\,m^2\,\Omega^4 - m^3\,\Omega^6 =$$

$$= (k-m\Omega^2)\,(5k-m\Omega^2)\,(12k-m\Omega^2) = m^3\left(\omega_1^2-\Omega^2\right)\left(\omega_2^2-\Omega^2\right)\left(\omega_3^2-\Omega^2\right)$$

Zählerpolynome:

$$Z_1(i\Omega) = \det\{\underline{\boldsymbol{K}}_1(\Omega)\} = \begin{vmatrix} 0 & -3k & -3k \\ 0 & 4k-m\Omega^2 & -k \\ \widehat{f} & -k & 4k-m\Omega^2 \end{vmatrix} = \left[3k^2 + 3k(4k - m\Omega^2)\right]\widehat{f} =$$

$$= 3k\,(5k - m\Omega^2)\,\widehat{f} = 3km\,(\omega_2^2-\Omega^2)\,\widehat{f}$$

$$Z_2(i\Omega) = \det\{\underline{\boldsymbol{K}}_2(\Omega)\} = \begin{vmatrix} 10k-m\Omega^2 & 0 & -3k \\ -3k & 0 & -k \\ -3k & \widehat{f} & 4k-m\Omega^2 \end{vmatrix} = k\left[19k - m\Omega^2\right]\widehat{f}$$

$$Z_2(i\Omega) = \det\{\underline{\boldsymbol{K}}_3(\Omega)\} = \begin{vmatrix} 10k-m\Omega^2 & -3k & 0 \\ -3k & 4k-m\Omega^2 & 0 \\ -3k & -k & \widehat{f} \end{vmatrix} = \left[31k^2 - 14km\Omega^2 + m^2\Omega^4\right]\widehat{f}$$

Schwingungsamplituden an den drei Freiheitsgraden:

$$\widehat{q}_1(\Omega) = \frac{Z_1(i\Omega)}{P(i\Omega)} = \frac{3\,k^2\,(5\,k-m\,\Omega^2)}{60\,k^3-77\,k^2\,m\,\Omega^2+18\,k\,m^2\,\Omega^4-m^3\,\Omega^6}\,\frac{\widehat{f}}{k} = \frac{3\,k^2}{(k-m\,\Omega^2)(12\,k-m\,\Omega^2)}\,\frac{\widehat{f}}{k}$$

$$\widehat{q}_2(\Omega) = \frac{Z_2(i\Omega)}{P(i\Omega)} = \frac{k^2\,(19\,k-m\,\Omega^2)}{60\,k^3-77\,k^2\,m\,\Omega^2+18\,k\,m^2\,\Omega^4-m^3\,\Omega^6}\,\frac{\widehat{f}}{k} =$$

$$= \frac{k^2\,(19\,k-m\Omega^2)}{(k-m\Omega^2)\,(5k-m\Omega^2)\,(12k-m\Omega^2)}\,\frac{\widehat{f}}{k}$$

$$\widehat{q}_3(\Omega) = \frac{Z_3(i\Omega)}{P(i\Omega)} = \frac{31\,k^3-14\,k^2\,m\,\Omega^2+k\,m^2\,\Omega^4}{60\,k^3-77\,k^2\,m\,\Omega^2+18\,k\,m^2\,\Omega^4-m^3\,\Omega^6}\,\frac{\widehat{f}}{k} =$$

$$= \frac{31\,k^3-14\,k^2\,m\,\Omega^2+k\,m^2\,\Omega^4}{(k-m\Omega^2)\,(5k-m\Omega^2)\,(12k-m\Omega^2)}\,\frac{\widehat{f}}{k}$$

Tilgung für den Wagen ist möglich, wenn Zählerdeterminante $Z_1(i\Omega)=0$ wird:

$$Z_1(i\Omega) = \det\{\underline{\boldsymbol{K}}_1(\Omega)\} = \begin{vmatrix} 0 & -3k & -3k \\ 0 & 4k-m\Omega^2 & -k \\ \widehat{f} & -k & 4k-m\Omega^2 \end{vmatrix} = \left[3k^2 + 3k(4k - m\Omega^2)\right]\widehat{f} -$$

$$= 3k\,(5k - m\Omega^2)\,\widehat{f} = 3km\,(\omega_2^2-\Omega^2)\,\widehat{f} = 0$$

Mögliche Tilgungsfrequenz für die Koordinate q_1:

$$\Omega_T^2 = \frac{5k}{m}$$

Es liegt aber Scheinresonanz vor, da $\Omega_T^2 = \omega_2^2$.

Schwingungsamplitude $\widehat{q}_1$ bei der Scheinresonanzfrequenz:

$$\widehat{q}_1(\Omega_T) = \frac{Z_1(i\Omega_T)}{P(i\Omega_T)} = \frac{3km\,(\omega_2^2-\Omega_T^2)\,\widehat{f}}{m^3\,(\omega_1^2-\Omega_T^2)\,(\omega_2^2-\Omega_T^2)\,(\omega_3^2-\Omega_T^2)} = \frac{3k\,\widehat{f}}{m^2\,(\omega_1^2-\Omega_T^2)\,(\omega_3^2-\Omega_T^2)} =$$

$$= \frac{3}{(1-5)\,(12-5)\,k}\,\widehat{f} = -\frac{3}{28}\,\frac{\widehat{f}}{k}$$

Frequenzdiagramm der Schwingungsamplituden (Amplitudengänge):

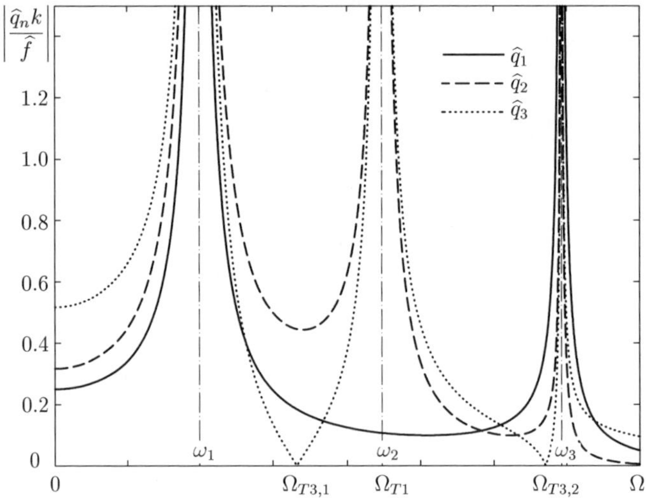

b) Berechnung der Schwingungsantwort in modaler Form:

Nebenrechnung:

				$\boldsymbol{M}/m$			$\widehat{\boldsymbol{q}}_1$	$\widehat{\boldsymbol{q}}_2$	$\widehat{\boldsymbol{q}}_3$	$\widehat{\boldsymbol{f}}/\widehat{f}$
				1	0	0	2	0	3	0
				0	1	0	3	−1	−1	0
				0	0	1	3	1	−1	1
$\widehat{\boldsymbol{q}}_1^T$	2	3	3	2	3	3	22	0	0	3
$\widehat{\boldsymbol{q}}_2^T$	0	−1	1	0	−1	1	0	2	0	1
$\widehat{\boldsymbol{q}}_3^T$	3	−1	−1	3	−1	−1	0	0	11	−1

				$\boldsymbol{K}/k$			$\widehat{\boldsymbol{q}}_1$	$\widehat{\boldsymbol{q}}_2$	$\widehat{\boldsymbol{q}}_3$
				10	−3	−3	2	0	3
				−3	4	−1	3	−1	−1
				−3	−1	4	3	1	−1
$\widehat{\boldsymbol{q}}_1^T$	2	3	3	2	3	3	22	0	0
$\widehat{\boldsymbol{q}}_2^T$	0	−1	1	0	−5	5	0	10	0
$\widehat{\boldsymbol{q}}_3^T$	3	−1	−1	36	−12	−12	0	0	132

Parameter der modalen Freiheitgrade:

$$\widetilde{m}_1 = \widehat{\boldsymbol{q}}_1^T \boldsymbol{M}\,\widehat{\boldsymbol{q}}_1 = 22\,m; \qquad \widetilde{k}_1 = \widehat{\boldsymbol{q}}_1^T \boldsymbol{K}\,\widehat{\boldsymbol{q}}_1 = 22\,k; \qquad \widetilde{f}_1 = \widehat{\boldsymbol{q}}_1^T\,\widehat{\boldsymbol{f}} = 3\,\widehat{f}\sin\Omega t$$

$$\widetilde{m}_2 = \widehat{\boldsymbol{q}}_2^T \boldsymbol{M}\,\widehat{\boldsymbol{q}}_2 = 2\,m; \qquad \widetilde{k}_2 = \widehat{\boldsymbol{q}}_2^T \boldsymbol{K}\,\widehat{\boldsymbol{q}}_2 = 10\,k; \qquad \widetilde{f}_2 = \widehat{\boldsymbol{q}}_2^T\,\widehat{\boldsymbol{f}} = \widehat{f}\sin\Omega t$$

$$\widetilde{m}_3 = \widehat{\boldsymbol{q}}_3^T \boldsymbol{M}\,\widehat{\boldsymbol{q}}_3 = 11\,m; \qquad \widetilde{k}_3 = \widehat{\boldsymbol{q}}_3^T \boldsymbol{K}\,\widehat{\boldsymbol{q}}_3 = 132\,k; \qquad \widetilde{f}_3 = \widehat{\boldsymbol{q}}_3^T\,\widehat{\boldsymbol{f}} = -\widehat{f}\sin\Omega t$$

Modale Bewegungsgleichungen und modale Antworten:

$$\ddot{p}_1 + \omega_1^2\,p_1 = \omega_1^2\,\frac{\widetilde{f}_1}{\widetilde{k}_1}\sin\Omega t; \qquad p_1(t) = \frac{\omega_1^2}{\omega_1^2-\Omega^2}\,\frac{3}{22k}\,\widehat{f}\sin\Omega t = \frac{(3/22)}{k-m\Omega^2}\,\widehat{f}\sin\Omega t$$

$$\ddot{p}_2 + \omega_2^2\,p_2 = \omega_2^2\,\frac{\widehat{f}_2}{\widehat{k}_2}\sin\Omega t; \qquad p_2(t) = \frac{\omega_2^2}{\omega_2^2-\Omega^2}\,\frac{1}{10k}\,\widehat{f}\sin\Omega t = \frac{1/2}{5k-m\Omega^2}\,\widehat{f}\sin\Omega t$$

$$\ddot{p}_3 + \omega_3^2\,p_3 = \omega_3^2\,\frac{\widetilde{f}_3}{\widetilde{k}_3}\sin\Omega t; \qquad p_3(t) = \frac{\omega_3^2}{\omega_3^2-\Omega^2}\,\frac{-1}{132k}\,\widehat{f}\sin\Omega t = \frac{(-1/11)}{12k-m\Omega^2}\,\widehat{f}\sin\Omega t$$

Erzwungene Bewegung in modaler Darstellung:

$$\widehat{\boldsymbol{q}} = \left\{ \begin{bmatrix} 2 \\ 3 \\ 3 \end{bmatrix} \frac{3/22}{k-m\Omega^2} + \begin{bmatrix} 0 \\ -1 \\ 1 \end{bmatrix} \frac{1/2}{5k-m\Omega^2} + \begin{bmatrix} 3 \\ -1 \\ -1 \end{bmatrix} \frac{-1/11}{12k-m\Omega^2} \right\} \widehat{f}\sin\Omega t$$

Modale Anteile der Anplitude $\widehat{q}_1(\Omega)$:

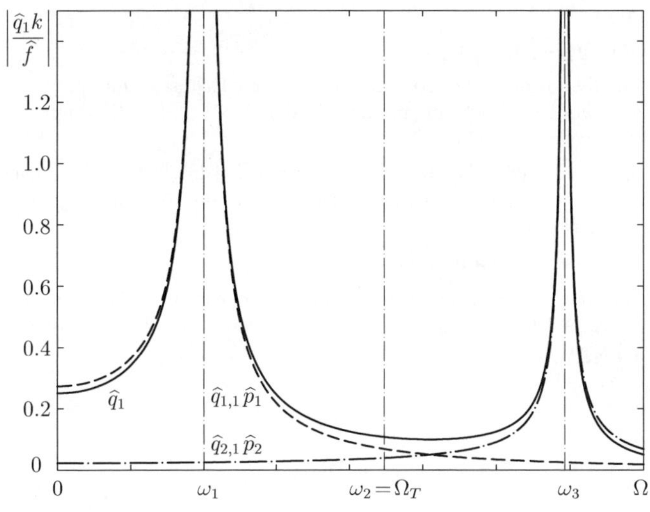

Aufgabe 8.3:

Ein reibungsfrei gelagerter Wagen wird über eine Feder harmonisch zu Schwingungen angeregt. Die Räder des Wagens sind reibungsfrei und masselos. Auf dem Wagen rollt ein homogener Zylinder, dessen Mittelpunkt durch eine zweite Feder mit dem Wagen verbunden ist. Dieses ungedämpfte System hat bei den gegebenen Parametern die inhomogene Bewegungsgleichung

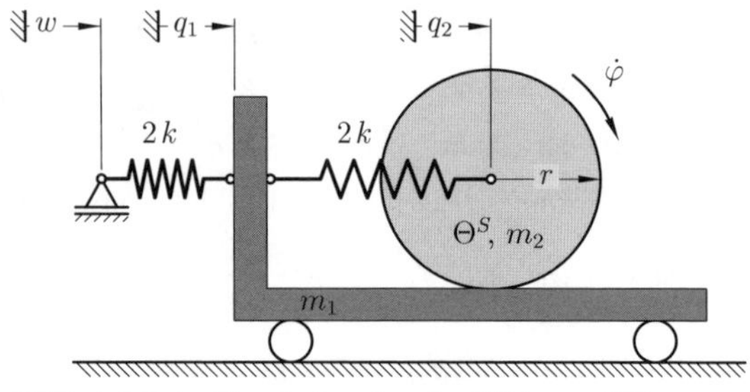

Bild A8.3.1: Elastisch gefesselte Walze auf Wagen

$$m\begin{bmatrix} 5 & -1 \\ -1 & 3 \end{bmatrix}\begin{bmatrix} \ddot{q}_1 \\ \ddot{q}_2 \end{bmatrix} + k\begin{bmatrix} 4 & -2 \\ -2 & 2 \end{bmatrix}\begin{bmatrix} q_1 \\ q_2 \end{bmatrix} = k\begin{bmatrix} 2 \\ 0 \end{bmatrix}\widehat{w}\cos\Omega t\,,$$

die charakteristische Gleichung

$$P(i\omega) = 2\,(7m^2\omega^4 - 9km\omega^2 + 2k^2) = 0\,,$$

die Eigenfrequenzen

$$\omega_1^2 = \frac{2}{7}\frac{k}{m} \quad \text{und} \quad \omega_2^2 = \frac{k}{m}$$

sowie die Eigenvektoren

$$\widehat{\boldsymbol{q}}_1 = [\ 2,\ \ 3\ ]^T \quad \text{und} \quad \widehat{\boldsymbol{q}}_2 = [\ 1,\ \ -1\ ]^T.$$

a) Berechnen Sie für die harmonische Erregung $w(t) = \widehat{w}\cos\Omega t$ das Nennerpolynom $P(i\Omega)$ sowie die erzwungenen Schwingungsamplituden $\widehat{q}_1(\Omega)$ und $\widehat{q}_2(\Omega)$ durch direktes Lösen der Bewegungsgleichung.

b) Bei welcher Frequenz Ω_{T1} tritt Tilgung am Wagen auf und bei welcher Frequenz Ω_{T2} bleibt der Walzenmittelpunkt in Ruhe? Welche Amplitude hat dann der jeweils nicht beruhigte (andere) Freiheitsgrad?

c) Untersuchen Sie das Verhalten auf Scheinresonanz.

d) Markieren Sie auf einer Frequenzachse die Resonanzfrequenzen, die Tilgungsfrequenzen sowie etwaige Scheinresonanzstellen und skizzieren Sie die Amplitudengänge $|\widehat{q}_1(\Omega)|$ und $|\widehat{q}_2(\Omega)|$.

Parallel zu den beiden Federn sind zwei gleiche Dämpfer geschaltet.

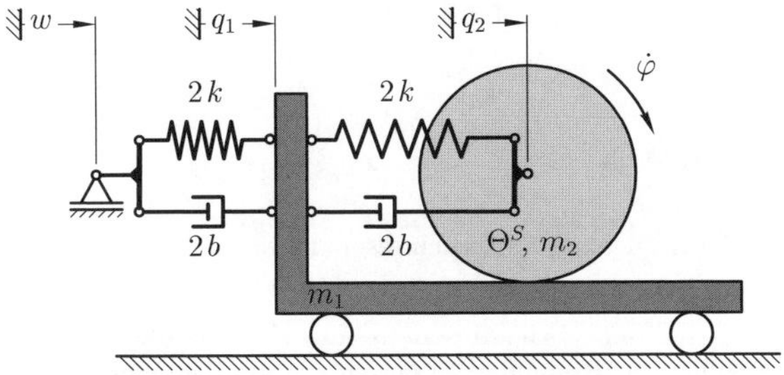

Bild A8.3.2: Walze auf Wagen mit Dämpfung

e) Prüfen Sie, ob die reellen Eigenvektoren des ungedämpften Systems auch für das gedämpfte System gelten.

f) Berechnen Sie die modalen Massen, modalen Steifigkeiten, modalen Dämpfungen und modalen Erregungen und geben Sie die erzwungene Bewegung des gedämpften Systems in modaler Darstellung an.

Gegeben: $P(i\omega)$, ω_1, ω_2, $\widehat{\boldsymbol{q}}_1$, $\widehat{\boldsymbol{q}}_2$, m, b, k, $\widehat{w}$, Ω

Lösung der Aufgabe 8.3:

a) Erzwungene Schwingungen des ungedämpften Systems bei harmonischer Erregung:

Gleichtaktansatz:

$$\boldsymbol{q} = \widehat{\boldsymbol{q}} \cos \Omega t$$

Lineares inhomogenes Gleichungssystem für die Amplituden:

$$\begin{bmatrix} 4k-5m\Omega^2 & -2k+m\Omega^2 \\ -2k+m\Omega^2 & 2k-3m\Omega^2 \end{bmatrix} \begin{bmatrix} \widehat{q}_1 \\ \widehat{q}_2 \end{bmatrix} = \begin{bmatrix} 2k \\ 0 \end{bmatrix} \widehat{w}$$

Direkte Lösung mit der CRAMERschen Regel:

Das Nennerpolynom ist identisch mit dem charakteristischen Polynom, wenn man darin für ω die Erregerfrequenz Ω setzt:

$$P(i\Omega) = 2\,(7m^2\Omega^4 - 9km\Omega^2 + 2k^2) = 0$$

Zählerpolynome:

$$Z_1(i\Omega) = \begin{vmatrix} 2k\widehat{w} & -2k+m\Omega^2 \\ 0 & 2k-3m\Omega^2 \end{vmatrix} = 2\,(2k^2-3km\Omega^2)\,\widehat{w}$$

$$Z_2(i\Omega) = \begin{vmatrix} 4k-5m\Omega^2 & 2k\widehat{w} \\ -2k+m\Omega^2 & 0 \end{vmatrix} = 2\,(2k^2-km\Omega^2)\,\widehat{w}$$

Amplituden:

$$\widehat{q}_1(\Omega) = \frac{Z_1(i\Omega)}{P(i\Omega)} = \frac{2k^2-3km\Omega^2}{7m^2\Omega^4 - 9km\Omega^2 + 2k^2}\,\widehat{w}$$

$$\widehat{q}_2(\Omega) = \frac{Z_2(i\Omega)}{P(i\Omega)} = \frac{2k^2-km\Omega^2}{7m^2\Omega^4 - 9km\Omega^2 + 2k^2}\,\widehat{w}$$

b) Untersuchung auf Tilgerstellen:

$\widehat{q}_1$ wird 0 für $\Omega_{T1}^2 = \dfrac{2k}{3m}$; $\quad \omega_1 < \Omega_{T1} < \omega_2$; $\quad \widehat{q}_2(\Omega_{T1}) = \dfrac{Z_2(i\Omega_{T1})}{P(i\Omega_{T1})} = -1.5\,\widehat{w}$

$\widehat{q}_2$ wird 0 für $\Omega_{T2}^2 = 2\dfrac{k}{m}$; $\quad \omega_2 < \Omega_{T1}$; $\quad \widehat{q}_1(\Omega_{T2}) = \dfrac{Z_1(i\Omega_{T2})}{P(i\Omega_T 2)} = -\dfrac{1}{3}\widehat{w}$

c) Untersuchung auf Scheinresonanz:

$\Omega_{T1} \neq \omega_1$ bzw. ω_2 und $\Omega_{T2} \neq \omega_1$ bzw. ω_2

Es tritt keine Scheinresonanz auf, da Ω_{T1} und Ω_{T2} mit keiner der beiden Eigenfrequenzen (Resonanzfrequenzen) zusammenfallen.

d) Amplitudengänge, Frequenzdiagramm:

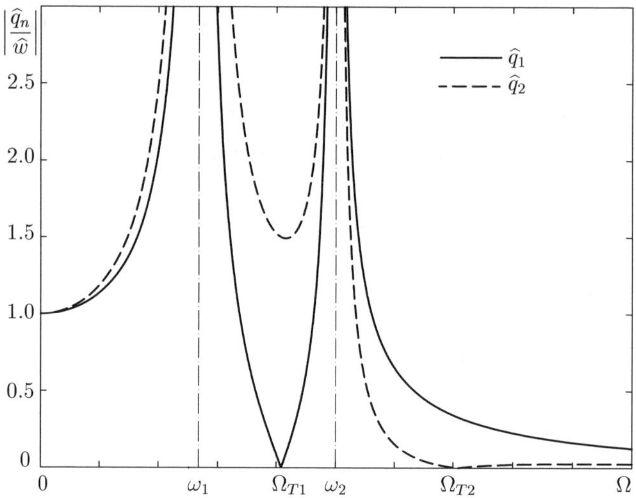

e) Lineares System mit Dämpfung:

Die Dämpfungsmatrix ist proportional zur Steifigkeitsmatrix, es handelt sich also um RAYLEIGH-Dämpfung:

$$\boldsymbol{B} = \frac{b}{k}\boldsymbol{K} = b\begin{bmatrix} 4 & -2 \\ -2 & 2 \end{bmatrix}$$

Überprüfung der CAUGHEY-Bedingung $\boldsymbol{K}\boldsymbol{M}^{-1}\boldsymbol{B} = (\boldsymbol{K}\boldsymbol{M}^{-1}\boldsymbol{B})^T$:

Inverse Massenmatrix:

$$\boldsymbol{M}^{-1} = \frac{1}{m\,(5\cdot 3 - 1\cdot 1)}\begin{bmatrix} 3 & 1 \\ 1 & 5 \end{bmatrix} = \frac{1}{14m}\begin{bmatrix} 3 & 1 \\ 1 & 5 \end{bmatrix}$$

Nebenrechnung:

			$14m\boldsymbol{M}^{-1}$		$\boldsymbol{B}/b$	
			3	1	4	−2
			1	5	−2	2
$\boldsymbol{K}/k$	4	−2	10	−6		−32
	−2	2	−4	8	−32	

Die Matrix ist symmetrisch, daher liegt CAUGHEY-Dämpfung vor. Die reellen Eigenvektoren des ungedämpften Systems gelten also auch für das gedämpfte System.

Alternative Antwort:

Die Dämpfungsmatrix ist proportional zur Steifigkeitsmatrix, daher handelt es sich um RAYLEIGH-Dämpfung, welche die CAUGHEY-Bedingung automatisch erfüllt.

f) Erzwungene Schwingungen in modaler Schreibweise:

			$\boldsymbol{M}/m$		$\widehat{\boldsymbol{q}}_1$	$\widehat{\boldsymbol{q}}_2$	$\widehat{\boldsymbol{f}}/(k\widehat{w})$
			5	−1	2	1	2
			−1	3	3	−1	0
$\widehat{\boldsymbol{q}}_1^T$	2	3	7	7	35	0	4
$\widehat{\boldsymbol{q}}_2^T$	1	−1	6	−4	0	10	2

Modale Massen:

$$\widetilde{m}_n = \widehat{\boldsymbol{q}}_n^T \boldsymbol{M}\, \widehat{\boldsymbol{q}}_n \implies \widetilde{m}_1 = 35\,m; \qquad \widetilde{m}_2 = 10\,m$$

Modale Steifigkeiten:

$$\widetilde{k}_n = \omega_n^2\, \widetilde{m}_n \implies \widetilde{k}_1 = \frac{2}{7}\frac{k}{m}\,35m = 10\,k; \qquad \widetilde{k}_2 = \frac{k}{m}\,10m = 10\,k$$

Modale Dämpfungen, $\boldsymbol{B} \sim \boldsymbol{K}$:

$$\widetilde{\boldsymbol{B}} \sim \widetilde{\boldsymbol{K}} \implies \widetilde{b}_1 = 10\,b; \qquad \widetilde{b}_2 = 10\,b$$

$$D_1 = \frac{\widetilde{b}_1}{2\,\widetilde{m}_1\,\omega_1} = \frac{b}{\sqrt{14\,k\,m}}; \qquad D_2 = \frac{\widetilde{b}_2}{2\,\widetilde{m}_2\,\omega_2} = \frac{b}{\sqrt{4\,k\,m}}$$

Modale Erregerfunktionen:

$$\widetilde{f}_n = \widehat{\boldsymbol{q}}_n^T \boldsymbol{f} \implies \widetilde{f}_1 = 4\,k\,w = \widehat{f}_1 \cos\Omega t; \qquad \widetilde{f}_2 = 2\,k\,w = \widehat{f}_2 \cos\Omega t$$

Modale Bewegungsgleichungen:

$$\widetilde{m}_n\, \ddot{p}_n + \widetilde{b}_n\, \dot{p}_n + \widetilde{k}_n\, p_n = \widetilde{f}_n(t) \implies \begin{aligned} 35\,m\,\ddot{p}_1 + 10\,b\,\dot{p}_1 + 10\,k\,p_1 &= 4\,k\,w(t) \\ 10\,m\,\ddot{p}_2 + 10\,b\,\dot{p}_2 + 10\,k\,p_2 &= 2\,k\,w(t) \end{aligned}$$

bzw.

$$\ddot{p}_n + 2D_n\omega_n\,\dot{p}_n + \omega_n^2\,p_n = \omega_n^2\,\widetilde{u}_n(t) \implies \begin{aligned} \ddot{p}_1 + \frac{10\,b}{35\,m}\,\dot{p}_1 + \frac{10\,k}{35\,m}\,p_1 &= \frac{10\,k}{35\,m}\,\widetilde{u}_1(t) \\ \ddot{p}_2 + \frac{b}{m}\,\dot{p}_2 + \frac{k}{m}\,p_2 &= \frac{k}{m}\,\widetilde{u}_2(t) \end{aligned}$$

Modale Erregung:

$$\widetilde{u}_1(t) = \frac{2}{5}\,w(t); \qquad \widetilde{u}_2(t) = \frac{1}{5}\,w(t)$$

Modale Schwingung der ersten Eigenform:

$$|V_1| = \frac{1}{\sqrt{(1-\eta_1^2)^2 + (2D_1\eta_1)^2}}\,; \qquad \psi_1 = \arctan\frac{2D_1\eta_1}{1-\eta_1^2}$$

$$\underline{p}_1(t) = \tilde{u}_1 \frac{1}{1-\eta_1^2 + i\,2D_1\eta_1} e^{i\Omega t} \qquad \text{mit} \qquad \eta_1 = \frac{\Omega}{\omega_1}$$

$$p_1(t) = \frac{2}{5}\frac{1}{\sqrt{(1-\eta_1^2)^2 + (2D_1\eta_1)^2}}\,\widehat{w}\cos(\Omega t - \psi_1)$$

Modale Schwingung der zweiten Eigenform:

$$|V_2| = \frac{1}{\sqrt{(1-\eta_2^2)^2 + (2D_2\eta_2)^2}}\,; \qquad \psi_2 = \arctan\frac{2D_2\eta_2}{1-\eta_2^2}$$

$$\underline{p}_2(t) = \tilde{u}_2 \frac{1}{1-\eta_2^2 + i\,2D_2\eta_2} e^{i\Omega t} \qquad \text{mit} \qquad \eta_2 = \frac{\Omega}{\omega_2}$$

$$p_2(t) = \frac{1}{5}\frac{1}{\sqrt{(1-\eta_2^2)^2 + (2D_2\eta_2)^2}}\,\widehat{w}\cos(\Omega t - \psi_2)$$

Harmonische erzwungene Schwingungen in modaler Schreibweise:

$$\boldsymbol{q}(t) = \sum_{n=1}^{2} \widehat{\boldsymbol{q}}_n\, p_n(t) = \widehat{w}\left\{\widehat{\boldsymbol{q}}_1 \frac{2}{5}|V_1|\cos(\Omega t - \psi_1) + \widehat{\boldsymbol{q}}_2 \frac{1}{5}|V_2|\cos(\Omega t - \psi_2)\right\} =$$

$$= \widehat{w}\left\{\begin{bmatrix} 2 \\ 3 \end{bmatrix}\frac{2}{5}|V_1|\cos(\Omega t - \psi_1) + \begin{bmatrix} 1 \\ -1 \end{bmatrix}\frac{1}{5}|V_2|\cos(\Omega t - \psi_2)\right\}$$

Modale Anteile der Amplitude $\widehat{q}_1(\Omega)$:

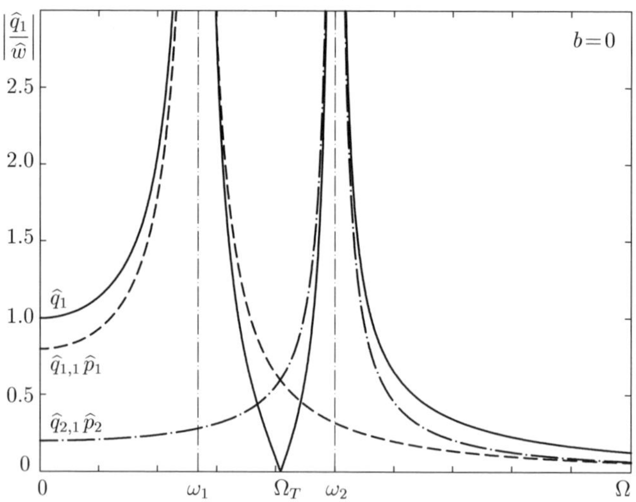

Aufgabe 8.4:

Ein Wagen (Masse m_1) ist mit einer Feder (Steifigkeit k_1) an die Umgebung gefesselt. Im Wagen befindet sich eine Kiste (Masse m_2), die auf dem Wagen reibungsfrei gleiten kann. Die Kiste ist gegenüber dem Wagen mit zwei Federn (Steifigkeiten k_2 und k_3) und einem Dämpfer (Dämpfungskonstante b) verbunden. Der Wagen wird durch eine harmonische Kraft $f(t) = \widehat{f} \cos \Omega t$ zu erzwungenen Schwingungen angeregt.

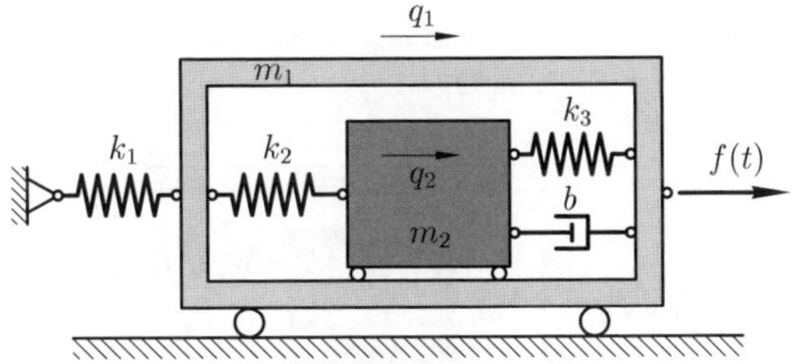

Bild A8.4: Gefesselter Wagen mit Kiste

a) Ermitteln Sie die Bewegungsgleichungen unter Anwendung von Einheitsverschiebungen zunächst für beliebige Massen, Steifigkeiten und Dämpfungen und spezialisieren Sie dann auf $m_1 = m_2 = m$ und $k_1 = k_2 = k_3 = k$. Rechnen Sie dann mit dieser Spezialisierung weiter.

Betrachten Sie zunächst das ungedämpfte System:

b) Berechnen Sie die Eigenfrequenzen und Eigenvektoren des konservativen Systems.

c) Berechnen Sie die modalen Massen $\widetilde{m}_n$ und modalen Steifigkeiten $\widetilde{k}_n$ des konservativen Systems.

d) Berechnen Sie die Amplituden der erzwungenen Schwingungen des ungedämpften Systems. Bei welcher Erregerfrequenz Ω_{T1} bleibt der Wagen und bei welcher Erregerfrequenz Ω_{T2} bleibt die Kiste in Ruhe?

Berücksichtigen Sie nun die Dämpfung:

e) Stellen Sie die Bewegungsgleichungen des gedämpften Systems mit den modalen Koordinaten des konservativen Systems dar. Zeigen Sie, daß die Differentialgleichungen für die modalen Koordinaten $p_1(t)$ und $p_2(t)$ des ungedämpften Systems beim gedämpften System in den Geschwindigkeiten gekoppelt sind.

f) Zeigen Sie, daß die vorgegebene Dämpfung keine CAUGHEY-Dämpfung ist.

g) Welcher Anteil der Dämpfung (in den modalen Koordinaten des konservativen Systems) müßte für eine Zwangsentkopplung nach der im Abschnitt 7.4.4 angegebenen Näherungsmethoden vernachlässigt werden? Schätzen Sie die Größe der zu vernachlässigenden Nebendiagonalglieder mit der Formel $\kappa = \widetilde{b}^2_{jk\,gek} / (\widetilde{b}_{jj\,gek} \widetilde{b}_{kk\,gek})$ ab.

h) Berechnen Sie durch direkte Lösung der Bewegungsgleichungen die erzwungene Bewegung des gedämpften Systems in den beiden Resonanzen $\Omega_1 = \omega_1$ und $\Omega_2 = \omega_2$ zum einen exakt und zum anderen mit der Näherungsmethode von 7.4.4. Welche relativen Amplitudenfehler werden mit der Zwangsentkopplung in den Resonanzen begangen?

Gegeben: m, k, b, $f(t) = \widehat{f} \cos \Omega t$, Ω

Lösung der Aufgabe 8.4:

a) Ermittlung der Bewegungsdifferentialgleichungen:

Einheitsverschiebung $q_1 = 1$:

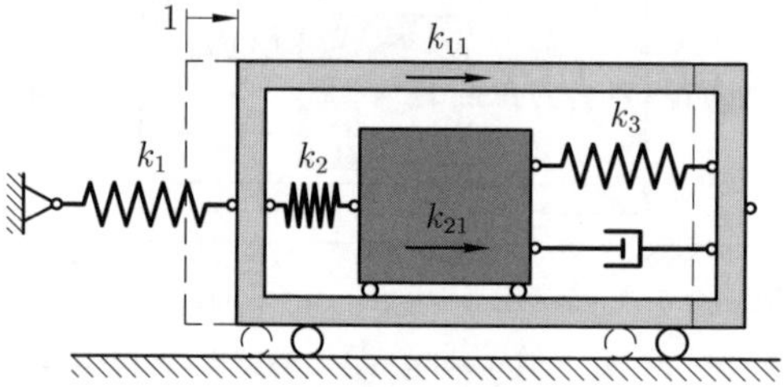

$$\boldsymbol{q}_1 = [\ 1,\ \ 0\ ]^T$$
$$k_{11} = k_1 + k_2 + k_3$$
$$k_{21} = -k_2 - k_3$$

Einheitsverschiebung $q_2 = 1$:

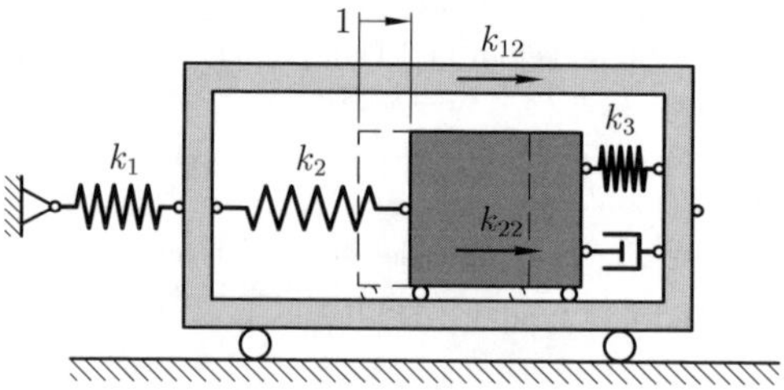

$$\boldsymbol{q}_2 = [\ 0,\ \ 1\ ]^T$$
$$k_{12} = -k_2 - k_3$$
$$k_{22} = k_2 + k_3$$

Systemmatrizen allgemein und spezialisiert:

$$\boldsymbol{K} = \begin{bmatrix} k_1+k_2+k_3 & -(k_2+k_3) \\ -(k_2+k_3) & k_2+k_3 \end{bmatrix} = k \begin{bmatrix} 3 & -2 \\ -2 & 2 \end{bmatrix}$$

$$\boldsymbol{B} = \begin{bmatrix} b & -b \\ -b & b \end{bmatrix} = b \begin{bmatrix} 1 & -1 \\ -1 & 1 \end{bmatrix}, \qquad \boldsymbol{M} = \begin{bmatrix} m_1 & 0 \\ 0 & m_2 \end{bmatrix} = m \begin{bmatrix} 1 & 0 \\ 0 & 1 \end{bmatrix}$$

Bewegungsgleichung für die speziellen Zahlenwerte:

$$m \begin{bmatrix} 1 & 0 \\ 0 & 1 \end{bmatrix} \begin{bmatrix} \ddot{q}_1 \\ \ddot{q}_2 \end{bmatrix} + b \begin{bmatrix} 1 & -1 \\ -1 & 1 \end{bmatrix} \begin{bmatrix} \dot{q}_1 \\ \dot{q}_2 \end{bmatrix} + k \begin{bmatrix} 3 & -2 \\ -2 & 2 \end{bmatrix} \begin{bmatrix} q_1 \\ q_2 \end{bmatrix} = \begin{bmatrix} f \\ 0 \end{bmatrix}$$

- Analyse des ungedämpften Systems:

b) Berechnung der Eigenfrequenzen und Eigenvektoren des ungedämpften Systems:

Bewegungsgleichung und Eigenschwingungsansatz:

$$\boldsymbol{M}\,\ddot{\boldsymbol{q}} + \boldsymbol{K}\,\boldsymbol{q} = \boldsymbol{0}, \qquad \boldsymbol{q} = \widehat{\boldsymbol{q}}\,e^{i\omega t}$$

Eigenwertproblem:

$$\begin{bmatrix} 3k - m\omega^2 & -2k \\ -2k & 2k - m\omega^2 \end{bmatrix} \begin{bmatrix} \widehat{q}_1 \\ \widehat{q}_2 \end{bmatrix} = \begin{bmatrix} 0 \\ 0 \end{bmatrix}$$

Frequenzgleichung:

$$P(i\omega) = (3k - m\omega^2)(2k - m\omega^2) - (2k)^2 = m^2\omega^4 - 5km\,\omega^2 + 2k^2 = 0$$

Eigenfrequenzen:

$$\omega^2 = \kappa \frac{k}{m} \qquad\qquad \kappa_{1/2} = \frac{5}{2} \pm \sqrt{\left(\frac{5}{2}\right)^2 - 2}$$

$$\kappa_1 = \frac{5}{2} - \frac{\sqrt{17}}{2} \approx 0.44 = 0.66^2 \qquad\qquad \kappa_2 = \frac{5}{2} + \frac{\sqrt{17}}{2} \approx 4.56 = 2.14^2$$

$$\omega_1 = \sqrt{\left(\frac{5}{2} - \frac{\sqrt{17}}{2}\right)\frac{k}{m}} \approx 0.66\sqrt{\frac{k}{m}} \qquad\qquad \omega_2 = \sqrt{\left(\frac{5}{2} + \frac{\sqrt{17}}{2}\right)\frac{k}{m}} \approx 2.14\sqrt{\frac{k}{m}}$$

Lineares Gleichungssystem für die Eigenvektorkomponenten:

$$\begin{bmatrix} 3-\kappa_n & -2 \\ -2 & 2-\kappa_n \end{bmatrix} \begin{bmatrix} \widehat{q}_{n,1} \\ \widehat{q}_{n,2} \end{bmatrix} = \begin{bmatrix} 0 \\ 0 \end{bmatrix}$$

$$(3-\kappa_n)\,\widehat{q}_{n,1} - 2\,\widehat{q}_{n,2} = 0 \quad \Longrightarrow \quad \widehat{q}_{n,2} = \frac{3-\kappa_n}{2}\,\widehat{q}_{n,1}$$

Wahl von $\widehat{q}_{n,1} = 4 \quad \Longrightarrow \quad \widehat{q}_{n,2} = (6-2\kappa_n)$

Erste Eigenschwingung:

$$\widehat{q}_{1,2} = (6 - 5 + \sqrt{17}) = 1+\sqrt{17} \approx 5.123$$

$$\widehat{\boldsymbol{q}}_1 = \begin{bmatrix} 4 \\ 1+\sqrt{17} \end{bmatrix} = \begin{bmatrix} 4 \\ 5.123 \end{bmatrix} \qquad \omega_1 \approx 0.66\sqrt{\frac{k}{m}}$$

Zweite Eigenschwingung:

$$\widehat{q}_{2,2} = (6 - 5 - \sqrt{17}) = 1-\sqrt{17} \approx -3.123$$

$$\widehat{\boldsymbol{q}}_2 = \begin{bmatrix} 4 \\ 1-\sqrt{17} \end{bmatrix} = \begin{bmatrix} 4 \\ -3.123 \end{bmatrix} \qquad \omega_2 \approx 2.14\sqrt{\frac{k}{m}}$$

Modalmatrix:

$$\boldsymbol{Q} = \begin{bmatrix} \widehat{\boldsymbol{q}}_1 & \widehat{\boldsymbol{q}}_2 \end{bmatrix} = \begin{bmatrix} 4 & 4 \\ 1+\sqrt{17} & 1-\sqrt{17} \end{bmatrix}$$

c) Berechnung der modalen Matrizen des ungedämpften Systems:

Modale Massenmatrix: $\boldsymbol{MQ}/m$

			4	4
			$1+\sqrt{17}$	$1-\sqrt{17}$
$\boldsymbol{Q}^T$	4	$1+\sqrt{17}$	$2(17+\sqrt{17})$	0
	4	$1-\sqrt{17}$	0	$2(17-\sqrt{17})$

$\boldsymbol{Q}^T\boldsymbol{M}\boldsymbol{Q}/m = \widetilde{\boldsymbol{M}}/m$

Modale Steifigkeitsmatrix: $\boldsymbol{K}/k$ $\qquad \boldsymbol{Q}$

			3	-2	4	4
			-2	2	$1+\sqrt{17}$	$1-\sqrt{17}$
$\boldsymbol{Q}^T$	4	$1+\sqrt{17}$	$10-2\sqrt{17}$	$-6+2\sqrt{17}$	$2(34-6\sqrt{17})$	0
	4	$1-\sqrt{17}$	$10+2\sqrt{17}$	$-6-2\sqrt{17}$	0	$2(34+6\sqrt{17})$

$\widetilde{\boldsymbol{K}}/k$

Modalmatrizen:

$$\widetilde{\boldsymbol{M}} = \begin{bmatrix} 2(17+\sqrt{17}) & 0 \\ 0 & 2(17-\sqrt{17}) \end{bmatrix} m \approx \begin{bmatrix} 42.25 & 0 \\ 0 & 25.75 \end{bmatrix} m$$

$$\widetilde{\boldsymbol{K}} = \begin{bmatrix} 2(34-6\sqrt{17}) & 0 \\ 0 & 2(34+6\sqrt{17}) \end{bmatrix} k \approx \begin{bmatrix} 18.5 & 0 \\ 0 & 117.5 \end{bmatrix} k$$

Modale Erregerfunktion:

$$\widetilde{\boldsymbol{f}} = \boldsymbol{Q}^T \boldsymbol{f}(t) = \begin{bmatrix} 4 \\ 4 \end{bmatrix} \widehat{f} \cos \Omega t$$

d) Berechnung der Schwingungen bei harmonischer Erregung:

Abkürzung, Erregerkraft und Gleichtaktansatz:

$$\eta^2 = \Omega^2 \frac{m}{k}, \qquad f = \widehat{f} \cos \Omega t, \qquad \boldsymbol{q} = \widehat{\boldsymbol{q}} \cos \Omega t$$

Algebraisches Gleichungssystem für die Amplituden:

$$\begin{bmatrix} 3-\eta^2 & -2 \\ -2 & 2-\eta^2 \end{bmatrix} \begin{bmatrix} \widehat{q}_1 \\ \widehat{q}_2 \end{bmatrix} = \begin{bmatrix} 1 \\ 0 \end{bmatrix} \frac{\widehat{f}}{k}$$

Dauerlösung:

$$q_1(t) = \frac{2-\eta^2}{(3-\eta^2)(2-\eta^2)-4} \frac{\widehat{f}}{k} \cos \Omega t = \frac{2-\eta^2}{\eta^4 - 5\eta^2 + 2} \frac{\widehat{f}}{k} \cos \Omega t$$

$$q_2(t) = \frac{2}{(3-\eta^2)(2-\eta^2)-4} \frac{\widehat{f}}{k} \cos \Omega t = \frac{2}{\eta^4 - 5\eta^2 + 2} \frac{\widehat{f}}{k} \cos \Omega t$$

Tilgung des Wagens m_1:

$$q_1(t) \equiv 0 \quad \text{für} \quad \eta^2 = \Omega^2 \frac{m}{k} = 2 \qquad \Longrightarrow \qquad \Omega_{T1} = \sqrt{2\frac{k}{m}}$$

Schneller Weg für $q_1(t) \equiv 0$:

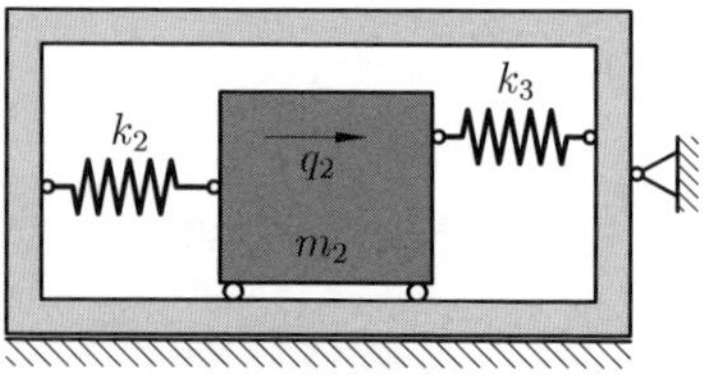

$$\Omega_{T1} = \sqrt{\frac{k_2+k_3}{m_2}} = \sqrt{2\frac{k}{m}}$$

Tilgung der inneren Masse m_2:

$q_2(t) \equiv 0$ ist nicht möglich (Der Zähler wird nie null). $\Longrightarrow$ Es existiert kein Ω_{T2}.

• Analyse des gedämpften Systems:

e) Kopplung durch die Dämpfungsmatrix:

Dämpfungsmatrix in den modalen Koordinaten des konservativen Systems:

			$\boldsymbol{B}/b$		$\boldsymbol{Q}$		
			1	-1	4	4	
			-1	1	$1+\sqrt{17}$	$1-\sqrt{17}$	
$\boldsymbol{Q}^T$	4	$1+\sqrt{17}$	$3-\sqrt{17}$	$-3+\sqrt{17}$	$2(13-3\sqrt{17})$	-8	$\widetilde{\boldsymbol{B}}_{gek}/b$
	4	$1-\sqrt{17}$	$3+\sqrt{17}$	$-3-\sqrt{17}$	-8	$2(13+3\sqrt{17})$	

In Zahlen:

			$\boldsymbol{B}/b$		$\boldsymbol{Q}$		
			1	-1	4	4	
			-1	1	5.1	-3.1	
$\boldsymbol{Q}^T$	4	5.1	-1.1	1.1	1.21	-7.8	$\widetilde{\boldsymbol{B}}_{gek}/b$
	4	-3.1	7.1	-7.1	-7.8	50.4	

Die modalen Koordinaten des konservativen Systems werden durch die Dämpfung gekoppelt.

f) Überprüfung der Dämpfungsmatrix mit der CAUGHEY-Bedingung:

Die Dämpfungsmatrix ist mit den Eigenvektoren des ungedämpften Systems diagonalisierbar, wenn die Matrix $\boldsymbol{K}\boldsymbol{M}^{-1}\boldsymbol{B}$ symmetrisch ist.

			$\boldsymbol{M}^{-1}\boldsymbol{B}\,m/b$		
			1	-1	
			-1	1	
$\boldsymbol{K}/k$	3	-2	5	-5	$\boldsymbol{K}\boldsymbol{M}^{-1}\boldsymbol{B}\dfrac{m}{bk}$
	-2	2	-4	4	

Die Matrix $\boldsymbol{K}\boldsymbol{M}^{-1}\boldsymbol{B}$ ist nicht symmetrisch. Daher erfüllt die Dämpfungsmatrix nicht die CAUGHEY-Bedingung und die Eigenvektoren des ungedämpften Systems entkoppeln das gedämpfte System nicht.

g) Kopplung durch die Dämpfungsmatrix:

Notwendige Vernachlässigung bei Zwangsentkopplung:

$$\kappa = \frac{\widetilde{b}^2_{jk\,gek}}{\widetilde{b}_{jj\,gek}\,\widetilde{b}_{kk\,gek}} = \frac{8\cdot 8}{4\,(13-3\sqrt{17})(13+3\sqrt{17})} = \frac{16}{169-9\cdot 17} = \frac{64}{64} = 1$$

Die Nebendiagonalglieder in der Dämpfungsmatrix für die modalen Freiheitsgrade des ungedämpften Systems sind genauso groß wie die Hauptdiagonalglieder.

h) Berechnung der erzwungenen Bewegung des gedämpften Systems:

Komplex ergänzte Bewegungsgleichung:

$$m\begin{bmatrix} 1 & 0 \\ 0 & 1 \end{bmatrix}\begin{bmatrix} \ddot{q}_1 \\ \ddot{q}_2 \end{bmatrix} + b\begin{bmatrix} 1 & -1 \\ -1 & 1 \end{bmatrix}\begin{bmatrix} \dot{q}_1 \\ \dot{q}_2 \end{bmatrix} + k\begin{bmatrix} 3 & -2 \\ -2 & 2 \end{bmatrix}\begin{bmatrix} q_1 \\ q_2 \end{bmatrix} = \begin{bmatrix} \widehat{f} \\ 0 \end{bmatrix} e^{i\Omega t}$$

Gleichtaktansatz:

$$\boldsymbol{q}(t) = \widehat{\boldsymbol{q}}\,e^{i\Omega t}$$

Lineares Gleichungssystem für die komplexen Amplituden:

$$\begin{bmatrix} 3k+i\Omega b-m\Omega^2 & -2k-i\Omega b \\ -2k-i\Omega b & 2k+i\Omega b-m\Omega^2 \end{bmatrix} \begin{bmatrix} \widehat{q}_1 \\ \widehat{q}_2 \end{bmatrix} = \begin{bmatrix} 1 \\ 0 \end{bmatrix} \widehat{f}$$

Resonanznenner:

$$P(i\Omega) = (3k+i\Omega b-m\Omega^2)(2k+i\Omega b-m\Omega^2) - (2k+i\Omega b)^2$$

Zählerdeterminanten:

$$Z_1(i\Omega) = -m\Omega^2 + i\Omega b + 2k$$

$$Z_2(i\Omega) = i\Omega b + 2k$$

Komplexe Schwingungsamplituden der exakten Lösung:

$$\widehat{q}_1 = \frac{Z_1(i\Omega)}{P(i\Omega)} = \frac{-m\Omega^2+i\Omega b+2k}{(3k+i\Omega b-m\Omega^2)(2k+i\Omega b-m\Omega^2) - (2k+i\Omega b)^2}$$

$$\widehat{q}_2 = \frac{Z_2(i\Omega)}{P(i\Omega)} = \frac{i\Omega b+2k}{(3k+i\Omega b-m\Omega^2)(2k+i\Omega b-m\Omega^2) - (2k+i\Omega b)^2}$$

Zwangsentkoppelte modale Analyse:

Zwangsentkoppelte Bewegungsgleichungen:

$$\widetilde{m}_1 \ddot{p}_1 + \widetilde{b}_1 \dot{p}_1 + \widetilde{k}_1 p_1 = \widetilde{f}_1(t)$$

$$\widetilde{m}_2 \ddot{p}_2 + \widetilde{b}_2 \dot{p}_2 + \widetilde{k}_2 p_2 = \widetilde{f}_2(t)$$

Modale Näherungslösungen in komplexer Darstellung:

$$\widehat{q}_{1,1}\widehat{p}_1(\Omega) = \frac{4}{\widetilde{k}_1 - \widetilde{m}_1\Omega^2 + i\widetilde{b}_1\Omega}\widehat{f} = \frac{4}{18.5k - 42.25m\Omega^2 + i\,1.21b\Omega}\widehat{f}$$

$$\widehat{q}_{1,2}\widehat{p}_2(\Omega) = \frac{4}{\widetilde{k}_2 - \widetilde{m}_2\Omega^2 + i\widetilde{b}_2\Omega}\widehat{f} = \frac{4}{117.5k - 25.75m\Omega^2 + i\,50.4b\Omega}\widehat{f}$$

Amplitudengänge, Frequenzdiagramm für $\widehat{q}_1(\Omega)$:

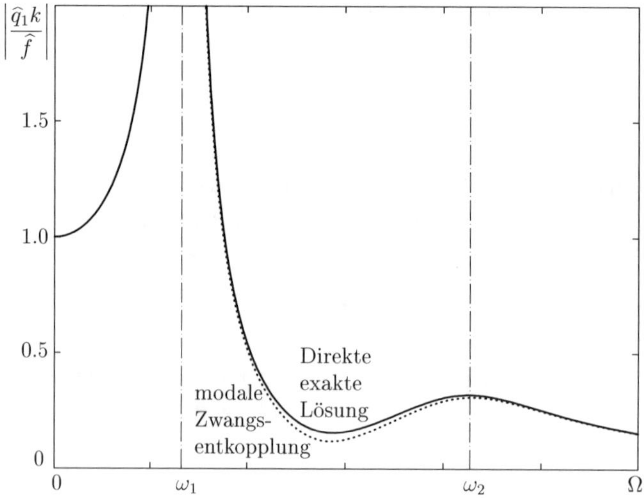

Modale Anteile der Amplituden $\widehat{q}_1(\Omega)$ und $\widehat{q}_2(\Omega)$:

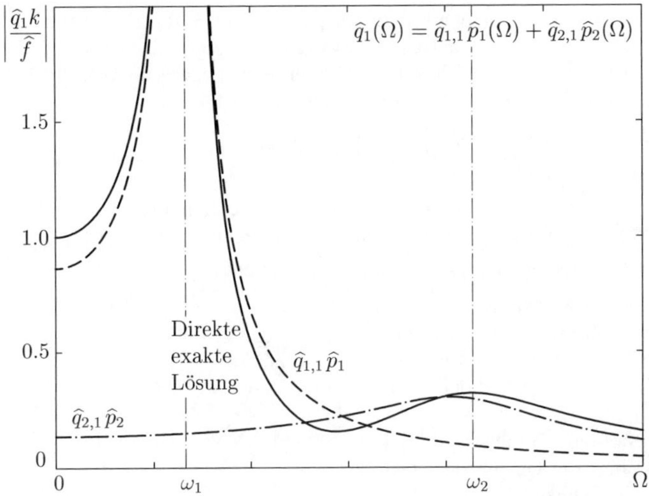

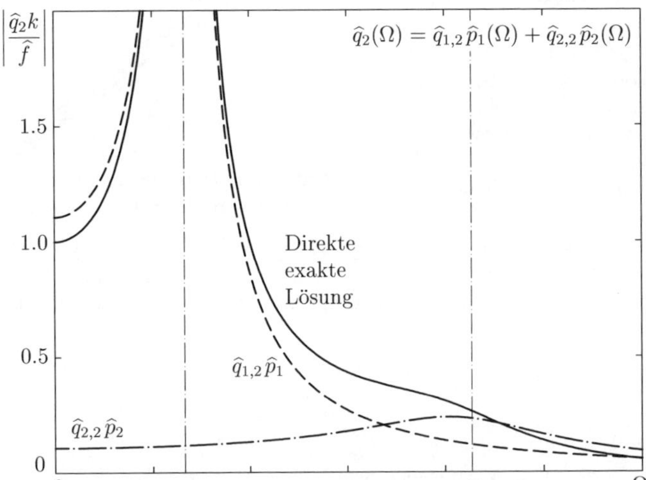

Vergleich der Maximalamplituden in den beiden Resonanzstellen:

$\widehat{q}_{1,modal}(\omega_1) = 38.34\,\widehat{f}/k \qquad \widehat{q}_{1,direkt}(\omega_1) = 39.04\,\widehat{f}/k$

$\widehat{q}_{1,modal}(\omega_2) = \ \ 0.31\,\widehat{f}/k \qquad \widehat{q}_{1,direkt}(\omega_2) = \ \ 0.32\,\widehat{f}/k$

$\widehat{q}_{2,modal}(\omega_1) = 49.05\,\widehat{f}/k \qquad \widehat{q}_{2,direkt}(\omega_1) = 49.58\,\widehat{f}/k$

$\widehat{q}_{2,modal}(\omega_2) = \ \ 0.26\,\widehat{f}/k \qquad \widehat{q}_{2,direkt}(\omega_2) = \ \ 0.26\,\widehat{f}/k$

Obwohl die vernachlässigten Nebendiagonalglieder der modalen Zwangsentkopplung sehr groß sind, sind die Ergebnisse aus der Näherungsrechnung verblüffend gut.

Aufgabe 8.5:

Der Aufhängepunkt eines Doppelpendels (homogene dünne Stangen, Massen m, Längen l) wird mit $u(t) = \hat{u}\cos\Omega t$ horizontal zwangserregt. Die linearisierten Bewegungsgleichungen für die beiden Winkelkoordinaten folgen – wie in Aufgabe 3.19 ausgeführt – aus dem LAGRANGEschen Formalismus zu

$$\frac{ml}{6}\begin{bmatrix} 8 & 3 \\ 3 & 2 \end{bmatrix}\begin{bmatrix} l\ddot{\varphi} \\ l\ddot{\psi} \end{bmatrix} + \frac{ml}{6}\begin{bmatrix} 9\omega_0^2 & 0 \\ 0 & 3\omega_0^2 \end{bmatrix}\begin{bmatrix} l\varphi \\ l\psi \end{bmatrix} = -\frac{ml}{6}\begin{bmatrix} 9 \\ 3 \end{bmatrix}\ddot{u}(t) \quad \text{mit} \quad \omega_0^2 = \frac{g}{l}.$$

a) Berechnen Sie die erzwungenen Schwingungen $\varphi(t)$ und $\psi(t)$ infolge der harmonischen Fußpunkterregung durch direktes Lösen der Bewegungsgleichungen.

b) Bei welchen Erregerkreisfrequenzen Ω_R tritt Resonanz auf?

c) Bei welchen Erregerkreisfrequenzen Ω_T hat die Winkelamplitude des oberen Pendels eine Tilgerstelle? Skizzieren Sie dazu die Form $\hat{\boldsymbol{q}}(\Omega_T)$ der Doppelpendelamplitude.

d) Zur näherungsweisen Berücksichtigung der Gelenkreibung werden in den Gelenken geschwindigkeitsproportionale Drehdämpfer (jeweils Drehdämpfungskonstante b) angebracht, deren Momente jeweils proportional zur relativen Winkelgeschwindigkeit sind. Geben Sie die Dämpfungsmatrix $\boldsymbol{B}$ an, um welche die Bewegungsgleichung erweitert werden muß. Prüfen Sie, ob es sich dabei um CAUGHEY-Dämpfung handelt.

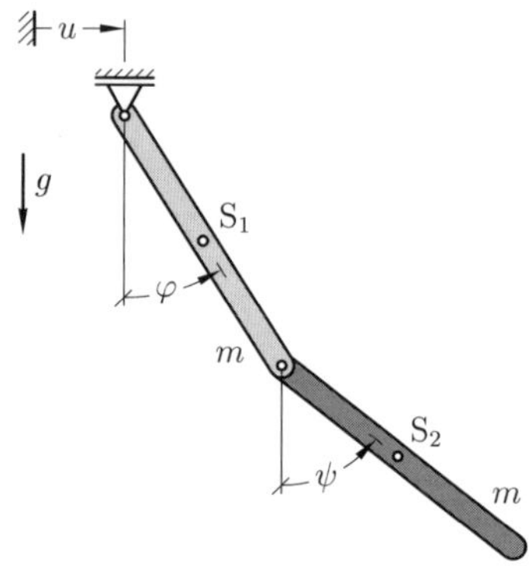

Bild A8.5: Doppelpendel mit horizontal bewegtem Aufhängepunkt

e) Mit welcher Amplitude $|l\hat{\varphi}|$ schwingt das obere Pendel des gedämpften System in der Tilgerfrequenz Ω_T des ungedämpften Systems? Hinweis: Aufgrund der Resonanzferne dürfen bei Ω_T im Nennerpolynom die Dämpfungsterme vernachlässigt werden.

Gegeben: $l,\ m,\ \hat{u},\ \Omega,\ b = \dfrac{1}{10\sqrt{3}}\, m\sqrt{gl},\ g$

Lösung der Aufgabe 8.5:

a) Berechnung der harmonisch erzwungenen Schwingung (direkte Lösung):

Gleichtaktansatz:

$$\boldsymbol{q}(t) = \hat{\boldsymbol{q}}\cos\Omega t$$

Lineares Gleichungssystem für die erzwungenen Schwingungsamplituden:

$$\left[-\Omega^2\boldsymbol{M} + \boldsymbol{K}\right]\hat{\boldsymbol{q}} = \underline{\boldsymbol{K}}\,\hat{\boldsymbol{q}} = \hat{\boldsymbol{f}}$$

Dynamische Steifigkeitsmatrix:

$$\underline{\boldsymbol{K}}(\Omega) = \begin{bmatrix} 9\omega_0^2 - 8\Omega^2 & -3\Omega^2 \\ -3\Omega^2 & 3\omega_0^2 - 2\Omega^2 \end{bmatrix} \frac{ml}{6}$$

Nennerpolynom der direkten Lösung:

$$\det\{\underline{\boldsymbol{K}}\} = P(\Omega) = \left\{7\,\Omega^4 - 42\,\omega_0^2\,\Omega^2 + 27\,\omega_0^4\right\}\left(\frac{ml}{6}\right)^2$$

Zählerpolynome:

$$Z_\varphi(\Omega) = \begin{vmatrix} 9\Omega^2 & -3\Omega^2 \\ 3\Omega^2 & 3\omega_0^2 - 2\Omega^2 \end{vmatrix} \left(\frac{ml}{6}\right)^2 \widehat{u} = \left(\frac{ml}{6}\right)^2 9\,\Omega^2 \left(3\,\omega_0^2 - \Omega^2\right) \widehat{u}$$

$$Z_\psi(\Omega) = \begin{vmatrix} 9\omega_0^2 - 8\Omega^2 & 9\Omega^2 \\ -3\Omega^2 & 3\Omega^2 \end{vmatrix} \left(\frac{ml}{6}\right)^2 \widehat{u} = \left(\frac{ml}{6}\right)^2 3\,\Omega^2 \left(9\,\omega_0^2 + \Omega^2\right) \widehat{u}$$

Schwingungsantworten:

$$\varphi(t) = \frac{Z_\varphi(\Omega)}{P(\Omega)} \cos\Omega t = \frac{9\,\Omega^2\,(3\,\omega_0^2 - \Omega^2)}{7\Omega^4 - 42\,\omega_0^2\,\Omega^2 + 27\,\omega_0^4}\,\frac{\widehat{u}}{l} \cos\Omega t$$

$$\psi(t) = \frac{Z_\psi(\Omega)}{P(\Omega)} \cos\Omega t = \frac{3\,\Omega^2\,(9\,\omega_0^2 + \Omega^2)}{7\Omega^4 - 42\,\omega_0^2\,\Omega^2 + 27\,\omega_0^4}\,\frac{\widehat{u}}{l} \cos\Omega t$$

b) Berechnung der Resonanzstellen:

Gleichung für die Resonanzfrequenzen:

$P(\Omega) = 0$

Resonanzfrequenzen (Eigenfrequenzen):

$$\Omega_{R1}^2 = \omega_1^2 = \frac{1}{7}\,(21 - 6\sqrt{7})\,\omega_0^2 \approx 0.73\,\frac{g}{l}$$

$$\Omega_{R2}^2 = \omega_2^2 = \frac{1}{7}\,(21 + 6\sqrt{7})\,\omega_0^2 \approx 5.27\,\frac{g}{l}$$

c) Tilgung der Drehbewegung des oberen Pendels:

Das obere Pendel führt keine Kippbewegungen aus, wenn $\widehat{\varphi} = 0$ ist:

$3\omega_0^2 - \Omega_T^2 = 0$

Tilgungsfrequenz der Koordinate φ:

$\Omega_T^2 = 3\,\omega_0^2$

Bewegung des unteren Pendels bei Ω_T:

$$\widehat{\psi}(\Omega_T) = \frac{3 \cdot 3\,(9 + 3)}{7 \cdot 9 - 42 \cdot 3 + 27}\,\frac{\widehat{u}}{l} = -3\,\frac{\widehat{u}}{l}$$

An der Koordinate ψ ist keine Tilgung möglich.

Betriebsschwingungsform in der Tilgerfrequenz Ω_T:

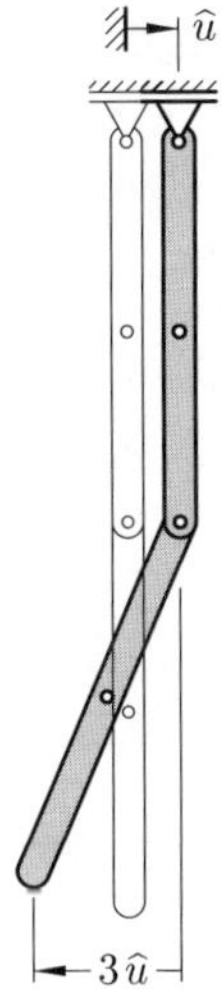

d) Berücksichtigung von Dämpfung in den Drehgelenken:

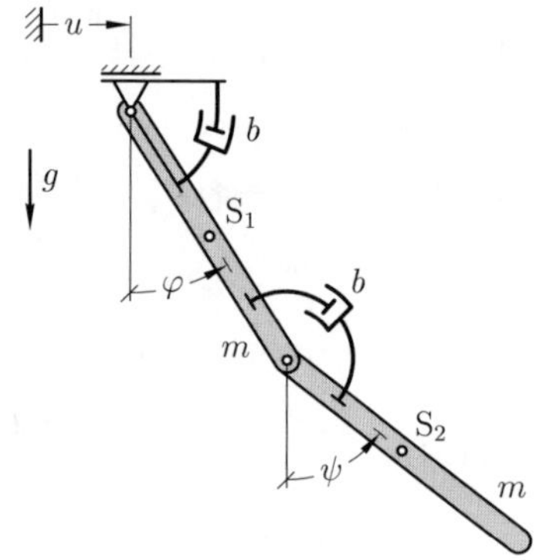

LAGRANGEsche Gleichungen:

$$\frac{d}{dt}\frac{\partial L}{\partial \dot{q}_n} - \frac{\partial L}{\partial q_n} = Q_n^* \qquad \text{für} \qquad n = 1, 2, ..., N$$

Nichtkonservative generalisierte Zusatzkräfte in allgemeiner Form:

$$Q_n^* = \sum_i \vec{F}_i \cdot \frac{\partial \dot{\vec{r}}_i}{\partial \dot{q}_n} + \sum_j \vec{M}_j \cdot \frac{\partial \vec{\omega}_j}{\partial \dot{q}_n}$$

Dämpfungsmoment im oberen Gelenk:

$$M_o = b\,\dot{\varphi}$$

Dämpfungsmoment im unteren Gelenk (wirkt auf oberes und unteres Pendel):

$$M_u = b\,(\dot{\psi} - \dot{\varphi})$$

Berechnung der generalisierten nichtkonservativen Kräfte der Drehdämpfer:

$$Q_\varphi^* = -M_o \frac{\partial \dot{\varphi}}{\partial \dot{\varphi}} - M_u \frac{\partial (\dot{\psi} - \dot{\varphi})}{\partial \dot{\varphi}} = -b\,(2\dot{\varphi} - \dot{\psi})$$

$$Q_\psi^* = -M_o \frac{\partial \dot{\varphi}}{\partial \dot{\psi}} - M_u \frac{\partial (\dot{\psi} - \dot{\varphi})}{\partial \dot{\psi}} = -b\,(\dot{\psi} - \dot{\varphi})$$

Dämpfungsmatrix:

$$\boldsymbol{B} = b\begin{bmatrix} 2 & -1 \\ -1 & 1 \end{bmatrix}$$

Analyse der Bedingung für CAUGHEY-Dämpfung:

Inverse der Massenmatrix:

$$\boldsymbol{M}^{-1} = \frac{6}{ml}\,\frac{1}{8\cdot 2 - 3\cdot 3}\begin{bmatrix} 2 & -3 \\ -3 & 8 \end{bmatrix} = \frac{6}{7ml}\begin{bmatrix} 2 & -3 \\ -3 & 8 \end{bmatrix}$$

Ausrechnen des Matrixprodukts:

			$\boldsymbol{M}^{-1}(7ml/6)$		$\boldsymbol{B}/b$		
			2	−3	2	−1	
			−3	8	−1	1	
$\boldsymbol{K}\dfrac{6}{ml\omega_0^2}$	9	0	18	−27	*	−45	$= \boldsymbol{A}\dfrac{7}{b\,\omega_0^2}$
	0	3	−9	24	−42	*	

$$\boldsymbol{A} = \boldsymbol{K}\boldsymbol{M}^{-1}\boldsymbol{B} = \frac{ml\omega_0^2}{6}\,\frac{6}{7ml}\,b\begin{bmatrix} * & -45 \\ -42 & * \end{bmatrix} = \frac{b\,\omega_0^2}{7}\begin{bmatrix} * & -45 \\ -42 & * \end{bmatrix}$$

Es liegt keine CAUGHEY-Dämpfung vor, da $a_{12} = -45\,b\omega_0^2/7 \neq a_{21} = -6\,b\,\omega_0^2$ ist.

e) Berechnung der gedämpften Bewegung in der Tilgerfrequenz Ω_T:

Dämpfungsfaktor in der dynamischen Steifigkeitsmatrix:

$$\frac{b}{ml/6\omega_0}\,\Omega_T\,\omega_0 = \frac{6}{10\sqrt{3}}\,\frac{m\sqrt{gl}}{\sqrt{g/l}\,ml}\,\Omega_T\,\omega_0 = \frac{\sqrt{3}}{5}\,\Omega_T\,\omega_0$$

Dynamische Steifigkeitsmatrix des gedämpften Systems:

$$\underline{\boldsymbol{K}}(\Omega_T) = \begin{bmatrix} 9\,\omega_0^2 + i\,\frac{2\sqrt{3}}{5}\,\Omega_T\,\omega_0 - 8\,\Omega_T^2 & -i\,\frac{\sqrt{3}}{5}\,\Omega_T\,\omega_0 - 3\,\Omega_T^2 \\ -i\,\frac{\sqrt{3}}{5}\,\Omega_T\,\omega_0 - 3\,\Omega_T^2 & 3\,\omega_0^2 + i\,\frac{\sqrt{3}}{5}\,\Omega_T\,\omega_0 - 2\,\Omega_T^2 \end{bmatrix} \frac{ml}{6}$$

Näherung des Nennerpolynoms aufgrund der Resonanzferne:

$$P_{ged}(\Omega_T) \approx P_{unged}(\Omega_T) = \big(7\cdot 9 - 42\cdot 3 + 27\big)\left(\frac{ml}{6}\right)^2 \omega_0^4 = -36\left(\frac{ml}{6}\right)^2 \omega_0^4$$

Zählerpolynom:

$$Z_\varphi(\Omega_T) = \begin{vmatrix} 9\,\Omega_T^2 & -i\,\frac{\sqrt{3}}{5}\,\Omega_T\,\omega_0 - 3\,\Omega_T^2 \\ 3\,\Omega_T^2 & 3\,\omega_0^2 + i\,\frac{\sqrt{3}}{5}\,\Omega_T\,\omega_0 - 2\,\Omega_T^2 \end{vmatrix} \left(\frac{ml}{6}\right)^2 \widehat{u} =$$

$$= \left(\frac{ml}{6}\right)^2 9\,\Omega_T^2 \left(3\,\omega_0^2 - \Omega_S^2 + i\,\frac{4}{5\sqrt{3}}\,\Omega_T\,\omega_0\right)\widehat{u}$$

Amplitude des oberen Pendels (Winkelbewegung) in der Tilgerfrequenz $\Omega_T^2 = 3\,\omega_0^2$:

$$|l\,\widehat{\varphi}| = \left|\frac{Z_\varphi(\Omega_T)}{P_{ged}(\Omega_T)}\right| \approx \left|\frac{9\cdot 3\left(i\,\frac{4}{5\sqrt{3}}\,\sqrt{3}\right)}{-36}\right| \widehat{u} = \left|\frac{27\cdot 4}{5\cdot 36}\right| \widehat{u} = \frac{3}{5}\,\widehat{u}$$

Aufgabe 8.6:

Das ungedämpfte Schwingungssystem von Bild A8.6.1 hat die Systemmatrizen

$$\boldsymbol{M} = m\begin{bmatrix} 1 & 0 & 0 \\ 0 & 1 & 0 \\ 0 & 0 & 1 \end{bmatrix} \quad \text{und} \quad \boldsymbol{K} = k\begin{bmatrix} 6 & -\sqrt{2} & -2 \\ -\sqrt{2} & 4 & -\sqrt{2} \\ -2 & -\sqrt{2} & 6 \end{bmatrix},$$

die Eigenkreisfrequenzen

$$\omega_1^2 = 2\frac{k}{m} = 2\,\mathrm{s}^{-2}, \qquad \omega_2^2 = 6\frac{k}{m} \qquad \text{und} \qquad \omega_3^2 = 8\frac{k}{m}$$

sowie die Eigenvektoren

$$\widehat{\boldsymbol{q}}_1 = \begin{bmatrix} 1 \\ \sqrt{2} \\ 1 \end{bmatrix}, \qquad \widehat{\boldsymbol{q}}_2 = \begin{bmatrix} 1 \\ -\sqrt{2} \\ 1 \end{bmatrix} \qquad \text{und} \qquad \widehat{\boldsymbol{q}}_3 = \begin{bmatrix} 1 \\ 0 \\ -1 \end{bmatrix}.$$

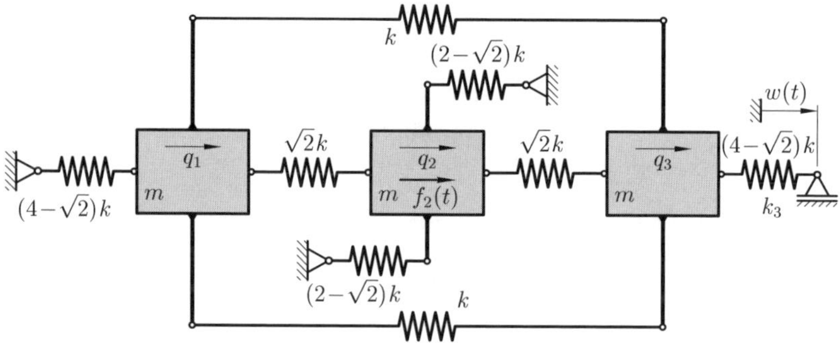

Bild A8.6.1: Ungedämpftes System mit drei Freiheitsgraden

a) Zunächst wird das rechte Auflager festgehalten ($w = 0$) und die Masse m_2 durch eine Kraft $f_2(t) = \widehat{f}_2 \cos \Omega t$ harmonisch bewegt. Bei welchen Frequenzen Ω_T tritt Tilgung an der Koordinate q_2 auf?

b) Im zweiten Versuch wird das Ende der rechten Feder k_3 harmonisch mit $w = \widehat{w} \cos \Omega t$ bewegt. Berechnen Sie die erzwungenen Schwingungen q_1, q_2 und q_3 infolge dieser Fußpunkterregung.

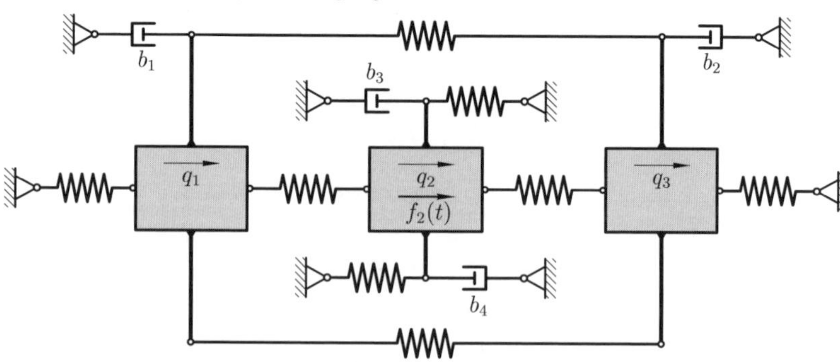

Bild A8.6.2: Gedämpftes System mit drei Freiheitsgraden

c) In das System wird nun gemäß Bild A8.6.2 Dämpfung eingebracht. Berechnen Sie die erzwungenen Schwingungen der Masse m_2 bei harmonischer Erregung $f_2(t)=\widehat{f}_2 \cos\Omega t$ an der Masse m_2 durch direktes Lösen der Bewegungsgleichung.

d) Welche Bedingungen müssen die Dämpfungskoeffizienten b_1 bis b_4 erfüllen, damit die Dämpfung der CAUGHEY-Verteilung entspricht?

e) Berechnen Sie für $b_1=b_2=b$ und $b_3=b_4=b/2$ durch modale Zerlegung die erzwungenen Schwingungen bei harmonischer Krafterregung mit $f_2(t)=\widehat{f}_2 \cos\Omega t$ an der Masse m_2.

f) An der Masse m_2 greift eine transiente Erregerkraft $f_2=\widehat{f}_2 \cos\varphi(t)$ an, deren Frequenz $\dot{\varphi}(t)/2\pi$ von 0 auf $\dot{\varphi}_{max}/2\pi=0.557\,\text{Hz}$ linear mit der Zeit innerhalb von $\tau_{max}=350\,\text{s}$ gesteigert wird. Schätzen Sie die maximalen Amplituden des Freiheitsgrades q_1 beim Durchgang durch die drei Resonanzen ab.

g) Das System wird am Freiheitsgrad q_2 durch eine rauschförmige Kraft $f_2(t)$ beaufschlagt, deren bezogene spektrale Leistungsdichte den konstanten Wert c^2 hat, $|\mathcal{F}\{f_2(t)\}|=c$. Schätzen Sie den Betrag des Spektrum $\mathcal{F}\{q_1\}$ der Schwingungsantwort an der Koordinate q_1 in den beiden Resonanzen ab.

Gegeben: $m,\ k,\ c,\ b_1=2b_3=b=0.04\sqrt{2km},\ \Omega=2\sqrt{2k/m},\ \dot{\varphi}_{max},\ \tau_{max},$
$w(t)=\widehat{w}\cos\Omega t,\ f_2(t)=\widehat{f}_2\cos\Omega t$ bzw. $f_2(t)=\widehat{f}_2\cos\varphi(t)$

Lösung der Aufgabe 8.6:

a) Analyse der Tilgung an der Koordinate q_2 bei harmonischer Erregung an q_2:

Reduziertes System mit fixierter Koordinate q_2:

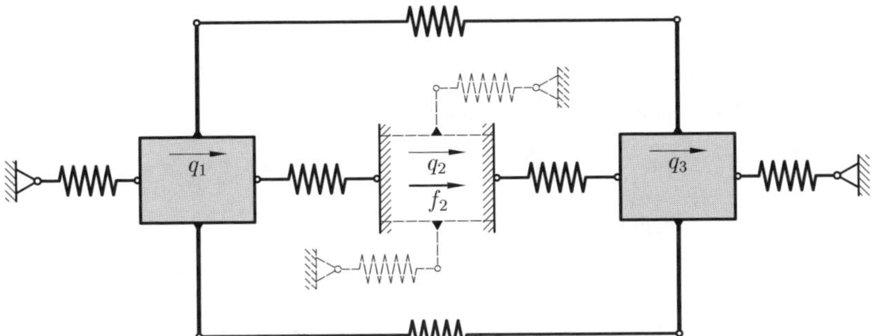

Bewegungsgleichung des reduzierten Systems mit $q_2=0$:

$$m\begin{bmatrix}1 & 0\\ 0 & 1\end{bmatrix}\begin{bmatrix}\ddot{q}_1\\ \ddot{q}_3\end{bmatrix}+k\begin{bmatrix}6 & -2\\ -2 & 6\end{bmatrix}\begin{bmatrix}q_1\\ q_3\end{bmatrix}=\begin{bmatrix}0\\ 0\end{bmatrix}$$

Berechnung der Eigenfrequenzen des reduzierten Systems:

$$\det\begin{bmatrix}6k-m\omega_T^2 & -2k\\ -2k & 6k-m\omega_T^2\end{bmatrix}=(6k-m\omega_T^2)^2-(2k)^2=m^2\left(\omega_T^4-12\frac{k}{m}\omega_T^2+32\frac{k^2}{m^2}\right)=0$$

Tilgungsfrequenzen für die Koordinate q_2 sind die Eigenfrequenzen des reduzierten Systems:

$$\Omega_{T1}^2=\omega_{T1}^2=4\frac{k}{m},\qquad \Omega_{T2}^2=\omega_{T2}^2=8\frac{k}{m}$$

b) Schwingungen bei harmonischer Fußpunkterregung an der Feder k_3:

Bewegungsgleichung des Gesamtsystems bei Fußpunkterregung an der Feder k_3:

$$m\begin{bmatrix}1&0&0\\0&1&0\\0&0&1\end{bmatrix}\begin{bmatrix}\ddot q_1\\\ddot q_2\\\ddot q_3\end{bmatrix}+k\begin{bmatrix}6&-\sqrt2&-2\\-\sqrt2&4&-\sqrt2\\-2&-\sqrt2&6\end{bmatrix}\begin{bmatrix}q_1\\q_2\\q_3\end{bmatrix}=\begin{bmatrix}0\\0\\(4-\sqrt2)\,k\end{bmatrix}w(t)$$

Modalmatrix:

$$\boldsymbol{Q}=\begin{bmatrix}1&1&1\\\sqrt2&-\sqrt2&0\\1&1&-1\end{bmatrix}$$

Modale Massen, modale Steifigkeiten und modale Erregerfunktionen:

$$\widetilde{\boldsymbol{M}}=\boldsymbol{Q}^T\boldsymbol{M}\,\boldsymbol{Q}=m\begin{bmatrix}4&0&0\\0&4&0\\0&0&2\end{bmatrix}\qquad\qquad \widetilde{\boldsymbol{K}}=\boldsymbol{Q}^T\boldsymbol{K}\,\boldsymbol{Q}=k\begin{bmatrix}8&0&0\\0&24&0\\0&0&16\end{bmatrix}$$

$$\widetilde{\boldsymbol{f}}=\boldsymbol{Q}^T\boldsymbol{f}=\begin{bmatrix}1\\1\\-1\end{bmatrix}(4-\sqrt2)\,k\,w(t)$$

Entkoppelte Bewegungsgleichungen der modalen Koordinaten in Normalform:

$$\begin{bmatrix}1&0&0\\0&1&0\\0&0&1\end{bmatrix}\begin{bmatrix}\ddot p_1\\\ddot p_2\\\ddot p_3\end{bmatrix}+\begin{bmatrix}\omega_1^2&0&0\\0&\omega_2^2&0\\0&0&\omega_3^2\end{bmatrix}\begin{bmatrix}p_1\\p_2\\p_3\end{bmatrix}=\begin{bmatrix}\omega_1^2\,u_1(t)\\\omega_2^2\,u_2(t)\\\omega_3^2\,u_3(t)\end{bmatrix}$$

Kenngrößen und modale Erregungen:

$$\omega_1^2=2\,\frac{k}{m};\qquad \omega_2^2=6\,\frac{k}{m};\qquad \omega_3^2=8\,\frac{k}{m}$$

$$u_1(t)=\frac{4-\sqrt2}{8}\,w(t);\qquad u_2(t)=\frac{4-\sqrt2}{24}\,w(t);\qquad u_3(t)=-\frac{4-\sqrt2}{16}\,w(t)$$

Berechnung der modalen Schwingungsantworten:

$$\eta_1=\frac{2\sqrt2}{\sqrt2}=2\quad\Longrightarrow\quad V(\eta_1)=\frac13,\qquad \psi_1(\eta_1)=\arctan\frac{0}{1-\eta_1^2}=\pi$$

$$p_1=\frac{1}{\sqrt{(1-\eta_1^2)^2}}\,\widehat u_1\cos(\Omega t-\psi_1)=\frac13\,\frac{4-\sqrt2}{8}\,\widehat w\cos(\Omega t-\pi)$$

$$\eta_2=\frac{2\sqrt2}{\sqrt6}=\frac{2\sqrt3}{3}\quad\Longrightarrow\quad V(\eta_2)=3,\qquad \psi_2(\eta_2)=\arctan\frac{0}{1-\eta_2^2}=\pi$$

$$p_2=\frac{1}{\sqrt{(1-\eta_2^2)^2}}\,\widehat u_2\cos(\Omega t-\psi_2)=3\,\frac{4-\sqrt2}{24}\,\widehat w\cos(\Omega t-\pi)$$

$\eta_3=1 \quad\Longrightarrow\quad$ Erregung in der ungedämpften Resonanz

$$p_3=-\frac{4-\sqrt2}{16}\,\widehat w\,\frac{\omega_3 t}{2}\cos(\omega_3 t-\frac{\pi}{2})$$

Physikalische Schwingungen:

$$\begin{bmatrix} q_1 \\ q_2 \\ q_3 \end{bmatrix} = \widehat{\boldsymbol{q}}_1 p_1(t) + \widehat{\boldsymbol{q}}_2 p_2(t) + \widehat{\boldsymbol{q}}_3 p_3(t) = \begin{bmatrix} 1 \\ \sqrt{2} \\ 1 \end{bmatrix} \frac{1}{3}\frac{4-\sqrt{2}}{8}\,\widehat{w}\cos(\Omega t-\pi) +$$

$$+ \begin{bmatrix} 1 \\ -\sqrt{2} \\ 1 \end{bmatrix} 3\,\frac{4-\sqrt{2}}{24}\,\widehat{w}\cos(\Omega t-\pi) - \begin{bmatrix} 1 \\ 0 \\ -1 \end{bmatrix} \frac{4-\sqrt{2}}{16}\,\widehat{w}\,\frac{\omega_3 t}{2}\cos(\omega_3 t-\frac{\pi}{2})$$

c) Harmonische Krafterregung des gedämpften Systems:

Dämpfungsmatrix: Dynamische Steifigkeitsmatrix:

$$\boldsymbol{B} = \begin{bmatrix} b_1 & 0 & 0 \\ 0 & b_3+b_4 & 0 \\ 0 & 0 & b_2 \end{bmatrix} \qquad \underline{\boldsymbol{K}} = \begin{bmatrix} 6k-\Omega^2 m+i\Omega b_1 & -\sqrt{2}k & -2k \\ -\sqrt{2}k & 4k-\Omega^2 m+i\Omega(b_3+b_4) & -\sqrt{2}k \\ -2k & -\sqrt{2}k & 6k-\Omega^2 m+i\Omega b_2 \end{bmatrix}$$

Berechnung der harmonisch erzwungenen Schwingungen der Koordinate q_2:

Nennerdeterminante:

$$\det \underline{\boldsymbol{K}} = \Big[6k-\Omega^2 m+i\Omega b_1\Big]\Big[(4k-\Omega^2 m+i\Omega(b_3+b_4))(6k-\Omega^2 m+i\Omega b_2) - (\sqrt{2}k)^2\Big] -$$
$$-(-\sqrt{2}k)\Big[(-\sqrt{2}k)(6k-\Omega^2 m+i\Omega b_2) - (-\sqrt{2}k)(2k)\Big] +$$
$$+(-2k)\Big[(\sqrt{2}k)^2 - (-2k)(4k-\Omega^2 m+i\Omega(b_3+b_4))\Big]$$

Modifizierte dynamische Steifigkeitsmatrix, Zählerdeterminante für q_2:

$$\underline{\boldsymbol{K}}_2 = \begin{bmatrix} 6k-\Omega^2 m+i\Omega b_1 & 0 & -2k \\ -\sqrt{2}k & \widehat{f}_2 & -\sqrt{2}k \\ -2k & 0 & 6k-\Omega^2 m+i\Omega b_2 \end{bmatrix}$$

$$\det \underline{\boldsymbol{K}}_2 = \widehat{f}_2\Big[(6k-\Omega^2 m+i\Omega b_1)(6k-\Omega^2 m+i\Omega b_2) - (-2k)^2\Big]$$

Komplexe Amplitude der Koordinate q_2:

$$\widehat{\underline{q}}_2 = \frac{\det \underline{\boldsymbol{K}}_2}{\det \underline{\boldsymbol{K}}} = \frac{(6k-\Omega^2 m+i\Omega b_1)(6k-\Omega^2 m+i\Omega b_2) - (-2k)^2}{\det \underline{\boldsymbol{K}}}\,\widehat{f}_2$$

d) CAUGHEY-Dämpfung:

Die Dämpfungsmatrix erfüllt die CAUGHEY-Bedingung, wenn $\boldsymbol{K}\boldsymbol{M}^{-1}\boldsymbol{B}$ symmetrisch ist. Berechnung des Matrizenproduktes:

$$\boldsymbol{K}\boldsymbol{M}^{-1}\boldsymbol{B} = \begin{bmatrix} 6\frac{k}{m}b_1 & -\sqrt{2}\frac{k}{m}(b_3+b_4) & -2\frac{k}{m}b_2 \\ -\sqrt{2}\frac{k}{m}b_1 & 4\frac{k}{m}(b_3+b_4) & -\sqrt{2}\frac{k}{m}b_2 \\ -2\frac{k}{m}b_1 & -\sqrt{2}\frac{k}{m}(b_3+b_4) & 6\frac{k}{m}b_2 \end{bmatrix}$$

Das Matrizenprodukt wird symmetrisch für

$b_1 = b_3+b_4$ und $b_1 = b_2$.

Parameterwahl:

$b_1 = b_2 = b, \qquad b_3 = b_4 = \frac{1}{2}b$

e) Berechnung der stationären erzwungenen Schwingungen des gedämpften Systems:
CAUGHEY-Dämpfung für $b_1 = b_2 = b$ und $b_3 = b_4 = b/2$:

Modale Dämpfungsmatrix:

$$\widetilde{\boldsymbol{B}} = \boldsymbol{Q}^T \boldsymbol{B} \boldsymbol{Q} = \begin{bmatrix} 4b & 0 & 0 \\ 0 & 4b & 0 \\ 0 & 0 & 2b \end{bmatrix}$$

Modale Erregerkräfte:

$$\widetilde{\boldsymbol{f}}(t) = \boldsymbol{Q}^T \boldsymbol{f}(t) = \begin{bmatrix} \sqrt{2} f_2(t) \\ -\sqrt{2} f_2(t) \\ 0 \end{bmatrix}$$

Modale Schwingungsantwort zur ersten Eigenform:

$$\ddot{p}_1 + 2D_1\omega_1 \dot{p}_1 + \omega_1^2 p_1 = \omega_1^2 u_1(t)$$

$$\omega_1^2 = 2\frac{k}{m}; \qquad D_1 = \frac{b}{2m\omega_1} = \frac{1}{50}; \qquad u_1(t) = \frac{\sqrt{2}}{8k} f_2(t); \qquad \eta_1 = \frac{\Omega}{\omega_1} = 2$$

$$\underline{p}_1 = \frac{1}{1-\eta_1^2 + i\,2D_1\eta_1}\,\widehat{u}_1 e^{i\Omega t}, \qquad \psi_1 = \arctan\frac{2D_1\eta_1}{1-\eta_1^2} = 0.99\,\pi$$

$$p_1 = \frac{1}{\sqrt{(1-\eta_1^2)^2 + (2D_1\eta_1)^2}}\,\widehat{u}_1 \cos(\Omega t - \psi_1) \approx \frac{1}{3}\frac{\sqrt{2}}{8k}\widehat{f}_2 \cos(\Omega t - 0.99\,\pi)$$

Modale Schwingungsantwort zur zweiten Eigenform:

$$\ddot{p}_2 + 2D_2\omega_2 \dot{p}_2 + \omega_2^2 p_2 = \omega_2^2 u_2(t)$$

$$\omega_2^2 = 6\frac{k}{m}; \qquad D_2 = \frac{b}{2m\omega_2} = \frac{\sqrt{3}}{150}; \qquad u_2(t) = -\frac{\sqrt{2}}{24k} f_2(t); \qquad \eta_2 = \frac{\Omega}{\omega_2} = \frac{2\sqrt{3}}{3}$$

$$\underline{p}_2 = \frac{1}{1-\eta_2^2 + i\,2D_2\eta_2}\,\widehat{u}_2 e^{i\Omega t}, \qquad \psi_2 = \arctan\frac{2D_2\eta_2}{1-\eta_2^2} = 0.93\,\pi$$

$$p_2 = \frac{1}{\sqrt{(1-\eta_2^2)^2 + (2D_2\eta_2)^2}}\,\widehat{u}_2 \cos(\Omega t - \psi_2) \approx -2.9\frac{\sqrt{2}}{24}\widehat{f}_2 \cos(\Omega t - 0.93\,\pi)$$

Der dritte modale Freiheitsgrad p_3 wird wegen $\widetilde{f}_3 = 0$ nicht angeregt.

Erzwungene Schwingung der Koordinate q_2:

$$q_2 = \widehat{q}_{1,2}\,p_1 + \widehat{q}_{2,2}\,p_2 =$$

$$= (\sqrt{2})\,\frac{1}{3}\frac{\sqrt{2}}{8k}\widehat{f}_2 \cos(\Omega t - 0.99\,\pi) + (-\sqrt{2})\,(-2.9)\,\frac{\sqrt{2}}{24}\widehat{f}_2 \cos(\Omega t - 0.93\,\pi)$$

f) Instationäre Schwingungen, Resonanzdurchfahrt:

Anfahrgesetz:

$$\varphi(t) = \frac{a}{2}t^2 + \Omega_0 t + \beta, \qquad \dot{\varphi}(t) = a t + \Omega_0, \qquad \ddot{\varphi}(t) = a$$

$$\varphi(0) = 0 \implies \beta = 0; \qquad \dot{\varphi}(0) = 0 \implies \Omega_0 = 0; \qquad \dot{\varphi}(\tau_{max}) = a\,\tau_{max}$$

Anfahrbeschleunigung:

$$a = \frac{\dot{\varphi}(\tau_{max})}{\tau_{max}} = \frac{2\pi\,0.557/\mathrm{s}}{350\,\mathrm{s}} = \frac{1}{100\,\mathrm{s}^2} \qquad \implies \qquad \varphi(t) = \frac{t^2}{200\,\mathrm{s}^2}$$

Erregerkräfte:

$$f_2(t) = \widehat{f}_2 \cos\frac{t^2}{200\,\mathrm{s}^2}; \qquad f_1(t) = f_3(t) = 0$$

• Durchfahrt durch die erste Resonanz:

Modale Maximalamplitude Q_1 in der ersten Resonanz $\dot{\varphi}\approx\omega_1$ aus Bild 6.24:

$$\Omega\approx\omega_1 \quad \text{mit} \quad D_1=2\,\% \quad \text{und} \quad \alpha_1=\frac{a}{\omega_1^2}=\frac{1}{200} \quad \Longrightarrow \quad |Q_1|\approx 15$$

Stationäre Amplitude des zweiten modalen Freiheitsgrades bei $\dot{\varphi}\approx\omega_1$:

$$\eta_2=\frac{\Omega}{\omega_2}=\sqrt{\frac{2}{6}}=\sqrt{\frac{1}{3}} \quad \Longrightarrow \quad |V_2|=\frac{1}{\sqrt{(1-\eta_2^2)^2+(2D_2\eta_2)^2}}\approx 1.4997$$

Die Dämpfung D_2 kann vernachlässigt werden, da beim Durchgang durch die erste Resonanz die Erregerfrequenz $\dot{\varphi}$ weit von der zweiten Eigenfrequenz entfernt ist:

$$|V_2|=\frac{1}{\sqrt{(1-\eta_2^2)^2}}=\frac{3}{2}$$

Relativer Fehler bei Vernachlässigung von D_2:

$$\frac{\Big||V_2|_{\text{mit } D_2}-|V_2|_{\text{ohne } D_2}\Big|}{|V_2|_{\text{mit } D_2}}=0.02\,\%$$

Relativer Fehler bei Nutzung der stationären Vergrößerungsfunktion $|V_1|$ bei $\eta_1=1$:

$$\frac{\Big||V_1|-|Q_1|_{max}\Big|}{|V_1|}=\frac{\Big|1/(2D_1)-|Q_1|_{max}\Big|}{1/(2D_1)}=40\,\%$$

Instationäre Maximalamplitude in der ersten Resonanz:

$$\widehat{q}_{1,max}=\widehat{q}_{1,1}\,\widehat{p}_1+\widehat{q}_{2,1}\,\widehat{p}_2=1\cdot\Big(|Q_1|_{max}\,\widehat{u}_1\Big)+1\Big(|V_2|\,\widehat{u}_2\Big)\le 15\,\frac{\sqrt{2}}{8\,k}\,\widehat{f}_2+\frac{3}{2}\,\frac{\sqrt{2}}{24\,k}\,\widehat{f}_2\approx 2.74\,\frac{\widehat{f}_2}{k}$$

• Durchfahrt durch die zweite Resonanz:

Modale Maximalamplitude Q_2 in der zweiten Resonanz $\Omega\approx\omega_2$ aus Bild 6.24:

$$\Omega\approx\omega_2 \quad \text{mit} \quad D_2=\frac{\sqrt{3}}{150} \quad \text{und} \quad \alpha_2=\frac{a}{\omega_2^2}=0.0017 \quad \Longrightarrow \quad |Q_2|\approx 25$$

Stationäre Antwort des ersten modalen Freiheitsgrades bei $\Omega\approx\omega_2$:

$$\eta_1=\frac{\Omega}{\omega_1}=\sqrt{3} \quad \Longrightarrow \quad |V_1|=\frac{1}{\sqrt{(1-\eta_1^2)^2+(2D_1\eta_1)^2}}\approx 0.4997$$

Die Dämpfung D_1 kann vernachlässigt werden, da beim Durchgang durch die zweite Resonanz die Erregerfrequenz $\dot{\varphi}$ weit von der ersten Eigenfrequenz ω_1 entfernt ist.

$$|V_1|=\frac{1}{\sqrt{(1-\eta_1^2)^2}}=\frac{1}{2}$$

Relativer Fehler bei Vernachlässigung von D_1:

$$\frac{\Big||V_1|_{\text{mit } D_1}-|V_1|_{\text{ohne } D_1}\Big|}{|V_1|_{\text{mit } D_1}}=0.06\,\%$$

Relativer Fehler bei Nutzung der stationären Vergrößerungsfunktion $|V_2|$ bei $\eta_2=1$:

$$\frac{\Big||V_2|-|Q_2|_{max}\Big|}{|V_2|}=\frac{\Big|1/(2D_2)-|Q_2|_{max}\Big|}{1/(2D_2)}=42\,\%$$

Instationäre Maximalamplitude in der zweiten Resonanz:

$$\widehat{q}_{1,max}=\widehat{q}_{1,1}\,\widehat{p}_1+\widehat{q}_{2,1}\,\widehat{p}_2=1\cdot\Big(|V_1|\,\widehat{u}_1\Big)+1\Big(|Q_2|_{max}\,\widehat{u}_2\Big)\le\frac{1}{2}\,\frac{\sqrt{2}}{8\,k}\,\widehat{f}_2+25\,\frac{\sqrt{2}}{24\,k}\,\widehat{f}_2\approx 1.56\,\frac{\widehat{f}_2}{k}$$

g) Schwingungen bei rauschförmiger Krafterregung mit $f_2(t)$ an der Koordinate q_2:
Betrag der FOURIER-Transformierten der Erregerfunktion:

$$\left|\mathcal{F}\{f_2(t)\}\right| = c; \qquad \left|\mathcal{F}\{u_1(t)\}\right| = \frac{\sqrt{2}}{8\,k}\,c; \qquad \left|\mathcal{F}\{u_2(t)\}\right| = \frac{\sqrt{2}}{24\,k}\,c$$

Beträge der FOURIER-Transformierten der modalen Schwingungsantworten:

$$\left|\mathcal{F}\{p_1(t)\}\right| = \left|\frac{\omega_1^2}{\omega_1^2-\Omega^2+i\,2D_1\omega_1\,\Omega}\right|\left|\mathcal{F}\{u_1(t)\}\right| = \left|\frac{\omega_1^2}{\omega_1^2-\Omega^2+i\,2D_1\omega_1\,\Omega}\right|\frac{\sqrt{2}}{8\,k}\,c$$

$$\left|\mathcal{F}\{p_2(t)\}\right| = \left|\frac{\omega_2^2}{\omega_2^2-\Omega^2+i\,2D_2\omega_2\,\Omega}\right|\left|\mathcal{F}\{u_2(t)\}\right| = \left|\frac{\omega_2^2}{\omega_2^2-\Omega^2+i\,2D_2\omega_2\,\Omega}\right|\frac{\sqrt{2}}{24\,k}\,c$$

Abschätzung der modalen Koordinaten bei $\Omega=\omega_1$:

$$\left|\mathcal{F}\{p_1(t)\}(\omega_1)\right| = \frac{1}{2D_1}\,\frac{\sqrt{2}}{8\,k}\,c = 4.42\,\frac{c}{k}$$

$$\left|\mathcal{F}\{p_2(t)\}(\omega_1)\right| = \frac{6\,\dfrac{k}{m}}{\sqrt{\left(6\,\dfrac{k}{m}-2\,\dfrac{k}{m}\right)^2+\left(2\,\dfrac{\sqrt{3}}{150}\,\sqrt{6}\,\sqrt{2}\,\dfrac{k}{m}\right)^2}}\,\frac{\sqrt{2}}{24\,k}\,c = 0.088\,\frac{c}{k}$$

Abschätzung der modalen Koordinaten bei $\Omega=\omega_2$:

$$\left|\mathcal{F}\{p_1(t)\}(\omega_2)\right| = \frac{2\,\dfrac{k}{m}}{\sqrt{\left(2\,\dfrac{k}{m}-6\,\dfrac{k}{m}\right)^2+\left(2\,\dfrac{1}{50}\,\sqrt{2}\,\sqrt{6}\,\dfrac{k}{m}\right)^2}}\,\frac{\sqrt{2}}{8\,k}\,c = 0.088\,\frac{c}{k}$$

$$\left|\mathcal{F}\{p_2(t)\}(\omega_2)\right| = \frac{1}{2D_2}\,\frac{\sqrt{2}}{24\,k}\,c = 2.55\,\frac{c}{k}$$

Spektrum der Schwingungsantwort an der Koordinate q_1:

$$\mathcal{F}\{q_1\} = \widehat{q}_{1,1}\,\mathcal{F}\{p_1(t)\} + \widehat{q}_{2,1}\,\mathcal{F}\{p_2(t)\}$$

Abschätzung des Spektrums $\mathcal{F}\{q_1\}$ der Schwingungsantwort $q_1(t)$ in den beiden Resonanzen ω_1 und ω_2:

$$\begin{aligned}\left|\mathcal{F}\{q_1\}(\omega_1)\right| &\le \left|\widehat{q}_{1,1}\right|\left|\mathcal{F}\{p_1(t)\}(\omega_1)\right| + \left|\widehat{q}_{2,1}\right|\left|\mathcal{F}\{p_2(t)\}(\omega_1)\right| = \\ &= \left[1\cdot 4.42 + 1\cdot 0.088\right]\frac{c}{k} \approx 4.51\,\frac{c}{k}\end{aligned}$$

$$\begin{aligned}\left|\mathcal{F}\{q_1\}(\omega_2)\right| &\le \left|\widehat{q}_{1,1}\right|\left|\mathcal{F}\{p_1(t)\}(\omega_2)\right| + \left|\widehat{q}_{2,1}\right|\left|\mathcal{F}\{p_2(t)\}(\omega_2)\right| = \\ &= \left[1\cdot 0.088 + 1\cdot 2.55\right]\frac{c}{k} \approx 2.64\,\frac{c}{k}\end{aligned}$$

Aufgabe 8.7:

Ein einfaches, nur sehr wenig gedämpftes schwingungsfähiges System wird durch eine Kraft $F(t)=\widehat{F}\cos\Omega t$ harmonisch erregt. Infolge der zufälligen Übereinstimmung von Erregerfrequenz Ω und Kennkreisfrequenz $\omega_0=\sqrt{2k/m}$ sind die Schwingungsamplituden $\widehat{q}$ unvertretbar groß. Diese Resonanzschwingungen sollen durch Anbringen eines Tilgers mit vorgegebener Masse m_T vollständig unterdrückt werden (Bild A8.7.2).

Der Tilger ist mit der einen Feder (Steifigkeit k_2) an die Umgebung und mit der anderen (Steifigkeit k_3) an das Ausgangssystem gekoppelt.

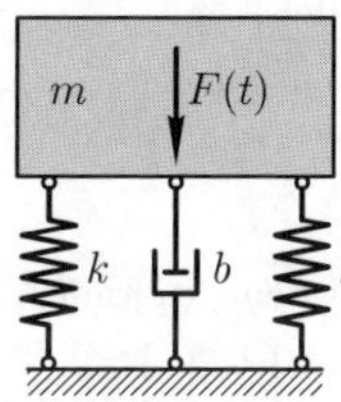

Bild A8.7.1: Originalsystem

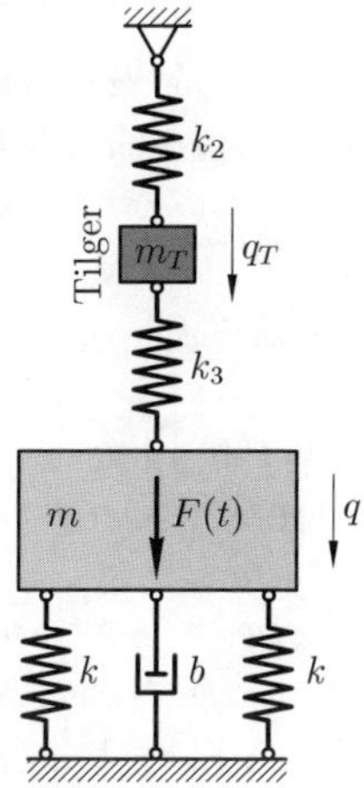

Bild A8.7.2: System mit Tilger

a) Ermitteln Sie die Bewegungsgleichungen des gekoppelten Systems mit zwei Freiheitsgraden und benutzen Sie dabei die Abkürzungen $\omega_0^2=2k/m$, $\omega_T^2=(k_2+k_3)/m_T$, $\omega_3^2=k_3/m_T$, $\mu=m_T/m$ und $2D\omega_0=b/m$.

b) Geben Sie die Bedingungen für die Steifigkeiten k_2 und k_3 an, mit denen bei der Erregung mit $\Omega=\omega_0$ der gewünschte Tilgungseffekt erzielt werden kann.

c) Skizzieren Sie den Amplitudenfrequenzgang $\widehat{q}$ der Hauptmasse m des ursprünglichen Systems ohne Tilger und des modifizierten Systems mit Tilger (mit Tilger und Dämpfung).

d) Geben Sie die Gleichung zur Berechnung der Resonanzfrequenzen ω_n des Systems mit Tilger an. Stellen Sie die Abhängigkeit der Eigenfrequenzen ω_1 und ω_2 des gekoppelten Systems für den Spezialfall $k_3=k_2$ in Abhängigkeit von der Tilgermasse m_T dar.

e) Berechnen Sie die Amplituden der erzwungenen Schwingungen $\widehat{q}$ und $\widehat{q}_T$ des Hauptsystems und des Tilgers (bei Dämpfungsfreiheit).

Gegeben: k, m, $m_T=\mu m$, $\widehat{F}$, Ω, $b \ll \sqrt{km}$

Lösung der Aufgabe 8.7:

a) Bewegungsgleichungen:

Kennkreisfrequenz des Ausgangssystems:

$$\omega_0 = \sqrt{\frac{2k}{m}}$$

Bewegungsgleichungen des gekoppelten Systems mit Tilger:

$$\begin{bmatrix} m & 0 \\ 0 & m_T \end{bmatrix}\begin{bmatrix} \ddot{q} \\ \ddot{q}_T \end{bmatrix} + \begin{bmatrix} b & 0 \\ 0 & 0 \end{bmatrix}\begin{bmatrix} \dot{q} \\ \dot{q}_T \end{bmatrix} + \begin{bmatrix} 2k+k_3 & -k_3 \\ -k_3 & k_2+k_3 \end{bmatrix}\begin{bmatrix} q \\ q_T \end{bmatrix} = \begin{bmatrix} \widehat{F} \\ 0 \end{bmatrix}\cos\Omega t$$

Abkürzungen:

$$\omega_0^2 = \frac{2k}{m}, \qquad \omega_T^2 = \frac{k_2+k_3}{m_T}, \qquad \omega_3^2 = \frac{k_3}{m_T}, \qquad \mu = \frac{m_T}{m}, \qquad 2D\omega_0 = \frac{b}{m}$$

Bewegungsgleichung des Systems (normiert):

$$\begin{bmatrix} 1 & 0 \\ 0 & \mu \end{bmatrix}\begin{bmatrix} \ddot{q} \\ \ddot{q}_T \end{bmatrix} + \begin{bmatrix} 2D\omega_0 & 0 \\ 0 & 0 \end{bmatrix}\begin{bmatrix} \dot{q} \\ \dot{q}_T \end{bmatrix} + \begin{bmatrix} \omega_0^2+\mu\omega_3^2 & -\mu\omega_3^2 \\ -\mu\omega_3^2 & \mu\omega_T^2 \end{bmatrix}\begin{bmatrix} q \\ q_T \end{bmatrix} = \begin{bmatrix} \widehat{F}/m \\ 0 \end{bmatrix}\cos\Omega t$$

b) Tilgung der Bewegung $\widehat{q}\cos\Omega t = 0$ bei $\Omega = \omega_0$:

$$\Omega = \omega_0 = \sqrt{\frac{k_2+k_3}{m_T}} = \omega_T \qquad \Longrightarrow \qquad k_2+k_3 = m_T\,\omega_0^2 = 2\,\mu\,k$$

c) Amplitudengang der Hauptmasse:

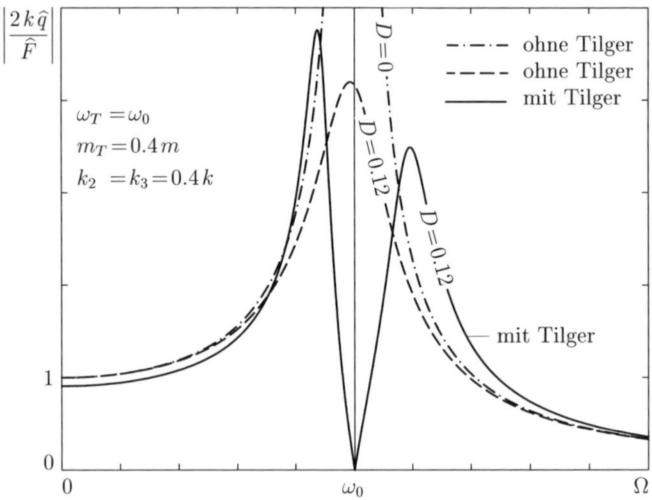

d) Berechnung der Resonanzfrequenzen:

Gleichtaktansatz bei dämpfungsfreiem System:

$$\begin{bmatrix} q \\ q_T \end{bmatrix} = \begin{bmatrix} \widehat{q} \\ \widehat{q}_T \end{bmatrix} \cos \Omega t$$

Lineares Gleichungssystem für die Amplituden:

$$\begin{bmatrix} \omega_0^2+\mu\,\omega_3^2-\Omega^2 & -\mu\,\omega_3^2 \\ -\mu\,\omega_3^2 & \mu\,\omega_T^2-\mu\,\Omega^2 \end{bmatrix} \begin{bmatrix} \widehat{q} \\ \widehat{q}_T \end{bmatrix} = \begin{bmatrix} 0 \\ 0 \end{bmatrix}$$

Koeffizientendeterminante:

$$P(i\Omega) = (\omega_0^2+\mu\,\omega_3^2-\Omega^2)(\mu\,\omega_T^2-\mu\,\Omega^2) - (\mu\,\omega_3^2)^2 = 0$$

Resonanzen des Systems mit Tilger bei $P(i\Omega_R)=0$:

$$\Omega_R^4 - \Omega_R^2\left(\omega_0^2+\mu\,\omega_3^2+\omega_T^2\right) + \omega_T^2\left(\omega_0^2+\mu\,\omega_3^2\right) - \mu\,\omega_3^4 = 0$$

$$\Omega_{R1/2}^2 = \frac{1}{2}\left(\omega_0^2+\mu\,\omega_3^2+\omega_T^2\right) \pm \sqrt{\frac{1}{4}\left(\omega_0^2+\mu\,\omega_3^2+\omega_T^2\right)^2 - \omega_T^2\left(\omega_0^2+\mu\,\omega_3^2\right) + \mu\,\omega_3^4} =$$

$$= \frac{1}{2}\left[\left(\omega_0^2+\mu\,\omega_3^2+\omega_T^2\right) \pm \sqrt{\left(\omega_0^2+\mu\,\omega_3^2-\omega_T^2\right)^2 + 4\,\mu\,\omega_3^4}\,\right]$$

Abhängigkeit der Eigenfrequenzquadrate von der Tilgermasse m_T:

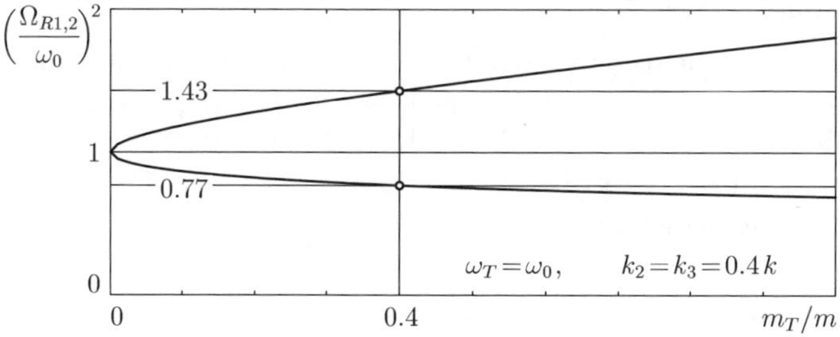

e) Erzwungene Bewegung:

Amplituden der erzwungenen Schwingungen des Systems mit Tilger bei Dämpfungsfreiheit:

$$\widehat{q} = \frac{\mu\,\omega_0^2\,(\omega_T^2-\Omega^2)}{\mu\,(\omega_0^2+\mu\,\omega_3^2-\Omega^2)(\omega_T^2-\Omega^2) - \mu^2\,\omega_3^4}\,\frac{\widehat{F}}{2\,k}$$

$$\widehat{q}_T = \frac{\mu\,\omega_0^2\,\omega_3^2}{\mu\,(\omega_0^2+\mu\,\omega_3^2-\Omega^2)(\omega_T^2-\Omega^2) - \mu^2\,\omega_3^4}\,\frac{\widehat{F}}{2\,k}$$

Aufgabe 8.8:

Ein drehschwingungsfähiges System mit gegebenen Eigenfrequenzen und Eigenformen ist zunächst in Ruhe. Zum Zeitpunkt $t=0$ wird der Antrieb eingeschaltet, der am rechten Wellenende ein dann konstantes Moment $M(t)=M_0\,\sigma(t)$ einleitet.

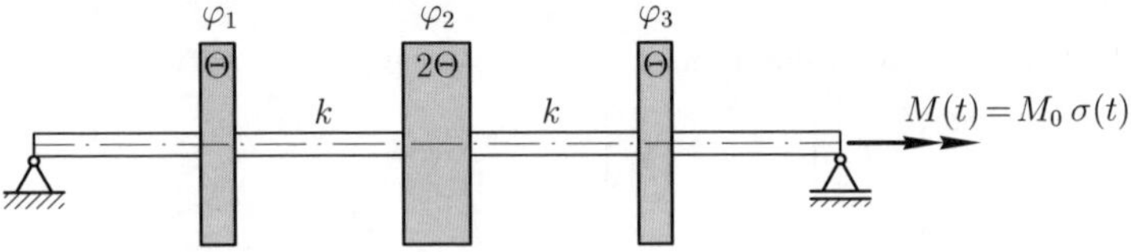

Bild A8.8.1: Drehschwingungssystem

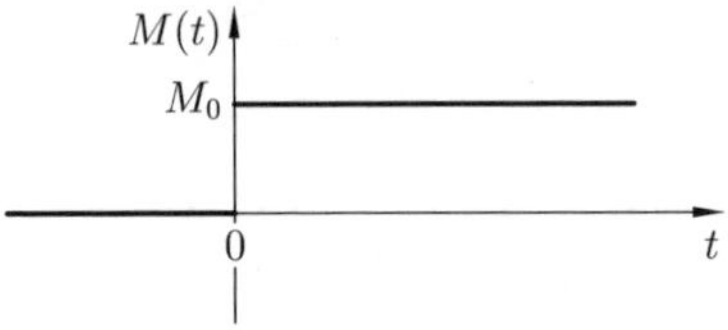

Gegeben: M_0,

$$\omega_1 = 0\,, \qquad \omega_2 = \sqrt{\frac{k}{\Theta}}, \qquad \omega_3 = \sqrt{\frac{2k}{\Theta}}$$

$$\widehat{\boldsymbol{q}}_1 = \begin{bmatrix} 1 \\ 1 \\ 1 \end{bmatrix}, \quad \widehat{\boldsymbol{q}}_2 = \begin{bmatrix} 1 \\ 0 \\ -1 \end{bmatrix}, \quad \widehat{\boldsymbol{q}}_3 = \begin{bmatrix} 1 \\ -1 \\ 1 \end{bmatrix}$$

Bild A8.8.2: Erregermomentenverlauf

Berechnen Sie die Schwingungsantwort in modaler Darstellung.

Lösung der Aufgabe 8.8:

Massen- und Steifigkeitsmatrix sowie Erregervektor mit dem Einheitssprung $\sigma(t)$:

$$\boldsymbol{M} = \begin{bmatrix} \Theta & 0 & 0 \\ 0 & 2\Theta & 0 \\ 0 & 0 & \Theta \end{bmatrix}; \qquad \boldsymbol{K} = \begin{bmatrix} k & -k & 0 \\ -k & 2k & -k \\ 0 & -k & k \end{bmatrix}; \qquad \widehat{\boldsymbol{f}} = \begin{bmatrix} 0 \\ 0 \\ M_0\,\sigma(t) \end{bmatrix}$$

Modale Größen der modalen Freiheitsgrade:

$$\widetilde{m}_1 = \widehat{\boldsymbol{q}}_1^T \boldsymbol{M}\,\widehat{\boldsymbol{q}}_1 = 4\Theta; \qquad \widetilde{k}_1 = \widehat{\boldsymbol{q}}_1^T \boldsymbol{K}\,\widehat{\boldsymbol{q}}_1 = 0; \qquad \widetilde{f}_1 = \widehat{\boldsymbol{q}}_1^T\,\widehat{\boldsymbol{f}} = M_0\,\sigma(t)$$

$$\widetilde{m}_2 = \widehat{\boldsymbol{q}}_2^T \boldsymbol{M}\,\widehat{\boldsymbol{q}}_2 = 2\Theta; \qquad \widetilde{k}_2 = \widehat{\boldsymbol{q}}_2^T \boldsymbol{K}\,\widehat{\boldsymbol{q}}_2 = 2k; \qquad \widetilde{f}_2 = \widehat{\boldsymbol{q}}_2^T\,\widehat{\boldsymbol{f}} = -M_0\,\sigma(t)$$

$$\widetilde{m}_3 = \widehat{\boldsymbol{q}}_3^T \boldsymbol{M}\,\widehat{\boldsymbol{q}}_3 = 4\Theta; \qquad \widetilde{k}_3 = \widehat{\boldsymbol{q}}_3^T \boldsymbol{K}\,\widehat{\boldsymbol{q}}_3 = 8k; \qquad \widetilde{f}_3 = \widehat{\boldsymbol{q}}_3^T\,\widehat{\boldsymbol{f}} = M_0\,\sigma(t)$$

Matrizenprodukte:

					$\boldsymbol{M}/\Theta$		$\widehat{\boldsymbol{q}}_1$	$\widehat{\boldsymbol{q}}_2$	$\widehat{\boldsymbol{q}}_3$
				1	0	0	1	1	1
				0	2	0	1	0	−1
				0	0	1	1	−1	1
$\widehat{\boldsymbol{q}}_1^T$	1	1	1	1	2	1	4	0	0
$\widehat{\boldsymbol{q}}_2^T$	1	0	−1	1	0	−1	0	2	0
$\widehat{\boldsymbol{q}}_3^T$	1	−1	1	1	−2	1	0	0	4

					$\boldsymbol{K}/k$		$\widehat{\boldsymbol{q}}_1$	$\widehat{\boldsymbol{q}}_2$	$\widehat{\boldsymbol{q}}_3$
				1	−1	0	1	1	1
				−1	2	−1	1	0	−1
				0	−1	1	1	−1	1
$\widehat{\boldsymbol{q}}_1^T$	1	1	1	0	0	0	0	0	0
$\widehat{\boldsymbol{q}}_2^T$	1	0	−1	1	0	−1	0	2	0
$\widehat{\boldsymbol{q}}_3^T$	1	−1	1	2	−4	2	0	0	8

Modale Bewegungsgleichungen und Schwingungsantworten unter Nutzung der Sprungantworten:

$$\ddot{p}_1 = \frac{\widetilde{f}_1}{\widetilde{m}_1} \qquad \text{mit} \qquad \omega_1^2 = \frac{\widetilde{k}_1}{\widetilde{m}_1} = 0 \qquad \text{und} \qquad \frac{\widetilde{f}_1}{\widetilde{m}_1} = \frac{M_0}{4\Theta}\,\sigma(t)$$

$$\ddot{p}_1(t) = \frac{M_0}{4\Theta}\,\sigma(t); \qquad \dot{p}_1(t) = \frac{M_0}{4\Theta}\,t\,\sigma(t); \qquad p_1(t) = \frac{1}{2}\frac{M_0}{4\Theta}\,t^2\,\sigma(t)$$

$$\ddot{p}_2 + \omega_2^2\,p_2 = \omega_2^2\,u_2(t) \qquad \text{mit} \qquad \omega_2^2 = \frac{\widetilde{k}_2}{\widetilde{m}_2} = \frac{k}{\Theta} \qquad \text{und} \qquad u_2(t) = \frac{\widetilde{f}_2}{\widetilde{k}_2} = -\frac{M_0}{2k}\,\sigma(t)$$

$$p_2(t) = -\frac{M_0}{2k}\,(1-\cos\omega_2 t)\,\sigma(t)$$

$$\ddot{p}_3 + \omega_3^2\,p_3 = \omega_3^2\,u_3(t) \qquad \text{mit} \qquad \omega_3^2 = \frac{\widetilde{k}_3}{\widetilde{m}_3} = 2\,\frac{k}{\Theta} \qquad \text{und} \qquad u_3(t) = \frac{\widetilde{f}_3}{\widetilde{k}_3} = \frac{M_0}{8k}\,\sigma(t)$$

$$p_3(t) = \frac{M_0}{8k}\,(1-\cos\omega_3 t)\,\sigma(t)$$

Überlagerte modale Schwingungen:

$$\boldsymbol{q} = \left\{ \begin{bmatrix} 1 \\ 1 \\ 1 \end{bmatrix} \frac{k}{\Theta}\,t^2 - 4 \begin{bmatrix} 1 \\ 0 \\ -1 \end{bmatrix} \Big(1-\cos\omega_2 t\Big) + \begin{bmatrix} 1 \\ -1 \\ 1 \end{bmatrix} \Big(1-\cos\omega_3 t\Big) \right\} \frac{M_0}{8k}\,\sigma(t)$$

Drehbewegung $\varphi_1(t)$ und $\ddot{\varphi}_1(t)$ der ersten Scheibe und Erregermoment $M(t)$:

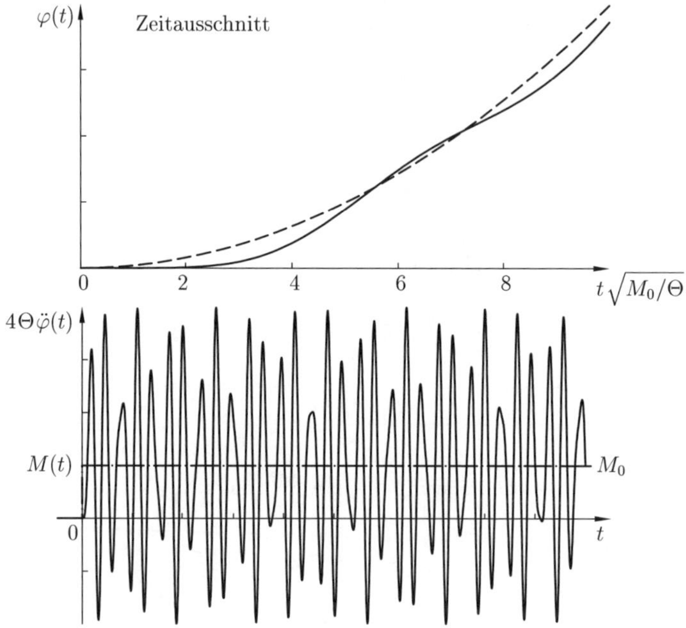

Aufgabe 8.9:

Ein System besteht aus dem Hauptkörper (Masse μm), der an zwei Federn hängt, sowie drei gleichen, daran elastisch (Steifigkeiten k bzw. γk) angekoppelten Körpern (jeweils Masse m). Die einzelnen Körper können durch äußere Kräfte $f_1(t)$ bis $f_4(t)$ zu Schwingungen erregt werden.

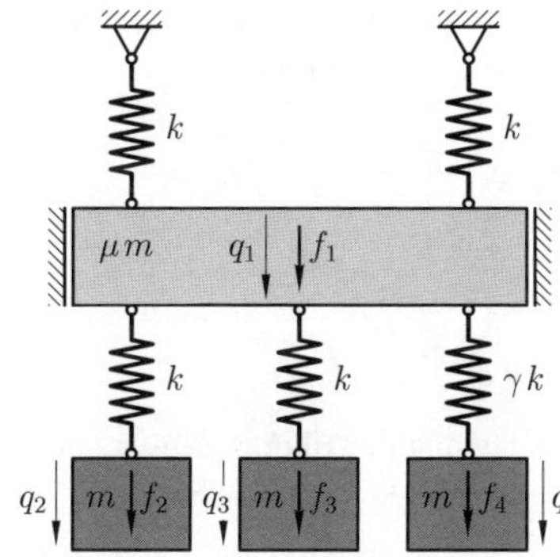

Bild A8.9.1: Feder-Masse-System

a) Ermitteln Sie aus Einheitsverschiebungen die Bewegungsgleichungen der vier Freiheitsgrade des ungedämpften Systems.

b) Bei welchen Erregerfrequenzen $\Omega_{T1,n}$ tritt Tilgung der Hauptmasse m_1 auf, falls nur diese von außen erregt wird ($f_2 = f_3 = f_4 = 0$)?

c) Berechnen Sie die Eigenfrequenzen und Eigenvektoren für die speziellen Werte $\mu = 4$ und $\gamma = 1$. Sollten mehrfache Eigenfrequenzen auftreten, geben Sie dafür entsprechend viele orthogonale Eigenvektoren an.

d) An den Körpern 2, 3 und 4 werden die im Bild A8.9.2 dargestellten Frequenzgänge gemessen. Offensichtlich beinhaltet das reale System (entgegen der Modellierung) Dämpfung. Ermitteln Sie den zur Eigenfrequenz $\omega_2 = \sqrt{k/m}$ gehörigen modalen Dämpfungsgrad D_2.

e) Offensichtlich tritt bei der ersten und bei der vierten Eigenfrequenz Scheinresonanz auf. Welche Beziehungen müssen dann zwischen den Komponenten f_1 bis f_4 des Erregervektors vorgelegen haben?

Gegeben: k, m, γ, μ

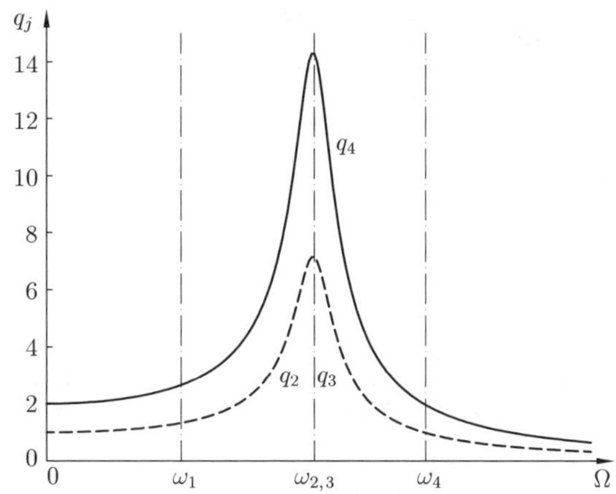

Bild A8.9.2: Gemessene Resonanzkurven an den Koordinaten q_2 bis q_4

Lösung der Aufgabe 8.9:

a) Ermittlung der Bewegungsgleichungen aus Einheitsverschiebungen:

Massenmatrix, Steifigkeitsmatrix und Erregervektor:

$$\boldsymbol{M} = \begin{bmatrix} \mu & 0 & 0 & 0 \\ 0 & 1 & 0 & 0 \\ 0 & 0 & 1 & 0 \\ 0 & 0 & 0 & 1 \end{bmatrix} m; \qquad \boldsymbol{K} = \begin{bmatrix} 4+\gamma & -1 & -1 & -\gamma \\ -1 & 1 & 0 & 0 \\ -1 & 0 & 1 & 0 \\ -\gamma & 0 & 0 & \gamma \end{bmatrix} k; \qquad \boldsymbol{f} = \begin{bmatrix} f_1 \\ f_2 \\ f_3 \\ f_4 \end{bmatrix}$$

Bewegungsgleichung in Matrizenschreibweise:

$$\boldsymbol{M}\,\ddot{\boldsymbol{q}} + \boldsymbol{K}\,\boldsymbol{q} = \boldsymbol{f}$$

b) Tilgung der Hauptmasse m_1 bei alleiniger Erregung durch f_1:

Systemskizze für Tilgung an q_1:

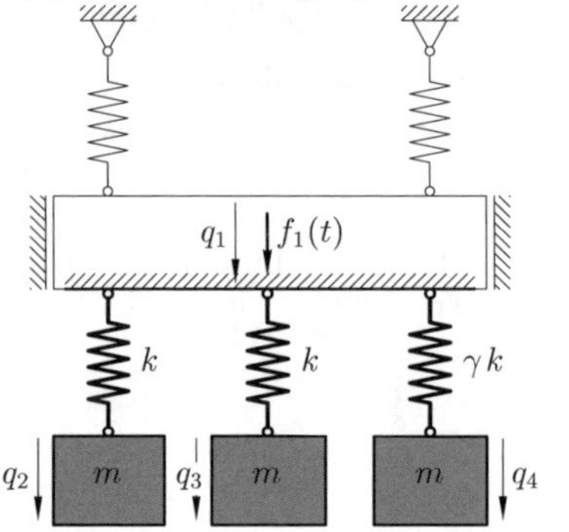

Eigenfrequenzen der Teilschwinger:

$$\omega_{T1} = \sqrt{\frac{k}{m}}, \qquad \omega_{T2} = \sqrt{\frac{\gamma k}{m}}$$

Tilgungsfrequenzen:

$$\Omega_{T1,1} = \sqrt{\frac{k}{m}}, \qquad \Omega_{T1,2} = \sqrt{\frac{\gamma k}{m}}$$

c) Berechnung der Eigenfrequenzen und Eigenvektoren speziell für $\mu = 4$ und $\gamma = 1$:

Der Exponentialansatz liefert ein homogenes Gleichungssystem für die Amplituden:

$$\begin{bmatrix} 5k-4\omega^2 m & -k & -k & -k \\ -k & k-\omega^2 m & 0 & 0 \\ -k & 0 & k-\omega^2 m & 0 \\ -k & 0 & 0 & k-\omega^2 m \end{bmatrix} \begin{bmatrix} \hat{q}_1 \\ \hat{q}_2 \\ \hat{q}_3 \\ \hat{q}_4 \end{bmatrix} = \begin{bmatrix} 0 \\ 0 \\ 0 \\ 0 \end{bmatrix}$$

Nichttriviale Lösungen existieren nur, wenn die Koeffizientendeterminante verschwindet. Dies liefert das charakteristische Polynom:

$$\begin{aligned} P(\omega) &= -(-k)(k-\omega^2 m)^2(-k) + (k-\omega^2 m)\big[(5k-4\omega^2 m)(k-\omega^2 m)^2 - 2k^2(k-\omega^2 m)\big] = \\ &= (k-\omega^2 m)^2\big[-k^2 + (5k-4\omega^2 m)(k-\omega^2 m)^2 - 2k^2\big] = \\ &= (k-\omega^2 m)^2\,(2k^2 - 9\omega^2 k m + 4\omega^4 m^2) \end{aligned}$$

Eigenfrequenzen als Wurzeln des charakteristischen Polynoms:

Der erste Klammerausdruck liefert die doppelte Eigenfrequenz:

$$\omega_2^2 = \omega_3^2 = \frac{k}{m} =: \omega_0^2$$

Die Nullstellen der zweiten Klammer liefern die beiden anderen Eigenfrequenzen:

$$\omega_{1/4}^2 = \left[\frac{9}{8} \pm \sqrt{\left(\frac{9}{8}\right)^2 - \frac{1}{2}}\right]\frac{k}{m} = \left(\frac{9}{8} \pm \frac{7}{8}\right)\frac{k}{m}$$

$$\omega_1^2 = \frac{1}{4}\frac{k}{m} = \frac{1}{4}\omega_0^2, \qquad \omega_4^2 = 2\frac{k}{m} = 2\omega_0^2$$

Berechnung der Eigenvektoren:

Gleichungen für den Eigenvektor und Eigenvektor zu $\omega_1^2 = k/(4m)$:

$$\begin{bmatrix} 4 & -1 & -1 & -1 \\ -1 & 3/4 & 0 & 0 \\ -1 & 0 & 3/4 & 0 \\ -1 & 0 & 0 & 3/4 \end{bmatrix} \begin{bmatrix} \widehat{q}_{1,1} \\ \widehat{q}_{1,2} \\ \widehat{q}_{1,3} \\ \widehat{q}_{1,4} \end{bmatrix} = \begin{bmatrix} 0 \\ 0 \\ 0 \\ 0 \end{bmatrix} \qquad \Longrightarrow \qquad \widehat{\boldsymbol{q}}_1 = \begin{bmatrix} 1 \\ 4/3 \\ 4/3 \\ 4/3 \end{bmatrix}$$

Gleichungen für den Eigenvektor und Eigenvektor zu $\omega_4^2 = 2k/m$:

$$\begin{bmatrix} -3 & -1 & -1 & -1 \\ -1 & -1 & 0 & 0 \\ -1 & 0 & -1 & 0 \\ -1 & 0 & 0 & -1 \end{bmatrix} \begin{bmatrix} \widehat{q}_{4,1} \\ \widehat{q}_{4,2} \\ \widehat{q}_{4,3} \\ \widehat{q}_{4,4} \end{bmatrix} = \begin{bmatrix} 0 \\ 0 \\ 0 \\ 0 \end{bmatrix} \qquad \Longrightarrow \qquad \widehat{\boldsymbol{q}}_4 = \begin{bmatrix} 1 \\ -1 \\ -1 \\ -1 \end{bmatrix}$$

Gleichungen für die Eigenvektoren und Eigenvektoren zu $\omega_2^2 = \omega_3^2 = k/m$:

$$\begin{bmatrix} 1 & -1 & -1 & -1 \\ -1 & 0 & 0 & 0 \\ -1 & 0 & 0 & 0 \\ -1 & 0 & 0 & 0 \end{bmatrix} \begin{bmatrix} \widehat{q}_{2/3,1} \\ \widehat{q}_{2/3,2} \\ \widehat{q}_{2/3,3} \\ \widehat{q}_{2/3,4} \end{bmatrix} = \begin{bmatrix} 0 \\ 0 \\ 0 \\ 0 \end{bmatrix}$$

Der erste Eintrag muß verschwinden ($\widehat{q}_{2,1} = \widehat{q}_{3,1} = 0$) und die Summe der drei anderen Einträge muß null werden. Die einzige Bedingung für die Eigenvektoren $\widehat{\boldsymbol{q}}_2$ und $\widehat{\boldsymbol{q}}_3$ lautet somit:

$$\widehat{q}_{2,2} + \widehat{q}_{2,3} + \widehat{q}_{2,4} = 0 \qquad \text{bzw.} \qquad \widehat{q}_{3,2} + \widehat{q}_{3,3} + \widehat{q}_{3,4} = 0$$

Die beiden gewählten Eigenvektoren

$$\widehat{\boldsymbol{q}}_2^T = [0 \;\; 1 \;\; 0 \;\; -1] \qquad \text{und} \qquad \widehat{\boldsymbol{q}}_3^T = [0 \;\; 1 \;\; -2 \;\; 1]$$

sind wegen $\widehat{\boldsymbol{q}}_2^T \boldsymbol{M}\, \widehat{\boldsymbol{q}}_3 = 0$ bereits orthogonal. Bei anderer Wahl muß noch eine Orthogonalisierung durchgeführt werden.

d) Ermittlung des modalen Dämpfungsgrades D_2 aus der Resonanzüberhöhung:

In der Resonanz bei ω_2 gilt:

$$\frac{1}{2D_2} = \frac{|q_j(\omega_2)|}{|q_j(0)|} = \frac{14.3}{2}$$

Abgeschätztes modales Dämpfungsmaß:

$$D_2 = \frac{1}{14.3} \approx 7.1\%$$

e) Analyse der Scheinresonanz:

Bedingungen für Scheinresonanzen an den beiden Resonanzstellen ω_1 und ω_4:

$\widehat{\boldsymbol{q}}_1^T \boldsymbol{M}\,\boldsymbol{f} = 0, \qquad \widehat{\boldsymbol{q}}_4^T \boldsymbol{M}\,\boldsymbol{f} = 0$

Ausrechnung:

					$\boldsymbol{M}$				$\widehat{\boldsymbol{f}}$
					4	0	0	0	$\widehat{f}_1$
					0	1	0	0	$\widehat{f}_2$
					0	0	1	0	$\widehat{f}_3$
					0	0	0	1	$\widehat{f}_4$
$\widehat{\boldsymbol{q}}_1^T$	3	4	4	4	12	4	4	4	
$\widehat{\boldsymbol{q}}_4^T$	1	−1	−1	−1	4	−1	−1	−1	

Bedingungen für die Erregerkräfte, damit Scheinresonanz bei ω_1 und ω_4 auftritt:

$$\left.\begin{aligned} 12\,\widehat{f}_1 + 4\,\widehat{f}_2 + 4\,\widehat{f}_3 + 4\,\widehat{f}_4 &= 0 \\ 16\,\widehat{f}_1 - 4\,\widehat{f}_2 - 4\,\widehat{f}_3 - 4\,\widehat{f}_4 &= 0 \end{aligned}\right\}$$

$\Longrightarrow \qquad \widehat{f}_1 = 0$

und $\qquad \widehat{f}_2 + \widehat{f}_3 + \widehat{f}_4 = 0$

Kapitel 9

Freie Kontinuumsschwingungen

Aufgabe 9.1:

Das eine Ende eines kreiszylindrischen homogenen Stabes (Durchmesser d, Länge l, Gleitmodul G, Dichte ϱ) ist eingespannt, das andere Ende ist frei.

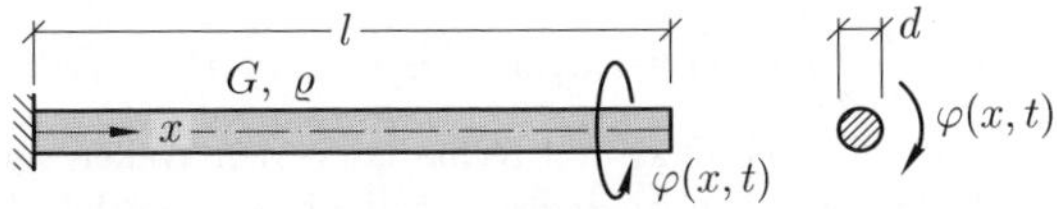

Bild A9.1: Torsionsschwingungsfähiger Stab

Das freie Ende wird quasi-statisch um den Winkel $\widehat{\varphi}$ verdreht und dann losgelassen. In der Folge treten freie ungedämpfte Torsionsschwingungen $\varphi(x,t)$ mit der Grundschwingungsdauer τ auf.

a) Berechnen Sie die freien Torsionsschwingungen $\varphi(x,t)$ nach D'ALEMBERT und zeichnen Sie die Verdrehungszustände des Torsionsstabes für die Augenblicke $t_n = n\tau/16$ mit den Werten $n = 0, 1, 2, 3$ und 8.

b) Berechnen Sie die Eigenformen $\Phi_n(x)$ und Eigenfrequenzen ω_n der Torsionsschwingungen.

c) Berechnen Sie nach BERNOULLI die spezielle Bewegung infolge der vorgegebenen Anfangsauslenkung.

Gegeben: d, l, $G = 8.1 \cdot 10^4$ N/mm^2, $\varrho = 7.85$ kg/dm^3, $\widehat{\varphi}$

Lösung der Aufgabe 9.1:

Beschreibung der freien Torsionsschwingungen:

Wellengleichung für Torsionsschwingungen:

$$\frac{\partial^2 \varphi}{\partial t^2} = c^2 \frac{\partial^2 \varphi}{\partial x^2}$$

Fortpflanzungsgeschwindigkeit von Torsionswellen beim runden Balken ($I_t = I_p$):

$$c^2 = \frac{G I_t}{\varrho I_p} = \frac{G}{\varrho}$$

Randbedingungen:

$$\varphi(0,t) = 0 \qquad \text{fest}$$

$$M(l,t) = 0 \quad \Longrightarrow \quad \varphi'(l,t) = 0 \qquad \text{frei}$$

Elastisches Stoffgesetz:

$$\frac{\partial \varphi}{\partial x} = \frac{M}{G I_t}$$

Polares Flächenträgheitsmoment:

$$I_p = \frac{\pi}{2} r^4 = \frac{\pi}{32} d^4$$

Anfangsverdrehung (Statik):

$$\varphi(x,0) = \widehat{\varphi}\,\frac{x}{l}$$

$$\dot{\varphi}(x,0) = 0$$

a) Lösung nach D'ALEMBERT:

Allgemeine Lösung der Wellengleichung:

$$\varphi(x,t) = \varphi_1(x-ct) \quad + \quad \varphi_2(x+ct)$$

$$\dot{\varphi}(x,t) = -c\,\varphi_1'(x-ct) + c\,\varphi_2'(x+ct)$$

Anpassen der Wellenform an die Anfangsbedingungen:

Die Anfangsbedingungen liefern die Form der Welle im Intervall $0 \leq x \leq l$:

$$\varphi(x,0) = \varphi_1(x) \quad + \quad \varphi_2(x) = \widehat{\varphi}\,\frac{x}{l}$$

$$\dot{\varphi}(x,0) = -c\,\varphi_1'(x) + c\,\varphi_2'(x) = 0 \quad \Longrightarrow \quad \varphi_1'(x) = \varphi_2'(x) \quad \Longrightarrow \quad \varphi_1(x) = \varphi_2(x) = \frac{1}{2}\widehat{\varphi}\,\frac{x}{l}$$

Die beiden nach links und rechts laufenden Wellen sind in diesem Fall (Anfangsauslenkung aber ohne Anfangsgeschwindigkeit) gleich.

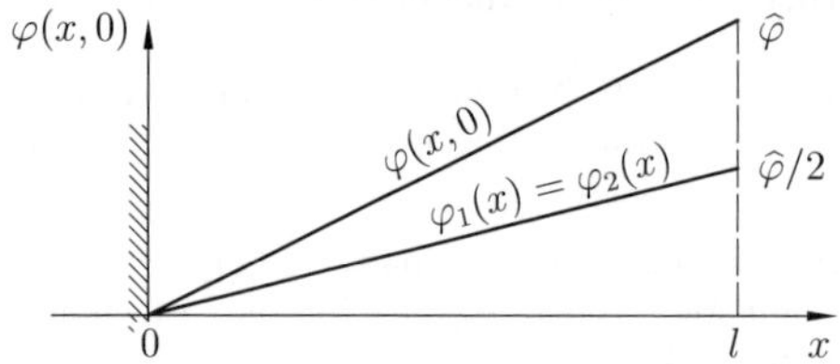

Anpassen der Wellenform an die Randbedingungen, periodische Fortsetzung:

Die Randbedingungen liefern die Informationen über die periodische Fortsetzung der Wellenform $\varphi_1(x)$ über die Ränder hinweg:

Linker Rand:

$$\varphi(0,t) = \varphi_1(0-ct) + \varphi_1(0+ct) = \varphi_1(-ct) + \varphi_1(ct) = 0 \quad \Longrightarrow \quad \varphi_1(-ct) = -\varphi_1(ct)$$

φ_1 muß also eine ungerade Funktion bezüglich $x=0$ sein und somit ungerade über den Rand $x=0$ hinweg fortgesetzt werden.

Rechter Rand:

$$\varphi'(l,t) = \varphi_1'(l-ct) + \varphi_1'(l+ct) = 0 \quad \Longrightarrow \quad \varphi_1'(l-ct) = -\varphi_1'(l+ct)$$

Die Steigung der Welle $\varphi_1(x)$ ist bezüglich $x=l$ ungerade. Also müssen die Wellen gerade Funktionen bezüglich $x=l$ sein: $\Longrightarrow \quad \varphi_1(l-ct) = \varphi_1(l+ct)$

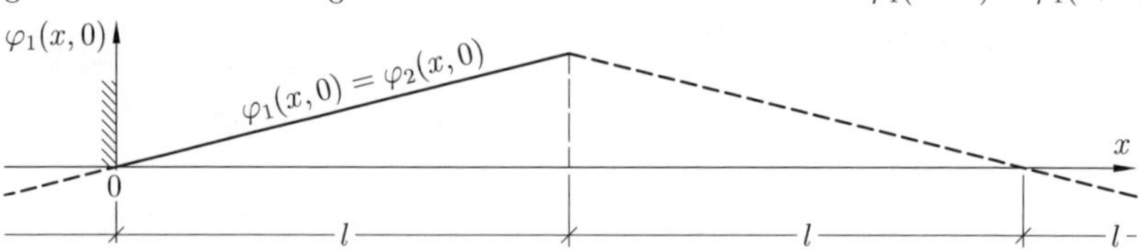

Bei den Schwingungen nach einer Anfangsauslenkung aber ohne Anfangsgeschwindigkeit laufen zwei gleiche Torsionswellen $\varphi_1(x-ct)$ und $\varphi_2(x+ct)$ mit der Wellenfortpflanzungsgeschwindigkeit $c=\sqrt{G/\varrho}$ nach links und rechts.

Die Wellenlänge beträgt $4l$. Für die Periodendauer gilt somit $c\tau=4l$.

Bei einem runden Stahlbalken haben die Torsionswellen die Wellenausbreitungsgeschwindigkeit $c=3160\,\text{m/s}$.

Bei einer Balkenlänge von $l=1\text{m}$ dauert es dann $\tau=4l/c=1.27\,\text{ms}$, bis eine Störung wieder an der Stelle auftaucht, an der sie erzeugt wurde.

Die niedrigste Eigenfrequenz der Torsionsschwingungen des Balkens beträgt hier $f_1=1/\tau=787.4\,\text{Hz}$.

Wellenform zu verschiedenen Zeitpunkten:

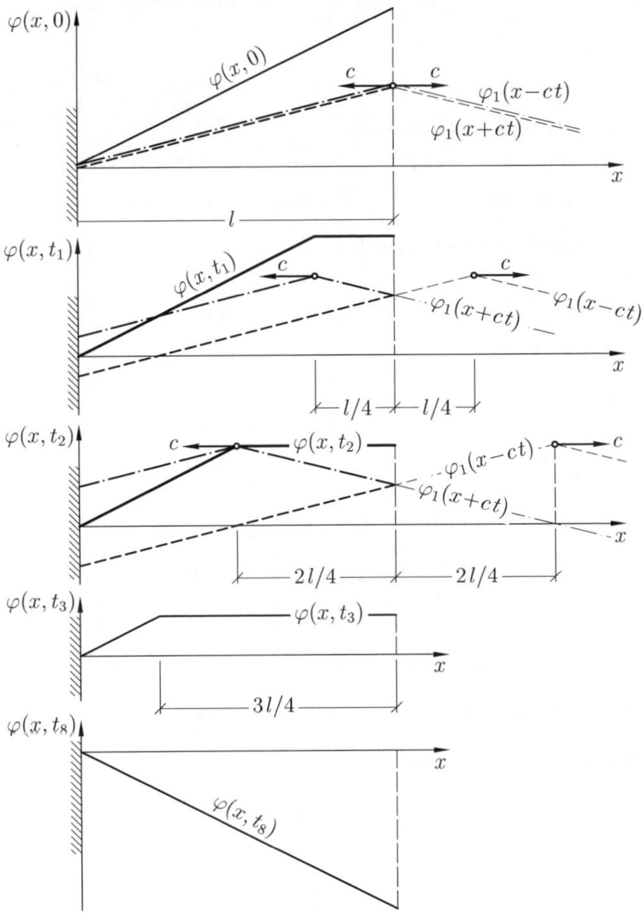

Periodendauer: $\tau=4l/c$

Zeitpunkt: $t_0=0$

Zeitpunkt: $t_1=\tau/16$

Zeitpunkt: $t_2=2\tau/16$

Zeitpunkt: $t_3=3\tau/16$

Zeitpunkt: $t_8=8\tau/16=\tau/2$

b) Allgemeine Lösung nach BERNOULLI:

BERNOULLIscher Trennungsansatz:

$\varphi(x,t) = \Phi(x)\,T(t)$

Bewegungsgleichung und Trennung der Funktionen:

$$\frac{\ddot{T}(t)}{T(t)} = c^2\,\frac{\Phi''(x)}{\Phi(x)} = -\omega^2$$

Differentialgleichung für die Zeitfunktion und deren allgemeine Lösung:

$$\ddot{T}(t) + \omega^2\,T(t) = 0 \qquad\qquad T(t) = A_c\cos\omega t + A_s\sin\omega t$$

Differentialgleichung für die Ortsfunktion und deren allgemeine Lösung:

$$\Phi''(x) + \left(\frac{\omega}{c}\right)^2\Phi(x) = 0 \qquad \Phi''(x) + \beta^2\,\Phi(x) = 0 \qquad \Phi(x) = C_c\cos\beta x + C_s\sin\beta x$$

Wellenzahl:

$$\beta = \frac{\omega}{c}$$

Anpassen der Lösung an die Randbedingungen:

links Einspannung: $\Phi(0) = 0 \quad\Longrightarrow\quad C_c = 0$

rechts freies Ende: $\Phi'(0) = 0 \quad\Longrightarrow\quad -\beta\,C_c\sin\beta l + \beta\,C_s\cos\beta l = 0$

Nichttriviale Lösungen $\Phi(x)\not\equiv 0$ existieren nur für:

$$\Delta = \begin{vmatrix} 1 & 0 \\ -\beta\sin\beta l & \beta\cos\beta l \end{vmatrix} = \beta\,\cos\beta l = 0$$

Dies liefert die Eigenwertgleichung:

$\cos\beta l = 0$

Die Wurzeln der Eigenwertgleichung sind ungerade Vielfache von $\pi/2$:

$$\beta_n\,l = \frac{2n-1}{2}\,\pi$$

Wellenzahlen, Eigenkreisfrequenzen und Eigenformen:

$$\beta_n = \left(\frac{2n-1}{2}\,\pi\right)\frac{1}{l}; \qquad \omega_n = c\,\beta_n = \frac{2n-1}{2}\,\pi\sqrt{\frac{G}{\varrho l^2}}; \qquad \Phi_n(x) = \sin\beta_n x$$

Modale Teillösungen:

$$\varphi_n(x,t) = \left[A_{cn}\cos\omega_n t + A_{sn}\sin\omega_n t\right]\sin\beta_n x = \left[A_{cn}\cos\omega_n t + A_{sn}\sin\omega_n t\right]\sin\left(\frac{\omega_n}{c}\,x\right)$$

Allgemeine Gesamtlösung aus der Überlagerung aller Modallösungen:

$$\varphi(x,t) = \sum_{n=1}^{\infty}\left[A_{cn}\cos\omega_n t + A_{sn}\sin\omega_n t\right]\sin\left(\frac{\omega_n}{c}\,x\right)$$

c) Anpassen der allgemeinen Lösung an die Anfangsbedingungen:

Mit den Orthogonalitätsbeziehungen können die unendlich vielen Integrationskonstanten A_{cn} und A_{sn} aus den beiden Gleichungen herausgelöst werden:

$$\varphi(x,0) = \sum_{n=1}^{\infty} A_{cn} \sin\left(\frac{\omega_n}{c}x\right) = \sum_{n=1}^{\infty} A_{cn}\,\Phi_n(x) = \frac{x}{l}\,\widehat{\varphi}$$

$$\dot{\varphi}(x,0) = \sum_{n=1}^{\infty} \omega_n A_{sn} \sin\left(\frac{\omega_n}{c}x\right) = \sum_{n=1}^{\infty} \omega_n\,A_{sn}\,\Phi_n(x) = 0$$

Multiplikation mit $\varrho l\,\Phi_k(x)$ und Integration:

$$\sum_{n=1}^{\infty} A_{cn} \int_0^l \varrho l\,\Phi_n(x)\,\Phi_k(x)\,dx = \int_0^l \varrho l\,\frac{x}{l}\,\widehat{\varphi}\,\Phi_k(x)\,dx$$

$$\sum_{n=1}^{\infty} \omega_n\,A_{sn} \int_0^l \varrho l\,\Phi_n(x)\,\Phi_k(x)\,dx = 0$$

Anwendung der Orthogonalitätsbeziehungen:

$$A_{ck} \int_0^l \varrho l\,\Phi_k^2(x)\,dx = A_{ck}\,\widetilde{m}_k = \int_0^l \varrho l\,\frac{x}{l}\,\widehat{\varphi}\,\Phi_k(x)\,dx$$

$$\omega_k\,A_{sk} \int_0^l \varrho l\,\Phi_k^2(x)\,dx = \omega_k\,A_{sk}\,\widetilde{m}_k = 0$$

Integrationskonstanten:

$$A_{ck} = \frac{\displaystyle\int_0^l \varrho l\,\frac{x}{l}\,\widehat{\varphi}\,\Phi_k(x)\,dx}{\displaystyle\int_0^l \varrho l\,\Phi_k^2(x)\,dx} = \frac{\displaystyle\int_0^l \varrho l\,\frac{x}{l}\,\widehat{\varphi}\,\Phi_k(x)\,dx}{\widetilde{m}_k} = -2(-1)^k\left(\frac{c}{l\omega_k}\right)^2\widehat{\varphi} =$$

$$= -2(-1)^k\left(\frac{1}{\beta_k l}\right)^2\widehat{\varphi} = -2(-1)^k\left[\frac{2}{(2k-1)\pi}\right]^2\widehat{\varphi}$$

$$A_{sk} = \frac{0}{\omega_k \displaystyle\int_0^l \varrho l\,\Phi_k^2(x)\,dx} = \frac{0}{\omega_k\,\widetilde{m}_k} = 0$$

Spezielle Lösung infolge der vorgegebenen Anfangsauslenkung:

$$\varphi(x,t) = \widehat{\varphi} \sum_{n=1}^{\infty} -2(-1)^n\left(\frac{1}{\beta_n l}\right)^2 \sin\beta_n x\,\cos\omega_n t$$

Aufgabe 9.2:

Ein einfaches Modell zum Studium der Luft- oder Gasschwingungen in Orgelpfeifen, Auspuffrohren, Tunnels oder ähnlichem ist eine längsschwingende Gassäule (Ruhedruck p_0, Ruhedichte ϱ_0, Isentropenexponent κ) in einem starren Rohr (Länge l).

Berechnen sie die Eigenfrequenzen ω_n und Eigenformen $U_n(x)$ der Druckschwingungen in der Gassäule

a) für ein beidseitig geschlossenes Rohr (gedackte Orgelpfeife),

b) für ein einseitig geschlossenes und am anderen Ende offenes Rohr (ungedackte Orgelpfeife, Auspuffrohr bei geschlossenen Ventilen) und

c) für ein beidseitig offenes Rohr (Auspuff bei offenen Ventilen, Tunnel, Brückenunterführung).

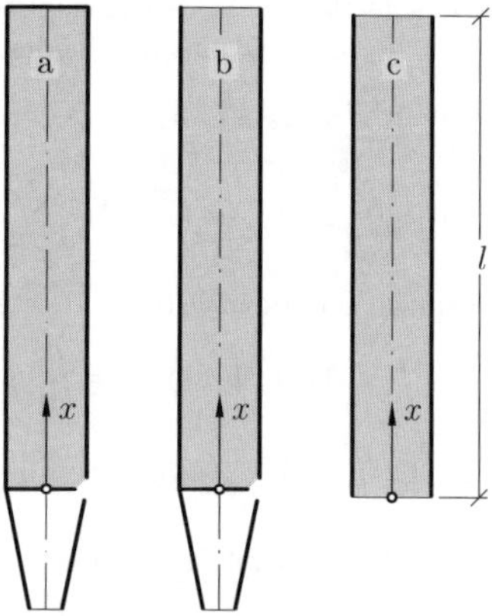

Bild A9.2: Gasgefüllte Rohre mit unterschiedlichen Randbedingungen

d) Ermitteln Sie für das beidseitig offene Rohr die Zeitdauer ΔT, bis ein einseitig eingeleiteter Druckstoß (Stoßdauer $e/c \ll l$) an der Einleitungsstelle einen Unterdruck erzeugt (Auspuffauslegung).

Gegeben: p_0, ϱ_0, κ, l, e

Lösung der Aufgabe 9.2:

Allgemeine Zusammenhänge:

Wellengleichung für die Gasverschiebung:

$$\frac{\partial^2 u}{\partial t^2} = \kappa \frac{p_0}{\varrho_0} \frac{\partial^2 u}{\partial x^2}$$

Stoffgesetz zwischen Druck und Verschiebung:

$$p - p_0 = -\kappa p_0 \frac{\partial u}{\partial x}$$

Druckwellenfortpflanzungsgeschwindigkeit:

$$c^2 = \kappa \frac{p_0}{\varrho_0}$$

BERNOULLIscher Trennungsansatz:

$$u(x,t) = U(x)\,T(t)$$

Wellenzahl:

$$\beta = \frac{\omega}{c}$$

Zeitfunktion:

$$\ddot{T}(t) + \omega^2\,T(t) = 0 \qquad \Longrightarrow \qquad T(t) = A_c \cos\omega t + A_s \sin\omega t$$

Ortsfunktion:

$$U''(x) + \beta^2\,U(x) = 0 \qquad \Longrightarrow \qquad U(x) = C_c \cos\beta x + C_s \sin\beta x$$

a) Beidseitig geschlossenes Rohr (gedackte Orgelpfeife):

Randbedingungen:

$$u(0,t)=0 \quad\Longrightarrow\quad U(0)=0 \quad\Longrightarrow\quad U(0)=0=C_c$$

$$u(l,t)=0 \quad\Longrightarrow\quad U(l)=0 \quad\Longrightarrow\quad U(l)=0=C_c\cos\beta l + C_s\sin\beta l$$

Nichttriviale Lösungen fordern das Verschwinden der Koeffizientendeterminante:

$$\Delta = \sin\beta l = 0$$

Wellenzahlen, Eigenkreisfrequenzen und Eigenformen:

$$\beta_n l = n\pi, \qquad \omega_n = (\beta_n l)\frac{c}{l} = n\pi\sqrt{\frac{\kappa p_0}{\varrho_0 l^2}}, \qquad U_n(x) = \sin\beta_n x = \sin\left(n\pi\frac{x}{l}\right)$$

b) Einseitig geschlossenes Rohr (ungedackte Orgelpfeife):

Randbedingungen:

$$u(0,t) = 0 \quad\Longrightarrow\quad U(0)=0 \quad\Longrightarrow\quad U(0)=0=C_c$$

$$p(l,t)-p_0=0 \quad\Longrightarrow\quad U'(l)=0 \quad\Longrightarrow\quad U'(l)=0=-\beta C_c\sin\beta l + \beta C_s\cos\beta l$$

Nichttriviale Lösungen fordern das Verschwinden der Koeffizientendeterminante:

$$\Delta = \cos\beta l = 0$$

Wellenzahlen, Eigenkreisfrequenzen und Eigenformen:

$$\beta_n l = \frac{2n-1}{2}\pi; \qquad \omega_n = \beta_n l\frac{c}{l} = \frac{2n-1}{2}\pi\sqrt{\frac{\kappa p_0}{\varrho_0 l^2}}, \qquad U_n(x) = \sin\beta_n x = \sin\left(\frac{2n-1}{2}\pi\frac{x}{l}\right)$$

c) Beidseitig offenes Rohr (Auspuffauslegung):

Randbedingungen:

$$p(0,t)-p_0=0 \quad\Longrightarrow\quad U'(0)=0 \quad\Longrightarrow\quad U'(0)=0=\beta C_s$$

$$p(l,t)-p_0=0 \quad\Longrightarrow\quad U'(l)=0 \quad\Longrightarrow\quad U'(l)=0=-\beta C_c\sin\beta l + \beta C_s\cos\beta l$$

Nichttriviale Lösungen fordern das Verschwinden der Koeffizientendeterminante:

$$\Delta = \begin{vmatrix} 0 & \beta \\ -\beta\sin\beta l & \beta\cos\beta l \end{vmatrix} = \beta^2\sin\beta l = 0$$

Wellenzahlen, Eigenkreisfrequenzen und Eigenformen:

$$\beta_n l = n\pi, \qquad \omega_n = (\beta_n l)\frac{c}{l} = n\pi\sqrt{\frac{\kappa p_0}{\varrho_0 l^2}}, \qquad U_n(x) = \cos\beta_n x = \cos\left(n\pi\frac{x}{l}\right)$$

Die Eigenform U_0 mit der Frequenz $\omega_0=0$ beschreibt die gleichförmige Durchströmung des beidseitig offenen Rohres mit

$T_0(t) = C_{c0} + C_{t0}\,t$.

d) Druckwellenausbreitung im beidseitig offenen Rohr:

Diagramm der beiden gegenläufigen Druckwellen:

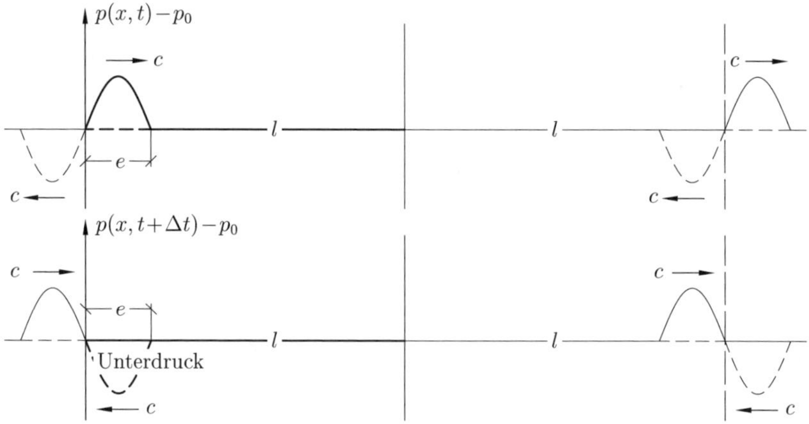

Zurückzulegender Weg einer Druckwelle:

$2l - e = c\,\Delta T$

Zeitdauer, bis eine Druckwelle vom linken Rand nach ihrer Reflexion am rechten Rand links wieder ankommt:

$$\Delta T = \frac{2l - e}{\sqrt{\kappa p_0/\varrho_0}}$$

Aufgabe 9.3:

Eine homogene runde Welle (Durchmesser d, Länge l, Dichte ϱ, Elastizitätsmodul E, Gleitmodul G) ist reibungsfrei sowohl in Längs- als auch in Rotationsrichtung gelagert. Die beiden Enden sind frei. Die Welle kann freie Längs- und Torsionsschwingungen ausführen.

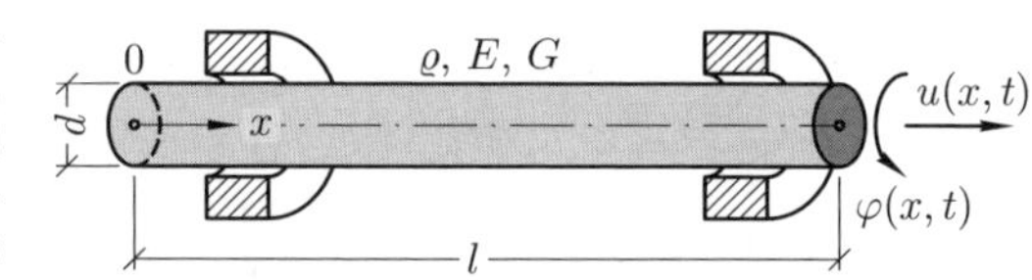

Bild A9.3: Reibungsfrei gelagerter Stab

a) Geben Sie die Ausbreitungsgeschwindigkeit c_L von Longitudinalwellen sowie die Eigenfrequenzen ω_{Ln} und die Eigenformen $U_n(x)$ der Längsschwingungen $u(x,t)$ an und skizzieren Sie die ersten drei elastischen Eigenformen über die Länge.

b) Geben Sie die Ausbreitungsgeschwindigkeit c_T von Torsionswellen sowie die Eigenfrequenzen ω_{Tn} und die Eigenformen $\Phi_n(x)$ der Torsionsschwingungen $\varphi(x,t)$ an. Wieviel Knoten hat die dritte elastische Torsionseigenform?

c) Am linken Ende werden gleichzeitig sowohl in Längs- als auch in Drehrichtung stoßartige Störungen eingebracht. In welcher Bewegung $u(l,t)$ oder $\varphi(l,t)$ am rechten Ende werden diese Störungen zuerst bemerkt?

Gegeben: d, l, ϱ, E, G

Lösung der Aufgabe 9.3:

a) Longitudinalschwingungen:

Wellenausbreitungsgeschwindigkeit:

$$c_L = \sqrt{\frac{E}{\varrho}}$$

Eigenfrequenzen und Eigenformen der Längsschwingungen bei freien Enden:

$$\omega_{Ln} = n\pi\,\frac{c_L}{l} = \frac{n\pi}{l}\sqrt{\frac{E}{\varrho}}$$

$$U_n(x) = \cos\left(n\pi\,\frac{x}{l}\right)$$

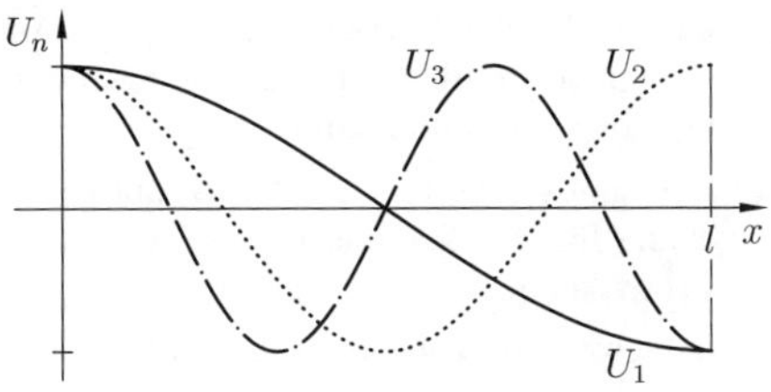

b) Torsionsschwingungen:

Wellenausbreitungsgeschwindigkeit:

$$c_T = \sqrt{\frac{G}{\varrho}}$$

Eigenfrequenzen und Eigenformen der Torsionsschwingungen bei freien Enden:

$$\omega_{Tn} = n\pi\,\frac{c}{l} = \frac{n\pi}{l}\sqrt{\frac{G}{\varrho}}, \qquad \Phi_n(x) = \cos\left(n\pi\,\frac{x}{l}\right)$$

Die Torsionseigenformen sind wegen gleicher Randbedingungen identisch mit den Longitudinalschwingungseigenformen. Die dritte Eigenform hat drei Knoten.

c) Stoßidentifikation:

Die Wellenausbreitungsgeschwindigkeit der Längsschwingungen ist größer als die der Torsionsschwingungen, da $E > G$ ist. Damit wird die Störung am rechten Ende zuerst als Längsbewegung $u(l,t)$ bemerkt.

Aufgabe 9.4:

Die beiden Enden eines homogenen Stabes (Länge l, Massebelegung μ, Längssteifigkeit EA) sind über zwei gleiche masselose Schraubenfedern (Steifigkeit k) miteinander verbunden.

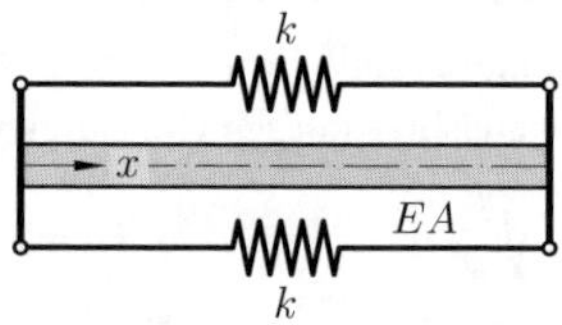

Bild A9.4: Elastischer Stab mit Federkopplung der Stabenden

a) Geben Sie die Bewegungsgleichung (Wellengleichung) für die Längsschwingungen des Stabes sowie die Randbedingungen an.

b) Berechnen Sie mit dem BERNOULLIschen Produktansatz die charakteristische Gleichung für die Eigenwerte.

c) Ermitteln Sie die Nullstellen der charakteristischen Gleichung. Beachten Sie dabei, daß zwei Teilmengen von Lösungen existieren:
- vom Steifigkeitsverhältnis EA/kl unabhängige und
- vom Steifigkeitsverhältnis EA/kl abhängige Eigenwerte.

Skizzieren Sie speziell für $2kl = EA$ das Spektrum der Eigenwerte auf einer ω-Achse und ermitteln Sie die Eigenformen zu den beiden Klassen von Eigenwerten.

d) Zeigen Sie, daß die Eigenformen im strengen Sinne orthogonal zueinander sind, die Randbedingungen also zu einem selbstadjungierten Randwertproblem gehören.

e) Untersuchen Sie die Spezialfälle
- Steifigkeit der Verbindungsfedern gegen unendlich, $(k \to \infty)$
- Steifigkeit der Verbindungsfedern gegen null $(k \to 0)$ und
- gleiche Steifigkeit von Stab und Verbindungsfedern $(2k = EA/l)$.

Gegeben: μ, EA, l, k

Lösung der Aufgabe 9.4:

a) Bewegungsgleichung und Randbedingungen:

Wellengleichung: $\dfrac{\partial^2 u}{\partial t^2} = \dfrac{EA}{\mu}\dfrac{\partial^2 u}{\partial x^2}$

Stoffgesetz: $N(x,t) = EA\,u'(x,t)$

Wellenausbreitungsgeschwindigkeit: $c^2 = \dfrac{EA}{\mu} = \dfrac{E}{\rho}$

Ermittlung der Randbedingungen:

Freikörperbilder:

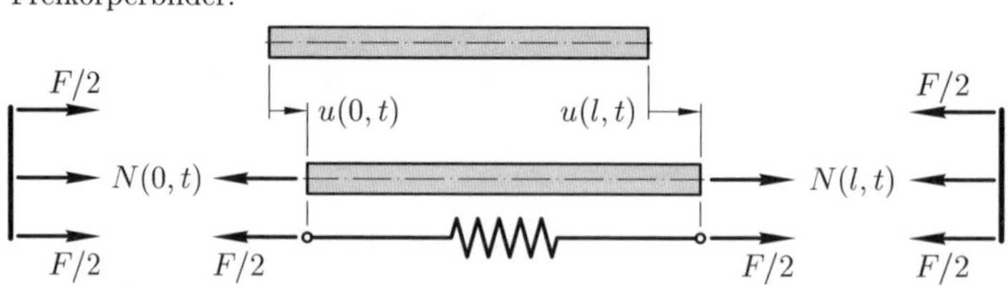

Gleichgewicht der Abschlüsse:

$$N(0,t) + F = 0, \qquad N(l,t) + F = 0$$

Stoffgesetz für die Federn:

$$\frac{F}{2} = k\left[u(l,t) - u(0,t)\right]$$

Stoffgesetz für den Stab:

$$N(0,t) = EAu'(0,t)$$
$$N(l,t) = EAu'(l,t)$$

Geordnete Randbedingungen:

$$EAu'(0,t) = 2k\left[u(0,t) - u(l,t)\right]$$
$$EAu'(l,t) = 2k\left[u(0,t) - u(l,t)\right]$$

Eine dieser beiden Randbedingungen kann ersetzt werden durch die Bedingung:

$$u'(0,t) = u'(l,t)$$

b) Berechnung der charakteristischen Gleichung:

BERNOULLIscher Produktansatz:

$$u(x,t) = U(x)\,q(t)$$

Differentialgleichung für die Ortsfunktion:

$$U''(x) + \kappa^2 U(x) = 0$$

Zusammenhang zwischen Kreisfrequenz und Kreiswellenzahl:

$$\omega = c\kappa$$

Lösungen der Ortsdifferentialgleichung:

$$U(x) = A_1 \cos\kappa x + A_2 \sin\kappa x\,,$$
$$U'(x) = -\kappa A_1 \sin\kappa x + \kappa A_2 \cos\kappa x$$

Produktansatz in den Randbedingungen:

$$U'(0) = U'(l)$$
$$EAU'(0) = 2k\left[U(0) - U(l)\right]$$

Setzt man die Randbedingungen in die allgemeine Lösung ein, erhält man für die Integrationskonstanten A_1 und A_2 ein lineares homogenes Gleichungssystem:

$$\begin{bmatrix} \kappa l \sin\kappa l & \kappa l\,(1-\cos\kappa l) \\ -(1-\cos\kappa l) & \dfrac{EA}{2kl}\kappa l + \sin\kappa l \end{bmatrix} \begin{bmatrix} A_1 \\ A_2 \end{bmatrix} = \begin{bmatrix} 0 \\ 0 \end{bmatrix}$$

Nichttriviale Lösungen für A_1 und A_2 existieren nur, wenn die Koeffizientendeterminante verschwindet. Die Ausrechnung liefert die charakteristische Gleichung:

$$\kappa l \sin\kappa l \left(\frac{EA}{2kl}\kappa l + \sin\kappa l\right) + \kappa l\left(1-\cos\kappa l\right)^2 = 0$$

c) Lösung der charakteristischen Gleichung:

Die charakteristische Gleichung hat zunächst den null-ten Eigenwert $\kappa_0 l = 0$. Hierzu gehört die allgemeine Starrkörperbewegung

$$U_0(x) = A_{01} + A_{02}\,x\,.$$

Die Randbedingungen verlangen $A_{02} = 0$. Somit folgt für die modale Teillösung zum Eigenwert $\kappa_0 l = 0$ die Funktion

$$u_0(x,t) = \left\{\frac{EA}{2kl} + 1\right\}\left(a_0 + b_0 t\right).$$

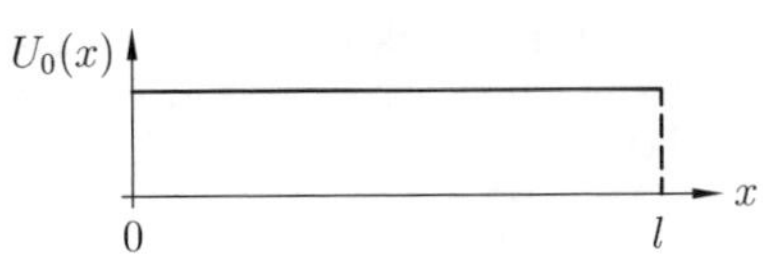

Nach Division der charakteristischen Gleichung durch $\kappa l \neq 0$ und Ausmultiplikation verbleibt für die Eigenwerte die charakteristische Gleichung

$$\frac{EA}{2kl}\kappa l \sin\kappa l + 2\,(1-\cos\kappa l) = 0\,.$$

Man erkennt, daß die Werte

$$\kappa_{2n} l = 2n\pi \qquad n = 0, 1, 2\ldots$$

wegen $\sin(2n\pi)=0$ und $\cos(2n\pi)=1$ Lösungen der charakteristischen Gleichung sind, die unabhängig vom Steifigkeitsverhältnis EA/kl sind. Die Koeffizienten der hierzu gehörigen Eigenformen ergeben sich aus dem homogenen Gleichungssystem zu $A_{n\,2}=0$ und $A_{n\,1}$ beliebig. Die zugehörigen Eigenformen haben somit die Form

$$U_{2n}(x) = \frac{EA}{2kl}\cos\left(2n\pi\frac{x}{l}\right)$$

und die zugehörigen Eigenfrequenzen lauten

$$\omega_{2n} = c\,\kappa_{2n} = \frac{2\pi n}{l}\sqrt{\frac{EA}{\mu}} \qquad \text{mit} \qquad n = 1, 2, \ldots$$

Die Vorfaktoren der Eigenformen sind wegen der Skalierbarkeit beliebig wählbar. Hier sind sie so gewählt, daß alle Eigenformen in vergleichbarer Weise dargestellt werden können.

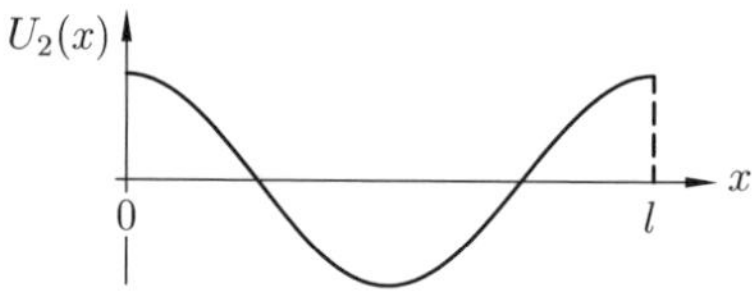

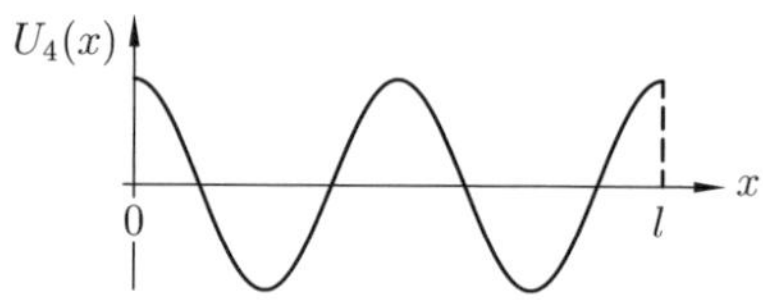

Wenn die beiden Enden mit gleichen Amplituden gleichphasig schwingen, werden die Federn nicht belastet und die beiden Stabenden sind frei. Für diese Randbedingungen frei – frei sind die Ergebnisse bekannt. Die Eigenformen ($n=2$, 4, 6, …) sind Kosinusfunktionen mit ganzzahligen Periodenlängen. Sie sind gerade Funktionen bezüglich der Stabmitte $x=l/2$ und haben in der Stabmitte und an den Stabrändern Schwingungsbäuche.

Neben den Eigenwerten $\kappa_{2n} l=2n\pi$ hat die transzendente charakteristische Gleichung weitere Nullstellen. Zur Ermittlung dieser Nullstellen wird vermöge der trigonometrischen Beziehung

$$\frac{1-\cos\alpha}{\sin\alpha} = \tan\frac{\alpha}{2}$$

die charakteristische Gleichung umgeformt zu

$$\frac{EA}{2kl}\frac{\kappa l}{2} = -\tan\frac{\kappa l}{2}\,.$$

Die Eigenwerte κl sind vom Steifigkeitsverhältnis EA/kl abhängig. Für den Spezialfall gleicher Steifigkeiten von Stab und Zugfedern ($EA=2kl$) sind sie durch Kreischen im Diagramm markiert. Bei einer größeren Steifigkeit der Zugfedern ergeben sich eine flachere Schnittgerade, höhere Eigenwerte und höhere Eigenfrequenzen.

Graphische Lösung der charakteristischen Eigenwertgleichung:

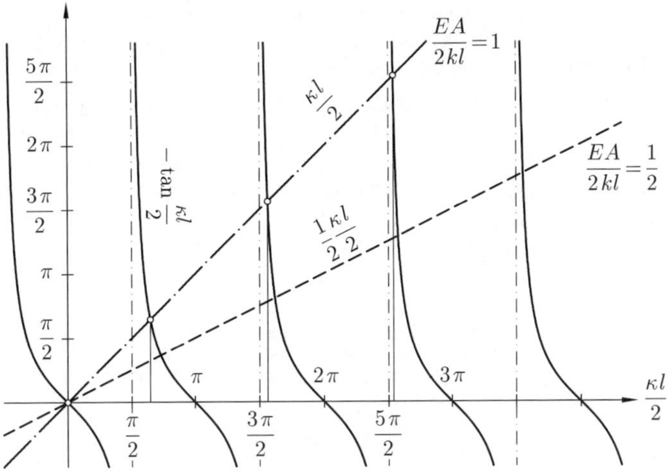

Die möglichen Lösungen lassen sich somit aus einem Diagramm ablesen:

Eigenwertspektrum aus der charakteristischen Gleichung:

n	0	1	3	5	$n>6$
$\kappa_n l$	0	$\pi+\varepsilon_1$	$3\pi+\varepsilon_3$	$5\pi+\varepsilon_5$	$n\pi+\varepsilon_n$
$\kappa_n l$	0	1.292π	3.13π	5.08π	$\approx n\pi$

mit $\varepsilon_n \to 0$ für $n \to \infty$

speziell für $EA = 2kl$

Eigenkreisfrequenzen:

$$\omega_n = c\kappa_n = (\kappa_n l)\sqrt{\frac{EA}{\mu l^2}}$$

Die Abweichungen ε_n der ungeraden Eigenwerte $\kappa_n l$ vom entsprechenden ganzzahligen Vielfachen von π werden um so kleiner, je größer das Steifigkeitsverhältnis EA/kl ist und nehmen mit wachsendem n schnell ab.

Die Eigenformen zu den ungeraden Eigenwerten lauten allgemein:

$$U_n(x) = A_{1n}\cos\kappa_n x + A_{2n}\sin\kappa_n x$$

Die Integrationskonstanten A_{1n} und A_{2n} folgen beispielsweise aus der zweiten Zeile des homogenen Gleichungssystems nach Division durch κl:

$$-A_1\,\frac{1-\cos\kappa l}{\kappa l} + A_2\left\{\frac{EA}{2kl}+\frac{\sin\kappa l}{\kappa l}\right\} = 0$$

Mit einer willkürlichen Wahl von A_1 folgt A_2:

$$A_1 = \frac{EA}{2kl}+\frac{\sin\kappa l}{\kappa l}; \qquad A_2 = \frac{1-\cos\kappa l}{\kappa l}$$

Eigenformen:

$$U_n(x) = \left\{\frac{EA}{2kl}+\frac{\sin\kappa_n l}{\kappa_n l}\right\}\cos\kappa_n x + \frac{1-\cos\kappa_n l}{\kappa_n l}\sin\kappa_n x$$

Diese Darstellung gilt für alle Eigenformen und kann auch für den Eigenwert $\kappa_0 l = 0$ benutzt werden.

Eigenschaften der Eigenformen:

Die vom Steifigkeitsverhältnis unabhängigen geraden Eigenformen ($n = 2, 4, 6, \ldots$) sind gerade Funktionen bezüglich der Stabmitte $x = l/2$. Sie haben in der Stabmitte und an den Stabrändern Schwingungsbäuche.

Die vom Steifigkeitsverhältnis abhängigen ungeraden Eigenformen ($n = 1, 3, 5, \ldots$) sind ungerade Funktionen bezüglich der Stabmitte. Sie haben in der Stabmitte Schwingungsknoten.

Man erkennt, daß die Schraubenfedern die Eigenschwingungen mit ungeradem Index bei höherer Ordnung praktisch nicht mehr beeinflussen.

Spektrum der Eigenfrequenzen für $EA/l = 2k$:

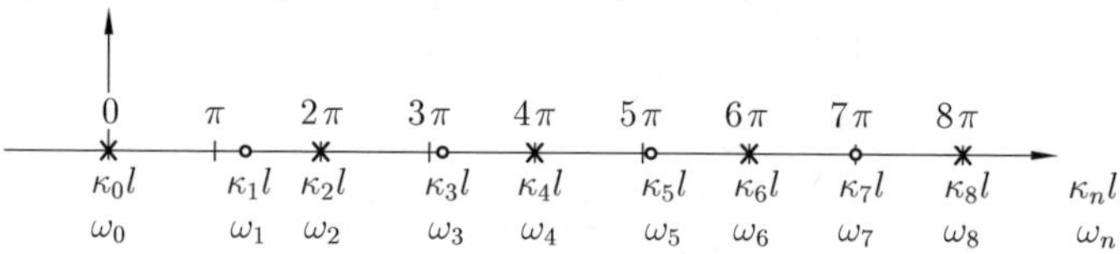

d) Orthogonalität der Eigenformen:

Für zwei verschiedene Eigenwerte κ_n und κ_m gilt die Beziehung

$$(\kappa_m^2 - \kappa_n^2) \int_0^l U_n(x)\, U_m(x)\, dx = \Big[U_n{}' U_m - U_m{}' U_n\Big]_0^l$$

Setzt man die Randbedingungen

$$U_n{}'(0) = \frac{2k}{EA}\Big\{U_n(0) - U_n(l)\Big\} = U_n{}'(l)$$

$$U_m{}'(0) = \frac{2k}{EA}\Big\{U_m(0) - U_m(l)\Big\} = U_m{}'(l)$$

in diese Gleichung ein,

$$(\kappa_m^2 - \kappa_n^2) \int_0^l U_n U_m\, dx = \frac{2k}{EA}\bigg\{\Big[\Big(U_n(0) - U_n(l)\Big)\, U_m(l) - \Big(U_m(0) - U_m(l)\Big)\, U_n(l)\Big] -$$

$$- \Big[\Big(U_n(0) - U_n(l)\Big)\, U_m(0) - \Big(U_m(0) - U_m(l)\Big)\, U_n(0)\Big]\bigg\} = 0,$$

folgt unmittelbar die Orthogonalität der Eigenformen im strengen Sinn. Die Kopplung der beiden Ränder über die Federn zerstört also nicht die Selbstadjungiertheit des Randwertproblems.

e) Analyse von Spezialfällen:

Sonderfall $k = 0$:

Für $k = 0$ erhält man die bekannten Eigenwerte $\kappa_n l = n\pi$ des Stabes mit zwei freien Enden. Die Eigenformen haben die einfache Form

$$U_n(x) = \cos n\pi \frac{x}{l}, \qquad n = 1, 2, 3, \ldots$$

Sonderfall $k \to \infty$:

Im Grenzübergang nähern sich die Eigenwerte mit ungeraden Nummern $2n-1$ von unten denen mit geraden Nummern $2n$,

$(\kappa l)_{2n-1} \to (\kappa l)_{2n} = 2n\pi$.

Es treten doppelte Eigenwerte auf. Die Eigenformen mit ungeradem Index haben in der Stabmitte einen Knoten, die mit geradem Index einen Schwingungsbauch. Zu zwei gleichen Eigenwerten und Eigenfrequenzen gehören zwei linear unabhängige Eigenformen, so daß jede Überlagerung dieser beiden Eigenformen

$$U_{2n-1}(x) = \sin 2n\pi \frac{x}{l} \qquad \text{und} \qquad U_{2n}(x) = \cos 2n\pi \frac{x}{l}$$

wieder Eigenform ist.

Sonderfall $EA/l = 2k$:

Für den Fall gleicher Steifigkeit von Stab und Doppelfeder erhält man die Eigenwerte:

n	0	1	2	3	4	5	$n \geq 6$
$\kappa_n l$	0	1.292π	2π	3.13π	4π	5.08π	$\approx n\pi$

Man erkennt, daß die Schraubenfedern die Eigenschwingungen mit ungeradem Index bei höherer Ordnung ($n \geq 5$) praktisch nicht mehr beeinflussen.

Aufgabe 9.5:

Die beiden Enden eines homogenen Stabes (Länge l, Massebelegung μ, Längssteifigkeit EA) sind über zwei masselose Schraubenfedern (Steifigkeit k) elastisch mit der Umgebung verbunden.

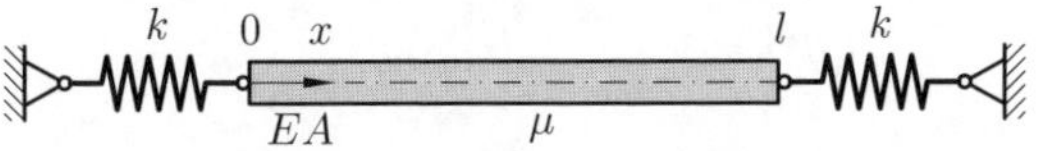

Bild A9.5: Längsschwingender Stab mit beidseitig elastischer Lagerung

a) Nach welcher Zeit τ kommt die reflektierte Welle eines Normalkraftstoßes am linken Stabende wieder an der Stoßstelle an?

b) Grenzen Sie die erste Eigenkreisfrequenz ω_1 des elastisch gelagerten Stabes durch die erste Eigenkreisfrequenz ω_∞ des beidseitig fixierten elastischen Stabes ein.

c) Grenzen Sie die erste Eigenkreisfrequenz ω_1 des elastisch gelagerten Stabes durch die Eigenkreisfrequenz ω_s des beidseitig elastisch gelagerten starren Stabes ein.

d) Ermitteln Sie nach dem RAYLEIGHschen Prinzip mit der gegebenen Ansatzfunktion $\tilde{u}(x)$ eine weitere Grenze für die erste Eigenkreisfrequenz ω_1.

e) Ermitteln Sie eine weitere Grenze für die erste Eigenkreisfrequenz ω_1 mit dem Verfahren von DUNKERLEY.

f) Geben Sie die Randbedingungen für die Längsschwingungen $u(x,t)$ des Stabes an.

g) Berechnen Sie mit dem BERNOULLIschen Produktansatz die charakteristische Gleichung für die Eigenwerte.

h) Lösen Sie die Eigenwertgleichung für das spezielle Steifigkeitsverhältnis $kl/EA = 2\pi$. Vergleichen Sie die Näherungen mit dem exakten Ergebnis.

Gegeben: l, μ, EA, k, $\tilde{u}(x) = \hat{u}\,(-4x^2 + 4lx + l^2)/(2l^2)$

Lösung der Aufgabe 9.5:

a) Ermittlung der Laufzeit der Welle bis ihrer Rückkehr:

$$2l = c\tau\,, \qquad c^2 = \frac{EA}{\mu} \qquad \Longrightarrow \qquad \tau = \frac{2l}{c} = 2l\sqrt{\frac{\mu}{EA}}$$

b) Eigenfrequenz des beidseitig fixierten, elastischen Stabes aus Tabelle 9.1:

$$\omega_\infty = 1\cdot\pi\,\frac{c}{l} = \frac{\pi}{l}\sqrt{\frac{EA}{\mu}}\,; \qquad \omega_1 \le \omega_\infty = \frac{\pi}{l}\sqrt{\frac{EA}{\mu}}$$

Wegen der weicheren Aufhängung ist ω_1 kleiner als ω_∞.

c) Eigenfrequenz des beidseitig elastisch gelagerten starren Stabes:

$$\omega_1 \le \omega_S = \sqrt{\frac{2k}{m_{Stab}}} = \sqrt{\frac{2k}{\mu l}}$$

Wegen der Nachgiebigkeit des Stabes ist ω_1 kleiner als ω_S.

d) Berechnung einer oberen Schranke für ω_1 nach RAYLEIGH:

Ansatzfunktion:

$$\tilde{u}(x) = \frac{\hat{u}}{2l^2}(-4x^2+4lx+l^2)$$

$$\tilde{u}'(x) = \frac{\hat{u}}{2l^2}(-8x+4l)$$

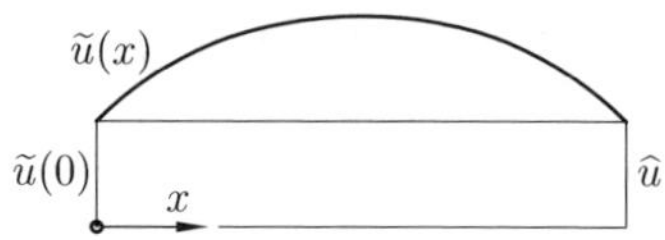

RAYLEIGH-Quotient:

$$\omega_1^2 \le R\{\tilde{u}\} = \frac{2U\{\tilde{u}(x)\}}{2T^*\{\tilde{u}(x)\}} = \frac{\int_0^l EA\,\tilde{U}'^2\,dx + k\,\tilde{u}^2(0) + k\,\tilde{u}^2(l)}{\int_0^l \mu\,\tilde{U}^2\,dx}$$

Zählerintegral; potentielle Energie:

$$2U\{\tilde{u}(x)\} = \int_0^l EA\,\tilde{u}'^2\,dx + k\,\tilde{u}^2(0) + k\,\tilde{u}^2(l) = \frac{EA\,\hat{u}^2}{(2l^2)^2}\int_0^l(-8x+4l)^2\,dx + \frac{1}{2}k\,\hat{u}^2 =$$

$$= \frac{EA\,\hat{u}^2}{(2l^2)^2}\,\frac{(-8x+4l)^3}{-24}\bigg|_0^l + \frac{1}{2}k\,\hat{u}^2 = \Big(\frac{4}{3}\,\frac{EA}{l} + \frac{1}{2}k\Big)\,\hat{u}^2$$

Nennerintegral; bezogene kinetische Energie:

$$2T^*\{\tilde{u}(x)\} = \int_0^l \mu\,\tilde{u}^2\,dx = \frac{\mu\,\hat{u}^2}{(2l^2)^2}\int_0^l(-4x^2+4lx+l^2)^2\,dx =$$

$$= \frac{\mu\,\hat{u}^2}{(2l^2)^2}\left[\frac{16}{5}x^5 - 8lx^4 + \frac{8}{3}l^2x^3 + 4l^3x^2 + l^4x\right]\bigg|_0^l = \frac{43}{60}\,\mu\,l\,\hat{u}^2$$

RAYLEIGH-Quotient:

$$\omega_1^2 \le R\{\tilde{u}\} = \frac{2U(\tilde{u})}{2T^*(\tilde{u})} = \frac{10\,(8\,EA + 3\,kl)}{43\,\mu\,l^2}$$

Speziell für $kl/EA = 2\pi$:

$$\omega_1 \le 0.79\pi\sqrt{\frac{EA}{\mu l^2}}$$

e) Berechnung einer unteren Schranke für ω_1 mit DUNKERLEY:

Elastisches Gesamtsystem mit der Teilmasse $\mu\,dx$:

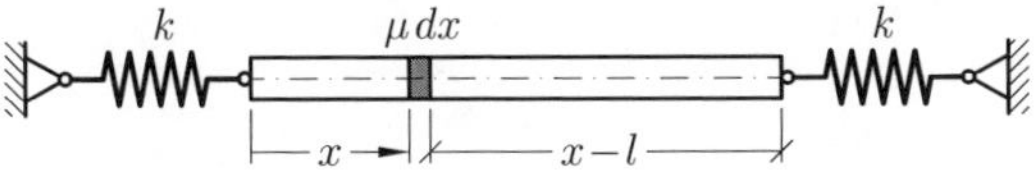

Feder links inkl. Stabteil der Länge x:

$$k_L = \frac{k\,EA/x}{k+EA/x}$$

Feder rechts inkl. Stabteil der Länge $x{-}l$:

$$k_R = \frac{k\,EA/(l-x)}{k+EA/(l-x)}$$

Formel von DUNKERLEY:

$$\frac{1}{\omega_1^2} \leq \frac{1}{\omega_D^2} = \int_0^l \frac{\mu}{k_R(x)+k_L(x)}\,dx = \int_0^l \mu\,\frac{(kl+EA-kx)\,(EA+kx)}{(kl+2EA)\,k\,EA}\,dx =$$

$$= \frac{\mu l^2}{EA}\,\frac{6+6\,kl/EA+(kl/EA)^2}{6\,(2+kl/EA)\,kl/EA}$$

Speziell für $kl/EA=2\pi$:

$$\omega_1 > \omega_D = 0.61\,\pi\sqrt{\frac{EA}{\mu l^2}}$$

f) Ermittlung der Randbedingungen:

Freikörperbild:

Normalkräfte:

$$N(0,t) = EA\,\frac{\partial u(0,t)}{\partial x} = \ \ k\,u(0,t)$$

$$N(l,t) = EA\,\frac{\partial u(l,t)}{\partial x} = -k\,u(l,t)$$

Randbedingungen:

$$u'(0,t) = \frac{k}{EA}\,u(0,t) \qquad\qquad u'(l,t) = -\frac{k}{EA}\,u(l,t)$$

g) Berechnung der charakteristischen Gleichung:

Lösung der Differentialgleichung für die Ortsfunktionen:

$$U(x) = C_c \cos\beta x + C_s \sin\beta x; \qquad \beta = \frac{\omega}{c}$$

$$U'(x) = -C_c\beta\sin\beta x + C_s\beta\cos\beta x$$

Anwenden der Randbedingungen:

$$EAU'(0) = kU(0): \qquad EAC_s\beta = kC_c$$

$$EAU'(l) = -kU(l): \quad EA\left[-C_c\beta\sin\beta l + C_s\beta\cos\beta l\right] = -k\left[C_c\cos\beta l + C_s\sin\beta l\right]$$

Lineares homogenes Gleichungssystem für die Integrationskonstanten:

$$\begin{bmatrix} -k & EA\beta \\ k\cos\beta l - EA\beta\sin\beta l & k\sin\beta l + EA\beta\cos\beta l \end{bmatrix} \begin{bmatrix} C_c \\ C_s \end{bmatrix} = \begin{bmatrix} 0 \\ 0 \end{bmatrix}$$

Charakteristische Gleichung:

$$\det = (-k)(k\sin\beta l + EA\beta\cos\beta l) - (k\cos\beta l - EA\beta\sin\beta l)(EA\beta) = 0 \qquad \Longrightarrow$$

$$\left[(EA/l)^2(\beta l)^2 - k^2\right]\sin\beta l - 2k\frac{EA}{l}\beta l\cos\beta l = 0$$

Gleichung für die Wellenzahlen:

$$\tan\beta l = 2\beta l\,\frac{(kl/EA)}{(\beta l)^2 - (kl/EA)^2} := \alpha(\beta l)$$

Speziell für $kl/EA = 2\pi$:

$$\tan\beta l = 2\beta l\,\frac{2\pi}{(\beta l)^2 - (2\pi)^2}$$

h) Grafische Lösung der Eigenwertgleichung für $kl/EA = 2\pi$:

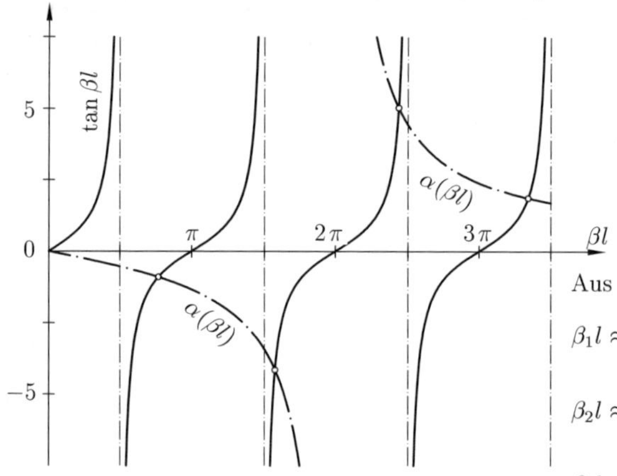

Zusammenhang zwischen Eigenwerten und Eigenfrequenzen:

$$\omega_n = (\beta_n l)\frac{c}{l}$$

Aus dem Diagramm folgen:

$$\beta_1 l \approx 0.77\pi, \quad \omega_1 \approx 0.77\pi\sqrt{\frac{EA}{\mu l^2}}$$

$$\beta_2 l \approx 1.57\pi, \quad \omega_2 \approx 1.57\pi\sqrt{\frac{EA}{\mu l^2}}$$

$$\beta_3 l \approx 2.44\pi, \quad \omega_3 \approx 2.44\pi\sqrt{\frac{EA}{\mu l^2}}$$

Aufgabe 9.6:

Ein homogener Stab (Länge l, Dichte ϱ, Längssteifigkeit EA) ist links durch eine masselose Schraubenfeder (Steifigkeit k) gehalten und rechts eingespannt.

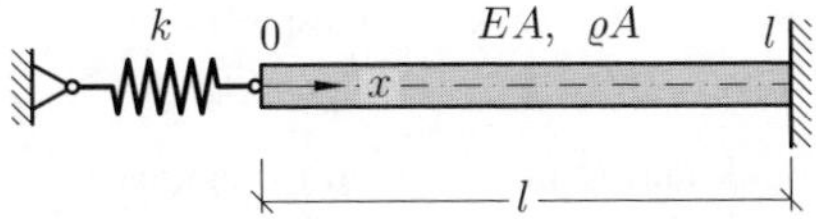

Bild A9.6: Längsschwingender Stab mit Federkopplung am Stabende

a) Geben Sie die Bewegungsgleichung für die Längsschwingungen $u(x,t)$ des Stabes sowie die Randbedingungen an.

b) Berechnen Sie mit dem BERNOULLIschen Produktansatz die charakteristische Gleichung für die Eigenwerte βl.

c) Ermitteln Sie für das spezielle Steifigkeitsverhältnis $\kappa = EA/(kl) = 1$ die Nullstellen der charakteristischen Gleichung und die Eigenformen.

Gegeben: ϱA, EA, l, k

Lösung der Aufgabe 9.6:

a) Bewegungsgleichung und Randbedingungen:

Wellengleichung und Wellenausbreitungsgeschwindigkeit:

$$\frac{\partial^2 u}{\partial t^2} = c^2 \frac{\partial^2 u}{\partial x^2} \qquad \text{mit} \qquad c^2 = \frac{E}{\varrho}$$

Stoffgesetz:

$$N(x,t) = EA\,u'(x,t)$$

Ermittlung der Randbedingungen:

Schnittbilder:

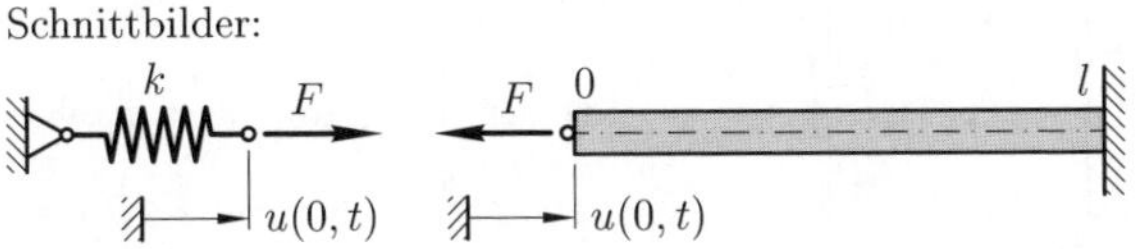

Kontaktbedingung und Stoffgesetz für die Feder:

$$F = N(0,t) = k\,u(0,t)$$

Stoffgesetz für die Stabkraft:

$$N(0,t) = EA\,u'(0,t)$$

Randbedingungen:

$$k\,u(0,t) = EA\,u'(0,t), \qquad u(l,t) = 0$$

b) Berechnung der charakteristischen Gleichung:

BERNOULLIscher Produktansatz:

$$u(x,t) = U(x)\,T(t)$$

Differentialgleichung für die Ortsfunktion:

$$U''(x) + \beta^2\,U(x) = 0$$

Zusammenhang zwischen Kreisfrequenz und Kreiswellenzahl:

$$\omega = c\,\beta$$

Lösung der Ortsdifferentialgleichung:

$$U(x) = C_c \cos\beta x + C_s \sin\beta x$$

$$U'(x) = -\beta C_c \sin\beta x + \beta C_s \cos\beta x$$

Produktansatz in den Randbedingungen:

$$k\,U(0) - EA\,U'(0) = k\,C_c - EA\,\beta\,C_s = 0$$

$$U(l) = \cos\beta l\,C_c + \sin\beta l\,C_s = 0$$

Lineares homogenes Gleichungssystem für die Integrationskonstanten:

$$\begin{bmatrix} k & -EA\beta \\ \cos\beta l & \sin\beta l \end{bmatrix} \begin{bmatrix} C_c \\ C_s \end{bmatrix} = \begin{bmatrix} 0 \\ 0 \end{bmatrix}$$

Für nichttriviale Lösungen muß die Koeffizientendeterminante verschwinden:

$$k \sin\beta l + EA\,\beta \cos\beta l = 0 \quad \Longrightarrow \quad \tan\beta l = -\frac{EA}{k\,l}\,\beta l = -\kappa\,\beta l$$

c) Ermittlung der Eigenwerte, Eigenfrequenzen und Eigenformen:

Graphische Lösung der charakteristischen Gleichung $\tan\beta l = -\kappa\,\beta l$ für $\kappa = 1$:

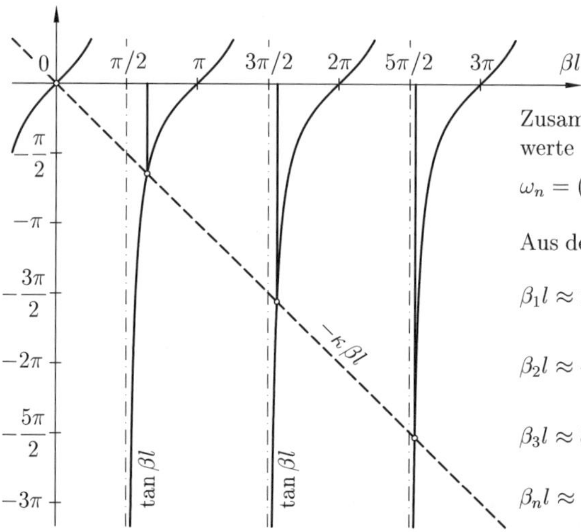

Zusammenhang zwischen Eigenwerte und Eigenfrequenzen:

$$\omega_n = (\beta_n l)\frac{c}{l}$$

Aus dem Diagramm liest man ab:

$$\beta_1 l \approx 2 \quad \Longrightarrow \quad \omega_1 \approx 2\frac{1}{l}\sqrt{\frac{E}{\varrho}}$$

$$\beta_2 l \approx 4.9 \quad \Longrightarrow \quad \omega_2 \approx 4.9\frac{1}{l}\sqrt{\frac{E}{\varrho}}$$

$$\beta_3 l \approx 8 \quad \Longrightarrow \quad \omega_3 \approx 8\frac{1}{l}\sqrt{\frac{E}{\varrho}}$$

$$\beta_n l \approx (2n-1)\frac{\pi}{2}$$

Konstantenverhältnis:

$$\frac{C_c}{C_s} = -\tan\beta_n l = \kappa\,\beta_n l = \kappa\Big(\frac{\omega_n}{c}l\Big)$$

Eigenformen:

$$U_n(x) = \sin\Big(\frac{\omega_n}{c}x\Big) + \kappa\Big(\frac{\omega_n}{c}l\Big)\cos\Big(\frac{\omega_n}{c}x\Big)$$

Aufgabe 9.7:

Ein linksseitig eingespannter Stab (Länge l, Längssteifigkeit EA, Dichte ϱ) trägt an seinem rechten Ende eine Masse m, die auf der anderen Seite mit einer Feder (Steifigkeit k) unterstützt ist.

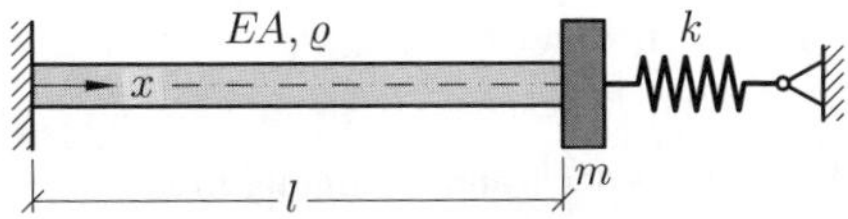

Bild A9.7.1: Stab mit elastisch gelagerter Endmasse

a) Berechnen Sie mit dem BERNOULLIschen Trennungsansatz die charakteristische Gleichung für die Wellenzahlen β_n und die Eigenformen $U_n(x)$.

b) Ermitteln Sie die Eigenwerte, Eigenfrequenzen und Eigenformen für die speziellen Verhältnisse $\kappa = kl/(EA) = 1$ für die Steifigkeiten und $\nu = m/(\varrho A l) = (2\pi)^2$ für die Massen. Skizzieren Sie die ersten beiden Eigenformen.

c) Kontrollieren Sie die Ergebnisse für die beide Spezialfälle von Bild 9.7.2, indem Sie die Parameter κ und ν so ändern, daß einmal das rechte Ende eingespannt und ein anderes Mal das rechte Ende frei ist.

Gegeben: m, l, EA, ϱ, k

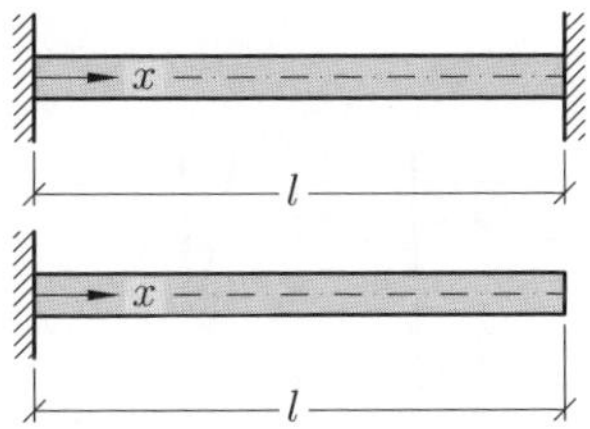

Bild A9.7.2: Sonderfälle

Lösung der Aufgabe 9.7:

a) Berechnung der Wellenzahlen und Eigenformen:

Bewegungsgleichung für den Stab:

$$\ddot{u} - c^2 u'' = 0$$

BERNOULLIscher Trennungsansatz:

$$u(x,t) = U(x)\,T(t)$$

Gleichung für die Zeitfunktion:

$$\ddot{T}(t) + \omega^2 T(t) = 0$$

Gleichung für die Ortsfunktion:

$$U''(x) + \beta^2 U(x) = 0$$

Wellenzahl:

$$\beta^2 = \frac{\omega^2}{c^2}$$

Ausbreitungsgeschwindigkeit der Druckwelle:

$$c^2 = \frac{E}{\varrho}$$

Ermittlung der Randbedingung rechts:

Freikörperbild der Randmasse:

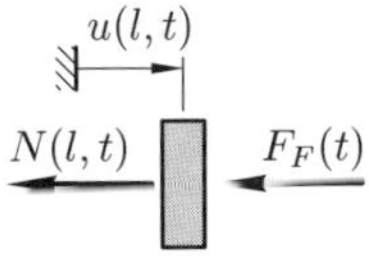

Stoffgesetz im Stab:

$$N(x,t) = EA\,u'(x,t)$$

Stoffgesetz für die Feder:

$$F_F(t) = k\,u(l,t)$$

Kräftesatz für die Randmasse:

$$m\,\ddot{u}(l,t) = -F_F(t) - N(l,t)$$

Randbedingung mit Trennungsansatz:

$$m\,U(l)\ddot{T}(t) + EAU'(l)T(t) + kU(l)T(t) = 0$$

Gleichung für die Zeitfunktion:

$$\ddot{T}(t) = -\omega^2 T(t)$$

Randbedingung für die Eigenformen am rechten Rand:

$EAU'(l) + (k - m\omega^2)U(l) = 0$

Ermittlung der Randbedingung links:

$u(0,t) = 0 \qquad \Longrightarrow \qquad U(0) = 0$

Allgemeine Ortsfunktionen:

$$U(x) = \quad C_c \cos\beta x + \quad C_s \sin\beta x$$

$$U'(x) = -\beta\, C_c \sin\beta x + \beta\, C_s \cos\beta x$$

Lineares Gleichungssystem aus den Randbedingungen:

$$C_c = 0, \qquad C_s\Big\{\frac{EA}{l}\beta l \cos\beta l + \Big[k - \frac{m}{\varrho A l}\frac{EA}{l}(\beta l)^2\Big]\sin\beta l\Big\} = 0$$

Charakteristische Gleichung:

$$\tan\beta l = -\frac{\beta l}{\kappa - \mu(\beta l)^2}$$

Speziell für $\kappa = 1$ und $\mu = 1/(2\pi)^2$:

$$\tan\beta l = -\frac{(2\pi)^2\beta l}{(2\pi)^2 - (\beta l)^2} = \alpha(\beta l)$$

b) Graphische Lösung der speziellen Eigenwertgleichung:

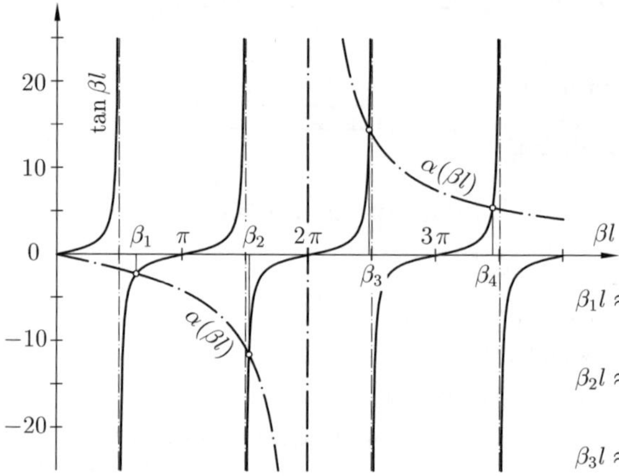

Zusammenhang zwischen Eigenwerten und Eigenfrequenzen:

$$\omega_n = (\beta_n l)\frac{c}{l}$$

Aus dem Diagramm folgen:

$$\beta_1 l \approx 0.63\pi, \quad \omega_1 \approx 0.63\pi\sqrt{\frac{E}{\varrho l^2}}$$

$$\beta_2 l \approx 1.53\pi, \quad \omega_2 \approx 1.53\pi\sqrt{\frac{E}{\varrho l^2}}$$

$$\beta_3 l \approx 2.48\pi, \quad \omega_3 \approx 2.48\pi\sqrt{\frac{E}{\varrho l^2}}$$

Eigenformen mit $C_s = 1$:

$$U_n(x) = \sin\Big(\beta_n l\,\frac{x}{l}\Big)$$

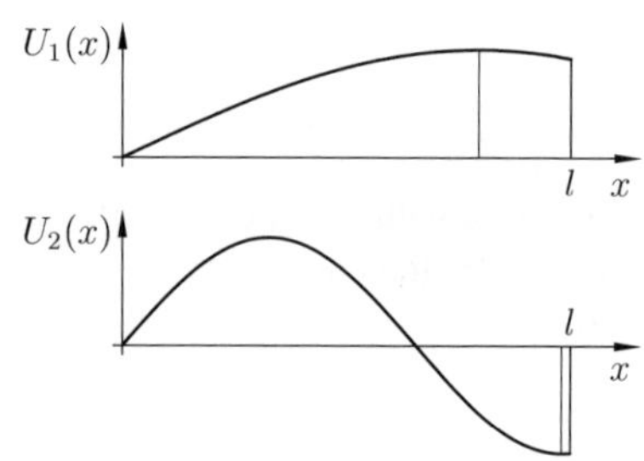

c) Kontrolle der Ergebnisse an Spezialfällen:

• Einspannungen links und rechts:

Einspannung rechts: $\Longrightarrow \quad m \to \infty \quad \Longrightarrow \quad \mu \to \infty \quad \Longrightarrow \quad \tan\beta l = 0$

oder: $\Longrightarrow \quad k \to \infty \quad \Longrightarrow \quad \kappa \to \infty \quad \Longrightarrow \quad \tan\beta l = 0$

Eigenwerte: $\beta_n l = n\pi$

Eigenfrequenzen:

$\omega_n = n\pi\sqrt{E/(\varrho l^2)}$

Eigenformen:

$U_n(x) = \sin\left(\beta_n l \, \frac{x}{l}\right)$

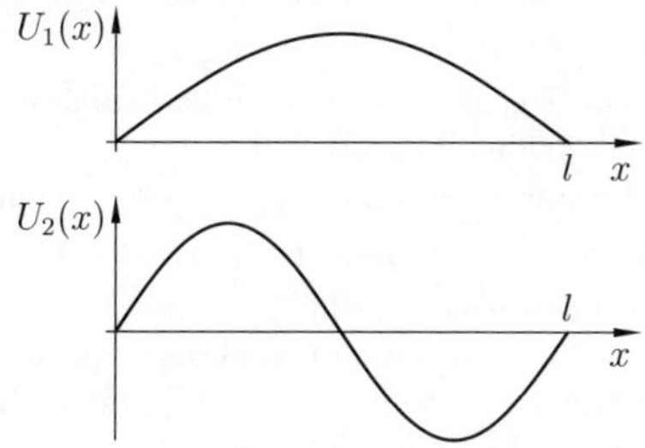

• Einspannung links, freies Ende rechts:

Freies Ende rechts: $m \to 0$ und $k \to 0 \quad \Longrightarrow \quad \tan\beta l \to \infty$

oder: $\mu \to 0$ und $\kappa \to 0 \quad \Longrightarrow \quad \tan\beta l \to \infty$

Eigenwerte: $\beta_n l = \dfrac{2n-1}{2}\pi$

Eigenfrequenzen:

$\omega_n = \dfrac{2n-1}{2}\pi\sqrt{E/(\varrho l^2)}$

Eigenformen:

$U_n(x) = \sin\left(\beta_n l \, \frac{x}{l}\right)$

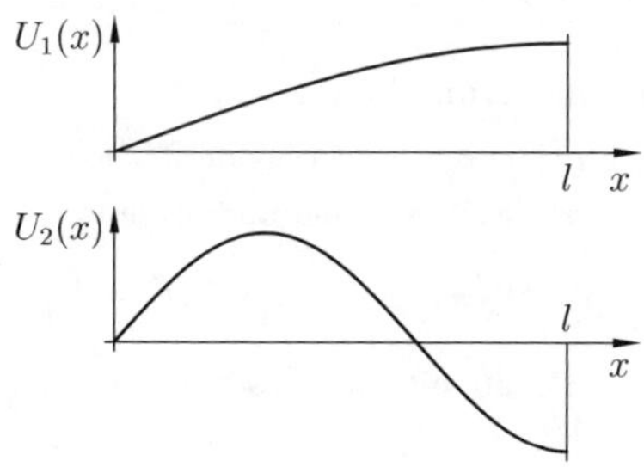

Aufgabe 9.8:

Ein einseitig eingespannter homogener Stab (Länge l, Masse m, Längssteifigkeit EA) trägt an seinem zweiten Ende eine punktförmige Masse M. Er führt Längsschwingungen $u(x,t)$ in Richtung der Stabachse aus.

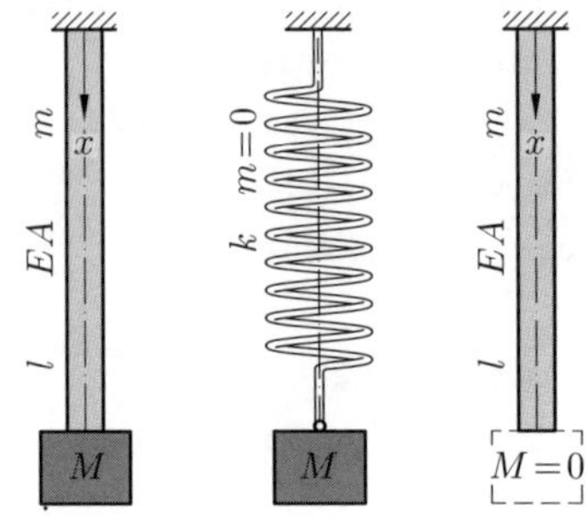

Bild A9.8: Massebehafteter Stab mit Endmasse

a) Welche Eigenkreisfrequenzen hat das System in den beiden Spezialfällen
   Stabmasse $m \neq 0$ und Endmasse $M = 0$ und
   Stabmasse $m = 0$ und Endmasse $M \neq 0$?

b) Berechnen Sie nach DUNKERLEY eine Schranke für die erste Eigenkreisfrequenz ω_1 der Längsschwingungen des allgemeinen Systems ($m \neq 0$ und $M \neq 0$).

c) Berechnen Sie mit dem RAYLEIGH-Quotienten eine andere Schranke für die erste Eigenkreisfrequenz ω_1 des allgemeinen Systems ($m \neq 0$ und $M \neq 0$). Benutzen Sie als Ansatz für die Verschiebung $\tilde{u}(x,t)$ eine zulässige Sinus-Funktion.

Gegeben: l, EA, m, M

Lösung der Aufgabe 9.8:

a) Eigenfrequenzen in den Sonderfällen:

Kontinuierlicher Stab ohne Endmasse (aus Tabelle 9.1):

$$\omega_{an}^2 = (2n-1)^2\left(\frac{\pi}{2l}\right)^2\frac{E}{\varrho}, \qquad \omega_{a1}^2 = \left(\frac{\pi}{2l}\right)^2\frac{E}{\varrho} = \left(\frac{\pi}{2}\right)^2\frac{EA/l}{m}$$

Masseloser Stab mit Endmasse M:

$$\omega_M^2 = \frac{EA/l}{M}$$

b) Abschätzung der Eigenfrequenz mit der Formel von DUNKERLEY:

Aufteilung der Masse in

– kontinuierlichen Stab ohne Endmasse

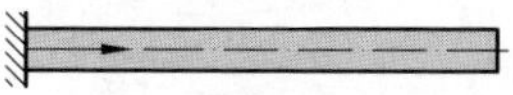

mit $\omega_{D,1}^2 = \left(\frac{\pi}{2l}\right)^2 \frac{E}{\varrho}$

– masselosen Stab mit punktförmiger Endmasse M

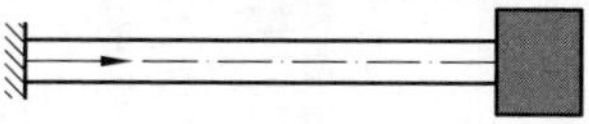

mit $\omega_{D,2}^2 = \frac{EA/l}{M}$

Formel von DUNKERLEY:

$$\frac{1}{\omega_D^2} = \frac{1}{\omega_{D,1}^2} + \frac{1}{\omega_{D,2}^2} = \left(\frac{2l}{\pi}\right)^2 \frac{\varrho A}{EA} + \frac{M}{EA/l} = \frac{1}{EA/l}\left\{\left(\frac{2}{\pi}\right)^2 \varrho A l + M\right\}$$

Untere Grenze der ersten Eigenkreisfrequenz:

$$\omega_1^2 > \omega_D^2 = \frac{EA/l}{(2/\pi)^2 \varrho A l + M} \approx \frac{EA/l}{0.405\,\varrho A l + M} = \frac{EA/l}{0.405\,m + M}$$

c) Abschätzung mit dem RAYLEIGH-Quotienten:

Auslenkungsform:

$$\tilde{u}(x) = \hat{u} \sin \frac{\pi x}{2l}, \qquad \tilde{u}'(x) = \hat{u}\frac{\pi}{2l} \cos \frac{\pi x}{2l}$$

Diese Auslenkungsform erfüllt die geometrische Randbedingung $\tilde{u}(0) = 0$.

Potentielle Energie mit der Auslenkungsform:

$$U = \frac{1}{2}\int_0^l EA\,\tilde{u}'^2(x)\,dx = \frac{1}{2} EA\,\hat{u}^2 \left(\frac{\pi}{2l}\right)^2 \int_0^l \cos^2\left(\frac{\pi}{2}\frac{x}{l}\right) dx =$$

$$= EA\,\hat{u}^2 \left(\frac{\pi}{2l}\right) \int_0^{\pi/2} \cos^2\alpha\, d\alpha = EA\,\hat{u}^2 \left(\frac{\pi}{2l}\right) \frac{\pi}{8}$$

Bezogene kinetische Energie mit der Auslenkungsform:

$$T^* = \frac{1}{2}\int_0^l \varrho A\,\tilde{u}^2(x)\,dx + \frac{1}{2} M \tilde{u}^2(l) = \frac{1}{2}\int_0^l \varrho A\,\hat{u}^2 \sin^2\left(\frac{\pi x}{2l}\right) dx + \frac{1}{2} M \hat{u}^2 =$$

$$= \frac{1}{2}\left[\frac{\varrho A l}{2} + M\right]\hat{u}^2 = \frac{1}{2}\left[\frac{m}{2} + M\right]\hat{u}^2$$

Diese bezogene kinetische Energie T^* beinhaltet sowohl die bezogene kinetische Energie des kontinuierlichen Stabes als auch die bezogene kinetische Energie der Punktmasse.

Der RAYLEIGH-Quotient liefert eine obere Grenze der ersten Eigenfrequenz:

$$\omega_1^2 \leq R = \frac{U}{T^*} = \frac{\pi^2}{8}\frac{EA/l}{0.5\,\varrho A l + M} \approx 1.23\frac{EA/l}{0.5\,\varrho A l + M} = 1.23\frac{EA/l}{0.5\,m + M}$$

Aufgabe 9.9:

Eine zylindrische Schraubenfeder (Masse m, Länge l, Steifigkeit k) ist am einen Ende fest eingespannt und am anderen Ende frei. Sie kann Längsschwingungen in Richtung der Federachse ausführen. Zur Berechnung der Eigenfrequenzen der Längsschwingungen $u(x, t)$ kann die Feder wie ein in Längsrichtung schwingender, kontinuierlich mit Masse belegter Stab behandelt werden.

a) Wie groß ist die Ausbreitungsgeschwindigkeit c von Längswellen in der Schraubenfeder?

b) Wie groß sind die drei ersten Eigenkreisfrequenzen ω_1, ω_2 und ω_3 der Längsschwingungen?

c) Geben Sie die ersten drei Eigenformen $U_n(x)$ formelmäßige an und skizzieren Sie diese.

Gegeben: l, m, k

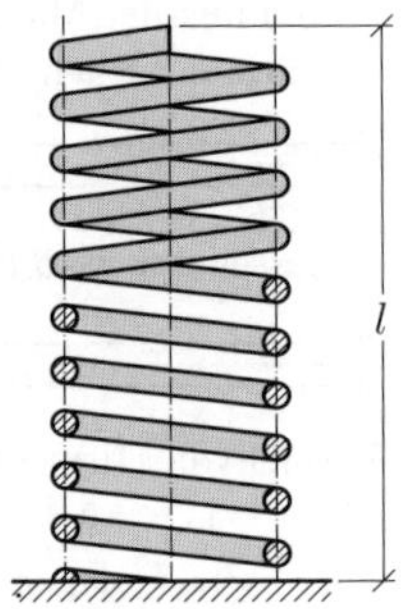

Bild A9.9: Schraubenfeder

Lösung der Aufgabe 9.9:

a) Wellenausbreitungsgeschwindigkeit:

Die Feder wird gedanklich durch einen Dehnstab mit der Steifigkeit EA und der Massenbelegung ϱA ersetzt. Steifigkeits- und Massenäquivalenz liefert

$$k = \frac{EA}{l}\,; \qquad m = \varrho A l\,.$$

Wellenausbreitungsgeschwindigkeit (aus den Längsschwingungen des Ersatzstabes):

$$c = \sqrt{\frac{E}{\varrho}} = \sqrt{\frac{k\,l}{A}\frac{A\,l}{m}} = l\sqrt{\frac{k}{m}}$$

Eigenfrequenzen und Eigenformen aus der Tabelle 9.1, Randbedingungen: fest – frei:

b) Eigenfrequenzen:

$$\omega_n = \frac{2n-1}{2}\pi\frac{c}{l} = \frac{2n-1}{2}\pi\sqrt{\frac{k}{m}}\,; \qquad U_n(x) = \sin\left(\frac{2n-1}{2}\pi\frac{x}{l}\right)$$

$$\omega_1 = \frac{\pi}{2}\sqrt{\frac{k}{m}}\,; \qquad \omega_2 = \frac{3\pi}{2}\sqrt{\frac{k}{m}}\,; \qquad \omega_3 = \frac{5\pi}{2}\sqrt{\frac{k}{m}}$$

c) Eigenformen:

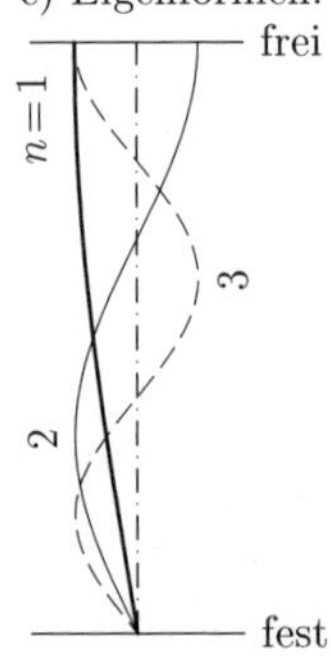

Aufgabe 9.10:

Auf einer beidseitig eingespannten Saite (Massenbelegung μ, Länge l, konstante Spannkraft S) befindet sich am Ort $x = a$ eine Punktmasse m.

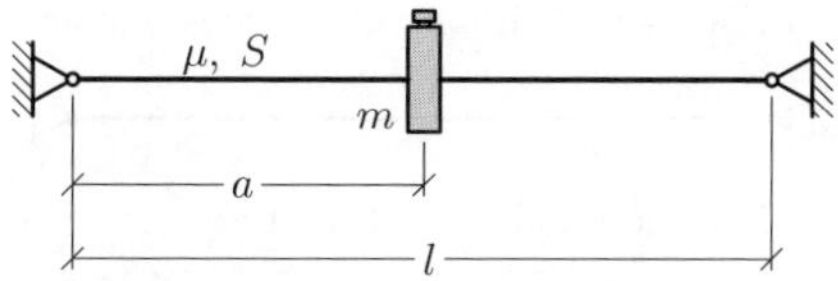

Bild A9.10: Saite mit Einzelmasse

Schätzen Sie die erste Eigenkreisfrequenz ω_1

a) durch die Eigenfrequenz $\omega_{1,Saite}$ der Saite ohne Punktmasse,

b) durch den RAYLEIGH-Quotienten mit der Vergleichsfunktion $\widetilde{w}(x) = \widehat{q}\,\sin(\pi\frac{x}{l})$ und

c) mit der Formel von DUNKERLEY ab.

Hinweis: Die potentielle Energie einer Saite unter konstanter Spannkraft S berechnet sich aus der Querauslenkung $\widetilde{w}(x)$ nach der Vorschrift $U = \frac{1}{2}\,S\int_0^l \widetilde{w}'^2(x)\,dx$.

Gegeben: μ, l, S, m, $a = l/2$

Lösung der Aufgabe 9.10:

a) Eigenfrequenz der Saite ohne Punktmasse als obere Schranke:

$$\omega_1^2 \le \omega_{0,Saite}^2 = \pi^2 \frac{S}{\mu\, l^2}$$

b) RAYLEIGH-Quotient als obere Schranke:

Vergleichsfunktion:

$$\widetilde{w}(x) = \widehat{q}\,\sin(\pi\frac{x}{l}); \qquad \widetilde{w}'(x) = \frac{\pi}{l}\,\widehat{q}\,\cos(\pi\frac{x}{l})$$

Potentielle Energie:

$$U = \frac{1}{2}\,S\int_0^l \widetilde{w}'^2(x)\,dx = \frac{1}{2}\,S\,\widehat{q}^{\,2}\,(\frac{\pi}{l})^2\int_0^l \cos^2(\frac{\pi}{l}x)\,dx = \frac{1}{4}S(\frac{\pi}{l})^2\,l\,\widehat{q}^{\,2}$$

Bezogene kinetische Energie:

$$T^* = \frac{1}{2}\,\mu\int_0^l \widetilde{w}^2(x)\,dx + \frac{1}{2}\,m\,\widetilde{w}^2(a) = \frac{1}{2}\,\mu\,\widehat{q}^{\,2}\int_0^l \sin^2(\frac{\pi}{l}x)\,dx + \frac{1}{2}m\,\widehat{q}^{\,2} = \Big(\frac{1}{4}\,\mu\,l + \frac{1}{2}\,m\Big)\,\widehat{q}^{\,2}$$

Schranke für die erste Eigenkreisfrequenz:

$$\omega_1^2 \le R\{\widetilde{w}\} = \frac{U\{\widetilde{w}(x)\}}{T^*\{\widetilde{w}(x)\}} = \pi^2\frac{S}{\mu\,l^2}\,\frac{1}{1+2m/(\mu\,l)} \le \omega_{0,Saite}^2$$

Bei einem quadratischen Ansatz

$$\widetilde{w}_2(x) = 4\widehat{q}\,\frac{x}{l}\Big(1-\frac{x}{l}\Big) \qquad \text{mit} \qquad \widetilde{w}_2'(x) = \frac{4\widehat{q}}{l}\Big(1-2\,\frac{x}{l}\Big)$$

errechnen sich

$$U(\widetilde{w}_2) = \frac{8}{3}\,\frac{S}{l}\,\widehat{q}^{\,2} \qquad \text{und} \qquad T^*(\widetilde{w}_2) = \Big(\frac{4}{15}\,\mu\,l + \frac{1}{2}\,m\Big)\,\widehat{q}^{\,2}.$$

Weitere Schranke für die erste Eigenkreisfrequenz:

$$\omega_1^2 \le R\{\widetilde{w}_2\} = \frac{U\{\widetilde{w}_2(x)\}}{T^*\{\widetilde{w}_2(x)\}} = \pi^2\,\frac{S}{\mu\,l^2}\,\frac{10/\pi^2}{1+(15/8)\,m/(\mu\,l)}$$

c) Untere Schranke nach DUNKERLEY durch Aufteilung der Systemmasse:

A) Elastische Saite mit Saitenmasse ohne Punktmasse:

$$\omega_A^2 = \omega_{0,Saite}^2 = \pi^2 \frac{S}{\mu l^2}$$

B) Masselose Saite mit Punktmasse:

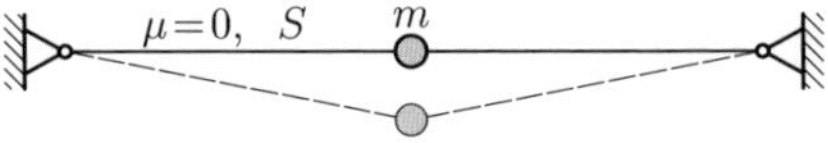

$$\omega_B^2 = \frac{U}{T^*} = \frac{4S}{lm} \quad \text{mit} \quad T^* = \frac{1}{2} m \hat{q}^2$$

$$U = \frac{1}{2} S \int_0^l \tilde{w}'^2 \, dx = \frac{1}{2} S \Big\{ \int_0^a \Big(\frac{\hat{q}}{a}\Big)^2 dx + \int_a^l \Big(-\frac{\hat{q}}{l-a}\Big)^2 dx \Big\} = \frac{1}{2} S \hat{q}^2 \frac{l}{a(l-a)} = 2S \frac{1}{l} \hat{q}^2$$

Formel von DUNKERLEY:

$$\frac{1}{\omega_1^2} \leq \frac{1}{\omega_D^2} = \frac{1}{\omega_A^2} + \frac{1}{\omega_B^2} = \frac{\mu l^2}{S} \frac{1}{\pi^2} + \frac{lm}{4S} = \frac{\mu l}{S \pi^2} \Big\{ 1 + \frac{\pi^2}{4} \frac{m}{\mu l} \Big\}$$

Grenzen für die erste Eigenfrequenz:

$$\omega_D^2 \leq \omega_1^2 \leq \omega_R^2 \leq \omega_{0,Saite}^2 \qquad \Longrightarrow \qquad \frac{1}{1+(\pi^2/4)(m/\mu l)} \leq \frac{\omega_1^2}{\omega_{1,Saite}^2} \leq \frac{1}{1+2\,(m/\mu l)}$$

Aufgabe 9.11:

Ein quadratischer Balken (Kantenlänge a, Länge l, Elastizitätsmodul E, Dichte ϱ) ist an einem Ende fest eingespannt, das andere Ende ist frei. Am freien Ende wirkt zunächst das statische Moment M_0. Zum Zeitpunkt $t = 0$ wird dieses plötzlich entfernt.

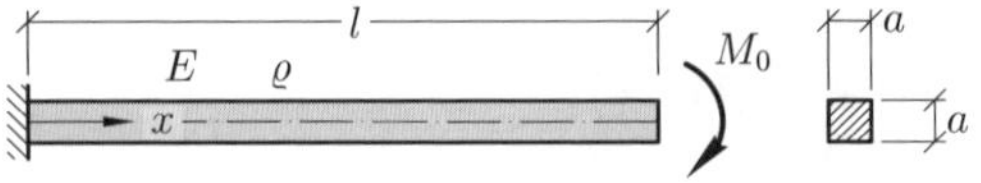

Gegeben: a, l, ϱ, E, M_0

Bild A9.11: Biegebalken unter statischer Vorlast M_0

Berechnen Sie die freien ungedämpften Biegeschwingungen (Eigenfrequenzen ω_n und Eigenformen $W_n(x)$) des Balkens nach dem plötzlichen Entfernen der Vorbelastung M_0.

Lösung der Aufgabe 9.11:

Bewegungsgleichung der freien Biegeschwingungen:

$EI\, w''''(x,t) + \varrho A\, \ddot{w}(x,t) = 0$

Schnittlasten-Verschiebungs-Beziehungen (Elastische Stoffgesetze):

$EI\, w''(x,t) = -M(x,t)\,;$ $\qquad EI\, w'''(x,t) = -Q(x,t)$

Querschnitt und axiales Flächenträgheitsmoment:

$A = a^2;$ $\qquad I_y = \dfrac{1}{12}\, a^4$

Randbedingungen der freien Biegeschwingungen:

Einspannung links:

$w(0,t) = 0;$ $\qquad w'(0,t) = 0$

Freies Balkenende rechts:

$w''(l,t) = 0;$ $\qquad w'''(l,t) = 0$

Die Anfangsauslenkung berechnet sich aus der Statik durch Integration der statischen Biegelinie und Berücksichtigung der Randbedingungen:

$$EI\, w''_{stat}(x) = -M(x) \qquad = M_0$$

$$EI\, w'_{stat}(x) = M_0\, x + C_1 \qquad = M_0\, x$$

$$EI\, w_{stat}(x) = \frac{1}{2}\, M_0\, x^2 + C_1\, x + C_2 \quad = \frac{1}{2}\, M_0\, x^2$$

Anfangsauslenkung und Anfangsgeschwindigkeit für die freien Schwingungen:

$$w(x,0) = w_{stat}(x) = \frac{M_0}{2\,EI}\, x^2; \qquad \dot{w}(x,0) = 0$$

BERNOULLIscher Trennungsansatz:

$w(x,t) = W(x)\, T(t)$

Trennung der unabhängigen Variablen:

$$\frac{\ddot{T}(t)}{T(t)} = -\frac{EI}{\varrho A}\,\frac{W''''(x)}{W(x)} = -\,\omega^2$$

Differentialgleichung für die Zeitfunktion und deren allgemeine Lösung:

$\ddot{T}(t) + \omega^2\, T(t) = 0;$ $\qquad T(t) = A_c \cos\omega t + A_c \sin\omega t$

Differentialgleichung für die Ortsfunktion $W(x)$ und deren allgemeine Lösung:

$W''''(x) - k^4\, W(x) = 0;$ $\qquad W(x) = C_1 \cosh kx + C_2 \sinh kx + C_3 \cos kx + C_4 \sin kx$

Frequenzparameter:

$$k = \sqrt[4]{\frac{\varrho A\, \omega^2}{EI}}$$

Allgemeine Lösung der Ortsdifferentialgleichung und deren Ableitungen:

$$\begin{aligned}
W(x) &= C_1 \cosh kx &&+ C_2 \sinh kx &&+ C_3 \cos kx &&+ C_4 \sin kx \\
W'(x) &= C_1 k \sinh kx &&+ C_2 k \cosh kx &&- C_3 k \sin kx &&+ C_4 k \cos kx \\
W''(x) &= C_1 k^2 \cosh kx &&+ C_2 k^2 \sinh kx &&- C_3 k^2 \cos kx &&- C_4 k^2 \sin kx \\
W'''(x) &= C_1 k^3 \sinh kx &&+ C_2 k^3 \cosh kx &&+ C_3 k^3 \sin kx &&- C_4 k^3 \cos kx
\end{aligned}$$

Anpassen der Lösung an die Randbedingungen:

$$\begin{aligned}
w(0) = 0 \quad &\Longrightarrow \quad C_1 + C_3 = 0 \\
w'(0) = 0 \quad &\Longrightarrow \quad C_2 + C_4 = 0 \\
w''(l) = 0 \quad &\Longrightarrow \quad C_1 \cosh kl + C_2 \sinh kl - C_3 \cos kl - C_4 \sin kl = 0 \\
w'''(l) = 0 \quad &\Longrightarrow \quad C_1 \sinh kl + C_2 \cosh kl + C_3 \sin kl - C_4 \cos kl = 0
\end{aligned}$$

Nichttriviale Lösungen für die Integrationskonstanten existieren nur für

$$\begin{vmatrix} 1 & 0 & 1 & 0 \\ 0 & 1 & 0 & 1 \\ \cosh kl & \sinh kl & -\cos kl & -\sin kl \\ \sinh kl & \cosh kl & \sin kl & -\cos kl \end{vmatrix} = 0.$$

Charakteristische Frequenzgleichung (Eigenwertgleichung):

$\cos kl \cosh kl = -1$

Graphische Lösung der Frequenzgleichung:

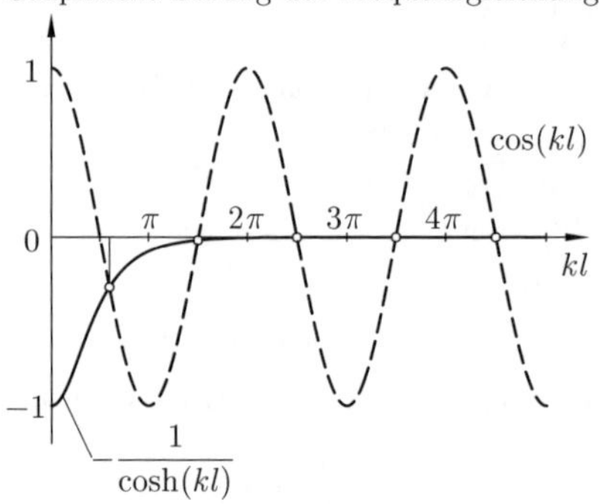

Die numerische Lösung liefert für die ersten drei Nullstellen die Werte

$k_1 l = 0.597\,\pi\,,$

$k_2 l = 1.494\,\pi\,,$

$k_3 l = 2.500\,\pi\,.$

Das asymptotische Verhalten der Nullstellen für höhere Eigenfrequenzen läßt sich aus der Skizze ablesen zu

$k_n l = \left(n - \frac{1}{2}\right)\pi\,.$

Eigenfrequenzen:

$$\omega_n = (k_n l)^2 \sqrt{\frac{EI}{\varrho A l^4}}$$

$$\omega_1 = 0.357\,\pi^2 \sqrt{\frac{EI}{\varrho A l^4}}, \qquad \omega_2 = 2.233\,\pi^2 \sqrt{\frac{EI}{\varrho A l^4}},$$

$$\omega_3 = 6.251\,\pi^2 \sqrt{\frac{EI}{\varrho A l^4}}, \qquad \omega_n = (n-0.5)^2 \pi^2 \sqrt{\frac{EI}{\varrho A l^4}}$$

Berechnung der Eigenformen aus dem homogenen Gleichungssystem

$$\begin{aligned}
C_{1n} + C_{3n} &= 0 \\
C_{2n} + C_{4n} &= 0 \\
C_{1n} \cosh k_n l + C_{2n} \sinh k_n l - C_{3n} \cos k_n l - C_{4n} \sin k_n l &= 0 \\
C_{1n} \sinh k_n l + C_{2n} \cosh k_n l + C_{3n} \sin k_n l - C_{4n} \cos k_n l &= 0
\end{aligned}$$

$$\frac{C_{2n}}{C_{1n}} = -\frac{\cos k_n l + \cosh k_n l}{\sin k_n l + \sinh k_n l} = -\frac{\cosh k_n l + (-1)^n}{\sinh k_n l} = \alpha_n, \qquad \frac{C_{3n}}{C_{1n}} = -1, \qquad \frac{C_{4n}}{C_{1n}} = -\alpha_n$$

Eigenformen:

$$W_n(x) = \Big\{(\cosh k_n x - \cos k_n x) + \alpha_n (\sinh k_n x - \sin k_n x)\Big\}$$

Modale Lösungen:

$$w_n(x,t) = (A_n \cos\omega_n t + B_n \sin\omega_n t)\Big\{(\cosh k_n x - \cos k_n x) + \alpha_n (\sinh k_n x - \sin k_n x)\Big\}$$

Allgemeine Gesamtlösung aus der Überlagerung aller Modallösungen:

$$w(x,t) = \sum_{n=1}^{\infty} (A_n \cos\omega_n t + B_n \sin\omega_n t)\Big\{(\cosh k_n x - \cos k_n x) + \alpha_n (\sinh k_n x - \sin k_n x)\Big\}$$

Anpassen der allgemeinen Lösungen an die Anfangsbedingungen:

$$w(x,0) = \sum_{n=1}^{\infty} A_n W_n(x) \quad = \frac{M_0}{2EI} x^2$$

$$\dot{w}(x,0) = \sum_{n=1}^{\infty} \omega_n B_n W_n(x) = 0$$

Multiplikation mit $\varrho A W_k(x)$ und Integration über die Balkenlänge:

$$\sum_{n=1}^{\infty} A_n \int_0^l \varrho A W_k W_n \, dx = \int_0^l \varrho A W_k(x) \frac{M_0}{2EI} x^2 \, dx$$

$$\sum_{n=1}^{\infty} \omega_n B_n \int_0^l \varrho A W_k W_n \, dx = 0$$

Modale Masse:

$$\widetilde{m}_n = \int_0^l \varrho A W_n^2(x) \, dx = \varrho A l$$

Ausnutzung der Orthogonalität:

$$\sum_{n=1}^{\infty} A_n \int_0^l \varrho A W_k W_n \, dx = A_k \int_0^l \varrho A W_k^2 \, dx = A_k \widetilde{m}_k = \int_0^l \varrho A W_k(x) \frac{M_0}{2EI} x^2 \, dx$$

Integrationskonstanten nach etwas längerer Rechnung:

$$A_k = \frac{\displaystyle\int_0^l \varrho A W_k(x) \frac{M_0}{2EI} x^2 \, dx}{\displaystyle\int_0^l \varrho A W_k^2(x) \, dx} = \frac{M_0 \varrho A}{2EI \widetilde{m}_k} \int_0^l x^2 W_k(x) \, dx = (-1)^{k-1} \frac{2 M_0 l^2}{EI} \frac{\alpha_k}{(k_k l)^3};$$

$$B_k = 0$$

Spezielle Lösung infolge der vorgegebenen Anfangsauslenkung:

$$w(x,t) = \sum_{n=1}^{\infty} (-1)^{n-1} \frac{2 M_0 l^2}{EI} \frac{\alpha_n}{(k_n l)^3} \cos\omega_n t \cdot$$

$$\cdot \Big\{(\cosh k_n x - \cos k_n x) + \alpha_n (\sinh k_n x - \sin k_n x)\Big\}$$

Aufgabe 9.12:

Am freien Ende einer einseitig eingespannten homogenen Blattfeder (Länge l, Masse m, Biegesteifigkeit EI) ist eine Punktmasse m_P befestigt.

Die niedrigste Eigenkreisfrequenz ω_1 des kontinuierlichen Systems mit der Punktmasse soll abgeschätzt werden.

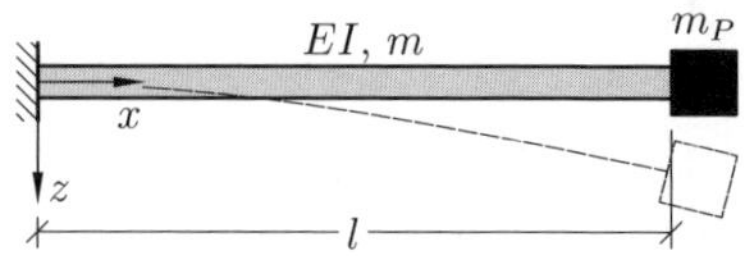

Bild A9.12: Biegebalken mit Endmasse

a) Geben Sie ein Polynom $\widetilde{w}(x)$ möglichst niedriger Ordnung an, das als Ansatzfunktion der Auslenkung die kinematischen Randbedingungen erfüllt und an der Stelle $x=l$ die Auslenkung $\widehat{w}_l$ hat.

b) Berechnen Sie für die andere Ansatzfunktion

$$\widetilde{w}(x) = \widehat{w}_l\left[1-\cos\left(\pi\frac{x}{2l}\right)\right]$$

die potentielle Energie $U(\widetilde{w}(x))$ und die bezogene kinetische Energie $T^*(\widetilde{w}(x))$ und geben Sie damit eine Schranke für die niedrigste Eigenkreisfrequenz ω_1 an.

c) Berechnen Sie durch Aufteilung der Systemmasse in m und m_P nach Dunkerley eine zweite Schranke für die niedrigste Eigenkreisfrequenz ω_1.

Gegeben: m, m_P, l, EI

Lösung der Aufgabe 9.12:

a) Polynom als zulässige Funktion für den RAYLEIGH-Quotienten:

Die Parabel

$$\widetilde{w}_a(x) = \widehat{w}_l\left(\frac{x}{l}\right)^2$$

ist eine zulässige Funktion, denn sie erfüllt die kinematischen Randbedingungen

$$w(0) = 0 \qquad \text{und} \qquad w'(0) = 0\,.$$

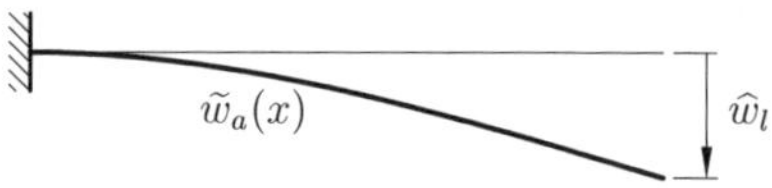

Potentielle Energie:

$$U = \frac{1}{2}\int_0^l EI\left[\widetilde{w}_a''(x)\right]^2 dx = \frac{2EI}{l^3}\,\widehat{w}_l^2$$

Bezogene kinetische Energie:

$$T^* = \frac{1}{2}\int_0^l \varrho A\,\widetilde{w}_a^2(x)\,dx + \frac{1}{2}m_P\,\widetilde{w}_a^2(l) = \frac{1}{2}\left(m_P + \frac{m}{5}\right)\widehat{w}_l^2$$

RAYLEIGH-Quotient:

$$\omega_1^2 \le \Re\{\widetilde{w}_a(x)\} = \frac{2U_n}{2T_n^*} = \frac{20\,EI}{l^3(m+5m_P)} = 4\,\frac{EI}{l^3}\,\frac{1}{m_P+0.2m}$$

b) Kosinusbogen als zulässige Funktion:

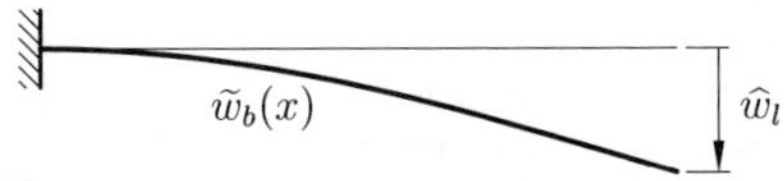

Die Funktion

$\widetilde{w}_b(x) = \widehat{w}_l\left[1-\cos\left(\pi\frac{x}{2l}\right)\right]$

erfüllt ebenfalls die kinematischen Randbedingungen und ist daher ebenfalls eine zulässige Funktion.

Potentielle Energie:

$$U = \frac{1}{2}\int_0^l EI\left[\widetilde{w}_b''(x)\right]^2 dx = \frac{EI}{2}\,\frac{\pi^4}{16\,l^4}\,\widehat{w}_l^2 \int_0^l \left[\cos\left(\pi\frac{x}{2l}\right)\right]^2 dx = \frac{EI\,\pi^4}{64\,l^3}\,\widehat{w}_l^2$$

Bezogene kinetische Energie:

$$T^* = \frac{1}{2}\int_0^l \mu\,\widetilde{w}_b^2(x)\,dx + \frac{1}{2}m_p\,\widetilde{w}_b^2(l) = \frac{\mu}{2}\int_0^l \widehat{w}_l^2\left[1-\cos\left(\pi\frac{x}{2l}\right)\right]^2 dx + \frac{1}{2}m_p\,\widehat{w}_l^2 =$$

$$= \left[\frac{\mu}{2}\left(\frac{3l}{2}-\frac{4l}{\pi}\right) + \frac{1}{2}m_p\right]\widehat{w}_l^2 = \frac{1}{2}\left[m_p + m\left(\frac{3}{2}-\frac{4}{\pi}\right)\right]\widehat{w}_l^2$$

Rayleigh-Quotient:

$$\omega_1^2 \leq \Re\{\widetilde{w}_b(x)\} = \frac{2U_n}{2T_n^*} = \frac{\pi^4}{32}\,\frac{EI}{l^3}\,\frac{1}{m_p+m(3\pi-8)/(2\pi)} \approx \frac{\pi^4}{32}\,\frac{EI}{l^3}\,\frac{1}{m_p+0.226m}$$

c) Abschätzung nach Dunkerley (die Trägheit wird aufgeteilt):

Balken mit Balkenmasse $\mu = m/l$ ohne Endmasse:

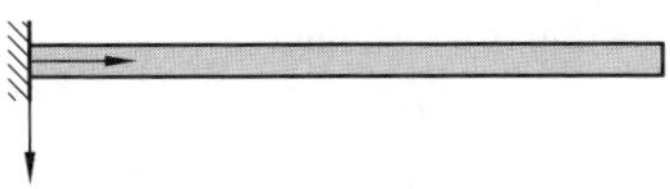

Tabelle 9.3:

$$\omega_{D,1}^2 = 0.357^2\omega_0^2 = 0.357^2\pi^4\frac{EI}{\mu l^4}$$

Balken ohne Balkenmasse aber mit Endmasse m_p:

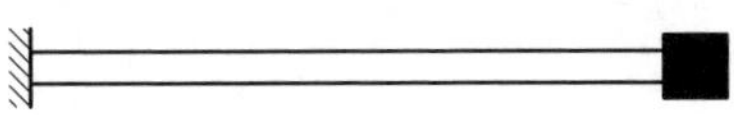

$$\omega_{D,2}^2 = \frac{3EI}{l^3 m_p}$$

Satz von Dunkerley:

$$\frac{1}{\omega_1^2} \leq \frac{1}{\omega_D^2} = \frac{1}{\omega_{D,1}^2} + \frac{1}{\omega_{D,2}^2} = \frac{\mu l^4}{0.357^2\pi^4 EI} + \frac{l^3 m_p}{3EI} = \frac{l^3}{3EI}(m_p+0.242m) \qquad \Longrightarrow$$

$$\omega_1^2 \geq 3\frac{EI}{l^3}\,\frac{1}{m_p+0.242m}$$

Zusammenfassung:

$$3\frac{EI}{l^3}\,\frac{1}{m_P+0.242m} \leq \omega_1^2 \leq 4\frac{EI}{l^3}\,\frac{1}{m_P+0.2\,m}$$

Aufgabe 9.13:

Ein homogener Balken auf zwei Stützen (Massenbelegung ϱA, Länge $2\,l$, Biegesteifigkeit EI) ist in der Mitte durch eine zusätzliche Feder (Steifigkeit k) unterstützt.

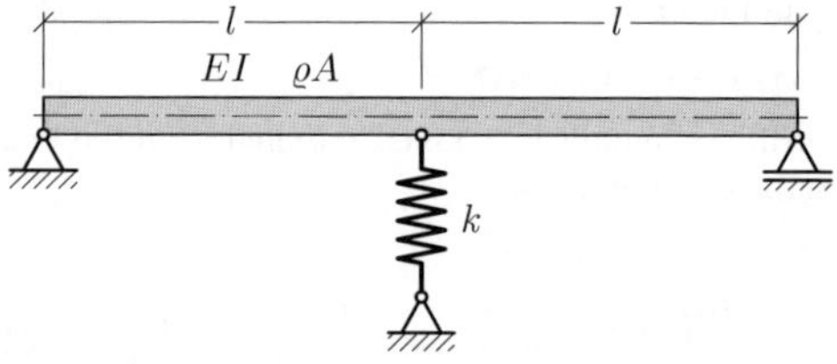

Bild A9.13: Biegeträger mit Federstütze

a) Geben Sie die Rand- und Übergangsbedingungen für die Stellen $x=0$, l und $2l$ an.

b) Schätzen Sie die niedrigste Eigenkreisfrequenz ω_1 des Systems mit dem RAYLEIGH-Quotienten ab. Verwenden Sie dabei als Ansatzfunktion die erste Eigenform des Balkens ohne Federstütze.

c) Berechnen Sie die Eigenfrequenzen ω_n für den Spezialfall $EI=6\,k\,l^3$. Spalten Sie dazu das Problem in ein symmetrisches und in ein antimetrisches System auf.

Gegeben: l, ϱA, EI, k

Lösung der Aufgabe 9.13:

a) Ermittlung der Rand- und Übergangsbedingungen:

Bedingungen an den Rändern:

$$w(0,t) = 0$$

$$M(0,t) = -EIw''(0,t) = 0$$

$$w(2l,t) = 0$$

$$M(2l,t) = -EIw''(2l,t) = 0$$

Balkenelement an der Federstütze:

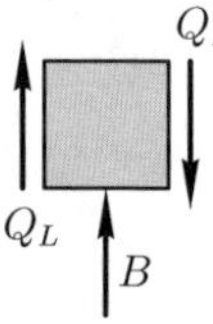

Bedingungen am Zwischenlager:

$$w(l-\varepsilon,t) = w(l+\varepsilon,t)$$

$$w'(l-\varepsilon,t) = w'(l+\varepsilon,t)$$

$$w''(l-\varepsilon,t) = w''(l+\varepsilon,t)$$

Auflagerkraft:

$$B = k\,w(l,t)$$

Gleichgewicht:

$$Q(l-\varepsilon,t) - Q(l+\varepsilon,t) + B = 0$$

$$-EIw'''(l-\varepsilon,t) + EIw'''(l+\varepsilon,t) + k\,w(l,t) = 0$$

$$w'''(l-\varepsilon,t) = w'''(l+\varepsilon,t) + \frac{k}{EI}\,w(l,t)$$

b) Schätzung der niedrigsten Eigenfrequenz mit dem RAYLEIGH-Quotienten:

Sinusfunktion als zulässige Ansatzfunktion:

$$\widetilde{w}_1(x) = \widehat{w}\,\sin\Big(\pi\frac{x}{2l}\Big)$$

Bezogene kinetische Energie:

$$T^* = \frac{1}{2}\int_0^{2l} \varrho A\,\widetilde{w}_1^2(x)\,dx = \frac{1}{2}\,\varrho A\,l\,\widehat{w}^2$$

Potentielle Energie:

$$U = \frac{1}{2}\int_0^{2l} EI\,\widetilde{w}_1''^2(x)\,dx + \frac{1}{2}\,k\,\widetilde{w}^2(l) = \Big\{\frac{1}{2}\Big(\frac{\pi}{2}\Big)^4\frac{EI}{l^3} + \frac{1}{2}\,k\Big\}\,\widehat{w}^2$$

RAYLEIGH-Quotient:

$$\omega_1^2 \leq R\{\widetilde{w}_1(x)\} = \frac{U\{\widetilde{w}_1\}}{T^*\{\widetilde{w}_1\}} = \Big(\frac{\pi}{2}\Big)^4\frac{EI}{\varrho A\,l^4} + \frac{k}{\varrho A\,l} \approx 6.1\,\frac{EI}{\varrho A\,l^4} + \frac{k}{\varrho A\,l}$$

Die exakte erste Eigenfrequenz ω_1 bei fehlender Federstütze ($k=0$):

$$\omega_1^2 = \Big(\frac{\pi}{2}\Big)^4\frac{EI}{\varrho A\,l^4} \approx 6.1\,\frac{EI}{\varrho A\,l^4}$$

Der Einfluß des kontinuierlichen Teils der Struktur (Balken) auf die erste Eigenfrequenz wird vom RAYLEIGH-Quotient mit der harmonischen Ansatzfunktion exakt wiedergegeben.

Parabel als zulässige Ansatzfunktion:

$$\widetilde{w}_2(x) = \widehat{w}\,\frac{x\,(2l-x)}{l^2}$$

Auf gleichem Weg wie vorher ergibt sich eine im kontinuierlichen Anteil etwas schlechtere, im Federeinfluß aber genauere Abschätzung:

$$\omega_1^2 \leq R\{\widetilde{w}_2(x)\} = \frac{120}{16}\,\frac{EI}{\varrho A\,l^4} + \frac{15}{16}\,\frac{k}{\varrho A\,l} = 7.5\,\frac{EI}{\varrho A\,l^4} + 0.94\,\frac{k}{\varrho A\,l}$$

c) Exakte Rechnung:

Antimetrische Schwingungsform für die eine Hälfte der Eigenfrequenzen:

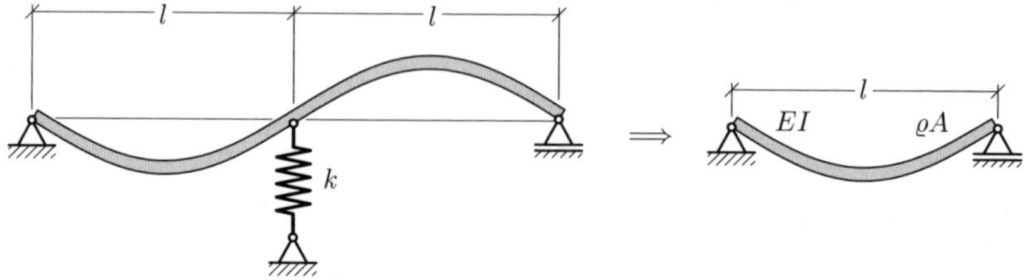

Eigenwertgleichung und Eigenwerte für antimetrische Schwingungsform aus Tabelle 9.3, erste Zeile (unterstützt – unterstützt):

$\sin \kappa l = 0 \qquad \Longrightarrow \qquad \kappa_{ja} l = j\,\pi, \qquad j = 1, 2, 3, \ldots$

Eigenfrequenzen der Systemhälfte bei antimetrischer Schwingungsform:

$$\omega_{ja}^2 = (\kappa_{ja} l)^4 \frac{EI}{\varrho A l^4} = (j\,\pi)^4 \frac{EI}{\varrho A l^4} \qquad \text{für} \qquad j = 1, 2, 3, \ldots$$

Symmetrische Schwingungsformen für die andere Hälfte der Eigenfrequenzen:

Berechnung der Eigenfrequenzen aus der Betrachtung einer Strukturhälfte:

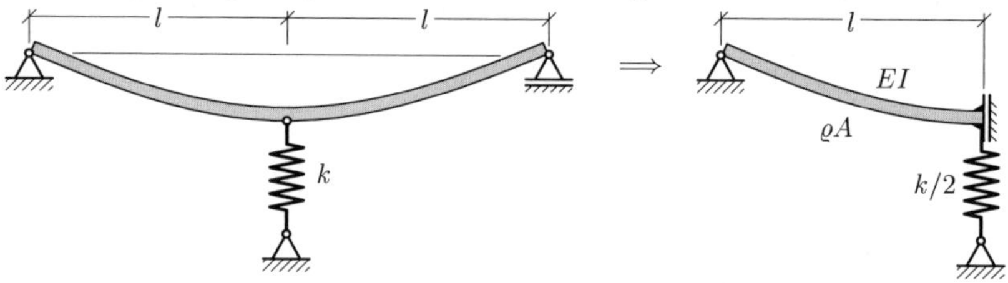

Allgemeine Darstellung der Ortsfunktion der Strukturhälfte:

$$
\begin{aligned}
W(x) &= \quad C_1 \cosh \kappa x + C_2 \sinh \kappa x + C_3 \cos \kappa x + C_4 \sin \kappa x \\
W'(x) &= \kappa \left\{ C_1 \sinh \kappa x + C_2 \cosh \kappa x - C_3 \sin \kappa x + C_4 \cos \kappa x \right\} \\
W''(x) &= \kappa^2 \left\{ C_1 \cosh \kappa x + C_2 \sinh \kappa x - C_3 \cos \kappa x - C_4 \sin \kappa x \right\} \\
W'''(x) &= \kappa^3 \left\{ C_1 \sinh \kappa x + C_2 \cosh \kappa x + C_3 \sin \kappa x - C_4 \cos \kappa x \right\}
\end{aligned}
$$

Frequenzparameter:

$$\kappa = \sqrt[4]{\frac{\varrho A \omega^2}{EI}}$$

Randbedingungen am linken Rand:

$$W(0) \;=0 \qquad \Longrightarrow \qquad C_1 + C_3 \;=0$$

$$W''(0) = 0 \qquad \Longrightarrow \quad \kappa^2\{C_1 - C_3\} = 0$$

Aus diesen ersten beiden Randbedingungen folgt $C_1 = C_3 = 0$.

Aus den beiden verbleibenden Randbedingungen am rechten Rand

$$W'(l) = 0 \qquad \text{und} \qquad EI\,W'''(l) = \frac{k}{2}W(l)$$

folgt mit der Abkürzung

$$\gamma = \frac{k\,l^3}{2\,EI}$$

für das Steifigkeitsverhältnis das homogene Gleichungssystem

$$\begin{aligned} C_2\Big[\cosh\kappa l\Big] \qquad\qquad\qquad &+ \;\; C_4\Big[\cos\kappa l\Big] &= \;\; 0\,,\\ C_2\Big[(\kappa l)^3\cosh\kappa l - \gamma\sinh\kappa l\Big] &- \;\; C_4\Big[(\kappa l)^3\cos\kappa l + \gamma\sin\kappa l\Big] &= \;\; 0\,, \end{aligned}$$

das nur dann nichttriviale Lösungen für C_2 und C_4 hat, wenn die Koeffizientendeterminante

$$\Delta = -2\,(\kappa l)^3\cosh\kappa l\cos\kappa l - \gamma\,(\cosh\kappa l\sin\kappa l - \cos\kappa l\sinh\kappa l\,) = 0$$

verschwindet. Die Lösungen $\kappa_n l$ dieser transzendenten Gleichung sind nur auf numerischem Wege für vorgegebene Werte des Steifigkeitsverhältnisses γ zu ermitteln. Für die drei Zahlenwerte $\gamma = 0$, 20 und ∞ des Steifigkeitsverhältnisses werden die Ergebnisse berechnet:

α) Spezialfall $k\to 0$ ($\gamma = 0$, keine Federstütze in der Mitte):

Eigenwertgleichung und Eigenwerte für symmetrische Eigenformen:

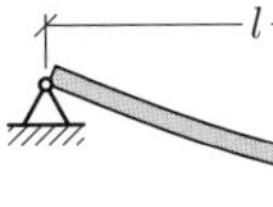

$$\cos\kappa l = 0 \quad \Longrightarrow \quad \kappa_j\,l = \frac{2j-1}{2}\pi \qquad j = 1, 2, 3, \ldots$$

Eigenfrequenzen der Systemhälfte für symmetrische Eigenformen:

$$\omega_{1s}^2 = \Big(\frac{1}{2}\pi\Big)^4\frac{EI}{\varrho A\,l^4}\,, \qquad \omega_{2s}^2 = \Big(\frac{3}{2}\pi\Big)^4\frac{EI}{\varrho A\,l^4}$$

$$\omega_{js}^2 = \Big(\frac{2j-1}{2}\pi\Big)^4\frac{EI}{\varrho A\,l^4}\,; \qquad j = 1, 2, 3, \ldots$$

Vergleich mit dem RAYLEIGH-Quotenten für $k = 0$:

$$R\{\tilde{w}_1(x)\} = \Big(\frac{\pi}{2}\Big)^4\frac{EI}{\varrho A\,l^4} = \omega_1^2$$

$$R\{\tilde{w}_2(x)\} = \frac{120}{16}\,\frac{EI}{\varrho A\,l^4} = (0.527\,\pi)^4\,\frac{EI}{\varrho A\,l^4} > (0.5\,\pi)^4\,\frac{EI}{\varrho A\,l^4} = \omega_1^2$$

β) Spezialfall $k \to \infty$ ($\gamma = \infty$, starre Einspannung in der Mitte):

Eigenwertgleichung und Eigenwerte für symmetrische Eigenformen aus Tabelle 9.3, letzte Zeile (gestützt – eingespannt):

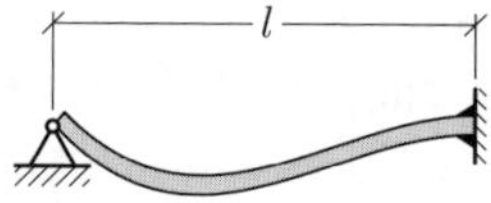

$\tan \kappa l - \tanh \kappa l = 0 \qquad \Longrightarrow$

$\kappa_1 l = 1.249\,\pi\,, \qquad \kappa_2 l = 2.249\,\pi\,, \qquad \kappa_j l \approx (j + \frac{1}{4})\,\pi$

Eigenfrequenzen der Systemhälfte für symmetrische Eigenformen:

$$\omega_{1s}^2 = \big(1.25\,\pi\big)^4 \frac{EI}{\varrho A l^4}\,, \qquad \omega_{2s}^2 = \big(2.25\,\pi\big)^4 \frac{EI}{\varrho A l^4}\,, \qquad \omega_{3s}^2 = \big(3.25\,\pi\big)^4 \frac{EI}{\varrho A l^4}\,,$$

$$\omega_{js}^2 \approx \big(\kappa_j l\big)^4 \frac{EI}{\varrho A l^4} \approx \Big[\big(j + \frac{1}{4}\big)\pi\Big]^4 \frac{EI}{\varrho A l^4} \qquad \text{für} \qquad j = 1, 2, 3, \ldots$$

Vergleich mit RAYLEIGH-Quotienten für $\gamma \to \infty$:

Die Ergebnisse aus b) sind für $\gamma \to \infty$ nicht anwendbar, da beide Ansatzfunktionen die geometrischen Bedingungen für eine starre Stütze in der Mitte (Absenkung $w(l) = 0$) verletzen. Mit anderen Ansatzfunktionen, bei denen $w(l) = 0$ ist, würde der RAYLEIGH-Quotient aber brauchbare Werte liefern.

γ) Spezialfall $\gamma = 20$:

(Steifigkeit der Stütze etwa siebenmal größer als Steifigkeit des Biegebalkens):

Eigenwertgleichung und Eigenwerte für symmetrische Eigenformen:

$$-2\,(\kappa l)^3 \cosh \kappa l \cos \kappa l - 20\,(\cosh \kappa l \sin \kappa l - \cos \kappa l \sinh \kappa l) = 0$$

$\kappa_1 l = 0.81\,\pi\,, \qquad \kappa_2 l = 1.53\,\pi\,, \qquad \kappa_3 l = 2.51\,\pi\,, \qquad \kappa_j l \approx \big(j - \frac{1}{2}\big)\,\pi \qquad j = 4, 5, \ldots$

Eigenfrequenzen der Systemhälfte als Lösung der allgemeinen Eigenwertgleichung mit dem speziellen Wert $\gamma = 20$:

$$\omega_1^2 = \big(0.81\,\pi\big)^4 \frac{EI}{\varrho A l^4}\,, \qquad \omega_2^2 = \big(1.53\,\pi\big)^4 \frac{EI}{\varrho A l^4}\,, \qquad \omega_3^2 = \big(2.51\,\pi\big)^4 \frac{EI}{\varrho A l^4}\,,$$

$$\omega_4^2 = \big(3.50\,\pi\big)^4 \frac{EI}{\varrho A l^4}\,, \qquad \omega_j^2 \approx \Big[\big(j - \frac{1}{2}\big)\,\pi\Big]^4 \frac{EI}{\varrho A l^4}\,; \qquad j = 3, 4, \ldots$$

Systemhälfte für antimetrische Schwingungsformen			
	$\gamma = 0$	$\gamma = 20$	$\gamma = \infty$
	Die Federstütze hat keinen Einfluß, da die antimetrischen Swingungsformen an der Stütze Knoten haben.		
	aus $\sin\kappa l = 0$	aus $\sin\kappa l = 0$	aus $\sin\kappa l = 0$
ω_1^2	$\pi^4 \dfrac{EI}{\varrho A l^4}$	$\Longrightarrow$	$\Longrightarrow$
ω_2^2	$(2\pi)^4 \dfrac{EI}{\varrho A l^4}$	$\Longrightarrow$	$\Longrightarrow$
ω_3^2	$(3\pi)^4 \dfrac{EI}{\varrho A l^4}$	$\Longrightarrow$	$\Longrightarrow$
$\vdots$	$\vdots$	$\vdots$	$\vdots$
ω_n^2	$(n\pi)^4 \dfrac{EI}{\varrho A l^4}$	$\Longrightarrow$	$\Longrightarrow$

Systemhälfte für symmetrische Schwingungsformen			
	$\gamma = 0$	$\gamma = 20$	$\gamma = \infty$
	aus $\cos\kappa l = 0$	aus Rechnung	$\tan\kappa l - \tanh\kappa l = 0$
ω_1^2	$\left(\dfrac{1}{2}\pi\right)^4 \dfrac{EI}{\varrho A l^4}$	$(0.81\pi)^4 \dfrac{EI}{\varrho A l^4}$	$(1.25\pi)^4 \dfrac{EI}{\varrho A l^4}$
ω_2^2	$\left(\dfrac{3}{2}\pi\right)^4 \dfrac{EI}{\varrho A l^4}$	$(1.53\pi)^4 \dfrac{EI}{\varrho A l^4}$	$(2.25\pi)^4 \dfrac{EI}{\varrho A l^4}$
ω_3^2	$\left(\dfrac{5}{2}\pi\right)^4 \dfrac{EI}{\varrho A l^4}$	$(2.51\pi)^4 \dfrac{EI}{\varrho A l^4}$	$(3.25\pi)^4 \dfrac{EI}{\varrho A l^4}$
$\vdots$	$\vdots$	$\vdots$	$\vdots$
ω_n^2	$\left(\dfrac{2n-1}{2}\pi\right)^4 \dfrac{EI}{\varrho A l^4}$	$\approx \left[\left(n - \dfrac{1}{2}\right)\pi\right]^4 \dfrac{EI}{\varrho A l^4}$	$\approx \left[\left(n + \dfrac{1}{4}\right)\pi\right]^4 \dfrac{EI}{\varrho A l^4}$

Gesamtsystem			
	$\gamma = 0$	$\gamma = 20$	$\gamma = \infty$
ω_1^2	$\left(\frac{1}{2}\pi\right)^4 \frac{EI}{\varrho A l^4}$	$(0.81\,\pi)^4 \frac{EI}{\varrho A l^4}$	$\pi^4 \frac{EI}{\varrho A l^4}$
ω_2^2	$\pi^4 \frac{EI}{\varrho A l^4}$	$\pi^4 \frac{EI}{\varrho A l^4}$	$(1.25\,\pi)^4 \frac{EI}{\varrho A l^4}$
ω_3^2	$\left(\frac{3}{2}\pi\right)^4 \frac{EI}{\varrho A l^4}$	$(1.53\,\pi)^4 \frac{EI}{\varrho A l^4}$	$(2\,\pi)^4 \frac{EI}{\varrho A l^4}$
ω_4^2	$\left(2\pi\right)^4 \frac{EI}{\varrho A l^4}$	$(2\,\pi)^4 \frac{EI}{\varrho A l^4}$	$(2.25\,\pi)^4 \frac{EI}{\varrho A l^4}$
$\vdots$	$\vdots$	$\vdots$	$\vdots$
ω_n^2	$\left(\frac{n\pi}{2}\right)^4 \frac{EI}{\varrho A l^4}$		

Spektrum der Eigenwerte und Eigenfrequenzen:

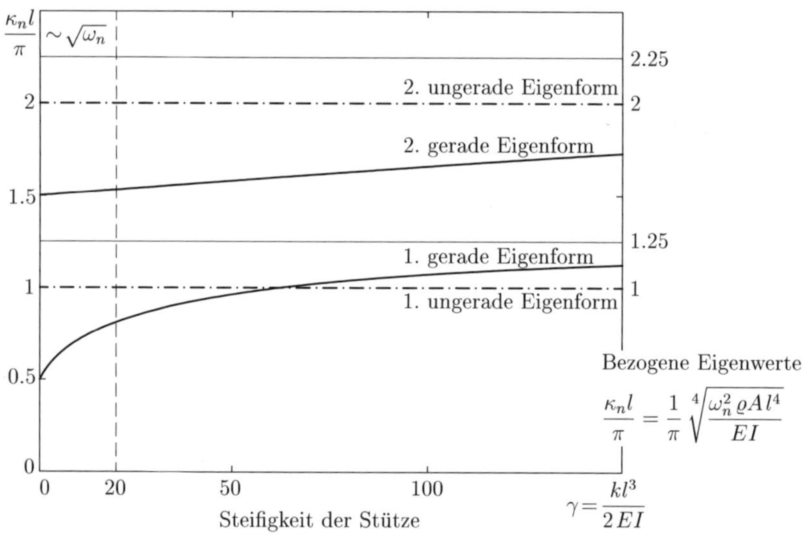

Aufgabe 9.14:

Eine zweiarmige Straßenlaterne wird auf mögliche Schwingungen untersucht. Für die Abschätzung der Eigenfrequenzen wird die Laterne durch einen homogenen runden Ständer (Masse $\varrho A l$, Länge l, Torsionssteifigkeit GI_p, Biegesteifigkeit EI), zwei starre masselose Arme (jeweils Länge b) und durch zwei Punktmassen m approximiert.

a) Schätzen Sie die niedrigste Torsionseigenfrequenz der Schwingungen um die Vertikalachse mit dem RAYLEIGH-Quotienten ab.

b) Geben Sie mit dem RAYLEIGH-Quotienten eine Abschätzung für die niedrigste Eigenfrequenz der Biegeschwingungen senkrecht zur Zeichenebene an.

c) Ermitteln Sie eine entsprechende Abschätzung für die Biegebewegungen in der Zeichenebene.

d) Berechnen Sie nach DUNKERLEY eine zweite Schranke für die niedrigste Eigenfrequenz der Biegeschwingungen in der Zeichenebene.

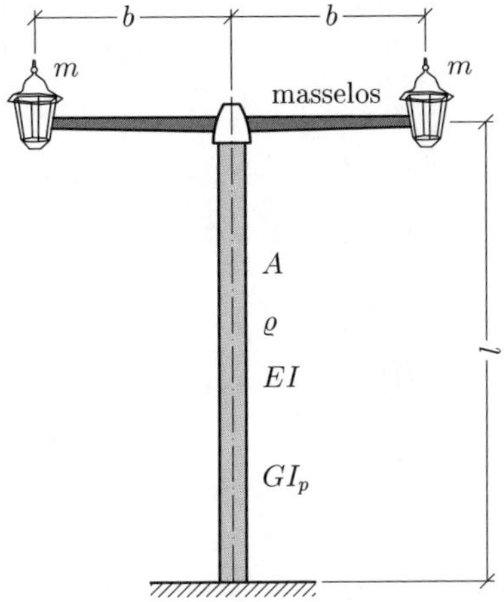

Bild A9.14: Zweiarmige Straßenlaterne

Gegeben: l, GI_p, EI, ϱ, A, b, m

Lösung der Aufgabe 9.14:

a) Abschätzung der Eigenfrequenz von Torsionsschwingungen:

Auslenkungsform:

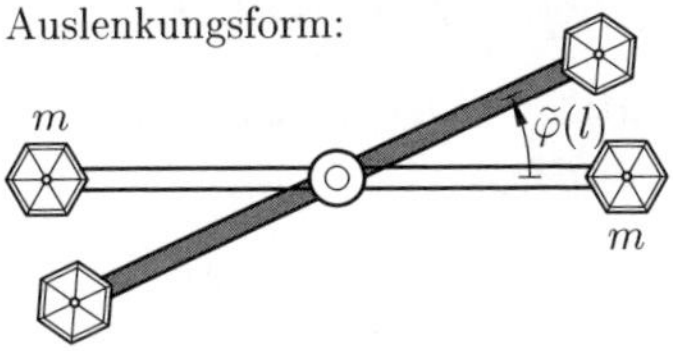

Ansatzfunktion:

$$\tilde{\varphi} = \hat{\varphi}\,\frac{x}{l}, \qquad \tilde{\varphi}' = \hat{\varphi}\,\frac{1}{l}$$

Potentielle Energie:

$$U = \frac{1}{2} GI_p \int_0^l \tilde{\varphi}'^2(x)\,dx = \frac{1}{2}\,\frac{GI_p}{l^2}\,\hat{\varphi}^2 \int_0^l dx = \frac{GI_p}{2l}\,\hat{\varphi}^2$$

Bezogene kinetische Energie:

$$T^* = \frac{1}{2}\,\varrho I_p \int_0^l \tilde{\varphi}^2(x)\,dx + 2\,\frac{1}{2}\,m\left[b\,\tilde{\varphi}(l)\right]^2 = \left[\frac{\varrho I_p\, l}{6} + m b^2\right]\hat{\varphi}^2$$

RAYLEIGH-Quotient als Abschätzung der niedrigsten Torsionseigenfrequenz:

$$\omega_T^2 \le \frac{U}{T^*} = \frac{GI_p}{l\left[\dfrac{\varrho I_p\, l}{3} + 2 m b^2\right]}$$

b) Abschätzung der Eigenfrequenz der Biegung senkrecht zur Zeichenebene:

Auslenkungsform:

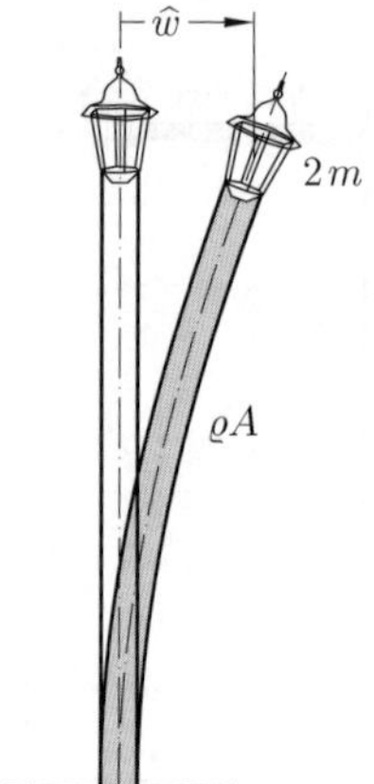

Ansatzfunktion:

$$\widetilde{w}(x) = \widehat{w}\left[1-\cos\left(\frac{\pi}{2l}x\right)\right]$$

$$\widetilde{w}''(x) = \widehat{w}\left(\frac{\pi}{2l}\right)^2\cos\left(\frac{\pi}{2l}x\right)$$

Potentielle Energie:

$$U = \frac{1}{2}\int_0^l EI\,\widetilde{w}''^2(x)\,dx = \frac{1}{2}EI\,\widehat{w}^2\left(\frac{\pi}{2l}\right)^4\int_0^l \cos^2\left(\frac{\pi}{2l}x\right)dx = \frac{\pi^4}{64}\frac{EI}{l^3}\widehat{w}^2$$

Bezogene kinetische Energie:

$$T^* = \frac{1}{2}\int_0^l \varrho A\,\widetilde{w}^2(x)\,dx + 2\left[\frac{1}{2}m\,\widetilde{w}^2(l)\right] = \frac{1}{2}\varrho A\,\widehat{w}^2\int_0^l\left[1-\cos\left(\frac{\pi}{2l}x\right)\right]^2dx + m\,\widehat{w}^2 = \frac{1}{2}\left\{\frac{3\pi-8}{2\pi}\varrho A l + 2m\right\}\widehat{w}^2$$

Rayleigh-Quotient als Abschätzung der niedrigsten Biegeeigenfrequenz:

$$\omega_1^2 \le \frac{U}{T^*} = \frac{3EI}{l^3}\,\frac{\pi^4/96}{\dfrac{3\pi-8}{2\pi}\varrho A l + 2m} \approx \frac{3EI}{l^3}\,\frac{1.015}{0.227\varrho A l + 2m}$$

c) Abschätzung der Eigenfrequenz der Biegeschwingungen in der Zeichenebene:

Auslenkungsform:

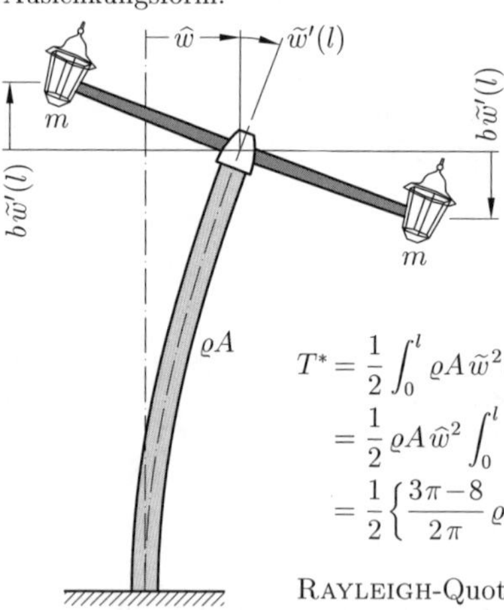

Ansatzfunktion:

$$\widetilde{w}(x) = \widehat{w}\left[1-\cos\left(\frac{\pi}{2l}x\right)\right]$$

$$\widetilde{w}''(x) = \widehat{w}\left(\frac{\pi}{2l}\right)^2\cos\left(\frac{\pi}{2l}x\right)$$

Potentielle Energie wie unter b):

$$U = \frac{\pi^4}{64}\frac{EI}{l^3}\widehat{w}^2$$

Bezogene kinetische Energie:

$$T^* = \frac{1}{2}\int_0^l \varrho A\,\widetilde{w}^2(x)\,dx + 2\left[\frac{1}{2}m\,\widetilde{w}^2(l)\right] + 2\left[\frac{1}{2}m\left(\widetilde{w}'(l)\,b\right)^2\right] = \frac{1}{2}\varrho A\,\widehat{w}^2\int_0^l\left[1-\cos\left(\frac{\pi}{2l}x\right)\right]^2dx + m\,\widehat{w}^2 + m\left(\frac{\pi b}{2l}\right)^2\widehat{w}^2 = \frac{1}{2}\left\{\frac{3\pi-8}{2\pi}\varrho A l + 2m\left[1+\left(\frac{\pi b}{2l}\right)^2\right]\right\}\widehat{w}^2$$

Rayleigh-Quotient:

$$\omega_1^2 \le \frac{U}{T^*} = \frac{3EI}{l^3}\,\frac{\pi^4/96}{\dfrac{3\pi-8}{2\pi}\varrho A l + 2m\left[1+\left(\dfrac{\pi b}{2l}\right)^2\right]} \approx \frac{3EI}{l^3}\,\frac{1.015}{0.227\varrho A l + 2m\left[1+\left(\dfrac{\pi b}{2l}\right)^2\right]}$$

d) Abschätzung der Eigenfrequenz für Schwingungen in der Zeichenebene mit der Formel von DUNKERLEY:

Massebehafteter Mast ohne Laternen:

$$\omega_{D1}^2 = (0.357\,\pi^2)^2\,\frac{EI}{\varrho A l^4}$$

Masseloser Mast mit Translationsträgheit der Laternen:

$$\omega_{D2}^2 = \frac{3\,EI}{(2\,m)\,l^3}$$

Masseloser Mast mit Rotationsträgheit der Laternen:

$$\omega_{D3}^2 = \frac{4\,EI}{(2\,m\,b^2)\,l}$$

Abschätzung nach DUNKERLEY:

$$\frac{1}{\omega_1^2} \leq \frac{1}{\omega_D^2} = \frac{l^3}{3\,EI}\left\{\frac{96}{\pi^4}\,\frac{1}{(0.357)^2 32}\,\varrho A l + 2\,m\left[1+\frac{3}{\pi^2}\left(\frac{\pi\,b}{2\,l}\right)^2\right]\right\} \approx$$

$$\approx \frac{l^3}{3\,EI}\left\{0.242\,\varrho A l + 2\,m\left[1+0.3\left(\frac{\pi\,b}{2\,l}\right)^2\right]\right\}$$

$$\omega_1^2 \geq \frac{3\,EI}{l^3}\,\frac{1}{0.242\,\varrho A l+2\,m\left[1+0.3\left(\frac{\pi\,b}{2\,l}\right)^2\right]}$$

Aufgabe 9.15:

Vier an ihren Enden eingespannte gleiche Blattfedern mit rechteckigem Querschnitt (Länge l, Breite b, Höhe h, Masse m, Elastizitätsmodul E) treffen sich und sind mit einer starren Achse verbunden.
Am Achsende ist ein Schwungrad (Trägheitsmoment Θ) angebracht.

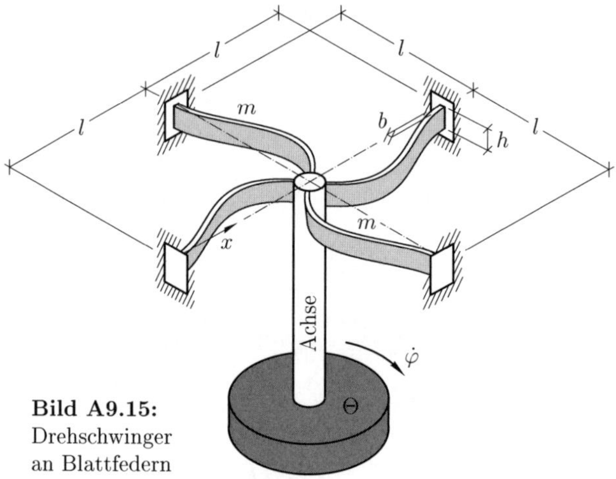

Bild A9.15: Drehschwinger an Blattfedern

a) Welche Eigenkreisfrequenz ω_a haben die Drehschwingungen $\varphi(t)$, wenn die Trägheit m der Blattfedern vernachlässigt wird?

b) Welche niedrigste Eigenfrequenz ω_b hat das massebehaftete Blattfederkreuz, wenn die Drehträgheit Θ des Schwungrades vernachlässigt wird?

c) Geben Sie eine untere Schranke ω_c nach DUNKERLEY für die niedrigste Eigenkreisfrequenz des Systems aus massebehafteten Blattfedern und Schwungrad an.

d) Berechnen Sie mit dem RAYLEIGH-Quotienten eine obere Schranke ω_d für die niedrigste Eigenkreisfrequenz des Systems aus massebehafteter Blattfedern und Schwungrad. Verwenden Sie für die Biegelinie die zulässige Ansatzfunktion $\widetilde{W} = (x^3 - l\,x^2)/l^3$, für die das Integral $\int_0^l \widetilde{W}^2(x)\,dx = l/105$ wird.

e) Die Lösungen aus a) bis d) können in die Form

$$\omega_1^2 \approx \frac{16\,EI}{\Theta\,l}\,\frac{1}{\alpha + \beta\,ml^2/\Theta}$$

gebracht werden. Geben Sie für die Abschätzungen die Faktoren α und β an.

Gegeben: $l,\ b,\ h,\ m,\ E,\ \Theta$

Lösung der Aufgabe 9.15:

a) Eigenfrequenz bei masselosen Blattfedern:

Blattfederverformung: (Fall 3 der Krafteinflußzahlen)

$$M = \frac{4EI}{l}\varphi$$

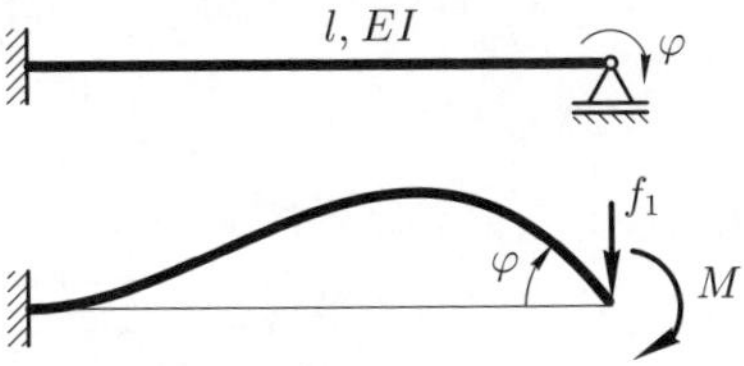

Flächenträgheitsmoment:

$$I = \frac{hb^3}{12}$$

Eigenfrequenz des Drehschwingers mit einem Freiheitsgrad:

$$\omega_a^2 = \frac{4\cdot 4EI}{l\Theta} = \frac{16EI}{l\Theta}$$

b) Erste Eigenfrequenz des Balkenkreuzes:

Blattfedermodell:

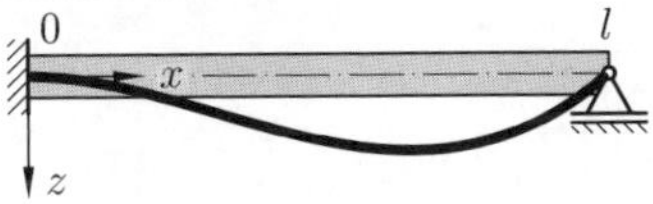

Eigenfrequenz aus Tabelle S. 354:

$$\omega_b^2 = \omega_1^2 = \left(1.562\pi^2\right)^2 \frac{EI}{ml^3} \approx$$

$$\approx \frac{1}{0.067ml^3/\Theta}\,\frac{16EI}{l\Theta}$$

c) Abschätzung nach Dunkerley:

$$\frac{1}{\omega_c^2} = \frac{1}{\omega_a^2} + \frac{1}{\omega_b^2} = \frac{l\Theta}{16EI} + \frac{16}{(1.562\pi^2)^2}\,\frac{ml^2}{\Theta}\,\frac{l\Theta}{16EI} = \frac{l\Theta}{16EI}\left(1+0.067\frac{ml^2}{\Theta}\right)$$

Abschätzung:

$$\omega_1^2 > \omega_c^2 = \frac{16EI}{l\Theta}\,\frac{1}{1+0.067ml^2/\Theta}$$

d) Abschätzung mit dem Rayleigh-Quotienten:

Ansatzfunktion und ihre Ableitungen:

$$\widetilde{W}(x) = \frac{1}{l^3}(x^3 - lx^2), \qquad \widetilde{W}'(x) = \frac{1}{l^3}(3x^2 - 2lx),$$

$$\widetilde{W}''(x) = \frac{2}{l^3}(3x - l), \qquad \widetilde{W}'(l) = \frac{1}{l}$$

Potentielle Energie:

$$2U = 4\int_0^l EI\,\widetilde{W}''^2\,dx = \frac{16EI}{l^6}\int_0^l (3x-l)^2\,dx = \frac{16EI}{l^6}\int_0^l (9x^2 - 6xl + l^2)\,dx = \frac{16EI}{l^3}$$

Bezogene kinetische Energie:

$$2T^* = 4\int_0^l \mu \widetilde{W}^2 dx + \Theta \widetilde{W}'^2(l) = \frac{4m}{l^7}\int_0^l (x^3 - l\,x^2)^2 dx + \frac{\Theta}{l^2} =$$

$$= \frac{4m}{l^7}\int_0^l (x^6 - 2l\,x^5 + l^2 x^4)\,dx + \frac{\Theta}{l^2} = \frac{4m}{l^7}\left[\frac{1}{7}x^7 - \frac{2}{6}l\,x^6 + \frac{1}{5}l^2 x^5\right]_0^l + \frac{\Theta}{l^2} =$$

$$= \frac{4}{105}m + \frac{\Theta}{l^2}$$

RAYLEIGH-Quotient:

$$\omega_1^2 \le \omega_d^2 = R\{\widetilde{W}\} = \frac{2U}{2T^*} = \frac{16EI/l}{\Theta + \frac{4}{105}m\,l^2} = \frac{16EI}{\Theta l}\,\frac{1}{1+0.038\,m\,l^2/\Theta}$$

e) Vergleich der Abschätzungen für die Eigenfrequenzen:

Eigenfrequenz in allgemeiner Form:

$$\omega_1^2 \approx \frac{16EI}{\Theta l}\,\frac{1}{\alpha + \beta m l^2/\Theta}$$

a)	ohne Balkenmasse	$\beta=0$	$\alpha=1$
b)	ohne Drehträgheit	$\beta=0.067$	$\alpha=0$
c)	DUNKERLEY	$\beta=0.067$	$\alpha=1$
d)	RAYLEIGH-Quotient mit Polynom	$\beta=0.038$	$\alpha=1$

Aufgabe 9.16:

Auf einer Kranbrücke (Spannweite l, Masse m_B) befindet sich mittig eine Laufkatze (Masse m_K), an der an einem undehnbaren Seil die Last (Masse m_L) hängt. Beim statischen Anheben der Last m_L senkt sich die Brücke in der Mitte um w_L durch.

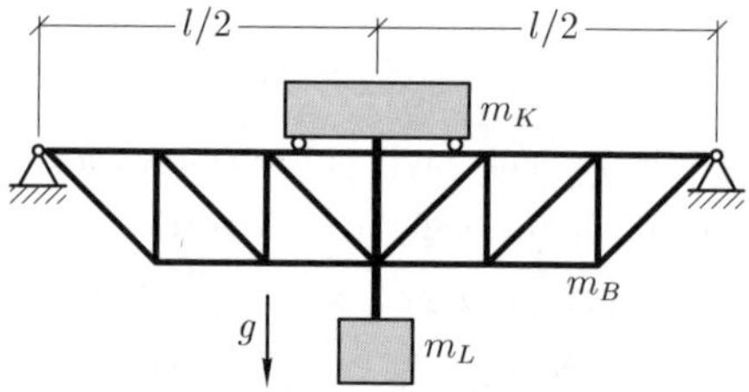

Bild A9.16:
Kranbrücke mit Laufkatze und Last

a) Berechnen Sie die Kreisfrequenz der Eigenschwingungen des Systems unter Vernachlässigung der Kranbrückenmasse m_B.

b) Schätzen Sie den Einfluß der Brückenmasse m_B mit dem RAYLEIGH-Quotienten ab, indem Sie die Brückenmasse gleichmäßig über die Spannweite l verstreichen und als Ansatzfunktion die statische Biegelinie des homogenen Balkens unter mittiger Einzellast benutzen.

c) Schätzen Sie die erste Eigenfrequenz mit dem Verfahren von DUNKERLEY ab.

Gegeben: l, m_B, m_K, m_L, w_L, g

Zahlenwerte: $m_B = 500\,\text{kg}$, $m_K = 1000\,\text{kg}$, $m_L = 15000\,\text{kg}$, $w_L = 5\,\text{cm}$, $g = 9.81\,\text{m/s}^2$

Lösung der Aufgabe 9.16:

a) System ohne Brückenmasse:

Mittendurchhang infolge Last:

$$w_L = \frac{m_L g}{k}$$

Steifigkeit für Belastung und Durchbiegung in Balkenmitte:

$$k = \frac{m_L g}{w_L}$$

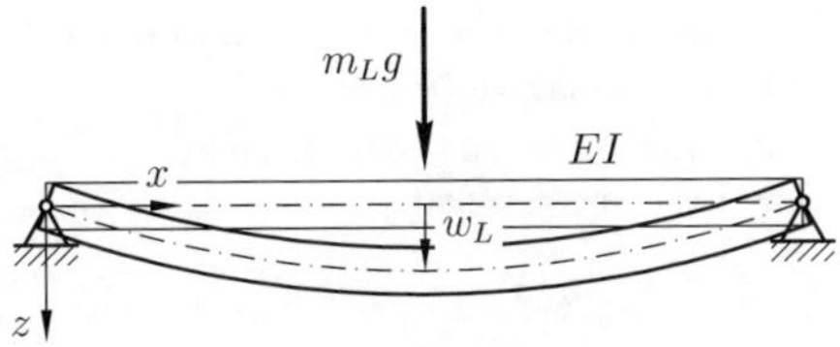

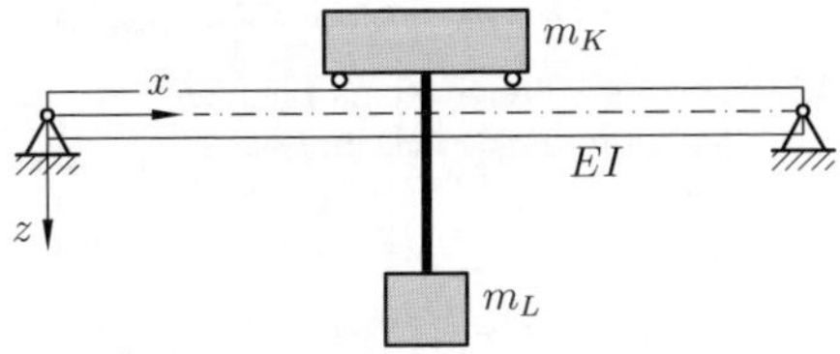

Kennkreisfrequenz bei masseloser Brücke:

$$\omega_0^2 = \frac{k}{m_L+m_K} = \frac{g}{w_L}\,\frac{1}{1+m_K/m_L} \approx$$

$$\approx 184\,\mathrm{s}^{-2}$$

Näherungswert bei Vernachlässigung der Laufkatzenmasse:

$\omega_{0L}^2 \approx 196\,\mathrm{s}^{-2}$ (nur 3.2 % Abweichung von ω_0)

b) Abschätzung der Eigenfrequenz mit dem RAYLEIGH-Quotienten:

Ersatzbiegesteifigkeit aus der statischen Biegelinie eines Balkens unter Mittenlast:

$$w_L = \frac{l^3}{48EI}\,m_L g \qquad \Longrightarrow \qquad EI = \frac{l^3}{48\,w_L}\,m_L g$$

Statische Biegelinie eines homogenen Balkens als Ansatzfunktion (Tabelle 15.5):

$$\widetilde{w} = \frac{1}{EI}\,\frac{Fl^3}{6}\Big[\frac{1}{2}\frac{x}{l}\Big(1-\frac{1}{4}-\frac{x^2}{l^2}\Big)\Big] = \frac{Fl^3}{16EI}\Big(\frac{x}{l}-\frac{4}{3}\frac{x^3}{l^3}\Big) = 3\,w_L\Big(\frac{x}{l}-\frac{4}{3}\frac{x^3}{l^3}\Big)$$

$$\widetilde{w}'' = -24\,\frac{w_L}{l^3}\,x \qquad \text{für} \qquad 0\le x\le\frac{l}{2}, \qquad \text{symmetrisch für} \qquad \frac{l}{2}<x\le l$$

Potentielle Energie:

$$U = 2\cdot\frac{1}{2}\int_0^{l/2} EI\,\widetilde{w}''^2(x)\,dx = EI\int_0^{l/2}(-24)^2\,\frac{w_L^2}{l^6}\,x^2\,dx = EI\,24^2\,\frac{w_L^2}{l^6}\,\frac{l^3}{24} = \frac{1}{2}m_L g\,w_L$$

Bezogene kinetische Energie:

$$T^* = 2\cdot\frac{1}{2}\int_0^{l/2}\frac{m_B}{l}\,\widetilde{w}^2(x)\,dx + \frac{1}{2}(m_L+m_K)\,\widetilde{w}^2\Big(\frac{l}{2}\Big) =$$

$$= \frac{m_B}{l}\int_0^{l/2} 9\,w_L^2\Big(\frac{x}{l}-\frac{4}{3}\frac{x^3}{l^3}\Big)^2 dx + \frac{1}{2}(m_L+m_K)\,w_L^2 =$$

$$= \frac{1}{2}\Big[18\,m_B\Big(\frac{1}{3}\cdot\frac{1}{8}-\frac{8}{3}\cdot\frac{1}{5}\cdot\frac{1}{32}+\frac{16}{9}\cdot\frac{1}{7}\cdot\frac{1}{128}\Big)+(m_L+m_K)\Big]\,w_L^2 =$$

$$= \frac{1}{2}m_L\Big(1+\frac{m_K}{m_L}+\frac{17}{35}\frac{m_B}{m_L}\Big)\,w_L^2$$

RAYLEIGH-Quotient:

$$\omega_1^2 \le R(\widetilde{w}) = \frac{U(\widetilde{w})}{T^*(\widetilde{w})} = \frac{g}{w_L}\,\frac{1}{1+\dfrac{m_K}{m_L}+\dfrac{17}{35}\dfrac{m_B}{m_L}} = \frac{g}{w_L}\,\frac{1}{1+\dfrac{m_K}{m_L}+0.486\,\dfrac{m_B}{m_L}} \approx 181.5\,\mathrm{s}^{-2}$$

c) Abschätzung der Eigenfrequenz mit dem Verfahren von DUNKERLEY:

Aufspaltung der Masse in die kontinuierliche Brückenmasse m_B und der Masse von Last und Laufkatze $(m_L + m_K)$.

Erste Eigenfrequenz des Systems ohne Last und Laufkatze:

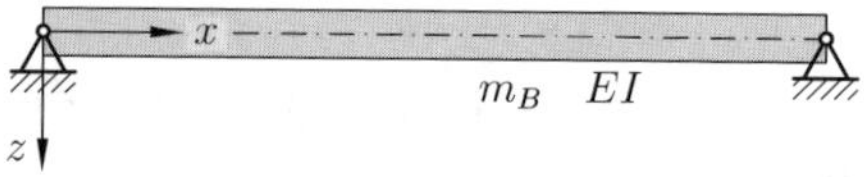

$$\omega_{1B}^2 = \pi^4 \frac{EI}{m_B l^3} =$$

$$= \pi^4 \frac{1}{m_B l^3} \frac{l^3}{48 w_L} m_L g = \frac{g}{w_L} \frac{\pi^4}{48} \frac{m_L}{m_B}$$

Eigenfrequenz des Systems bei Vernachlässigung der Brückenmasse:

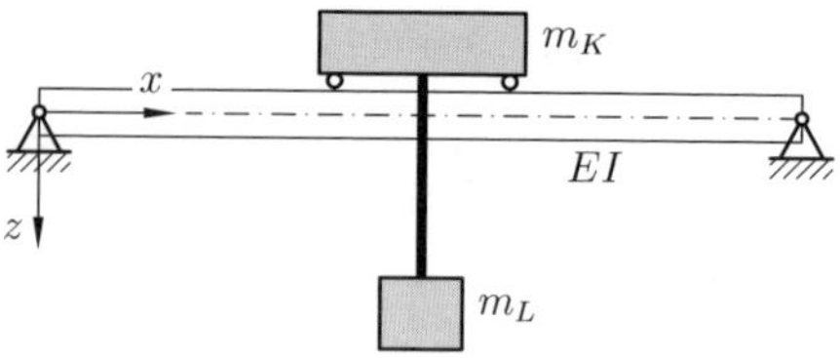

$$\omega_L^2 = \frac{g}{w_L} \frac{1}{1 + m_K/m_L}$$

Formel von DUNKERLEY:

$$\frac{1}{\omega_1^2} \leq \frac{1}{\omega_D^2} = \frac{1}{\omega_{1B}^2} + \frac{1}{\omega_L^2} = \frac{w_L}{g}\left[\frac{48}{\pi^4}\frac{m_B}{m_L} + \left(1 + \frac{m_K}{m_L}\right)\right]$$

Abschätzung der ersten Eigenfrequenz:

$$\omega_1^2 \geq \frac{g}{w_L} \frac{1}{1 + \dfrac{m_K}{m_L} + \dfrac{48}{\pi^4}\dfrac{m_B}{m_L}} = \frac{g}{w_L} \frac{1}{1 + \dfrac{m_K}{m_L} + 0.493\,\dfrac{m_B}{m_L}} \approx 181.2\,\mathrm{s}^{-2}$$

Aufgabe 9.17:

Eine homogene Blattfeder (Länge l, Biegesteifigkeit EI, Masse m) ist an einem Ende eingespannt und trägt am anderen Ende eine starre, dünne homogene Kreisscheibe (Masse M, Radius R).

Grenzen Sie die erste Eigenkreisfrequenz ω_1 der Biegeschwingungen ein, indem Sie

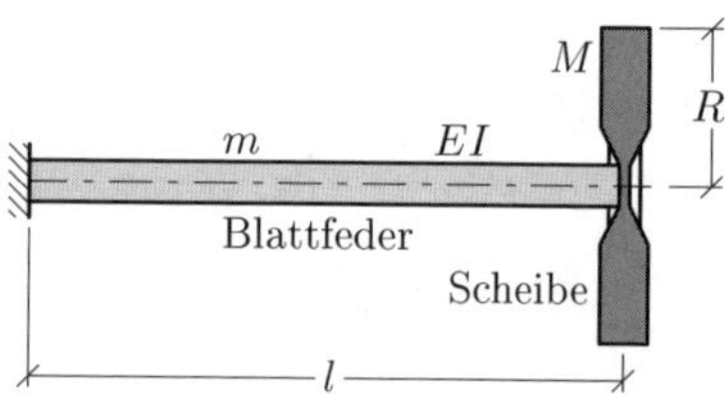

Bild A9.17: Blattfeder mit Scheibe

a) mit den RAYLEIGH-Quotienten und einer Kreisfunktion, welche die geometrischen Randbedingungen erfüllt, eine obere Grenze und

b) mit der Formel von DUNKERLEY durch Aufspalten der Trägheiten eine untere Grenze ermitteln. Berücksichtigen Sie dabei neben der Masse M der Scheibe auch das axiale Massenträgheitsmoment Θ_a um die Achse in der Scheibenebene.

Gegeben: l, EI, m, M, R

Lösung der Aufgabe 9.17:

Axiales Massenträgheitsmoment

$$\Theta_a = \frac{1}{4} M R^2$$

a) Abschätzung mit dem RAYLEIGH-Quotienten:

Ansatzfunktion für die Auslenkung:

$$\widetilde{w}(x) = \widehat{w}\left[1-\cos\left(\frac{\pi}{2}\frac{x}{l}\right)\right], \qquad \widetilde{w}'(x) = \widehat{w}\,\frac{\pi}{2l}\sin\left(\frac{\pi}{2}\frac{x}{l}\right), \qquad \widetilde{w}''(x) = \widehat{w}\left(\frac{\pi}{2l}\right)^2\cos\left(\frac{\pi}{2}\frac{x}{l}\right)$$

Diese Ansatzfunktion erfüllt die geometrischen Randbedingungen $\widetilde{w}(0)=0$ und $\widetilde{w}'(0)=0$.

Potentielle Energie mit der Ansatzfunktion:

$$U = \frac{1}{2}\int_0^l EI\,\widetilde{w}''^2(x)\,dx = \frac{1}{2} EI\,\widehat{w}^2\left(\frac{\pi}{2l}\right)^4 \int_0^l \cos^2\left(\frac{\pi}{2}\frac{x}{l}\right) dx =$$

$$= EI\,\widehat{w}^2\left(\frac{\pi}{2l}\right)^3 \int_0^{\pi/2} \cos^2\alpha\, d\alpha = EI\,\widehat{w}^2\left(\frac{\pi}{2l}\right)^3 \frac{\pi}{8}$$

Bezogene kinetische Energie mit der Ansatzfunktion:

$$T^* = \frac{1}{2}\int_0^l \frac{m}{l}\,\widetilde{w}^2(x)\,dx + \frac{1}{2} M\widetilde{w}^2(l) + \frac{1}{2}\Theta_a\,\widetilde{w}'^2(l) =$$

$$= \frac{1}{2}\int_0^l \frac{m}{l}\,\widehat{w}^2\left(1-\cos\frac{\pi}{2}\frac{x}{l}\right)^2 dx + \frac{1}{2} M\widehat{w}^2 + \frac{1}{8} MR^2\left(\frac{\pi}{2l}\right)^2 \widehat{w}^2 =$$

$$= \left[\frac{m}{2\pi}\left(\frac{3\pi}{4}-2\right) + \frac{1}{2}M + \frac{MR^2\pi^2}{32 l^2}\right]\widehat{w}^2$$

Diese bezogene kinetische Energie T^* beinhaltet sowohl die bezogene kinetische Energie des kontinuierlichen Balkens als auch die bezogene kinetische Energie der Scheibe. Letztere setzt sich aus der Translationsenergie und der Rotationsenergie der Scheibe zusammen.

RAYLEIGH-Quotient:

$$\omega_1^2 \leq \frac{U}{T^*} = \frac{\pi^4 EI}{64 m l^3\left(\frac{3}{4}-\frac{2}{\pi}\right) + 32 M l^3 + 2 M l R^2\pi^2} \approx \frac{\pi^4 EI}{7.23 m l^3 + 32 M l^3 + 2 M l R^2\pi^2}$$

b) Abschätzung mit der Formel von DUNKERLEY:
Aufteilung der Masse in

- kontinuierlichen Balken ohne Endmasse

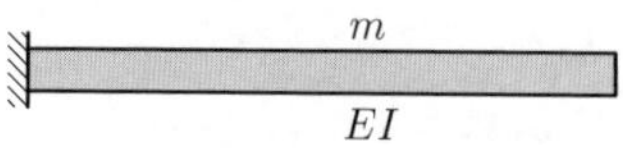

mit $\omega_{D,1}^2 = 0.357^2\,\pi^4\,\dfrac{EI}{m\,l^3}$,

- masselosen Biegebalken mit punktförmiger Endmasse M

mit $\omega_{D,2}^2 = \dfrac{3\,EI}{M\,l^3}$ und

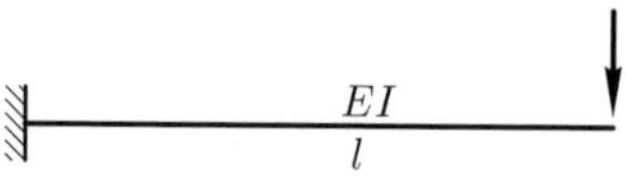

- masselosen Biegebalken mit Drehträgheit Θ_a am Ende

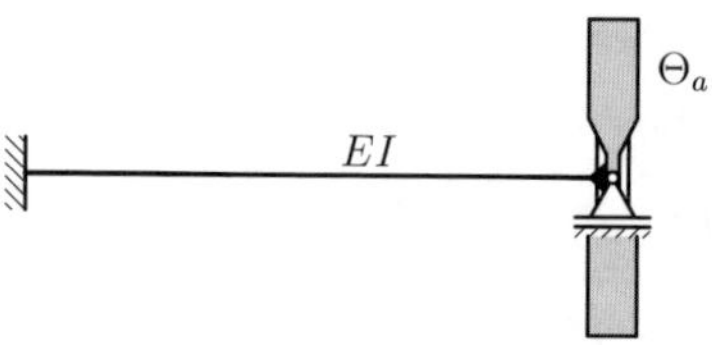

mit $\omega_{D,3}^2 = \dfrac{4EI}{l\Theta_a} = \dfrac{16\,EI}{M\,l\,R^2}$.

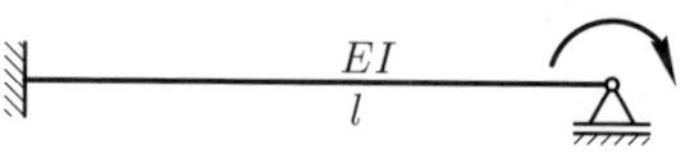

Formel von DUNKERLEY:

$$\frac{1}{\omega_D^2} = \frac{1}{\omega_{D,1}^2} + \frac{1}{\omega_{D,2}^2} + \frac{1}{\omega_{D,3}^2} = \frac{l^3}{EI}\left\{\frac{m}{\pi^4\,0.357^2} + \frac{M}{3} + \frac{MR^2}{16l^2}\right\}$$

Untere Grenze der Eigenkreisfrequenz:

$$\omega_1^2 > \omega_D^2 = \frac{EI}{\dfrac{ml^3}{\pi^4 0.357^2} + \dfrac{Ml^3}{3} + \dfrac{M\,l\,R^2}{16}} \approx \frac{\pi^4 EI}{7.85ml^3 + 3.25Ml^3 + 0.8MlR^2\pi^2}$$

Kapitel 10

Erzwungene Schwingungen von Kontinua

Aufgabe 10.1:

Ein links eingespannter Stab (Länge l, Längssteifigkeit EA, Dichte ϱ) ist an seinem rechten Ende durch eine masselose Feder (Steifigkeit k) gestützt. Zunächst ist das System in Ruhe. Am Koppelpunkt von Stab und Feder setzt zum Zeitpunkt $t=0$ eine dann periodische Kraft $F(t)$ ein, wonach der Stab für $t>0$ dauerhafte Längsschwingungen $u(x,t)$ ausführt.

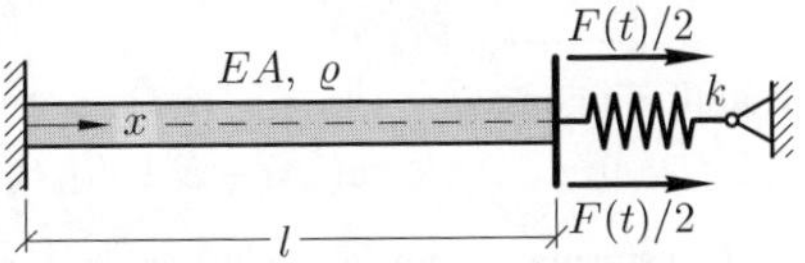

Bild A10.1.1: Stab mit elastisch gelagertem Ende unter Randerregung

a) Nach welcher Zeit τ registriert die Einspannung (bei $x=0$) die einsetzende Kraft?

b) Geben Sie die Bewegungsgleichung und die zugehörigen Randbedingungen für die absolute Längsbewegung $u(x,t)$ an.

c) Transformieren Sie die Beschreibung auf ein relatives System $v(x,t)$ mit homogenen Randbedingungen.

d) Geben Sie für die spezielle Randsteifigkeit $k=EA/(2l)$ die Eigenwerte, Eigenfrequenzen und Eigenformen des Systems mit homogenen Randbedingungen an.

e) Berechnen Sie die Bewegung $u(x,t)$ infolge der einsetzenden Errgerkraft in modaler Darstellung.

Gegeben: $m,\ l,\ EA,\ \varrho,\ k=EA/(2l),\ F(t)=\dfrac{\widehat{F}}{2}\,(1-\cos\Omega t)$

Lösung der Aufgabe 10.1:

a) Berechnung der Laufzeit τ:

Wellenausbreitungsgeschwindigkeit:

$$c^2 = \frac{E}{\varrho}$$

Laufzeit:

$$\tau = \frac{l}{c} = l\sqrt{\frac{\varrho}{E}}$$

b) Beschreibung der erzwungenen Längsschwingung des Stabes:

Homogene Bewegungsgleichung:

$$\varrho A \frac{\partial^2 u(x,t)}{\partial t^2} = EA \frac{\partial^2 u(x,t)}{\partial x^2}$$

Stoffgesetz im Stab:

$$N(x,t) = EA\, u'(x,t)$$

Ermittlung der inhomogenen Randbedingungen:

Freikörperbild des Koppelpunktes:

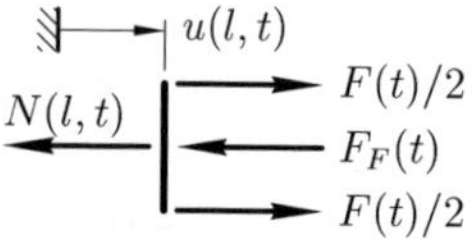

Gleichgewicht des Koppelpunktes:

$$F(t) - F_F(t) - N(l,t) = 0$$

Federkraft:

$$F_F(t) = k\, u(l,t)$$

Randbedingungen:

$$u(0,t) = 0; \qquad k\, u(l,t) + EA\, u'(l,t) = F(t)$$

c) Transformation auf ein relatives System mit homogenen Randbedingungen:

Ansatz für die quasi-statische Bewegung:

$$u_s(x,t) = \widehat{u}_s(t)\, \frac{x}{l}; \qquad u_s'(x,t) = \widehat{u}_s(t)\, \frac{1}{l}$$

Einsetzen in die inhomogene Randbedingung und Auflösen nach $\widehat{u}_s(t)$:

$$k\, \widehat{u}_s(t) + EA\, \widehat{u}_s(t)\, \frac{1}{l} = F(t), \qquad \widehat{u}_s(t) = \frac{F(t)}{k+EA/l}$$

Quasi-statische Längsbewegung:

$$u_s(x,t) = \frac{F(t)}{k+EA/l}\, \frac{x}{l}$$

Transformationsvorschrift:

$$u(x,t) = v(x,t) + u_s(x,t) = v(x,t) + \frac{x/l}{k+EA/l} F(t)$$

$$u'(x,t) = v'(x,t) + u_s'(x,t) = v'(x,t) + \frac{1/l}{k+EA/l} F(t)$$

$$u''(x,t) = v''(x,t) + u_s''(x,t) = v''(x,t)$$

$$\ddot{u}(x,t) = \ddot{v}(x,t) + \ddot{u}_s(x,t) = \ddot{v}(x,t) + \frac{x/l}{k+EA/l} \ddot{F}(t)$$

Transformierte inhomogene Bewegungsgleichung und homogene Randbedingungen:

$$\ddot{v} - c^2 v'' = -\frac{x/l}{k+EA/l} \ddot{F}(t) \qquad v(l,t) = 0, \qquad k\, v(l,t) + EA\, v'(l,t) = 0$$

Das homogene System stimmt mit dem System von Aufgabe 9.6 überein, wenn in den dortigen Ergebnissen die Steifigkeit k halbiert und die Koordinate x durch $l-x$ ersetzt wird.

d) Ermittlung der modalen Parameter:

Charakteristische Gleichung gemäß Herleitung in der Aufgabe 9.6:

$$\tan\beta l = -\frac{EA}{k\,l}\,\beta l = -\kappa\,\beta l = -2\,\beta l$$

Graphische Lösung der charakteristischen Gleichung $\tan\beta l = -\kappa\,\beta l$ für $\kappa = 2$:

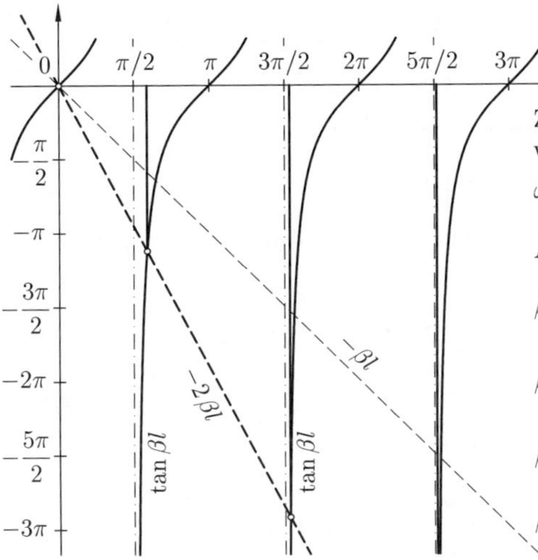

Zusammenhang zwischen Eigenwerten und Eigenfrequenzen:

$$\omega_n = (\beta_n l)\frac{c}{l}$$

Aus dem Diagramm liest man ab:

$$\beta_1 l \approx 1.837 \implies \omega_1 \approx 1.837\frac{1}{l}\sqrt{\frac{E}{\varrho}}$$

$$\beta_2 l \approx 4.816 \implies \omega_2 \approx 4.816\frac{1}{l}\sqrt{\frac{E}{\varrho}}$$

$$\beta_3 l \approx 7.918 \implies \omega_3 \approx 7.918\frac{1}{l}\sqrt{\frac{E}{\varrho}}$$

$$\beta_n l \approx (2n-1)\frac{\pi}{2}$$

Mit der geänderten Koordinate x folgt für die Eigenformen:

$$U_n^*(x) = \sin\left[\beta_n(l-x)\right] + \kappa\,\beta_n l\cos\left[\beta_n(l-x)\right] =$$

$$= \Big[\sin\beta_n l + \kappa\,\beta_n l\cos\beta_n l\Big]\cos\beta_n x - \Big[\cos\beta_n l - \kappa\,\beta_n l\sin\beta_n l\Big]\sin\beta_n x$$

Diese Darstellung kann mit der charakteristischen Gleichung weiter vereinfacht werden: Die erste eckige Klammer verschwindet, da sie die charakteristische Gleichung enthält. Die zweite eckige Klammer reduziert sich mit der charakteristischen Gleichung auf $1/\cos(\beta_n l)$. Es verbleiben zunächst die Eigenformen

$$U_n^*(x) = -\frac{1}{\cos\beta_n l}\sin\beta_n x\,.$$

Bei neuer Normierung (Multiplikation mit $-\cos(\beta_n l)$) können die Eigenformen schließlich in der deutlich einfacheren Form

$$V_n(x) = \sin\beta_n x$$

angegeben werden. Die Eigenformen sind wiederum Sinuswellen, die an der Stelle $x=0$ beginnen. Sie haben allerdings schon vor der Stelle $x=l$ ihr letztes Maximum, weil die $\beta_n l$-Werte größer als die entsprechenden ganzzahligen Vielfachen von $\pi/2$ sind.

Zum Vergleich: Der Zugstab ohne Endfeder hat die Eigenwerte $\beta_n l = (2n-1)\,\pi/2$ und das letzte Maximum jeder Eigenform liegt stets bei $x=l$.

e) Berechnung der Absolutbewegung in modaler Form:

Modale Betrachtung des Systems mit homogenen Randbedingungen:

Entwicklung der Bewegung nach Eigenformen:

$$v(x,t) = \sum_{n=1}^{\infty} V_n(x)\, p_n(t)$$

Einsetzen in die inhomogene Bewegungsgleichung:

$$\sum_{n=1}^{\infty} \left\{ V_n(x)\, \ddot{p}_n(t) - c^2\, V_n''(x)\, p_n(t) \right\} = -\frac{x/l}{k+EA/l}\, \ddot{F}(t)$$

Multiplikation mit $\varrho A\, V_k(x)$ und Ausnutzen der Eigenformgl. $V_n''(x) = -\beta_n^2\, V_n(x)$:

$$\sum_{n=1}^{\infty} \left\{ \ddot{p}_n + \omega_n^2\, p_n \right\} V_n(x)\, \varrho A\, V_k(x) = -\frac{x/l}{k+EA/l}\, \varrho A\, V_k(x)\, \ddot{F}(t)$$

Integration über die Stablänge und Ausnutzen der Orthogonalität liefert die entkoppelte modale Beschreibung:

Modale Massen:

$$\widetilde{m}_n = \int_0^l \varrho A\, V_n^2(x)\, dx = \frac{1}{2}\varrho A l \left[1 - \frac{\sin 2\beta_n l}{2\beta_n l} \right] = \frac{1}{2}\varrho A l \left[1 + \frac{EA}{kl} \cos^2\!\beta_n l \right]$$

Modale Erregerlasten:

$$\begin{aligned}\widetilde{f}_n(t) &= -\int_0^l \frac{x/l}{k+EA/l}\, \varrho A\, V_n(x)\, dx\, \ddot{F}(t) = \\ &= -\frac{\varrho A l}{k+EA/l}\, \frac{1}{(\beta_n l)^2} \Big[\sin(\beta_n x) - \beta_n x \cos(\beta_n x) \Big]_0^l\, \ddot{F}(t) = \\ &= -\frac{\varrho A l}{k+EA/l}\, \frac{1}{(\beta_n l)^2} \Big[\sin(\beta_n l) - \beta_n l \cos(\beta_n l) \Big]\, \ddot{F}(t) = \frac{\varrho A l}{k}\, \frac{\cos \beta_n l}{\beta_n l}\, \ddot{F}(t)\end{aligned}$$

Modale Bewegungsgleichung in Normalform:

$$\ddot{p}_n + \omega_n^2\, p_n = \frac{\widetilde{f}_n(t)}{\widetilde{m}_n} = \omega_n^2\, \widetilde{w}_n(t)$$

Wirksame modale Erregerfunktionen:

$$\widetilde{w}_n(t) = \frac{\widetilde{f}_n(t)}{\omega_n^2\, \widetilde{m}_n} = \frac{\varrho A l}{EA\,(k+EA/l \cos^2\!\beta_n l)}\, \frac{2\cos \beta_n l}{(\beta_n l)^3}\, \ddot{F}$$

Wirksame modale Erregeramplitude:

$$\widehat{w}_n = \frac{\varrho A l}{EA\,(k+EA/l \cos^2\!\beta_n l)}\, \frac{2\cos \beta_n l}{(\beta_n l)^2}\, \frac{\widehat{F}}{2}\, \Omega^2$$

Freie Schwingungen der Mode n:

$$p_{nh}(t) = A_n \cos \omega_n t + B_n \sin \omega_n t$$

Harmonisch erzwungene Schwingungen der Mode n:

$$p_{np}(t) = \frac{\omega_n^2}{\omega_n^2 - \Omega^2}\,\widehat{w}_n \cos\Omega t \qquad \text{für} \qquad t \geq 0$$

Modale Komponenten der Relativbewegung:

$$p_n(t) = \frac{\omega_n^2}{\omega_n^2 - \Omega^2}\,\widehat{w}_n \cos\Omega t + (A_n \cos\omega_n t + B_n \sin\omega_n t)$$

Die Absolutbewegung ergibt sich als Überlagerung der einzelnen Moden mit der quasistatischen Längsbewegung:

$$u(x,t) = \frac{x/l}{k+EA/l}\,F(t) + \sum_{n=1}^{\infty} \frac{\omega_n^2}{\omega_n^2-\Omega^2}\,\widehat{w}_n\,V_n(x)\cos\Omega t +$$
$$+ \sum_{n=1}^{\infty} \Big(A_n \cos\omega_n t + B_n \sin\omega_n t\Big)\,V_n(x) \qquad \text{für} \qquad t \geq 0$$

Diese allgemeine Form muß den Anfangsbedingungen angepaßt werden. Sie muß also den folgenden Bedingungen genügen:

$$u(x,0) = \frac{x/l}{k+EA/l}\,F(0) + \sum_{n=1}^{\infty} \frac{\omega_n^2}{\omega_n^2-\Omega^2}\,\widehat{w}_n\,V_n(x) + \sum_{n=1}^{\infty} A_n\,V_n(x) = 0$$

$$\dot{u}(x,0) = \sum_{n=1}^{\infty} \omega_n\,B_n\,V_n(x) = 0$$

Zur Berechnung der Integrationskonstanten nutzt man wiederum die Orthogonalitätsbeziehungen aus: Multiplikation mit $\varrho A V_k(x)$ und Integration über die Stablänge liefert die Integrationskostanten:

$$A_n = -\frac{\dfrac{\omega_n^2}{\omega_n^2-\Omega^2}\,\widehat{w}_n \displaystyle\int_0^l \varrho A\,V_n^2(x)\,dx}{\displaystyle\int_0^l \varrho A\,V_n^2(x)\,dx} = -\frac{\omega_n^2}{\omega_n^2-\Omega^2}\,\widehat{w}_n =$$
$$= \frac{\omega_n^2}{\omega_n^2-\Omega^2}\,\frac{\varrho A l}{EA\,(k+EA/l\cos^2\beta_n l)}\,\frac{2\cos\beta_n l}{(\beta_n l)^2}\,\frac{\widehat{F}}{2}\,\Omega^2$$

$$B_n = 0$$

Absolute Bewegung für $t > 0$:

$$u(x,t) = \frac{x/l}{k+EA/l}\,\frac{\widehat{F}}{2}\,(1-\cos\Omega t) + \sum_{n=1}^{\infty} V_n(x)\,\frac{\omega_n^2}{\omega_n^2-\Omega^2}\,\widehat{w}_n\,(\cos\Omega t - \cos\omega_n t)$$

Aufgabe 10.2:

Das grundsätzliche Verhalten der Gasschwingungen im Auspuffrohr eines Einzylindermotors soll anhand eines einfachen Ersatzmodells untersucht werden. Das Modell besteht aus einem homogenen Rohr (Länge l), das mit Abgas (Ruhedruck p_0, Ruhedichte ϱ_0, Adiabatenkoeffizient κ) gefüllt ist. Das eine Rohrende ist offen, der Abschluß des anderen Endes wird vom Kolben harmonisch bewegt. Durch die Bewegung wird die Abgassäule im Rohr zu erzwungenen Längsschwingungen $u(x,t)$ angeregt.

a) Welche Eigenfrequenzen hat die Luftsäule bei stehendem Motor $(u(l,t)=0)$?

b) Wie lauten die Randbedingungen für den Fall, daß der Motor läuft $(u(l,t)=r\sin\Omega t)$?

c) Transformieren Sie die inhomogenen Randbedingungen auf homogene und geben Sie die zugehörige inhomogene Bewegungsgleichung für die Gasverschiebung $v(x,t)$ an.

d) Berechnen Sie über die modale Entkopplung die erzwungenen relativen Längsschwingungen in der Abgassäule.

e) Wie groß muß die Leistungsfähigkeit P des Antriebs mindestens sein, damit der Motor eine harmonische Kolbenbewegung realisieren kann?

f) Welche Arbeit wird pro Umdrehung $\Omega T = 2\pi$ in die Abgassäule gepumpt?

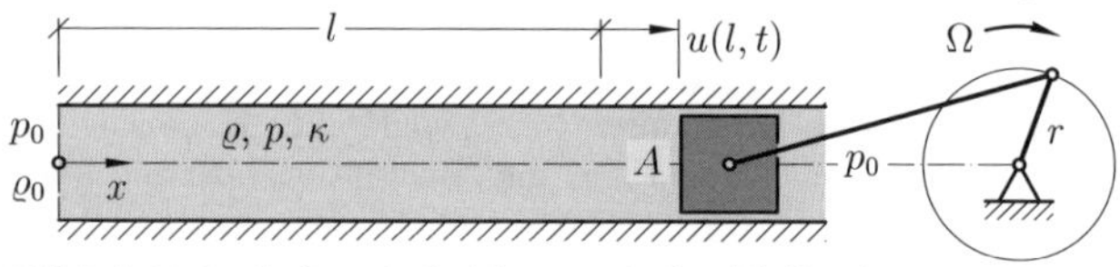

Bild A10.2: Luftsäule bei harmonischer Kolbenbewegung

Gegeben: $l,\ A,\ \varrho_0,\ p_0,\ \kappa,\ u(l,t)=r\sin\Omega t$

Lösung der Aufgabe 10.2:

a) Analyse der Luftsäule bei stehendem Motor:

Bewegungsgleichung und linearisiertes Stoffgesetz:

$$\frac{\partial^2 u}{\partial t^2} = c^2\frac{\partial^2 u}{\partial x^2}; \qquad c^2 = \kappa\frac{p_0}{\varrho_0}; \qquad p-p_0 = -\kappa\, p_0\frac{\partial u}{\partial x}$$

Randbedingungen bei festem Kolben:

$$p(0,t) - p_0 = 0 \qquad \Longrightarrow \qquad \frac{\partial u(0,t)}{\partial x} = 0 \qquad \text{frei}$$

$$u(l,t) = 0 \qquad \text{fest}$$

Eigenfrequenzen und Eigenformen bei festem Kolben:

$$\omega_n = \frac{2n-1}{2}\pi\frac{c}{l}; \qquad U_n(x) = \cos\beta_n x = \cos\left(\frac{2n-1}{2}\pi\frac{x}{l}\right) = \cos\left(\frac{\omega_n}{c}x\right)$$

b) Randbedingung für laufenden Motor:

Randbedingungen bei bewegtem Kolben:

$$p(0,t) - p_0 = 0 \qquad \Longrightarrow \qquad \frac{\partial u(0,t)}{\partial x} = 0 \qquad \text{frei}$$

$$u(l,t) = r \sin \Omega t \qquad \text{fest vorgegeben}$$

c) Transformation auf ein relatives System mit homogenen Randbedingungen:

Quasi-statische Bewegung:

$$u_s(x,t) = r \sin \Omega t$$

Transformationsvorschrift:

$$\begin{aligned} u(x,t) &= v(x,t) + u_s(x,t) = v(x,t) + r \sin \Omega t \\ u''(x,t) &= v''(x,t) \\ \ddot{u}(x,t) &= \ddot{v}(x,t) - \Omega^2 r \sin \Omega t \end{aligned}$$

Inhomogene Bewegungsgleichung und homogene Randbedingungen:

$$\ddot{v} - c^2 v'' = \Omega^2 r \sin \Omega t; \qquad v'(0,t) = 0; \qquad v(l,t) = 0$$

Eigenfrequenzen und Eigenformen wie unter a) bereits berechnet.

d) Berechnung der erzwungenen Längsschwingungen der Gassäule:

Entwicklung der erzwungenen Bewegung nach Eigenformen:

$$v(x,t) = \sum_{n=1}^{\infty} V_n(x)\, p_n(t); \qquad V_n''(x) = -\Big(\frac{\omega_n}{c}\Big)^2 V_n(x)$$

Einsetzen in die inhomogene Bewegungsgleichung:

$$\sum_{n=1}^{\infty} \Big\{ V_n(x)\, \ddot{p}_n(t) - c^2 V_n''(x)\, p_n(t) \Big\} = \Omega^2 r \sin \Omega t$$

Multiplikation mit $\varrho_0 A V_k(x)$ und Ausnutzen der Eigenformgleichung für $V_n''(x)$:

$$\sum_{n=1}^{\infty} \Big\{ \ddot{p}_n + \omega_n^2 p_n \Big\} V_n(x)\, \varrho_0 A V_k(x) = \Omega^2 r \sin \Omega t\, \varrho_0 A V_k(x)$$

Integration über die Rohrlänge und Ausnutzen der Orthogonalität liefert die modalen Gleichungen:

$$\ddot{p}_n + \omega_n^2 p_n = \frac{\widetilde{f}_n(t)}{\widetilde{m}_n(t)} = \omega_n^2\, \widetilde{w}_n(t)$$

Modale Massen:

$$\widetilde{m}_n = \int_0^l \varrho_0 A V_n^2(x)\, dx = \frac{1}{2} \varrho_0 A l$$

Modale Erregerlasten:

$$\widetilde{f}_n(t) = \int_0^l \varrho_0 A V_n(x)\, \Omega^2 r \sin \Omega t\, dx = \varrho_0 A \Omega^2 r \sin \Omega t \int_0^l V_n(x)\, dx =$$

$$= -\varrho_0 A l \frac{2(-1)^n}{(2n-1)\pi} \Omega^2 r \sin \Omega t$$

Modale Antworten auf die modalen harmonischen Erregungen:

$$p_n(t) = \frac{\omega_n^2}{\omega_n^2-\Omega^2}\,\frac{\widetilde{f}_n(t)}{\widetilde{m}_n\,\omega_n^2} = -2\,(-1)^n\,\frac{\omega_n^2}{\omega_n^2-\Omega^2}\left[\frac{2}{(2n-1)\pi}\right]^3\frac{\Omega^2\,l^2}{c^2}\,r\sin\Omega t =$$

$$= -2\,(-1)^n\,\frac{\Omega^2}{\omega_n^2-\Omega^2}\,\frac{2}{(2n-1)\pi}\,r\sin\Omega t$$

Erzwungene Bewegung bei laufendem Motor:

$$v(x,t) = \sum_{n=1}^{\infty} V_n(x)\left\{-\,2\,(-1)^n\,\frac{\Omega^2}{\omega_n^2-\Omega^2}\,\frac{2}{(2n-1)\pi}\right\} r\sin\Omega t = V(x)\,r\sin\Omega t$$

$$u(x,t) = v(x,t) + u_s(t) = \left[\sum_{n=1}^{\infty} V_n(x)\left\{-\,2\,(-1)^n\,\frac{\Omega^2}{\omega_n^2-\Omega^2}\,\frac{2}{(2n-1)\pi}\right\} + 1\right] r\sin\Omega t =$$

$$= \Big[V(x) + 1\Big]\,r\sin\Omega t = U(x)\,r\sin\Omega t$$

Ortsfunktion der erzwungenen harmonischen Schwingung:

$$U(x) = \sum_{n=1}^{\infty}\left\{-\,2\,(-1)^n\,\frac{\Omega^2}{\omega_n^2-\Omega^2}\,\frac{2}{(2n-1)\pi}\right\}\cos\Big(\frac{2n-1}{2}\pi\frac{x}{l}\Big) + 1$$

$$U'(l) = \sum_{n=1}^{\infty}\left\{-\,2\,(-1)^n\,\frac{\Omega^2}{\omega_n^2-\Omega^2}\,\frac{2}{(2n-1)\pi}\right\}\left[-\frac{2n-1}{2}\,\frac{\pi}{l}\right]\sin\Big(\frac{2n-1}{2}\pi\Big) =$$

$$= \sum_{n=1}^{\infty}\left\{-\,2\,(-1)^n\,\frac{\Omega^2}{\omega_n^2-\Omega^2}\right\}\frac{1}{l}\,(-1)^{n+1} = \sum_{n=1}^{\infty}\frac{\Omega^2}{\omega_n^2-\Omega^2}\,\frac{2}{l}$$

e) Berechnung der Leistung des Kolbens an der Gassäule:

Kinematische Größen:

$$u'(l,t) = v'(l,t) = U'(l)\,r\sin\Omega t; \qquad \dot{u}(l,t) = r\,\Omega\cos\Omega t$$

Leistung des Kolbens:

$$P(t) = F(l,t)\,\dot{u}(l,t) = A\Big[p(l,t)-p_0\Big]\,\dot{u}(l,t) = -A\,\kappa\,p_0\,u'(l,t)\,\dot{u}(l,t) =$$

$$= -A\,\kappa\,p_0\,r^2\,\Omega\,U'(l)\sin\Omega t\,\cos\Omega t = -A\,\kappa\,p_0\,r^2\,\Omega\,U'(l)\,\frac{1}{2}\sin 2\Omega t$$

Die notwendige Leistung schwankt harmonisch mit der doppelten Frequenz der Kolbenbewegung.

Amplitude der notwendigen Leistung:

$$\widehat{P} = \frac{1}{2}A\,\kappa\,p_0\,r^2\,\Omega\,U'(l) = \frac{A\,\kappa\,p_0\,r^2\,\Omega}{l}\sum_{n=1}^{\infty}\frac{\Omega^2}{\omega_n^2-\Omega^2}$$

Für harmonische Erregung in der Resonanz $\Omega=\omega_n$ wäre (theoretisch) eine unendlich große Leistung erforderlich. Die harmonische Bewegung wird daher nicht auftreten, statt dessen wird die Erregeramplitude einbrechen.

f) Arbeit des Kolbens pro Zyklus an der Gassäule bei harmonischer Bewegung:

$$W_D = \int_0^{2\pi/\Omega} P(t)\,dt = 0$$

Aufgabe 10.3:

Das Bohrfutter einer Schlagbohrmaschine leitet (neben der gleichförmigen Drehung und den axialen Meißelschlägen) auch Torsionsstöße $\psi(t)$ in den Bohrer ein. Die daraus resultierenden Drehschwingungen $\varphi(x,t)$ sind unabhängig von den anderen Bewegungsgrößen. Hier sollen diese Drehschwingungen $\varphi(x,t)$ des Bohrers (homogener Torsionsstab, Länge l, Querschnitt A, Dichte ϱ, Trägheitsmomente $I_t = I_p$) infolge eines vorgegebenen einmaligen Drehstoßes $\psi(t)$ am Bohrfutter berechnet werden.

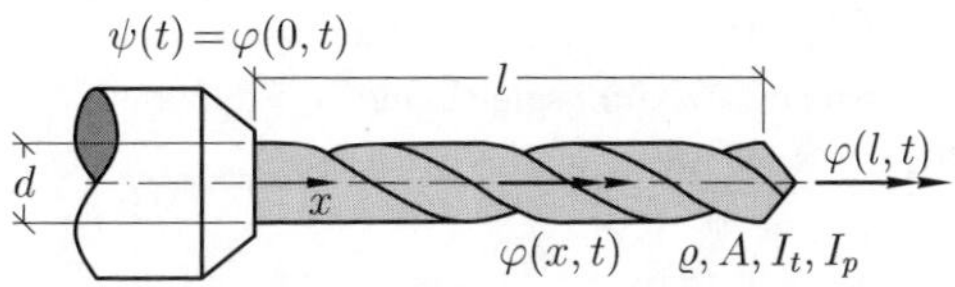

Bild A10.3.1: Bohrer einer Schlagbohrmaschine

a) Geben Sie die Bewegungsgleichung und die inhomogenen Randbedingungen für die Bewegung $\varphi(x,t)$ des Bohrers an.

b) Transformieren Sie die inhomogenen Randbedingungen auf homogene und geben Sie die zugehörige Bewegungsgleichung für die neue Variable $v(x,t)$ an.

c) Geben Sie die Ausbreitungsgeschwindigkeit c von Torsionswellen sowie die Zeitdauer Δt an, bis der Stoß nach Durchlaufen des Bohrers das Bohrfutter wieder erreicht. Die Stoßwelle $w_1(x-ct)$ vom Futter zur Spitze erzwingt eine gegenläufige Welle $w_2(x+ct)$ mit gleicher Form. Welche der Zustandsgrößen $\varphi(l,t)$ oder $M(l,t)$ an der Bohrerspitze verdoppeln sich und welche löschen sich aus? Hat die rücklaufende Torsionswelle $w_2(x+ct)$ das gleiche oder das entgegengesetzte Vorzeichen der vorwärts laufenden Welle $w_1(x-ct)$? Geben Sie darüber hinaus die Eigenfrequenzen ω_n und Eigenformen $V_n(x)$ des einseitig eingespannten Bohrers an.

d) Stellen Sie die Torsionsschwingungen $\varphi(x,t)$ des Bohrers bei beliebiger Randerregung $\psi(t)$ mit den modalen Größen des Relativsystems aus b) dar.

e) Berechnen Sie schließlich für die beiden einmaligen Torsionsstöße

$$\psi(t) = \begin{cases} \hat{\psi}\sin^2\pi\dfrac{t}{T} & 0 \le t \le T \\ 0 & \text{ansonsten} \end{cases} \quad \text{bzw.} \quad \psi(t) = \begin{cases} 4\hat{\psi}\left(\dfrac{t}{T} - \dfrac{t^2}{T^2}\right) & 0 \le t \le T \\ 0 & \text{ansonsten} \end{cases}$$

die erzwungenen Torsionsschwingungen $\varphi(x,t)$.

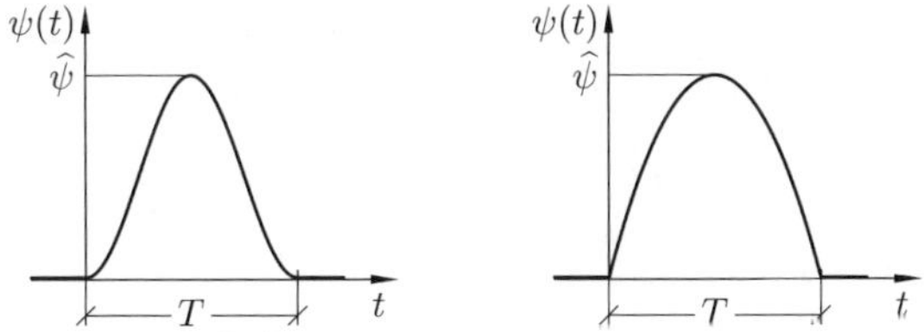

Gegeben:
$A,\ l,\ \varrho,\ G,\ I_t = I_p$,
$\psi(t)$ bzw. $\hat{\psi},\ T$

Bild A10.3.2: Drehstöße: links Sinusquadrat-Stoß, rechts Parabelstoß

Lösung der Aufgabe 10.3:

a) Bewegungsgleichung und inhomogene Randbedingungen:

Homogene Bewegungsgleichung: Stoffgesetz: Ausbreitungsgeschwindigkeit:

$$\frac{\partial^2\varphi}{\partial t^2} - \frac{GI_t}{\varrho I_p}\frac{\partial^2\varphi}{\partial x^2} = 0 \qquad M = GI_t\frac{\partial\varphi}{\partial x} \qquad c = \sqrt{\frac{GI_t}{\varrho I_p}} = \sqrt{\frac{G}{\varrho}}$$

Randbedingungen:

$\varphi(0,t) \ = \psi(t)$ fest vorgegeben

$M(l,t) = GI_t\,\varphi'(l,t) = 0$ frei

b) Transformation auf ein relatives System mit homogenen Randbedingungen:

Quasi-statische Drehung: Transformation auf homogene Randbedingungen:

$\varphi_s(x,t) = \psi(t)$

$$\begin{aligned}\varphi(x,t) &= v(x,t) + \varphi_s(x,t) &&= v(x,t) + \psi(t)\\ \varphi''(x,t) &= v''(x,t) + \varphi_s''(x,t) &&= v''(x,t)\\ \ddot\varphi(x,t) &= \ddot v(x,t) + \ddot\varphi_s(x,t) &&= \ddot v(x,t) + \ddot\psi(t)\end{aligned}$$

Inhomogene Bewegungsgleichung und homogene Randbedingungen:

$\ddot v - c^2\,v'' = -\ddot\psi(t)$

$$\begin{aligned}v(0,t) &= \varphi(0,t) - \psi(t) = 0\\ v'(l,t) &= \varphi'(0,t) = 0\end{aligned}$$

c) Wellenausbreitung und Eigenverhalten:

Zeitdauer, bis die Welle wieder am Bohrfutter ankommt:

$$\Delta t = \frac{2l}{c}$$

Am freien Rand $(x{=}l)$ verschwindet die Kraftgröße:

$$M(l,t) = 0 \quad\Longrightarrow\quad \varphi'(l,t) = w_1'(l,t) + w_2'(l,t) = 0$$

Die Wellen $w_1'(x{-}ct)$ und $w_2'(x{+}ct)$ haben entgegengesetzte Vorzeichen und somit haben $w_1(x{-}ct)$ und $w_2(x{+}ct)$ das gleiche Vorzeichen.

Die rücklaufende Torsionswelle $w_2(x{+}ct)$ hat das gleiche Vorzeichen wie die vorlaufende.

Die Zustandsgröße $\varphi(x,t) = w_1(x{-}ct){+}w_2(x{+}ct)$ verdoppelt sich beim Auftreffen der Welle auf die Stelle l.

Eigenfrequenzen und Eigenformen für fest – frei:

$$\omega_n = \frac{2n-1}{2}\pi\frac{c}{l}; \qquad V_n(x) = \sin\Big(\frac{2n-1}{2}\pi\frac{x}{l}\Big) = \sin\Big(\frac{\omega_n}{c}x\Big); \qquad V_n''(x) = -\Big(\frac{\omega_n}{c}\Big)^2 V_n(x)$$

d) Berechnung der erzwungenen Torsionsschwingungen:

Modale Betrachtung des Systems mit homogenen Randbedingungen:

Entwicklung der erzwungenen Bewegung nach Eigenformen:

$$v(x,t) = \sum_{n=1}^{\infty} V_n(x)\, p_n(t)$$

Entwicklungsansatz in der inhomogenen Bewegungsgleichung:

$$\sum_{n=1}^{\infty} \Big\{ V_n(x)\, \ddot{p}_n(t) - c^2 V_n''(x)\, p_n(t) \Big\} = -\ddot{\psi}(t)$$

Multiplikation mit ϱI_p und Ausnutzen der Eigenformgleichung:

$$\sum_{n=1}^{\infty} \Big\{ \ddot{p}_n + \omega_n^2 p_n \Big\} V_n(x)\, \varrho I_p V_k(x) = -\ddot{\psi}(t)\, \varrho I_p V_k(x)$$

Integration über die Stablänge und Ausnutzen der Orthogonalität liefert die modalen Gleichungen:

$$\ddot{p}_n + \omega_n^2 p_n = \frac{\widetilde{f}_n(t)}{\widetilde{m}_n(t)} = \omega_n^2\, \widetilde{u}_n(t)$$

Modale Massen:

$$\widetilde{m}_n = \int_0^l \varrho I_p V_n^2(x)\, dx = \frac{1}{2} \varrho I_p l$$

Modale Erregerlasten:

$$\widetilde{f}_n(t) = -\ddot{\psi}(t)\, \varrho I_p \int_0^l V_n(x)\, dx = -\varrho I_p \frac{c}{\omega_n} \ddot{\psi}(t)$$

Modale Stoßantworten:

$$h_n(t) = \begin{cases} 0 & t \le 0 \\ \omega_n \sin \omega_n t & t \ge 0 \end{cases}$$

Modale Erregung in der Normalform:

$$\widetilde{u}_n(t) = \frac{\widetilde{f}_n(t)}{\omega_n \widetilde{m}_n} = -2 \frac{c}{l\,\omega_n} \frac{\ddot{\psi}(t)}{\omega_n^2}$$

Modale Antworten auf die modalen Erregungen aus dem Faltungsintegral:

$$p_n(t) = \int_{-\infty}^{\infty} h_n(t-\tau)\, \widetilde{u}_n(\tau)\, d\tau = -2 \frac{c}{l\,\omega_n} \frac{1}{\omega_n^2} \int_{-\infty}^{\infty} h_n(t-\tau)\, \ddot{\psi}(\tau)\, d\tau$$

Absolute Drehbewegung des Bohrers:

$$\varphi(x,t) = v(x,t) + \varphi_s(t) = \sum_{n=1}^{\infty} V_n(x)\, p_n(t) + \psi(t)$$

e) Erzwungene Bewegungen bei verschiedenen Stößen:

Grundsätzlich sind sowohl bei der Erregung als auch bei der Antwort drei Zeitabschnitte ($t < 0$, $0 \le t \le T$ und $T < t$) mit unterschiedlichen Formeldarstellungen zu betrachten.

A) Spezielle Erregung mit Sinusstoß:

Erregerzeitverlauf:

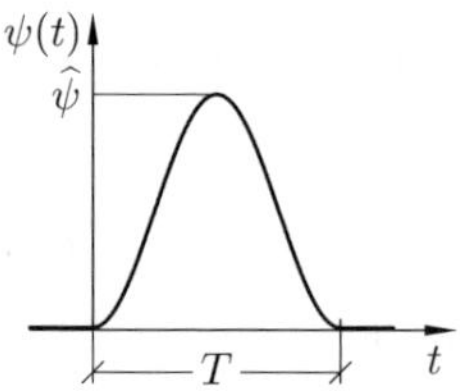

$$\psi(t) = \begin{cases} \widehat{\psi}\sin^2\Omega t = \widehat{\psi}\,\dfrac{1}{2}\,(1-\cos 2\Omega t) & 0 \le t \le T \\ 0 & \text{ansonsten} \end{cases}$$

$$\ddot{\psi}(t) = \begin{cases} 2\,\widehat{\psi}\,\Omega^2\cos 2\Omega t & 0 \le t \le T \\ 0 & \text{ansonsten} \end{cases}$$

Berechnung der Bezugsfrequenz Ω:

$$\psi(T) = \widehat{\psi}\sin\Omega T = 0 \qquad \Longrightarrow \qquad \Omega = \frac{\pi}{T}$$

Bezogene modale Erregung:

$$\widetilde{u}_n(t) = -2\,\frac{c}{l\,\omega_n}\,\frac{\ddot{\psi}(t)}{\omega_n^2} = -4\,\widehat{\psi}\,\frac{c}{l\,\omega_n}\,\frac{\Omega^2}{\omega_n^2}\cos 2\Omega t \qquad \text{für} \qquad 0 \le t \le T$$

Modale Antwort für $t \le 0$:

$$p_n(t) = \int_{-\infty}^{\infty} h_n(t-\tau)\,\widetilde{u}_n(\tau)\,d\tau = 0 \qquad \text{wegen} \quad h_n(t)=0 \quad \text{und} \quad u_n(t)=0 \quad \text{für} \quad t<0$$

Modale Antwort für $0 \le t \le T$:

$$\begin{aligned} p_n(t) &= \int_{-\infty}^{\infty} h_n(t-\tau)\,\widetilde{u}_n(\tau)\,d\tau = -4\,\widehat{\psi}\,\frac{c}{l\,\omega_n}\,\frac{\Omega^2}{\omega_n^2}\int_0^t \omega_n \sin\left[\omega_n(t-\tau)\right]\cos 2\Omega\tau\,d\tau = \\ &= 4\,\widehat{\psi}\,\frac{c}{l\,\omega_n}\,\frac{\Omega^2}{\omega_n^2}\,\frac{\omega_n^2}{\omega_n^2-4\Omega^2}\,(\cos\omega_n t - \cos 2\Omega t) \end{aligned}$$

Modale Antwort für $T \le t$:

$$\begin{aligned} p_n(t) &= \int_{-\infty}^{\infty} h_n(t-\tau)\,\widetilde{u}_n(\tau)\,d\tau = -4\,\widehat{\psi}\,\frac{c}{l\,\omega_n}\,\frac{\Omega^2}{\omega_n^2}\int_0^T \omega_n \sin\left[\omega_n(t-\tau)\right]\cos 2\Omega\tau\,d\tau = \\ &= 4\,\widehat{\psi}\,\frac{c}{l\,\omega_n}\,\frac{\Omega^2}{\omega_n^2}\,\frac{\omega_n^2}{\omega_n^2-4\Omega^2}\left[\cos\omega_n t\left(1-\cos\frac{\omega_n\pi}{\Omega}\right) - \sin\omega_n t\,\sin\frac{\omega_n\pi}{\Omega}\right] \end{aligned}$$

B) Spezielle Erregung mit Parabelstoß:

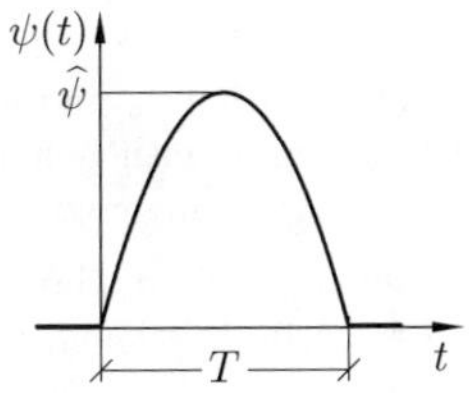

Erregerzeitverlauf:

$$\psi(t) = \begin{cases} 4\,\widehat{\psi}\left(\dfrac{t}{T} - \dfrac{t^2}{T^2}\right) & 0 \le t \le T \\ 0 & \text{ansonsten} \end{cases}$$

$$\ddot{\psi}(t) = \begin{cases} -8\,\dfrac{\widehat{\psi}}{T^2} & 0 \le t \le T \\ 0 & \text{ansonsten} \end{cases}$$

Bezogene modale Erregung:

$$\widetilde{u}_n(t) = \frac{\widetilde{f}_n(t)}{\omega_n^2\,\widetilde{m}_n} = -2\,\frac{c}{l\,\omega_n}\,\frac{\ddot{\psi}(t)}{\omega_n^2} = 16\,\frac{c}{l\,\omega_n}\,\frac{1}{\omega_n^2\,T^2}\,\widehat{\psi} \qquad \text{für} \qquad 0 \le t \le T$$

Modale Antwort für $t \le 0$:

$$p_n(t) = \int_{-\infty}^{\infty} h_n(t-\tau)\,\widetilde{u}_n(\tau)\,d\tau = 0 \qquad \text{wegen} \quad h(t) = 0 \quad \text{und} \quad u_n(t) = 0 \quad \text{für} \quad t < 0$$

Modale Antwort für $0 \le t \le T$:

$$p_n(t) = \int_{-\infty}^{\infty} h_n(t-\tau)\,\widetilde{u}_n(\tau)\,d\tau = \int_0^t \omega_n \sin\left[\omega_n(t-\tau)\right] 16\,\frac{c}{l\,\omega_n}\,\frac{1}{\omega_n^2\,T^2}\,\widehat{\psi}\,d\tau =$$
$$= 16\,\frac{c}{l\,\omega_n}\,\frac{1}{\omega_n^2\,T^2}\,\widehat{\psi}\,(1 - \cos\omega_n t)$$

Modale Antwort für $T \le t$:

$$p(t) = \int_{-\infty}^{\infty} h_n(t-\tau)\,\widetilde{u}_n(\tau)\,d\tau = \int_0^T \omega_n \sin\left[\omega_n(t-\tau)\right] 16\,\frac{c}{l\,\omega_n}\,\frac{1}{\omega_n^2\,T^2}\,\widehat{\psi}\,d\tau =$$
$$= 16\,\frac{c}{l\,\omega_n}\,\frac{1}{\omega_n^2\,T^2}\,\widehat{\psi}\left\{\cos\left[\omega_n(t-T)\right] - \cos\omega_n t\right\}$$

Aufgabe 10.4:

Ein Balken (Länge l, Biegesteifigkeit EI, Massenbelegung ϱA) mit den bekannten Eigenfrequenzen ω_n und Eigenformen $X_n(x)$ wird durch eine dreiecksförmige, vertikal wirkende und zeitlich harmonisch schwankende Streckenlast $q(x,t) = \widehat{q}\, x/l \cos\Omega t$ zu Schwingungen angeregt.

a) Geben Sie die modalen Bewegungsgleichungen an und berechnen Sie die modalen Erregerfunktionen $\widetilde{f}_n$ und die modalen Massen $\widetilde{m}_n$.

b) Berechnen Sie die erzwungenen Biegeschwingungen $w(x,t)$.

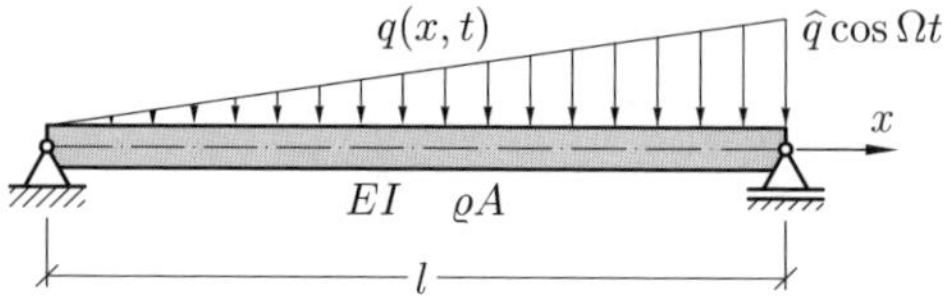

Gegeben:
l, EI, ϱA, $\widehat{q}$, Ω,
$\omega_n = (n\pi)^2\sqrt{EI/(\mu l^4)}$,
$X_n(x) = \sin(n\pi \frac{x}{l})$

Bild A10.4: Balken unter dreiecksförmiger, zeitlich harmonischer Streckenlast

Lösung der Aufgabe 10.4:

a) Modale Beschreibung:

Bewegungsgleichung für die Modalkoordinaten:

$$\ddot{p}_n + \omega_n^2\, p_n = \frac{\widetilde{f}_n(t)}{\widetilde{m}_n}$$

Modale Massen:

$$\widetilde{m}_n = \int_0^l \varrho A X_n^2(x)\, dx = \frac{1}{2}\,\varrho A l$$

Modale Erregungen:

$$\widetilde{f}_n(t) = \int_0^l X_n(x)\, q(x,t)\, dx = \int_0^l \sin(n\pi\frac{x}{l})\,\widehat{q}\,\frac{x}{l}\cos\Omega t\, dx = \frac{\widehat{q}}{l}\cos\Omega t\int_0^l x\,\sin(n\pi\frac{x}{l})\, dx =$$

$$= \frac{\widehat{q}}{l}\cos\Omega t\left[\sin(n\pi\frac{x}{l})\frac{l^2}{n^2\pi^2} - x\cos(n\pi\frac{x}{l})\frac{l}{n\pi}\right]_0^l = (-1)^{n+1}\frac{\widehat{q}\, l}{n\pi}\cos\Omega t = \widehat{f}_n\cos\Omega t$$

b) Berechnung der erzwungenen Biegeschwingungen:

Wirksame modale Erregerfunktionen und Erregeramplituden:

$$\frac{\widetilde{f}(t)}{\widetilde{m}_n} = \omega_n^2\,\widehat{u}_n\cos\Omega t \qquad\Longrightarrow\qquad \widehat{u}_n = \frac{\widehat{f}_n}{\widetilde{m}_n\,\omega_n^2} = \frac{2(-1)^{n+1}}{n^5\pi^5}\,\frac{\widehat{q}\, l^4}{EI}$$

Modale Schwingungsantworten:

$$p_n(t) = \widehat{u}_n\,\frac{\omega_n^2}{\omega_n^2-\Omega^2}\cos\Omega t = \frac{2(-1)^{n+1}}{n^5\pi^5}\,\frac{\widehat{q}\, l^4}{EI}\,\frac{\omega_n^2}{\omega_n^2-\Omega^2}\cos\Omega t$$

Gesamtschwingung als Überlagerung aller modaler Anteile:

$$w(x,t) = \sum_{n=1}^{\infty} X_n(x)\, p_n(t) = \sum_{n=1}^{\infty}\frac{2(-1)^{n+1}}{n^5\pi^5}\,\frac{\widehat{q}\, l^4}{EI}\,\frac{\omega_n^2}{\omega_n^2-\Omega^2}\sin(n\pi\frac{x}{l})\cos\Omega t$$

Aufgabe 10.5:

Ein homogener Balken (Massenbelegung ϱA, Länge l, Biegesteifigkeit EI) wird an seinem rechten Ende durch einen Kurbeltrieb mit $w_B(t) = \widehat{w}_B \cos \Omega t$ harmonisch zu Biegeschwingungen angeregt.

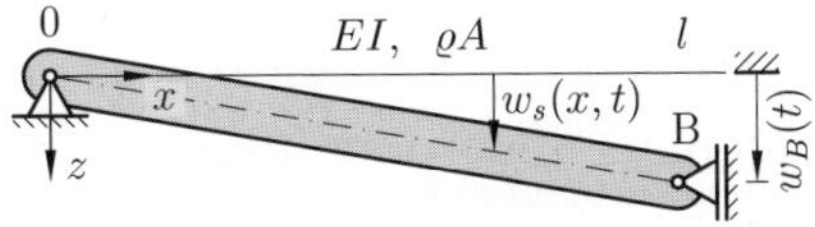

Bild A10.5: Balken mit harmonischer Randbewegung

a) Geben Sie die homogene Bewegungsgleichung und die inhomogenen Randbedingungen für die Bewegung $w(x,t)$ an.

b) Transformieren Sie die Beschreibung in eine inhomogene Bewegungsgleichung für die Relativverschiebung $v(x,t)$ mit homogenen Randbedingungen.

c) Geben Sie die Eigenfrequenzen ω_n sowie die modalen Steifigkeiten $\widetilde{k}_n$ zu den Eigenformen $V_n(x) = \sin(n\pi x/l)$ und den modalen Massen $\widetilde{m}_n = \int_0^l \varrho A\, V_n^2(x)\, dx = \frac{1}{2}\varrho A\, l$ an.

d) Ermitteln Sie die Bewegungsgleichungen der modalen Koordinaten $p_n(t)$ zu den Eigenformen $V_n(x)$ und deren Parameter.

e) Berechnen Sie die erzwungene Biegeschwingung $w(x,t)$.

Gegeben: $EI,\ \varrho A,\ l,\ V_n(x),\ \widetilde{m}_n,\ \Omega,\ \widehat{w}_B,\ w_B(t) = \widehat{w}_B \cos \Omega t$

Lösung der Aufgabe 10.5:

a) Beschreibung der Absolutbewegung:

Homogene Bewegungsgleichung:

$$\varrho A\, \ddot{w}(x,t) + EI\, w''''(x,t) = 0$$

Inhomogene Randbedingungen:

$$w(0,t) = 0; \qquad w(l,t) = w_B(t)$$

$$M(0,t) = -EI\, w''(0,t) = 0; \qquad M(l,t) = -EI\, w''(l,t) = 0$$

b) Beschreibung der Relativbewegung:

Quasi-statische Bewegung:

$$w_s(x,t) = \widehat{w}_B \frac{x}{l} \cos \Omega t$$

$$w_s''(x,t) = 0$$

$$w_s''''(x,t) = 0$$

$$\ddot{w}_s(x,t) = -\widehat{w}_B \frac{x}{l} \Omega^2 \cos \Omega t$$

Transformation:

$$w(x,t) = v(x,t) + w_s(x,t) = v(x,t) + \widehat{w}_B \frac{x}{l} \cos \Omega t$$

$$w''(x,t) = v''(x,t)$$

$$w''''(x,t) = v''''(x,t)$$

$$\ddot{w}(x,t) = \ddot{v}(x,t) + \ddot{w}_s(x,t) = \ddot{v}(x,t) - \widehat{w}_B \frac{x}{l} \Omega^2 \cos \Omega t$$

Inhomogene Bewegungsgleichung und homogene Randbedingungen:

$$\varrho A\,\ddot{v}(x,t) + EI\,v''''(x,t) = \varrho A\,\widehat{w}_B\,\frac{x}{l}\,\Omega^2\cos\Omega t$$

$$v(0,t) = w(0,t) - w_s(0,t) = 0$$
$$v(l,t) = w(l,t) - w_s(l,t) = 0$$
$$v''(0,t) = w''(0,t) - w_s''(0,t) = 0$$
$$v''(l,t) = w''(l,t) - w_s''(l,t) = 0$$

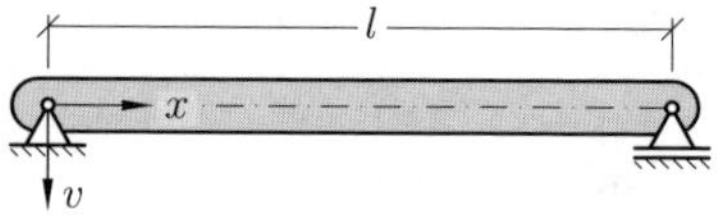

c) Eigenfrequenzen aus Tabelle 9.3 und modale Steifigkeiten:

$$\omega_n = (n\pi)^2\sqrt{\frac{EI}{\varrho A l^4}}; \qquad \widetilde{k}_n = \omega_n^2\,\widetilde{m}_n = \frac{(n\pi)^4}{2}\,\frac{EI}{l^3}$$

d) Modale Entwicklung der erzwungenen Schwingungen:
Modale Bewegungsgleichungen:

$$\widetilde{m}_n\,\ddot{p}_n + \widetilde{k}_n\,p_n = \widetilde{f}_n(t), \qquad \ddot{p}_n + \omega_n^2\,p_n = \frac{\widetilde{f}_n(t)}{\widetilde{m}_n} = \omega_n^2\,\widehat{a}_n\cos\Omega t$$

Entwicklungsansatz:

$$v(x,t) = \sum_{n=1}^{\infty} V_n(x)\,p_n(t)$$

Modale Massen:

$$\widetilde{m}_n = \int_0^l \varrho A\,V_n^2(x)\,dx = \int_0^l \varrho A\sin^2\!\left(n\pi\frac{x}{l}\right)dx = \frac{1}{2}\,\varrho A l$$

Modale Erregerfunktionen:

$$\widetilde{f}_n(t) = \int_0^l V_n(x)\,\varrho A\,\widehat{w}_B\,\frac{x}{l}\,\Omega^2\cos\Omega t\,dx = \varrho A l\,\widehat{w}_B\,\Omega^2\cos\Omega t\int_0^1 \frac{x}{l}\sin\left(n\pi\frac{x}{l}\right)d\left(\frac{x}{l}\right) =$$
$$= \frac{(-1)^{n+1}}{n\pi}\,l\varrho A\,\Omega^2\,\widehat{w}_B\cos\Omega t$$

Wirksame modale Erregeramplituden:

$$\widehat{a}_n = \frac{\widehat{f}_n}{\widetilde{m}_n\,\omega_n^2} = \frac{(-1)^{n+1}}{(n\pi)^5}\,\Omega^2\,2\,\frac{\varrho A l^4}{EI}\,\widehat{w}_B$$

e) Berechnung der erzwungenen Schwingungen:
Erzwungene modale Bewegungskomponenten:

$$p_n(t) = \widehat{a}_n\,\frac{\omega_n^2}{\omega_n^2-\Omega^2}\cos\Omega t$$

Erzwungene Biegeschwingungen:

$$w(x,t) = v(x,t) + w_s(x,t) = \left[\sum_{n=1}^{\infty}\widehat{a}_n\,\frac{\omega_n^2}{\omega_n^2-\Omega^2}\,V_n(x) + \widehat{w}_B\,\frac{x}{l}\right]\cos\Omega t =$$
$$= \left[\sum_{n=1}^{\infty} -\frac{(-1)^n}{(n\pi)^6}\,\Omega^2\,2\,\frac{\varrho A l^4}{EI}\,\frac{\omega_n^2}{\omega_n^2-\Omega^2}\,V_n(x) + \frac{x}{l}\right]\widehat{w}_B\cos\Omega t$$

Aufgabe 10.6:

Ein homogener Balken (Massenbelegung ϱA, Länge l, Biegesteifigkeit EI) ist am linken Ende eingespannt und sein rechtes Ende ist frei. Aus Vorabberechnungen der freien Schwingungen in Aufgabe A9.11 sind die Eigenwerte $k_n l$, die Eigenfrequenzen ω_n, die Eigenformen

$$X_n(x) = (\cosh k_n x - \cos k_n x) + \alpha_n (\sinh k_n x - \sin k_n x) \qquad \text{mit}$$

$$\alpha_n = -\frac{\cosh k_n l + (-1)^n}{\sinh k_n l},$$

die modalen Massen

$$\widetilde{m}_n = \int_0^l \varrho A X_n^2(x)\, dx = \varrho A l$$

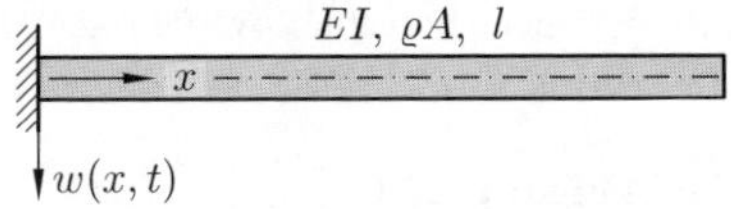

Bild A10.6.1: Kragbalken ohne Erregung

sowie die weiteren Eigenformintegrale

$$\int_0^l x^k X_n(x)\, dx = \beta_{kn}\, l^{(k+1)} \qquad \text{und speziell} \qquad \int_0^l X_n\, dx = \widetilde{K}_n = -\frac{2\alpha_n}{k_n l}\, l \qquad \text{bekannt.}$$

An diesem System sollen zwei unterschiedliche Randerregungen analysiert werden. Bis zum Zeitpunkt $t=0$ befindet sich der Balken in der Nullposition in Ruhe.

a) Erregung durch eine Einzelkraft:

Im ersten Belastungsfall wird der Balken an seinem freien Ende durch eine Einzelkraft $F(t)$ erregt. Diese Erregerkraft startet zum Zeitpunkt $t=0$ und hat danach (für $t \geq 0$) den Zeitverlauf $F(t)=\widehat{F}\,(1-\cos\Omega t)$.

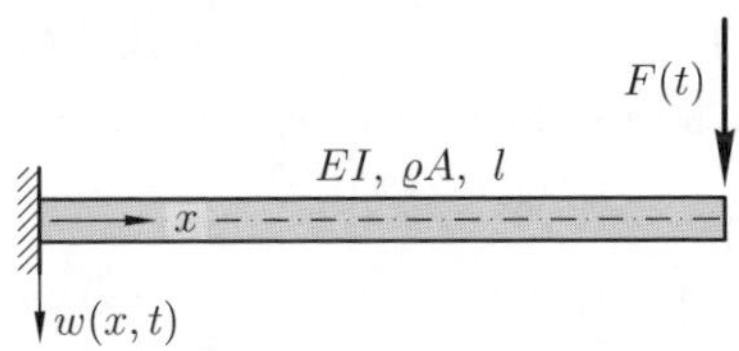

Bild A10.6.2: Kragbalken unter Krafterregung

b) Erregung durch Randbewegung:

Im zweiten Belastungsfall setzt zum Zeitpunkt $t=0$ eine kurzzeitige Randbewegung $w(0,t)$ ein, die zum Zeitpunkt $T=\pi/\Omega$ wieder aufhört. Der Geschwindigkeitsverlauf der Randbewegung wird durch eine Halbsinuswelle beschrieben,

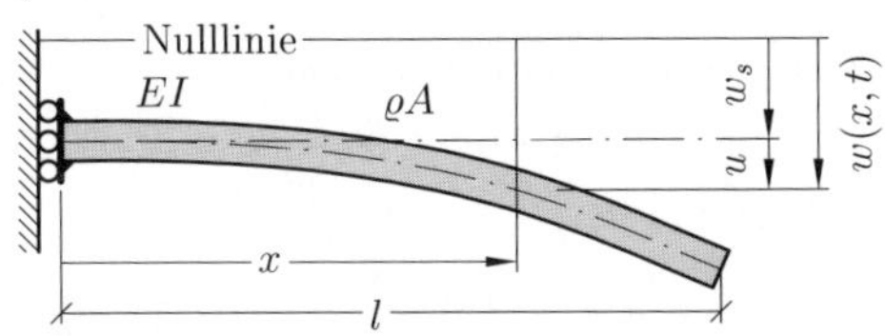

Bild A10.6.3: Kragbalken bei Randbewegung

$$\dot{w}(0,t) = \dot{w}_s(t) = \begin{cases} \widehat{v}\sin\Omega t & \text{für } 0 \leq \Omega t \leq \pi \\ 0 & \text{sonst.} \end{cases}$$

Geben Sie die Randbedingungen für die jeweiligen absoluten Bewegungen $w(x,t)$ an und transformieren Sie dann die Beschreibungen in inhomogene Bewegungsgleichungen mit homogenen Randbedingungen. Ermitteln Sie anschließend die Bewegungsgleichungen für die modalen Koordinaten $p_n(t)$ zu den Eigenformen $X_n(x)$ und deren Parameter für beliebige Erregerzeitverläufe. Berechnen Sie schließlich daraus die erzwungenen Biegeschwingungen $w(x,t)$ der beiden Fälle.

Gegeben: EI, ϱA, l, $X_n(x)$, ω_n, $k_n l$, β_{kn}, $\widehat{F}$, Ω, $\widehat{v}$

Hinweis:

Die Berechnung der erzwungenen Schwingungen gelingt auf dem im Abschnitt 10.3 des Buches dargestellten Weg. Die Ortsintegrale für die modalen Erregerfunktionen können mit der Lösung des allgemeinen Integrals

$$\int_0^l x^K e^{\gamma x}\,dx = \Big(\frac{-1}{\gamma}\Big)^{K+1} K!\Big\{1 - e^{\gamma l}\sum_{k=0}^{K}\frac{(-\gamma l)^k}{k!}\Big\}$$

zeitraubend aber leicht berechnet werden. Zur Übung der Algebrafähigkeit der Leser empfiehlt der Autor, diese Berechnung einmal durchzuführen.

Lösung der Aufgabe 10.6:

a) Krafterregter Balken:

Homogene Bewegungsgleichung der Absolutbewegung für den Balken:

$$\varrho A\,\ddot{w}(x,t) + EI\,w''''(x,t) = 0$$

Inhomogene Randbedingungen der Absolutbewegung:

$$w(0,t) = 0 \qquad M(l,t) = -EI\,w''(l,t) = 0$$
$$w'(0,t) = 0 \qquad Q(l,t) = -EI\,w'''(l,t) = F(t)$$

Quasi-statische Verformung infolge der Endkraft:

$$Q_s(x,t) = -EI\,w_s'''(x,t) = F(t) \qquad w_s'''(x,t) = -\frac{1}{EI}\,F(t)$$
$$w_s''(x,t) = -\frac{1}{EI}\,(x-l)\,F(t)$$
$$w_s'(x,t) = -\frac{1}{EI}\Big(\frac{1}{2}x^2 - l\,x\Big)F(t)$$
$$w_s(x,t) = -\frac{1}{EI}\Big(\frac{1}{6}x^3 - \frac{l}{2}x^2\Big)F(t)$$

Transformation auf Relativkoordinaten:

$$w(x,t) = v(x,t) + w_s(x,t) = v(x,t) - \frac{1}{6\,EI}\Big(x^3 - 3\,l\,x^2\Big)F(t)$$
$$w''''(x,t) = v''''(x,t)$$
$$\ddot{w}(x,t) = \ddot{v}(x,t) + \ddot{w}_s(x,t) = \ddot{v}(x,t) - \frac{1}{6\,EI}\Big(x^3 - 3\,l\,x^2\Big)\ddot{F}(t)$$

Inhomogene Gleichung der Relativverschiebung mit homogenen Randbedingungen:

$$\varrho A\,\ddot{v}(x,t) + EI\,v''''(x,t) = \frac{\varrho A}{6EI}\Big(x^3 - 3\,l\,x^2\Big)\ddot{F}(t)$$

$$v(0,t) = 0; \qquad v'(0,t) = 0; \qquad v''(l,t) = 0; \qquad v'''(l,t) = 0$$

Entwicklungsansatz zur Berechnung der modalen Koordinaten $p_n(t)$:

$$v(x,t) = \sum_{n=1}^{\infty} X_n(x)\, p_n(t)$$

Einsetzen in die inhomogene Bewegungsgleichung und Ersatz von $X_n''''(x)$:

$$\sum_{n=1}^{\infty} \Big[\varrho A\, X_n(x)\, \ddot{p}_n(t) + EI\, X_n''''(x)\, p_n(t)\Big] = \frac{\varrho A}{6\,EI}\left(x^3 - 3\,l\,x^2\right) \ddot{F}(t)$$

$$\sum_{n=1}^{\infty} \varrho A\, X_n(x)\left[\ddot{p}_n(t) + \omega_n^2\, p_n(t)\right] = \frac{\varrho A}{6\,EI}\left(x^3 - 3\,l\,x^2\right) \ddot{F}(t)$$

Multiplikation mit $X_m(x)$ und Integration über die Balkenlänge:

$$\sum_{n=1}^{\infty} \int_0^l \varrho A\, X_m(x)\, X_n(x)\, dx \left[\ddot{p}_n(t) + \omega_n^2\, p_n(t)\right] = \frac{\varrho A}{6\,EI} \int_0^l \left(x^3 - 3\,l\,x^2\right) X_m(x)\, dx\, \ddot{F}(t)$$

Ausnutzen der Orthogonalität liefert die modalen Bewegungsgleichungen:

$$\widetilde{m}_n \left[\ddot{p}_n(t) + \omega_n^2\, p_n(t)\right] = \frac{\varrho A}{6\,EI} \int_0^l \left(x^3 - 3\,l\,x^2\right) X_n(x)\, dx\, \ddot{F}(t) = \frac{\varrho A\, l^4}{6\,EI}\left(\beta_{3n} - 3\,\beta_{2n}\right) \ddot{F}(t)$$

Normierte modale Erregerfunktionen:

$$f_n(t) = \frac{l^3}{6\,EI}\left(\beta_{3n} - 3\,\beta_{2n}\right) \frac{1}{\omega_n^2}\, \ddot{F}(t)$$

Modale Masse:

$$\widetilde{m}_n = \int_0^l \varrho A\, X_n^2(x)\, dx = \varrho A\, l$$

Bewegungsgleichungen der modalen Koordinaten:

$$\ddot{p}_n(t) + \omega_n^2\, p_n(t) = \omega_n^2\, \frac{l^3}{6\,EI}\left(\beta_{3n} - 3\,\beta_{2n}\right) \frac{1}{\omega_n^2}\, \ddot{F}$$

Stoßantworten der ungedämpften modalen Schwinger:

$h_n(t) = \omega_n \sin \omega_n t$ für $t>0$ und $h_n(t) = 0$ für $t \le 0$

Faltungsintegrale der ungedämpften modalen Schwinger:

$$p_n(t) = \int_{-\infty}^{t} h(t-\tau)\, f_n(\tau)\, d\tau = \frac{l^3}{6\,EI}\left(\beta_{3n} - 3\,\beta_{2n}\right)\left(\frac{\Omega}{\omega_n}\right)^2 \omega_n\, \widehat{F} \int_0^t \sin \omega_n(t-\tau) \cos \Omega\tau\, d\tau =$$

$$= \frac{l^3}{6\,EI}\left(\beta_{3n} - 3\,\beta_{2n}\right) \frac{\Omega^2}{\Omega^2 - \omega_n^2}\, \widehat{F}\left(\cos \omega_n t - \cos \Omega t\right) \qquad \text{für} \qquad t>0$$

Rücksubstitution liefert die erzwungene Biegeschwingung $w(x,t)$ für $t \ge 0$:

$$w(x,t) = \frac{\widehat{F}}{6\,EI}\left[\sum_{n=1}^{\infty} X_n(x)\, l^3 \left(\beta_{3n} - 3\,\beta_{2n}\right)\left(\frac{\Omega}{\omega_n}\right)^2 \omega_n\, \widehat{F} \int_0^t \sin \omega_n(t-\tau) \cos \Omega\tau\, d\tau - \right.$$

$$\left. - \left(x^3 - 3\,l\,x^2\right)\left(1 - \cos \Omega t\right)\right] =$$

$$= \frac{\widehat{F}}{6\,EI}\left[\sum_{n=1}^{\infty} X_n(x)\, l^3 \left(\beta_{3n} - 3\,\beta_{2n}\right) \frac{\Omega^2}{\Omega^2 - \omega_n^2}\left(\cos \omega_n t - \cos \Omega t\right)\right.$$

$$\left. - \left(x^3 - 3\,l\,x^2\right)\left(1 - \cos \Omega t\right)\right] \qquad \text{für} \qquad t>0$$

b) Balken mit Randverschiebung:

Randverschiebung aus der Integration der Randgeschwindigkeit:

$$w(0,t) = w_s(t) = \int_0^t \dot{w}(0,\tau)\,d\tau = \begin{cases} 0 & \text{für} \quad t<0 \\ \dfrac{\widehat{v}}{\Omega}(1-\cos\Omega t) & \text{für} \quad 0\le t\le \pi/\Omega \\ 2\widehat{v}/\Omega & \text{für} \quad \pi/\Omega < t. \end{cases}$$

Randgeschwindigkeit und Randverschiebung:

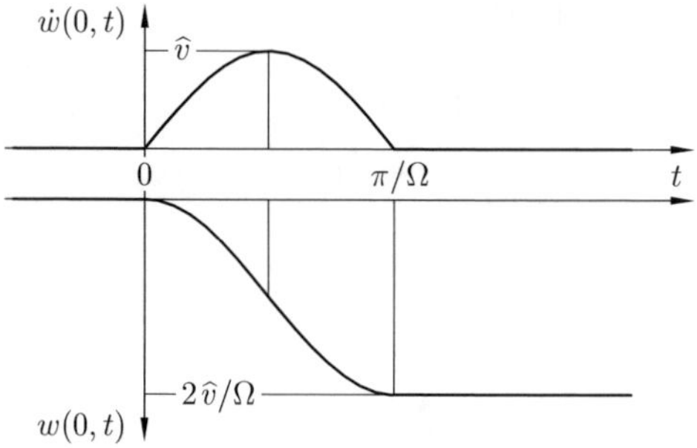

Homogene Bewegungsgleichung für die Absolutbewegung des Balkens:

$\varrho A\,\ddot{w}(x,t) + EI\,w''''(x,t) = 0$

Inhomogene Randbedingungen:

$w(0,t) = \dfrac{\widehat{v}}{\Omega}(1-\cos\Omega t)$ für $0\le t\le \pi/\Omega$; $\quad w'(0,t) = 0$

$M(l,t) = -EI\,w''(l,t) = 0$; $\quad Q(l,t) = -EI\,w'''(l,t) = 0$

Quasi-statische Bewegung (konstant über die Länge):

$w_s(x,t) = w(0,t) = \dfrac{\widehat{v}}{\Omega}(1-\cos\Omega t)$ für $0\le t\le \pi/\Omega$ und $\widehat{v}/\Omega$ für $t>\pi/\Omega$

$w_s''(x,t) = 0; \quad w_s''''(x,t) = 0; \quad \ddot{w}_s(x,t) = \Omega\,\widehat{v}\cos\Omega t$ für $0\le t\le \pi/\Omega$

Transformation auf Relativkoordinaten:

$w(x,t) = u(x,t) + w_s(x,t) = u(x,t) + w(0,t)$

$w''''(x,t) = u''''(x,t)$

$\ddot{w}(x,t) = \ddot{u}(x,t) + \ddot{w}_s(x,t) = \ddot{u}(x,t) + \ddot{w}(0,t)$

Inhomogene Gleichung der Relativverschiebung mit homogenen Randbedingungen:

$$\varrho A\, \ddot{u}(x,t) + EI\, u''''(x,t) = -\varrho A\, \ddot{w}(0,t) = -\varrho A\, \ddot{w}_s(t)$$

$$u(0,t) = 0; \qquad u'(0,t) = 0; \qquad u''(l,t) = 0; \qquad u'''(l,t) = 0$$

Entwicklungsansatz für die modale Beschreibung der erzwungenen Schwingung:

$$u(x,t) = \sum_{n=1}^{\infty} X_n(x)\, p_n(t)$$

Einsetzen in die inhomogene Bewegungsgleichung und Ersatz von $X_n''''(x)$:

$$\sum_{n=1}^{\infty} \Big[\varrho A\, X_n(x)\, \ddot{p}_n(t) + EI\, X_n''''(x)\, p_n(t)\Big] = -\varrho A\, \widehat{v}\, \Omega \cos \Omega t \qquad \text{für} \qquad 0 \le t \le \pi/\Omega$$

$$\sum_{n=1}^{\infty} \varrho A\, X_n(x) \Big[\ddot{p}_n(t) + \omega_n^2\, p_n(t)\Big] = -\varrho A\, \widehat{v}\, \Omega \cos \Omega t \qquad \text{für} \qquad 0 \le t \le \pi/\Omega$$

Multiplikation mit $X_m(x)$ und Integration über die Balkenlänge:

$$\sum_{n=1}^{\infty} \int_0^l \varrho A\, X_m(x)\, X_n(x)\, dx \Big[\ddot{p}_n(t) + \omega_n^2\, p_n(t)\Big] = -\widehat{v}\, \Omega \cos \Omega t \int_0^l \varrho A\, X_m(x)\, dx$$

Ausnutzen der Orthogonalität liefert die modalen Bewegungsgleichungen:

$$\ddot{p}_n(t) + \omega_n^2\, p_n(t) = -\widehat{v}\, \Omega \cos \Omega t \, \frac{\displaystyle\int_0^l \varrho A\, X_n(x)\, dx}{\displaystyle\int_0^l \varrho A\, X_n^2(x)\, dx} = -\widehat{v}\, \Omega \cos \Omega t\, \frac{\widetilde{K}_n}{\widetilde{m}_n} =$$

$$= \omega_n^2 \Big[-\frac{\widetilde{K}_n}{\omega_n^2\, \widetilde{m}_n}\, \widehat{v}\, \Omega \cos \Omega t\Big] = \omega_n^2\, f_n(t)$$

Stoßantworten der ungedämpften modalen Schwinger gemäß Gl. (6.92):

$$h_n(t) = \omega_n \sin \omega_n t \qquad \text{für} \qquad t > 0 \qquad \text{und} \qquad h_n(t) = 0 \qquad \text{für} \qquad t \le 0$$

Faltungsintegrale der ungedämpften modalen Schwinger gemäß Gl. (6.97):

$$p_n(t) = \int_{-\infty}^{t} h(t-\tau)\, f_n(\tau)\, d\tau = -\frac{\widetilde{K}_n}{\omega_n^2\, \widetilde{m}_n}\, \widehat{v}\, \Omega \int_0^{\pi/\Omega} \omega_n \sin \omega_n (t-\tau) \cos \Omega \tau\, d\tau =$$

$$= \frac{\widetilde{K}_n}{\widetilde{m}_n}\, \frac{\widehat{v}\, \Omega}{\Omega^2 - \omega_n^2} \left\{\Big[1 + \cos \frac{\omega_n \pi}{\Omega}\Big] \cos \omega_n t + \sin \frac{\omega_n \pi}{\Omega} \sin \omega_n t\right\} \qquad \text{für} \qquad t > \pi/\Omega$$

Rücksubstitution liefert die erzwungene Biegeschwingung $w(x,t)$ für $t > \pi/\Omega$:

$$w(x,t) = \frac{\widehat{v}}{\Omega} + \sum_{n=1}^{\infty} X_n(x)\, \frac{\widetilde{K}_n}{\varrho A l}\, \frac{\widehat{v}\, \Omega}{\Omega^2 - \omega_n^2} \left\{\Big[1 + \cos \frac{\omega_n \pi}{\Omega}\Big] \cos \omega_n t + \sin \frac{\omega_n \pi}{\Omega} \sin \omega_n t\right\}$$

Kapitel 11

Analyse kontinuierlicher Systeme mit diskreten Modellen

Aufgabe 11.1:

Zur Kontrolle der Messungen in einem Standschwingversuch sollen die unteren Eigenfrequenzen und die zugehörigen Eigenformen der Vertikalbewegung eines symmetrischen Flugzeugs mit dem RITZ-Verfahren abgeschätzt werden.

Dazu werden die beiden Flügel als starr verbundene homogene Balken (Längen l, Biegesteifigkeit EI, Massenbelegung μ) approximiert.

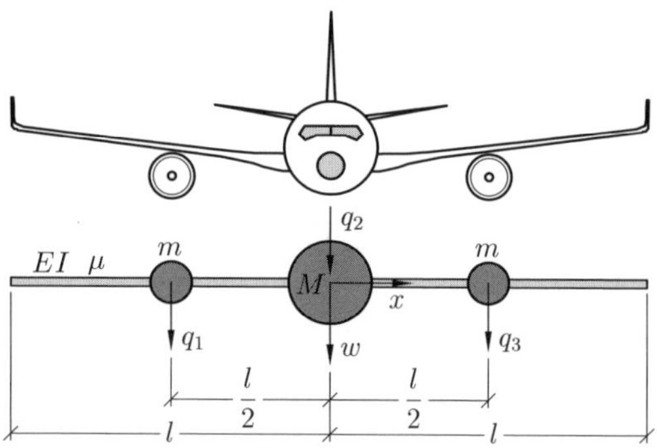

Bild A11.1: Flugzeugmodell

Die beiden Triebwerke (jeweils Masse m, Mittenabstand l) und der Rumpf (Masse $M=5m$) werden als Punktmassen berücksichtigt. Die Ergebnisse sollen für Sonderfälle an theoretischen Resultaten überprüft werden.

Da das Flugzeug ungefesselt ist, besitzt es die beiden Starrkörpereigenformen $\hat{q}_1(x)=W_1(x)=1$ und $\hat{q}_2(x)=W_2(x)=x/l$ mit den beiden gleichen Starrkörpereigenfrequenzen $\omega_1=\omega_2=0$. Für die Abschätzung der Eigenfrequenzen zu den elastischen Eigenformen bedarf es weiterer Ansatzfunktionen. Für einen viergliedrigen RITZ-Ansatz werden zwei weitere Ansatzfunktionen benötigt, eine symmetrische und eine antimetrische, welche die Dynamik des Systems so gut wie möglich beschreiben. Naheliegend sind Polynome der Koordinate x. Für die symmetrische Biegung der Flügel soll die Parabel

$$W_3(x) = \alpha\left[1 - \beta\left(\frac{x}{l}\right)^2 + \varepsilon\left(\frac{x}{l}\right)^4\right],$$

und für die antimetrische Biegung soll das Polynom 3. Grades

$$W_4(x) = -\gamma\frac{x}{l}\left(\delta - \frac{x}{l}\right)\left(\delta + \frac{x}{l}\right) = \gamma\left[\delta^2\frac{x}{l} - \left(\frac{x}{l}\right)^3\right]$$

benutzt werden.

a) Ermitteln Sie die Parameter α, β, ε, γ und δ der beiden Ansatzfunktionen $W_3(x)$ und $W_4(x)$ so, daß sowohl Impuls als auch Drall bei einer Schwingung in einer Ansatzfunktion erhalten bleiben. Bei der Ansatzfunktion $W_3(x)$ soll darüber hinaus das Schnittmoment an den freien Flügelenden verschwinden. Normieren Sie die beiden Ansatzfunktionen auf $W_n(l)=1$, ermitteln Sie die Parameterwerte speziell für das Massenverhältnis $\mu l=2m$ und skizzieren Sie die Funktionen. Benutzen Sie die so festgelegten Funktionen in allen weiteren Fragestellungen als Ansatzfunktionen.

b) Berechnen Sie bei einem beliebigen Massenverhältnis von $\mu l/m$ die generalisierten Massen und Steifigkeiten mit den vier Ritz-Ansatzfunktionen aus a), welche spezielle für $\mu l=2m$ ermittelt worden sind.

c) Berechnen Sie mit dem dreigliedrigen Ritz-Ansatz eine Näherung für die dritte Eigenkreisfrequenz ω_3 und die zugehörige Eigenform.

d) Erweitern Sie den Ritz-Ansatz von c) durch die vierte Ansatzfunktion $W_4(x)$ und schätzen Sie die beiden elastischen Eigenfrequenzen ω_3 und ω_4 ab. Berechnen Sie die zugehörigen Eigenformen und erläutern Sie Unterschiede und Gleichheiten der Ergebnisse der verschiedenen Ritz-Ansätzen. Erläutern Sie insbesondere, weshalb sich mit Hinzunahme der Ansatzfunktion $W_4(x)$ die Ergebnisse für die symmetrischen Eigenformen $\hat{q}_1(x)$ und $\hat{q}_3(x)$ nicht ändern. Skizzieren Sie speziell für die Parameter $M=5m$ und $\mu l=2m$ alle berechneten Eigenformen und vergleichen Sie diese mit den Ansatzfunktionen $W_1(x)$ bis $W_4(x)$.

Überprüfen Sie die Ritz-Ergebnisse anhand der nachfolgenden Spezialfälle:

e) Berechnen Sie die Eigenkreisfrequenzen $\omega_{\mu n}$ des Flügelpaares (freier homogener Balken der Länge $2l$) unter Vernachlässigung von Rumpf- und Triebwerksmassen ($M=0$, $m=0$).

f) Berechnen Sie die Eigenkreisfrequenzen ω_{Mn} und Eigenvektoren $\hat{\boldsymbol{q}}_n$ der Vertikalschwingungen der Triebwerke und des Rumpfes speziell für $M=5m$, aber unter Vernachlässigung der Flügelmasse ($\mu=0$). Massen- und Steifigkeitsmatrix haben die Form

$$\boldsymbol{K} = \begin{bmatrix} 1 & -2 & 1 \\ -2 & 4 & -2 \\ 1 & -2 & 1 \end{bmatrix} \frac{12\,EI}{l^3} \qquad \text{und} \qquad \boldsymbol{M} = \begin{bmatrix} 1 & 0 & 0 \\ 0 & 5 & 0 \\ 0 & 0 & 1 \end{bmatrix} m\,.$$

g) Da das System Starrkörpereigenfrequenzen $\omega_1=\omega_2=0$ besitzt, liefert der Rayleigh-Quotient keine Schranke für die dritte Eigenfrequenz $\omega_3>0$. Mit einer brauchbaren Schätzung der dritten Eigenform liefert er aber eine Näherung. Berechnen Sie diese mit der Ansatzfunktion $W_3(x)$ aus dem Aufgabenteil a) und vergleichen Sie das Ergebnis mit den Ergebnissen aus den Ritz-Näherungen.

h) Schätzen Sie die erste elastische Eigenkreisfrequenz $\omega_3>0$ des Gesamtsystems mit der Formel von Dunkerley ab. Greifen Sie dazu auf die Ergebnisse $\omega_{\mu 3}$ und ω_{M3} der Aufgabenteile c) und d) zurück.

i) Vergleichen Sie die Näherungsergebnisse für die erste elastische Eigenfrequenz ω_3 aus den Aufgabenteilen c), g) und h) mit den Spezialfällen aus e) und f). Vergleichen Sie zusätzlich die Zahlenergebnisse der verschiedenen Näherungen für die speziellen Massenverhältnisse $\mu l=m/2$ und $\mu l=2m$.

Gegeben: l, EI, m, $M=5m$, μ

Lösung der Aufgabe 11.1:

a) Ermittlung der Ansatzfunktionen für das RITZ-Verfahren:

RITZ-Ansatz:

$$w(x,t) = W_1(x)\,p_1(t) + W_2(x)\,p_2(t) + W_3(x)\,p_3(t) + W_4(x)\,p_4(t)$$

Ansatzfunktionen:

$W_1(x) = 1, \quad W_1''(x) = 0$ Starrkörpertranslation

$W_2(x) = \frac{x}{l}, \quad W_2''(x) = 0$ Starrkörperrotation

$W_3(x) = \alpha\Big[1 - \beta\big(\frac{x}{l}\big)^2 + \varepsilon\big(\frac{x}{l}\big)^4\Big]$ Symmetrische Biegung

$$W_3''(x) = -\frac{2\alpha}{l^2}\Big[\beta - 6\varepsilon\big(\frac{x}{l}\big)^2\Big]$$

$W_4(x) = \gamma\frac{x}{l}\big(\delta - \frac{x}{l}\big)\big(\delta + \frac{x}{l}\big) = \gamma\Big[\delta^2\frac{x}{l} - \big(\frac{x}{l}\big)^3\Big]$ Antimetrische Biegung

$$W_4''(x) = -\frac{6\gamma}{l^2}\big(\frac{x}{l}\big)^2$$

Bedingungen zur Ermittlung der Koeffizienten der Ansatzfunktionen:

Der Impuls und der Drall sollen bei Bewegungen in den Ansatzfunktionen $W_3(x)$ und $W_4(x)$ null sein und die Ansatzfunktionen sollen am Rand (bei $x=l$) den Wert 1 annehmen:

$$\int_{-l}^{l}\mu\,W_n(x)\,dx + M\,W_n(0) + m\Big[W_n\big(-\frac{l}{2}\big) + W_n\big(\frac{l}{2}\big)\Big] = 0$$

$$\int_{-l}^{l}\mu\,x\,W_n(x)\,dx + m\Big[\big(-\frac{l}{2}\big)\cdot W_n\big(-\frac{l}{2}\big) + \big(\frac{l}{2}\big)\cdot W_n\big(\frac{l}{2}\big)\Big] = 0$$

$$W_n(l) = 1$$

Bei der symmetrischen Ansatzfunktion $W_3(x)$ ist die Drallerhaltung und bei der unsymmetrischen Ansatzfunktion $W_4(x)$ ist die Impulserhaltung implizit gesichert.

Gleichungen zur Ermittlung der Parameter:

$$\int_{-l}^{l}\mu\alpha\Big[1 - \beta\big(\frac{x}{l}\big)^2 + \varepsilon\big(\frac{x}{l}\big)^4\Big]dx + M\,\alpha + 2m\alpha\Big[1 - \frac{\beta}{4} + \frac{\varepsilon}{16}\Big] =$$
$$= \alpha\Big[2\mu l\big(1 - \frac{\beta}{3} + \frac{\varepsilon}{5}\big) + m\big(7 - \frac{\beta}{2} + \frac{\varepsilon}{8}\big)\Big] = 0$$

$$W_3''(l) = -\frac{2\alpha}{l^2}\big[\beta - 6\varepsilon\big] = 0; \qquad W_3(l) = \alpha\,(1 - \beta + \varepsilon) = 1$$

$$\int_{-l}^{l}\mu l\frac{x}{l}\gamma\Big[\delta^2\frac{x}{l} - \big(\frac{x}{l}\big)^3\Big]dx + 2m\frac{l}{2}\gamma\Big[\delta^2\frac{1}{2} - \frac{1}{8}\Big] = \gamma l\Big[2\mu l\big(\frac{\delta^2}{3} - \frac{1}{5}\big) + m\big(\frac{\delta^2}{2} - \frac{1}{8}\big)\Big] = 0$$

$$W_4(l) = \gamma\,(\delta^2 - 1) = 1$$

Parameter der Ansatzfunktionen $W_3(x)$ und $W_4(x)$:

$$\varepsilon = \frac{40\,(2\,\mu l+7m)}{144\,\mu l+115\,m}, \qquad \beta = \frac{240\,(2\,\mu l+7m)}{144\,\mu l+115\,m}, \qquad \alpha = -\frac{144\,\mu l+115\,m}{256\,\mu l+1285\,m}$$

$$\delta^2 = \frac{3}{20}\,\frac{16\,\mu l+5\,m}{4\,\mu l+3\,m}, \qquad \gamma = \frac{20\,(4\,\mu l+3\,m)}{32\,\mu l+45\,m}$$

Ansatzfunktionen für $\mu l = 2m$:

$$W_3(x) = -\frac{1}{1797}\left[403 - 2640\left(\frac{x}{l}\right)^2 + 440\left(\frac{x}{l}\right)^4\right]$$

$$W_3''(x) = \frac{1760}{599\,l^2}\left[1 - \left(\frac{x}{l}\right)^2\right]$$

$$W_4(x) = -\frac{220}{109}\,\frac{x}{l}\left[\frac{111}{220} - \left(\frac{x}{l}\right)^2\right]$$

$$W_4''(x) = \frac{1320}{109}\,\frac{x}{l^3}$$

Diese Ansatzfunktionen werden für alle weiteren Rechnungen benutzt, sie sind – zusammen mit den später berechneten Eigenformen – im Aufgabenteil d) skizziert.

b) Berechnung der generalisierten Massen und der generalisierten Steifigkeiten:

Ritzsche Berechnungsvorschrift:

$$\widetilde{m}_{nl} = \int_{-l}^{l} \mu\, W_n(x)\, W_l(x)\, dx + M\, W_n(0)\, W_l(0) + m\left[W_n\left(-\frac{l}{2}\right) W_l\left(-\frac{l}{2}\right) + W_n\left(\frac{l}{2}\right) W_l\left(\frac{l}{2}\right)\right]$$

$$\widetilde{k}_{nl} = \int_{-l}^{l} EI\, W_n''(x)\, W_l''(x)\, dx$$

Benutzte Ansatzfunktionen:

$$W_1(x) = 1$$

$$W_2(x) = \frac{x}{l}$$

$$W_3(x) = -\frac{1}{1797}\left[403 - 2640\left(\frac{x}{l}\right)^2 + 440\left(\frac{x}{l}\right)^4\right]$$

$$W_4(x) = -\frac{220}{109}\,\frac{x}{l}\left[\frac{111}{220} - \left(\frac{x}{l}\right)^2\right]$$

Die Koeffizienten mit ungerader Indexsumme sind null, da die beiden Ansatzfunktionen jeweils orthogonal zueinander sind (bei homogener Massen- und Steifigkeitsverteilung sind die symmetrischen Ansatzfunktionen orthogonal zu den antimetrischen):

$$\widetilde{m}_{12} = \widetilde{m}_{23} = \widetilde{m}_{14} = \widetilde{m}_{34} = 0$$

$$\widetilde{k}_{12} = \widetilde{k}_{23} = \widetilde{k}_{14} = \widetilde{k}_{34} = 0$$

Generalisierte Massen:

$$\widetilde{m}_{11} = \int_{-l}^{l} \mu\, W_1^2(x)\, dx + M\, W_1^2(0) + m\left[W_1^2\left(-\frac{l}{2}\right) + W_1^2\left(\frac{l}{2}\right)\right] = 2\,\mu\, l + 7\,m$$

$$\widetilde{m}_{13} = \widetilde{m}_{31} = \int_{-l}^{l} \mu\, W_1(x)\, W_3(x)\, dx + M\, W_1(0)\, W_3(0) +$$
$$+ m\left[W_1\left(-\frac{l}{2}\right) W_3\left(-\frac{l}{2}\right) + W_1\left(\frac{l}{2}\right) W_3\left(\frac{l}{2}\right)\right] = \frac{778}{1797}(\mu\, l - 2\,m) = 0.43\,(\mu\, l - 2\,m)$$

$$\widetilde{m}_{22} = \int_{-l}^{l} \mu\, W_2^2(x)\, dx + M\, W_2^2(0) + m\left[W_2^2\left(-\frac{l}{2}\right) + W_2^2\left(\frac{l}{2}\right)\right] = \frac{2}{3}\mu\, l + \frac{1}{2} m$$

$$\widetilde{m}_{24} = \widetilde{m}_{24} = \int_{-l}^{l} \mu\, W_2(x)\, W_4(x)\, dx + M\, W_2(0)\, W_4(0) +$$
$$+ m\left[W_2\left(-\frac{l}{2}\right) W_4\left(-\frac{l}{2}\right) + W_2\left(\frac{l}{2}\right) W_4\left(\frac{l}{2}\right)\right] = \frac{14}{109}(\mu\, l - 2\,m) = 0.13\,(\mu\, l - 2\,m)$$

$$\widetilde{m}_{33} = \int_{-l}^{l} \mu\, W_3^2(x)\, dx + M\, W_3^2(0) + m\left[W_3^2\left(-\frac{l}{2}\right) + W_3^2\left(\frac{l}{2}\right)\right] =$$
$$= \frac{76557902}{203440167}\mu\, l + \frac{1834771}{6458418} m = 0.38\,\mu\, l + 0.28\,m$$

$$\widetilde{m}_{44} = \int_{-l}^{l} \mu\, W_4^2(x)\, dx + M\, W_4^2(0) + m\left[W_4^2\left(-\frac{l}{2}\right) + W_4^2\left(\frac{l}{2}\right)\right] =$$
$$= \frac{17546}{83167}\mu\, l + \frac{1568}{11881} m = 0.21\,\mu\, l + 0.13\,m$$

Generalisierte Steifigkeiten:

$$\widetilde{k}_{11} = \widetilde{k}_{13} = \widetilde{k}_{22} = \widetilde{k}_{24} = 0 \qquad \text{wegen} \qquad W_1''(x) = W_2''(x) = 0$$

$$\widetilde{k}_{33} = \int_{-l}^{l} EI\, W_3''^2(x)\, dx = \int_{-l}^{l} \frac{EI}{l^4}\left(\frac{1760}{599}\right)^2 \left[1 - \left(\frac{x}{l}\right)^2\right]^2 dx = \frac{9912320}{1076403}\frac{EI}{l^3} = 9.21\frac{EI}{l^3}$$

$$\widetilde{k}_{44} = \int_{-l}^{l} EI\, W_4''^2(x)\, dx = \int_{-l}^{l} \frac{EI}{l^4}\left(\frac{1320}{109}\right)^2 \left(\frac{x}{l}\right)^2 dx = \frac{1161600}{11881}\frac{EI}{l^3} = 97.77\frac{EI}{l^3}$$

c) Abschätzung der Eigenschwingungen mit einem dreigliedrigen RITZ-Ansatz:

Generalisierte Massenmatrix und generalisierte Steifigkeitsmatrix:

$$\widetilde{\boldsymbol{M}} = \begin{bmatrix} 2\mu l+7m & 0 & 0.43(\mu l-2m) \\ 0 & 0.667\mu l+0.5m & 0 \\ 0.43(\mu l-2m) & 0 & 0.38\mu l+0.28m \end{bmatrix}, \qquad \widetilde{\boldsymbol{K}} = \begin{bmatrix} 0 & 0 & 0 \\ 0 & 0 & 0 \\ 0 & 0 & 9.21\dfrac{EI}{l^3} \end{bmatrix}$$

Da die antimetrische Ansatzfunktion $W_2(x)$ orthogonal zu den symmetrischen Ansatzfunktionen $W_1(x)$ und $W_3(x)$ ist, ist die generalisierte Koordinate $p_2(t)$ von den anderen entkoppelt, die generalisierten Koordinaten $p_1(t)$ und $p_3(t)$ sind hingegen gekoppelt.

Die Lösung des Eigenwertproblems

$$(\widetilde{\boldsymbol{K}} - \omega^2 \widetilde{\boldsymbol{M}})\,\widehat{\boldsymbol{r}} = \boldsymbol{0}$$

liefert die genäherten Eigenfrequenzen und Eigenvektoren in den generalisierten Koordinaten $p_n(t)$:

$$\omega_1^2 = 0, \qquad \omega_2^2 = 0, \qquad \omega_3^2 = \frac{30965760\,(2\mu l+7m)}{2\mu l\,(950272\mu l+6644855m)+4165875m^2}\,\frac{EI}{l^3}$$

$$\widehat{\boldsymbol{r}}_1 = \begin{bmatrix} 1 \\ 0 \\ 0 \end{bmatrix}, \qquad \widehat{\boldsymbol{r}}_2 = \begin{bmatrix} 0 \\ 1 \\ 0 \end{bmatrix}, \qquad \widehat{\boldsymbol{r}}_3^* = \begin{bmatrix} 778\,(\mu l-2m) \\ 0 \\ -1797\,(2\mu l+7m) \end{bmatrix}$$

Für den Vergleich der verschiedenen Näherungen der Eigenformen $\widehat{q}_3(x)$ wird der Eigenvektor $\widehat{\boldsymbol{r}}_3^*$ so skaliert, daß alle Eigenformen $\widehat{q}_3(x)$ an der Stelle l den Wert 1 haben, $\widehat{q}_3(l)=1$:

$$\widehat{\boldsymbol{r}}_3 = \begin{bmatrix} \dfrac{-778\,(\mu l-2m)}{11\,(256\mu l+1285m)} \\ 0 \\ \dfrac{1797\,(2\mu l+7m)}{11\,(256\mu l+1285m)} \end{bmatrix}$$

Über den RITZ-Ansatz folgen daraus die Näherungen für die physikalischen Eigenformen:

$$\widehat{q}_n(x) = \widehat{r}_{n,1}W_1(x) + \widehat{r}_{n,2}W_2(x) + \widehat{r}_{n,3}W_3(x)$$

$$\widehat{q}_1(x) = 1, \qquad \widehat{q}_2(x) = \frac{x}{l}$$

$$\widehat{q}_3(x) = -\frac{1}{256\mu l+1285m}\left[(144\mu l+115m)-240\,(2\mu l+7m)\left(\frac{x}{l}\right)^2+40\,(2\mu l+7m)\left(\frac{x}{l}\right)^4\right]$$

Die Eigenformen und Ansatzfunktionen sind die gleichen wie beim viergliedrigen RITZ-Ansatz unter d) und dort für die Massenverhältnisse $M=5m$ und $\mu l=2m$ dargestellt.

d) Abschätzung der Eigenschwingungen mit einem viergliedrigen RITZ-Ansatz:
Generalisierte Massenmatrix und generalisierte Steifigkeitsmatrix:

$$\widetilde{\boldsymbol{M}} = \begin{bmatrix} 2\mu l+7m & 0 & 0.43(\mu l-2m) & 0 \\ 0 & 0.667\mu l+0.5m & 0 & 0.13(\mu l-2m) \\ 0.43(\mu l-2m) & 0 & 0.38\mu l+0.28m & 0 \\ 0 & 0.13(\mu l-2m) & 0 & 0.21\mu l+0.13m \end{bmatrix}$$

$$\widetilde{\boldsymbol{K}} = \begin{bmatrix} 0 & 0 & 0 & 0 \\ 0 & 0 & 0 & 0 \\ 0 & 0 & 9.21\dfrac{EI}{l^3} & 0 \\ 0 & 0 & 0 & 97.8\dfrac{EI}{l^3} \end{bmatrix}$$

Beim viergliedrigen RITZ-Ansatz sind die generalisierten Massen- und Steifigkeitsmatrizen in den ersten drei generalisierten Freiheitsgraden $p_1(t)$ bis $p_3(t)$ identisch mit den Matrizen des dreigliedrigen RITZ-Ansatzes. Die generalisierte Koordinate $p_4(t)$ ist wegen der Orthogonalität von $W_4(x)$ zu $W_1(x)$ und $W_3(x)$ lediglich mit $p_2(t)$ gekoppelt.

Im Grunde zerfällt das symmetrische System in zwei entkoppelte Gleichungssysteme mit jeweils zwei generalisierten Koordinaten, und zwar eines für die symmetrischen Bewegungsformen $W_1(x)$ und $W_3(x)$ und ein zweites für die unsymmetrischen Formen $W_2(x)$ und $W_4(x)$. Folglich ergeben sich mit dem viergliedrigen RITZ-Ansatz für die symmetrischen Bewegungen dieselben Ergebnisse wie mit dem dreigliedrigen. Zusätzlich erhält man aber Näherungen für die vierte Eigenfrequenz ω_4 und die zugehörige Eigenform $\widehat{q}_4(x)$:

$$\omega_4^2 = \frac{33600(4\mu l+3m)}{\mu l(256\mu l+535m)}\frac{EI}{l^3}$$

$$\widehat{\boldsymbol{r}}_4^* = \begin{bmatrix} 0 \\ 84(\mu l-2m) \\ 0 \\ -109(4\mu l+3m) \end{bmatrix}$$

Normiert man den Eigenvektor $\widehat{\boldsymbol{r}}_4$ so, daß $\widehat{q}_4(l)=1$ ist, lautet er:

$$\widehat{\boldsymbol{r}}_4 = \begin{bmatrix} 0 \\ -\dfrac{84}{11}\dfrac{\mu l-2m}{32\mu l+45m} \\ 0 \\ \dfrac{109}{11}\dfrac{4\mu l+3m}{32\mu l+45m} \end{bmatrix}$$

Normierte Eigenform:

$$\widehat{q}_4(x) = \frac{1}{32\mu l+45m}\frac{x}{l}\left[-3(16\mu l+5m)+20(4\mu l+3m)\left(\frac{x}{l}\right)^2\right]$$

Für die Massenverhältnisse $M = 5m$ und $\mu l = 2m$ sind die Eigenformen und Ansatzfunktionen in den folgenden Bildern verglichen:

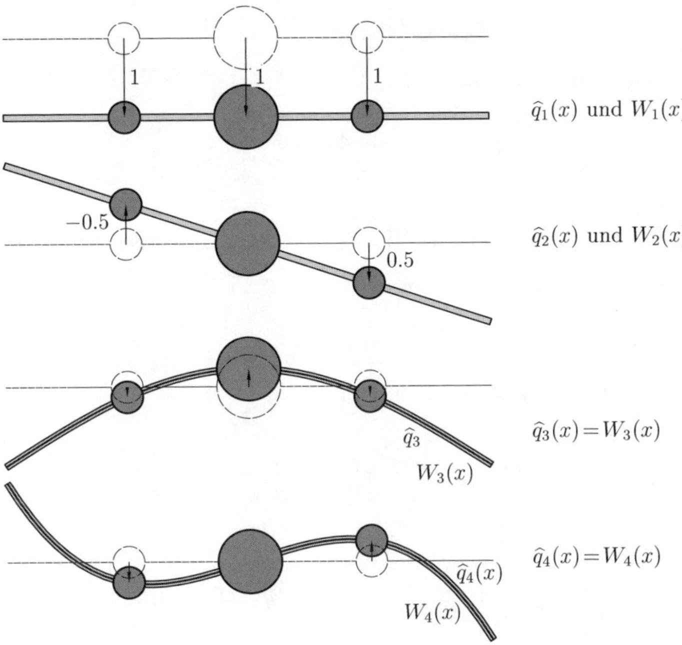

e) System ohne Triebwerks- und Rumpfmassen ($M = 5m = 0$):

Elastische Eigenfrequenzen der Flügel ohne Rumpf und Triebwerke aus Tabelle 9.3 (frei – frei mit der Länge $2l$):

$$\omega_{\mu 3} = 2.267\,\omega_0 = 2.267\,\pi^2 \sqrt{\frac{EI}{\mu\,(2l)^4}} = \frac{1}{\sqrt{0.032}} \sqrt{\frac{EI}{\mu\,l^4}} \qquad \Longrightarrow \qquad \omega_{\mu 3}^2 = 31.25\,\frac{EI}{\mu\,l^4}$$

$$\omega_{\mu n} \approx \left[(n-2) + \frac{1}{2}\right]^2 \pi^2 \sqrt{\frac{EI}{\mu\,(2l)^4}} \qquad \text{für} \qquad n \geq 4$$

f) System ohne Flügelmasse ($M = 5m$, $\mu l = 0$):

Eigenschwingungsansatz:

$$\boldsymbol{q} = \widehat{\boldsymbol{q}} e^{i\omega t}$$

Abkürzung für die bezogenen Eigenwerte:

$$\kappa = \omega^2 \frac{m}{k} = \omega^2 \frac{m l^3}{12 EI}$$

Eigenwertgleichung in dimensionsloser Form:

$$\begin{bmatrix} 1-\kappa & -2 & 1 \\ -2 & 4-5\kappa & -2 \\ 1 & -2 & 1-\kappa \end{bmatrix} \begin{bmatrix} \widehat{q}_1 \\ \widehat{q}_2 \\ \widehat{q}_3 \end{bmatrix} = \begin{bmatrix} 0 \\ 0 \\ 0 \end{bmatrix}, \qquad \boldsymbol{A}\,\widehat{\boldsymbol{q}} = \boldsymbol{0}$$

Charakteristisches Polynom:

$$P(\kappa) = \det\{\boldsymbol{A}\} = (1-\kappa)^2(4-5\kappa) + 8 - (4-5\kappa) - 8(1-\kappa) = -(5\kappa - 14)\kappa^2$$

Es existieren zwei Starrkörpereigenfrequenzen:

$$\kappa_1 = \kappa_2 = 0 \quad \Longrightarrow \quad \omega_{M1} = \omega_{M2} = 0$$

Zugehörige Eigenvektoren:

$$\widehat{\boldsymbol{q}}_1 = [1,\ 1,\ 1]^T \quad \text{und} \quad \widehat{\boldsymbol{q}}_2 = [-0.5,\ 0,\ 0.5]^T$$

Eigenfrequenz der elastischen Mode:

$$\kappa_3 = \frac{14}{5} \quad \Longrightarrow \quad \omega_{M3}^2 = \frac{14}{5}\frac{k}{m} = \frac{14\cdot 12}{5}\frac{EI}{ml^3} \approx \frac{1}{0.030\,m}\frac{EI}{l^3}$$

Eigenvektor der elastischen Mode aus der Eigenwertgleichung:

$$\begin{bmatrix} 4-5\cdot\frac{14}{5} & -2 \\ -2 & 1-\frac{14}{5} \end{bmatrix} \begin{bmatrix} \widehat{q}_{3,2} \\ \widehat{q}_{3,3} \end{bmatrix} = \begin{bmatrix} 2 \\ -1 \end{bmatrix} \quad \Longrightarrow \quad \widehat{\boldsymbol{q}}_3 = [1,\ -2/5,\ 1]^T$$

Eigenformen:

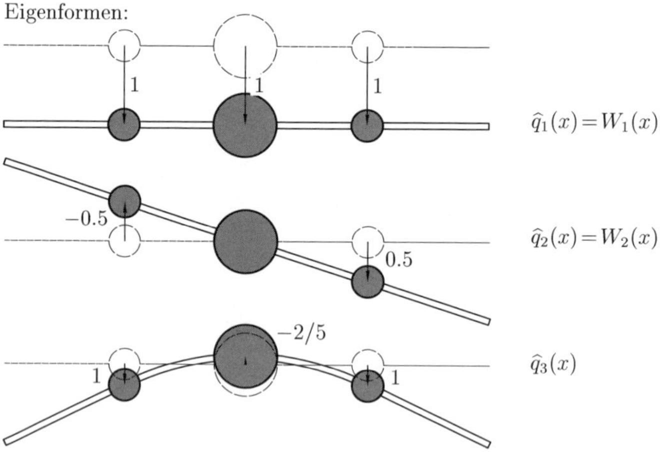

g) Schätzung der elastischen Eigenfrequenz ω_3 mit dem RAYLEIGH-Quotienten:

Symmetrische Ansatzfunktion:

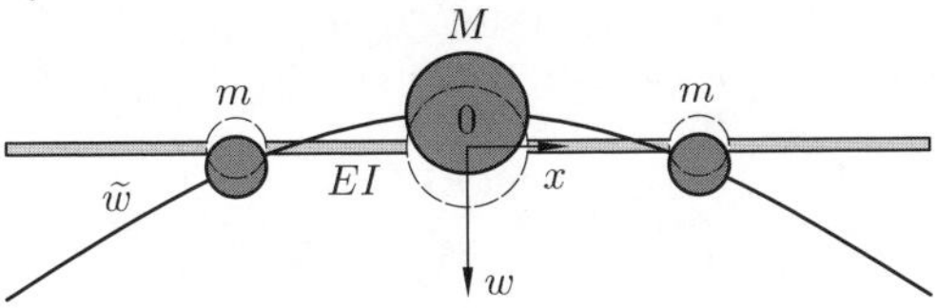

$$\widetilde{w} = W_3(x) = -\frac{1}{1797}\left[403 - 2640\left(\frac{x}{l}\right)^2 + 440\left(\frac{x}{l}\right)^4\right]$$

$$\widetilde{w}'' = W_3''(x) = \frac{1760}{599\,l^2}\left[1 - \left(\frac{x}{l}\right)^2\right]$$

Potentielle Energie:

$$U\{W_3\} = \frac{1}{2}\int_{-l}^{l} EI\,\widetilde{w}''^2(x)\,dx = \frac{1}{2}\frac{EI}{l^4}\left(\frac{1760}{599}\right)^2\int_{-l}^{l}\left[1-\left(\frac{x}{l}\right)^2\right]^2 dx =$$

$$= \left(\frac{1760}{599}\right)^2 \frac{8}{15}\frac{EI}{l^3} = 4.6\,\frac{EI}{l^3}$$

Bezogene kinetische Energie:

$$T^*\{W_3\} = \frac{1}{2}\mu\int_{-l}^{l}\widetilde{w}^2(x)\,dx + \frac{1}{2}\cdot 2m\,\widetilde{w}^2(l/2) + \frac{1}{2}M\,\widetilde{w}^2(0) =$$

$$= \frac{1}{2\,(1797)^2}\left\{\mu\int_{-l}^{l}\left[403-2640\left(\frac{x}{l}\right)^2+440\left(\frac{x}{l}\right)^4\right]^2 dx + \right.$$

$$\left. + m\left[2\cdot\left(403-\frac{2640}{4}+\frac{440}{16}\right)^2 + 5\cdot 403^2\right]\right\} =$$

$$= \frac{1}{2\,(1797)^2}\left\{\frac{76557902}{63}\mu\,l + \frac{1834771}{2}m\right\} \approx 0.19\,\mu\,l + 0.14\,m$$

RAYLEIGH-Quotient:

$$\omega_3^2 \approx R\{W_3\} = \frac{U(W_3)}{T^*(W_3)} = \frac{4.6\,EI/l^3}{0.19\,\mu\,l + 0.14\,m}$$

Speziell für $M = 5m$ und $\mu l = 2m$:

$$\omega_3^2 \approx R\{W_3\} \approx 8.9\,\frac{EI}{m\,l^3}$$

h) Schätzung der ersten elastischen Eigenfrequenz ω_3 mit der Formel von DUNKERLEY:

Erste elastische Eigenkreisfrequenz des homogenen Balkens (ohne Triebwerks- und Rumpfmassen) aus c):

$$\omega_{\mu 3}^2 \approx \frac{1}{0.032}\frac{EI}{\mu l^4}$$

Erste elastische Eigenkreisfrequenz des masselosen Balkens mit Triebwerks- und Rumpfmassen aus d):

$$\omega_{M3}^2 = \frac{14 \cdot 12}{5}\frac{EI}{ml^3}$$

Formel von DUNKERLEY:

$$\frac{1}{\omega_D^2} = \frac{1}{\omega_{\mu 3}^2} + \frac{1}{\omega_{M3}^2} = 0.032\,\frac{\mu l^4}{EI} + 0.030\,\frac{ml^3}{EI}$$

DUNKERLEY-Frequenz als Schätzung der elastischen Eigenfrequenz:

$$\omega_3^2 \approx \omega_D^2 = \frac{1}{0.032\,\mu l + 0.030\,m}\,\frac{EI}{l^3}$$

Speziell für $\mu l = 2m$:

$$\omega_3^2 \approx \omega_D^2 = 10.7\frac{EI}{ml^3}$$

i) Vergleich der Näherungsergebnisse bei gleichen Ansatzfunktionen:

- Speziell für $M = 5m$ und $\mu l = 0$:

RAYLEIGH-Quotient:	RITZ-Ansatz:	DUNKERLEY:	Exakte Lösung:
$\omega_3^2 \approx 32.4\,\frac{EI}{ml^3}$	$\omega_3^2 \approx 52\,\frac{EI}{ml^3}$	$\omega_3^2 \approx 33.6\,\frac{EI}{ml^3}$	$\omega_{M3}^2 = 33.6\,\frac{EI}{ml^3}$

- Speziell für $M = m = 0$ und $\mu l \neq 0$:

RAYLEIGH-Quotient:	RITZ-Ansatz:	DUNKERLEY:	Exakte Lösung:
$\omega_3^2 \approx 24.5\,\frac{EI}{\mu l^4}$	$\omega_3^2 \approx 32.6\,\frac{EI}{\mu l^4}$	$\omega_3^2 \approx 31.3\,\frac{EI}{\mu l^4}$	$\omega_{\mu 3}^2 = 31.3\,\frac{EI}{\mu l^4}$

- Speziell für $M = 5m$ und $\mu l = m/2$:

RAYLEIGH-Quotient:	RITZ-Ansatz:	DUNKERLEY:
$\omega_3^2 \approx 19.5\,\frac{EI}{ml^3}$	$\omega_3^2 \approx 22\,\frac{EI}{ml^3}$	$\omega_3^2 \approx 21.9\,\frac{EI}{ml^3}$

- Speziell für $M = 5m$ und $\mu l = 2m$:

RAYLEIGH-Quotient:	RITZ-Ansatz:	DUNKERLEY:
$\omega_3^2 \approx 8.9\,\frac{EI}{ml^3}$	$\omega_3^2 \approx 8.9\,\frac{EI}{ml^3}$	$\omega_3^2 \approx 10.7\,\frac{EI}{ml^3}$

Kapitel 12

Starrer Rotor, Auswuchten

Aufgabe 12.1:

Ein starrer unwuchtiger Rotor ist beidseitig gelenkig gelagert. Bei seiner Rotation mit der Drehzahl Ω verursacht er pulsierende Lagerkräfte, die in der komplexen Form

$F_L(t) = |\widehat{F}_L|\, e^{i(\Omega t+\delta_L)} = \widehat{F}_L\, e^{i\Omega t}$

und

$F_R(t) = |\widehat{F}_R|\, e^{i(\Omega t+\delta_R)} = \widehat{F}_R\, e^{i\Omega t}$

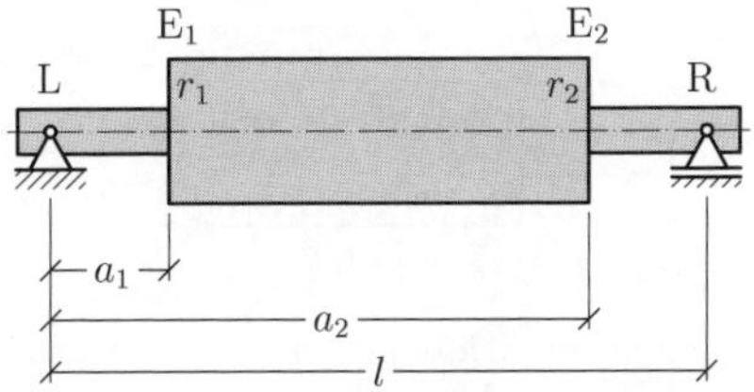

Bild A12.1: Rotor in starren Lagern

sowohl die Beträge $|\widehat{F}|$ als auch die Nullphasenwinkel δ der Kräfte beinhalten.

Ermitteln Sie Größe und Lage der Ausgleichsmassen Δm_1 und Δm_2, die in den Ebenen E_1 und E_2 auf den Radien r_1 und r_2 angebracht werden müssen, damit die beiden pulsierenden Lagerkräfte F_L und F_R verschwinden.

Gegeben: a_1, a_2, l, r_1, r_2, Ω, $|\widehat{F}_L|$, $|\widehat{F}_R|$, δ_L, δ_R

Lösung der Aufgabe 12.1:

Umlaufende Lagerkräfte auf den Rotor infolge der Urunwuchten:

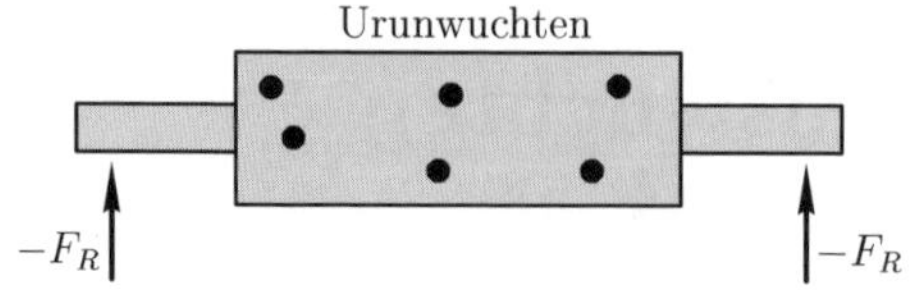

Lagerkräfte auf den Rotor:

$$-F_L = -\widehat{F}_L\, e^{i\Omega t}$$

$$-F_R = -\widehat{F}_R\, e^{i\Omega t}$$

Kräfte der Ausgleichsunwuchten U_{A1} und U_{A2} auf den Rotor:

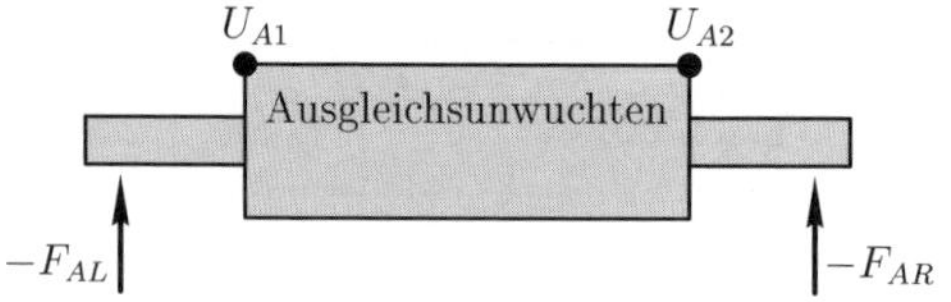

Unwuchtkräfte:

$$F_{U1} = \Omega^2 U_{A1}\, e^{i\Omega t}$$

$$F_{U2} = \Omega^2 U_{A2}\, e^{i\Omega t}$$

Umlaufende Kräfte in den beiden Lagern infolge der zwei Ausgleichsunwuchten in den Ebenen E_1 und E_2 aus Momentengleichgewicht:

$$M^R: \quad -\widehat{F}_{AL}\, l\, e^{i\Omega t} + \Omega^2 U_{A1}\,(l-a_1)\, e^{i\Omega t} + \Omega^2 U_{A2}\,(l-a_2)\, e^{i\Omega t} = 0$$

$$M^L: \quad -\widehat{F}_{AR}\, l\, e^{i\Omega t} + \Omega^2 U_{A1}\, a_1\, e^{i\Omega t} + \Omega^2 U_{A2}\, a_2\, e^{i\Omega t} = 0$$

Die Lagerkräfte infolge der Ausgleichsunwuchten sollen die Lagekräfte infolge der Urunwuchten kompensieren:

$$\widehat{F}_{AL} + \widehat{F}_L = 0 \qquad \text{und} \qquad \widehat{F}_{AR} + \widehat{F}_R = 0$$

Daraus folgen die Bedingungen für die Ausgleichsunwuchten:

$$U_{A1}\,(l-a_1) + U_{A2}\,(l-a_2) = -\frac{l}{\Omega^2}\,\widehat{F}_L$$

$$U_{A1}\, a_1 + U_{A2}\, a_2 = -\frac{l}{\Omega^2}\,\widehat{F}_R$$

Auflösen nach den Ausgleichsunwuchten:

$$U_{A1} = \Delta m_1\, r_1\, e^{i\delta_1} = \frac{(l-a_2)\,\widehat{F}_R - a_2\,\widehat{F}_L}{\Omega^2\,(a_2-a_1)}$$

$$U_{A2} = \Delta m_2\, r_2\, e^{i\delta_2} = \frac{-(l-a_1)\,\widehat{F}_R + a_1\,\widehat{F}_L}{\Omega^2\,(a_2-a_1)}$$

Notwendige Ausgleichsmassen und deren Winkellagen:

$$\Delta m_1 = \frac{|U_{A1}|}{r_1} = \frac{|(l-a_2)\,\widehat{F}_R - a_2\,\widehat{F}_L|}{r_1\,\Omega^2\,(a_2-a_1)}; \qquad \delta_1 = \arg\{U_{A1}\} = \arg\{(l-a_2)\,\widehat{F}_R - a_2\,\widehat{F}_L\}$$

$$\Delta m_2 = \frac{|U_{A2}|}{r_2} = \frac{|-(l-a_1)\,\widehat{F}_R + a_1\,\widehat{F}_L|}{r_2\,\Omega^2\,(a_2-a_1)}; \qquad \delta_2 = \arg\{U_{A2}\} = \arg\{-(l-a_1)\,\widehat{F}_R + a_1\,\widehat{F}_L\}$$

Aufgabe 12.2:

Ein scheibenförmiger Ventilator wird durch einen Elektromotor angetrieben. Der Rotor kann als starr angesehen werden. Der Motor ist vollkommen ausgewuchtet, das Lüfterrad hat jedoch eine statische Unwucht U.

Bei der Drehzahl $n=\Omega/(2\pi)$ werden im linken und im rechten Lager in horizontaler Richtung die drehfrequenten unwuchtbedingten Lagerkräfte $F_{Ly}=|\widehat{F}_L|\sin(\Omega t+\gamma_L)$ und $F_{Ry}=|\widehat{F}_R|\sin(\Omega t+\gamma_R)$ gemessen.

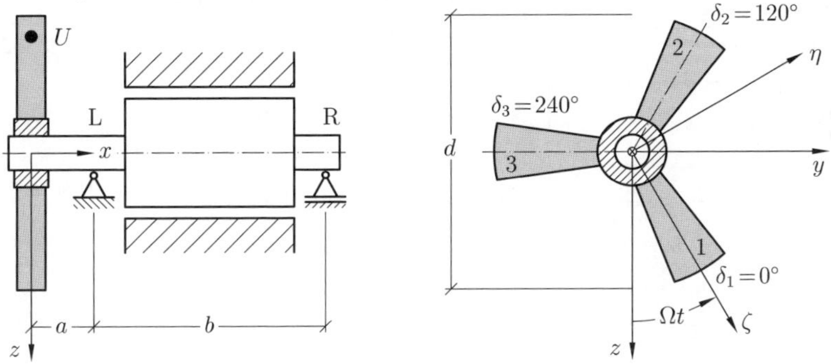

Bild A12.2: Starrer, unwuchtiger Lüfter-Rotor in zwei Lagern

a) Stellen Sie die komplexen Lagerkräfte $-\widehat{F}_L$ und $-\widehat{F}_R$ der beiden Lager auf den Rotor als Funktionen der statischen Unwucht U des Lüfterrades dar.

b) Welche Bedingung müssen die beiden komplexen Lagerkräfte $\widehat{F}_L$ und $\widehat{F}_R$ erfüllen, damit die Unwucht durch eine statische Ausgleichsunwucht am Lüfterrad beseitigt werden kann? Überprüfen Sie diese Bedingungen zahlenmäßig anhand der gemessenen Lagerkräfte.

c) Wie groß ist die statische Unwucht U des Lüfterrades (Betrag und Winkellage)?

d) Die statische Unwucht U soll durch Kürzen zweier Schaufeln (Abschleifen am Außenradius $d/2$) ausgeglichen werden. An welchen beiden Schaufeln hat die Korrektur zu erfolgen und wieviel Material (Massen Δm_i) muß jeweils abgeschliffen werden?

Gegeben: $a=40\,\text{mm}$, $b=100\,\text{mm}$, $d=120\,\text{mm}$, $m=176\,\text{g}$, $n=720/\text{min}$,
Kräfte: $|\widehat{F}_L|=1.4\,\text{N}$ bei $\gamma_L=210°$, $|\widehat{F}_R|=0.4\,\text{N}$ bei $\gamma_R=30°$

Lösung der Aufgabe 12.2:

a) Lagerkräfte:

Freikörperbild:

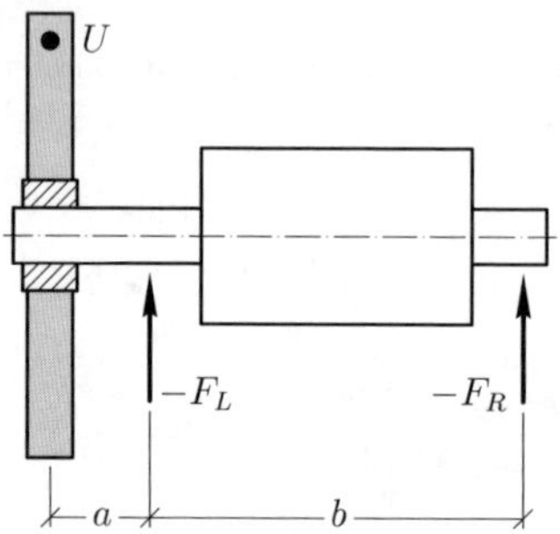

Momentengleichgewicht:

M^R: $\quad -b\widehat{F}_L + \Omega^2 U\,(a+b) = 0$

M^L: $\quad -b\widehat{F}_R - \Omega^2 U\,a = 0$

b) Bedingung für statische Unwucht:

Elimination der Unwucht liefert die Bedingung für die Lagerkräfte:

$$\left.\begin{aligned} -b\widehat{F}_L\,a \qquad\quad &+ \Omega^2 U\,(a+b)\,a = 0 \\ -b\widehat{F}_R\,(a+b) &- \Omega^2 U\,a\,(a+b) = 0 \end{aligned}\right\} +$$

$$\Longrightarrow \qquad \widehat{F}_R\,(a+b) + \widehat{F}_L\,a = 0$$

Kontrolle mit den gegebenen Zahlen:

$$0.4\,e^{i\,7\pi/6}\cdot 140 + 1.4\,e^{i\,\pi/6}\cdot 40 = (-0.4\cdot 140 + 1.4\cdot 40)\cdot e^{i\,\pi/6} = 0$$

Die gemessenen Lagerkräfte erfüllen die Bedingung.

c) Berechnung der statischen Unwucht des Lüfterrades:

Drehfrequenz:

$$\Omega = 2\pi n = 2\pi\,\frac{720}{60}\,\mathrm{s}^{-1} = 24\pi\,\mathrm{s}^{-1} = 75.4\,\mathrm{s}^{-1}$$

Statische Unwucht:

$$U = -\widehat{F}_R\,\frac{1}{\Omega^2}\frac{b}{a} = -0.4\,\mathrm{N}\,e^{i\,\pi/6}\,\frac{1}{(24\pi)^2}\,\mathrm{s}^2\,\frac{100}{40} = -\frac{e^{i\,\pi/6}}{(24\pi)^2}\,\mathrm{kg\,m} = \frac{e^{i\,7\pi/6}}{(24\pi)^2}\,\mathrm{kg\,m}$$

Die statische Unwucht hat den Betrag $1/(24\pi)^2\,\mathrm{kg\,m} = 176\,\mathrm{g\,mm}$ und liegt bei 210°.

d) Ausgleichsunwuchten:

Die statische Unwucht U liegt bei 210° zwischen den Schaufeln 2 und 3. Daher müssen diese beiden Schaufeln gekürzt werden:

$$\Delta m_2\,\frac{d}{2}\,e^{i2\pi/3} + \Delta m_3\,\frac{d}{2}\,e^{i4\pi/3} = -|U|\,e^{i7\pi/6}$$

Aufteilung in Real- und Imaginärteil:

$$\Delta m_2\,\frac{d}{2}\left(-\frac{1}{2}\right) + \Delta m_3\,\frac{d}{2}\left(-\frac{1}{2}\right) = -|U|\left(-\frac{\sqrt{3}}{2}\right)$$

$$\Delta m_2\,\frac{d}{2}\left(\frac{\sqrt{3}}{2}\right) + \Delta m_3\,\frac{d}{2}\left(-\frac{\sqrt{3}}{2}\right) = -|U|\left(-\frac{1}{2}\right)$$

Auflösung der Gleichungen nach den Ausgleichsmassen in den Schaufeln:

$$\Delta m_2 = -\frac{2\sqrt{3}}{3}\,\frac{|U|}{d}; \qquad \Delta m_3 = -\frac{4\sqrt{3}}{3}\,\frac{|U|}{d}$$

Aufgabe 12.3:

Die statisch bestimmt gelagerte antimetrische Kurbelwelle (Gesamtmasse M, Wangenmassen m_W, Zapfenmassen m_Z) einer Zweizylinder-Zweitaktmaschine rotiert mit der Winkelgeschwindigkeit Ω. Sie ist unwuchtig und erzeugt somit umlaufende Kräfte in den Lagern A und B.

a) Berechnen Sie die umlaufenden Kräfte in den Lagern A und B.

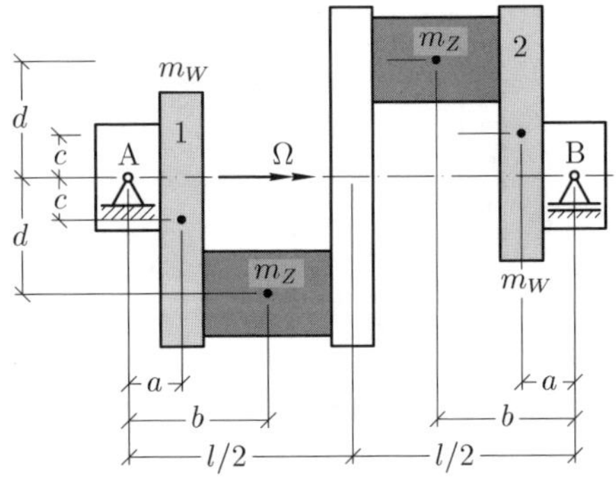

Bild A12.3: Asymmetrische Kurbelwelle

Nach DIN ISO 1940 wird die zulässige Unwucht entsprechend der Hebelarme umgerechnet auf zulässige Unwuchten in den Lagern oder in den Auswuchtebenen.

b) Welche Auswuchtgüten Q_1 und Q_2 und welche rechnerische Ersatzunwuchten U_1 und U_2 würden sich für die beiden äußeren Wangen ergeben?

c) Wohin müßten die Schwerpunkte (Abstände c_0) der äußeren Wangenmassen verschoben werden, damit die Kurbelwelle unwuchtfrei läuft?

Gegeben: M, m_W, m_Z, a, b, c, d, l, Ω

Lösung der Aufgabe 12.3:

a) Berechnung der umlaufenden Lagerreaktionen:

Freikörperbild:

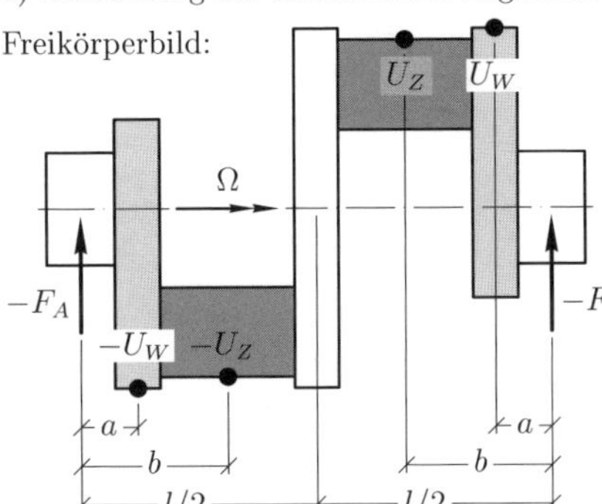

Unwuchten:

$U_W = m_W\, c$

$U_Z = m_Z\, d$

Unwuchtkräfte:

$F_{UW} = \Omega^2 U_W$

$F_{UZ} = \Omega^2 U_Z$

Dynamisches Gleichgewicht:

$$\uparrow: \qquad -F_A - F_B = 0$$

$$M^A: \qquad -F_B\, l + \Omega^2 \Big[U_W\,(l-a) - U_W\, a + U_Z\,(l-b) - U_Z\, b\Big] = 0$$

Lagerkräfte:

$$F_B = -F_A = \frac{\Omega^2}{l}\Big[U_W\,(l-2a) + U_Z\,(l-2b)\Big]$$

b) Auswuchtgüte und virtuelle Ersatzunwuchten für die Ebenen E_1 und E_2:

Freikörperbild:

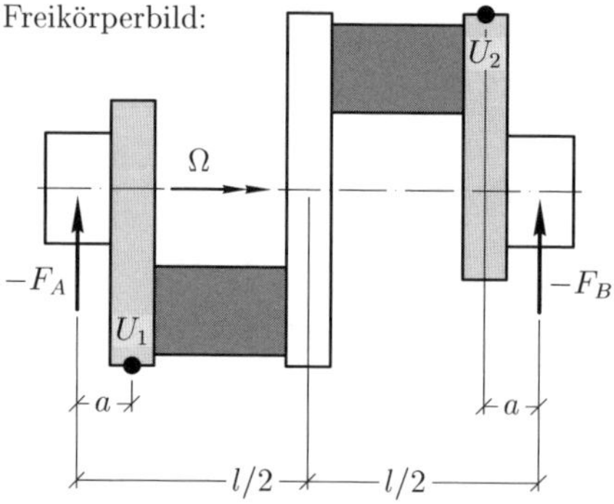

Dynamisches Gleichgewicht Äquivalenz mit den Lagerkräften von a):

$$\uparrow: \quad -F_A - F_B + \Omega^2 (U_1 + U_2) = 0 \quad \Longrightarrow$$

$$U_1 + U_2 = 0$$

$$M^A: \quad -F_B\, l + \Omega^2 \left[U_1\, a + U_2\, (l-a) \right] = 0 \quad \Longrightarrow$$

$$U_1\, a + U_2\, (l-a) = U_W\, (l-2a) + U_Z\, (l-2b)$$

Ersatzunwuchten in den Ebenen E_1 und E_2:

$$U_2 = -U_1 = U_W + U_Z \frac{l-2b}{l-2a}$$

c) Auswuchten in den äußeren Wangen:

Die Lagerkräfte $F_B = -F_A$ aus a) müssen verschwinden:

$$U_W\, (l-2a) + U_Z\, (l-2b) = m_W\, c_0\, (l-2a) + m_Z\, d\, (l-2b) = 0$$

Notwendige Exzentrizitäten der äußeren Wangen:

$$c_0 = -\frac{m_Z}{m_W} \frac{l-2b}{l-2a}\, d$$

Aufgabe 12.4:

Der Rotor eines Turboladers ist zwischen dem Verdichter- und dem Turbinenrad in einer Auswuchtmaschine statisch bestimmt gelagert. Sein Unwuchtzustand resultiert aus den beiden komplexen Einzelunwuchten U_T und U_V im Turbinen- und im Verdichterrad.

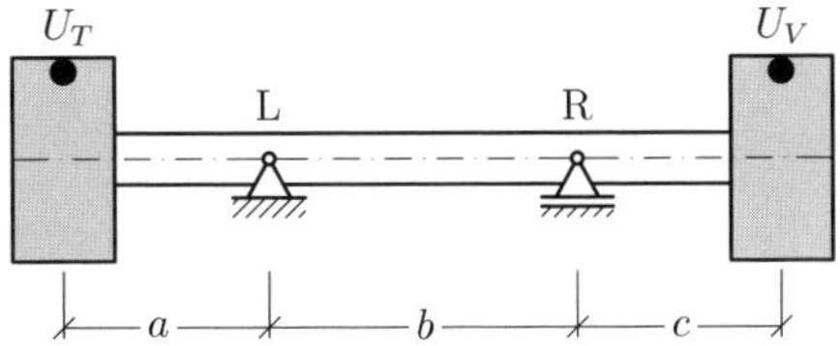

Bild A12.4: Unwuchtiger starrer Rotor

a) Welche umlaufenden Kräfte $\widehat{F}_L$ und $\widehat{F}_R$ registrieren die beiden Lager der Auswuchtmaschine?

b) Welcher Unwuchtsatz U_L und U_R in den Lagerebenen erzeugt die gleichen Lagerkräfte?

c) Wie ändern sich die Lagerkräfte, wenn die Drehzahl Ω verdoppelt wird?

Gegeben: U_V, U_T, a, b, c, Ω

Lösung der Aufgabe 12.4:

a) Berechnung der umlaufenden Lagerkräfte infolge der Urunwuchten:

Freikörperbild mit den Lagerkräften:

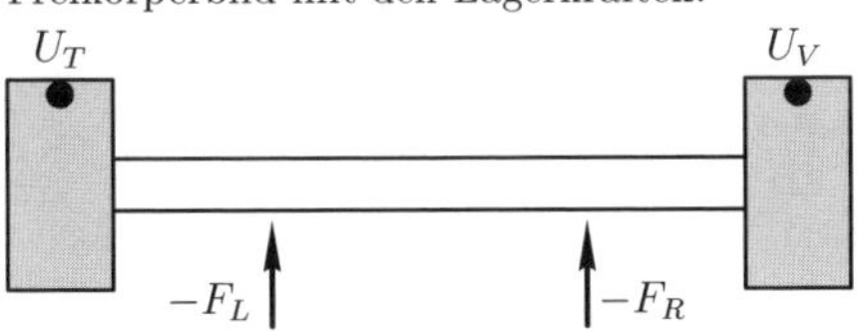

Lager- und Unwuchtkräfte:

$$-F_L = -\widehat{F}_L\, e^{i\Omega t}$$
$$-F_R = -\widehat{F}_R\, e^{i\Omega t}$$
$$F_{UT} = \Omega^2\, U_T\, e^{i\Omega t}$$
$$F_{UV} = \Omega^2\, U_V\, e^{i\Omega t}$$

Umlaufende Kräfte in den beiden Lagern infolge der zwei Urunwuchten in den Ebenen E_1 und E_2 aus Momentengleichgewicht:

$$M^R: \quad -\widehat{F}_L\, b + \Omega^2\, U_T\,(a+b) - \Omega^2\, U_V\, c = 0$$
$$M^L: \quad -\widehat{F}_R\, b - \Omega^2\, U_T\, a + \Omega^2\, U_V\,(b+c) = 0$$

Lagerkräfte:

$$\widehat{F}_L = \frac{\Omega^2}{b}\Big[U_T\,(a+b) - U_V\, c\Big]$$
$$\widehat{F}_R = \frac{\Omega^2}{b}\Big[-U_T\, a + U_V\,(b+c)\Big]$$

b) Berechnung des fiktiven Unwuchtsatzes in den Lagerebenen:

Freikörperbild mit den Lagerkräften auf den Rotor:

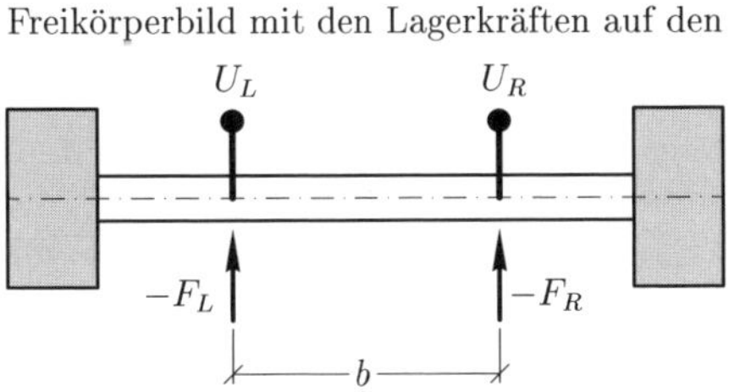

$$-F_L = -\widehat{F}_L\, e^{i\Omega t}$$
$$-F_R = -\widehat{F}_R\, e^{i\Omega t}$$
$$F_{UL} = \Omega^2\, U_L\, e^{i\Omega t}$$
$$F_{UR} = \Omega^2\, U_R\, e^{i\Omega t}$$

Umlaufende Kräfte in den beiden Lagern infolge der zwei fiktiven Unwuchten in den Lagerebenen aus Momentengleichgewicht:

M^R: $\quad -\widehat{F}_L\,b + \Omega^2\,U_L\,b = 0$

M^L: $\quad -\widehat{F}_R\,b + \Omega^2\,U_R\,b = 0$

Die Lagerkräfte infolge der Urunwuchten und die Lagekräfte infolge der fiktiven Lagerunwuchten müssen gleich sein:

$$\Omega^2\,U_L\,b = \Omega^2\,U_T\,(a+b) - \Omega^2\,U_V\,c$$

$$\Omega^2\,U_R\,b = -\Omega^2\,U_T\,a + \Omega^2\,U_V\,(b+c)$$

Fiktive Lagerunwuchten:

$$U_L = \frac{a+b}{b}\,U_T - \frac{c}{b}\,U_V$$

$$U_R = -\frac{a}{b}\,U_T + \frac{b+c}{b}\,U_V$$

c) Drehzahlverdopplung:

$\widehat{F} \sim \Omega^2 \quad \Longrightarrow \quad$ Die Lagerkräfte vervierfachen sich bei Drehzahlverdopplung.

Aufgabe 12.5:

Ein statisch bestimmt gelagerter starrer Rotor verursacht bei Rotation mit Ω pulsierende Lagerkräfte, die in komplexer Form durch

$F_L(t) = |\widehat{F}_L|\,e^{i(\Omega t+\delta_L)}$

und

$F_R(t) = |\widehat{F}_R|\,e^{i(\Omega t+\delta_R)}$

angegeben werden können.

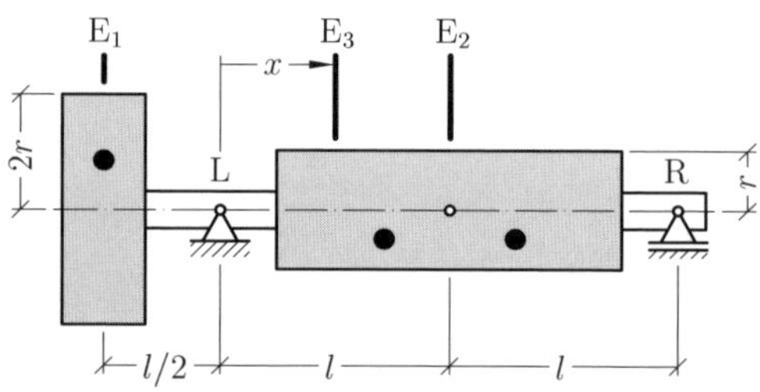

Bild A12.5: Unwuchtiger starrer Rotor

a) Ermitteln Sie Größe und Lage der Ausgleichsmassen m_1 und m_2 in den beiden Ebenen E_1 und E_2 auf den Radien $2r$ bzw. r, welche die beiden pulsierenden Lagerkräfte kompensieren.

b) Unter welcher Bedingung kann der Rotor durch eine einzige Unwuchtmasse m_3 in der Ebene E_3 gleichzeitig statisch und dynamisch ausgewuchtet werden? Falls dies möglich ist, berechnen Sie auch x.

Gegeben: l, r, Ω, F_L, F_R, $|\widehat{F}_L| = |\widehat{F}_R|$, $\delta_L = 90°$, $\delta_R = 45°$

Lösung der Aufgabe 12.5:

a) Auswuchten in den Ebenen E_1 und E_2:

Umlaufende Lagerkräfte am Rotor bei Urunwuchten:

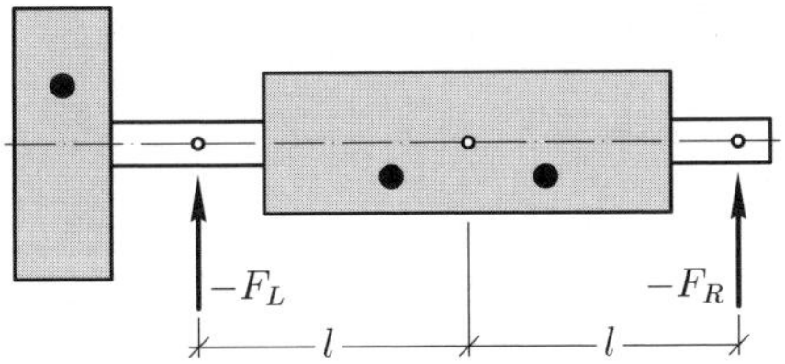

Lagerkräfte auf den Rotor:

$$-F_L = -\widehat{F}_L\, e^{i\Omega t}$$

$$-F_R = -\widehat{F}_R\, e^{i\Omega t}$$

Kräfte auf den Rotor bei Ausgleichsunwuchten U_{A1} und U_{A2}:

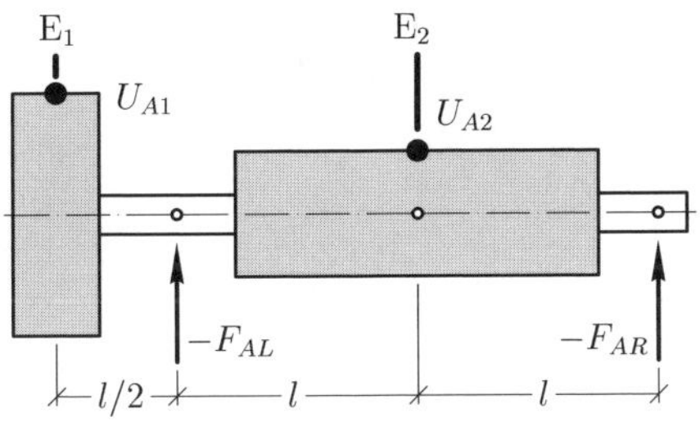

Unwuchtkräfte:

$$F_{U1} = \Omega^2 U_{A1}\, e^{i\Omega t} = \\ = \Omega^2\, 2\, r\, m_1\, e^{i(\Omega t+\delta_1)}$$

$$F_{U2} = \Omega^2 U_{A2}\, e^{i\Omega t} = \\ = \Omega^2\, r\, m_2\, e^{i(\Omega t+\delta_2)}$$

Umlaufende Kräfte in den beiden Lagern infolge der zwei Ausgleichsunwuchten in den Ebenen E_1 und E_2 aus Momentengleichgewicht:

$$M^L: \quad -\widehat{F}_{AR}\, 2l + \widehat{F}_{UA2}\, l - \widehat{F}_{UA1}\, \frac{l}{2} = 0$$

$$M^R: \quad -\widehat{F}_{AL}\, 2l + \widehat{F}_{UA2}\, l + \widehat{F}_{UA1}\, \frac{5}{2}\, l = 0$$

Die Lagerkräfte infolge der Ausgleichsunwuchten sollen die Lagekräfte infolge der Urunwuchten kompensieren:

$$\widehat{F}_{AL} + \widehat{F}_L = 0 \qquad \text{und} \qquad \widehat{F}_{AR} + \widehat{F}_R = 0$$

Daraus folgen die Bedingungen für die Ausgleichskräfte und Ausgleichsunwuchten:

$$2\widehat{F}_{UA2} - \widehat{F}_{UA1} = -4\widehat{F}_R$$

$$2\widehat{F}_{UA2} + 5\widehat{F}_{UA1} = -4\widehat{F}_L$$

Auflösen liefert die notwendigen Ausgleichskräfte und Ausgleichsunwuchten:

$$\widehat{F}_{UA1} = \frac{2}{3}(\widehat{F}_R - \widehat{F}_L) \qquad U_{A1} = \frac{\widehat{F}_{UA1}}{\Omega^2} = \frac{2}{3}\,\frac{\widehat{F}_R - \widehat{F}_L}{\Omega^2}$$

$$\widehat{F}_{UA2} = -\frac{1}{3}(5\,\widehat{F}_R + \widehat{F}_L) \qquad U_{A2} = \frac{\widehat{F}_{UA2}}{\Omega^2} = -\frac{1}{3}\,\frac{5\,\widehat{F}_R + \widehat{F}_L}{\Omega^2}$$

Ausgleichsmassen:

$$m_{A1} = \frac{|U_{A1}|}{2r} = \frac{|\widehat{F}_R - \widehat{F}_L|}{3\Omega^2 r} = \sqrt{2-\sqrt{2}}\,\frac{|\widehat{F}_R|}{3\Omega^2 r} \approx 0.26\,\frac{|\widehat{F}_R|}{\Omega^2 r}$$

$$m_{A2} = \frac{|U_{A2}|}{r} = \frac{|5\,\widehat{F}_R + \widehat{F}_L|}{3\Omega^2 r} = \sqrt{26+5\sqrt{2}}\,\frac{|\widehat{F}_R|}{3\Omega^2 r} \approx 1.92\,\frac{|\widehat{F}_R|}{\Omega^2 r}$$

Winkellagen:

$$\delta_{A1} = \arg\{U_{A1}\} = \arg\{\widehat{F}_R - \widehat{F}_L\} \approx -0.39 \mathrel{\widehat{=}} -22.5^\circ$$

$$\delta_{A2} = \arg\{U_{A2}\} = \arg\{5\,\widehat{F}_R + \widehat{F}_L\} \approx 0.91 \mathrel{\widehat{=}} 52^\circ$$

b) Auswuchten alleine in Ebene E_3:

Umlaufende Lagerkräfte auf den Rotor infolge der Urunwuchten:

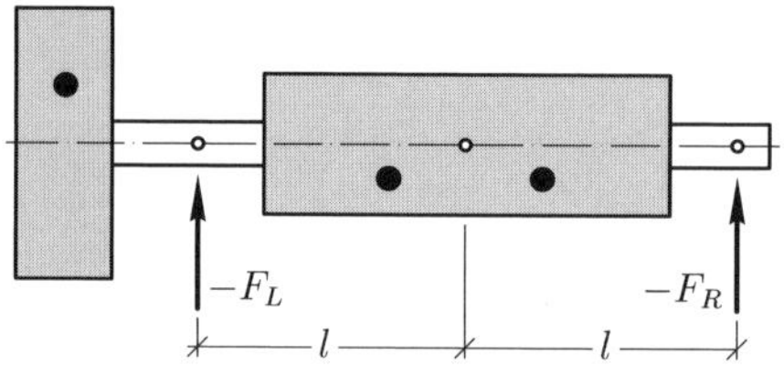

Lagerkräfte:

$$-F_L = -\widehat{F}_L\,e^{i\Omega t}$$

$$-F_R = -\widehat{F}_R\,e^{i\Omega t}$$

Kräfte der Ausgleichsunwucht U_{A3} auf den Rotor:

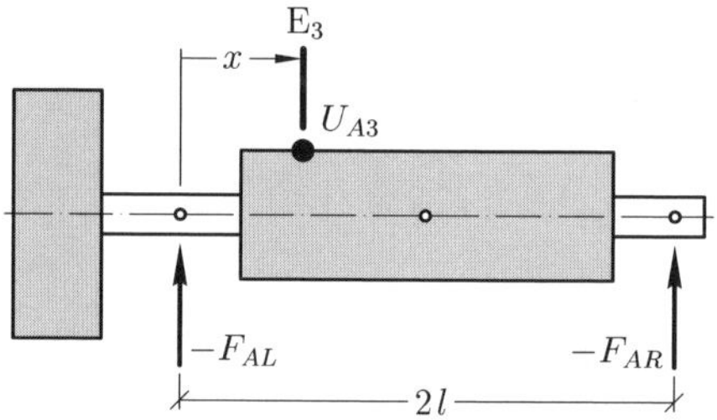

Unwuchtkraft:

$$F_{U3} = \Omega^2\,U_{A3}\,e^{i\Omega t}$$

Umlaufende Kräfte in den beiden Lagern infolge der Ausgleichsunwucht in der Ebene E_3 aus Momentengleichgewicht:

$$M^L:\quad -\widehat{F}_{AR}\,2l + F_{UA3}\,x = 0$$

$$M^R:\quad -\widehat{F}_{AL}\,2l + F_{UA3}\,(2l-x) = 0$$

Die Lagerkräfte infolge der einzigen Ausgleichsunwucht U_{A3} sollen die Lagekräfte infolge der Urunwuchten kompensieren:

$$\widehat{F}_{AL} + \widehat{F}_L = 0 \qquad \text{und} \qquad \widehat{F}_{AR} + \widehat{F}_R = 0$$

Daraus folgen die Bedingungen für die Ausgleichsunwucht und den Abstand:

$$U_{A3} = -(\widehat{F}_L + \widehat{F}_R)\,\frac{1}{\Omega^2} \qquad \text{und} \qquad x = \frac{2\,\widehat{F}_R}{\widehat{F}_L + \widehat{F}_R}\,l$$

Da x und l reell sind, müssen $\widehat{F}_L$ und $\widehat{F}_R$ kollinear sein! Bei den gegebenen Winkeln δ_L und δ_R ist das Auswuchten in einer Ebene nicht möglich.

Aufgabe 12.6:

Ein starrer Turbolader-Rotor ist auf einer weichen Auswuchtmaschine horizontal elastisch gelagert. Die elastischen Lager (Steifigkeiten k) der Wuchtmaschine sitzen an den Stellen A und B. Das System ist symmetrisch. Die Welle ist masselos und die beiden Räder sind gleich (jeweils Masse m, jeweils zentrales Massenträgheitsmoment Θ). Durch die in den beiden Ausgleichsebenen E_1 und E_2 wirkenden Ersatzunwuchten U_1 und U_2 wird der mit Ω rotierende Läufer zu erzwungenen Schwingungen angeregt. Gemessen werden die Schwingbewegungen $s_L(t)$ und $s_R(t)$ in den beiden Radschwerpunkten.

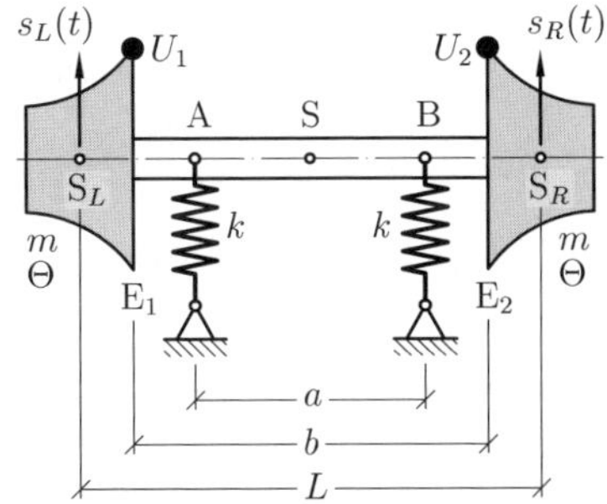

Bild A12.6: Turbolader-Rotor auf weicher Auswuchtmaschine

a) Leiten Sie die Bewegungsdifferentialgleichungen für kleine Schwingbewegungen $s_L(t)$ und $s_R(t)$ in der skizzierten Ebene her.

b) Berechnen Sie die unwuchterzwungenen Schwingungen $s_L(t)$ und $s_R(t)$ infolge der beiden Ersatzunwuchten in den Ebenen E_1 und E_2.

c) Ermitteln Sie die vier Einflußzahlen $\alpha_{L1}(\Omega)$, $\alpha_{L2}(\Omega)$ und $\alpha_{R1}(\Omega)$, $\alpha_{R2}(\Omega)$.

d) Berechnen Sie aus den gemessenen Lagerschwingungen $\widehat{s}_L$ und $\widehat{s}_R$ die Ersatzurunwuchten U_1 und U_2 sowie die zum Ausgleich anzubringenden Ausgleichsunwuchten U_{A1} und U_{A2}.

Gegeben: k, m, $\Theta = m k_T^2$, a, b, L, Ω, $\widehat{s}_L$, $\widehat{s}_R$

Lösung der Aufgabe 12.6:

a) Ermittlung der Bewegungsgleichung:

Freigeschnittener Läufer:

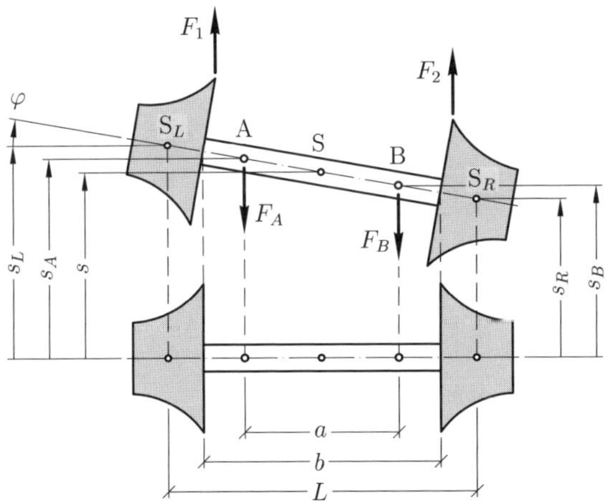

Lineare Kinematik:

$$s = \frac{s_L + s_R}{2}$$

$$\varphi = \frac{s_L - s_R}{L}$$

$$s_A = \frac{L+a}{2L} s_L + \frac{L-a}{2L} s_R$$

$$s_B = \frac{L-a}{2L} s_L + \frac{L+a}{2L} s_R$$

Unwucht- und Lagerkräfte:

$$F_1 = \Omega^2 \, |U_1| \sin(\Omega t + \delta_1)$$

$$F_2 = \Omega^2 \, |U_2| \sin(\Omega t + \delta_2)$$

$$F_A = k \, s_A$$

$$F_B = k \, s_B$$

Massengeometrie:

$$\Theta_{ges}^S = 2\Theta + 2m\left(\frac{L}{2}\right)^2 = \frac{m}{2}\,(4\,k_T^2 + L^2)$$

Kräfte- und Momentensatz liefern die Bewegungsgleichungen:

$$2m\,\ddot{s} \qquad + k\,(s_L + s_R) = \Omega^2\Big[|U_1|\sin(\Omega t + \delta_1) + |U_2|\sin(\Omega t + \delta_2)\Big]$$

$$\Theta_{ges}^S\,\ddot{\varphi} + k\,\frac{a^2}{2L}\,(s_L - s_R) = \frac{b}{2}\,\Omega^2\Big[|U_1|\sin(\Omega t + \delta_1) - |U_2|\sin(\Omega t + \delta_2)\Big]$$

Abkürzungen:

$$\omega_y^2 = \frac{k}{m}; \qquad \omega_\varphi^2 = \frac{k}{m}\,\frac{a^2}{4\,k_T^2 + L^2}$$

Normalform der Bewegungsgleichungen:

$$(\ddot{s}_L + \ddot{s}_R) + \omega_y^2\,(s_L + s_R) = \frac{\Omega^2}{m}\Big[|U_1|\sin(\Omega t + \delta_1) + |U_2|\sin(\Omega t + \delta_2)\Big]$$

$$(\ddot{s}_L - \ddot{s}_R) + \omega_\varphi^2\,(s_L - s_R) = \frac{b\,L}{4\,k_T^2 + L^2}\,\frac{\Omega^2}{m}\Big[|U_1|\sin(\Omega t + \delta_1) - |U_2|\sin(\Omega t + \delta_2)\Big]$$

b) Berechnung der unwuchterzwungenen Schwingungen:

Entkoppelte, komplex ergänzte Bewegungsgleichungen:

$$(\ddot{s}_L + \ddot{s}_R) + \omega_y^2\,(s_L + s_R) = \frac{\Omega^2}{m}\,(U_1 + U_2)\,e^{i\Omega t}$$

$$(\ddot{s}_L - \ddot{s}_R) + \omega_\varphi^2\,(s_L - s_R) = \frac{b\,L}{4\,k_T^2 + L^2}\,\frac{\Omega^2}{m}\,(U_1 - U_2)\,e^{i\Omega t}$$

Gleichtaktansätze:

$$s_L = \widehat{s}_L\,e^{i\Omega t} \qquad \text{und} \qquad s_R = \widehat{s}_R\,e^{i\Omega t}$$

Amplituden:

$$\widehat{s}_L + \widehat{s}_R = \frac{\Omega^2}{\omega_y^2 - \Omega^2}\,\frac{1}{m}\,(U_1 + U_2) \qquad \text{und} \qquad \widehat{s}_L - \widehat{s}_R = \frac{\Omega^2}{\omega_\varphi^2 - \Omega^2}\,\frac{b\,L}{4\,k_T^2 + L^2}\,\frac{1}{m}\,(U_1 - U_2)$$

Komplexe unwuchterzwungene Schwingungen:

$$s_L = \left[\frac{\Omega^2}{\omega_y^2 - \Omega^2} + \frac{b\,L}{4\,k_T^2 + L^2}\,\frac{\Omega^2}{\omega_\varphi^2 - \Omega^2}\right]\frac{1}{2m}\,U_1\,e^{i\Omega t} + \left[\frac{\Omega^2}{\omega_y^2 - \Omega^2} - \frac{b\,L}{4\,k_T^2 + L^2}\,\frac{\Omega^2}{\omega_\varphi^2 - \Omega^2}\right]\frac{1}{2m}\,U_2\,e^{i\Omega t}$$

$$s_R = \left[\frac{\Omega^2}{\omega_y^2 - \Omega^2} - \frac{b\,L}{4\,k_T^2 + L^2}\,\frac{\Omega^2}{\omega_\varphi^2 - \Omega^2}\right]\frac{1}{2m}\,U_1\,e^{i\Omega t} + \left[\frac{\Omega^2}{\omega_y^2 - \Omega^2} + \frac{b\,L}{4\,k_T^2 + L^2}\,\frac{\Omega^2}{\omega_\varphi^2 - \Omega^2}\right]\frac{1}{2m}\,U_2\,e^{i\Omega t}$$

Komplexe Amplituden der horizontalen Lagerbewegungen:

$$\widehat{s}_L = s_L\,e^{-i\Omega t} \qquad \text{und} \qquad \widehat{s}_R = s_R\,e^{-i\Omega t}$$

c) Ermittlung der Einflußzahlen:

Allgemeine Beziehungen zwischen Unwuchten und Lageramplituden:

$$\widehat{s}_L = \alpha_{L1}\, U_1 + \alpha_{L2}\, U_2$$

$$\widehat{s}_R = \alpha_{R1}\, U_1 + \alpha_{R2}\, U_2$$

Vergleich mit dem Ergebnis von b) liefert die Einflußzahlen:

$$\alpha_{L1} = \left[\frac{\Omega^2}{\omega_y^2 - \Omega^2} + \frac{b\,L}{4\,k_T^2 + L^2}\,\frac{\Omega^2}{\omega_\varphi^2 - \Omega^2}\right]\frac{1}{2\,m}$$

$$\alpha_{L2} = \left[\frac{\Omega^2}{\omega_y^2 - \Omega^2} - \frac{b\,L}{4\,k_T^2 + L^2}\,\frac{\Omega^2}{\omega_\varphi^2 - \Omega^2}\right]\frac{1}{2\,m}$$

$$\alpha_{R1} = \left[\frac{\Omega^2}{\omega_y^2 - \Omega^2} - \frac{b\,L}{4\,k_T^2 + L^2}\,\frac{\Omega^2}{\omega_\varphi^2 - \Omega^2}\right]\frac{1}{2\,m}$$

$$\alpha_{R2} = \left[\frac{\Omega^2}{\omega_y^2 - \Omega^2} + \frac{b\,L}{4\,k_T^2 + L^2}\,\frac{\Omega^2}{\omega_\varphi^2 - \Omega^2}\right]\frac{1}{2\,m}$$

d) Berechnung der Urunwuchten und der Ausgleichsunwuchten:

Beziehung zwischen Urunwuchten und Lagerreaktionen:

$$U_1 = \frac{1}{\Delta}\left[\alpha_{R2}\,\widehat{s}_L - \alpha_{L2}\,\widehat{s}_R\right] \qquad \text{und} \qquad U_2 = \frac{1}{\Delta}\left[\alpha_{L1}\,\widehat{s}_R - \alpha_{R1}\,\widehat{s}_L\right]$$

Nennerdeterminante:

$$\Delta = \alpha_{L1}\,\alpha_{R2} - \alpha_{L2}\,\alpha_{R1} = \frac{1}{m^2}\,\frac{b\,L}{4\,k_T^2 + L^2}\,\frac{\Omega^4}{(\omega_\varphi^2 - \Omega^2)\,(\omega_y^2 - \Omega^2)}$$

Urunwuchten nach Einsetzen und Ausrechnen:

$$U_1 = \left[\frac{\omega_y^2 - \Omega^2}{\Omega^2} + \frac{4\,k_T^2 + L^2}{b\,L}\,\frac{\omega_\varphi^2 - \Omega^2}{\Omega^2}\right]\frac{m}{2}\,\widehat{s}_L + \left[\frac{\omega_y^2 - \Omega^2}{\Omega^2} - \frac{4\,k_T^2 + L^2}{b\,L}\,\frac{\omega_\varphi^2 - \Omega^2}{\Omega^2}\right]\frac{m}{2}\,\widehat{s}_R$$

$$U_2 = \left[\frac{\omega_y^2 - \Omega^2}{\Omega^2} - \frac{4\,k_T^2 + L^2}{b\,L}\,\frac{\omega_\varphi^2 - \Omega^2}{\Omega^2}\right]\frac{m}{2}\,\widehat{s}_L + \left[\frac{\omega_y^2 - \Omega^2}{\Omega^2} + \frac{4\,k_T^2! + L^2}{b\,L}\,\frac{\omega_\varphi^2 - \Omega^2}{\Omega^2}\right]\frac{m}{2}\,\widehat{s}_R$$

Ausgleichsunwuchten:

$$U_{A1} = -U_1; \qquad U_{A2} = -U_2$$

Aufgabe 12.7:

Ein starres Rotormodell aus einer masselosen Welle (Länge l) mit einer Scheibe (Masse m, Massenträgheitsmoment Θ_a um die Querachsen) ist links starr und bei $x = 2l/3$ elastisch gelagert (Steifigkeit k).

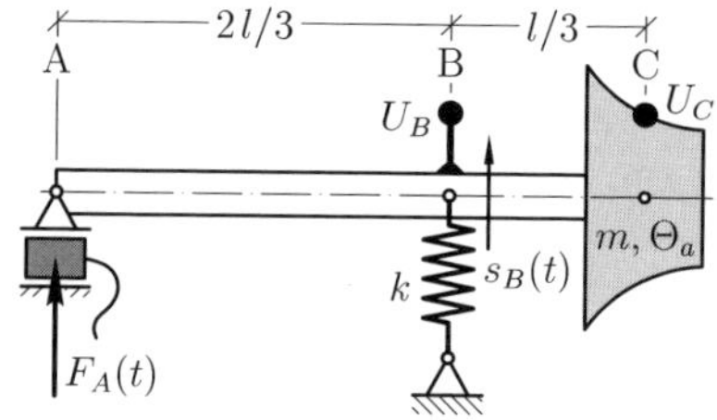

Bild A12.7: Einseitig elastisch gelagerter Rotor

Für das Auswuchten sollen die resultierende Unwuchten des Rotors in den Ebenen B und C bei konstanter Drehzahl Ω ermittelt werden. Dazu werden
- die komplexe Amplitude $\widehat{F}_A$ der Lagerkraft $F_A(t)$ des linken Lagers und
- die komplexe Amplitude $\widehat{s}_B$ der Lagerbewegung $s_B(t)$ des rechten Lagers gemessen.

a) Ermitteln Sie aus Kräfte- und Momentensatz die Beziehungen zwischen den gemessenen Größen ($s_B(t)$ und $F_A(t)$) und den Ersatzunwuchten (U_B und U_C).

b) Berechnen Sie die unwuchterzwungenen Schwingungen $F_A(t)$ und $s_B(t)$.

c) Ermitteln Sie die Einflußzahlen α_{nm}, welche die komplexen Amplituden der Meßgrößen und die komplexen Unwuchten in der Form

$$\widehat{F}_A = \alpha_{AB}\, U_B + \alpha_{AC}\, U_C \qquad \text{und} \qquad \widehat{s}_B = \alpha_{BB}\, U_B + \alpha_{BC}\, U_C \qquad \text{verknüpfen.}$$

d) Geben Sie die Gleichungen für die unbekannten Unwuchten in der Form

$$U_B = \beta_{BA}\, \widehat{F}_A + \beta_{BB}\, \widehat{s}_B \qquad \text{und} \qquad U_C = \beta_{CA}\, \widehat{F}_A + \beta_{CB}\, \widehat{s}_B \qquad \text{an.}$$

Gegeben: $l,\ m,\ \Theta_a,\ k,\ \Omega,\ \widehat{F}_A,\ \widehat{s}_B$

Lösung der Aufgabe 12.7:

a) Ermittlung der Bewegungsgleichung:

Freigeschnittener Läufer:

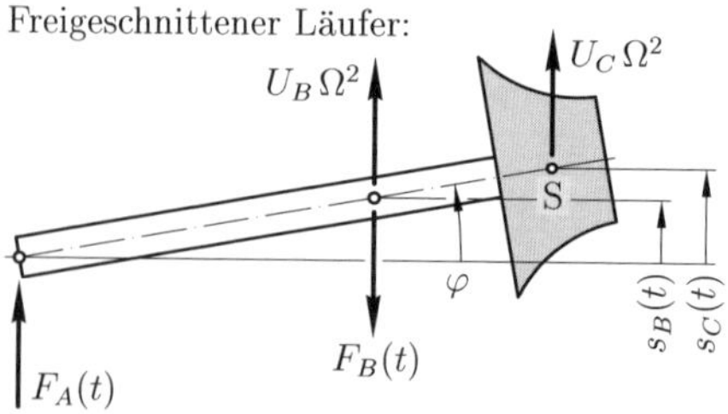

Lineare Kinematik:

$$s_B = \frac{2}{3} l \varphi$$

$$s_C = l\varphi = \frac{3}{2} s_B$$

Unwucht- und Lagerkräfte:

$$F_{UB} = \Omega^2 |U_B| \sin(\Omega t + \delta_B)$$

$$F_{UC} = \Omega^2 |U_C| \sin(\Omega t + \delta_C)$$

$$F_B(t) = k\, s_B(t)$$

Massengeometrie:

$$\Theta^A_{ges} = \Theta_a + m\, l^2$$

Kräfte- und Momentensatz:

$$m\, \ddot{s}_C = F_A(t) - F_B(t) + F_{UB} + F_{UC}$$

$$\Theta^A_{ges}\, \ddot{\varphi} = -\frac{2}{3} l\, F_B(t) + \frac{2}{3} l\, F_{UB} + l\, F_{UC}$$

Reelle Bewegungsgleichungen:

$$m \frac{3}{2} \ddot{s}_B + k\, s_B - F_A(t) = \Omega^2 \Big[\, |U_B| \sin(\Omega t + \delta_B) + |U_C| \sin(\Omega t + \delta_C) \Big]$$

$$\Theta^A_{ges} \frac{3}{2l} \ddot{s}_B + \frac{2}{3} l\, k\, s_B = \Omega^2 \Big[\frac{2}{3} l\, |U_B| \sin(\Omega t + \delta_B) + l\, |U_C| \sin(\Omega t + \delta_C) \Big]$$

Abkürzungen:

$$\omega_y^2 = \frac{2}{3}\frac{k}{m}; \qquad \omega_\varphi^2 = \Big(\frac{2}{3}\Big)^2 \frac{k\,l^2}{\Theta^A_{ges}}; \qquad \alpha = \frac{\omega_y^2 - \Omega^2}{\omega_\varphi^2 - \Omega^2}\frac{m\,l^2}{\Theta^A_{ges}}$$

Normalform der reellen Bewegungsgleichungen:

$$\ddot{s}_B + \omega_y^2\, s_B - \frac{2}{3}\frac{1}{m}\, F_A = \frac{2}{3}\frac{1}{m}\Omega^2 \Big[\ |U_B|\sin(\Omega t + \delta_B) + |U_C|\sin(\Omega t + \delta_C)\Big]$$

$$\ddot{s}_B + \omega_\varphi^2\, s_B = \frac{2}{3}\frac{l^2}{\Theta^A_{ges}}\Omega^2 \Big[\frac{2}{3}|U_B|\sin(\Omega t + \delta_B) - |U_C|\sin(\Omega t + \delta_C)\Big]$$

b) Berechnung der unwuchterzwungenen Schwingungen:

Entkoppelte, komplex ergänzte Bewegungsgleichungen:

$$\ddot{\underline{s}}_B + \omega_y^2\, \underline{s}_B - \frac{2}{3m}\underline{F}_A = \frac{2}{3}\frac{\Omega^2}{m}(U_B + U_C)\, e^{i\Omega t}$$

$$\ddot{\underline{s}}_B + \omega_\varphi^2\, \underline{s}_B = \frac{2}{3}\frac{l^2}{\Theta^A_{ges}}\Omega^2 \Big(\frac{2}{3}U_B + U_C\Big)\, e^{i\Omega t}$$

Gleichtaktansatz liefert die komplexen Amplituden:

$$\widehat{s}_B = \frac{\Omega^2}{\omega_\varphi^2 - \Omega^2}\frac{2}{3}\frac{l^2}{\Theta^A_{ges}}\Big(\frac{2}{3}U_B + U_C\Big) \qquad \text{und} \qquad \widehat{F}_A = \Omega^2\Big(\frac{2}{3}\alpha - 1\Big)U_B + \Omega^2(\alpha - 1)\,U_C$$

Komplexe unwuchterzwungene Schwingungen:

$$\underline{s}_B(t) = \frac{\Omega^2}{\omega_\varphi^2 - \Omega^2}\frac{2}{3}\frac{l^2}{\Theta^A_{ges}}\Big(\frac{2}{3}U_B + U_C\Big)\, e^{i\Omega t}$$

$$\underline{F}_A(t) = \Omega^2\Big(\frac{2}{3}\frac{\omega_y^2 - \Omega^2}{\omega_\varphi^2 - \Omega^2}\frac{m\,l^2}{\Theta^A_{ges}} - 1\Big)U_B\, e^{i\Omega t} + \Omega^2\Big(\frac{\omega_y^2 - \Omega^2}{\omega_\varphi^2 - \Omega^2}\frac{m\,l^2}{\Theta^A_{ges}} - 1\Big)U_C\, e^{i\Omega t}$$

c) Ermittlung der Einflußzahlen:

Allgemeine Beziehungen zwischen Unwuchten und Lageramplituden:

$$\widehat{F}_A = \alpha_{AB}\, U_B + \alpha_{AC}\, U_C \qquad \text{und} \qquad \widehat{s}_B = \alpha_{BB}\, U_B + \alpha_{BC}\, U_C$$

Vergleich mit der Lösung unter b) liefert die Einflußzahlen:

$$\alpha_{AB} = \Omega^2\Big(\frac{2}{3}\alpha - 1\Big) = \Omega^2\Big(\frac{2}{3}\frac{\omega_y^2 - \Omega^2}{\omega_\varphi^2 - \Omega^2}\frac{m\,l^2}{\Theta^A_{ges}} - 1\Big) \qquad \alpha_{BB} = \Big(\frac{2}{3}\Big)^2\frac{\Omega^2}{\omega_\varphi^2 - \Omega^2}\frac{l^2}{\Theta^A_{ges}}$$

$$\alpha_{AC} = \Omega^2(\alpha - 1) = \Omega^2\Big(\frac{\omega_y^2 - \Omega^2}{\omega_\varphi^2 - \Omega^2}\frac{m\,l^2}{\Theta^A_{ges}} - 1\Big) \qquad \alpha_{BC} = \frac{2}{3}\frac{\Omega^2}{\omega_\varphi^2 - \Omega^2}\frac{l^2}{\Theta^A_{ges}}$$

d) Berechnung der Urunwuchten:

Nennerdeterminante:

$$\Delta = \alpha_{AB}\,\alpha_{BC} - \alpha_{AC}\,\alpha_{BB} = \frac{2}{9}\frac{\Omega^4}{\Omega^2 - \omega_\varphi^2}\frac{l^2}{\Theta^A_{ges}}$$

Urunwuchten:

$$U_B = \frac{1}{\Delta}\Big[\alpha_{BC}\,\widehat{F}_A - \alpha_{AC}\,\widehat{s}_B\Big] = \frac{1}{\Delta}\Big[\frac{2}{3}\frac{\Omega^2}{\omega_\varphi^2 - \Omega^2}\frac{l^2}{\Theta^A_{ges}}\widehat{F}_A - \Omega^2\Big(\frac{\omega_y^2 - \Omega^2}{\omega_\varphi^2 - \Omega^2}\frac{m\,l^2}{\Theta^A_{ges}} - 1\Big)\widehat{s}_B\Big]$$

$$U_C = \frac{1}{\Delta}\Big[-\alpha_{BB}\,\widehat{F}_A + \alpha_{AB}\,\widehat{s}_B\Big] =$$

$$= \frac{1}{\Delta}\Big[-\Big(\frac{2}{3}\Big)^2\frac{\Omega^2}{\omega_\varphi^2 - \Omega^2}\frac{l^2}{\Theta^A_{ges}}\widehat{F}_A - \Omega^2\Big(\frac{2}{3}\frac{\omega_y^2 - \Omega^2}{\omega_\varphi^2 - \Omega^2}\frac{m\,l^2}{\Theta^A_{ges}} - 1\Big)\widehat{s}_B\Big]$$

Kapitel 13

Flexible Rotoren

Aufgabe 13.1:

Ein LAVAL-Rotor besteht aus einer masselosen Welle (Länge l, Elastizitätsmodul E, Durchmesser d_1) und einer starren Scheibe (Masse m), die exzentrisch (Exzentrizität ε) auf die Welle gekeilt ist.

a) Berechnen Sie die biegekritische Drehzahl n_{krit} in 1/min.

b) Bei der Drehzahl $n=0.95\,n_{krit}$ treten unwuchterzwungene Schwingungen des Wellendurchstoßpunktes W mit der Amplitude $\widehat{r}_{W\varepsilon}=2\,\mathrm{mm}$ auf. Wie groß ist die Exzentrizität $|\varepsilon|$ des Schwerpunktes S?

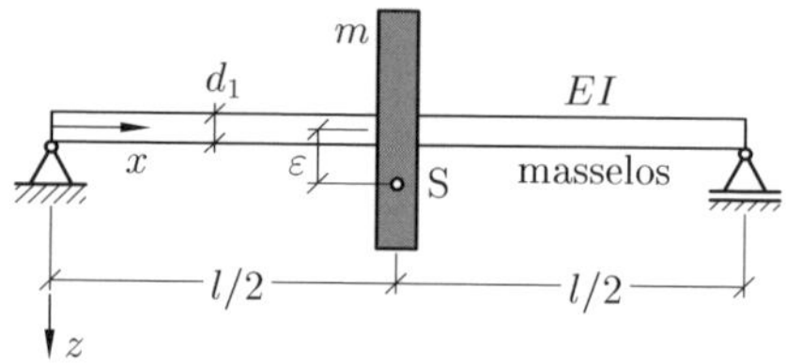

Bild A13.1: LAVAL-Rotor

c) Auf welchen Wert d_2 muß der Wellendurchmesser verändert werden, damit bei der gleichen Drehzahl n die Schwingungsamplitude $\widehat{r}_{S\varepsilon}$ des Scheibenschwerpunktes S kleiner wird als die Exzentrizität $|\varepsilon|$?

Gegeben: $l=1000\,\mathrm{mm}$, $d_1=50\,\mathrm{mm}$, $E=2.1\cdot10^5\,\mathrm{N/mm^2}$, $m=10\,\mathrm{kg}$

Lösung der Aufgabe 13.1:

a) Berechnung der biegekritischen Drehzahl:

Flächenträgheitsmoment der Welle:

$$I=\frac{\pi\,d_1^4}{64}$$

Steifigkeit der Welle bei mittiger Last:

$$k=\frac{48\,EI}{l^3}$$

Biegekritische Drehzahl des LAVAL-Rotors:

$$\Omega_{krit}=\omega_0=\sqrt{\frac{k}{m}}=d_1^2\sqrt{\frac{3\pi E}{4\,m\,l^3}}\sim d_1^2$$

$$n_{krit}=\frac{\Omega_{krit}}{2\pi}\cdot\frac{60\,\mathrm{s}}{\mathrm{min}}=5310\,\frac{1}{\mathrm{min}}$$

b) Ermittlung der Exzentrizität aus den unwuchterzwungenen Schwingungen:

Rotorauslenkung:

$$\widehat{r}_{W\varepsilon}=\varepsilon\,\frac{\Omega^2}{\omega_0^2-\Omega^2}$$

Erregerfrequenzverhältnis bei d_1:

$$\eta=\frac{\Omega}{\omega_0}=\frac{n}{n_{krit}}=0.95$$

Betrag der Scheibenexzentrizität:

$$|\varepsilon|=|\widehat{r}_{W\varepsilon}|\,\frac{|1-\eta^2|}{\eta^2}\approx0.216\,\mathrm{mm}$$

c) Berechnung des Wellendurchmessers für $|\widehat{r}_{S\varepsilon}(\Omega)| \leq |\varepsilon|$:

Schwerpunktsauslenkung:

$$\widehat{r}_{S\varepsilon} = \varepsilon \, \frac{1}{1-\eta^2}$$

Begrenzung der Auslenkung laut Aufgabe:

$$\left|\frac{\widehat{r}_{S\varepsilon}}{\varepsilon}\right| < 1 \qquad \Longrightarrow \qquad \frac{1}{|1-\eta^2|} < 1 \qquad \Longrightarrow \qquad 1 < |1-\eta^2|$$

Notwendiges Abstimmungsverhältnis:

$$\eta_2^2 > 2$$

Bedingung für die Eigenfrequenz:

$$\omega_{02}^2 = \frac{\Omega^2}{\eta_2^2} < \frac{\Omega^2}{2} = \frac{1}{2}\,(0.95\,\omega_0)^2$$

Berechung des Maximalwertes für den Wellendurchmesser:

$$0.95^2\,\frac{1}{2}\,\frac{3\,\pi E}{4\,l^3 m}\,d_1^4 > \frac{3\,\pi E}{4\,l^3 m}\,d_2^4$$

Maximalwert des Wellendurchmessers:

$$d_2 < \sqrt[4]{\frac{1}{2}0.95^2}\;d_1 = 0.82\,d_1 \approx 41\,\text{mm}$$

Aufgabe 13.2:

Eine masselose Welle (Länge l) ist links biegestarr und rechts gelenkig gelagert. Sie trägt an der Stelle $x = l/3$ eine starre exzentrische Scheibe (Masse m, Exzentrizität ε). Der Einfluß der Scheibenschrägstellung darf vernachlässigt werden. Im Wellendurchstoßpunkt der Scheibe wirkt die geschwindigkeitsproportionale äußere Dämpfungskraft $F_b = b\,\dot{r}_W$.

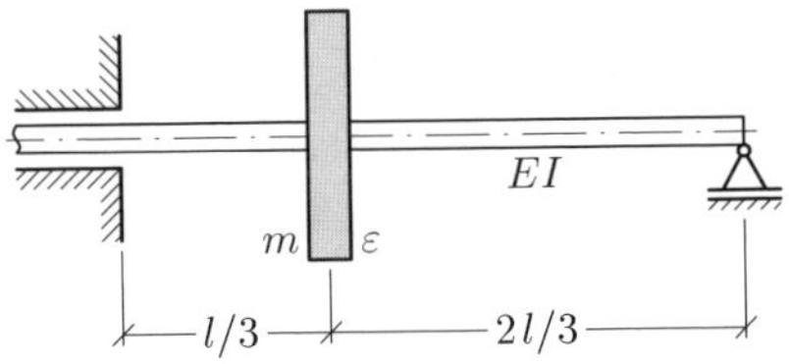

Bild A13.2: Unwuchtiger Laval-Rotor

a) Geben Sie die Bewegungsdifferentialgleichung des Rotors für die Wellendurchstoßpunktskoordinaten r_W und für die Schwerpunktskoordinaten r_S an.

b) Berechnen Sie die biegekritische Drehzahl $\Omega = \omega_0$ sowie die unwuchterzwungenen Biegeschwingungen $r_{W\varepsilon}$.

c) Skizzieren Sie die Auslenkungen $|\widehat{r}_{W\varepsilon}|$ und $|\widehat{r}_{S\varepsilon}|$ des Wellendurchstoßpunktes und des Schwerpunktes im unter- und im überkritischen Betrieb sowie beim Betrieb in der Resonanz $\Omega = \omega_0$ für den Augenblick, bei dem die Exzentrizität ε gerade in z-Richtung zeigt.

Gegeben: m, l, EI, b, ε

Lösung der Aufgabe 13.2:

a) Ermittlung der Bewegungsgleichungen:

Steifigkeit der Welle aus Einheitsverschiebung:

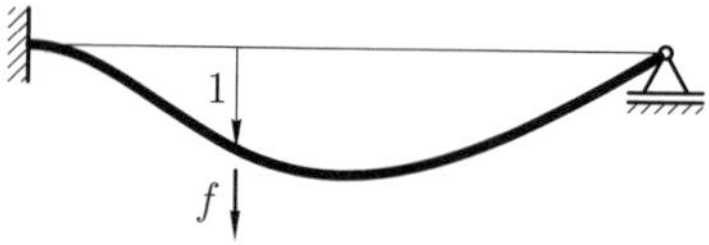

$$k = \frac{12\,EI\,l^3}{\left(\frac{2l}{3}\right)^2\left(\frac{l}{3}\right)^3\left(3l+\frac{2l}{3}\right)} = \frac{27\cdot 81\,EI}{11\,l^3}$$

Kräftesatz komponentenweise:

$$m\,\ddot{z}_S = -k\,z_W - b_a\,\dot{z}_W$$

$$m\,\ddot{y}_S = -k\,y_W - b_a\,\dot{y}_W$$

Kräftesatz in komplexer Schreibweise:

$$m\,\ddot{r}_S + b_a\,\dot{r}_W + k\,r_W = 0$$

Kinematische Beziehung zwischen Wellendurchstoßpunkt und Schwerpunkt:

$$r_S = r_W + \varepsilon\, e^{i\Omega t}, \qquad \ddot{r}_S = \ddot{r}_W - \Omega^2\,\varepsilon\, e^{i\Omega t}$$

Bewegungsgleichungen für den Wellendurchstoßpunkt:

$$\ddot{r}_W + 2D_a\omega_0\,\dot{r}_W + \omega_0^2\,r_W = \varepsilon\,\Omega^2\,e^{i\Omega t}$$

Bewegungsgleichung für den Schwerpunkt:

$$\ddot{r}_S + 2D_a\omega_0\,\dot{r}_S + \omega_0^2\,r_S = \varepsilon\,(\omega_0^2 + i2D_a\omega_0\,\Omega)\,e^{i\Omega t}$$

Biegeeigenkreisfrequenz der Welle und Dämpfungsmaß der äußeren Dämpfung:

$$\omega_0 = \sqrt{\frac{k}{m}} = \sqrt{\frac{27\cdot 81\,EI}{11\cdot l^3\,m}}; \qquad D_a = \frac{b_a}{2\,m\,\omega_0}$$

b) Unwuchterzwungene Schwingungen:

Gleichtaktansatz für die Wellendurchstoßpunktsbewegung:

$$r_{W\varepsilon} = \widehat{r}_{W\varepsilon}\,e^{i\Omega t}, \qquad \dot{r}_{W\varepsilon} = i\Omega\,\widehat{r}_{W\varepsilon}\,e^{i\Omega t}, \qquad \ddot{r}_{W\varepsilon} = -\Omega^2\,\widehat{r}_{W\varepsilon}\,e^{i\Omega t}$$

Bewegung des Wellendurchstoßpunktes:

$$r_{W\varepsilon} = \varepsilon\,\frac{\Omega^2}{(\omega^2-\Omega^2) + i2D_a\omega_0\,\Omega}\,e^{i\Omega t} = \varepsilon\,\frac{\eta^2}{(1-\eta^2) + i2D_a\eta}\,e^{i\Omega t}$$

Der Wellendurchstoßpunkt läuft also mit der Rotordrehzahl Ω auf einer Kreisbahn mit dem Radius $|r_{W\varepsilon}|$ um.

Gleichtaktansatz für die Schwerpunktsbewegung:

$$r_{S\varepsilon} = \hat{r}_{S\varepsilon}\, e^{i\Omega t}$$

Schwerpunktsbewegung:

$$r_{S\varepsilon} = \varepsilon\, \frac{(1+i2D_a\eta)}{(1-\eta^2)+i2D_a\eta}\, e^{i\Omega t}$$

Auch der Schwerpunkt läuft auf einer Kreisbahn um. Infolge der äußeren Dämpfung b_a bleiben die Ausschläge des Wellendurchstoßpunktes und des Schwerpunktes in der biegekritischen Drehzahl bei $\eta=1$ beschränkt.

c) Lage von Schwerpunkt, Wellendurchstoßpunkt und Exzentrizität:

Um die Lage von Schwerpunkt und Wellendurchstoßpunkt zueinander zu ermitteln, setzt man am einfachsten für einen festen Lagewinkel der Exzentrizität (z. B. für $\varphi=\Omega t+\delta=0$) Zahlenwerte in die Lösungsformeln ein und stellt die Ergebnisse graphisch dar:

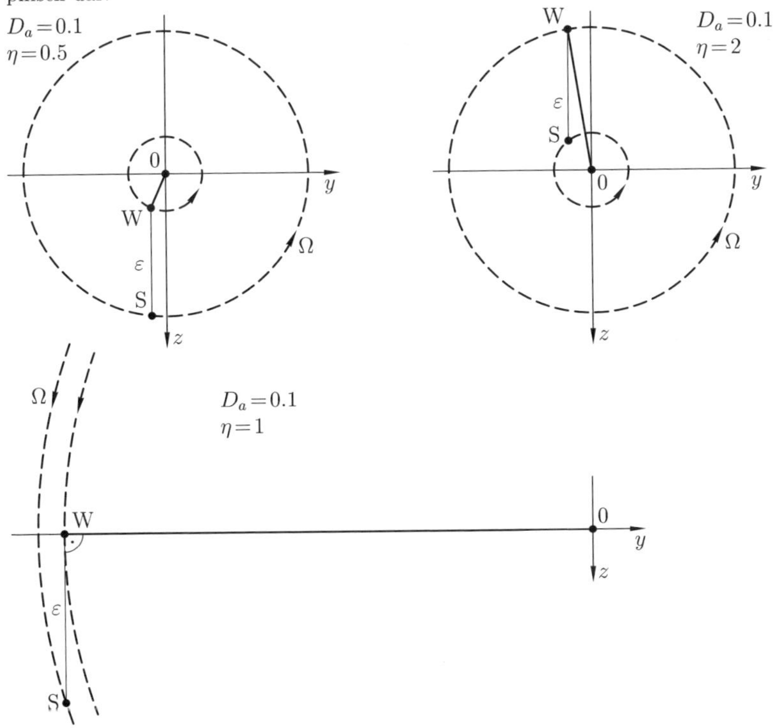

Im Gegensatz zur ungedämpften Welle liegen hier die Punkte 0, W und S nicht auf einer Geraden. Ist der Wellendurchstoßpunkt der Angriffspunkt der äußeren Dämpfung, dann eilt der Schwerpunkt S dem Wellendurchstoßpunkt W voraus.

Aufgabe 13.3:

Zwei LAVAL-Rotoren aus gleichem Material und mit gleichen Lagerungsbedingungen sind geometrisch ähnlich, wobei der Modellmaßstab $l_2/l_1 = \lambda$ beträgt.

a) Berechnen Sie das Verhältnis der biegekritischen Drehzahlen $n_{K2}/n_{K1} = \omega_2/\omega_1$.

In DIN 1940 ist als Auswuchtgüte die Schwerpunktsgeschwindigkeit $G = v_S = \varepsilon\,\Omega$ der Scheibe festgelegt.

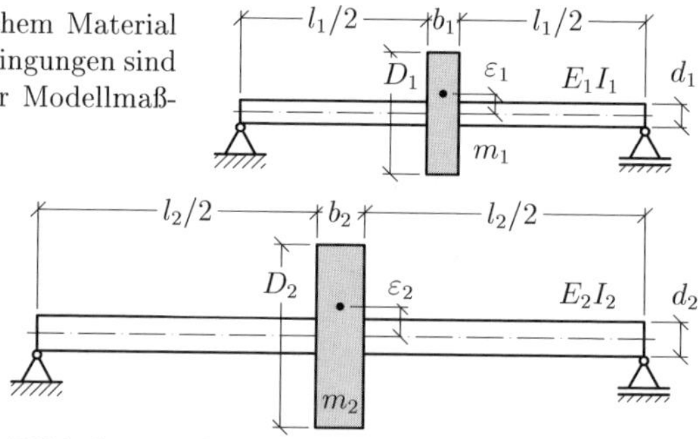

Bild A13.3: Geometrisch ähnliche LAVAL-Rotoren

b) In welchem Verhältnis stehen die Auswuchtgüten G_2/G_1, wenn für die Schwerpunktsexzentrizitäten ebenfalls der geometrische Modellmaßstab $\varepsilon_2/\varepsilon_1 = \lambda$ zugrunde gelegt und für die Winkelgeschwindigkeiten (Drehzahlen) Ω_2/Ω_1 das Verhältnis ω_2/ω_1der biegekritischen Drehzahlen gewählt wird?

Gegeben: λ

Lösung der Aufgabe 13.3:

a) Betrachtung der biegekritischen Drehzahlen:

Masse der Scheibe:

$$m = \varrho V = \varrho \frac{\pi D^2}{4} b$$

Biegesteifigkeit der masselosen Welle:

$$k = \frac{48\,EI}{l^3} = \frac{48\,E}{l^3} \cdot \frac{\pi d^4}{64}$$

Biegeeigenkreisfrequenz:

$$\omega^2 = \frac{k}{m} = \frac{48\,E\pi\,d^4}{64\,l^3} \cdot \frac{4}{\varrho\pi\,D^2 b} = \frac{3\,E\,d^4}{\varrho l^3 D^2 b}$$

Verhältnis der biegekritischen Drehzahlen für $E_2 = E_1$ und $\varrho_2 = \varrho_1$:

$$\frac{n_{K2}}{n_{K1}} = \frac{\omega_2}{\omega_1} = \sqrt{\frac{3\,E\,d_2^4}{\varrho\,l_2^3\,D_2^2\,b_2} \cdot \frac{\varrho\,l_1^3\,D_1^2\,b_1}{3\,E\,d_1^4}} = \sqrt{\left(\frac{d_2}{d_1}\right)^4 \left(\frac{l_1}{l_2}\right)^3 \left(\frac{D_1}{D_2}\right)^2 \frac{b_1}{b_2}} = \sqrt{\lambda^4 \frac{1}{\lambda^3}\frac{1}{\lambda^2}\frac{1}{\lambda}} = \frac{1}{\lambda}$$

b) Verhältnis der Auswuchtgütestufen:

$$\frac{G_2}{G_1} = \frac{v_{S2}}{v_{S1}} = \frac{\varepsilon_2\,\Omega_2}{\varepsilon_1\,\Omega_1} = \lambda\,\frac{1}{\lambda} = 1$$

Aufgabe 13.4:

Eine masselose symmetrische Welle (Länge l, Biegesteifigkeit EI) ist statisch bestimmt gelagert. Sie trägt an den Stellen $x = l/4$ und $x = 3\,l/4$ zwei gleiche starre exzentrische Scheiben (Masse m, Exzentrizitäten ε_1 und ε_2, Schrägstellung vernachlässigbar).

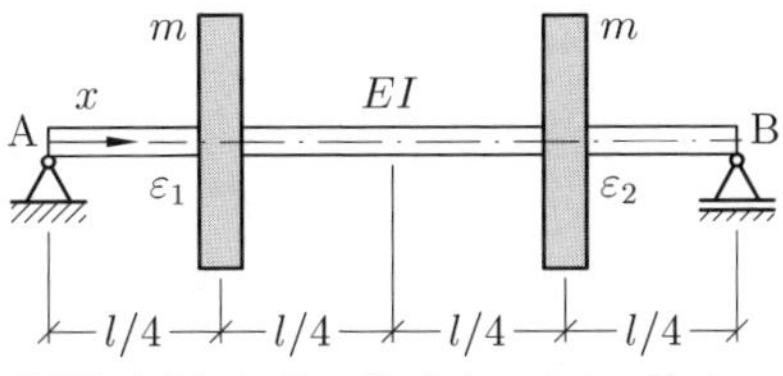

Bild A13.4: Zweifach besetzter Rotor

Die Steifigkeitsmatrix $\boldsymbol{K}$, die Eigenfrequenzen ω_n, die Eigenvektoren $\widehat{\boldsymbol{q}}_n$ und die unwuchterzwungenen Schwingungen $\boldsymbol{q}_\varepsilon$ sind bekannt:

$$\boldsymbol{K} = \begin{bmatrix} 216 & -168 \\ -168 & 216 \end{bmatrix} \frac{EI}{l^3}, \qquad \omega_1^2 = 48\,\frac{EI}{l^3\,m}, \qquad \omega_2^2 = 384\,\frac{EI}{l^3\,m}$$

$$\widehat{\boldsymbol{q}}_1 = [1 \;\; 1]^T, \qquad \widehat{\boldsymbol{q}}_2 = [1 \;\; -1]^T \qquad \text{und}$$

$$\boldsymbol{q}_\varepsilon = \left[\frac{1}{2} V_1 (\varepsilon_1 + \varepsilon_2)\, \widehat{\boldsymbol{q}}_1 + \frac{1}{2} V_2 (\varepsilon_1 - \varepsilon_2)\, \widehat{\boldsymbol{q}}_2\right] e^{i\Omega t} \quad \text{mit} \quad V_1 = \frac{\Omega^2}{\omega_{01}^2 - \Omega^2}, \quad V_2 = \frac{\Omega^2}{\omega_{02}^2 - \Omega^2}$$

a) Unter welcher Bedingung für ε_2 ist das Lager B kräftefrei?

b) Wie groß ist dann die Kraft im Lager A?

Gegeben: l, m, EI, ε_1, $\boldsymbol{K}$, ω_n, $\widehat{\boldsymbol{q}}_n$, $\boldsymbol{q}_\varepsilon$

Lösung der Aufgabe 13.4:

Grundsätzliche Betrachtungen für alle Fragestellungen:

Freikörperbild der ausgewuchteten Welle:

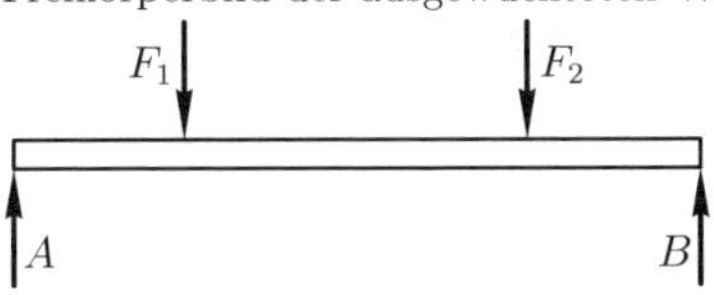

Unwuchtkräfte auf die ausgewuchtete Welle:

$$\begin{bmatrix} F_1 \\ F_2 \end{bmatrix} = \boldsymbol{K}\,\boldsymbol{q}_\varepsilon =$$

$$= \frac{EI}{l^3} \begin{bmatrix} 108\left\{V_1(\varepsilon_1+\varepsilon_2) + V_2(\varepsilon_1-\varepsilon_2)\right\} - 84\left\{V_1(\varepsilon_1+\varepsilon_2) + V_2(\varepsilon_1-\varepsilon_2)\right\} \\ -84\left\{V_1(\varepsilon_1+\varepsilon_2) + V_2(\varepsilon_1-\varepsilon_2)\right\} + 108\left\{V_1(\varepsilon_1+\varepsilon_2) + V_2(\varepsilon_1-\varepsilon_2)\right\} \end{bmatrix} e^{i\Omega t} =$$

$$= 48\,\frac{EI}{l^3} \begin{bmatrix} V_1(\varepsilon_1+\varepsilon_2) + 8V_2(\varepsilon_1-\varepsilon_2) \\ V_1(\varepsilon_1+\varepsilon_2) - 8V_2(\varepsilon_1-\varepsilon_2) \end{bmatrix} e^{i\Omega t}$$

a) Berechnung der Exzentrizität ε_2 für Lagerkraft $B=0$:

Momentengleichgewicht um A:

$$M^A: \quad B\,l - F_1\frac{l}{4} - F_2\frac{3l}{4} = 0$$

Einsetzen und Ausrechnen:

$$F_1 + 3F_2 = 0 \quad \Longrightarrow \quad V_1(\varepsilon_1+\varepsilon_2) + 8V_2(\varepsilon_1-\varepsilon_2) + 3\Big\{V_1(\varepsilon_1+\varepsilon_2) - 8V_2(\varepsilon_1-\varepsilon_2)\Big\} = 0$$

Exzentrizität ε_2:

$$\varepsilon_2 = \frac{-V_1 + 4V_2}{V_1 + 4V_2}\varepsilon_1$$

b) Berechnung der Lagerkraft A:

Momentengleichgewicht um Stelle m_2 mit $B=0$:

$$M^2: \quad A\frac{3l}{4} - F_1\frac{l}{2} = 0$$

Einsetzen und Ausrechnen liefert die Lagerkraft:

$$A = \frac{2}{3}F_1 = \frac{2}{3}\cdot 48\frac{EI}{l^3}\left[V_1\frac{8V_2}{V_1+4V_2}\varepsilon_1 + 8V_2\frac{2V_1}{V_1+4V_2}\varepsilon_1\right]e^{i\Omega t} = 768\frac{EI}{l^3}\frac{V_1V_2}{V_1+4V_2}\varepsilon_1\,e^{i\Omega t}$$

Aufgabe 13.5:

Eine masselose symmetrische Welle (Länge $2l$, Biegesteifigkeit EI) ist statisch unbestimmt gelagert. Sie trägt an den Stellen $x = l/2$ und $x = 3\,l/2$ gleiche starre exzentrische Scheiben (Masse m, Exzentrizität ε, Schrägstellung vernachlässigbar).

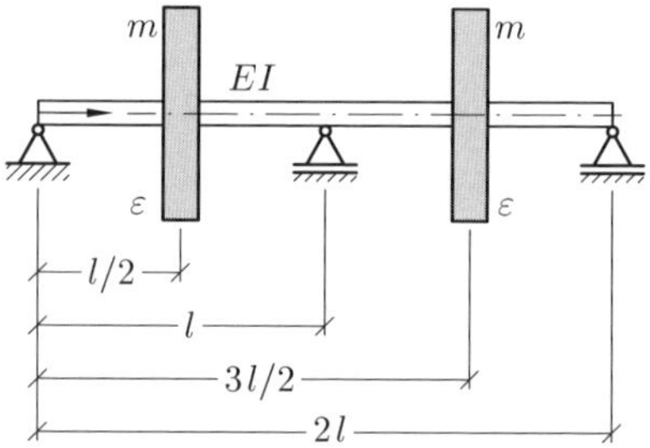

Bild A13.5: Statisch unbestimmt gelagerter, zweifach besetzter Rotor

a) Geben Sie die Bewegungsgleichungen des Rotorsystems in Schwerpunktskoordinaten an.

b) Berechnen Sie die kritischen Drehzahlen und die Eigenvektoren des ungedämpften Rotorsystems.

c) Skizzieren Sie die Eigenformen.

d) Nun werden in den Scheibenschwerpunkten steifigkeitsproportionale Dämpfungen (Dämpfungsmatrix $\boldsymbol{B}=\alpha_1\boldsymbol{K}$) hinzugefügt. Berechnen Sie für das derart gedämpfte Rotorsystem die modalen Massen, modalen Steifigkeiten, modalen Dämpfungen und modalen Erregerkräfte.

e) Welche Konsequenzen hat die spezielle Unwuchtverteilung ($\varepsilon_1=\varepsilon_2$)?

Gegeben: l, m, EI, ε, α_1

Lösung der Aufgabe 13.5:

a) Ermittlung der Bewegungsdifferentialgleichungen:

Berechnung der Nachgiebigkeitsmatrix:

Statisch bestimmtes System mit Belastungen:

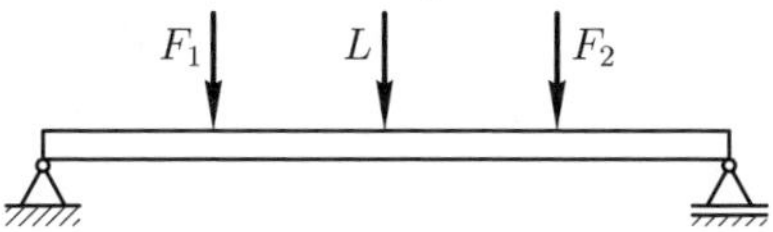

Zwangsbedingung:

$w_L = w(l) = 0$

Durchbiegung w_ξ an der Stelle x infolge einer Kraft F_α an der Stelle a; allgemeine Gleichung der Biegelinie (Fall 1):

$$w_\xi = \frac{(2l)^3}{6EI}\left[\beta\xi(1-\beta^2-\xi^2) + \langle\xi-\alpha\rangle^3\right]F_\alpha \qquad \text{mit} \qquad \alpha=a/2l, \quad \beta=1-\alpha, \quad \xi=x/2l$$

Durchbiegung w_L des statisch bestimmten Systems am Mittellager ($\xi=1/2$):

$$w_L = \frac{(2l)^3}{6EI}\left\{\left\{\frac{3}{4}\frac{1}{2}\left[1-\left(\frac{3}{4}\right)^2-\left(\frac{1}{2}\right)^2\right] + \left\langle\frac{1}{2}-\frac{1}{4}\right\rangle^3\right\}F_1 + \left\{\frac{1}{2}\frac{1}{2}\left[1-\left(\frac{1}{2}\right)^2-\left(\frac{1}{2}\right)^2\right]\right\}L + \right.$$

$$\left. + \left\{\frac{1}{4}\frac{1}{2}\left[1-\left(\frac{1}{4}\right)^2+\left(\frac{1}{2}\right)^2\right] + \right\}F_2\right\} = \frac{(2l)^3}{6EI}\frac{1}{128}\left\{11F_1 + 16L + 11F_2\right\}$$

Anwendung der Zwangsbedingung liefert die Lagerkraft:

$$w_L = 0 \qquad \Longrightarrow \qquad L = -\frac{11}{16}\left\{F_1+F_2\right\}$$

Durchbiegungen der Welle an den Scheiben:

$$w_1 = \frac{(2l)^3}{6EI}\left\{\frac{3}{4}\frac{1}{4}\left[1-\left(\frac{3}{4}\right)^2-\left(\frac{1}{4}\right)^2\right]F_1 + \frac{1}{2}\frac{1}{4}\left[1-\left(\frac{1}{2}\right)^2-\left(\frac{1}{4}\right)^2\right]L + \right.$$

$$\left. + \frac{1}{4}\frac{1}{4}\left[1-\left(\frac{1}{4}\right)^2-\left(\frac{1}{4}\right)^2\right]F_2\right\} = \frac{l^3}{3\cdot 512\,EI}\left\{23F_1-9F_2\right\}$$

$$w_2 = \frac{(2l)^3}{6EI}\left\{\left\{\frac{3}{4}\frac{3}{4}\left[1-\left(\frac{3}{4}\right)^2-\left(\frac{3}{4}\right)^2\right] + \left\langle\frac{3}{4}-\frac{1}{4}\right\rangle^3\right\}F_1 + \right.$$

$$\left. + \left\{\frac{1}{2}\frac{3}{4}\left[1-\left(\frac{1}{2}\right)^2-\left(\frac{3}{4}\right)^2\right] + \left\langle\frac{3}{4}-\frac{1}{2}\right\rangle^3\right\}L + \left\{\frac{1}{4}\frac{3}{4}\left[1-\left(\frac{1}{4}\right)^2-\left(\frac{1}{4}\right)^2\right]\right\}F_2\right\} =$$

$$= \frac{l^3}{3\cdot 512\,EI}\left\{-9F_1+23F_2\right\}$$

Nachgiebigkeitsmatrix, Steifigkeitsmatrix und Massenmatrix:

$$\boldsymbol{H} = \frac{l^3}{3\cdot 512\,EI}\begin{bmatrix} 23 & -9 \\ -9 & 23 \end{bmatrix} \qquad \boldsymbol{K} = \boldsymbol{H}^{-1} = \frac{24\,EI}{7l^3}\begin{bmatrix} 23 & 9 \\ 9 & 23 \end{bmatrix} \qquad \boldsymbol{M} = m\begin{bmatrix} 1 & 0 \\ 0 & 1 \end{bmatrix}$$

Bewegungsdifferentialgleichung für Schwerpunktskoordinaten:

$$\boldsymbol{M}\ddot{\boldsymbol{r}}_S + \boldsymbol{K}\boldsymbol{r}_S = \boldsymbol{K}\boldsymbol{\varepsilon}\,e^{i\Omega t}$$

b) Ermittlung der kritischen Drehzahlen:

Bewegungsdifferentialgleichung für freie Schwingung, Eigenverhalten:

$$\boldsymbol{M}\ddot{\boldsymbol{r}} + \boldsymbol{K}\boldsymbol{r} = \boldsymbol{0} \qquad \text{oder} \qquad \boldsymbol{H}\boldsymbol{M}\ddot{\boldsymbol{r}} + \boldsymbol{r} = \boldsymbol{0}$$

Ansatz und Eigenwertgleichung zur Berechnung der kritischen Drehzahlen:

$$\boldsymbol{r} = \widehat{\boldsymbol{r}}\, e^{i\omega t} \qquad (\boldsymbol{K} - \omega^2 \boldsymbol{M})\, \widehat{\boldsymbol{r}} = \boldsymbol{0}$$

Nichttriviale Lösungen existieren nur für:

$$\det(\boldsymbol{K} - \omega^2 \boldsymbol{M}) = \frac{24\,EI}{7 l^3}(\kappa^2 - 23\kappa + 112) = 0 \qquad \text{mit} \qquad \kappa = \frac{7}{48}\frac{m l^3}{EI}\omega^2$$

Bezogene Eigenfrequenzquadrate:

$$\kappa_{1/2} = \frac{1}{2}\left\{23 \pm \sqrt{23^2 - 112 \cdot 4}\right\} = \frac{1}{2}\{23 \pm 9\}$$

Kritische Drehzahlen:

$$\omega_1^2 = \kappa_1 \frac{48}{7}\frac{EI}{m l^3} = 48\frac{EI}{m l^3}, \qquad \omega_2^2 = \kappa_2 \frac{48}{7}\frac{EI}{m l^3} = \frac{768}{7}\frac{EI}{m l^3}$$

c) Berechnung der Eigenvektoren:

Erste Zeile des linearen Gleichungssystems für die Eigenvektorkomponenten:

$$(23 - \kappa)\,\widehat{r}_1 + 9\,\widehat{r}_2 = 0 \qquad \Longrightarrow \qquad \frac{\widehat{r}_2}{\widehat{r}_1} = -\frac{23 - 2\kappa}{9}$$

Eigenvektoren und Eigenformen:

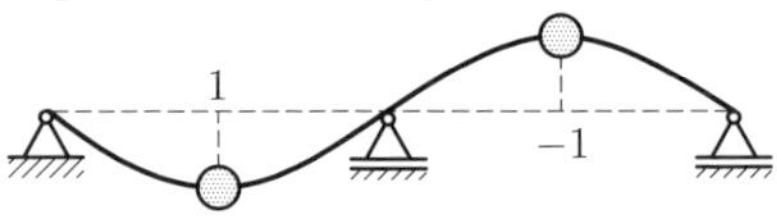

$$\widehat{\boldsymbol{r}}_1 = \begin{bmatrix} 1 \\ -1 \end{bmatrix}$$

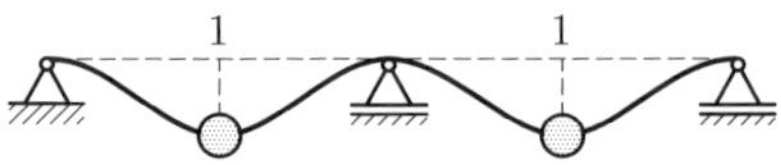

$$\widehat{\boldsymbol{r}}_2 = \begin{bmatrix} 1 \\ 1 \end{bmatrix}$$

d) Berechnung der modalen Größen des gedämpften Systems:

Bewegungsgleichung:

$$\boldsymbol{M}\,\ddot{\boldsymbol{r}}_S + \boldsymbol{B}\,\dot{\boldsymbol{r}}_S + \boldsymbol{K}\,\boldsymbol{r}_S = \boldsymbol{K}\,\boldsymbol{\varepsilon}\, e^{i\Omega t}$$

Dämpfungsmatrix:

$$\boldsymbol{B} = \alpha_1 \boldsymbol{K}$$

Modale Massen:

$$\widetilde{m}_n = \widehat{\boldsymbol{r}}_n^T \boldsymbol{M}\,\widehat{\boldsymbol{r}}_n = 2m$$

Matrizenmultiplikationen:

			$\boldsymbol{M}$		$\widehat{\boldsymbol{r}}_1$	$\widehat{\boldsymbol{r}}_2$	$\boldsymbol{\varepsilon}$
			m	0	1	1	ε
			0	m	-1	1	ε
$\widehat{\boldsymbol{r}}_1^T$	1	-1	m	$-m$	$2m$	0	0
$\widehat{\boldsymbol{r}}_2^T$	1	1	m	m	0	$2m$	2ε

Modale Steifigkeiten:

$$\widetilde{k}_n = \widehat{\boldsymbol{r}}_n^T \boldsymbol{K}\,\widehat{\boldsymbol{r}}_n = \omega_n^2\,\widehat{\boldsymbol{r}}_n^T \boldsymbol{M}\,\widehat{\boldsymbol{r}}_n = \omega_n^2\,\widetilde{m}_n$$

$$\widetilde{k}_1 = 48\frac{EI}{m l^3} \cdot 2m = 96\frac{EI}{l^3}$$

$$\widetilde{k}_2 = \frac{768}{7}\frac{EI}{m l^3} \cdot 2m = \frac{1536}{7}\frac{EI}{l^3}$$

Modale Dämpfungen:

$$\widetilde{b}_n = \widehat{\boldsymbol{r}}_n^T \boldsymbol{B}\,\widehat{\boldsymbol{r}}_n = \alpha_1\,\widehat{\boldsymbol{r}}_n^T \boldsymbol{K}\,\widehat{\boldsymbol{r}}_n = \alpha_1\,\widetilde{k}_n = \alpha_1\,\omega_n^2\,\widetilde{m}_n \qquad \widetilde{b}_1 = \alpha_1\, 96\frac{EI}{l^3}; \qquad \widetilde{b}_2 = \alpha_1 \frac{1536}{7}\frac{EI}{l^3}$$

Modale Erregerkräfte:

$$\widetilde{f}_n = \widehat{\boldsymbol{r}}_n^T \boldsymbol{K}\,\boldsymbol{\varepsilon}\, e^{i\Omega t} = \omega_n^2\,\widehat{\boldsymbol{r}}_n^T \boldsymbol{M}\,\boldsymbol{\varepsilon}\, e^{i\Omega t}, \qquad \widetilde{f}_1 = 0; \qquad \widetilde{f}_2 = \frac{1536}{7}\frac{EI}{l^3}\,\varepsilon\, e^{i\Omega t}$$

e) Die erste Eigenform $\hat{\boldsymbol{r}}_1 = [1 \; -1]^T$ wird nicht zu Schwingungen durch die Unwucht $\boldsymbol{\varepsilon} = [\varepsilon \;\; \varepsilon]^T$ angeregt. Das liegt daran, daß die Unwuchtverteilung orthogonal zur ersten Eigenform ist, es tritt Scheinresonanz auf. Die Unwuchtverteilung hat genau die Form der zweiten Eigenform. Mit derartigen Unwuchtsätzen kann man also die zweite Eigenform auswuchten, ohne die erste Eigenform zu beeinflussen.

Aufgabe 13.6:

Das Wellenende eines flexiblen Rotors kragt aus der Maschine, deren Endlager nicht als starre Einspannung angesehen werden kann. Zur Berücksichtigung der Lagernachgiebigkeit müssen die Translationssteifigkeiten k und die Drehsteifigkeiten k_φ eingeführt werden.

a) Geben Sie die Randbedingungen und das daraus resultierende lineare homogene Gleichungssystem für die Berechnung der Integrationskonstanten der Eigenformen des elastisch gelagerten Rotors an.

b) Die kontinuierliche Unwucht $\mu\epsilon(x) = \hat{u}\,x/l$ liegt in einer Ebene und nimmt mit dem Lagerabstand x linear zu. Für eine erste Abschätzung der unwuchterzwungenen Schwingungen $r_{W\varepsilon}(x,t)$ soll das linke Lager als starre Einspannung angesetzt werden. Für diese Modellierung können die Eigenfrequenzen ω_n und die Eigenformen $X_n(x)$ dem Skript entnommen werden. Außerdem sind die Ausdrücke

$$\int_0^l X_n^2(x)\,dx = l\,, \qquad \int_0^l X_n(x)\,x\,dx = \frac{2l^2}{(\kappa_n l)^2} \qquad \text{und} \qquad X_1(l) = 2$$

bekannt. Berechnen Sie die bei Rotation mit Ω aus der kontinuierlichen Unwucht $u(x)$ resultierenden Schwingungen $r_{W\varepsilon}(x,t)$ in modaler Form.

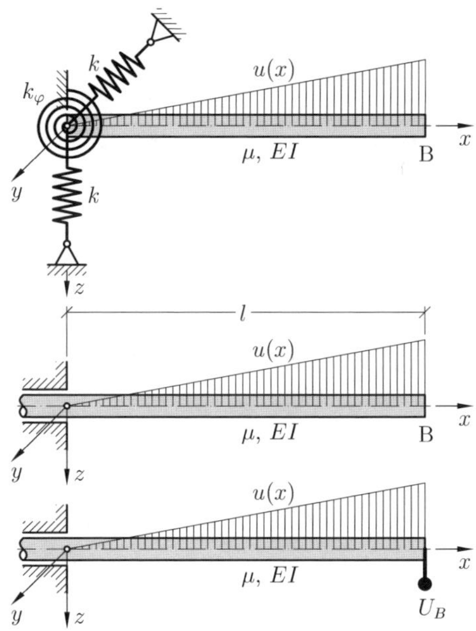

Bild A13.6: Überkragender Rotor
oben Modell mit elastischer Lagerung
Mitte Modell mit starrer Einspannung
unten Modell mit Ausgleichsunwucht

c) Das überkragende Ende des Rotors soll nun gewuchtet werden. Zur Beseitigung der ersten Resonanz steht eine Wuchtebene am Wellenende B zur Verfügung. Welche Unwucht U_B muß dort angebracht werden, damit bei Drehzahlen in der Nähe der ersten Eigenfrequenz ω_1 die Schwingungen $r_{W\varepsilon}(l,t)$ resonanzfrei und klein bleiben?

Gegeben: $l,\; EI,\; \mu,\; \hat{u},\; k,\; k_\varphi$

Lösung der Aufgabe 13.6:

a) Freie Schwingungen bei elastischer Einspannung:

Homogene Bewegungsgleichung:

$$\mu\,\ddot{r}_W(x,t) + EI\,r_W''''(x,t) = 0$$

Randbedingungen:

$$\begin{aligned}
M(0,t) &= -i\,EI\,r_W''(0,t) = -i\,k_\varphi\,r_W'(0,t)\\
Q(0,t) &= -EI\,r_W'''(0,t) = k\,r_W(0,t)\\
M(l,t) &= -i\,EI\,r_W''(l,t) = 0\\
Q(l,t) &= -EI\,r_W'''(l,t) = 0
\end{aligned}$$

Produktansatz:

$$r_W(x,t) = X(x)\,T(t)$$

Allgemeine Lösung der Ortsfunktion:

$$\begin{aligned}
X(x) &= C_1\cosh\kappa x + C_2\sinh\kappa x + C_3\cos\kappa x + C_4\sin\kappa x\\
X'(x) &= C_1\kappa\sinh\kappa x + C_2\kappa\cosh\kappa x - C_3\kappa\sin\kappa x + C_4\kappa\cos\kappa x\\
X''(x) &= C_1\kappa^2\cosh\kappa x + C_2\kappa^2\sinh\kappa x - C_3\kappa^2\cos\kappa x - C_4\kappa^2\sin\kappa x\\
X'''(x) &= C_1\kappa^3\sinh\kappa x + C_2\kappa^3\cosh\kappa x + C_3\kappa^3\sin\kappa x - C_4\kappa^3\cos\kappa x
\end{aligned}$$

Homogenes lineares Gleichungssystem:

$$\begin{bmatrix}
\kappa^2 EI & -\kappa\,k_\varphi & -\kappa^2 EI & -\kappa\,k_\varphi\\
k & \kappa^3 EI & k & -\kappa^3 EI\\
\kappa^2\cosh\kappa l & \kappa^2\sinh\kappa l & -\kappa^2\cos\kappa l & -\kappa^2\sin\kappa l\\
\kappa^3\sinh\kappa l & \kappa^3\cosh\kappa l & \kappa^3\sin\kappa l & -\kappa^3\cos\kappa l
\end{bmatrix}
\begin{bmatrix} C_1\\ C_2\\ C_3\\ C_4 \end{bmatrix}
=
\begin{bmatrix} 0\\ 0\\ 0\\ 0 \end{bmatrix}$$

b) Unwuchterzwungene Biegeschwingungen des starr eingespannten Rotors:

Eigenfunktionen, Eigenwerte und Eigenfrequenzen nach Beispiel 10.5 auf Seite 369 bzw. nach Tabelle 9.3:

$$X_n(x) = \Big[\cosh\kappa_n x - \cos\kappa_n x\Big] - \frac{\cosh\kappa_n l + \cos\kappa_n l}{\sinh\kappa_n l + \sin\kappa_n l}\Big[\sinh\kappa_n x - \sin\kappa_n x\Big]$$

$$\left(\frac{\kappa_1 l}{\pi}\right)^2 = 0.357, \qquad \left(\frac{\kappa_2 l}{\pi}\right)^2 = 2.233, \qquad \left(\frac{\kappa_3 l}{\pi}\right)^2 = 6.251, \qquad \left(\frac{\kappa_n l}{\pi}\right)^2 \approx \left(n - \frac{1}{2}\right)^2$$

$$\omega_n = (\kappa_n l)^2 \sqrt{\frac{EI}{\mu l^4}}$$

Bewegungsgleichung und Entwicklungsansatz:

$$\mu\,\ddot r_W(x,t) + EI\,r_W''''(x,t) = \Omega^2\,u(x)\,e^{i\Omega t}, \qquad r_{W\varepsilon}(x,t) = \sum_{n=1}^{\infty} b_n\,X_n(x)\,e^{i\Omega t}$$

Entwicklungskoeffizienten der unwuchterzwungenen Schwingungen nach Gl. (13.110):

$$b_n = \frac{\Omega^2}{\omega_n^2 - \Omega^2}\,\frac{\displaystyle\int_0^l X_n(x)\,u(x)\,dx}{\displaystyle\int_0^l \mu\,X_n^2(x)\,dx} = \frac{\Omega^2}{\omega_n^2 - \Omega^2}\,\frac{\dfrac{2l^2}{(\kappa_n l)^2}\,\dfrac{\widehat{u}}{l}}{\mu\,l} = \frac{\Omega^2}{\omega_n^2 - \Omega^2}\,\frac{2}{(\kappa_n l)^2}\,\frac{\widehat{u}}{\mu}$$

Unwuchterzwungene Schwingungen:

$$r_{W\varepsilon}(x,t) = \sum_{n=1}^{\infty} \frac{\Omega^2}{\omega_n^2 - \Omega^2}\,\frac{2}{(\kappa_n l)^2}\,\frac{\widehat{u}}{\mu}\,X_n(x)\,e^{i\Omega t}$$

c) Auswuchten der ersten Eigenform:

Entwicklungskoeffizienten bei zusätzlicher Unwucht U_B an der Stelle $x = l$:

$$\widetilde{b}_n = \frac{\Omega^2}{\omega_n^2 - \Omega^2}\,\frac{\displaystyle\int_0^l X_n(x)\,u(x)\,dx \;+\; X_n(l)\,U_B}{\displaystyle\int_0^l \mu\,X_n^2(x)\,dx} = \frac{\Omega^2}{\omega_n^2 - \Omega^2}\,\frac{\dfrac{2l^2}{(\kappa_n l)^2}\,\dfrac{\widehat{u}}{l} + X_n(l)\,U_B}{\mu\,l}$$

Modales Auswuchten der ersten Eigenform fordert $\widetilde{b}_1 = 0$.

Erste Eigenfunktion ausgewertet an der Stelle $x = l$ für $\kappa_1 l = \sqrt{0.357}\,\pi$:

$$X_1(l) = \Big[\cosh\kappa_1 l - \cos\kappa_1 l\Big] - \frac{\cosh\kappa_1 l + \cos\kappa_1 l}{\sinh\kappa_n l + \sin\kappa_1 l}\Big[\sinh\kappa_1 l - \sin\kappa_1 l\Big] = 2$$

Anzubringende Ausgleichsunwucht:

$$U_B = -\frac{2}{(\kappa_1 l)^2}\,\frac{1}{X_1(l)}\,l\,\widehat{u} = -\frac{2}{0.357\,\pi^2}\,\frac{1}{2} = -0.28\,l\,\widehat{u}$$

Aufgabe 13.7:

Ein Rotor besteht aus einer beidseitig gelenkig gelagerten, homogenen elastischen runden Welle (Länge l, Masse m, Biegesteifigkeit EI) und einer mittig aufgesetzten Scheibe (Masse M).

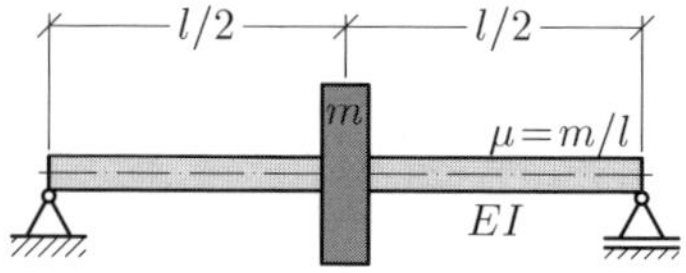

Bild A13.7: Massebehaftete Welle mit Zusatzscheibe

a) Geben Sie die kritische Drehzahl des Rotors unter Vernachlässigung der Wellenmasse m an.

b) Geben Sie die kritische Drehzahl des Rotors unter Vernachlässigung der Scheibenmasse M an.

c) Berechnen Sie aus den Ergebnissen von a) und b) nach DUNKERLEY eine untere Schranke für die erste biegekritische Drehzahl des Systems.

d) Berechnen Sie mit einer sinusförmigen Vergleichsfunktion eine obere Schranke für die biegekritische Drehzahl.

e) Berechnen Sie mit der parabelförmigen Vergleichsfunktion $\widetilde{w}(x) = 4\,\widehat{w}\left[\frac{x}{l} - \frac{x^2}{l^2}\right]$ eine obere Schranke für die erste biegekritische Drehzahl.

f) Geben Sie eine andere Schranke für ω_1 unter Nutzung der Biegelinie infolge mittiger Einzelkraft an.

Gegeben: $l,\ m,\ EI,\ M$

Lösung der Aufgabe 13.7:

a) Vernachlässigung der Wellenmasse m:

Steifigkeit aus Biegetafel:

$$k = \frac{48\,EI}{l^3}$$

Biegekritische Drehzahl:

$$\Omega_{Krit} = \omega_{D1} = \sqrt{\frac{k}{M}} = \sqrt{\frac{48\,EI}{M\,l^3}}$$

b) Vernachlässigung der Scheibenmasse M:

Kritische Drehzahl aus der Tabelle des Skriptes:

$$\Omega_{Krit} = \omega_{D2} = \pi^2\sqrt{\frac{EI}{m\,l^3}}$$

c) Untere Schranke für die kritische Drehzahl nach DUNKERLEY:

$$\frac{1}{\omega_D^2} = \frac{1}{\omega_{D1}^2} + \frac{1}{\omega_{D2}^2} = \frac{l^3}{EI}\left[\frac{M}{48} + \frac{m}{\pi^4}\right] = \frac{l^3}{48\,EI}\left[M + \frac{48}{\pi^4}\,m\right] \approx \frac{l^3}{48\,EI}\,[M + 0.5\,m]$$

$$\omega_1^2 \geq \omega_D^2 \approx \frac{48\,EI/l^3}{M + 0.5\,m}$$

d) Abschätzung der ersten Eigenfrequenz mit dem RAYLEIGH-Quotienten:

Sinusförmige Vergleichsfunktion:

$$\widetilde{w}(x) = \sin \pi \frac{x}{l}\,; \qquad \widetilde{w}''(x) = -\Big(\frac{\pi}{l}\Big)^2 \sin \frac{\pi}{l} x$$

RAYLEIGH-Quotient:

$$\omega_1^2 \le R = \frac{U(\widetilde{w})}{T^*(\widetilde{w})} = \frac{\displaystyle\int_0^l EI\,\widetilde{w}''^2(x)\,dx}{\displaystyle\int_0^l \mu\,\widetilde{w}^2(x)\,dx + M\,\widetilde{w}^2(l/2)} = \frac{EI\Big(\dfrac{\pi}{l}\Big)^4 \displaystyle\int_0^l \sin^2\Big(\pi\frac{x}{l}\Big)\,dx}{\mu\displaystyle\int_0^l \sin^2\Big(\pi\frac{x}{l}\Big)\,dx + M\,\sin^2\dfrac{\pi}{2}} =$$

$$= \frac{EI\Big(\dfrac{\pi}{l}\Big)^4 \dfrac{l}{2}}{\mu\dfrac{l}{2} + M}$$

$$\omega_1^2 \le R = \frac{\pi^4}{2}\frac{EI}{l^3}\frac{1}{M+\dfrac{m}{2}} = \frac{\pi^4\,EI}{2\,l^3\,(M+0.5\,m)} \approx \frac{48.7\,EI/l^3}{M+0.5\,m}$$

Mit c) und d) ist die erste biegekritische Drehzahl sehr eng eingegrenzt.

e) Abschätzung der ersten Eigenfrequenz mit dem RAYLEIGH-Quotienten bei parabelförmiger Vergleichsfunktion:

$$\widetilde{w}(x) = 4\,\widehat{w}\left[\frac{x}{l} - \frac{x^2}{l^2}\right] \qquad \Longrightarrow \qquad \widetilde{w}\Big(\frac{l}{2}\Big) = \widehat{w}$$

$$\widetilde{w}'(x) = 4\,\widehat{w}\left[\frac{1}{l} - \frac{2x}{l^2}\right], \qquad \widetilde{w}''(x) = -8\,\frac{\widehat{w}}{l^2}$$

Potentielle Energie:

$$U(\widetilde{w}) = \frac{1}{2}\int_0^l EI\,\widetilde{w}''^2(x)\,dx = \frac{64\,\widehat{w}^2}{2l^3}\,EI$$

Bezogene kinetische Energie:

$$T^*(\widetilde{w}) = \frac{1}{2}\int_0^l \mu\,\widetilde{w}^2(x)\,dx + \frac{1}{2}M\,\widehat{w}^2(l/2) = \frac{1}{2}\Big(\frac{8}{15}m + M\Big)\,\widehat{w}^2$$

Obere Schranke mit dem RAYLEIGH-Quotienten:

$$\omega_1^2 \le R = \frac{U(\widetilde{w})}{T^*(\widetilde{w})} = \frac{4}{3}\,\frac{48\,EI/l^3}{M+\dfrac{8}{15}m}$$

f) Abschätzung der ersten Eigenfrequenz mit dem RAYLEIGH-Quotienten bei Nutzung der Biegelinie unter mittiger Kraft :

$$\widetilde{w}_?(x) = 3\,\widehat{w}\left[\frac{x}{l} - \frac{4}{3}\Big(\frac{x}{l}\Big)^3\right] \qquad \text{für} \qquad 0 \le x \le \frac{l}{2}$$

Obere Schranke mit dem RAYLEIGH-Quotienten:

$$\omega_1^2 \le \frac{48\,EI/l^3}{M+\dfrac{17}{35}m} \approx \frac{48\,EI/l^3}{M+0.49\,m}$$

Aufgabe 13.8:

Eine biegeelastische Welle (konstante Biegesteifigkeit EI, konstante Massenbelegung μ, Länge l) ist beidseitig gelenkig gelagert. Sie hat somit die Eigenfrequenzen

$$\omega_n = (n\pi)^2 \sqrt{\frac{EI}{\mu l^4}},$$

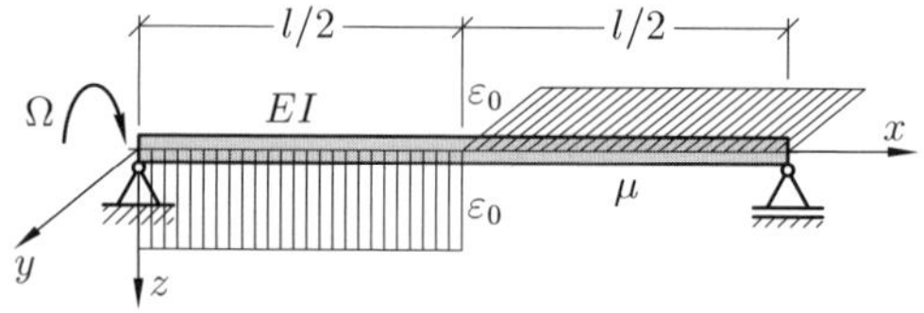

Bild A13.8: Unwuchtige kontinuierliche Welle

die Eigenformen $X_n(x) = \sin(n\pi \frac{x}{l})$, die Eigenformgleichung $X_n''''(x) = \omega_n^2 \frac{\mu}{EI} X_n(x)$ und die modale Größe $\int_0^l X_n^2(x)\,dx = l/2$.

Die Welle ist unwuchtig und hat die Exzentrizitätsverteilung

$$\varepsilon(x) = \begin{cases} \varepsilon_0 & \text{für} \quad 0 \le x \le l/2 \\ -i\varepsilon_0 & \text{für} \quad l/2 \le x \le l, \end{cases}$$

so daß bei einer Drehzahl Ω unwuchterzwungene Schwingungen $r_\varepsilon(x,t)$ auftreten.

a) Berechnen Sie die unwuchterzwungenen Schwingungen $r_\varepsilon(x,t)$ und stellen Sie diese in modaler Form dar.

b) Welche Eigenformen $X_n(x)$ werden angeregt und welche Eigenformen nicht?

c) Wie biegt sich die Welle bei einer Drehzahl Ω aus, die in der Nähe der zweiten Biegekritischen ω_2 liegt?

Gegeben: l, EI, $\mu = m/l$, Ω, ε_0

Lösung der Aufgabe 13.8:

a) Unwuchterzwungene Biegeschwingungen:

Bewegungsgleichung:

$$\mu \ddot{r}_W(x,t) + EI\, r_W''''(x,t) = \Omega^2 \mu(x)\, \varepsilon(x)\, e^{i\Omega t}$$

Entwicklungsansatz:

$$r_{W\varepsilon}(x,t) = \sum_{n=1}^{\infty} b_n X_n(x)\, e^{i\Omega t}$$

Entwicklungsansatz in der Bewegungsdifferentialgleichung:

$$\sum_{n=1}^{\infty} b_n \Big[EI\, X_n''''(x) - \mu\,\Omega^2\, X_n(x)\Big] = \Omega^2\, \mu(x)\, \varepsilon(x)$$

$$\sum_{n=1}^{\infty} b_n\, (\omega_n^2 - \Omega^2)\, \mu(x)\, X_n(x) = \Omega^2\, \mu(x)\, \varepsilon(x)$$

Multiplikation mit $X_k(x)$ zur Ausnutzung der Orthogonalität:

$$\sum_{n=1}^{\infty} b_n\, (\omega_n^2 - \Omega^2) \int_0^l \mu\, X_n(x)\, X_k(x)\, dx = \Omega^2 \int_0^l \mu\, X_k(x)\, \varepsilon(x)\, dx$$

Ausnutzen der Orthogonalität:

$$b_k\, (\omega_k^2 - \Omega^2) \int_0^l \mu\, X_k^2(x)\, dx = \Omega^2 \int_0^l \mu\, X_k(x)\, \varepsilon(x)\, dx$$

Entwicklungskoeffizienten der unwuchterzwungenen Schwingungen nach Gl. (13.110):

$$b_n = \frac{\Omega^2}{\omega_n^2 - \Omega^2}\, \frac{\displaystyle\int_0^l X_n(x)\, \varepsilon(x)\, dx}{\displaystyle\int_0^l X_n^2(x)\, dx}$$

Ergebnis für die spezielle Unwuchtverteilung:

$$\int_0^l X_n^2(x)\, dx = l/2$$

$$\int_0^l \varepsilon(x)\, X_n(x)\, dx = \varepsilon_0 \Big[\int_0^{l/2} \sin n\pi \frac{x}{l}\, dx + i \int_{l/2}^{l} \sin n\pi \frac{x}{l}\, dx\Big] =$$

$$= -\frac{l\,\varepsilon_0}{n\pi} \Big[\Big(\cos\frac{n\pi}{2} - 1\Big) + i\Big(\cos n\pi - \cos\frac{n\pi}{2}\Big)\Big]$$

$$b_n = \frac{\Omega^2}{\omega_n^2 - \Omega^2}\, \frac{-2\,\varepsilon_0}{n\pi} \Big[\Big(\cos\frac{n\pi}{2} - 1\Big) + i\Big((-1)^n - \cos\frac{n\pi}{2}\Big)\Big]$$

Unwuchterzwungene Schwingungen:

$$r_{W\varepsilon}(x,t) = -2\,\frac{\varepsilon_0}{\pi} \sum_{n=1}^{\infty} \frac{\Omega^2}{\omega_n^2 - \Omega^2}\, \frac{1}{n} \Big[\Big(\cos\frac{n\pi}{2} - 1\Big) + i\Big((-1)^n - \cos\frac{n\pi}{2}\Big)\Big] \sin n\pi \frac{x}{l}\, e^{i\Omega t}$$

b) Angeregte Eigenformen:

Nahezu alle Eigenfrequenzen werden angeregt. Ausnahmen sind die Eigenformen mit den Nummern $n = 4, 8, 12, \ldots$

c) Rotorausbiegung in der Nähe der Resonanz ω_n:

$$r_{W\varepsilon}(x,t)\big|_{\Omega \approx \omega_n} \simeq X_n(x)\, e^{i\Omega t}$$

Die Rotorausbiegung ist in Resonanznähe eben, da $X_n(x)$ reell ist.

Weitere Bücher des Autors sind im selben Verlag erschienen:

MARKERT, R.: **Dynamik**, Teil B der Technischen Mechanik;
Shaker Verlag, Aachen, 2013, ISBN 978-3-8440-2080-9

MARKERT, R.: **Dynamik – Aufgaben**;
Shaker Verlag, Aachen, 2013, ISBN 978-3-8440-2200-1

MARKERT, R.: **Strukturdynamik**;
Shaker Verlag, Aachen, 2013, ISBN 978-3-8440-2098-4